Charles Lyell

L'ancienneté DE L'HOMME prouvée par la géologie et remarques sur les théories relatives à l'origine des espèces par variation

Elibron Classics
www.elibron.com

Elibron Classics series.

ISBN 0-543-91308-2 (paperback)
ISBN 0-543-91307-4 (hardcover)

This Elibron Classics Replica Edition is an unabridged facsimile of the edition published in 1864 by J. B. Baillière et Fils, Paris.

PRINCIPAUX TRAVAUX DE SIR CH. LYELL :

PRINCIPLES of GEOLOGY; or the MODERN CHANGES of the EARTH and its INHABITANTS, as illustrative of Geology. *9th Edition.* In-8.

A été traduit en français sur la sixième édition par madame Tullia-Meulien. Paris, 1843, 4 vol. in-12 avec cartes coloriées et vignettes.

ELEMENTS of GEOLOGY; or the ANCIENT CHANGES of the EARTH and its INHABITANTS, as illustraded by its Geological Monuments. *6th Edition*, revised. In-8.

A été traduit sur la cinquième édition avec le consentement et le concours de l'auteur par M. Hugard. Paris, 1857, 2 vol. in-8 et Supplément.

A FIRST and SECOND VISIT to NORTH AMERICA, CANADA, NOVA SCOTIA, etc. : with GEOLOGICAL OBSERVATIONS. *2nd Edition.* Maps. 4 vol. in-12.

PARIS. — IMP. SIMON RAÇON ET COMP., RUE D'ERFURTH, 1.

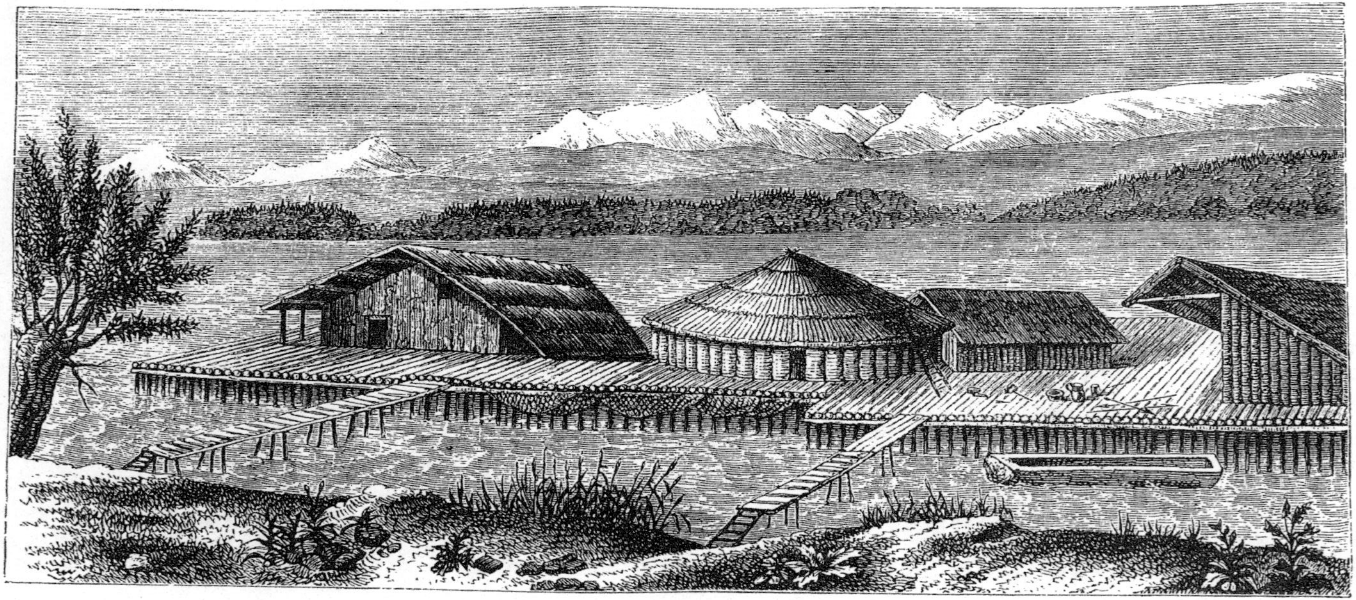

VILLAGE BATI SUR PILOTIS DANS UN LAC DE SUISSE

Restauration par le docteur Keller, faite en partie d'après un dessin de Dumont-d'Urville représentant des habitations analogues à la Nouvelle-Guinée.

L'ANCIENNETÉ
DE L'HOMME

PROUVÉE PAR LA GÉOLOGIE

ET

REMARQUES SUR LES THÉORIES

RELATIVES A

L'ORIGINE DES ESPÈCES PAR VARIATION

Par Sir CHARLES LYELL

Membre de la Société Royale de Londres, auteur des *Principes de Géologie* et des *Éléments de Géologie*

TRADUIT AVEC LE CONSENTEMENT ET LE CONCOURS DE L'AUTEUR

Par Mr M. CHAPER

ILLUSTRÉ DE NOMBREUSES FIGURES

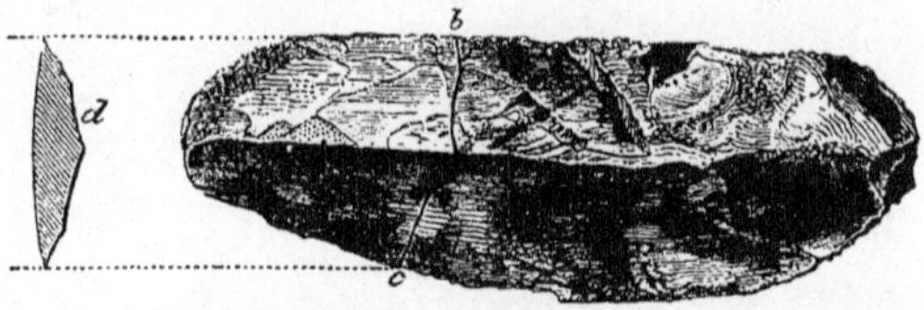

Couteau ou lame de silex trouvé à Menchecourt, Abbeville.

PARIS

J. B. BAILLIÈRE ET FILS

LIBRAIRES DE L'ACADÉMIE IMPÉRIALE DE MÉDECINE

Rue Hautefeuille, 19

Madrid	Leipzig
C. BAILLY-BAILLIÈRE	E. JUNG-TREUTTEL

1864

AVERTISSEMENT

L'auteur de ce livre attribue à l'espèce humaine une très-haute antiquité et cherche à en fournir la démonstration scientifique.

Pour la résolution du problème de notre ancienneté, Sir Charles Lyell invoque tour à tour l'appui de la géologie, de la zoologie, de la botanique et de l'archéologie. Il étudie les débris de l'industrie humaine et recherche si on les a extraits d'un terrain antérieur à ceux que déposent actuellement nos mers, nos lacs et nos fleuves, et renfermant les débris d'espèces animales aujourd'hui éteintes. Pour retrouver l'homme antéhistorique, l'auteur explore successivement le Danemark, la Suisse, l'Angleterre, les plaines du nord de l'Allemagne, la Belgique, la France.

Sir Charles Lyell s'est rendu lui-même en Picardie pour y constater la position précise des pierres taillées que le premier, M. Boucher de Perthes, avait trouvées dans les graviers stratifiés de la vallée de la Somme. D'autres savants ont fait aussi des fouilles à Saint-Acheul et sur divers points de la France, et les explorateurs se sont mis partout à la recherche des haches et débris antédiluviens.

L'Académie des sciences a reçu depuis plusieurs mois de nombreuses communications qui témoignent de tout l'intérêt que la France prend à la question.

Sir Charles Lyell lui-même, voulant accumuler les preuves, continue avec ardeur ses excursions géologiques. Ses voyages, ses rapports avec la plupart des savants de l'Europe, lui ont fait apporter à son œuvre des perfectionnements successifs dont il a voulu faire profiter l'édition française. Les nombreux documents que l'auteur a bien voulu nous communiquer rendent cette traduction presque conforme à la troisième édition anglaise actuellement sous presse.

J. B. B. ET F.

Paris, 20 octobre 1863.

TABLE DES MATIÈRES

CHAPITRE IV.

PÉRIODE POST-PLIOCÈNE. — OSSEMENTS HUMAINS ET MAMMIFÈRES D'ESPÈCES ÉTEINTES DANS LES CAVERNES DE LA BELGIQUE.

CHAPITRE V.

PÉRIODE POST-PLIOCÈNE. — CRANES HUMAINS FOSSILES DES CAVERNES DE NEANDERTHAL ET D'ENGIS.

CHAPITRE VI.

ALLUVIONS POST-PLIOCÈNES ET DÉPÔTS DES CAVERNES AVEC INSTRUMENTS EN SILEX.

CHAPITRE VII.

TOURBES ET ALLUVIONS POST-PLIOCÈNES DE LA VALLÉE DE LA SOMME.

CHAPITRE VIII.

DILUVIUM POST-PLIOCÈNE AVEC INSTRUMENTS EN SILEX DE LA VALLÉE DE LA SOMME. — CONCLUSION.

CHAPITRE IX.

OBJETS TRAVAILLÉS DANS LES ALLUVIONS POST-PLIOCÈNES DE FRANCE ET D'ANGLETERRE.

CHAPITRE X.

DÉPÔTS DES CAVERNES ET LIEU DE SÉPULTURE DE LA PERIODE POST-PLIOCÈNE.

CHAPITRE XI.

DISCUSSION DE L'AGE DES FOSSILES HUMAINS DU PUY DANS LA FRANCE CENTRALE ET DE NATCHEZ SUR LE MISSISSIPI.

CHAPITRE XII.

ANCIENNETÉ DE L'HOMME RELATIVEMENT A LA PÉRIODE GLACIAIRE ET A LA FAUNE ET A LA FLORE ACTUELLES.

CHAPITRE XIII.

RELATIONS CHRONOLOGIQUES ENTRE LA PÉRIODE GLACIAIRE ET LES PLUS ANCIENS VESTIGES DE L'APPARITION DE L'HOMME EN EUROPE.

CHAPITRE XIV.

RELATIONS CHRONOLOGIQUES ENTRE LA PÉRIODE GLACIAIRE ET LES PLUS ANCIENS VESTIGES DE L'APPARITION DE L'HOMME EN EUROPE. (SUITE.)

CHAPITRE XV.

GLACIERS ANCIENS DES ALPES ET LEUR RELATION CHRONOLOGIQUE AVEC LA PÉRIODE HUMAINE.

CHAPITRE XVI.

RESTES HUMAINS DANS LE LŒSS ET LEUR AGE PROBABLE.

CHAPITRE XVII.

DISLOCATIONS ET PLISSEMENTS POST-GLACIAIRES DES COUCHES CRÉTACÉES ET DU TERRAIN DE TRANSPORT DANS L'ILE DE MÖEN EN DANEMARCK.

CHAPITRE XVIII.

PÉRIODE GLACIAIRE DANS L'AMÉRIQUE DU NORD.

CHAPITRE XIX.

RÉCAPITULATION DES PREUVES GÉOLOGIQUES DE L'ANCIENNETÉ DE L'HOMME.

CHAPITRE XX.

THÉORIE DE LA PROGRESSION ET DE LA TRANSMUTATION.

CHAPITRE XXI.

DE L'ORIGINE DES ESPÈCES PAR VARIATION ET SÉLECTION NATURELLE.

CHAPITRE XXII.

EXAMEN DES OBJECTIONS A L'HYPOTHÈSE DE LA TRANSMUTATION.

CHAPITRE XXIII.

COMPARAISON DE L'ORIGINE ET DU DÉVELOPPEMENT DES LANGAGES ET DES ESPÈCES.

CHAPITRE XXIV.

PORTÉE DE LA DOCTRINE DE LA TRANSMUTATION RELATIVEMENT A L'ORIGINE DE L'HOMME. — PLACE DE L'HOMME DANS LA CRÉATION.

APPENDICE.

L'ANCIENNETÉ DE L'HOMME PROUVÉE PAR LA GÉOLOGIE

CHAPITRE PREMIER.

INTRODUCTION.

Remarques préliminaires sur les questions traitées dans cet ouvrage. — Définition des termes *récent*, *post-pliocène* et *post-tertiaire*. — Tableau d'ensemble de la série complète des couches fossilifères.

Aucun sujet, dans ces derniers temps, n'a plus excité la curiosité et l'intérêt général des géologues et du public que la question de l'ancienneté de la race humaine. Trouvons-nous, ou non, dans les cavernes et dans les dépôts superficiels compris ordinairement sous le nom de « terrains de transport ou de diluvium, » la preuve suffisante de la coexistence, à une époque ancienne, de l'homme et de certains mammifères d'espèces éteintes? Dans ces cinquante dernières années, on a rencontré dans différentes parties de l'Europe des ossements humains ou des objets travaillés par l'homme, recouverts par des stalactites, dans les brèches des cavernes et associés à des restes d'espèces perdues d'hyène, d'ours, d'éléphant ou de rhinocéros. Ce fait fit naître le soupçon que la date de l'apparition de l'homme devrait être reportée à une époque bien plus reculée qu'on ne l'avait cru jusqu'alors. Mais, d'autre part, les savants, avec la logique scientifique, éprouvèrent une extrême et bien naturelle répugnance à admettre la validité de ces preuves, en voyant que tant de cavernes ont été occupées par des hôtes successifs et choisies par l'homme comme lieu d'habitation et aussi de sépulture, tandis que quelques autres ont, de plus, servi de canaux d'écoulement aux eaux des inondations accidentelles ou à des cours d'eau permanents qui s'y engouffraient, de manière à y amener et à y confondre, après coup, dans un même dépôt, les restes des êtres animés qui ont peuplé le district pendant plus d'une époque. Mais les faits découverts en 1858, durant les recherches faites méthodiquement dans la caverne de Brixham, près de Torquay, en Devonshire, et qui seront décrits dans la suite de cet ouvrage, excitèrent de nouveau la curiosité du public anglais et préparèrent les esprits à admettre que le scepticisme avait été porté à l'extrême dans la discussion des preuves fournies par les cavernes en faveur de l'ancienneté de l'existence de l'homme.

Depuis ce moment, bien des faits, invoqués autrefois en faveur de cette coexistence, à une époque reculée, de l'homme et de mammifères depuis longtemps disparus, ont été examinés de nouveau en Angleterre et sur le continent; de nouveaux faits ayant trait à la même question et relatifs aux cavernes ou aux couches d'alluvion des vallées ont été mis au jour. Pour me permettre d'apprécier et de discuter ces faits, j'ai visité, dans le cours de ces trois dernières années, bien des parties de l'Angleterre, de la France et de la Belgique, et je me suis mis en relation, personnellement ou par correspondance, avec un grand nombre de géologues anglais ou étrangers qui ont pris part à ces recherches. J'exposerai dans ce livre les résultats de ces investigations, puis je donnerai une description des formations glaciaires de l'Europe et de l'Amérique du Nord, en rappelant les théories avancées pour expliquer leur origine, et j'examinerai au point de vue chronologique leurs rapports probables avec l'ère humaine; je montrerai ensuite comment, dans une grande partie de l'hémisphère boréal, une barrière presque infranchissable s'oppose si souvent à toutes les tentatives faites pour suivre, dans un passé plus éloigné, les traces de l'existence de l'homme sur la terre.

Dans les derniers chapitres, je présenterai quelques remarques sur les modifications récentes qu'a subies la théorie de Lamarck sur le développement progressif et la transmutation[1], modifications dont l'auteur est M. Darwin[2]; je montrerai les conséquences de cette hypothèse en ce qui touche les différentes races humaines, et les points par lesquels elles se rattachent aux autres parties du règne animal.

NOMENCLATURE. — Il me paraît indispensable de faire d'abord un exposé préliminaire de la nomenclature adoptée dans les pages qui vont suivre, afin de faire exactement comprendre la signification que devront avoir les termes *récent*, *post-pliocène* et *post-tertiaire*.

Avant l'année 1833, quand je publiais le troisième volume de mes *Principes de Géologie*, les couches dites tertiaires avaient été divisées par les géologues en inférieures, moyennes, et supérieures ; les couches inférieures comprenaient les plus anciennes formations des environs de Paris et de Londres, avec d'autres du même âge ; les couches moyennes étaient celles du Bordelais et de la Touraine ; tout ce qui se repose sur ce dernier groupe, c'est-à-dire tout ce qui était plus récent, formait le tertiaire supérieur.

Étant occupé, en 1828, à préparer l'impression du traité de géologie dont il vient d'être question, je conçus l'idée de classer la série entière de ces couches, d'après les rapports plus ou moins intimes de leurs coquilles fossiles avec la faune actuelle ; je pris des renseignements pendant mes voyages sur le continent, et j'appris que M. Deshayes, de Paris, déjà célèbre comme conchyliologiste, était arrivé de son côté, par l'étude d'une collection considérable des coquilles vivantes et fossiles, à des vues tout à fait semblables aux miennes relati-

(1) Lamarck, *Philosophie zoologique*. Paris, 1809, t. I, chap. III.

(2) *The origin of species by means of natural selection*, traduit en français par mademoiselle Royer, sous le titre : *De l'origine des espèces*, Paris, 1862.

vement à la possibilité d'établir un ordre chronologique dans les formations tertiaires, en se fondant sur le nombre proportionnel d'espèces identiques aux espèces actuelles qui caractérise chacun des groupes successifs cités plus haut. Le résultat de la comparaison de 5,000 espèces fossiles avec 5,000 vivantes fut le suivant : Dans le terrain tertiaire inférieur il y avait environ 3 1/2 pour cent d'espèces identiques aux espèces actuelles. Dans le terrain tertiaire moyen, (falhuns de la Loire et de la Gironde) environ 17 pour 100. Dans le terrain tertiaire supérieur, de 35 à 50 pour 100 et parfois, dans les couches les plus modernes, jusqu'à 90 ou 95 pour 100. Pour plus de clarté et de brièveté je proposai de donner des noms courts et techniques à ces groupes de couches et aux périodes qui leur correspondaient. J'appelai le premier, ou plus ancien, *éocène*, le second *miocène*, et le troisième *pliocène*. Le premier des termes ci-dessus, Eocène, vient du grec ἕως, *eōs*, aurore, et καινός, *cainos*, récent ; parce qu'il n'y a qu'une proportion extrêmement faible de coquilles de cette époque qui puisse être rapportée aux espèces vivantes ; de telle sorte que cette période semble indiquer l'aurore de la faune des mollusques actuels, puisque aucune espèce vivante n'a été découverte dans les roches antérieures, dites secondaires.

Quelques conchyliologistes se refusent à admettre qu'aucune espèce éocène ait réellement survécu jusqu'à notre époque, en restant assez constante pour en permettre l'identification spécifique avec une espèce vivante. Je ne puis ici me lancer dans cette vaste controverse. Il me suffit pour le moment de remarquer que la faune éocène moderne se sépare d'une façon tranchée de celle des formations secondaires, et qu'il existe des conchyliologistes fort capables qui persistent à soutenir qu'il y a des coquilles éocènes impossibles à séparer spécifiquement de certaines qui vivent encore ; tout au plus peut-on dire que le nombre en est moins grand qu'on ne le supposait en 1833. Le terme miocène (de μεῖον, *meion*, moins, et καινός, *cainos*, récent) est destiné à indiquer une moins grande proportion d'espèces actuelles de mollusques ;

le terme pliocène (de πλεῖον, *pleion*, plus, et καινός), une quantité relative de beaucoup supérieure.

On a parfois objecté à cette nomenclature que certaines espèces d'infusoires trouvés dans la craie vivent encore, et, d'autre part, que les dépôts miocènes, ou pliocènes inférieurs contiennent souvent des restes de mammifères, de reptiles et de poissons appartenant exclusivement à des espèces éteintes. Que le lecteur veuille se rappeler que les termes *éocène*, *miocène*, *pliocène*, ont été créés en ne tenant compte que des données conchyliologiques, et que c'est dans ce sens qu'ils m'ont toujours servi et me servent encore.

Depuis la première introduction dans le langage des termes que je viens de définir, le nombre des nouvelles espèces vivantes recueillies dans les différentes parties du globe est devenu extrêmement grand; de nouveaux éléments de comparaison ont été acquis, et les paléontologistes ont pu corriger bien des identifications erronées de formes fossiles et récentes. On a aussi récolté en abondance de nouvelles espèces dans les formations tertiaires de tout âge, tandis que des groupes de couches nouvellement découverts venaient remplir des lacunes dans la série connue jusqu'alors. Aussi réclama-t-on des modifications et des réformes à la classification d'abord proposée. Les périodes éocène, miocène et pliocène ont été établies pour réunir certains ensembles de couches qui tantôt remplissent les conditions de l'étymologie de ces termes, tantôt s'en écartent, et dont les fossiles alors ne se trouvent plus, quant aux proportions relatives des espèces perdues et des espèces vivantes, exactement assujettis à mes définitions. J'ai parlé de ces innovations dans mon ouvrage *Eléments ou Manuel de Géologie élémentaire*, et dans le supplément de la cinquième édition du même ouvrage, publiée en 1859, où j'ai introduit quelques-unes des premières modifications proposées à ma première classification. Mais je juge inutile d'insister sur ce sujet en ce moment puisque les seules formations dont nous devions nous occuper dans ce volume sont celles de la date la plus moderne, les formations post-tertiaires. Il sera convenable d'en faire deux groupes, le *récent* et le *post-pliocène*. Dans le groupe récent, nous comprendrons les dépôts dans lesquels, non-seulement les coquilles, mais même tous les mammifères fossiles sont d'espèces vivantes ; dans le post-pliocène, les couches dans lesquelles, les coquilles étant récentes, une part, souvent considérable, des mammifères qui leur sont associés, appartient à des espèces éteintes. Je reconnais qu'on peut, avec quelque raison, faire à cette nomenclature l'objection que le terme post-pliocène devrait rigoureusement embrasser tous les monuments géologiques postérieurs à l'époque pliocène. Mais quand j'aurai occasion de parler de leur ensemble, j'emploierai l'expression *post-tertiaire*, réservant exclusivement les termes *post-pliocène* et *récent*, le premier pour le post-pliocène inférieur, et le second pour le post-pliocène supérieur.

On rencontrera des cas où il sera presque impossible de tracer la ligne de démarcation entre le pliocène supérieur et le post-pliocène, ou entre les dépôts anciens ou récents ; il faut nous attendre à voir augmenter plutôt que diminuer cette difficulté à chaque pas de nos connaissances, et à mesure que se combleront les lacunes dans la série des observations géologiques.

En 1839, je proposai le terme *pleistocène*, comme abréviation de pliocène supérieur, et bientôt il devint populaire, grâce à l'emploi qu'en fit feu Édward Forbes, dans son admirable essai sur « Les relations géologiques de la faune et de la flore actuelle des Iles Britanniques [1] ; » mais il employa ce terme presque précisément dans le sens que je donnerai au mot post-pliocène dans ce volume, et non comme une abréviation de pliocène supérieur. Pour éviter la confusion, je crois préférable de renoncer tout à fait, dorénavant, à l'usage du mot *pleistocène*. J'ai trouvé que l'introduction de ce quatrième nom (à moins de le restreindre strictement aux plus anciennes formations post-tertiaires) rendrait impossible l'usage

(1) *Geological relations of the existing Fauna and Flora of the British Isles.* (Memoirs of geological survey of Great Britain.) London, 1846, t. I, p. 336.

de « pliocène » dans l'étendue de son sens primitif ; et il est souvent presque indispensable de n'avoir qu'un mot pour comprendre les deux divisions de la période pliocène.

Le tableau ci-dessous de toute la série des terrains fossilifères permettra au lecteur de voir d'un coup d'œil la relation chronologique des terrains récents et post-pliocènes avec ceux des périodes précédentes.

Tableau général résumé des terrains fossilifères.

Terrain	Période	Groupe	
1. RÉCENT.	**POST-TERTIAIRE.**		
2. POST-PLIOCÈNE.			
3. PLIOCÈNE SUPÉRIEUR.	**PLIOCÈNE.**	TERTIAIRE ou CAINOZOÏQUE.	NÉOZOÏQUE.
4. PLIOCÈNE INFÉRIEUR.			
5. MIOCÈNE SUPÉRIEUR.	**MIOCÈNE.**		
6. MIOCÈNE INFÉRIEUR.			
7. ÉOCÈNE SUPÉRIEUR.	**ÉOCÈNE.**		
8. ÉOCÈNE MOYEN.			
9. ÉOCÈNE INFÉRIEUR.			
10. COUCHES DE MAESTRICHT.	**CRÉTACÉ.**	SECONDAIRE ou MÉSOZOÏQUE.	
11. CRAIE BLANCHE SUPÉRIEURE.			
12. CRAIE BLANCHE INFÉRIEURE.			
13. GRÈS VERT SUPÉRIEUR.			
14. GAULT.			
15. GRÈS VERT INFÉRIEUR.			
16. WEALDIEN.			
17. COUCHES DE PURBECK.	**JURASSIQUE.**		
18. CALCAIRE DE PORTLAND.			
19. ARGILE DE KIMMERIDGE.			
20. CORAL RAG.			
21. ARGILE D'OXFORD.			
22. GRANDE OOLITHE (OOLITHE DE BATH).			
23. OOLITHE INFÉRIEURE.			
24. LIAS.			
25. TRIAS SUPÉRIEUR.	**TRIASIQUE.**		
26. TRIAS MOYEN ou MUSCHELKALK.			
27. TRIAS INFÉRIEUR.			
28. PERMIEN ou CALCAIRE MAGNÉSIEN.	**PERMIEN.**	PRIMAIRE ou PALÉOZOÏQUE.	PALÉOZOÏQUE.
29. TERRAIN HOUILLER.	**CARBONIFÈRE.**		
30. CALCAIRE CARBONIFÈRE.			
31. DEVONIEN SUPÉRIEUR.	**DEVONIEN.**		
32. DEVONIEN INFÉRIEUR.			
33. SILURIEN SUPÉRIEUR.	**SILURIEN.**		
34. SILURIEN INFÉRIEUR.			
35. CAMBRIEN SUPÉRIEUR.	**CAMBRIEN.**		
36. CAMBRIEN INFÉRIEUR.			

CHAPITRE II.

PÉRIODE RÉCENTE. — TOURBIÈRES DU DANEMARK ET MONTICULES DE COQUILLES. — HABITATIONS LACUSTRES DE LA SUISSE.

Objets travaillés des tourbières du Danemark. — Restes de trois périodes différentes de végétation dans la tourbe.— Ages de pierre, de bronze et de fer.— Monticules de coquilles ou anciens « amas de débris » des îles danoises.—Changements survenus dans la distribution géographique de certains mollusques marins depuis leur origine. — Restes enfouis de mammifères d'espèces récentes. — Crânes humains de la même période. — Habitations lacustres de la Suisse bâties sur pilotis. — Outils de pierre et de bronze qu'on y a trouvés. — Céréales et autres végétaux fossiles. — Restes de mammifères sauvages et domestiques. — Pas d'espèces éteintes. — Évaluations chronologiques des dates de l'âge de bronze et de l'âge de pierre en Suisse. — Habitations lacustres ou îles artificielles appelées « Crannoges » en Irlande.

Objets travaillés dans la tourbe du Danemark.

En traitant, dans mes *Principes de Géologie*, des changements survenus dans le sol à des époques relativement modernes, j'ai parlé (chap. XLV) de l'enfouissement de corps organisés et de restes humains dans la tourbe, et j'ai expliqué les conditions de la croissance de cette substance végétale sous les climats septentrionaux et humides. Dans ces dernières années, depuis que j'ai pour la première fois abordé ce sujet, les recherches relatives à l'histoire des tourbes danoises ont pris une grande extension. Je vais, dans ce chapitre, donner un court résumé du résultat de ces investigations, afin de pouvoir plus tard comparer ces dépôts avec ceux de date plus ancienne qui jettent aussi quelque lumière sur l'antiquité de la race humaine.

Les dépôts tourbeux du Danemarck [1] ont une profondeur

[1] Un excellent compte rendu de ces recherches des naturalistes et antiquaires danois a été donné par un habile géologue suisse, M. A Morlot, dans le *Bulletin de la Société vaudoise des sciences naturelles*, t. VI, Lausanne, 1860.

variant de 5 à 9 mètres; ils se sont formés dans des plis ou dépressions du terrain d'alluvion du nord ou formation caillouteuse que nous décrirons ci-après. La couche inférieure, épaisse de 60 à 90 centimètres, consiste en une tourbe de marais composée surtout de mousse ou *sphagnum;* au-dessus s'étend un autre lit de tourbe qui n'est plus exclusivement composée de plantes aquatiques ou marécageuses. Sur tout le pourtour du marais, et enfouis à diverses profondeurs, gisent des troncs d'arbres, spécialement du pin d'Écosse, (*Pinus silvestris*), ayant souvent 1 mètre de diamètre, qui ont dû croître sur le bord des tourbières et fréquemment y tomber. Cet arbre n'est plus maintenant, et n'a jamais été depuis les temps historiques, indigène dans les îles danoises, où il n'a même pas prospéré quand on l'y a apporté. Il est cependant évident qu'il y a poussé naturellement depuis l'apparition de l'homme, car Steenstrup a, de ses propres mains, arraché un instrument en silex enfoncé dans le tronc enfoui de l'un de ces arbres. On voit clairement que le même pin d'Écosse a été plus tard supplanté par une variété sessile de chêne commun dont on rencontre beaucoup de troncs couchés dans les niveaux supérieurs à celui des pins; en remontant encore on trouve la variété élevée du même chêne, (*Quercus robur.*, L.), avec l'aune, le bouleau, (*Betula verrucosa*, Ehrh.), et le noisetier. Le chêne, à son tour, a maintenant été remplacé, en Danemark, par le hêtre commun. D'autres arbres, le bouleau blanc, (*Betula alba*), par exemple, caractérisent la partie inférieure de la tourbe, et disparaissent plus haut; tandis que d'autres, au contraire, se rencontrent à tous les niveaux, comme le tremble, (*Populus tremula*), et fleurissent encore en Danemark. Toutes les coquilles terrestres ou d'eau douce, et tous les mammifères aussi bien que les plantes dont les tourbes danoises conservent les restes, appartiennent à des espèces récentes.

Il a été constaté qu'un instrument en pierre a été trouvé enfoui à une grande profondeur dans la tourbe sous un tronc de pin d'Écosse. On a recueilli une variété considérable d'ustensiles de cette nature et d'autres produits de l'industrie humaine conservés dans la tourbe ou dans les dunes sableuses de la côte, et aussi dans certains monticules de coquilles dus aux aborigènes et dont nous allons maintenant parler. C'est par l'étude de ces matériaux que les antiquaires et naturalistes suédois et danois, MM. Nilsson, Steenstrup, Forchhammer, Thomsen, Worsäae et autres, ont réussi à établir une succession chronologique de périodes qu'ils ont appelées les âges de pierre, de bronze et de fer, ainsi nommés d'après les matières qui, chacune à leur tour, ont servi à la fabrication des instruments.

L'âge de pierre, en Danemark, coïncidait avec la période de la première végétation, ou celle du pin d'Écosse, et en partie au moins avec celle de la seconde végétation, celle du chêne. Mais une partie considérable de l'époque du chêne a coïncidé avec l'âge de bronze, car les épées et les boucliers de ce métal qui sont maintenant au musée de Copenhague proviennent des couches de tourbe où le chêne abonde. L'âge de fer, plus récent, correspond au bouleau (1).

M. Morlot, auquel nous devons une esquisse faite de main de maître des progrès récents des recherches exécutées dans cette nouvelle direction en Suisse et en Scandinavie, fait remarquer que l'apparition des premiers outils de bronze chez un peuple ignorant jusque-là l'usage des métaux dénote un état fort avancé de l'industrie, car le bronze est un alliage d'environ neuf parties de cuivre contre une d'étain; et s'il est vrai que le premier de ces métaux, le cuivre, ne soit pas, à vrai dire, rare, et se trouve accidentellement pur ou à l'état natif, par contre, l'étain non-seulement est rare, mais ne se trouve jamais à l'état natif. Découvrir l'existence de ce métal dans son minerai, le dégager de sa gangue, le mélanger avec le cuivre dans les proportions voulues, couler le mélange fondu dans un moule en lui laissant acquérir de la dureté par un refroidissement lent, tout cela sont des opérations annonçant une grande sagacité et une grande habileté de manipula-

(1) Morlot, *Bulletin de la Société vaudoise des sciences naturelles*, t. VI, p. 292.

tion ; d'ailleurs, les poteries trouvées avec les armes de bronze sont d'un style meilleur et beaucoup plus orné qu'aucune de celles qui appartiennent à l'âge de pierre. On a trouvé quelques-uns des moules ayant servi à fondre les instruments de bronze et ce que l'on appelle les « jets » de bronze qui se forment dans le trou par lequel se fait la coulée du métal. Le nombre et la variété des objets appartenant à l'âge de bronze en indique la longue durée, comme le fait aussi pressentir le contraste entre la grossièreté des premiers outils, simples répétitions le plus souvent de ceux de l'âge de pierre, et le travail bien plus soigné des armes de la dernière partie de cette période.

On a énoncé l'opinion qu'un âge de cuivre doit toujours s'être interposé entre l'âge de pierre et celui de bronze. Si cela est, l'intervalle paraît avoir été bien court en Europe ; cela paraît tenir à ce que le territoire occupé par les aborigènes aurait été envahi et conquis par un peuple venant de l'est, et familiarisé avec les usages des lances et autres armes de bronze. Cependant on a trouvé des hachettes de cuivre dans les tourbes du Danemark.

La phase suivante du progrès, caractérisée par la substitution du fer au bronze, indique un autre grand pas dans les progrès des arts. Le fer, sauf dans les météorites, ne se présente jamais à l'état naturel, de sorte que la reconnaissance de ses minerais et la séparation du métal de sa gangue est une opération qui exige l'emploi de grands moyens d'observation et d'invention. La fusion du minerai exige une chaleur intense que l'on ne peut obtenir que par des procédés artificiels, et en se servant de souffleries alimentées par le souffle de l'homme, par des soufflets, ou quelque autre machine appropriée.

Monticules de coquilles du Danemark ou Köjkkenmöddings (1).

Il est une autre catégorie de monuments du passé trouvés en Danemarck, qui a jeté quelque jour sur les temps anté-his-

(1) M. John Lubbock a publié, depuis l'impression de ces pages, un savant mé-

toriques. En certains endroits, le long des rivages de presque toutes les îles danoises, on peut voir des monticules composés principalement de milliers de coquilles d'huîtres, de cardiums et autres mollusques d'espèces identiques à celles dont l'homme se nourrit encore. Ces coquilles sont mélangées à profusion des os de divers quadrupèdes, oiseaux et poissons, qui servaient de nourriture aux rudes chasseurs et pêcheurs qui ont entassé ces amas de débris.

J'ai vu, aux États-Unis, dans le Massachusetts et dans la Géorgie, etc., de pareilles accumulations de coquilles d'huîtres et d'autres mollusques, avec instruments de pierre intercalés, laissés près du rivage par les Indiens indigènes du nord de l'Amérique, aux lieux auxquels ils avaient l'habitude de fixer leurs wigwams, pendant des siècles avant l'arrivée de l'homme blanc.

Ces accumulations sont appelées par les Danois « *kjökken-mödding*, » ou amas de débris de cuisine; dans toute leur masse se trouvent répandus des couteaux en silex, des hachettes et autres instruments de pierre, de corne et d'os, avec fragments de poteries grossières, le tout mêlé à du bois carbonisé et à des cendres ; mais jamais avec instruments de bronze et encore moins de fer. Les hachettes et les couteaux de pierre ont été aiguisés par le frottement, et, sous ce rapport, sont moins grossiers que ceux d'une date plus ancienne, associés en France à des ossements de mammifères d'espèces perdues, et dont nous reparlerons plus tard. Les monticules ont une hauteur qui varie de 1 à 3 mètres, et la surface de quelques-uns d'entre eux a atteint jusqu'à 300 mètres de long sur 45 à 60 de large. Ils sont rarement placés à plus de 3 mètres au-dessus du niveau de la mer et ne sortent pas des limites de son voisinage immédiat ; sinon (et dans certains cas ils sont à plusieurs milles du rivage), on doit attribuer cet éloignement au passage d'un courant faible qui a déposé des sédi-

moire sur les monticules de coquilles du Danemark, dans le numéro d'octobre de la *Natural History Review*, 1861; il y décrit, p. 489, le résultat de sa récente visite en Danemarck, faite en compagnie de M. Busk.

ments, ou à la présence d'un dépôt tourbeux dont l'accroissement a fait avancer la terre sur la Baltique, comme cela se passe encore en bien des endroits ; il faut y ajouter, d'après M. Puggaard, le soulèvement très-lent de toute la contrée à raison de 5 à 7 centimètres par siècle.

Un autre fait géographique est également en faveur de l'antiquité de ces monticules ; c'est qu'ils manquent précisément sur les côtes occidentales qui longent l'Océan, et où les vagues en ce moment rongent lentement leurs rivages. Il y a tout lieu de supposer qu'originairement des stations existaient aussi bien le long des bords de l'océan Germanique qu'autour de la Baltique, mais l'érosion graduelle des côtes les a toutes effacées.

Une autre preuve frappante, la plus concluante peut-être de toutes, que ces amas de débris sont fort anciens, est tirée des caractères de coquilles qui s'y trouvent accumulées. Ce ne sont que des espèces vivantes; mais, en premier lieu, l'huître comestible ordinaire, qu'on y trouve, a toute sa taille, tandis que la même *Ostrea edulis* ne peut vivre maintenant dans les eaux saumâtres de la Baltique que près de son entrée, où la prédominance de forts vents du nord-ouest provoque fréquemment un courant venant de l'Océan et apportant une grande masse d'eau salée. Ainsi l'on voit que durant toute la période d'accumulation des monticules de coquilles, l'huître prospérait à des endroits d'où elle est maintenant exclue. On peut en dire autant du *Cardium edule*, du *Mytilus edulis*, de la *Littorina littorea* (sourdon, moule, bigorneau), qu'on rencontre en grand nombre dans les « amas de débris ; » ils ont les dimensions qu'ils atteignent ordinairement dans l'Océan, tandis que les mêmes espèces, vivant encore dans les parties immédiatement voisines de la Baltique, n'arrivent qu'au tiers de leur grandeur naturelle, restant rabougries et arrêtées dans leur croissance, grâce à la quantité d'eau douce versée par les rivières dans cette mer intérieure (1). Nous pouvons avec toute

(1) Voir *Principles of Geology*, chap. xxx.

certitude en conclure qu'aux jours des chasseurs et des pêcheurs originaires, l'Océan avait un plus libre accès qu'à présent dans la Baltique, et communiquait probablement avec elle à travers la presqu'île du Jutland, qui, à une époque assez récente a été un archipel. Et même, dans le cours du siècle présent, les eaux salées ont fait irruption dans la Baltique par le Lymfiord, dont l'accès leur est de nouveau interdit; il est d'ailleurs encore constant qu'aux temps historiques, d'autres canaux ont été ouverts qui sont maintenant refermés [1].

Si maintenant nous nous reportons aux restes des vertébrés conservés dans ces monticules, nous trouvons qu'ici, aussi bien que dans les tourbières du Danemark, tous les quadrupèdes appartiennent à des espèces connues pour avoir, de mémoire d'homme, habité l'Europe. On n'y voit point de restes de mammouth, de rhinocéros, ou d'aucune espèce éteinte, excepté ceux du bœuf sauvage, (*Bos urus*, Linn., ou *Bos primigenius*, Bojanus), dont le nombre considérable prouve que cette espèce était une nourriture favorite de ces anciennes peuplades. Mais comme cet animal a été vu par Jules César, et a encore survécu longtemps à cette époque, sa présence seule pourrait presque être une preuve de la haute antiquité de ces tumulus. Le bison de Lithuanie ou l'Aurochs, (*Bos bison*, L., *Bos priscus* Boj.), qui n'a dû d'échapper à une destruction complète que grâce à la protection des czars de Russie, et qui existe encore dans une forêt de la Lithuanie, l'Aurochs n'a point encore été rencontré, mais nul doute qu'on ne le découvre plus tard, comme cela a déjà eu lieu dans les tourbes du Danemark. Le castor, depuis longtemps détruit en Danemark, se trouve fréquemment, ainsi que le phoque, (*Phoca gryppus*, Fab.), maintenant très-rare sur la côte danoise. A ces os sont mélangés ceux du daim et du chevreuil; mais le renne manque jusqu'à présent. Il y a aussi des os de plusieurs carnivores, le lynx, le renard, le loup, par exemple, mais aucune trace d'animaux domestiques autres que le chien.

(1) Voir Morlot, *Bulletin de la Société vaudoise des sciences naturelles*, t. VI.

Les os longs des grands mammifères ont tous été brisés, comme s'ils l'avaient été par un instrument, et dans le but de permettre l'extraction de la moelle ; les parties cartilagineuses ont toutes été rongées comme elles l'eussent été par des chiens : et c'est à la présence de cet animal qu'on attribue l'absence presque complète des os de jeunes oiseaux, ou des petits os et des parties tendres des squelettes d'oiseaux en général, même de ceux de grandes dimensions. Comme confirmation de cette dernière supposition, il a été prouvé, par les expériences de M. le professeur Steenstrup, que si l'on donne maintenant à des chiens les mêmes espèces d'oiseaux, les parties du squelette qu'ils dévoreront seront celles qu'on ne retrouve plus, et celles qu'ils laisseront, seront précisément celles que nous ont conservées les anciens amas de débris.

Le chien des monticules de coquilles, qui en est le seul animal domestique, est d'une race plus petite que celui de l'âge de bronze, comme nous le montrent les tourbières, et le chien de l'âge de bronze est d'une taille et d'une force inférieures à celui de l'âge de fer. Le bœuf domestique, le cheval et le mouton, qui manquent dans les monticules, sont confinés dans la partie de la tourbe du Danemark dont la croissance a eu lieu aux âges de bronze et de fer.

De tous les os d'oiseaux il n'en est peut-être pas de plus fréquents que ceux du pingouin, (*Alca impennis*), maintenant éteint en Europe, disparu récemment en Islande, mais qu'on dit vivre encore au Groenland, où cependant le nombre en diminue rapidement. On rencontre aussi, avec l'espèce précédente, le coq de bruyère, (*Tetrao urogallus*), qu'on suppose avoir fait sa nourriture des bourgeons du pin d'Écosse, au temps où cet arbre florissait autour des marais tourbeux. Les différents états d'accroissement des cornes du chevreuil et la présence du cygne sauvage, qui ne visite maintenant ces contrées que pendant l'hiver, ont été invoqués comme des preuves que les aborigènes résidaient dans les mêmes campements pendant tout le cours de l'année. Ils s'aventuraient aussi sur la mer dans des canots creusés dans un seul tronc d'arbre comme ceux qu'on trouve maintenant dans les tourbières, et ils allaient pêcher loin de la côte; la preuve nous en est fournie par les débris osseux de plusieurs espèces de haute mer, telles que le hareng, la morue, le carrelet. Mais ces anciennes peuplades n'étaient point cannibales, car il n'y a point d'ossements humains mêlés aux dépouilles des animaux qu'ils chassaient. Pourtant on a trouvé des crânes non-seulement dans la tourbe, mais encore dans des tumulus de la période de pierre qu'on croit être contemporains des amas de débris. Ces crânes sont petits et ronds, ont une saillie proéminente au-dessus des orbites, et montrent que cette race ancienne était de petite taille, à tête ronde, et à sourcils saillants, en un mot avait une grande ressemblance avec les Lapons modernes. Les crânes humains de l'âge de bronze trouvés dans la tourbe du Danemark, et ceux de l'âge de fer, sont au contraire de forme allongée et de plus grande taille. Il paraît y avoir très-peu d'exemples bien authentiques de crânes pouvant se rapporter à la période de bronze; il faut sans aucun doute attribuer cette circonstance à la coutume en vigueur chez les populations de cette époque, de brûler leurs morts et de recueillir leurs os dans des urnes funéraires.

On n'a découvert jusqu'à présent aucune espèce de céréales ni autre indice de connaissances agricoles chez ces peuplades; les seuls restes végétaux des monticules sont des morceaux de bois brûlés et une certaine substance carbonisée rapportée par le docteur Forchhammer au *Zostera marina*, plante marine qui peut-être servait à la production du sel.

L'ancienneté probable des premiers restes humains conservés dans les tourbes du Danemark ne saurait s'évaluer en siècles avec quelques chances d'exactitude. Car tout d'abord, en ne reculant que jusqu'à l'âge du bronze, nous nous trouvons déjà hors des limites de l'histoire ou même de la tradition. Au temps des Romains, les îles du Danemark étaient, comme à présent, couvertes de magnifiques forêts de hêtres. Nulle part au monde cet arbre ne fleurit encore d'une façon plus splendide qu'en Danemark, et dix-huit siècles semblent n'avoir eu aucune influence sur le caractère de la végétation des forêts. Dans la période qui précède celle du bronze, il n'y a point de hêtres, ou tout au plus quelques individus isolés : le pays était alors couvert de chênes. Dans l'âge de pierre, au contraire, le pin d'Écosse dominait et déjà ces vieilles forêts étaient habitées par l'homme. On ne peut faire que de vagues conjectures sur le nombre des générations de chaque espèce d'arbre qui fleurirent successivement avant que le pin fût remplacé par le chêne, et le chêne par le hêtre; mais le minimum du temps nécessaire à la formation de cette quantité de tourbe peut aller à 4,000 ans, si l'on s'en rapporte à l'estimation de Steenstrup et autres bonnes autorités; mais aucune observation relative à l'accroissement de la tourbe n'empêche d'admettre que ce nombre de siècles ait pu être quatre fois aussi grand, encore que les traces de l'existence de l'homme n'aient pas été suivies jusque dans les couches amorphes les plus basses. Quant aux monticules de coquilles, leur date correspond à celle des plus anciens niveaux de la tourbe ou à la première partie de l'âge de pierre tel qu'on le connaît en Danemark.

Anciennes habitations lacustres de la Suisse, bâties sur pilotis.

Dans les parties basses de plusieurs lacs de Suisse, en des points où la profondeur atteint 1 mètre 50 ou 4 mètres 50 au plus, on a observé d'anciens pilotis de bois, renversés quelquefois sur le fond de vase, et quelquefois le dépassant légèrement. Ils ont évidemment servi de supports à des villages, presque tous d'une date inconnue, mais dont les plus anciens appartenaient certainement à l'âge de pierre, car des centaines d'instruments semblables à ceux des monticules de coquilles et des tourbières du Danemark ont été retirés de la vase dans laquelle les pilotis étaient enfoncés.

La première description historique relative à des habitations de cette nature est la relation que nous a donnée Hérodote d'une tribu de la Thrace, qui habitait, en l'an 520 avant J. C., le lac Prasias : c'est un petit lac des montagnes de la Péonie, pays qui maintenant fait partie de la Roumélie moderne ([1]).

Leurs habitations étaient construites sur des plates-formes élevées au-dessus du lac et reposant sur des pilotis. Elles étaient reliées au rivage par une étroite chaussée de construction analogue. Ces plates-formes doivent avoir couvert une étendue considérable, car les Péoniens y vivaient avec leurs familles et leurs chevaux. Leur nourriture se composait en grande partie du poisson que le lac produisait en abondance.

Un pareil poste, isolé comme dans une île, devait, à cette époque grossière et peu tranquille, offrir une sûre retraite, toute communication avec la terre étant interceptée, excepté par bateaux ou par des ponts de bois construits de façon à pouvoir s'enlever facilement.

Les habitations lacustres de la Suisse paraissent avoir pour la première fois attiré l'attention pendant l'hiver très-sec de 1853-1854, où les rivières et les lacs atteignirent le niveau le plus bas qu'on leur eût jamais connu, et où les habitants de Meilen, sur le lac de Zurich, entreprirent d'élever la surface d'un certain espace et de le transformer en terrain émergé, en y jetant la vase qu'ils draguaient dans les eaux basses environnantes. Pendant les travaux de draguage, on découvrit une grande quantité de pilotis de bois profondément enfoncés dans le lit du lac, et, entre eux, beaucoup de marteaux, de haches et d'autres instruments. Tous ces objets appartenaient à l'âge de pierre, sauf deux exceptions, un bracelet en fil de laiton et une petite hachette de bronze.

Les fragments de poterie grossière façonnée à la main étaient abondants, ainsi que les morceaux de bois carbonisés ayant probablement fait partie de la plate-forme sur laquelle reposaient les cabanes de bois. Ces morceaux de bois

([1]) Hérodote, liv. V, chap. XVI. — Redécouvert par M. Deville, *Nat. Hist. Review*, octobre 1862, vol. II, p. 486.

de charpente carbonisés se trouvèrent en telle quantité en ce point et en d'autres explorés ensuite, qu'on est conduit à conclure que la majeure partie de ces établissements ont dû périr par le feu. Hérodote nous rapporte que les Péoniens, cités plus haut, conservèrent leur indépendance pendant l'invasion des Perses, et défièrent les attaques de Darius, grâce à la position particulière de leurs habitations. « Ce qui les sauva, remarque M. Wylie [1], c'est probable- « ment la position de leurs demeures au milieu du lac, ἐν « μέσῃ τῇ λίμνῃ, tandis que les anciens habitants de la Suisse « étaient forcés, par l'accroissement rapide de la profondeur « de l'eau sur les bords de leurs lacs, de construire leurs ha- « bitations à une faible distance du rivage; ils se trouvaient « ainsi à petite portée d'arc de la terre, et par conséquent à « portée aussi des projectiles enflammés contre lesquels des « toits de chaume et des murs de bois étaient une faible « protection. » C'est probablement à ces circonstances et aux incendies accidentels, que nous devons la conservation fréquente, dans la vase environnant les emplacements de ces anciennes demeures, des outils et des objets travaillés les plus précieux, et tels qu'il n'en a jamais dû être jeté dans les monticules de coquilles du Danemark, qu'on a fort bien comparés à de modernes trous à fumier.

Le docteur Ferdinand Keller, de Zurich, a rédigé une série de fort intéressants mémoires illustrés de planches bien faites représentant les trésors de pierre, de bronze et d'os qui sont sortis de ces gisements noyés, et a donné une restauration idéale d'une partie de ces anciens villages (fig. 1) [2], tel qu'il conçoit qu'ils ont dû exister sur les lacs de Zurich et de Bienne. Pour dessiner cette vue il ne s'en est pourtant pas

(1) W. M. Wylie, M. A., *Archæologia*, vol. XXXVIII, 1859; note pleine d'intérêt sur les habitations lacustres de Suisse et d'Irlande.

(2) Keller, Pfahlbauter, *Antiquarische Gesellschaft in Zürich*, vol. XII, XIII, 1858-1861. Dans le cinquième numéro de *Natural History Review*, 9 janvier 1862, M. Lubbock a publié un excellent résumé des ouvrages des écrivains suisses sur leurs habitations lacustres.

simplement rapporté à son imagination, mais s'est servi d'un croquis d'habitations semblables, publié par Dumont-d'Urville, et pris dans la Nouvelle-Guinée, chez les Papous de la baie de Dorei. Il est d'ailleurs établi par le docteur Keller que sur la rivière Limmat, près de Zurich, il y avait encore au siècle dernier plusieurs huttes de pêcheurs bâties sur le même plan (1). On verra qu'une de ces cabanes est représentée comme circulaire. Il est probable que telle était la forme d'un certain nombre de celles de la Suisse, du moins peut-on le conclure à peu près de la forme de quelques morceaux de terre glaise ayant servi de parement intérieur, et qui paraissent devoir leur conservation à l'action du feu qui les a durcies lors de l'incendie du village. Dans le dessin se voient plusieurs filets étendus pour sécher sur la plate-forme de bois. Les archéologues suisses ont trouvé d'abondantes preuves de l'existence des engins de pêche; ce sont des morceaux de cordes, des hameçons et des pierres ayant dû servir de poids. On a aussi placé dans le dessin un canot tel que ceux que l'on rencontre quelquefois. L'un d'eux, fait d'un seul tronc d'arbre, long de 15 mètres et large de 1 mètre 20, fut trouvé chaviré au fond du lac de Bienne; il paraît avoir été chargé de pierres, comme cela se fait dans certains cas, pour établir les fondations d'îles artificielles.

On pense qu'il pouvait y avoir jusqu'à 300 huttes de bois dans un seul cantonnement, et qu'elles ont pu contenir un millier d'habitants. A Wangen, M. Lohle a calculé qu'il y avait eu 40,000 pilotis, qui probablement n'ont pas tous été plantés à la même époque ni par la même génération. Au nombre des ouvrages de grand mérite consacrés exclusivement à la description des habitations lacustres de la Suisse, nous devons mentionner celui de M. Troyon (2), publié en 1860. Le nombre de pareils emplacements dont lui et d'autres auteurs ont déjà fait le recensement en Suisse est vrai-

(1) Keller, *Antiquarische Gesellschaft in Zürich*, vol. XII, XIII, 1858-1861.
(2) *Sur les habitations lacustres*. Paris.

ment surprenant. On les rencontre sur les grands lacs de Constance, de Zurich, de Genève et de Neufchâtel, et sur la plupart des petits lacs. Certains sont exclusivement de l'âge de pierre, d'autres de celui de bronze. On parle de plus de vingt de ces derniers sur le seul lac de Genève, de douze sur le lac Neufchâtel, et de dix sur le petit lac de Bienne.

Un des premiers emplacements étudiés par les antiquaires suisses fut le petit lac de Moosseedorf, près de Berne, d'où l'on a extrait des instruments de pierre, de corne et d'os, mais aucun de métal. Quoique le silex dont on se servait ait dû venir d'une grande distance (probablement du sud de la France), les éclats de cette matière y sont en telle profusion, qu'on est forcé d'admettre qu'il y avait en ce lieu une manufacture de ces outils. Là aussi, comme en plusieurs autres cantonnements, on a remarqué des hachettes et des coins d'une espèce de jade, qui, dit-on, ne se trouve ni en Suisse ni dans les parties voisines de l'Europe, et que quelques minéralogistes voudraient faire venir de l'Orient. L'ambre qui y existe aussi a probablement été apporté des rivages de la Baltique.

A Wangen, près de Stein, sur le lac de Constance, une autre des plus anciennes habitations lacustres, on a rencontré des hachettes de serpentine et de diorite, avec des têtes de flèches de quartz. C'est aussi de là que viennent des restes d'une sorte d'étoffe, qu'on croit être de lin, et qui n'est pas tissée mais tressée. M. le professeur Heer a reconnu des fragments carbonisés de tiges de froment, (*Triticum vulgare*), des grains d'une autre espèce, (*Triticum dicoccum*), de l'orge, (*Hordeum distichon*), des gâteaux ronds et plats de pain, puis, à Robbenhausen et encore ailleurs, de beaux épis de *Hordeum hexastichon*, la même espèce d'orge que celle qui accompagne les momies d'Égypte. Le tout montre clairement que, pendant la période de la pierre, toutes ces céréales étaient cultivées

(1) Le nombre total des habitations lacustres énumérées par le docteur Keller, en juin 1863, s'élève à 162.

par les habitants des lacs, qui d'ailleurs avaient réduit à l'état domestique le chien, le bœuf, le mouton et la chèvre.

On trouve encore dans la vase des pommes et des poires carbonisées, de petites dimensions, telles qu'elles croissent encore dans les forêts de la Suisse, des noyaux de prunes sauvages, des graines de framboisiers et de ronces, des faînes et une énorme quantité de noisettes.

Le docteur Keller fait remarquer que le lin tissé a été trouvé dans six localités (1862), et la toile tressée dans deux seulement, Robbenhausen et Nieder-Wyl.

Près de Morges, sur le lac de Genève, cantonnement de l'âge de bronze, on n'a pas dragué moins de 40 hachettes de ce métal, et dans bien d'autres localités le nombre et la variété d'armes et d'ustensiles découverts dans un parfait état de conservation est vraiment étonnant.

Il est à remarquer que jusqu'à présent tous les cantonnements de la période de bronze sont confinés dans la Suisse centrale et occidentale. On n'a encore découvert que ceux de l'âge de pierre dans les lacs situés le plus à l'est. Moosseedorf, cité ci-dessus, montre, dit Keller, un exemple de gisement de l'âge de pierre entouré par d'autres appartenant à la période du bronze.

Les outils, les ornements et les poteries de la période du bronze en Suisse offrent une ressemblance parfaite avec ceux de l'âge correspondant en Danemark, et attestent ainsi le règne général d'une civilisation uniforme à cette époque sur toute l'Europe centrale. Dans un petit nombre des stations aquatiques de la Suisse on observe le mélange des instruments et des objets travaillés de bronze et de fer, mais dans aucun d'eux on n'a trouvé de monnaies. A Tiefenau, près de Berne, lieu qu'on suppose avoir été un champ de bataille, on a extrait des monnaies et des médailles de bronze et d'argent frappées à Marseille, de fabrication grecque, et appartenant à la première partie de l'âge de fer, à celle qui précède l'ère romaine.

Dans les cantonnements de l'âge de bronze, les pilotis ne sont pas aussi détériorés que dans ceux de la période de la pierre; les premiers ont été détruits jusqu'au niveau de la vase, tandis que ceux de l'âge suivant s'élèvent encore au-dessus d'elle, comme cela se voit, par exemple, au lac de Bienne.

M. le professeur Rütimeyer, de Bâle, bien connu des paléontologistes par d'importants mémoires sur les vertébrés fossiles, a récemment publié une description scientifique d'un haut intérêt : c'est celle des restes animaux extraits par le draguage des différents gîtes où ils avaient été enfouis pendant des siècles dans la vase que traversent les pilotis (1).

Ces os sont aux habitants primitifs de la Suisse et à quelques-uns de leurs successeurs immédiats ce que sont les os des « amas de débris » du Danemark aux anciennes tribus de pêcheurs et de chasseurs qui vivaient sur les rivages de la Baltique.

La liste des mammifères sauvages énumérés dans cet excellent ouvrage ne contient pas moins de vingt-quatre espèces, sans compter les espèces domestiques; il faut y joindre dix-huit espèces d'oiseaux, entre autres le cygne sauvage, l'oie, et deux canards; puis trois reptiles, dont la grenouille comestible et la tortue d'eau douce; et enfin, neuf espèces de poissons. Ces quarante espèces, à une exception près, vivent encore en Europe. Cette exception est le taureau sauvage, (*Bos primigenius*), qui, on l'a montré ci-dessus, a vécu encore pendant les temps historiques. Voici la liste des mammifères dont nous avons parlé : l'ours, (*Ursus arctos*), le blaireau, la martre commune, le putois, l'hermine, la belette, la loutre, le loup, le renard, le chat sauvage, le hérisson, l'écureuil, le mulot, (*Mus sylvaticus*), le lièvre, le castor, le porc (comprenant deux races, le sanglier sauvage et le porc des marais), le cerf, (*Cervus elaphus*), le chevreuil, le daim, l'élan, le bouquetin, (*Capra ilex*), le chamois, le bison de Lithuanie, et le bœuf sauvage. Quant aux espèces domestiques, c'étaient le chien, le cheval, l'âne, le porc, la chèvre, et plusieurs races bovines.

(1) *Die Fauna der Pfahlbauten in der Schweiz.* Basel, 1861.

Le plus grand nombre de ces animaux, sinon tous, servaient de nourriture, et tous les os à moelle ont été fendus et ouverts de la même manière que l'ont été ceux des monticules de coquilles du Danemark dont nous avons déjà parlé. Les os du taureau sauvage et du bison sont invariablement fendus de cette manière. En règle générale, les mâchoires inférieures se trouvent en plus grande abondance que les autres parties du squelette, fait qui s'applique également bien, comme le savent les géologues, aux mammifères fossiles de toutes les époques. Le renne manque d'ailleurs dans les cantonnements lacustres de la Suisse comme dans les amas de débris du Danemark, quoique cet animal, à une époque plus ancienne, ait vécu en France avec le mammouth et se soit avancé au sud jusqu'aux Pyrénées.

En comparant avec soin les os des différents gisements, on constate que dans les cantonnements comme Wangen et Moosseedorf appartenant au premier âge de pierre, où l'habitude de la chasse laissait peu de place à la vie pastorale, on mangeait plus la chair du cerf et du chevreuil que la viande du bœuf et du mouton. L'inverse eut lieu ensuite à l'âge de bronze. A cette période postérieure, le cochon domestique, qui manque dans quelques-uns des plus anciens gisements, a remplacé le sanglier dans la nourriture habituelle. Au commencement de l'âge de pierre, en Suisse, le nombre des chèvres dépasse celui des moutons; mais après la fin de cette période le mouton devient plus abondant que la chèvre.

Le renard était très-commun à la première époque, mais il disparaît presque à l'âge de bronze, époque à laquelle un grand chien, importé probablement en Suisse d'un pays étranger, devient le principal représentant de la race canine.

On n'a trouvé jusqu'ici à Moosseedorf qu'un fragment d'os de lièvre, (*Lepus timidus*); l'absence presque absolue de ce quadrupède semble prouver que les habitants des lacs de la Suisse ne mangeaient pas cet animal, et étaient retenus par quelque superstition analogue à celle qui règne encore chez les Lapons, et que Jules César trouva en pleine vigueur chez les anciens

Bretons [1]. Ce fait, de s'être nourri si abondamment du renard et de s'être abstenu de toucher au lièvre, établit, dit Rütimeyer, un singulier contraste entre les goûts de cette époque et les nôtres.

Même dans les plus anciens cantonnements, comme on l'a dit plus haut, on trouve plusieurs animaux domestiques, par exemple, le bœuf, le mouton, la chèvre et le chien. Chacun des trois derniers n'est représenté que par une race; mais il y avait deux races de bêtes à cornes; la plus commune était de petite taille : Rütimeyer l'appelle *Bos brachyceros*, (*Bos longifrons*, Owen), c'est le bœuf des marais; l'autre est une variété du bœuf sauvage. Mais comme on n'a point encore trouvé de crânes, cette identification n'est pas aussi certaine qu'on pourrait le désirer. Il est néanmoins hors de doute qu'à une époque postérieure, vers la fin de l'âge de pierre et au commencement de celui de bronze, les habitants des lacs aient réussi à dompter le formidable *Bos primigenius*, l'urus de César, qu'il a décrit comme étant si féroce, si rapide, si fort, et d'une taille à peine inférieure à celle de l'éléphant. Les os de cet animal à l'état domestique étaient moins massifs, moins pesants, et ses cornes plus petites que celles des individus sauvages; mais, malgré la domestication, ses dimensions rivalisaient avec celles des plus grands bestiaux actuels, ceux de la Frise, par exemple, dans le nord de la Hollande. Là où il est le plus abondant, comme à Concise, sur le lac de Neufchâtel, il a presque remplacé la petite race, le *Bos brachyceros*, et a été accompagné, pendant un temps assez court, d'une troisième variété bovine, appelée *Bos trochoceros*, race d'Italie, qu'on suppose avoir été apportée du versant sud des Alpes [2]. Cette dernière race ne paraît avoir vécu que peu de temps en Suisse.

Le bœuf sauvage (*Bos primigenius*) aurait ainsi, pendant un temps, existé à la fois à l'état sauvage et à l'état domestique,

(1) *Commentaires*, liv. V, chap. XII.
(2) *Ibid.*

précisément comme à présent le porc domestique existe à côté du sanglier; Rütimeyer se range à l'opinion de Cuvier et de Bell [1], en considérant nos grandes races de bétail du nord de l'Europe comme les descendants du bœuf sauvage, ce qu'Owen conteste [2].

Dans la dernière partie de la période de la pierre il y avait, selon Rütimeyer, deux races de porc domestique : l'une, grande, dérivée du sanglier; l'autre, plus petite appelée porc des marais, *sus scrofa palustris*. On pourra demander comment l'ostéologie permet, au seul examen du squelette, de distinguer dans une même espèce les races sauvages et les races apprivoisées. Un des premiers caractères sur lesquels on s'appuie est la diminution d'épaisseur des os et la petitesse comparative des saillies d'attache des muscles ; puis, la plus petite dimension des défenses de toute la mâchoire et du crâne dans le sanglier, par exemple ; de même, la dimension réduite des cornes du bœuf, et bien d'autres modifications qui sont l'effet d'une alimentation régulière et de l'absence complète pour l'animal du besoin d'exercer son activité et ses forces, pour se procurer sa nourriture et se défendre de ses ennemis.

Une race de chiens de taille moyenne se perpétue sans altération au travers de toute la période de la pierre; mais la population de l'âge de bronze possédait un grand chien de chasse et y joignait une petite race de cheval, genre dont on n'a découvert que très-peu de traces dans les plus anciens cantonnements : une seule dent, par exemple, à Wangen, et seulement un ou deux os à deux ou trois autres endroits.

A mesure qu'on passe des gisements les plus anciens aux plus modernes, on constate facilement la disparition de l'élan, du castor, et la rapide réduction du nombre des ours, des cerfs, des chevreuils et des tortues d'eau douce. L'aurochs, ou bison de Lithuanie, paraît avoir disparu de la Suisse vers le temps où les armes de bronze devinrent en

(1) *British quadrupeds*, p. 415.
(2) *British fossil Mammal.*, p. 500.

usage. C'est seulement dans un petit nombre des plus récentes habitations lacustres, telles que Noville et Chavannes, dans le canton de Vaud, (rapportées par les antiquaires au sixième siècle), que l'on peut observer quelques traces du chat domestique, du mouton à cornes recourbées, et enfin des os du poulet domestique.

Après le sixième siècle, il ne paraît plus y avoir eu d'extinction d'aucun quadrupède sauvage ni d'introduction d'aucune espèce apprivoisée. Mais la faune continue à se modifier par la continuelle diminution du nombre des espèces sauvages et par la diversité croissante des espèces domestiques, diversité due aux croisements, surtout dans le cas du chien, du cheval et du mouton. Au surplus, selon M. le professeur Rütimeyer, la divergence entre les races domestiques et leurs types originaires, est, comme le montrent Wangen et Moosseedorf, restreinte dans d'étroites limites. Pour la chèvre, elle est restée avec sa forme première presque inaltérée. La petite race de moutons à cornes de chèvre habite encore quelques vallées des Alpes près des sources du Rhin, et dans la même région on peut encore voir une race de porcs correspondant à la variété domestique du *Sus scrofa palustris*.

Au milieu de cette profusion de restes d'animaux on n'a découvert qu'un très-petit nombre d'os humains; et, jusqu'ici, un seul crâne, extrait à Meilen, sur le lac de Zurich, et datant de la première période de la pierre, paraît avoir été l'objet d'une étude sérieuse. M. le professeur His, qui l'a examiné, remarque qu'au lieu de la forme petite et arrondie propre à ceux des tourbières du Danemark, il offre un type beaucoup plus rapproché du type dominant encore en Suisse, lequel est intermédiaire entre les formes courtes et allongées (1).

Ainsi donc, autant que nous puissions fonder un raisonnement sérieux sur un seul spécimen, nous pouvons admettre qu'il n'y a pas eu de changement de race notable dans la po-

(1) Rütimeyer, *Die Fauna der Pfahlbauten in der Schweiz*, p. 181

pulation humaine de la Suisse pendant les périodes que nous venons d'envisager.

C'est encore une question de savoir si quelques-uns de ces gisements submergés d'anciens débris en Suisse remontent à une époque aussi éloignée que ceux des monticules de coquilles du Danemark, attendu que dans ces derniers on ne trouve d'autre animal domestique que le chien, et aucune trace de la culture du blé ou de l'orge ; tandis que dans les plus anciens cantonnements de la Suisse, à Wangen, nous n'avons pas vu apparaître moins de trois céréales et quatre sortes d'animaux domestiques. D'ailleurs on risque fort de faire des erreurs quand on se lance dans la discussion des titres respectifs à l'antiquité d'aussi anciennes tribus, dont certaines ont pu pendant des siècles rester isolées et stationnaires dans leurs habitudes, pendant que d'autres progressaient et se perfectionnaient.

Ne savons-nous pas que les nations, soit avant, soit après l'introduction des métaux chez elles, peuvent se tenir à des niveaux de civilisation très-différents, malgré les échanges commerciaux qui s'établissent entre elles, et même quand elles sont séparées par une distance bien inférieure à celle des Alpes à la Baltique ?

Les tentatives des géologues et des archéologues suisses pour estimer avec précision en années l'ancienneté des périodes de bronze et de pierre sont encore, de leur aveu, fort imparfaites ; mais elles méritent l'attention et me paraissent promettre de beaux résultats. Le calcul le plus consciencieux est celui qu'a fait M. Morlot relativement au delta de la Tinière, torrent qui se jette dans le lac de Genève, près de Villeneuve. Ce delta, peu étendu, auquel le torrent fait de nouvelles additions chaque année, se compose de sable et de gravier. Sa forme est celle d'un cône aplati, et sa structure intérieure a été dernièrement mise au jour par une tranchée de chemin de fer de 500 mètres de long et de 7 mètres de profondeur. La régularité de sa structure montre qu'il s'est formé peu à peu et par l'action uniforme d'une même cause. La tranchée a coupé à différentes profondeurs trois couches de terre végétale, dont chacune doit à une certaine époque avoir formé la surface du cône. La première recouvre une surface de 1,600 mètres carrés ; elle a une épaisseur d'environ 12 centimètres et se trouve à peu près à 1 mètre 30 au-dessous de la surface du cône actuel. Cette couche supérieure est de l'époque romaine et contenait des tuiles et une médaille romaines. La seconde couche, occupant une surface de 2,700 mètres carrés, a 15 centimètres d'épaisseur et se trouve à 3 mètres de profondeur. On y a trouvé des fragments de poterie non vernissée et une paire de pinces en bronze indiquant l'âge de bronze. La troisième couche, s'étendant sur 4,000 mètres carrés, a 15 ou 17 centimètres d'épaisseur, et se trouve à 6 mètres de profondeur. Elle contenait des fragments de poterie grossière, des morceaux de bois carbonisés, des os brisés, et un squelette humain ayant un crâne petit, rond et fort épais. M. Morlot, admettant que la période romaine se place à seize ou dix-huit siècles en arrière, attribue à l'âge de bronze une ancienneté de 3,000 à 4,000 ans, et fait remonter l'époque la plus ancienne, l'âge de pierre, à 5,000 ou 7,000 ans.

Un autre calcul a été fait par M. Troyon pour arriver à la date approchée d'un ancien cantonnement bâti sur des pilotis conservés dans un terrain tourbeux à Chamblon, près d'Yverdun, sur le lac de Neufchâtel. L'emplacement de l'ancienne ville romaine d'Eburodunum, (Yverdun), touchant le lac autrefois et séparée maintenant du rivage par une zone de terre ferme nouvellement conquise d'une largeur de 830 mètres, montre la vitesse avec laquelle le lit du lac s'est comblé des sédiments des cours d'eaux pendant quinze siècles. Admettant que cette vitesse de retrait du rivage fut la même avant la période romaine, les pilotis de Chamblon, qui sont de l'âge de bronze, remontent au moins à 3,300 ans.

On doit à M. Victor Gilliéron, de Neuveville, sur le lac de Bienne, un troisième calcul que m'a communiqué M. Morlot. Il est relatif à l'âge d'une habitation lacustre dont les ossements de mammifères sont rapportés par M. Rütimeyer à la première partie de l'âge de pierre de la Suisse, et à une époque correspondante au cantonnement de Moosseedorf.

Les pilotis en question se trouvent au pont de Thièle, entre les lacs de Bienne et de Neufchâtel. Le vieux couvent de Saint-Jean, fondé il y a environ 750 ans, et bâti à l'origine sur le bord du lac de Bienne, est maintenant à une distance considérable du rivage, et offre un moyen de mesurer la vitesse d'avancement de la terre aux dépens du lac pendant sept siècles et demi. Admettant que la vitesse avec laquelle l'eau est remplacée par la terre marécageuse soit la même qu'autrefois, nous devons ajouter seize siècles pour la formation du marécage qui sépare le couvent de l'emplacement des anciennes habitations du pont de Thièle, ce qui fait en tout 6,750 ans. M. Morlot, après avoir examiné le sol, pense qu'il est extrêmement probable que la forme du fond sur lequel repose le marécage est uniforme ; mais aucune fouille n'a permis jusqu'ici de vérifier ce point important. Le résultat, s'il est prouvé, concorderait parfaitement avec le calcul chronologique, cité plus haut, relatif à la période de la pierre, à Tinière. N'ayant pas moi-même visité les lieux depuis qu'on a pour la première fois osé se livrer à ces supputations chronologiques, je suis incapable d'entrer dans la discussion critique des objections qui se sont élevées contre deux d'entre elles, ou de juger la valeur des réponses à l'appui.

Habitations lacustres de l'Irlande ou crannoges.

Les habitations lacustres des Iles Britanniques n'ont point été explorées avec autant de zèle scientifique que celles de la Suisse dans ces dix dernières années ; on sait pourtant qu'elles sont nombreuses, et, quand on aura pris la peine de les examiner avec soin, elles jetteront à coup sûr un grand jour sur les époques du bronze et de la pierre.

Dans les lacs de l'Irlande seulement, on n'a pas découvert moins de 46 exemples d'îles artificielles, appelées *crannoges*.

Il s'en voit dans les comtés de Leitrim, Roscommon, Cavan, Down, Monaghan, Limerick, Meath, King's County et Tyrone [1]. Certaines de ces îles, appartenant à la catégorie des « stockaded island » (îles palissadées), comme on les appelle quelquefois, étaient ainsi formées, selon M. Digby Wyatt : On plaçait au fond du lac des madriers de chêne horizontaux, portant des poteaux verticaux de chêne de 1 mètre 80 à 2 mètres 50 de haut assemblés à mortaise, et on les reliait entre eux par des entretoises de chêne, jusqu'à ce qu'on eût ainsi formé une enceinte circulaire.

A Lagore, un espace de 173 mètres de diamètre ainsi entouré était divisé par des charpentes en divers compartiments qui ont été trouvés remplis de boue ou de terre de laquelle on a retiré « d'énormes quantités d'ossements de bœufs, de porcs, de daims, de chèvres, de moutons, de chiens, de renards, de chevaux et d'ânes. » On les a tous découverts au-dessous de 5 mètres 30 de vase, et ils ont été employés comme engrais ; mais on dit qu'il y en a quelques échantillons qui ont été conservés au musée de la Royal Irish Academy. Du même endroit a été retiré une grande collection d'antiquités, qui, si l'on en croit lord Talbot de Malahide et M. Wylie, peuvent se rapporter aux âges de pierre, de bronze et de fer [2].

Au lac d'Ardekillin, comté de Roscommon, on a observé un ilot de forme ovale formé de lits de pierres reposant sur des massifs de charpente. Autour de cet ilot artificiel, ou *crannoge*, ainsi construit, s'élevait un mur en pierres supporté par des pilotis de chêne. Le capitaine Mudge, de la marine royale, a donné une soigneuse description d'une cabane en charpente découverte par lui, en 1833, dans le marais de Drumkellin, comté de Donegal, à 5 mètres au-dessous du sol. Elle avait 1 mètre carré 1/2 de surface et 3 mètres de haut, et était divisée en deux étages ayant chacun 1 mètre 30. Le plancher était en chêne, fendu avec des coins de pierre, dont l'un fut trouvé

(1) W. M. Wylie, *Archæologia*, vol. XXXVIII, p. 8, 1859.
(2) Wylie, p. 8. Il cite le *Archæological Journal*, vol. VI, p. 101.

dans le bâtiment même. Le toit était plat. Une enceinte de pieux avait été élevée autour de la cabane, et les restes d'autres huttes voisines furent vues, mais non explorées. Une hache de pierre trouvée dans l'intérieur de la hutte, un morceau de sandale de cuir, puis une tête de flèche en silex, et, dans le marais, tout à côté, une épée de bois, donnaient les preuves de l'ancienneté de cette construction, qu'on peut regarder comme un type des premières habitations dans les îles crannoges.

« Toute la construction, dit le capitaine Mudge, était le produit d'un travail exécuté avec les instruments les plus grossiers, et qui avait dû coûter d'énormes peines. Le bois des mortaises n'était pas tranché, mais bien plutôt broyé comme par un ciseau de pierre émoussé [1]. » Un ciseau de cette espèce fut trouvé sur le plancher de la hutte, et en le comparant aux empreintes de l'instrument qui avait servi à creuser les mortaises, on trouva « une coïncidence exacte, même avec la légère courbure extérieure du ciseau, mais les bois de la charpente avaient été coupés avec un plus grand instrument en forme de hache ; sur le sol de l'habitation était une pierre de taille plate, de 1 mètre de longueur sur 35 centimètres d'épaisseur, au centre de laquelle a été creusé un petit trou de 20 millimètres de profondeur ; on présume qu'il servait à maintenir les noix que l'on cassait avec les galets ronds trouvés à côté et qui servaient de marteaux. Quelques noisettes entières et une grande quantité de coques brisées jonchaient le sol. »

Les fondations de cette cabane étaient faites de sable fin, tel qu'on le trouve avec les galets sur le rivage de la mer, à environ deux milles. Au-dessous du lit de sable le sol marécageux, ou la tourbe, fut reconnu avec une sonde avoir une épaisseur d'au moins 5 mètres. Quoique la construction, quand on la découvrit, fût remplie de matière tourbeuse, elle paraît, à l'époque où on l'habitait, avoir été entourée d'arbres

[1] Mudge, *Archæologia*, vol. XXVI.

élevés dont on trouve encore en place des troncs et des racines. L'épaisseur de la tourbe superposée ne saurait fournir aucun élément sérieux pour le calcul de l'âge de cette cabane ou de ce village, car j'ai fait voir dans mes *Principes de Géologie* (chap. XLVI), qu'en Angleterre aussi bien qu'en Irlande, depuis les temps historiques, certains marais se sont ouverts et ont rejeté de grandes quantités de boue noirâtre. On sait que ces matières se sont étendues lentement sur le pays, marchant en quelque sorte comme un courant de lave, engloutissant parfois bois et habitations, et les recouvrant d'un sol marécageux de 5 mètres d'épaisseur.

Aucune de ces habitations lacustres de l'Irlande n'était bâtie comme celles de la Suisse sur des plates-formes supportées par des pilotis profondément enfoncés dans la vase. « Le système des constructions des crannoges de l'Irlande ne paraît, dit M. Wylie, offrir aucun parallèle avec celui des eaux de la Suisse. »

CHAPITRE III

FOSSILES HUMAINS ET OBJETS TRAVAILLÉS DE LA PÉRIODE RÉCENTE (SUITE).

Delta et plaine d'alluvion du Nil. — Briques cuites en Égypte avant l'époque romaine. — Fouilles en 1851-1854. — Anciens tumulus de la vallée de l'Ohio. — Leur ancienneté. — Tumulus funéraire à Santos, au Brésil. — Delta du Mississipi. — Anciens restes humains dans les récifs de coraux de la Floride. — Changements dans la géographie physique depuis l'apparition de l'homme. — Canots enfouis dans des couches marines près de Glasgow. — Exhaussement depuis l'occupation romaine des rivages du Firth of Forth. — Baleines fossiles près de Stirling. — Dépôts marins soulevés en Suède sur les côtes de la Baltique et de l'Océan. — Essai d'évaluation de leur âge.

Delta et plaine d'alluvion du Nil.

Des faits nouveaux, et du plus haut intérêt au point de vue de la géologie des terrains d'alluvion de l'Égypte, furent mis au jour entre les années 1851 et 1854, à la suite des recherches opérées par la Société royale de Londres, à l'instigation de M. Léonard Horner, et dont les dépenses furent en partie supportées par cette Société. La partie pratique de l'entreprise fut confiée par M. Horner à un officier d'ingénieurs arméniens, Hekekyan-Bey, qui avait pendant plusieurs années poursuivi ses études scientifiques en Angleterre, et réunissait toutes les qualités requises pour un pareil travail.

On reconnut bientôt que, pour acquérir les renseignements cherchés sur la nature, la profondeur et le contenu de la vase du Nil en différents endroits de la vallée, il fallait avoir des ressources bien supérieures à celles sur lesquelles on avait d'abord compté. Feu le vice-roi Abbas-Pacha, prit généreusement cette dépense à la charge du Trésor, et, après sa mort, son successeur continua cette entreprise avec la même libéralité princière.

Plusieurs ingénieurs et une équipe de soixante travailleurs y furent employés sous la haute surveillance de Hekekyan-Bey; tous aguerris au climat, et capables d'exécuter le percement des puits et les sondages pendant les mois de chaleur, après la retraite des eaux du Nil, et dans une saison qui aurait été fatale aux Européens.

Les résultats d'une importance capitale acquis à la suite de ces recherches furent dus à deux séries de puits et de sondages échelonnés sur des lignes traversant la grande vallée de l'est à l'ouest. L'une de ces séries n'avait pas moins de cinquante et un trous et forages artésiens exécutés dans un endroit où la vallée a une largeur de 25 kilomètres d'un côté à l'autre entre les déserts d'Arabie et de Libye, à la latitude d'Héliopolis, à 12 kilomètres environ au-dessus de la pointe du delta. L'autre ligne de sondages et de forages, au nombre de vingt-sept, était sous le parallèle de Memphis, où la vallée n'a que 8 kilomètres de largeur.

Partout, dans ces coupes, les sédiments traversés étaient de composition identique à celle du limon ordinaire et actuel du Nil, excepté sur les bords de la vallée, où l'on vit alterner avec le limon de minces couches de sable quartzeux comme celui que des vents violents amènent quelquefois du désert voisin.

L'absence fort remarquable de tout caractère de stratification ou de séparation de couches fut presque partout observée dans les sédiments de tous les sondages, excepté aux points où se présentaient les lits de sable dont il a été question; quant à la vase, elle ressemblait presque complétement au limon du Rhin qu'on appelle le loess. M. Horner attribue cette absence de traces des dépôts successifs à l'extrême minceur de la couche de matière qui se dépose chaque année pendant la saison de l'inondation. La ténuité de cette couche doit en effet être extrême, si les ingénieurs français n'ont pas fait de grossières erreurs dans l'estimation de la quantité de sédiments formée par siècle; car ils ne l'évaluent pas à plus de 12 centimètres. Quand les eaux se retirent, cette mince couche de sol nouveau exposée à un soleil ardent sèche rapidement et les vents soulèvent des nuages de poussière. D'ailleurs, le dépôt superficiel est bouleversé partout par le travail de la culture et, même aux points où cela n'a pas lieu, l'action des vers, des insectes et des racines des plantes suffirait à confondre ensemble les dépôts de deux années successives.

Tous les restes de corps organisés, tels que coquilles terrestres et os de quadrupèdes, trouvés dans les sondages, appartenaient à des espèces récentes. Les os de bœuf, de chien, de porc, de dromadaire, étaient assez fréquents, mais point de traces de mammifères éteints. Nulle part on ne découvrit de coquilles marines ; mais il fallait s'y attendre, car les sondages ont bien atteint quelquefois le niveau de la Méditerranée, mais n'ont jamais été poussés au delà ; cette circonstance est fort à regretter, depuis qu'on sait, qu'aux points où des forages artésiens ont été pratiqués dans les deltas comme ceux du Pô et du Gange, à la profondeur de 100 mètres et plus, au-dessous du niveau de la mer, on a trouvé, contrairement à toute prévision, que les dépôts traversés étaient fluviatiles dans toute leur épaisseur. Il faut probablement en conclure un abaissement général de ces deltas et des formations alluviales. Le sol de l'Égypte a-t-il été soumis à un affaissement de cette nature? Nous n'avons jusqu'à présent aucun moyen de le prouver; mais sir Gardner Wilkinson le conclut de la position dans le delta, près d'Alexandrie, sur le rivage, des tombeaux communément appelés « Bains de Cléopâtre ; » ils n'ont pu, dit-il, être originairement bâtis de manière à être exposés à la mer, qui maintenant les envahit, mais ils doivent avoir été construits sur un sol supérieur au niveau de la Méditerranée. Le même auteur allègue encore, comme autres traces d'abaissement, des villes ruinées maintenant à moitié sous l'eau, dans le lac Menzaleh, et des canaux d'anciens bras du Nil submergés avec leurs digues au-dessous des eaux de la même lagune.

Dans certains cas, les forages exécutés sous la direction d'Hekekyan-Bey furent commencés sur une large échelle, sur 5 à 7 mètres de large, et en pareil cas on en retira des jattes, des vases, des pots, une petite figurine en argile cuite, un couteau de cuivre et d'autres objets entiers; mais quand on atteignait la couche d'eau d'infiltration du Nil, l'instrument foreur employé était trop petit pour permettre de retirer autre chose que des fragments d'objets travaillés. On retira presque partout des morceaux de briques et de poterie cuites, et cela à toutes les profondeurs, même quand on creusait à douze mètres au-dessous de la surface, près des parties centrales de la vallée. Dans aucun cas on n'atteignit la base du terrain d'alluvion. On a dit, entre autres objections et critiques, que les Arabes trouvent toujours les résultats que désirent ceux qui les emploient. Ceux-là même qui étaient trop convaincus de la sagacité et de l'énergie d'Hekekyan-Bey pour soupçonner qu'il eût été trompé, ont émis l'idée que les objets fabriqués pouvaient bien être tombés dans de vieux puits qui auraient été comblés. Cette opinion est inadmissible pour plusieurs raisons. Sur les quatre-vingt-quinze trous ou forages, soixante-dix, ou davantage, furent exécutés loin des emplacements des villes ou des villages; et, en admettant même que chaque champ eût eu son puits autrefois, il y aurait eu à coup sûr peu de chances d'avoir même un petit nombre de sondages, sur soixante-dix, tombant juste sur l'emplacement des anciens puits.

D'autres ont émis l'opinion que le Nil pourrait bien s'être répandu sur toute la vallée, rongeant ses bords d'un côté et comblant de l'autre les anciens lits. On s'est aussi demandé s'il n'était pas possible que les nombreux bras variables du delta ne se fussent trouvés un jour précisément aux points où la sonde travaillait (1). A toutes ces objections il y a deux réponses à opposer. Premièrement, depuis les temps historiques le Nil a, dans son ensemble, été stationnaire et n'a pas changé de position dans la vallée. Secondement, si la vase

(1) Pour le compte rendu détaillé de ces forages, voir la note de M. Horner dans les *Philosophical transactions*, 1855-1858.

traversée avait été déposée par la rivière dans ses anciens lits, elle aurait été stratifiée et n'aurait pas offert une pareille identité avec la boue des inondations. Nous savons par le capitaine Newbold qu'il a observé dans quelques excavations de la grande plaine des alternances de sable et d'argile, comme on en voit sur les bords modernes de la vallée du Nil; mais les sondages d'Hekekyan-Bey n'ont presque jamais mis au jour de semblables stratifications.

Tous les efforts des critiques dont nous venons de parler ont surtout eu pour but d'écarter, en leur supposant une origine anormale, les briques et poteries cuites trouvées à des profondeurs et en des endroits qui les feraient remonter à une époque bien plus ancienne que celle de la domination romaine en Égypte ; car, dit-on, jusqu'au temps des Romains, la cuisson de la brique fut inconnue dans la vallée du Nil. Mais un antiquaire distingué, M. S. Birch, m'affirme que cette opinion est complétement erronée, et qu'il a au British Muséum, dans la collection dont il est chargé : 1° une petite brique cuite rectangulaire, provenant d'un tombeau à Thèbes, et portant le nom de Thothmes, surintendant des greniers du dieu Amen-Ra : le style de l'art, l'inscription et la forme montrent qu'elle doit remonter jusqu'à la dix-huitième dynastie (environ 1450 ans avant Jésus-Christ) ; 2° une brique cintrée, ou ayant avec d'autres fait partie d'une voûte [1], et portant une inscription en partie effacée, mais finissant par ces mots : « du temple de Amen-Ra. » Cette brique, certainement antérieure, et de longtemps, à la domination romaine, doit, d'après les conjectures de M. Birch, être rapportée à la dix-neuvième dynastie, ou à l'an 1300 avant Jésus-Christ.

M. Girard, de l'expédition française d'Égypte, a supposé 12 centimètres par siècle pour la vitesse probable de l'augmentation du dépôt de vase du Nil dans la plaine entre Assouan et le Caire. Cette conclusion, d'après M. Horner, est

[1]) Sir Gardner Wilkinson a des échantillons du mortier de chacune des trois grandes pyramides contenant des fragments de briques et de poterie.

très-vague et repose sur des données insuffisantes ; attendu que la quantité de matière répandue par les eaux dans les différentes parties de la plaine est si variable, qu'il doit être extrêmement difficile d'en fixer la moyenne avec quelque approximation. Si l'on admet 15 centimètres par siècle, la brique cuite trouvée à la profondeur de 18 mètres doit être âgée de 12,000 ans.

Un autre fragment de brique rouge fut trouvé par Linant-Bey dans un sondage de près de 22 mètres de profondeur, à 60 ou 90 centimètres au-dessous du niveau de la Méditerranée, sur le parallèle du sommet du delta, à 200 mètres de distance du fleuve, sur la rive libyenne du bras de Rosette [1]. M. Rosière, dans le grand ouvrage français sur l'Égypte, a évalué à 60 millimètres au moins par siècle l'accroissement du dépôt des sédiments du delta [2]. Si nous prenons 63 millimètres, un objet travaillé, trouvé à 22 mètres de profondeur, doit avoir été enfoui il y a plus de 30,000 ans. Mais si le forage de Linant-Bey a été fait en un point où un bras du fleuve a été comblé au temps où le delta était plus reculé vers le sud, c'est-à-dire plus loin de la mer que maintenant, la brique en question peut être relativement très-moderne.

Les essais faits sous l'inspiration de M. Horner dans l'espoir d'obtenir une échelle chronométrique exacte pour évaluer l'âge d'une épaisseur donnée des sédiments du Nil, ne paraissent pas, aux yeux des égyptologues expérimentés, avoir donné des résultats satisfaisants. Le point que l'on cherchait à déterminer était la quantité exacte de vase accumulée par le Nil en 3,000 ans ou plus, depuis l'époque probable assignée par les antiquaires à l'érection de quelques anciens monuments, tels que l'obélisque d'Héliopolis ou la statue du roi Rhamsès à Memphis. Si on avait pu se procurer une pareille mesure, la vitesse du dépôt aurait pu être évaluée au moins approximativement dans les autres lieux où on aurait observé

(1) Horner, *Philosophical transactions*, 1858.

(2) *Description de l'Égypte.* (*Histoire naturelle*, t. II, p. 494.)

une vase semblable ou au-dessous des fondations de ces mêmes monuments. Mais il est connu que les Égyptiens ont eu l'habitude d'entourer de digues les espaces où ils élevaient leurs temples, leurs statues, leurs obélisques, de façon à en interdire l'accès aux eaux du Nil. La date à fixer, dans chaque cas où nous trouvons un monument enfoncé dans la vase jusqu'à une certaine profondeur, comme à Memphis et à Héliopolis, est donc l'époque où la cité tomba tellement en décadence que les anciennes digues furent négligées, et où le fleuve put inonder librement l'emplacement du temple, de l'obélisque ou de la statue.

Mais, même si nous connaissions la date de l'abandon de ces digues, les espaces protégés par elles ne seraient pas d'une utilité très-grande pour fixer l'accroissement moyen du dépôt dans la plaine d'alluvion ; car Hérodote nous dit que de son temps les endroits d'où les eaux du Nil avaient été exclues pendant des siècles paraissaient s'être enfoncés et qu'on les dominait des terrains environnants qui s'étaient élevés par la superposition progressive des sédiments des inondations annuelles. Si les eaux à la fin se sont précipitées dans ces dépressions, elles ont dû tout d'abord entraîner avec elles dans l'enceinte beaucoup de vase enlevée par l'eau aux parois intérieures escarpées des digues détrempées, de sorte qu'il a dû, en peu d'années, s'en accumuler une épaisseur plus grande peut-être que celle du dépôt effectué en un nombre égal de siècles en dehors de cette dépression, dans la grande plaine, où cette action perturbatrice ne se faisait pas sentir.

Anciens tumulus de la vallée de l'Ohio.

Je viens de donner plusieurs exemples pris en Europe de monuments de date antéhistorique appartenant à la période récente ; je vais maintenant passer au continent américain. Avant les recherches scientifiques de MM. Squier et Davis sur les « anciens monuments de la vallée du Mississipi [1], »

[1] *Smithsonian contributions*, vol. I, 1847.

personne ne se doutait que les plaines de ce fleuve eussent été, bien des siècles avant l'établissement des colons français et anglais, occupées par une nation de date plus ancienne et bien plus avancée dans les arts que les Indiens à peau rouge qu'y trouvèrent les Européens. Il y a dans le bassin du Missisipi, et particulièrement dans les vallées de l'Ohio et de ses affluents, des centaines de tumulus qui ont servi, les uns de temples, les autres de postes d'observation ou de défense, d'autres de sépultures. Le peuple inconnu qui les construisit, à en juger par plusieurs crânes extraits des sépultures, appartenait à la race mexicaine ou toltecaine. Quelques-uns de ces ouvrages de terre sont d'assez grandes dimensions pour comprendre dans une seule enceinte une surface de 20 à 40 hectares, et le volume d'un de ces monticules a été évalué à 550,000 mètres cubes, de telle sorte que quatre d'entre eux auraient un volume total supérieur à celui de la grande pyramide d'Égypte, qui cube 2,000,000 de mètres. De plusieurs de ces gisements on a retiré des poteries, des ornements sculptés et divers objets en argent et en cuivre, puis des armes de pierre, dont plusieurs, faites de silex corné non poli et d'une forme fort analogue à celle des anciens instruments de silex trouvés près d'Amiens et autres points de l'Europe, et dont il sera question dans la suite.

Il est clair que les constructeurs des tumulus de l'Ohio étaient en relations commerciales avec les habitants de régions éloignées, car, parmi les objets enfouis, il y en a en cuivre natif du lac Supérieur, et l'on a aussi trouvé du mica des Alleghanys, des coquilles marines du golfe du Mexique et de l'amphibolite des montagnes de ce pays.

Le nombre extraordinaire de ces tumulus est la preuve de la longue durée de cette période pendant laquelle une population agricole sédentaire fit de considérables progrès dans la civilisation, au point de sentir le besoin de temples de grandes dimensions pour l'exercice de son culte et de fortifications étendues pour se défendre de ses ennemis. Ces tumulus sont presque tous confinés dans les vallées fertiles ou plaines d'alluvion, et quelques-uns au moins sont si anciens que les rivières ont eu le temps, depuis qu'ils sont construits, de venir entamer les terrasses inférieures qui les supportent et de se retirer ensuite de nouveau à plus d'un kilomètre, après avoir miné et détruit une partie des ouvrages. Quand les premiers colons pénétrèrent dans la vallée de l'Ohio, ils trouvèrent toute la région couverte d'une forêt non interrompue et occupée par les chasseurs indiens à peau rouge, qui la parcouraient sans y avoir de résidence fixe et sans se rattacher par aucun lien de tradition avec leurs prédécesseurs plus civilisés. Le seul renseignement positif que l'on ait encore obtenu pour le calcul du temps minimum qui a pu s'écouler depuis l'abandon de ces tumulus, nous vient de l'âge et de la nature des arbres qu'on a trouvés poussant sur quelques-uns de ces ouvrages de terre. Quand je visitai Marietta, en 1842, le docteur Hildreth me mena à un de ces monticules et m'y montra l'endroit où avait poussé un arbre dont le tronc, quand il fut coupé, étala 800 cercles d'accroissement annuel [1]. Mais feu le général Harrison, président des États-Unis en 1841, et versé dans la science forestière, a remarqué, dans un mémoire sur ce sujet, que plusieurs générations d'arbres doivent avoir vécu et péri, avant que les tumulus aient pu être recouverts de la variété d'espèces qui les couronnaient quand l'homme blanc les atteignit pour la première fois, car le nombre des arbres et les essences étaient exactement les mêmes que dans la forêt environnante. « Nous pouvons être « certains, dit M. Harrison, que tant que les ouvrages en terre « servirent à quelque chose, on n'y laissa point pousser d'ar- « bres, et quand ils furent abandonnés, le sol, comme toute « terre nouvellement défrichée dans l'Ohio, a dû pendant un « certain temps être exclusivement occupé par une ou deux « espèces d'arbres comme l'acacia jaune ou le noyer blanc ou « noir. Quand les individus qui avaient les premiers pris pos- « session du sol eurent péri l'un après l'autre, ils durent proba-

[1] Lyell's *Travels in North America*, vol. II, p. 29.

« blement être remplacés par d'autres essences, en vertu de « la même loi qui fait qu'en agriculture on trouve profit à éta- « blir une succession périodique des récoltes; ce n'est qu'en- « suite, après un grand nombre de siècles, (plusieurs milliers « d'années peut-être), que put s'établir la remarquable diver- « sité d'essences qui caractérise le nord de l'Amérique et dé- « passe de beaucoup ce que nous offrent sous ce rapport les « forêts européennes. »

Tumulus de Santos, au Brésil.

Je vais maintenant dire quelques mots de certains ossements humains engagés dans une roche solide, à Santos, au Brésil, et sur lesquels j'ai appelé l'attention dans mon *Voyage en Amérique en* 1842 (1). Je m'imaginai alors que le dépôt qui les contenait était d'origine sous-marine : j'ai depuis longtemps abandonné cette opinion. Nous savons, par un mémoire du docteur Meigs, que la rivière Santos a miné un grand tumulus de 4 mètres de haut, de 1 hectare environ de superficie, couvert d'arbres et situé près du village de Saint-Paul, et qu'elle a mis au jour beaucoup de squelettes couchés tous suivant des angles compris entre 20° et 25°, et tous orientés de l'est à l'ouest (2). Voyant au musée de Philadelphie des fragments de la pierre calcaire, ou du tuf, de cette provenance, contenant un crâne humain et des dents, et, dans la même gangue, des huîtres portant des serpules, j'en conclus tout d'abord que ce dépôt avait été entièrement formé sous les eaux de la mer, ou que, au moins, il avait été submergé après sa formation, puis, plus tard relevé, et que, de plus, il s'était écoulé assez de temps depuis son émersion pour avoir permis la croissance à sa surface d'une forêt de grands arbres. Mais après avoir relu avec plus de soin le mémoire du docteur Meigs, il ne m'est plus permis de douter qu'il n'en soit de ces coquilles comme de celles d'espèces comestibles si souvent accumulées

(1) Lyell's *Travels in North America.*
(2) Meigs, *Transactions of the American Philosophical Society*, 1828, p. 285.

dans les tumulus des Indiens du nord de l'Amérique, à proximité du rivage, et qu'elles n'aient été apportées et entassées à à cette place avec les autres matériaux à l'époque où les corps y furent ensevelis. Dans la suite, tout l'ouvrage en terre rapportée se sera solidifié en une seule masse pierreuse par l'infiltration de carbonate de chaux, et ce tumulus peut très bien ne pas être plus ancien que quelques-uns de ceux dont nous avons parlé, situés dans la vallée de l'Ohio, et qui, comme nous l'avons vu, ont été dans le courant des siècles exposés de la même manière aux affouillements et aux érosions des cours d'eaux.

Delta du Mississipi.

J'ai fait voir, dans mon *Voyage dans le nord de l'Amérique*, que les dépôts constituant le delta et la plaine d'alluvion du Mississipi étaient une matière de sédiment s'étendant sur une surface de 77,000 kilom. carrés, et connue pour avoir dans quelques points 100 mètres et plus d'épaisseur. Nous ne pouvons évaluer avec exactitude combien il a fallu d'années au fleuve pour amener des contrées supérieures une si grande quantité de matières terreuses, les documents pour un pareil calcul étant encore trop incomplets ; mais nous pouvons apprécier un minimum du temps qu'a dû prendre cette opération en mesurant expérimentalement la décharge d'eau annuelle du Mississipi et la moyenne annuelle de matière solide que contient cette eau. La plus basse estimation du temps nécessaire nous conduit à assigner à l'existence du delta une haute antiquité, plusieurs dizaines de milliers d'années, plus de 100,000 probablement.

Je ne prétends pas décider si toute cette formation, ou seulement une partie qu'il faudrait évaluer, appartient à la période récente telle que je l'ai définie. Mais, en un point du delta moderne, près de la Nouvelle-Orléans, on a creusé une grande excavation pour une usine à gaz, et on a traversé une succession de lits presque entièrement composés de matière végétale, tels qu'on les voit maintenant se former dans les marais pleins de cyprès, du voisinage, où le cyprès tombant, (*Taxodium distichum*), avec ses racines fortes et saillantes, tient la première place. Dans cette excavation, à la profondeur de 5 mètres au-dessous de la surface, par-dessous quatre forêts ensevelies, superposées l'une à l'autre, les ouvriers, à ce que rapporte le docteur B. Dowler, trouvèrent du charbon de bois et un squelette humain dont le crâne, dit-on, appartient au type originaire de la race indienne rouge. Comme la découverte en question n'était pas encore faite quand je vis travailler à l'excavation de l'usine à gaz, en 1848, je ne puis me former une opinion sur la valeur du calcul chronologique qu'a fait le docteur Dowler, pour assigner une antiquité de 50,000 ans à ce squelette. Dans plusieurs coupes, les unes naturellement faites par le Mississipi ou ses nombreux affluents dans les berges de leurs rives, les autres dues au creusement de canaux artificiels, j'ai observé des tronçons d'arbres en place, tenant encore à leurs racines et ensevelis à différents niveaux dans des couches superposées les unes aux autres. J'ai aussi remarqué que beaucoup de cyprès coupés offraient plusieurs centaines de cercles d'accroissement annuel, et je fus alors frappé de l'idée que nulle part ailleurs au monde le géologue ne pourrait rencontrer de circonstances plus favorables à l'évaluation en années de certaines portions de l'époque récente [1].

Récifs de coraux de la Floride.

M. Agassiz a décrit une portion basse de la péninsule de la Floride, qu'il considère comme formée de nombreux récifs de coraux qui se sont successivement accrus, au point de donner naissance à de continuelles additions de terres gagnées progressivement sur la mer dans la direction du sud. Cette

(1) Dowler, cité par le docteur W. Usher dans *Nott and Gliddon's Types of mankind*, p. 352.

croissance est encore en pleine activité : admettant alors que la vitesse d'avancement de la terre soit de 30 centimètres par siècle (les récifs s'élevant d'une profondeur de 22 mètres), et que chaque récif ajoute à son tour 16 kilomètres à la côte, M. Agassiz calcule qu'il a fallu 135,000 ans pour former la moitié méridionale de cette péninsule. Le tout, d'ailleurs, est d'origine post-tertiaire, car les zoophytes et les coquilles fossiles sont tous des mêmes espèces que celles qui vivent encore dans les mers voisines. Quelques fossiles humains ont été trouvés par le comte Pourtalis dans un conglomérat calcaire faisant partie des séries de récifs précités; Agassiz les suppose âgés de 10,000 ans, en adoptant son mode d'estimation de la vitesse d'accroissement de ces récifs.

Dépôts récents des mers et des lacs.

En décrivant tout au long dans nos *Principes de Géologie* les changements récents du sol qui peuvent jeter du jour sur cette science, j'ai montré que les dépôts accumulés au fond des lacs et des mers dans les quatre ou cinq mille dernières années peuvent être insignifiants en volume et en étendue. Ils sont pour la plupart cachés à notre vue; mais nous avons quelquefois l'occasion de les étudier en certains points, soit quand des terres nouvellement conquises dans les deltas des rivières ont été entamées par des cours d'eau permanents, soit quand des récifs de coraux s'accroissent rapidement, soit quand le lit de la mer ou des lacs s'est subitement trouvé soulevé et mis à sec grâce à des mouvements souterrains.

Comme exemple de pareils changements de niveau qui ont rendu accessible à l'observation humaine des dépôts marins de la période récente, j'ai cité les couches voisines de Naples, dans lesquelles le temple de Sérapis, à Pouzzoles, était partiellement enfoui (1). Ces couches soulevées, dont la plus haute domine la mer d'environ 7 mètres 50, forment une

(1) *Principles of Geology*, Index, « Serapis. »

terrasse bordant le rivage oriental de la baie de Baïa. Elles se composent partie d'argile, partie de matières volcaniques, et contiennent des fragments de sculpture, de poterie et des restes de constructions, mêlés à un grand nombre de coquilles conservant en partie leurs couleurs et d'espèces identiques à celles qui vivent dans la mer avoisinante. On a la preuve que leur émersion a eu lieu depuis le commencement du seizième siècle.

Dans le même ouvrage, comme exemple de dépôt d'eau douce de la période récente, j'ai décrit certaines couches du Cachmyr, contrée où de violents tremblements de terre, accompagnés de changements de niveau du sol, sont fréquents. Ces couches contiennent des coquilles d'eau douce, d'espèces vivant encore dans les lacs et les cours d'eau de ce pays, avec des restes de poteries souvent à la profondeur de 15 mètres, et tout dernièrement on y a découvert un splendide temple hindou qu'on a rendu à la lumière en le déblayant de la boue lacustre qui l'avait enveloppé pendant quatre ou cinq cents ans.

Dans le même traité (chap. XXIX), j'ai dit que la côte occidentale de l'Amérique du Sud, entre les Andes et le Pacifique, est un vaste théâtre de tremblements de terre, et que, depuis la découverte de l'Amérique, on y a constaté des soulèvements permanents du sol allant quelquefois à plus d'un mètre d'un seul coup. Dans diverses parties du littoral du Chili et du Pérou, on connaît des couches renfermant en abondance des coquilles toutes spécifiquement identiques à celles qui pullulent encore dans le Pacifique. Dans une couche de cette nature, à l'île de San Lorenzo, près de Lima, M. Darwin a trouvé, à une altitude de 26 mètres au-dessus de la mer, de morceaux de fil de coton, des tresses de jonc et un épi de maïs, le tout ayant évidemment été déposé avec les coquilles. A la même hauteur, sur la terre ferme voisine, il trouva d'autres faits caractéristiques à l'appui de son opinion, que l'ancien lit de la mer avait, là aussi, été exhaussé de 26 mètres depuis l'installation dans ce pays de la race péruvienne. Mais de semblables masses de coquilles se rencontrent aussi à de bien plus grandes hauteurs en d'innombrables points, entre les Andes du Chili et du Pérou et la côte, et jusqu'à présent on n'y a pas encore observé de restes humains. La conservation pendant une période indéfinie de matières aussi altérables que le fil, s'explique par l'absence complète de la pluie au Pérou. Si les mêmes objets avaient été contenus dans les sables perméables émergés d'un rivage d'Europe ou de tout autre pays où il pleut même pendant une petite partie de l'année, ils auraient probablement entièrement disparu.

Dans la littérature du siècle dernier nous trouvons de fréquentes allusions à « l'époque des continents actuels, » période qu'on supposait dater de la première apparition de l'homme sur la terre; on s'imaginait que depuis cet événement les niveaux relatifs de la mer et du sol étaient restés stationnaires, et qu'aucun changement géographique important ne s'était produit, sauf quelques légères additions aux deltas des rivières ou la perte de quelques minces bandes de terre aux points où la mer a rongé ses rivages. Mais les observations modernes ont continuellement contribué à dissiper cette erreur, et maintenant les géologues sont bien convaincus qu'à aucune époque du passé, les limites de la terre et de la mer, ou la hauteur de l'une et la profondeur de l'autre, ou l'arrangement géographique des espèces d'animaux et de plantes qui les habitent, n'ont été fixes et immuables. Quant à l'étendue des fluctuations qu'a subies le globe depuis qu'il est devenu le séjour de l'homme, on pourra s'en former quelque idée par les exemples que je vais donner dans ce chapitre et dans les neuf suivants.

Soulèvement, depuis la période humaine, du district central de l'Écosse.

C'est un fait depuis longtemps fort connu des géologues que, sur les deux côtes est et ouest de la partie centrale de l'Écosse, il y a des lignes de couches côtières soulevées contenant des coquilles marines dont les congénères habitent encore la mer voisine ([1]). Les deux dépôts les plus marquants de cette nature se rencontrent à des hauteurs de 7 et de 12 mètres au-dessus des hautes eaux, ce dernier étant considéré comme le plus ancien, et comme devant sa plus grande élévation à l'action plus prolongée du mouvement d'ascension. En quelques points on voit ces couches reposer sur l'argile caillouteuse (*boulder clay*) de la période glaciaire que nous décrirons dans des chapitres suivants. Dans les districts où de larges cours d'eau, comme la Clyde, le Forth et le Tay, se jettent dans la mer le dépôt le plus bas, celui qui n'est qu'à 7 mètres 50 d'élévation, s'étend en terrasse bordant les estuaires sur une largeur variant de quelques mètres à plusieurs kilomètres. C'est de cette nature que sont les terrains bas qui bordent la Clyde à Glasgow et se composent de minces couches de sable, de boue et d'argile. M. John Buchanan, antiquaire zélé, écrivant en 1855, nous apprend que dans le cours des quatre-vingts années antérieures à cette date, on n'a pas retiré moins de dix-sept canots de la boue de cet estuaire, et qu'il en a lui-même examiné un grand nombre avant leur exhumation. Cinq d'entre eux étaient enfouis dans la vase sous les rues de Glasgow, et l'un d'eux dans une position verticale, la proue en haut, comme s'il eût sombré dans une tempête; il contenait un assez grand nombre de coquilles marines. Douze autres canots furent trouvés à environ 90 mètres de la rivière, à la profondeur moyenne de 5 mètres 50 au-dessous de la surface, soit à 2 mètres 10 au-dessus de la ligne des hautes eaux; un petit nombre d'entre eux seulement étaient à 1 mètre 20 ou 1 mètre 50 de profondeur, et par conséquent à plus de 6 mètres au-dessus du niveau de la mer. L'un d'eux était piqué dans le sable sous un angle de 45°, un autre avait été renversé et gissait la quille en l'air; les autres étaient dans

([1]) R. Chambers, *Sea margins*, 1848, et les notes de M. Smith de Jordan Hill, *Memoirs of the Wernerian Society*, vol. VIII, et de M. C. Maclaren.

une position horizontale, comme s'ils avaient coulé en eau tranquille (1).

Presque tous ces anciens bateaux étaient formés d'un seul tronc de chêne creusé avec des instruments à tranchant mousse, probablement des haches de pierre, aidés par l'action du feu ; un petit nombre offraient des coupures nettes évidemment faites par des outils métalliques. Il y a donc à suivre là une gradation entre les modèles du travail le plus grossier et ceux qui offrent la trace d'une certaine industrie mécanique. Deux d'entre eux étaient construits en planches ; l'un des deux, trouvé sur la propriété de Bankton, en 1853, avait 5 mètres ½ de long et était d'une construction très-soignée. La proue affectait la forme du bec de la galère antique, et l'arrière, formé d'une pièce de bois triangulaire, était tout à fait semblable à ce que nous faisons maintenant. Les planches étaient fixées aux pièces de la carcasse, partie par des chevilles de chêne d'une forme très-singulière, partie par des chevilles d'autre sorte qui ont dû être des clous carrés de nature métallique ; ils avaient entièrement disparu, mais quelques-unes des chevilles de chêne subsistaient encore. Cette embarcation avait été renversée et gisait la quille en l'air avec la proue dirigée vers la rivière. Dans l'un de ces canots on trouva une hache de forme celtique en diorite et au fond d'un autre un tampon de liége qui, comme le remarque M. Geikie, ne peut être venu que des latitudes, de l'Espagne, de la France méridionale ou de l'Italie (2).

On ne saurait mettre en doute que certaines de ces embarcations enfouies ne soient d'une date beaucoup plus ancienne que les autres ; celles dont le travail est le plus grossier, peuvent être des débris de l'âge de la pierre ; ceux qui sont mieux découpés appartiennent peut-être à l'âge de bronze, et le bateau de construction régulière trouvé à Bankton peut

(1) G. Buchanan, *British Association Reports*, 1855, p. 80. Voir aussi Glasgow, *Past and present*, 1856.

(2) Geikie, *Geol. Quart. Journal*, vol. XVIII, p. 224.

venir de l'âge de fer. Mais de ce qu'ils se trouvent tous dans une seule et même formation marine émergée, on n'aurait pas le droit de conclure qu'ils appartinssent tous à la même époque, car dans tous les lits et les estuaires des grands cours d'eau, il se produit sans interruption des changements progressifs par le dépôt, l'entraînement et le retour des graviers, des sables et des sédiments fins, et par les déplacements que chaque année, que chaque siècle fait subir aux lits des courants principaux. Le géologue et l'antiquaire doivent toujours avoir ce fait présent à l'esprit, afin de se tenir sur leurs gardes, quand ils essayent de fixer la date d'objets travaillés ou de restes organisés enfouis dans des couches de terrain d'alluvion. Le mémoire cité plus haut de M. Geikie contient à cet égard de judicieuses remarques qui me paraissent si opportunes, que je vais citer en entier ses propres paroles :

« La position relative des canots dans la vase d'où on les a « exhumés ne peut guère nous aider à fixer avec quelque cer- « titude leurs âges relatifs, sauf le cas où ils se trouvent « superposés dans le même plan vertical. Les profondeurs « variables d'un estuaire, ses bancs de vase ou de sable, « l'influence de ses courants qui dénudent certaines parties « du fond pour en transporter les alluvions en d'autres points, « sont autant de circonstances qui veulent être prises en « considération pour de pareils calculs. La simple égalité de « profondeur, au-dessous de la surface actuelle du sol qui peut « être sensiblement horizontale, n'implique nullement la con- « temporanéité nécessaire des dépôts. La présence même de « débris dans des parties un peu distantes appartenant sûre- « ment à la même couche ne saurait permettre une pareille « conclusion. Un canot peut chavirer et aller au fond juste « au-dessous du niveau des basses eaux ; un autre peut éprou- « ver le même sort, le jour suivant, mais au milieu du che- « nal : tous les deux s'enfonceront dans la vase qui fait le « fond de l'estuaire ; mais comme ce fond est peut-être au « milieu de la rivière de 6 mètres plus bas qu'au bord, l'un

« se trouvera à 6 mètres plus bas que l'autre dans le dépôt « d'alluvion; et, après le soulèvement de ce dépôt, si nous « jugeons uniquement d'après la profondeur à laquelle ces « débris sont enfouis, nous proclamerons que ce dernier est « infiniment plus ancien que l'autre, puisque la boue fine « de l'estuaire a dû se déposer très-lentement, et qu'il a par « conséquent fallu un long espace de temps pour en déposer « une épaisseur de 6 mètres. Par contre, les courants et les « remous de l'estuaire, en changeant de direction, peuvent « balayer sur le fond une masse considérable de dépôt en « mettant à nu un canot qui pouvait avoir coulé plusieurs « siècles auparavant. Puis, après ce long intervalle écoulé, « une autre embarcation peut aller au fond au même endroit « et y être recouverte à côté de l'autre par la même couche « horizontale du dépôt. Il serait naturel de classer ensemble, « comme étant du même âge, ces deux bateaux trouvés dans « cette position, et pourtant on peut démontrer qu'une lon- « gue période a dû s'écouler entre les dates correspondant « à l'un et à l'autre. L'association de ces canots dans ces « conditions ne peut donc pas être regardée comme une « preuve de synchronisme de leurs mises en place, pas plus « qu'on ne peut affirmer, d'autre part, aucune différence « d'âge d'après leur seule relation de position, à moins que « nous ne les voyions enfouis précisément l'un au-dessous de « l'autre [1]. »

A l'époque où ces anciennes embarcations que je viens de décrire naviguaient aux lieux où s'élève maintenant la ville de Glasgow, toutes les terres basses qui bordent à présent l'estuaire de la Clyde formaient le lit d'une mer peu profonde. Leur émergence paraît s'être faite graduellement et par intermittences, car M. Buchanan décrit plusieurs étroites terrasses existant l'une au-dessus de l'autre sur l'emplacement même de la ville, séparées par des talus à pentes rapides et composées des couches minces du dépôt de l'estuaire. Chaque

[1] Geikie, *Geolog. Quarterly Journal*, vol. XVIII, p. 222, 1862.

terrasse et chaque talus incliné marque probablement un temps d'arrêt dans le mouvement de soulèvement, temps pendant lequel il s'est formé de petites falaises avec des plages à leurs bases. Cinq des canots ont été trouvés dans l'enceinte de la ville à différentes hauteurs et sur ces terrasses où tout auprès.

Quant à la date de ce soulèvement, la plus grande partie ne peut être placée pendant la période de la pierre, mais doit avoir eu lieu après le temps où naquit l'usage des outils en métal.

Jusqu'à ces derniers temps, dans les essais tentés pour évaluer l'ancienneté probable de ces changements de niveau, on admettait sans discussion, comme point de départ incontestable, qu'il n'est survenu aucune altération dans les niveaux realtifs de la mer et de la terre du district central de l'Écosse depuis la construction du mur des Romains ou des Pictes (le *mur d'Antonin*), qui va de l'embouchure du Forth, (*Firth of Forth*), à celle de la Clyde. Les deux bouts de cette ancienne construction, sont placés, disait-on, dans une position relative telle, par rapport aux niveaux des deux estuaires, qu'il ne peut être survenu ni abaissement ni élévation du sol depuis au moins dix-sept siècles.

Mais M. Geikie a dernièrement montré qu'un affaissement de 7 mètres 50 sur le Forth ne submergerait pas l'extrémité orientale du mur romain à Carriden, et il conçut alors le désir de savoir si l'extrémité occidentale serait recouverte par les eaux dans le cas d'un semblable abaissement de niveau. On a toujours reconnu que le mur se terminait sur une éminence appelée le *Chapel-hill*, près du village de West-Kilpatrick, sur la Clyde. M. Geikie estime que le pied de cette colline est environ à 7 mètres 50 ou 8 mètres au-dessus de la ligne des hautes eaux, de telle sorte qu'un affaissement de 7 mètres 50 ne la plongerait pas sous l'eau. Les antiquaires se sont quelquefois étonnés que les Romains n'aient pas prolongé le mur plus à l'ouest que cette colline de la Chapelle ; mais M. Geikie en donne comme explication que toute la terre basse, qui maintenant sépare ce point de l'embouchure de la Clyde, était, il y a seize ou dix-sept siècles, baignée par les flots à la haute mer.

Le mur d'Antonin, par conséquent, ne fournit aucun argument en faveur de la croyance à l'état stationnaire du sol depuis le temps des Romains, mais semble au contraire indiquer que, depuis sa construction, la terre a subi un soulèvement qui persiste. Les explorations récentes de M. Geikie et du docteur Young sur les emplacements des anciens ports romains, le long de la rive sud de l'embouchure du Forth, conduisent aux mêmes conclusions. En premier lieu, on sait depuis longtemps qu'à Leith, aussi bien qu'en d'autres endroits de la côte, au-dessus et au-dessous d'Édimbourg, se trouve une plage soulevée, contenant des coquilles marines d'espèces littorales vivantes, à une hauteur d'environ 7 mètres 50. Inveresk, à quelques kilomètres au-dessous de cette dernière ville, est l'emplacement d'un ancien port romain, et si nous supposons que les hautes eaux aient baigné le pied des collines sur lesquelles la ville est assise, le fleuve a dû pénétrer haut et loin dans la vallée de l'Esk, et a dû faire de l'embouchure de cette rivière un mouillage sûr et commode, tandis que si c'eût été, comme à présent, un estuaire découvrant à marée basse, il serait difficile de voir pourquoi les Romains en auraient fait choix pour y établir un port.

A Cramond, à l'embouchure de la rivière Almond, au-dessus d'Édimbourg, était Alaterva, le principal port romain de la côte sud du Forth, où l'on a découvert un grand nombre de monnaies, d'urnes, de pierres sculptées et les restes d'un port. Les vieux quais des Romains, qui ont dû être construits le long du bord de la mer, ont été retrouvés sur un emplacement maintenant à sec. Quoiqu'on puisse attribuer une partie de l'accroissement des terres basses à la vase tenue en suspension et déposée par les eaux du Forth, il faut cependant en revenir à admettre un mouvement de bas en haut d'environ 6 mètres d'amplitude pour expliquer l'accroissement d'épaisseur de la surface vaseuse d'aspect désolé qui longe le rivage et s'étale dans sa plus grande largeur jusqu'à 5 kilomètres, et au-dessus de laquelle les embarcations, même d'un faible tirant d'eau, ne peuvent naviguer qu'à marée haute. Si ces bas-fonds avaient existé il y a dix-huit siècles, cela eût empêché les Romains de faire de ce point leur port principal; tandis que si le sol plongeait à présent de 6 mètres, Cramond serait incontestablement le meilleur port naturel de toute la côte sud du Forth (1).

C'est à un niveau correspondant à celui de la plage soulevée de Leith, dont il a été question, c'est-à-dire à environ 7 mètres 50 au-dessus de la ligne des hautes eaux, que se trouve le *Carse of Stirling*, étendue de terres basses composées de lits argileux et tourbeux, dans lesquels on a découvert plusieurs squelettes de baleines de grandes dimensions. L'un d'eux fut extrait à Airthrie (2), près de Stirling, à environ 1 kilomètre $\frac{1}{2}$ de la rivière et à 11 kilomètres de la mer. M. Bald rapporte qu'auprès de ce squelette on découvrit deux morceaux de corne de cerf, découpés artificiellement, et l'un d'eux était percé d'un trou d'environ 25 millimètres de diamètre. Une autre baleine, de 26 mètres de long, fut trouvée à Dunmore, à quelques kilomètres au-dessous de Stirling (3), et comme celle d'Airthrie, elle était à environ 7 mètres 50 au-dessus de la ligne des hautes eaux. Trois autres squelettes de baleines furent trouvés entre les années 1819 et 1824, à Blair Drummond, dans l'estuaire, à 11 kilomètres plus haut que Stirling (4), et aussi à un niveau de 6 à 9 mètres au-dessus de la mer. Près de deux de ces baleines on trouva des instruments pointus en corne de daim, à l'un desquels adhérait encore un morceau de manche en bois, qui devait probablement sa conservation à la tourbe où il était enfoui. Cette arme est maintenant au musée d'Édimbourg.

La position de ces baleines fossiles et des objets en os, et,

(1) Geikie, *Edinburgh New Philosophical Journal*, juillet 1861.

(2) Bald, *Edinburgh Philosophical Journal*, I, p. 393, et *Memoirs of the Wernerian Society*, III, p. 327.

(3) *Edinburgh Philosophical Journal*, XI, p. 220, 415.

(4) *Memoirs of the Wernerian Society* V, p. 440.

bien plus encore, celle d'une ancre en fer trouvée dans le « Carse of Falkirk, » au-dessous de Stirling, montre que le mouvement ascensionnel qui a mis à sec l'ancienne plage de Leith a dû s'étendre à l'ouest probablement aussi loin que la Clyde, où, comme nous l'avons vu, des couches marines contenant des canots enfouis, se trouvent à une hauteur semblable au-dessus de la mer.

Ce même mouvement d'ascension qui agissait simultanément à l'est et à l'ouest, d'une mer à l'autre, se faisait aussi sentir vers le nord jusqu'à l'estuaire du Tay. Nous en avons une preuve dans le nom celtique de *Inch*, qui est resté attaché à plusieurs monticules saillants au-dessus du niveau général des plaines d'alluvion, et qui indique qu'il y eût un temps où ces éminences furent entourées d'eau ou de marécages. On a trouvé aussi dans la boue du « Carse of Gowrie » des instruments de pierre.

C'est encore sans aucun doute à un effet de ce même soulèvement fort étendu qu'il faut attribuer l'existence d'un rivage exhaussé contenant un grand nombre de coquilles marines d'espèces récentes, et dont M. W. J. Hamilton a suivi la trace à une hauteur de 4 mètres au-dessus de la mer, à Élie, sur la côte méridionale du Fife (1). Un mouvement analogue doit aussi être pour quelque chose dans les changements cités par les antiquaires, beaucoup plus au sud, sur les bords de l'embouchure de Solway ; quoique dans ce cas comme dans celui de l'estuaire de Forth, la transformation du fond de la mer en sol émergé ait toujours été attribuée aux envasements des estuaires et non à un soulèvement. Aussi Horsley insiste-t-il sur la difficulté d'expliquer la position de certaines stations romaines sur le Solway, le Forth et la Clyde, si l'on n'admet pas que la mer ait été exclue de certaines surfaces qu'elle occupait autrefois (2).

En passant en revue l'ensemble des faits tant archéologiques

(1) *Proceedings of Geological Society*, 1833, vol. II, p. 280.
(2) *Britannia*, p. 157, 1860.

que géologiques, que nous offre la ligne des côtes de l'Écosse, nous pouvons conclure que le dernier soulèvement de 7 mètres 50 d'amplitude a eu lieu non-seulement depuis l'établissement dans l'île de la première population humaine, mais longtemps après que les instruments en métal commencèrent à être usités ; il y a même de fortes présomptions en faveur de l'opinion qui le reporterait à une date bien postérieure à celle de l'occupation romaine.

Mais cet exhaussement de 7 mètres 50 n'est lui-même que la dernière phase d'une longue période antérieure d'élévation progressive, car des exemples de coquilles marines récentes ont été observés dans le Ayrshire à 12 mètres et plus au-dessus du niveau de la mer. Dans une de ces localités, à ce que m'apprend M. Smith, de Jordan-hill, on a trouvé sur la côte, dans la paroisse de Dundonald, un ornement grossier en cannel-coal, reposant à la surface ou presque à la surface de l'argile cailouteuse, (*boulder-clay* ou *till*), et recouvert de gravier contenant des coquilles marines. Si nous supposons que le mouvement ascensionnel ait été uniforme dans l'Écosse centrale avant et après l'ère romaine, et si nous admettons que 7 mètres 50 correspondent à dix-sept siècles, 15 mètres impliquent une durée double, ou 3,400 ans ; nous devrions donc reporter la date de l'ornement en question à cinquante siècles avant notre ère, ou à l'époque de Pharaon et aux temps généralement assigné à la sortie des Israélites de l'Égypte.

Mais de tels calculs, dans l'état actuel de la science, doivent être regardés comme de simples essais ou conjectures, car la vitesse du déplacement du sol peut n'avoir pas été uniforme, et sa direction peut n'avoir pas toujours été ascensionnelle ; il peut y avoir eu de longues périodes d'immobilité, dont l'une, d'une durée plus qu'ordinaire, semble accusée par ce rivage exhaussé de 12 mètres qui a été reconnu sur une vaste étendue le long de la côte occidentale de l'Écosse.

Côte de Cornouailles.

Sir H. de la Bêche a mentionné plusieurs preuves des changements de niveau contemporains de l'homme, dans son *Report on the Geology of Cornwall and Devon for* 1839. Il cite (p. 406) plusieurs crânes humains et objets travaillés, enfouis dans un dépôt d'estuaire, qui furent trouvés en exploitant une carrière de sable stannifère, à Pertuan, à une profondeur de 12 mètres au-dessous de la surface, et d'autres à Carnon, à une profondeur de 10 mètres. Les couches supérieures étaient marines, et contenaient des coquilles d'espèces vivantes, des ossements de baleine, et de plus les restes de plusieurs espèces vivantes de mammifères.

J'ai parlé, dans mon ouvrage cité plus haut [1], d'autres exemples d'objets travaillés, hachettes de pierre, canots, bateaux, enfouis en Angleterre dans d'anciens lits de rivières, dans des tourbes, dans des dépôts coquilliers.

Suède et Norwége.

Dans le même ouvrage, j'ai montré qu'en Suède, près de Stockholm, à une faible hauteur au-dessus du niveau de la mer, il y a des lits horizontaux de sable, d'argile et de marne, contenant la réunion des mêmes animaux testacés qui vivent à présent dans les eaux saumâtres de la Baltique. On a découvert, mêlés à ces derniers, à différentes profondeurs, divers objets travaillés indiquant un état peu avancé de civilisation, quelques bateaux antérieurs à l'introduction du fer, et même les restes d'une ancienne hutte, le tout soulevé avec toute la formation marine qui le contient. Ce dépôt n'a pu se former qu'à une époque antérieure d'abaissement du sol, et ses couches supérieures sont maintenant à 18 mètres plus haut que le niveau de la Baltique. Dans le voisinage de ces couches récentes, à la fois au nord-ouest et au sud de Stockholm, se ren-

(1) *Principles of Geology*, London, neuvième édition.

contrent d'autres dépôts formés des mêmes éléments minéraux et qui montent à de bien plus grandes hauteurs ; on y rencontre précisément la même association de coquilles fossiles, mais sans aucun mélange, du moins jusqu'à présent, d'ossements humains ou d'objets fabriqués.

Sur la côte opposée ou occidentale de la Suède, à Uddevalla, l'on voit monter à la hauteur de 60 mètres des couches post-tertiaires contenant des coquilles récentes, non plus avec les caractères de coquilles d'eau saumâtre particuliers à celles de la Baltique, mais telles qu'elles vivent maintenant dans l'océan du Nord. Des lits d'argile et de sable du même âge atteignent des élévations de 90 et même 180 mètres en Norwége, où ils sont généralement désignés sous le nom de *rivages soulevés*. Ce sont pourtant d'épais dépôts sous-marins s'étendant au loin dans tous les sens, et, remplissant les vallées du granit et du gneiss, exactement comme les formations tertiaires, dans différentes parties de l'Europe, couvrent ou remplissent les dépressions des roches plus anciennes.

Quoique la faune fossile qui caractérise ces sables et ces argiles soulevés se compose exclusivement d'espèces de mollusques vivant à présent dans les mers du Nord, il est plus que probable qu'ils peuvent ne pas appartenir tous à la division des couches post-tertiaires dont nous nous occupons maintenant. Si les mammifères contemporains étaient connus, on trouverait, selon toute probabilité, qu'ils devraient se rapporter à des espèces éteintes, car, selon Loven (habile naturaliste actuel de la Norwége), les espèces ne sont pas associées comme le sont celles qui habitent maintenant les mêmes latitudes de l'océan germanique ; au contraire. elles représentent bien nettement une faune plus septentrionale. Pour trouver les mêmes espèces en aussi grande abondance, et, dans bien des cas, pour les trouver seulement, il faut remonter à des latitudes supérieures à celle d'Uddevalla en Suède, ou même dépasser le centre de la Norwége en se rapprochant du pôle.

A en juger par la constance que conservent maintenant les climats au travers des siècles et par le mouvement insensible de variation que subit à notre époque la distribution géographique des êtres organisés, nous pouvons présumer qu'il a fallu une période extrêmement prolongée pour l'introduction dans la faune des mollusques, même d'aussi légers changements que ceux qu'on a constatés en ce point. Il y a aussi d'autres raisons indépendantes des précédentes pour soupçonner que l'ancienneté de ces dépôts devait être infiniment grande par rapport à la période historique. Je veux parler de leur élévation actuelle au-dessus de la mer, quelques-uns d'entre eux s'élevant, en Norwége à la hauteur de 180 mètres et plus. Le mouvement ascensionnel, continuant encore dans certaines parties de la Suède et de la Norwége s'étend, comme je l'ai montré quelque part (1), au travers d'une surface d'environ 1,600 kilomètres du nord au sud, et sans limites connues à l'est et à l'ouest; sa rapidité augmente à mesure qu'on s'approche du cap Nord, où son amplitude est, dit-on, de 1 mètre 50 par siècle. Si nous admettons qu'il y ait eu un exhaussement moyen de 75 centimètres par 100 ans pendant les derniers 5,000 ans, cela nous donnerait une élévation de 38 mètres pour cette période. En d'autres termes, il s'ensuivrait que les rivages et une partie considérable de l'ancien lit de la mer du Nord se seraient soulevés verticalement de cette quantité et se seraient transformés en terres dans le cours des derniers 50 siècles. Une rapidité d'exhaussement vertical continu de 75 centimètres par siècle serait, à mon sens, une moyenne fort élevée; et pourtant, même dans cette hypothèse, aurait-il fallu 24,000 ans pour porter à la hauteur de 180 mètres les parties de la côte de Norwége où se trouvent les couches marines post-tertiaires.

(1) *Principles*, neuvième édition, chap. xxx.

CHAPITRE IV.

PÉRIODE POST-PLIOCÈNE. — OSSEMENTS D'HOMMES ET DE MAMMIFÈRES D'ESPÈCES ÉTEINTES DANS LES CAVERNES DE LA BELGIQUE.

Premières découvertes dans les cavernes du Languedoc de restes humains avec ossements de mammifères d'espèces éteintes. — Recherches du docteur Schmerling, en 1833, dans les cavernes de Liége. — Débris de squelettes humains associés à des os d'éléphants et de rhinocéros. — Distribution et mode probable d'introduction des os. — Instruments de silex et d'os. — Conclusions de Schmerling relativement à l'antiquité ignorée de l'homme. — État présent des cavernes de la Belgique. — Ossements humains trouvés récemment dans la caverne d'Engihoul. — Rivières tombant dans des gouffres. — Croûte de stalagmites. — Comment on démontre l'ancienneté des restes humains de la Belgique.

Ayant jusqu'à présent examiné les formations dans lesquelles les coquilles et les mammifères fossiles à la fois sont d'espèces vivantes, nous pouvons maintenant reporter notre attention sur d'autres dépôts plus anciens dans lesquels, bien que les coquilles soient récentes, quelques-uns des mammifères qui les accompagnent appartiennent à des espèces éteintes ou non connues pour avoir vécu depuis le commencement du temps de l'histoire ou de la tradition.

Découvertes de MM. Tournal et Christol dans le sud de la France en 1828.

Dans les *Principes de Géologie*, on parle des restes fossiles trouvés dans le diluvium et dans la boue des cavernes; j'ai donné en 1832 un compte rendu des recherches opérées par MM. Christol et Tournal dans le midi de la France [1].

M. Tournal dit, dans son mémoire, que dans la caverne de Bize, dans le département de l'Aude, il a trouvé des osse-

[1] Première édition, vol. II, chap. xiv, 1832, et neuvième édition, p. 738, 1853.

ments et des dents d'homme mêlés à des fragments de poterie grossière, dans la couche même de boue et de brèche cimentée par des stalagmites, qui contenait des coquilles terrestres d'espèces vivantes, et des os de mammifères, les uns disparus, les autres actuels. Les os humains furent déclarés par son collaborateur, M. Marcel de Serres, être dans le même état chimique que ceux des mammifères associés (1).

Parlant de ces fossiles de la caverne de Bize cinq ans plus tard, M. Tournal fait observer qu'il est impossible d'attribuer la présence de ces os en ce lieu à une catastrophe diluvienne, comme quelques-uns l'ont prétendu; car il est évident qu'ils n'y ont pas été brusquement précipités par un courant rapide, mais qu'ils ont dû y être introduits graduellement à différentes époques, en même temps que la boue et les cailloux qui les enveloppent (2).

M. Christol, qui, à la même époque, était occupé à de semblables recherches dans une autre partie du Languedoc, en publia le résultat un an après et décrivit des os humains rencontrés dans la caverne de Pondres, près de Nîmes, dans la même boue que les os d'une hyène et d'un rhinocéros d'espèces perdues (3). La caverne dans ce cas était remplie jusqu'au toit de boue et de gravier, dans lesquels on découvrit des fragments de deux sortes de poterie; la plus grossière, qui se trouvait aussi située le plus bas, était par-dessous les ossements de mammifères.

On n'a jamais révoqué en doute que l'hyène et le rhinocéros trouvés par M. Christol fussent d'espèces éteintes; mais les animaux énumérés par M. Tournal ne pourraient-ils pas tous être rapportés à des espèces connues pour avoir vécu en Europe pendant la période historique? La question semble douteuse. Ce sont, dit-on, un cerf, une antilope et une chèvre, tous déterminés comme nouveaux par M. Marcel de Serres;

(1) *Annales des Sciences naturelles*, 1828, t. XV, p. 348.

(2) *Annales de Chimie et de Physique*, 1833, p. 161.

(3) Christol, *Notice sur les ossements humains des cavernes du Gard*. Montpellier, 1829.

mais la majorité des paléontologistes ne se range pas à cette opinion. Pourtant, il est certain, comme le fait remarquer M. Lartet, que la faune de la caverne de Bize doit être d'une haute antiquité, comme le montre la présence non-seulement de l'aurochs de Lithuanie, (*Bison europæus*), mais aussi celle du renne, qui n'a jamais habité le midi de la France pendant les temps historiques et qui, dans cette contrée, est presque partout associé au mammouth dans le diluvium ou dans la boue des cavernes.

Dans mon ouvrage précité (¹), je disais que M. Desnoyers, observateur également versé dans la géologie et dans l'archéologie, contestait les conclusions de MM. Tournal et Christol, à savoir : que le rhinocéros, l'hyène et l'ours fossiles, avec d'autres espèces perdues, avaient été contemporains de l'homme en France. Voici le résumé de ce qu'il en dit : « Les hachettes et têtes de flèches en silex (²), les os pointus et les poteries grossières de plusieurs cavernes de France et d'Angleterre, présentent précisément les caractères de ceux qu'on trouve dans les tumulus et sous les dolmens (grossiers autels de pierres brutes) des habitants primitifs de la Gaule, de la Bretagne et de la Germanie. Par conséquent, les ossements humains associés dans les cavernes à des objets travaillés de cette nature doivent appartenir, non à une période antediluvienne, mais à un peuple arrivé au même état de civilisation que ceux qui ont élevé les tumulus et les autels. »

« Dans les monuments gaulois, ajoute-t-il, nous trouvons en même temps les produits de l'industrie que nous venons de citer, et des os d'animaux sauvages et domestiques d'espèces habitant maintenant l'Europe, particulièrement du cerf, du mouton, du sanglier, du chien, du cheval et du bœuf. Le fait a été reconnu dans le Quercy et dans d'autres provinces, et les antiquaires supposent que les animaux en question

(¹) *Principles of Geology*, neuvième édition, p. 739.

(²) Desnoyers, *Bulletin de la Société géologique de France*, 1re série, 1831, t. II, p. 252, et article Grottes, *Dictionnaire universel d'histoire naturelle*, Paris 1845, t. VI, p. 492.

étaient placés, soit sous les autels celtiques en mémoire des sacrifices offerts à la divinité gauloise Hesus, soit dans les sépultures en commémoration du repas de funérailles, et aussi à cause d'une superstition en vigueur chez les nations sauvages, qui leur fait préparer des provisions pour le voyage dans la vie future des mânes de leurs morts. Mais dans aucun de ces anciens monuments on n'a trouvé d'ossements d'éléphant, de rhinocéros, de tigres, ou d'autres quadrupèdes tels que ceux des cavernes. On les y aurait certainement rencontrés si ces espèces avaient continué à prospérer à l'époque où l'homme habita cette partie de la Gaule (1). »

Persuadé de la portée réelle des arguments de M. Desnoyers et des écrits du docteur Buckland sur le même sujet, et visitant moi-même plusieurs cavernes en Allemagne, j'en vins à croire que les ossements humains et ceux d'animaux éteints qui leur étaient mélangés dans les brèches osseuses et les boues des cavernes de différentes parties de l'Europe, n'étaient probablement pas du même âge. Les cavernes avaient été à une certaine époque les repaires des bêtes sauvages, puis, en d'autres temps avaient servi à l'homme de lieux d'habitation, de culte, de sépulture, d'asile, de défense; on pouvait donc facilement se figurer que les os de l'homme et ceux de ces ani-

(1) Depuis le moment où ces idées ont été émises, les recherches, les observations, les faits se sont multipliés, et les autorités les plus incontestables ont pris part à ces investigations. M. Desnoyers, loin de se tenir à l'écart et d'opposer à des témoignages sérieux et à des découvertes nouvelles l'immobilité d'un parti pris et d'une opinion préconçue, n'a rien négligé pour s'éclairer et recueillir sur le terrain les éléments d'une conviction définitive, travaillant lui-même à détruire ce qu'il avait d'abord avancé. Rien ne saurait mieux faire juger l'esprit consciencieux et véritablement scientifique de ce géologue que les quelques lignes qui suivent, empruntées à sa *Note sur les indices matériels de la coexistence de l'homme avec l'*ELEPHAS PRIMIGENIUS, etc. : « Plus je me suis efforcé autrefois d'exciter le doute et de me tenir en garde contre l'interprétation prématurée de faits qui ne semblaient point encore offrir toute la certitude désirable, plus je me fais aujourd'hui un devoir de reconnaître, après le contrôle fourni par tant d'observations isolées, recueillies de sources si différentes et sans idées préconçues, que la contemporanéité de l'homme et de plusieurs périodes de grands mammifères détruits, en Europe, offre la plus grande probabilité, pour ne pas dire une certitude complète. » (*Comptes rendus de l'Académie des sciences*, 8 juin 1863.) — *Note du traducteur.*

maux, épars sur le sol de ces cavités souterraines ou tombés dans les fentes tortueuses communiquant avec la surface, eussent été remaniés par des courants et confusément mélangés dans la même masse de boue ou de brèche [1].

On ne peut nier qu'il ne se soit réellement présenté dans quelques cavernes de pareils mélanges, et que dans certaines occasions les géologues ne se soient trompés et n'aient attribué à la même période des fossiles introduits en réalité à des époques successives. Mais depuis ces dernières années, nous avons acquis des preuves convaincantes, comme nous le verrons dans la suite, que le mammouth, et plusieurs autres espèces éteintes de mammifères très-abondants dans les cavernes, se rencontrent aussi dans le diluvium non remanié, associés dans leurs gisements à des objets travaillés, de façon à ne plus permettre le doute sur la contemporanéité de l'homme et du mammouth. Ces découvertes m'ont amené, ainsi que d'autres géologues, à examiner de nouveau les témoignages fournis auparavant par les cavernes et mis en avant comme des preuves de la haute antiquité de l'homme. J'ai dernièrement exploré plusieurs cavernes en Belgique et dans d'autres pays, et relu les principaux mémoires et traités relatifs aux restes fossiles qu'elles contenaient. C'est le résultat de cet examen que je vais maintenant mettre sous les yeux du lecteur.

Recherches du docteur Schmerling, en 1833 et 1834, dans les cavernes des environs de Liége.

Feu le docteur Schmerling, de Liége, anatomiste et paléontologiste habile, après avoir consacré plusieurs années à explorer les nombreuses cavernes à ossements qui bordent les vallées de la Meuse et de ses affluents, a publié deux volumes, où il décrit les objets provenant de plus de quarante cavernes. L'un de ces volumes est un atlas de planches représentant les os fossiles [2].

[1] *Principles of Geology*, neuvième édition, p. 740.

[2] *Recherches sur les ossements fossiles découverts dans les cavernes de la province de Liége.* Liége, 1833-1834.

Beaucoup de ces cavernes n'avaient jamais été visitées par des observateurs scientifiques, et leurs sols étaient couverts d'une couche intacte de stalagmites. Presque au début de ces recherches, le docteur Schmerling trouva les os de l'homme si roulés et si épars, qu'il dut exclure complétement l'idée de leur ensevelissement exprès en ce lieu. Il remarqua aussi que leur couleur et leur état, au point de vue de la matière animale qu'ils contenaient, étaient identiques à ceux des os des animaux qui les accompagnaient. Quelques-uns de ces animaux, comme l'ours des cavernes, comme l'hyène, l'éléphant et le rhinocéros, étaient éteints; d'autres existaient encore : le chat sauvage, le castor, le sanglier, le chevreuil, le loup et le hérisson. Les os fossiles étaient plus légers que leurs analogues de fraîche date, excepté quand leurs pores étaient remplis de carbonate de chaux, auquel cas ils se trouvaient souvent beaucoup plus lourds. Les restes humains dont la rencontre était la plus fréquente étaient les dents séparées des mâchoires, les os du carpe, du métacarpe, du tarse, du métatarse et les phalanges, séparés du reste du squelette. Les os correspondants de l'ours des cavernes, le plus abondant de tous les mammifères associés, se trouvaient aussi dans les cavernes de Liége plus fréquemment que tous les autres, et dans le même état d'éparpillement. Accidentellement, quelques os longs de mammifères présentaient des cassures transversales ressoudées ou cimentées après coup par le dépôt stalagmitique pendant leur séjour sur le sol de la caverne.

Schmerling ne trouva ni os rongés ni coprolithes. Il en conclut que les cavernes de la province de Liége n'avaient point servi de repaires à des bêtes sauvages, mais que leur contenu organique et inorganique y avait été précipité par des courants en communication avec la surface du pays. Les os, selon lui, peuvent souvent avoir été roulés dans le lit de courants de cette espèce avant d'atteindre le lieu souterrain de leur enfouissement définitif. C'est à l'action de la même cause qu'il attribue l'introduction de plusieurs coquilles terrestres disséminées dans la boue des cavernes, telles que l'*Helix nemoralis*, *H. lapicida*, *H. pomatia*, et autres espèces vivantes. Mêlés à ces coquilles on trouva, dans quelques cas rares, des os de poissons d'eau douce, d'un serpent, (*Coluber*), et de plusieurs oiseaux.

On fit la rencontre çà et là d'os en parfait état de conservation ou de plusieurs os du même squelette, dans leur juxtaposition naturelle, et présentant intactes leurs plus délicates apophyses tandis que d'autres os de la même brèche étaient roulés, brisés, détériorés ; ce fait s'expliquait en supposant que ces portions de carcasses avaient quelquefois flotté dans des cours d'eau permanents pendant qu'elles étaient encore recouvertes de leur chair. On ne découvrit point d'exemples de squelettes complets, même de ceux des plus petites espèces de mammifères, qui sont celles dont les os ont généralement le moins souffert.

L'état incomplet de chaque individu fut particulièrement constaté pour les squelettes humains ; le docteur Schmerling ayant pris le soin, chaque fois qu'il s'en présentait un fragment, d'explorer la caverne lui-même et de s'assurer si l'on ne pouvait pas trouver d'autres os appartenant au même squelette. Dans la caverne d'Engis, à une distance d'environ 5 kilomètres au sud-ouest de Liége, sur la rive gauche de la Meuse, on déterra les restes d'au moins trois êtres humains. Le crâne de l'un d'eux, celui d'un jeune individu, était enfoui tout à côté d'une dent de mammouth, et était entier, mais si fragile, qu'il tomba presque complétement en pièces pendant qu'on le retirait. Un autre crâne, celui d'un individu adulte, (voir fig. 2), est le seul que le docteur Schmerling ait pu garder dans un état de conservation suffisante pour permettre à l'anatomiste de rechercher la race à laquelle il appartient. Il était à 1 mètre 50 de profondeur dans une brèche dans laquelle se trouvèrent des dents de rhinocéros, plusieurs os de cheval, quelques-uns de renne et de quelques ruminants. Ce crâne, maintenant au muséum de l'université de Liége, est figuré au chapitre v, où je présenterai de plus amples observations sur ses caractères anatomiques après avoir achevé de mettre sous les yeux du lecteur l'exposé des découvertes faites dans les cavernes de Liége.

Sur la rive droite de la Meuse, du côté de la rivière opposé à Engis, est la caverne d'Engihoul ; toutes deux montrèrent en très-grande abondance le mélange des os de mammifères éteints et de ceux de l'homme. Mais il y avait cette différence que, tandis qu'à Engis il se trouvait, en fait de restes humains, plusieurs crânes et très-peu d'autres os, on rencontra à Engihoul de nombreux os des extrémités appartenant à trois individus au moins, et seulement deux petits fragments d'un crâne. La même distribution capricieuse se retrouva dans les autres cavernes, spécialement en ce qui concerne l'ours des cavernes, le plus fréquent des mammifères d'espèces perdues. Ainsi, par exemple, dans la caverne de Chokier, les crânes d'ours étaient peu nombreux et les autres parties du squelette abondantes, au lieu que dans plusieurs autres cavernes les proportions étaient exactement renversées, et qu'à Goffontaine les crânes et les autres parties du squelette de l'ours se trouvèrent dans leurs proportions numériques naturelles. En parlant d'une façon générale, on peut dire que les ossements humains, dans les endroits où on en a trouvés, se sont présentés à toutes les profondeurs dans la boue des cavernes et dans le gravier, tantôt au-dessus, tantôt au-dessous de ceux de l'éléphant, de l'ours, du rhinocéros, de l'hyène, etc.

Schmerling a trouvé dispersés un peu partout dans la boue des cavernes de grossiers instruments de l'espèce appelée généralement couteaux ou lames de silex, et à section transversale triangulaire (voir fig. 14); mais il était trop absorbé par ses recherches géologiques pour mettre quelque soin à les recueillir ; il en a pourtant ramassé et conservé quelques-uns que j'ai vus au musée de Liége. Il découvrit aussi dans la caverne de Chokier, à 4 kilomètres au sud-ouest de Liége, un os articulaire, poli, façonné en forme d'aiguille, et percé d'un trou oblique à sa base. Après l'avoir examiné, il conclut que cette cavité n'a jamais pu donner passage à une artère.

Cet instrument était enfoui dans la même gangue que les restes de rhinocéros [1].

Un autre os taillé et plusieurs silex façonnés furent trouvés dans la caverne d'Engis auprès du crâne humain dont nous avons parlé. Schmerling remarque, et nous reviendrons sur ce fait dans la suite (chap. VIII) que, quoique dans quelque quarante cavernes qu'il a explorées les os humains aient été l'exception, ces instruments en silex étaient universellement répandus, et il ajoute : « Qu'aucun d'eux n'a pu être intro- « duit à une époque postérieure, puisqu'ils se trouvaient « dans la même position que les restes d'animaux qui les « accompagnaient. » « Par conséquent, continue-t-il, j'at- « tache une grande importance à leur présence, car, même « si je n'avais pas trouvé d'ossements humains dans des con- « ditions tout à fait propres à me les faire considérer comme « appartenant à l'époque antédiluvienne, j'aurais pu néan- « moins trouver des preuves de l'existence de l'homme dans « la présence des os et des silex travaillés [2]. »

Le docteur Schmerling, par conséquent, n'hésite pas à conclure des divers faits constatés par lui que l'homme a été, dans le district de Liége, contemporain de l'ours des cavernes et de plusieurs autres espèces éteintes de quadrupèdes. Mais il est fort embarrassé dans ses efforts pour inventer une théorie afin d'expliquer l'état ancien de la faune des régions traversées maintenant par la Meuse, car il partage l'opinion, alors prépondérante chez les naturalistes, que le mammouth et l'hyène [3] étaient des animaux d'un climat plus chaud que celui de l'Europe occidentale actuelle. Afin de se rendre compte de la présence de ces « espèces tropicales, » il était fort tenté de s'imaginer qu'elles avaient été apportées par quelque inondation de ces régions éloignées. Mais alors se dressait pour lui la question de savoir s'ils n'auraient pas été violemment arrachés par les eaux à une alluvion plus ancienne,

(1) Schmerling, partie II, p. 177.
(2) *Ibid.*, p. 179.
(3) *Ibid.*, p. 70, 96.

qui aurait pu exister dans le voisinage. Cette dernière hypothèse était en contradiction directe avec ses propres constatations : à savoir, que les restes du mammouth et de l'hyène étaient identiques d'apparence, de couleur et d'état chimique, à ceux de l'ours et des autres animaux fossiles associés dont aucun ne portait la trace d'un séjour antérieur dans une gangue différente. Il y avait une autre énigme qui égarait Schmerling dans quelques-unes de ses spéculations géologiques ; c'était la présence supposée de l'agouti, rongeur du sud de l'Amérique, « propre à la zone torride. » Mon ami, M. Lartet, s'appuyant sur les figures données par Schmerling des dents de cette espèce, pense, et j'ai de fortes raisons d'avoir quelques doutes à ce sujet, qu'elles appartiennent au porc-épic, genre trouvé à l'état fossile dans les dépôts post-pliocènes de certaines cavernes du midi de la France.

En l'année 1833, je traversais Liége pour aller au Rhin, et je causai avec le docteur Schmerling, qui me montra sa magnifique collection, et auquel j'exprimai quelque incrédulité au sujet de l'antiquité prétendue des fossiles humains. Il me fit vivement remarquer que, si je doutais de leur contemporanéité, avec l'ours ou le rhinocéros, sous le prétexte que l'homme était une espèce de date plus récente, je devais au même titre mettre en doute la coexistence de toutes les autres espèces vivantes, telles que le daim, le chevreuil, le chat sauvage, le sanglier, le loup, le renard, la belette, le castor, le lièvre, le lapin, le hérisson, la taupe, le loir, le mulot, le rat d'eau, la musaraigne, et d'autres dont il avait trouvé les os partout éparpillés indistinctement, dans la même boue qui contenait les grands quadrupèdes éteints. L'année qui suivait cette conversation, je citai l'opinion de M. Schmerling, et les faits à l'appui de l'antiquité de l'homme, dans la troisième édition de mes *Principes de Géologie* (p. 161, 1834), et dans les éditions suivantes, sans mettre en question leur véracité, mais, en même temps, sans leur attribuer l'importance que je leur reconnais maintenant. Il avait accumulé des preuves surabondantes que l'introduction de l'homme sur cette terre datait d'une époque bien plus ancienne que les géologues ne consentaient alors à l'admettre.

Un fait positif, me dira-t-on, attesté par une autorité aussi compétente, aurait dû peser dans la balance, plus que tout l'ensemble des témoignages accumulés jusque-là relativement à l'absence générale des restes humains dans les formations d'une égale antiquité. La seule chose que je puisse alléguer, c'est qu'une découverte qui semble contredire les résultats généraux des investigations antérieures est naturellement acceptée avec beaucoup d'hésitation. C'eût été une tâche difficile, même pour quelqu'un de fort habile en géologie et en ostéologie, que d'entreprendre, en 1832, de suivre pas à pas le philosophe belge dans ses observations et ses preuves avec le dessein d'en contrôler l'exactitude. Qu'on se figure Schmerling, allant un jour après l'autre, se laisser glisser le long d'une corde attachée à un arbre, jusqu'au pied de la première ouverture de la caverne d'Engis (1), où se trouvèrent les crânes humains les mieux conservés ; qu'on se le représente, ayant ainsi pénétré dans la première galerie souterraine, rampant ensuite à quatre pattes dans un étroit passage menant aux grandes chambres ; là, surveillant à la lueur des torches, de semaine en semaine, et d'année en année, les ouvriers perçant la croûte stalagmitique aussi dure que du marbre, pour extraire au-dessous pièce à pièce la brèche osseuse presque aussi dure ; restant pendant des heures les pieds dans la boue, la tête sous l'eau qui suintait des parois, afin de noter la position et prévenir la perte du moindre os isolé ; et au bout de tout cela, après avoir trouvé le temps, la force, le courage d'exécuter toutes ces choses, voyant dans l'avenir, comme le fruit de son labeur, la publication mal accueillie des travaux d'un esprit luttant contre les préjugés du public scientifique et du public ignorant ; qu'on se rappelle toutes ces circonstances, qu'on en tienne compte, et l'on n'osera plus s'étonner, non-seulement qu'un voyageur de passage ait négligé

(1) Schmerling, partie I, p. 30.

de s'arrêter pour contrôler la valeur des preuves qu'on lui donnait, mais même que les professeurs de l'université de Liége, vivant tout à côté, aient laissé écouler un quart de siècle avant d'entreprendre la défense de la véracité de leur infatigable et clairvoyant compatriote.

En 1860, quand je revisitai Liége, vingt-six ans après mon entrevue avec Schmerling, je trouvai que plusieurs des cavernes décrites par lui avaient, dans l'intervalle, été détruites. Ainsi, par exemple, il ne restait plus de traces des cavernes d'Engis, de Chokier et de Goffontaine. Le calcaire au cœur duquel ces cavités avaient existé avait été exploité et enlevé par morceaux comme pierre à bâtir ou à faire de la chaux. Heureusement, une grande partie de la caverne d'Engihoul, située sur la rive droite de la Meuse, était encore dans le même état qu'au moment où Schmerling y fit ses fouilles, en 1831, et en retira trois squelettes humains ; aussi me déterminai-je à l'examiner ; j'eus la bonne fortune d'obtenir l'assistance d'un zélé naturaliste liégeois, M. le professeur Malaise, qui m'accompagna à la caverne. Nous prîmes quelques ouvriers pour percer la croûte de stalagmite, afin de pouvoir rechercher par-dessous des ossements dans le sol non remué. Nous trouvâmes bientôt des os et des dents d'ours des cavernes et de plusieurs autres quadrupèdes éteints, compris dans la nomenclature de Schmerling. Mon compagnon, continuant ce travail avec persévérance pendant plusieurs semaines après mon départ, réussit à la fin à extraire du même dépôt, de la profondeur de deux pieds au-dessous de la croûte de stalagmites, trois fragments d'un crâne humain, et deux mâchoires inférieures intactes avec leurs dents ; le tout était associé de telle façon aux os d'ours, de grands pachydermes et de ruminants, et avait avec eux une telle analogie de couleur et d'état de conservation, qu'aucun doute ne put persister dans son esprit sur la contemporanéité de l'homme et des espèces éteintes. M. le professeur Malaise a donné des figures de ces restes humains [1].

[1] *Bulletin de l'Académie royale de Belgique pour* 1860, t. X, p. 546.

La roche dans laquelle se rencontrent les cavernes de Liége, appartient généralement au calcaire carbonifère, (mountain limestone), et dans un petit nombre de cas seulement à la formation dévonienne antérieure. Partout où l'œuvre de destruction n'a pas été trop loin, de magnifiques coupes de 60 à 90 mètres de hauteur quelquefois, s'offrent à la vue. Elles confirment la théorie de Schmerling, que la plupart des matières organiques et inorganiques remplissant maintenant les cavernes ont été précipitées par les eaux à l'intérieur, à travers d'étroites fissures verticales ou obliques, dont les ouvertures supérieures sont encombrées de terre ou de gravier et sont à peu près introuvables à la surface, surtout dans une contrée aussi boisée. Une des plus belles coupes obtenues par l'exploitation des carrières, est celle que je vis dans la magnifique vallée de Fond-de-Forêt, au-dessus de Chaude-Fontaine, et près du village de Magnée ; l'une des fentes communiquant avec la surface a été comblée jusqu'en haut de pierres plus ou moins rondes, de morceaux anguleux de calcaire et de schiste, de sable, de boue, avec des ossements, notamment ceux de l'ours des cavernes. En relation avec ce conduit principal qui a de 30 à 60 centimètres de diamètre, s'en trouvent plusieurs autres plus petits, ayant chacun de 5 à 7 centimètres de large, atteignant aussi la surface du plateau supérieur et comblés de matériaux semblables. Ils sont inclinés à des angles de 30° ou 40°; leurs parois sont généralement revêtues de stalactites dont des morceaux ont été arrachés çà et là et mêlés au remplissage des fentes, ce qui nous explique pourquoi nous trouvons si souvent des morceaux détachés de cette substance dans la boue et la brèche des cavernes de Belgique. Il est difficile de concevoir comment un sol solide et horizontal de dépôt stalagmitique très-dur aurait pu, après sa formation, être brisé par un courant d'eau ; mais sachant qu'une croûte de stalagmites tapissait les parois de ces fentes étroites et tortueuses qui amenaient l'eau dans les fissures principales et dans les voûtes et galeries inférieures, on admet facilement qu'un fragment de cette incrustation ait pu être arraché par le passage d'un lourd fragment de roche entraîné par le courant dans des passages inclinés de 30° à 40°.

Les os fossiles paraissent avoir été préservés de la décomposition et de la destruction dans la plupart des cavernes, par l'arrivée constante d'eau chargée de carbonate de chaux, et tombant goutte à goutte du toit pendant que le remplissage s'opérait. L'action de la même cause a cimenté la boue, le sable et les cailloux.

Voici l'explication de ce phénomène qu'a fournie l'éminent chimiste Liebig : « La surface de la Franconie, dont les calcaires abondent en cavernes, est formée par un sol fertile où des matières végétales sont constamment en décomposition. Ce terreau ou cet humus, sous l'action de l'humidité et de l'atmosphère, dégage de l'acide carbonique qui se dissout dans l'eau de pluie. Cette eau traverse les pores du calcaire, en dissout une portion, et ensuite, à mesure que l'excès d'acide carbonique s'évapore dans les cavernes, dépose la matière calcaire sous forme de stalactites. Tant qu'un courant, même intermittent, traverse une succession de cavernes, aucun revêtement stalagmitique pur ne peut se former. La formation d'un pareil enduit est donc généralement un phénomène postérieur en date à l'interruption de l'écoulement des eaux par ces anciens canaux, et dont l'origine peut être due à un tremblement de terre, produisant de nouvelles fissures, ou à la rivière elle-même se creusant un chemin jusqu'à une plus grande profondeur et adoptant un nouveau canal.

Dans toutes les cavités souterraines explorées par Schmerling, au nombre de quarante environ, il n'en observa qu'une, la caverne de Chokier, où il y eût deux lits réguliers de stalagmites séparés par de la boue fossilifère. Dans ce cas particulier nous pouvons supposer qu'après avoir pendant longtemps coulé à un certain niveau, le courant s'est ouvert un chemin plus bas à travers une autre suite de cavernes, y a coulé pendant des siècles et les a remplies de débris, après quoi il est revenu à son niveau primitif supérieur. C'est exactement ce que l'on observe dans le « mountain limestone » de certain district du Yorkshire. Des cours d'eau naturellement absorbés par des entonnoirs naturels ne peuvent plus quelquefois y verser toutes leurs eaux ; le niveau s'élève alors, et elles prennent issue par quelque passage souterrain supérieur qui, à une époque antérieure, avait fait partie du réseau normal de ces canaux de drainage naturel, comme l'atteste encore le gravier fluviatile qu'il contient.

Il existe actuellement, dans le bassin de la Meuse, non loin de Liége, plusieurs exemples de ruisseaux et de rivières disparaissant dans des gouffres ; quelques-uns, comme celui de Saint-Hadelin, à l'est de Chaudefontaine, qui reparaît après 2 ou 3 kilomètres de parcours souterrain; d'autres, comme la Vesdre, qui se perd près de Goffontaine et reparaît au bout de quelque temps ; d'autres, au contraire, comme le torrent près de Magnée, qui entre dans une caverne et ne revoit plus le jour. Dans la saison des inondations, ces cours d'eau sont troubles à leur point de disparition et clairs comme des eaux de source quand ils reparaissent au jour, de sorte qu'ils doivent lentement remplir les cavités intérieures qu'ils traversent de boue, de sable, de cailloux, de coquilles terrestres et d'ossements qu'ils ont pu entraîner pendant les inondations.

La manière dont sont arrondis quelques grands fémurs et tibias de rhinocéros et d'autres pachydermes, tandis que les os plus petits des mêmes animaux et ceux de l'hyène, de l'ours, du cheval, sont réduits en fragments roulés, montre qu'ils ont souvent subi un transport à une certaine distance dans le lit des torrents avant d'arriver à leur sépulture définitive.

Quand nous voulons raisonner ou méditer sur l'ancienneté probable des ossements humains fossiles trouvés dans des gisements comme ceux des cavernes de Liége, il y a deux ordres de faits connus que nous devons invoquer pour nous diriger. Premièrement, nous devons prendre en considération le temps qu'il a fallu à cette quantité d'espèces de carnassiers et d'herbivores florissant à l'époque des cavernes pour devenir d'abord rares et finir par s'éteindre entièrement, ce qui, nous l'avons vu, leur est arrivé avant l'ère des tourbes danoises et des habitations lacustres de la Suisse. Secondement, le grand nombre de siècles nécessaires à la transformation du relief géographique du district de Liége, pour passer de son état ancien à son état actuel, pour mettre à sec et obstruer tant d'anciens canaux souterrains traversés par des ruisseaux et des rivières durant la période des cavernes.

Les altérations considérables qu'ont subies la vallée de la Meuse et celles de quelques-uns de ses affluents sont plus que démontrées par la façon abrupte dont les orifices des cavernes fossilifères s'ouvrent sur les flancs de précipices verticaux à 60 mètres, ou plus, de hauteur au-dessus des courants actuels. Il semble même, dans bien des cas, y avoir une telle correspondance dans les ouvertures de cavernes situées vis-à-vis l'une de l'autre sur les rives opposées des vallées larges ou étroites, qu'on est porté à croire qu'originairement ces cavités appartenaient à des séries de tunnels et de galeries qui étaient continues, avant la création du réseau actuel de canaux d'écoulement, c'est-à-dire avant le creusement des vallées existantes. Un autre indice de ces oscillations nous est fourni par la présence d'os d'éléphants dans des graviers peu élevés au-dessus de la Meuse et de plusieurs de ses affluents. Le lœss d'ailleurs se rencontre dans les faubourgs et les environs de Liége en lambeaux situés à différentes hauteurs comprises entre 6 et 60 mètres au-dessus de la rivière ; ce fait ne peut s'expliquer qu'en supposant un remplissage, puis un déblayement des vallées à une période postérieure à l'entraînement par les eaux des restes d'animaux et à leur introduction dans la plupart des anciennes cavernes. On peut objecter qu'au taux actuel de la vitesse de transformation, aucune accumulation d'années ne suffirait à accomplir de pareilles révolutions dans la géographie physique que nous connaissons. Cela peut être vrai. Mais il est plus que probable que cette vitesse de transformation fut autrefois bien plus grande qu'elle ne l'est maintenant dans le bassin de la Meuse. Quelques-uns des volcans les plus rapprochés, ceux de l'Eifel inférieur notamment, à 96 kilomètres au sud-ouest, paraissent avoir été en éruption à l'époque post-pliocène ; il pourrait bien se faire qu'ils dussent se rattacher par leur âge et par leur influence aux mouvements réitérés d'abaissement et de soulèvement du sol du pays de Liége. On pourrait dire aussi, avec une égale vérité, qu'en s'en rapportant au cours présent des événements, aucune série d'âges ne suffirait à produire une réunion de cônes et de cratères comme ceux de l'Eifel, (près d'Andernach par exemple) ; quelques-uns d'entre eux sont pourtant peut-être de date assez moderne pour appartenir à l'ère où l'homme et le rhinocéros étaient contemporains dans le bassin de la Meuse.

Nous sommes donc incapables d'évaluer le temps minimum qu'ont dû exiger les changements dans la géographie physique dont nous venons de parler. Néanmoins nous ne devons pas nous dissimuler que la durée de cette période a dû être fort prolongée, et que peut-être des âges d'inaction relative l'ont suivie, séparant la période post-pliocène des périodes historiques par un intervalle d'une durée non moins impossible à préciser.

CHAPITRE V.

PÉRIODE POST-PLIOCÈNE. — CRANES HUMAINS FOSSILES DES CAVERNES DE NEANDERTHAL ET D'ENGIS.

Squelette humain trouvé dans une caverne près de Düsseldorf. — Sa position géologique et son âge probable.— Ses caractères anormaux rappelant ceux du singe. — Crâne humain fossile de la caverne d'Engis, près de Liége. — Description de ces crânes par le professeur Huxley. — Comparaison de chacun d'eux avec des variétés extrêmes de la race indigène de l'Australie. — Capacités comparées des cerveaux de l'homme et du singe — Crâne de Borreby, en Danemark. — Conclusions du professeur Huxley. — Portée des caractères particuliers du crâne de Neanderthal relativement à l'hypothèse de la transmutation des espèces.

Squelette humain fossile de la caverne de Neanderthal, près de Düsseldorf.

Je vais parler avec quelques détails des opinions énoncées par les anatomistes au sujet des caractères ostéologiques du crâne humain d'Engis, près de Liége, mentionné dans le chapitre précédent et décrit par le docteur Schmerling ; mais auparavant je crois devoir dire quelques mots d'un autre crâne, d'un squelette même, dont la conformation particulière a produit une vive sensation dans ces dernières années. Je veux parler du crâne trouvé en 1857, près de Düsseldorf, dans cette partie de la vallée de la Düssel qui s'appelle le Neanderthal. Cet endroit est un ravin étroit et profond, situé à environ 112 kilomètres au nord-est de la région des cavernes de Liége dont nous avons parlé dans le précédent chapitre, et touchant au village et à la station du chemin de fer de Hochdal, entre Düsseldorf et Elberfeld. La caverne se trouve sur le fleuve escarpé de la rive droite du ravin sinueux, à environ 18 mètres au-dessus du ruisseau, et à 30 mètres au-dessous du sommet de l'escarpement. La coupe ci-jointe donnera au lecteur une idée de sa situation.

Fig. 1

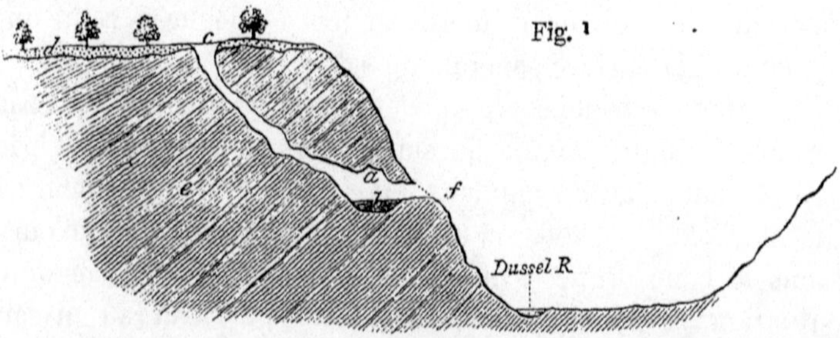

Fig. 1. — Coupe de la caverne de Neanderthal, près de Düsseldorf.

a Caverne à 18 mètres au-dessus de la Düssel et 30 mètres au-dessous de la surface de la région *c d*.
b Limon couvrant le sol de la caverne. Le squelette fut trouvé presque à sa partie inférieure.
b c Fente mettant la caverne en communication avec la surface de la région supérieure.
d Limon sableux superficiel.
e Calcaire dévonien.
f Terrasse ou saillie du rocher.

Quand le docteur Fuhlrott, d'Elberfeld, examina cette caverne pour la première fois, il la trouva assez haute pour permettre à un homme d'y entrer. La largeur était de 2 à 2 mètres 50, et la longueur ou la profondeur de 4 mètres 50. Je visitai ces lieux en 1860, en compagnie du docteur Fuhlrott, qui eut l'obligeance de venir exprès d'Elberfeld pour me servir de guide, et qui apporta avec lui le crâne fossile original, avec un moulage du même qu'il voulut bien m'offrir. En trois ans d'intervalle, de 1857 à 1860, la saillie du rocher, *f*, où s'ouvrait la caverne et qui avait à l'origine près de 6 mètres de largeur, avait été presque entièrement exploitée, et à voir la vitesse avec laquelle s'avançait l'œuvre de destruction, il est probable qu'elle touchait à une destruction complète. Le calcaire était fissuré en plusieurs endroits : l'une de ces fentes, à peu près comblée par des pierres et de la boue, est représentée en *a c* sur la figure, comme mettant la caverne en communication avec la région supérieure *d c* du pays. C'est par ce passage que le limon et peut-être le cadavre auquel appartenaient les os ont été introduits. Le limon qui couvrait le fond de la caverne était mêlé d'une petite quantité de cailloux arrondis, et était de composition fort analogue à celui qui recouvrait la surface générale du sol.

La boue qui contenait le squelette humain fossile n'était pas recouverte d'une croûte de stalagmites et ne contenait pas d'ossements d'autres animaux. Mais justement au moment de notre visite, en 1860, on avait rencontré une canine d'ours dans la boue d'une cavité latérale de la caverne, dans une situation parfaitement analogue à *b* (fig. 1), et au niveau correspondant à celui du squelette humain. Cette dent, qui nous fut montrée par le propriétaire de la caverne, avait six centimètres de long, et était parfaitement intacte ; mais je ne pus déterminer si elle appartenait à une espèce récente ou perdue.

Une lettre imprimée du docteur Fuhlrott nous apprend qu'en déblayant le limon qui avait 1 mètre 50 d'épaisseur, on signala d'abord le crâne humain près de l'entrée, et, plus avant, les autres os dans la même couche. On pense que le squelette était complet, mais que les ouvriers, en ignorant la valeur, dispersèrent et perdirent la plus grande partie des os, et ne conservèrent que les plus grands (1).

Le crâne, que me montra le docteur Fuhlrott était couvert à sa surface externe, et surtout à sa surface interne, d'une profusion de dendrites ; quelques-uns des autres os du squelette étaient ornés de ces mêmes sortes de cristallisations. Ce ne sont pas là, comme le fait observer le docteur Hermann von Meyer, des témoignages irrécusables d'antiquité, car on les a observés sur des os romains. Néanmoins ils sont plus fréquents sur des os qui ont été longtemps enfouis. Au surplus, le crâne et les os du squelette de Neanderthal avaient perdu si complétement leur matière animale qu'ils adhéraient fortement à la langue, semblables sous ce rapport aux restes fossiles ordinaires de la

(1) Lettre au professeur Schaaffhausen, citée dans le *Natural History Review*, n° 2, p. 156. Voir aussi Fuhlrott, *Naturalhistorisch Vereins*, Bonn, 1859.

période post-pliocène. En résumé, je crois probable que ce fossile soit à peu près du même âge que ceux qu'a trouvés Schmerling dans les cavernes de Liége; mais comme on n'a trouvé avec lui aucun autre débris animal, nous n'avons pas la preuve qu'il ne soit pas plus récent. Les mêmes raisons nous empêchent d'affirmer qu'il ne soit pas plus ancien.

Quand le crâne et les autres parties du squelette furent pour la première fois produites devant une assemblée de savants allemands, à Bonn, en 1857, plusieurs naturalistes émirent le doute que ce pouvait bien ne pas réellement être un squelette humain. M. le professeur Schaaffhausen, qui, avec d'autres zoologistes habiles, ne partageait pas ces doutes, fit la remarque que ce crâne, qui présentait l'os frontal, les deux os pariétaux, une partie du temporal et le tiers supérieur de l'occipital, était d'une taille et d'une épaisseur inusitées, que le front était étroit et très-bas, que la saillie enfin des crêtes susorbitaires était énorme. Il constata aussi que les longueurs absolues et relatives du fémur, de l'humérus, du radius et du cubitus étaient bien identiques à celles des mêmes os d'un Européen actuel de même taille; mais il remarqua que la grosseur des os était vraiment extraordinaire et que les saillies et dépressions servant à l'insertion des muscles avaient un développement inusité. Quelques-unes des côtes, aussi, avaient une forme singulièrement arrondie, et une courbure brusque qui paraissait être l'indice d'une grande puissance des muscles thoraciques [1].

Dans le même mémoire, l'anatomiste prussien remarque que la dépression du front (voir fig. 3., p. 85) n'est pas due à un aplatissement artificiel tel qu'il est pratiqué de différentes manières chez des peuplades barbares de l'ancien et du nouveau monde, attendu que le crâne est tout à fait symétrique et ne présente aucune trace de pression opposée sur l'occiput. Or, d'après Morton, chez les « Têtes plates » de la Colombie, le

[1] Professor Schaaffhausen's *Memoir*, traduit dans la *Natural History Review*, nº 2, avril 1861.

frontal et les pariétaux sont toujours dissymétriques ([1]). En un mot, M. le professeur Schaaffhausen conclut que l'individu, auquel appartenait le crâne de Neanderthal avait comme traits distinctifs un cerveau peu développé et une charpente osseuse d'une force exceptionnelle.

A mon retour en Angleterre, je montrai le moulage de ce crâne à M. le professeur Huxley, qui remarqua immédiatement que c'était la forme la plus voisine du singe qu'il eût encore observée. M. Busk, à la suite d'une traduction du mémoire de M. Schaatfhausen dans la *Revue d'histoire naturelle* ([2]), ajoute en son nom quelques intéressants commentaires sur les caractères qui rapprochaient ce crâne de ceux du gorille et du chimpanzée.

M. Huxley, dans la suite, étudia le moulage en question en vue de m'aider à en donner le dessin et la description dans cet ouvrage, et c'est en faisant cette étude qu'il découvrit, ce qui lui avait d'abord échappé, que la forme de la région occipitale était tout aussi anormale que celle de la région frontale et sourcilière. Avant de citer ce qu'il dit à ce sujet, je veux présenter quelques remarques sur le crâne d'Engis, que le même anatomiste a comparé à celui de Neanderthal.

Crâne fossile de la caverne d'Engis, près Liége.

Six ou sept squelettes ou portions de squelettes humains furent recueillis par le docteur Schmerling dans trois ou quatre cavernes près de Liége, renfermées dans la même gangue que des restes d'éléphants, d'ours, d'hyènes et d'autres mammifères éteints; le crâne le mieux conservé, ainsi que je l'ai dit page 77, était celui d'un individu adulte; il fut trouvé dans la caverne d'Engis. Le docteur Schmerling l'a figuré, dans son ouvrage, en faisant remarquer qu'il était trop incomplet pour permettre aux anatomistes de déterminer l'angle facial, mais que l'on pouvait conclure du peu de lar-

([1]) *Natural History Review*, n° 2, p. 160.
([2]) *Ibid.*, n° 2, 1861.

geur de la partie frontale qu'il appartenait à un individu pourvu d'un faible développement intellectuel. Il en étudia et indiqua les affinités avec la race éthiopienne, mais avec doute, faisant remarquer avec raison qu'il faudrait bien plus de spécimens de comparaison qu'il n'en avait pour permettre à un anatomiste d'arriver à quelque conclusion sérieuse sur ce sujet. M. Geoffroy Saint-Hilaire et d'autres ostéologistes qui examinèrent ce crâne affirmèrent qu'il ne ressemblait pas à celui de la race nègre. Quand je vis l'original au musée de Liége, j'engageai le docteur Spring, professeur à l'université, auquel nous sommes redevables d'un excellent mémoire sur les restes humains fossiles de la caverne de Chauvaux, près Namur, à faire faire le moulage du crâne d'Engis. Non-seulement il eut l'obligeance d'accéder à ma demande, mais il rendit un vrai service au monde scientifique en ajoutant au crâne primitif plusieurs fragments détachés, que Schmerling avait trouvés aussi à Engis et qui s'y adaptèrent exactement. Aussi le moule représenté fig. 2, est-il plus complet que celui que donne Schmerling dans la première planche de son ouvrage. Il laisse voir, sur le côté droit, la position du trou auditif (fig. 6, page 91) que n'indique pas la figure de Schmerling. M. Busk, quand il le vit, me fit remarquer que le front, comme l'avait avec raison dit Schmerling, était un peu étroit, mais qu'on pouvait néanmoins lui trouver beaucoup d'analogues dans des individus de race européenne. Les mesures exécutées depuis ont pleinement justifié cette observation, comme nous le verrons par la suite.

OBSERVATIONS DE M. LE PROFESSEUR HUXLEY AU SUJET DES CRANES HUMAINS D'ENGIS ET DE NEANDERTHAL.

Le crâne d'Engis, tel que l'a d'abord figuré M. le professeur Schmerling, était à un état fort imparfait. Mais d'autres fragments y ont depuis lors été ajoutés par les soins du docteur Spring, et le moule auquel se rapportent mes observations (fig. 2) présente les régions frontale, pariétale et occipitale jusqu'au milieu du trou occipital, plus les parties écailleuse et mastoïdienne du temporal droit presque entier; le temporal gauche manque. Au-dessous d'un plan passant par le milieu du trou occipital et le milieu de chacun des bords supérieurs des orbites, la base du crâne est détruite; les os de la face sont entièrement absents.

Fig. 2.

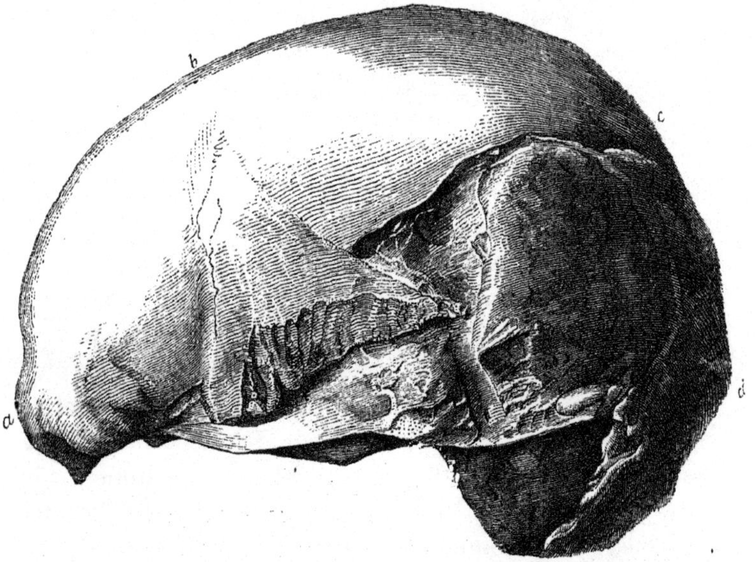

Vue latérale du moule d'une portion de crâne humain trouvée par le docteur Schmerling enfouie avec des mammifères éteints dans la caverne d'Engis, près de Liége.

Fig. 2. — *a* Arcade sourcilière et glabelle [1].
b Suture coronale.
c Sommet de la suture occipito-pariétale.
d Protubérance occipitale.

La longueur extrême du crâne est de 192 millimètres, et sa plus grande largeur ne dépasse pas 131 millimètres; il est donc franchement du type dolichocéphale [2]. Mais en même temps sa hau-

[1] Glabelle. L'anatomiste anglais appelle ainsi la portion médiane de l'os frontal située au-dessous du niveau des bosses frontales et entre les deux tubérosités sourcilières. — *Note du traducteur*.

[2] De δολιχός allongé, et κεφαλή tête.

teur est assez normale. Il compte 118 millimètres du plan glabello-occipital, (*a d*), au sommet. Le front est assez bombé. Il en résulte que la circonférence horizontale du crâne est d'environ 512 millimètres, et que l'arc longitudinal qui sépare la glabelle de la protubérance occipitale, (*d*), mesure environ 340 millimètres. L'arc transverse allant d'un trou auditif à l'autre par le milieu de la suture sagittale mesure environ 325 millimètres. La suture sagittale, (*b c*), a 137 millimètres de longueur. Les arcades sourcilières sont bien développées, sans excès, et sont séparées par une dépression médiane dans la région de la glabelle : ceci indique de vastes sinus frontaux. En plaçant horizontalement la ligne (*a d*) qui joint la glabelle à la protubérance occipitale, l'occiput ne se projetterait pas de plus de 2 millimètres au delà de l'extrémité postérieure de cette ligne. Le bord supérieur du trou auditif se trouve presque sur cette même ligne (*a d*) ou plutôt sur sa parallèle tangente à la surface du crâne.

Fig. 3.

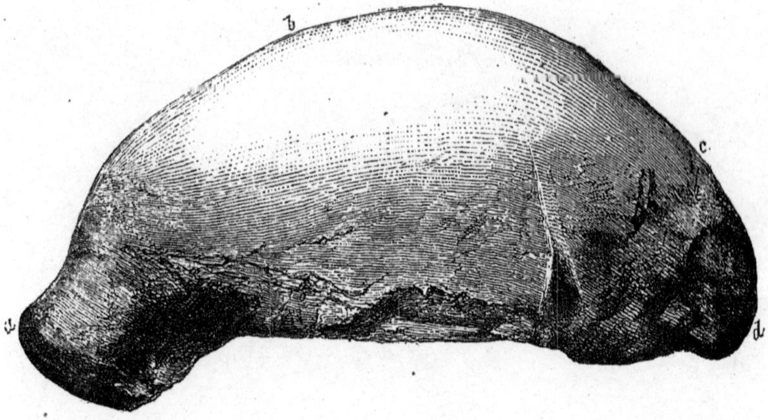

Vue latérale du moule d'une portion de crâne humain venant de la caverne de Neandertha près de Düsseldorf.

Fig. 3. — *a* Arcade sourcilière et glabelle.
b Suture coronale.
c Sommet de la suture occipito-pariétale.
d Protubérance occipitale.

Je ne connais le crâne de Neanderthal que par les dessins de M. le professeur Schaaffhausen, un excellent moule et des photographies. Il diffère si profondément, en apparence, du crâne d'Engis, que l'on pourrait fort bien l'attribuer à une race humaine distincte. Sa longueur extrême est de 200 millimètres, sa largeur extrême 144; mais il ne mesure que 85 millimètres de la ligne glabello-occipitale au point le plus élevé de sa courbe. L'arc longitudinal, mesuré comme ci-dessus, a 300 millimètres. L'arc transverse ne saurait être évalué exactement à cause de l'absence des os temporaux; mais il était probablement le même et dépassait certainement 255 millimètres. La circonférence horizontale a 575 millimètres. La grande longueur de cette circonférence provient en grande partie du vaste développement des arcades sourcilières qui recouvrent de grands sinus frontaux dont les ouvertures inférieures sont parfaitement visibles dans une des photographies du docteur Fuhlrott. Ces arcades sourcilières forment une proéminence transverse continue, quelque peu creusée dans sa ligne médiane au-dessous du niveau des sourcils. Cette structure a pour

Fig. 4.

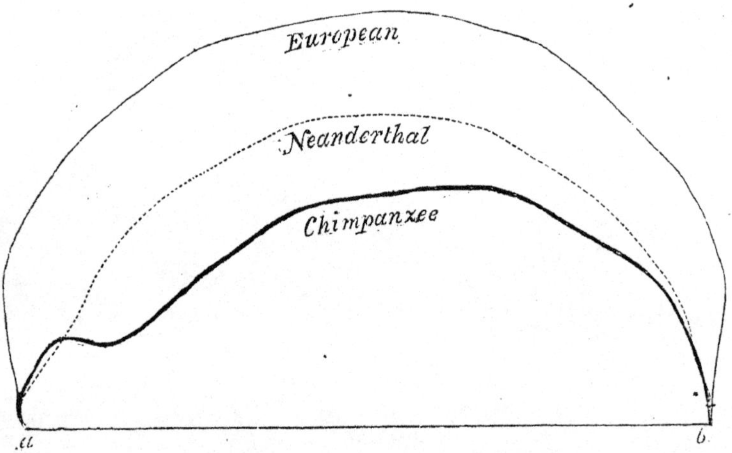

Profils du crâne d'un chimpanzée adulte, de celui de Neanderthal et de celui d'un Européen, ramenés au même diamètre absolu pour mieux faire ressortir leurs différences relatives. La région sourcilière du crâne de Neanderthal paraît moins proéminente que dans la fig. 3, parce que les contours sont tous supposés pris sur la ligne médiane où la saillie sourcilière de ce crâne est moins prononcée.

Fig. 4. — *a* Glabelle.
b Protubérance occipitale ou point de l'extérieur de chaque crâne qui correspond à peu près à l'attache de la tente du cervelet ou au niveau inférieur des lobes cérébraux postérieurs.

conséquence de faire paraître le front encore plus bas et plus en retrait qu'il ne l'est réellement.

Pour l'œil d'un anatomiste la partie postérieure du crâne est encore plus frappante que l'antérieure. La protubérance occipitale occupe l'extrémité postérieure du crâne quand la ligne glabello-occipitale est horizontale, et cette portion du crâne s'étend obliquement en haut et en avant, si loin du reste de la région occipitale, que la suture occipito-pariétale se trouve juste au sommet de la surface supérieure du crâne. En même temps, et malgré la grande longueur du crâne, la suture sagittale est remarquablement courte (112 millimètres) et la suture écailleuse très-droite.

Dans le crâne de l'homme, la ligne courbe occipitale supérieure et la protubérance occipitale correspondent approximativement au niveau de la tente du cervelet et aux sinus latéraux, et par conséquent à la limite inférieure des lobes postérieurs du cerveau. Au premier abord j'eus quelque peine à croire qu'un cerveau humain eût pu avoir ses lobes postérieurs aussi aplatis et amoindris que cela avait dû avoir lieu dans le crâne de Neanderthal. J'admettais l'existence des relations ordinaires entre la ligne courbe occipitale supérieure et la tente du cervelet. Mais, sur ma demande, que lui transmit Sir Charles Lyell, le propriétaire du crâne fut assez obligeant pour m'affirmer l'existence des sinus latéraux à leur place ordinaire, et même pour m'envoyer les preuves convaincantes du fait au moyen d'excellentes vues photographiques de l'intérieur du crâne accusant nettement leur présence.

Il est certain, comme l'ont fait remarquer M. le professeur Schaaffhausen et M. Busk, que ce crâne est le plus bestial de tous les crânes humains connus. Il se rapproche de celui du singe non-seulement par le prodigieux développement des saillies sourcilières et la position avancée des orbites, mais bien plus encore par la forme déprimée de la cavité cérébrale, le peu de courbure de la suture écailleuse et la forme de l'occiput, qui se prolonge en avant et en haut à partir de la ligne courbe occipitale supérieure.

Mais le crâne, dans son état actuel, contient, suivant M. le professeur Schaafhausen, 103324 centimètres cubes d'eau. Entier, il devait contenir au moins 187 centimètres cubes de plus. Sa capacité minimum peut donc être évaluée à 1220 centimètres cubes. Le crâne d'Européen bien portant, le plus vaste qu'on ait encore mesuré, avait une capacité de 1781 centimètres cubes, le plus restreint, (ces volumes sont évalués par le poids du cerveau), environ 859; mais M. le professeur Schaaffhausen dit que quelques crânes d'Hindous n'ont qu'une capacité de 718 centimètres cubes. Le plus grand crâne de gorille mesuré jusqu'ici contient 539 centimètres cubes. Le crâne de Neanderthal se trouve donc, pour sa capacité, être à fort peu près une moyenne entre les extrêmes humains, et dépasse de beaucoup le maximum connu chez le singe.

Par conséquent, même en l'absence des os du bras et de la cuisse, qui, selon M. le professeur Schaaffhausen, ont parfaitement les proportions longitudinales de ceux de l'homme, malgré leur grosseur supérieure à ce qu'elle est généralement dans l'espèce humaine, je ne vois aucun motif d'attribuer ce crâne à autre chose qu'à un homme. La force et le développement des saillies musculaires des membres ne sont d'ailleurs que des caractères parfaitement analogues à ceux que montrent, quoique à un moindre degré, les squelettes des sauvages de race énergique exposés à un climat rigoureux, comme le sont les Patagons.

Le crâne de Neanderthal n'a certainement subi aucune compression, et à ceux qui veulent qu'il soit celui d'un idiot, on peut répondre qu'il appartient de le prouver à ceux qui adoptent l'hypothèse. L'idiotisme est compatible avec des formes et des capacités de crâne très-diverses, mais je ne connais jusqu'ici aucun crâne d'idiot qui présente la moindre ressemblance avec celui de Neanderthal. Au surplus, je montrerai que ce dernier ne présente qu'une forme extrême de la dégradation qui dans l'état de nature affecte le crâne de certaines races d'hommes.

M. Busk attira dernièrement mon attention sur la ressemblance de ce crâne de Neanderthal avec quelques-uns des crânes trouvés dans des tumulus de la période de pierre, à Borreby, en Danemark, et dont M. Busk possède de nombreuses figures très-soignées. L'un des crânes de Borreby, en particulier, (fig. 5, p. 89), est remarquable par des arcades sourcilières proéminentes, un front rentrant, un sommet aplati et un occiput incliné en haut et en avant. Mais le crâne est relativement plus haut et plus large à la fois, plus brachycéphale en un mot; la suture sagittale est plus longue et les arcades sourcilières moins saillantes que dans le crâne de Neanderthal. Néanmoins il n'est pas douteux qu'il n'y ait une grande similitude de caractères entre ces deux crânes, et ce fait est du plus grand intérêt, attendu que les autres crânes de Borreby ont le front mieux fait, les arcades sourcilières moins proéminentes, et dénotent par leur ensemble un état de conformation plus élevé.

Les crânes de Borreby remontent à la période de pierre du

Fig. 5.

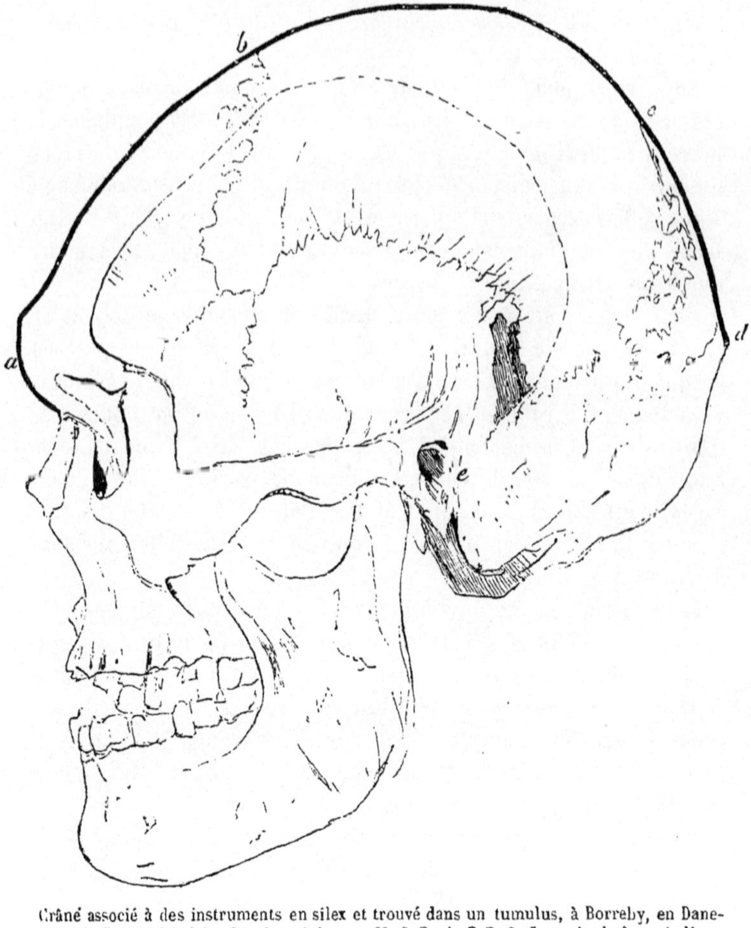

Crâne associé à des instruments en silex et trouvé dans un tumulus, à Borreby, en Danemark. Dessin fait à la chambre claire par M. G. Busk, F. R. S. Le trait de force indique toute la partie correspondant au crâne mutilé de Neanderthal.

Fig. 5. — *a* Arcade sourcilière.
b Suture coronale.
c Sommet de la suture occipito-pariétale.
d Protubérance occipitale.
e Trou auditif.

Danemark, et les peuplades auxquelles ils appartenaient étaient probablement d'une époque contemporaine ou postérieure à celles des auteurs des « Amas de débris » de ce pays. En d'autres termes, leurs possesseurs vivaient après les derniers grands changements physiques de l'Europe, et étaient contemporains de l'urus et du bison, et non de l'*Elephas primigenius*, du *Rhinoceros tichorhinus* et de la *Hyena spelæa*.

Supposons pour un instant, ce qui n'est pas prouvé, que le crâne de Neanderthal appartînt à une race parente des peuplades de Borreby et aussi moderne qu'elles ; il se trouverait séparé du crâne d'Engis par une distance chronologique aussi considérable que leurs différences anatomiques, et il me semble y avoir d'assez fortes présomptions pour autoriser raisonnablement à admettre que les deux races fussent distinctes.

Cependant, pour éviter toute chance de raisonner en faisant un cercle vicieux, je pensai qu'il serait bon d'essayer de préciser jusqu'où peuvent aller les variations du crâne dans une race pure actuellement existante. Les indigènes du sud et de l'ouest de l'Australie sont probablement aussi purs et aussi homogènes de sang, de coutumes, de langage qu'aucune race actuelle de sauvages ; c'est donc sur eux que j'ai fait porter mon étude, d'autant plus que le « Hunterian Museum » contient une très-belle collection de ces crânes.

Je m'aperçus bientôt qu'on pouvait trouver dans le nombre deux crânes, (se reliant d'ailleurs par toutes sortes de transitions graduées), dont l'un était fort analogue au crâne d'Engis, et l'autre se rapprochait, quoique de plus loin, de celui de Neanderthal, tant pour la forme que pour la taille et les proportions. Il se trouvait également des individus qui présentaient des analogies non moins saillantes avec le type dégradé du crâne de Borreby.

Ces ressemblances dont je parle ne tiennent nullement à des caractères purement superficiels, ainsi que je vais le montrer par le diagramme (fig. 6, p. 91) et le tableau suivant, qui donnent les contours et les dimensions des deux crânes anciens, de deux autres de la race australienne, et d'un crâne anglais.

	A	B	C	D	E	F
Engis.	512m	344m	312m	119m	194m	131m
Australien n° 1.	512	325	300	119	188	135
Australien n° 2.	550	312	269	95	197	144
Neanderthal.	575	390	250	94	200	144
Anglais.	525	344	312	110	192	133

A Circonférence horizontale prise dans un plan passant par la glabelle et la protubérance occipitale.
B Arc longitudinal (*a*, *b*, *c*, *d*) allant de la dépression nasale de l'os frontal à la protubérance occipitale.
C Arc transversal perpendiculaire au plan de la circonférence A, y aboutissant de chaque côté et passant au milieu de la suture sagittale.
D Hauteur verticale maximum au-dessus du plan glabello-occipital.
E Plus grand diamètre longitudinal.
F Plus grand diamètre transversal ([1]).

La question de savoir si le crâne d'Engis a les caractères d'une

Fig. 6.

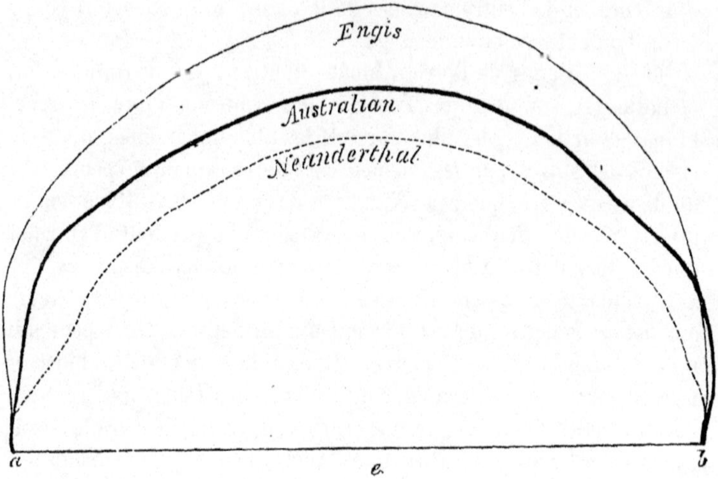

Profils des crânes d'Engis et de Neanderthal, et d'un crâne d'un naturel de Port-Adélaïde, ramenés à la même longueur absolue pour mieux comparer leurs proportions.

Fig. 6. — *a*, *b*, Comme dans la fig. 4, page 86.
e Position du trou auditif.

([1]) J'ai pris ces mesures en partant toujours du plan glabello-occipital, uniquement parce que cela me permet de comparer tous les crânes entiers ou non. La circonférence maximum d'un crâne anglais se trouve dans un plan bien supérieur au plan glabello-occipital et mesure 55 centimètres race élevée plutôt que ceux d'une race dégradée a été fort controversée; mais les mesures du tableau ci-dessus, empruntées au catalogue du « Hunterian Museum, » qui les donne comme celles d'un crâne anglais présentant le type caucasique pur, (fig. 4), nous serviront à montrer que les deux opinions peuvent être bonnes et que cette sorte d'évaluation du crâne ne donne que de vagues renseignements sur la race.

Il doit être bien entendu qu'en établissant ce qui précède je n'ai eu ni l'intention d'affirmer que les crânes d'Engis et de Neanderthal appartinssent à la race australienne, ni même celle de conclure que ces anciens crânes appartinssent à une seule et même race, en tant que la race est déterminée par le langage, la coloration de la peau ou le caractère de la chevelure. Pour contester qu'ils soient de la même race que les Australiens, on peut invoquer plusieurs différences anatomiques moins importantes, telles que le grand développement des sinus frontaux; et comme argument contre l'hypothèse de l'identité ou de la diversité de race des deux crânes on peut alléguer l'indépendance connue des variations du crâne d'un côté, et de l'autre de celles de la main, de la chevelure, de la coloration cutanée et du langage.

Mais les crânes de Borreby nous montrent des variations fort étendues, et l'on peut prouver que des crânes de l'une des races humaines actuelles, les plus pures et les plus homogènes, diffèrent les uns des autres par les mêmes caractères, quoique peut-être à un degré moindre, que ceux d'Engis et de Neanderthal. Il me semble qu'il y a là de quoi empêcher un raisonneur prudent d'affirmer que les deux derniers soient nécessairement de races distinctes.

Cependant ces ressemblances entre ces anciens crânes et leurs analogues modernes d'Australie ont un immense intérêt pour qui réfléchit que la hache de pierre est aussi bien l'arme et l'instrument du sauvage moderne que du sauvage des temps passés; que l'un utilise les os du kangurou et de l'émeu, comme l'autre le faisait de ceux du daim et de l'urus; que l'Australien entasse les coquilles des mollusques qui lui ont servi de nourriture, en monticules qui représentent les « amas de débris » ou « kjokken möddings » du Danemark; et enfin, qu'au delà du détroit de Torres, une race sœur de la race australienne se trouve au nombre des rares peuplades qui construisent encore leurs demeures sur pilotis comme ceux des anciens lacs de la Suisse.

Cette ressemblance considérable dans les habitudes et dans les conditions d'existence, accompagnée d'une si forte similitude dans la configuration du crâne, est un argument d'une singulière valeur pour faire voir que ce qu'a démontré Cuvier pour les animaux de la vallée du Nil est applicable à l'homme avec la même vérité. Les circonstances restant les mêmes, le sauvage varie un peu plus, semblerait-il, que l'ibis et le crocodile, surtout si nous tenons compte de l'énorme étendue de temps à travers laquelle notre science le suit maintenant, et si nous la comparons avec celle qui s'est écoulée depuis la date des sépultures égyptiennes.

Je conclus donc que la grande capacité relative du crâne de Neanderthal, toute recouverte qu'elle soit, comme celle du singe, par des parois osseuses épaisses, que les proportions parfaitement humaines des os des membres qui l'accompagnaient, et que le très-remarquable développement du crâne d'Engis sont autant de faits qui nous indiquent clairement que les premières traces de la souche primordiale dont l'homme est sorti ne doivent plus être recherchées dans les terrains tertiaires récents par ceux qui adoptent sous une forme quelconque la doctrine du développement progressif. Ils doivent porter leurs regards vers un temps plus éloigné de l'époque de l'*Elephas primigenius* que celle-ci ne l'est de nous.

Les deux crânes qui forment le sujet des explications et réflexions précédentes ont motivé un égal étonnement, et chacun par une raison opposée : celui d'Engis, parce que, malgré son ancienneté incontestée, il se rapproche autant du type le plus élevé, du type caucasique; celui de Nanderthal, parce qu'avec des titres plus douteux à l'ancienneté, il s'écarte autant du type normal de l'humanité. L'observation de M. le professeur Huxley, relativement à l'amplitude des variations, comme forme et comme capacité, des crânes d'une race aussi pure que la race australienne indigène, nous fait rejeter bien loin cette anomalie supposée, et nous fait admettre le fait, non prouvé, mais très-probable, de la coexistance de deux variétés dans l'Europe occidentale pendant la période post-pliocène.

Relativement au crâne d'Engis, nous devons nous rappeler

que, bien qu'associé à l'éléphant, au rhinocéros, à l'ours, au tigre et à l'hyène, tous d'espèces éteintes, il est néanmoins aussi accompagné du cerf, du loup, du renard, du castor, d'un ours et de plusieurs autres espèces de quadrupèdes encore vivantes. Aussi plusieurs éminents paléontologistes, et entre autres M. le professeur Pictet, pensent qu'au point de vue numérique la plus grande partie des mammifères de cette faune était identique à celle de notre propre période. Nous sommes donc peu fondés à voir avec étonnement que les races humaines de l'époque post-pliocène ne puissent se distinguer de quelques races actuelles. Cela montrerait tout au plus que l'homme a été aussi constant dans ses caractères ostéologiques, que bien des mammifères encore aujourd'hui ses contemporains. Cette confiance dans la rencontre, toujours attendue, du type le plus dégradé du crâne humain, dans la plus ancienne formation qui le contienne, est basée sur la théorie du développement progressif, dont ce fait serait la meilleure justification. Néanmoins, rappelons-nous que jusqu'à présent aucune preuve géologique certaine ne nous autorise à croire que l'apparition de ce que nous appelons les races inférieures de l'espèce humaine aient toujours précédé, dans l'ordre chronologique, celle des races plus élevées.

C'est un fait admis maintenant, que les différences entre le cerveau des races d'hommes supérieures et celui des races inférieures sont du même ordre, quoique moindres que celles qui séparent les cerveaux de l'homme et du singe [1]; la même règle s'applique à la forme du crâne. Le crâne ordinaire du nègre diffère de celui de l'Européen en ce qu'il a le front plus incliné en arrière, les arcades sourcilières plus proéminentes, et un plus grand développement des saillies et des cavités destinées à l'attache des muscles. L'ensemble et les traits de la face sont aussi plus larges à proportion. Le cerveau est, en moyenne, un peu moins volumineux dans les races d'hommes inférieures, les circonvolutions en sont moins

(1) *Natural History Review*, 1861, p. 8.

compliquées; celles des deux hémisphères sont plus symétriques, modifications qui toutes constituent un rapprochement vers le type du singe. On verra aussi, en lisant les ouvrages de feu le docteur Morton, et en se rapportant à ce que disait plus haut M. le professeur Huxley, que la différence de capacité entre le plus élevé et le plus dégradé des cerveaux humains est plus grande que celle qui sépare le cerveau du singe le plus élevé de celui de l'homme qui l'est le moins. Mais le crâne de Neanderthal, quoique se rapprochant de celui du singe plus qu'aucun crâne humain découvert auparavant, est loin, par son volume, de devoir être relégué aussi bas.

D'éminents anatomistes ont montré que, dans les proportions moyennes de quelques-uns de ses os, le nègre diffère de l'Européen, et que, dans la plupart de ses caractères, il se rapproche légèrement des quadrumanes anthropoïdes (1). Mais M. le professeur Schaaffhausen a bien montré que pour ces proportions, le squelette de Neanderthal ne s'écarte pas du type moyen et n'indique pas du tout une transition entre l'homme et le singe.

Il y a, (voir fig. 4), sans aucun doute, entre le crâne de

(1) Les races inférieures de l'espèce humaine offrent des proportions qui sont à beaucoup d'égards intermédiaires entre celles du type le plus élevé du type européen et celles du singe. Ainsi, chez le nègre, par exemple, la taille est moindre que chez l'Européen *; le crâne est plus petit par rapport à la face, les extrémités supérieures sont proportionnellement plus longues, et dans les membres supérieurs, comme dans les membres inférieurs, il y a une prédominance moins marquée du segment qui touche au corps sur les segments extrêmes. Comparons encore au nègre : la cuisse et le bras sont chez lui légèrement plus courts que chez l'Européen. Le tibia a la même longueur absolue dans les deux races, et sa longueur relative est par conséquent plus grande chez le nègre; la longueur absolue et relative de l'avant-bras est un peu plus grande. Le pied a un huitième et la main un douzième de plus que chez l'Européen; il est bien connu que le pied est moins bien fait chez le nègre que chez l'Européen. La voûte du tarse, dont la parfaite conformation est essentielle pour la stabilité et la facilité de la marche, est moins élevée chez le premier. Le pied, qui se trouve ainsi plus long et plus plat, se rapproche de celui du singe, dont celui de l'Européen s'éloigne notablement sous ce rapport. Extrait d'un *Traité du squelette humain*, par le docteur Humphry, professeur d'anatomie et de chirurgie à l'école de médecine de Cambridge, p. 91.)

* Cette assertion est fort contestable. — *Note du traducteur.*

Neanderthal et celui du chimpanzée une ressemblance plus grande que celle qu'avait jusqu'alors présentée aucun crâne humain. La description de la région occipitale, par M. le professeur Huxley, montre d'ailleurs que cette ressemblance n'est pas simplement limitée à la proéminence excessive des arcades sourcilières.

L'importance immédiate de l'analogie avec le singe du crâne de Neanderthal, au point de vue de la doctrine de Lamarck sur le développement progressif et la transmutation, ou de la modification de cette doctrine soutenue dernièrement avec tant d'habileté par M. Darwin, tient à ce fait que cette observation nouvelle d'une déviation du type normal de la conformation humaine n'a pas une direction fortuite ou accidentelle, mais est précisément ce qu'on aurait pu conclure d'avance, si les lois de la variation étaient celles que veulent les partisans de la transmutation. Si nous considérons ce crâne comme très-ancien, nous voyons en lui un spécimen d'un état moins avancé de développement et de perfectionnement progressifs, s'il appartient à une race relativement moderne, devant sa conformation particulière à une dégénérescence, il nous est un exemple de ce que les botanistes appellent « atavisme, » ou tendance des variétés à revenir à leur type originel, type qui serait d'autant plus dégradé que l'ancienneté en serait plus grande. Je reviendrai, dans les derniers chapitres, sur cette hypothèse d'un lien généalogique entre l'homme et les animaux supérieurs.

CHAPITRE VI.

ALLUVIONS POST-PLIOCÈNES ET DÉPÔTS DES CAVERNES AVEC INSTRUMENTS EN SILEX.

Position générale dans les vallées du diluvium avec espèces éteintes. — Découvertes de M. Boucher de Perthes à Abbeville. — Instruments en silex trouvés aussi à Saint-Acheul, près d'Amiens. — La curiosité éveillée par l'exploration systématique de la caverne de Brixham. — Couteaux de silex qu'on y trouve avec mammifères d'espèces éteintes. — Superposition des dépôts dans cette caverne. — Visites de géologues français et anglais à Abbeville et à Amiens.

Alluvions post-pliocènes avec instruments en silex dans la vallée de la Somme.

Nous trouvons sur la surface d'une grande partie de l'Europe, et à une hauteur médiocre au-dessus des cours d'eau actuels, généralement à moins de 12 mètres, mais quelquefois beaucoup plus, du gravier, du sable ou du limon, contenant des os d'éléphant, de rhinocéros, de cheval, de bœuf et d'autres quadrupèdes, les uns disparus, les autres vivants, appartenant en grande partie à la faune que nous avons citée dans le chapitre précédent, comme caractéristique des cavernes. La plus grande partie de ces dépôts contient des coquilles fluviatiles, et a, sans aucun doute, été accumulée dans le lit d'anciens cours d'eau. Ces anciens lits de rivière ont depuis longtemps été mis à sec, depuis que les courants, qui les occupaient ont changé de place en creusant les vallées et souvent en entamant leurs flancs pour les élargir.

On s'est naturellement demandé pourquoi, puisque l'homme était contemporain de la faune des cavernes, ses restes et les objets travaillés par lui ne se trouvaient jamais dans les dépôts à ciel ouvert de gravier fluviatile contenant la même faune. Pourquoi faudrait-il donc que le géologue, en quête de renseignements sur l'ancienneté de notre race, ne pût s'adresser qu'aux obscures retraites des voûtes et des tunnels souterrains, qui ont pu servir de lieu de refuge ou de sépulture à une suite de générations d'êtres humains ou d'animaux sauvages, ou dans lesquels les inondations ont pu accumuler et confondre dans une même brèche osseuse les témoins de plusieurs faunes successives? Pourquoi donc ne trouvons-nous pas la même association des os de l'homme à ceux des mammifères éteints ou vivants aux points où nous pouvons traverser les dépôts en place et les examiner au grand jour?

De récentes explorations ont à la fin démontré que ces témoins, si longtemps cherchés en vain, existent en réalité, et c'est à la constatation de leur existence qu'est dû, en grande partie, l'accueil plus favorable fait depuis lors aux conclusions de MM. Tournal, Christol, Schmerling et autres, conclusions auxquelles ils étaient arrivés trente ans auparavant, en se fondant sur le seul examen des fossiles des cavernes.

Le premier pas dans cette nouvelle direction fut fait par M. Boucher de Perthes, treize ans après la publication des *Recherches sur les ossements fossiles* de Schmerling; il trouva, dans les alluvions anciennes, à Abbeville, en Picardie, des silex travaillés dont l'ancienneté relative était attestée par leur position géologique. Antiquaire habile, l'homme entre les mains duquel ils tombaient sut reconnaître dans leur type spécial et grossier les caractères qui les distinguaient des armes de pierre polies d'une période postérieure et communément appelées « Haches celtiques. » Dans le premier volume de ses *Antiquités celtiques*, publié en 1847, M. Boucher de Perthes appliqua le nom d' « antédiluviens » à ces anciens instruments, comme venant des niveaux inférieurs d'une série de couches d'alluvions anciennes bordant la vallée de la Somme, et que les géologues ont appelées le « diluvium. » Il a commencé à recueillir ces instruments en 1841. Depuis cette époque, on les a extraits des lits de sable et de gravier partout où l'on creusait, soit en travaillant aux fortifications d'Abbeville, soit en exploitant chaque année, pour avoir des cailloux pour les routes ou de l'argile pour la fabrication des briques. On ouvrit ainsi de belles tranchées de 6 à 11 mètres de haut, et l'on trouva des os de mammifères des genres éléphant, rhinocéros, ours, hyène, cerf, bœuf, cheval et autres encore; de temps en temps on en a envoyé à Paris pour être examinés et déterminés par Cuvier [1]. Une description exacte des instruments de silex qui leur étaient associés et de leur position fut donnée, en 1847, par M. Boucher de Perthes dans son ouvrage précité; elle montrait qu'on les rencontrait à une profondeur variable, souvent à 6 ou 9 mètres de la surface, dans le sable et dans le gravier, et notamment dans les couches qui se trouvaient presque au contact de la craie blanche sous-jacente; mais le monde scientifique se refusait à croire, comme on l'avançait, que ces objets travaillés, tout grossiers qu'ils fussent, eussent pu se trouver dans des couches non remaniées, remontant à une époque aussi ancienne. Il n'y eut que peu de géologues qui visitèrent Abbeville en hiver, au moment où les trous à sable sont ouverts, et quand ils pouvaient avoir toutes les facilités pour vérifier les coupes, et pour juger par eux-mêmes si ces instruments avaient réellement été mis en place par des causes naturelles dans les couches contenant les os de mammouth, de rhinocéros et d'autres mammifères éteints. Quelques-uns de ces outils, figurés dans les *Antiquités celtiques*, étaient d'une forme si grossière que beaucoup de gens crurent qu'ils ne devaient leurs formes particulières qu'à des cassures accidentelles, produites dans le lit même des rivières; d'autres soupçonnèrent des fraudes de la part des ouvriers, qui auraient pu fabriquer ces objets pour les vendre; d'autres enfin supposèrent que le gravier avait été remanié, et que les silex travaillés avaient été mêlés aux os du mammouth bien après la disparition de cet animal et de ses contemporains.

Nul ne fut plus incrédule que feu le docteur Rigollot d'A-

[1] *Recherches sur les ossements fossiles.*

miens, médecin éminent, qui, longtemps auparavant, (en 1819), avait écrit un mémoire sur les mammifères fossiles de la vallée de la Somme. Il se décida à la fin à visiter Abbeville, et, ayant examiné la collection de M. Boucher de Perthes, revint chez lui bien décidé à chercher lui-même des silex travaillés dans les sablières d'Amiens. Là, effectivement, à environ 48 kilomètres d'Abbeville, il trouva immédiatement une grande quantité de ces instruments, faits aussi grossièrement et occupant la même position géologique, quelques-uns dans le gravier, presque au niveau de la Somme, les autres dans un dépôt analogue reposant sur la craie à environ 27 mètres au-dessus de la rivière.

Le docteur Rigollot, en l'espace de quatre ans, recueillit plusieurs centaines d'échantillons de ces outils, la plupart à Saint-Acheul, dans la banlieue et au sud-est d'Amiens. Il se hâta de faire connaître ces résultats au monde scientifique par un mémoire enrichi d'excellentes figures des objets travaillés et des coupes exactes des couches traversées. Ces coupes étaient dues à M. Buteux, ingénieur, qui avait écrit une bonne description de la géologie de la Picardie, et d'une capacité irrécusable pour un travail de cette nature. Le docteur Rigollot, dans ce mémoire, établissait clairement que les silex travaillés ne se trouvaient ni dans le sol arable, ni dans l'argile à briques immédiatement inférieure et contenant des coquilles terrestres et fluviatiles, mais encore bien au-dessous, dans le gros gravier siliceux, généralement à 3 mètres 50, à 6 mètres, ou à 7 mètres 50 au-dessous de la surface, exactement comme M. Boucher de Perthes l'avait depuis longtemps observé à Abbeville. La conclusion légitime à tirer de ces faits était donc que ces outils et ceux qui les avaient fabriqués étaient contemporains des mammifères éteints enfouis dans les mêmes couches.

Caverne de Brixham, près de Torquay, dans le Devonshire.

Quatre ans après l'apparition du travail du docteur Rigollot, l'exploration faite avec soin de la caverne de Brixham, près de Torquay, en Devonshire, fournit des résultats qui eurent pour conséquence d'amener en Angleterre un changement soudain d'opinion au sujet de la coexistence probable à une époque reculée de l'homme et de plusieurs mammifères perdus. Comme la nouvelle manière de voir, adoptée par les géologues anglais, eut une grande influence sur les progrès ultérieurs de l'opinion en France, je vais interrompre un instant mon compte rendu des recherches faites dans la vallée de la Somme pour intercaler ici une courte notice sur celles qui furent opérées dans le Devonshire, en 1858, avec un soin plus qu'ordinaire et une méthode réellement scientifique. Le docteur Buckland avait publié en 1823 son célèbre ouvrage intitulé *Reliquiæ diluvianæ*, dans lequel il traitait des restes organiques contenus dans les cavernes, les fissures et le « gravier diluvien » de l'Angleterre; il y exposait avec clarté les résultats de ses propres observations, et avait déclaré qu'aucun des ossements humains ou des instruments en pierre rencontrés par lui dans les cavernes ne pouvaient être considérés comme aussi anciens que le mammouth et autres mammifères éteints. Des opinions conformes à cette conclusion continuèrent jusqu'à ces derniers temps à être accréditées en Angleterre. Pourtant, à peu près à l'époque où Schmerling explorait les cavernes de Liége, le Rév. M. M'Enery, prêtre catholique romain, résidant près de Torquay, avait trouvé dans une caverne appelée « Kent's Hole, » à deux kilomètres à l'est de la ville, dans un limon rouge recouvert de stalagmites, non-seulement des os de mammouth, de *Rhinoceros tichorhinus*, d'ours des cavernes et d'autres mammifères, mais plusieurs remarquables outils en silex, à quelques-uns desquels il crut pouvoir attribuer une haute antiquité; de plus, il trouva dans la même caverne des restes humains, mais d'une date plus récente [1].

[1] Le manuscrit et les planches préparées pour être jointes à un mémoire sur le Kent's Hole, par M. M'Enery et le docteur Buckland, viennent d'être publiés par M. Vivian, de Torquay. D'après lui et d'après quelques-uns des manuscrits non imprimés, je crois pouvoir affirmer que c'est uniquement par déférence pour le

Environ dix années après, dans un mémoire sur la géologie du sud du Devonshire [1], un habile géologue, M. Godwin-Austen, annonça qu'il avait trouvé dans cette même caverne de Kent's Hole des objets travaillés, mélangés à des restes d'animaux éteints, dans un limon argileux non remanié, sous une couche de stalagmites, et il affirma que le tout avait dû être introduit avant la formation du sol stalagmitique. Il soutint que de pareils faits ne pouvaient s'expliquer par l'hypothèse d'une sépulture, comme dans le cas bien connu, cité par le docteur Buckland, du squelette humain de Paviland, attendu que dans la caverne du Devonshire les silex travaillés étaient répartis indistinctement dans toutes les parties du limon et étaient recouverts par les stalagmites.

Les fouilles répétées, faites sans ordre dans la caverne de Kent's Hole, avaient jeté la plus grande confusion dans les ossements et autres objets qu'elle contenait. Aussi, quand, en 1858, une nouvelle caverne à ossements, encore intacte, fut découverte à Brixham, à six kilomètres au sud de Torquay, on éprouva le désir de voir entreprendre une exploration complète et méthodique. La Société royale, cédant surtout aux instances de M. Falconer, accorda deux subventions pour couvrir ces dépenses, et miss Burdett Coutts y contribua généreusement de son côté. On chargea des recherches un comité de géologues, parmi lesquels MM. Falconer et Prestwich se distinguèrent par la part active qu'ils y prirent en allant souvent à Torquay pendant les travaux. Un autre membre du comité, M. Pengelly, que presque vingt ans d'expérience acquise dans les explorations de cavernes désignaient pour une pareille tâche, mit tout son zèle à diriger et à surveiller

docteur Buckland que M. M'Enery s'est abstenu d'énoncer que, dans sa pensée, certains instruments de silex d'un type très-ancien fussent contemporains des animaux éteints dont il trouvait les ossements. Deux de ces instruments de pierre de Kent's Hole, figurés dans la planche XII de l'ouvrage posthume dont je viens de parler, ont une forme et une dimension très-voisines de celles que l'on observe communément à Abbeville.

(1) *Memoir on the Geology of South Devon*, mémoire publié en 1842, dans les *Transactions of the Geological Society*, deuxième série, vol. VI, p. 444.

les opérations. En 1859, ce même géologue eut la bonté de me conduire à travers les galeries souterraines qu'on venait de déblayer, et le docteur Falconer, qui se trouvait à Torquay, me montra les nombreux fossiles qu'on avait extraits de cette série de fentes et de tunnels. Ils étaient étiquetés et catalogués dans un journal tenu au fur et à mesure de l'avancement des travaux, et dans lequel la position géologique de chaque échantillon était notée avec un soin scrupuleux.

La découverte de l'existence de cette suite de cavernes à Brixham, près de la mer, fut toute accidentelle et tint à ce que dans l'exploitation d'une carrière on vint à traverser le toit de l'une d'elles. Chacune des quatre ouvertures extérieures, qui se voient à présent dans les escarpements ou sur les flancs fortement inclinés de la vallée, ne pouvait se voir avant les dernières recherches qui les ont débarrassées des conglomérats et des matières terreuses qui les obstruaient. Si l'on s'en rapporte à un plan dressé par M. le professeur Ramsey, il paraît que les passages qui courent à peu près du nord au sud sont des fissures en relation avec les dislocations verticales de la roche, tandis qu'un autre système de galeries, orienté presque suivant une direction est-ouest, se compose de tunnels qui semblent en grande partie avoir été creusés par l'action d'eaux courantes. L'entrée centrale ou principale conduit à ce qu'on appelle la « Galerie du Renne, » ainsi nommée parce qu'un bois intact de cet animal y fut trouvé implanté dans le sol stalagmitique. Cette entrée est à 24 mètres au-dessus du niveau de la mer et à 23 au-dessus du fond de la vallée voisine. La longueur totale des galeries déblayées est de plusieurs centaines de mètres; leur largeur ne dépasse jamais 2 mètres 50. Quelquefois elles étaient comblées de boue jusqu'au toit, mais parfois un espace considérable séparait le toit du sol. Ce dernier, dans les fentes formant cavernes, était recouvert de stalagmites, mais dans les tunnels ou canaux cités plus haut, il était généralement sans aucun enduit de cette nature. Voici quelle était la succession ordinaire des dépôts contenus dans ces passages et canaux souterrains :

1° A la partie supérieure, un encroûtement stalagmitique, d'une épaisseur variant de 2 à 35 centimètres, et contenant quelquefois des os; par exemple, le bois de renne cité plus haut et un humérus entier d'ours des cavernes;

2° Juste au-dessous, du limon ou terre à ossements, de couleur rouge ocreuse, avec pierres anguleuses et quelques cailloux : épaisseur de 60 centimètres à 4 mètres;

3° A la base du tout, du gravier avec beaucoup de cailloux arrondis. Ce dépôt fut enlevé partout et autant que le permit la largeur des galeries qui allaient en se rétrécissant dans la profondeur. On le trouva complétement stérile en fossiles.

Les mammifères fournis par la couche à ossements étaient l'*Elephas primigenius* ou mammouth, le *Rhinocéros tichorinus*, l'*Ursus spelæus*, la *Hyæna spelæa*, le *Felis spelæa* ou lion des cavernes, le *Cervus Tarandus* ou renne, une espèce de cheval, un bœuf, plusieurs rongeurs, et d'autres non encore déterminés.

Quant aux ossements humains, ces fouilles n'en firent nulle part découvrir; mais elles donnèrent plusieurs instruments tranchants en silex provenant surtout de la partie inférieure de la couche à ossements. L'un des mieux travaillés se trouva recouvert d'une épaisseur de 4 mètres de ce dépôt. Ne tenant point compte des échantillons les plus imparfaits, dont quelques-uns se rencontrèrent même dans le gravier inférieur, c'est environ quinze outils tranchants, reconnus par les plus habiles antiquaires pour être fabriqués artificiellement, qui furent retirés de la couche à ossements et habituellement de sa partie inférieure. Des couteaux de cette nature, envisagés isolément et indépendamment des mammifères auxquels ils sont associés, ne fournissent par eux-mêmes aucun renseignement certain sur leur ancienneté, car ils pourraient bien n'avoir point appartenu à l'âge de pierre, puisque de semblables instruments ont quelquefois été rencontrés dans des tumulus d'une date postérieure à l'époque de l'introduction du bronze; mais à Brixham, il est pleinement démontré qu'ils étaient contemporains des animaux éteints; d'abord parce qu'on y a trouvé un os d'ours des cavernes gisant sur la croûte stalagmitique, mais bien plus encore parce qu'on a découvert au même niveau de la couche à ossements un silex fort bien travaillé, et, dans son voisinage immédiat, un membre postérieur gauche complet d'ours des cavernes. Ce spécimen, qui me fut montré par MM. Falconer et Pengelly, fut exhumé du dépôt terreux dans la « Galerie du Renne,» près de son point de jonction avec celle du « Couteau de pierre, » à environ 20 mètres de l'entrée principale. Le bloc de terre qui le contenait fut extrait entier, et la gangue fut enlevée avec précaution par le docteur Falconer en présence de M. Pengelly. Tous les os, le fémur, le tibia, le péroné, l'astragale, étaient dans leur juxtaposition naturelle. La rotule manquait d'abord : on la rechercha et on la trouva. Ce membre entier montrait donc bien qu'il n'avait pas été repris par les eaux dans une alluvion ancienne, après sa fossilisation, puis entraîné par elles dans une caverne pour y être mêlé à des instruments en silex; il était, au contraire, évident qu'au moment de son introduction, ce membre était couvert de ses chairs ou au moins portait encore les ligaments naturels qui en reliaient les diverses parties, et que c'était en cet état que la boue l'avait recouvert.

Que tous ces débris de natures diverses soient ou non contemporains, il résulte en tout cas de ce fait, ainsi que de la présence au-dessus des stalagmites de l'humérus d'*Ursus spelæus*, cité tout à l'heure, que l'ours a survécu au temps de la fabrication de ces instruments, en d'autres termes, que l'homme dans ce district a précédé la disparition de l'ours des cavernes.

Un coup d'œil sur la position de la « Colline du Moulin à vent, » dans laquelle sont situées les cavernes, et une rapide inspection des vallées qui la bordent de trois côtés, suffisent à convaincre le géologue que le système d'écoulement des eaux et la configuration géographique du pays ont subi de grands changements depuis la période où les courants ont charrié le gravier et la terre à ossements dans les cavités souterraines que nous venons de décrire. Quelques fragments roulés d'hématite, par exemple, n'ont pu venir que de la roche de cette nature la plus voisine à une époque à laquelle les vallées du voisinage immédiat des cavernes étaient loin d'avoir leur profondeur actuelle. Le limon rougeâtre qui renferme les ossements est de même nature que celui qui se voit à la surface du calcaire dans le voisinage, mais les courants qui ont autrefois transporté cette boue ont dû couler à un niveau de 24 mètres plus élevé que celui qui occupe actuellement le cours d'eau de la vallée, M. Pengelly (1) a fait la remarque que les pierres et les os contenus dans le limon avaient leurs plus grandes dimensions parallèles à la direction des tunnels et des fentes, ce qui montre qu'ils y ont été déposés sous l'action d'un courant.

Il paraîtrait que tant que la force du courant fut capable de charrier des cailloux, elle ne permit pas à des lits de boue fine de se déposer, et que tant qu'il y eut un courant régulier, suffisant pour amener de la boue fine et des ossements, la croûte de stalagmites ne put se former. Dans certains passages, comme je l'ai dit plus haut, la stalagmite manque; par contre, on a observé dans un endroit sept ou huit alternances de boue et de stalagmites; cela semble indiquer qu'à des saisons plus pluvieuses il en a succédé d'autres où les eaux, pendant un certain temps, furent trop basses pour arriver à couvrir la surface sur laquelle se déposait l'incrustation calcaire.

Si la succession régulière des trois dépôts, cailloux, boue, stalagmite, était le résultat des causes ci-dessus énoncées, l'ordre de superposition serait constant; mais nous ne saurions affirmer qu'il n'y eût aucun passage où le gravier ne se trouvât contemporain de la terre à ossements et ailleurs des stalagmites.

Par conséquent, si les silex taillés n'avaient pas été si généralement dispersés, et si l'un d'eux ne s'était pas trouvé à

(1) Pengelly, *Geological Magazine*, 1861, vol. IV, p. 153.

la base de la terre à ossements, presque au contact de la jambe d'ours que j'ai décrite, leur ancienneté, relativement aux mammifères éteints, aurait pu être mise en doute. On ne rencontre point de coprolithes dans la caverne de Brixham, et fort peu d'os rongés. Le peu qu'on en trouva peut fort bien avoir été apporté en cet état de quelque distance avant d'occuper ce gisement définitif. En résumé, les conclusions du docteur Schmerling relativement au remplissage des cavernes de Liége paraissent parfaitement s'appliquer à celles de Brixham.

Après avoir ainsi coopéré à ces recherches des environs de Torquay, le docteur Falconer partit pour la Sicile, et en chemin s'arrêta à Abbeville, dans l'automne de 1858, pour y voir la collection de M. Boucher de Perthes. Complétement convaincu alors que les silex travaillés, dits « hachettes, » avaient été réellement façonnés de main d'homme, il écrivit à M. Prestwich pour le presser de venir étudier à fond la géologie du bassin de la Somme. Ce dernier vint, en effet, accompagné de M. John Evans, de la Société des antiquaires, et la même année, avant son retour, réussit à dissiper tous les doutes des géologues ses amis, en retirant de ses propres mains une hachette bien façonnée d'un lit de gravier non remanié à Saint-Acheul. Cet instrument était enfoui dans le gravier, à une profondeur de 5 mètres au-dessous de la surface, et posé à plat; il n'y avait aucune trace de fissures verticales dans le dépôt environnant, ni dans les lits supérieurs de sable ou de limon, qui contenaient des coquilles terrestres et d'eau douce en assez grand nombre. Il était donc impossible de se figurer que cet outil eût pu s'ouvrir un chemin dans la profondeur, comme le prétendaient quelques-uns, et traversé le sol supérieur pour pénétrer dans une formation plus ancienne (1).

Il n'y avait point en Angleterre d'autorité plus considérable que celle de M. Prestwich pour triompher de l'incrédulité touchant l'ancienneté des instruments en question, car il avait publié une série d'importants mémoires sur les forma-

(1) Prestwich, *Proceedings of the Royal Society*, 1859, et *Philosophical Transactions*, 1860.

tions tertiaires de l'Europe et avait consacré plusieurs années de sa vie à l'étude spéciale du diluvium et de ses restes organiques. Aussi son rapport à la Société royale, accompagné d'une photographie montrant l'instrument de silex en place et non encore extrait de sa gangue, convainquit bien des gens, et en détermina quelques autres à aller à Abbeville et à Amiens. L'un de ces derniers, M. Flower, qui avait, en juin 1859, accompagné M. Prestwich dans sa seconde excursion à Saint-Acheul, réussit, en piochant dans le banc de gravier, à déterrer, à 6 mètres 50 de profondeur, une belle hachette, symétrique et de forme ovale. Ni la couche où elle se trouva, ni les couches supérieures ne portaient de traces de remaniement : de nombreux témoins le constatèrent (1).

Fort peu de temps après, en 1859, je visitai les mêmes sablières et j'obtins soixante-dix outils en silex, dont l'un fut retiré, en ma présence, quoique je ne l'aie pas vu avant qu'il soit tombé de sa gangue. J'exprimai, la même année, mon opinion en faveur de l'ancienneté de ces outils en silex à la réunion de l'Association britannique, à Aberdeen (2). En revenant par Rouen, j'énonçai mes convictions à ce sujet à M. Pouchet, qui se rendit immédiatement à Saint-Acheul, envoyé par la municipalité de Rouen, et ne quitta les sablières que lorsqu'il eut vu dans sa position naturelle une des hachettes retirées du gravier.

M. Gaudry, de son côté, donna à l'Académie des sciences de Paris le compte rendu suivant de ses recherches faites la même année.

« J'ai fait creuser une profonde excavation sans quitter un
« seul instant ; j'ai trouvé neuf haches parfaitement en place
« dans le diluvium, associées avec des dents d'*Equus fossilis* et
« d'une espèce de *Bos* différente des espèces actuellement vi-
« vantes et semblable à celle du diluvium et des cavernes (3). »

En 1859, M. Hébert, observateur original et d'une haute

(1) *Geological Quarterly Journal*, vol. XVI, p. 190.
(2) *Proceedings of British Association for* 1859.
(3) *Comptes rendus de l'Académie des sciences*, 26 septembre et 3 octobre 1859.

autorité, déclarait à la Société géologique de France que dès 1854, quatre ans avant la visite de M. Prestwich à Saint-Acheul, il avait vu les coupes d'Abbeville et d'Amiens, et s'était rendu à l'opinion que les hachettes de pierre étaient à leur place dans le diluvium inférieur, et que leur origine remontait jusqu'à l'époque du mammouth et du rhinocéros. M. Desnoyers fit aussi des fouilles, après M. Gaudry, à Saint-Acheul, en 1859; il obtint les mêmes résultats (1).

Après de vives discussions sur ce sujet en Angleterre et en France, on se rappela d'abord que les dépôts des cavernes avaient fourni de nombreux exemples de faits amenant aux mêmes conclusions, puis on se souvint que, dès 1797, M. Frère avait trouvé dans une formation d'eau douce du comté de Suffolk des armes de pierre, du même type que celles d'Amiens et associées à des restes d'éléphant; puis enfin que, presque cent ans plus tôt, un instrument de la même espèce avait été retiré du gravier à Londres en même temps que les os d'un éléphant. Je reviendrai dans la suite sur tous ces exemples.

Pour clore ce chapitre, je me permettrai de citer une sentence empruntée à M. le professeur Agassiz : « Toutes les « fois qu'un fait nouveau et saisissant se produit au jour dans « la science, les gens disent d'abord : « Ce n'est pas vrai; » « ensuite : « C'est contraire à la religion; » et à la fin : « Il y a « longtemps que tout le monde le savait. »

Si je n'envisageais que les gens qui cultivent la géologie, je dirais que la doctrine de la coexistence de l'homme avec plusieurs mammifères éteints a déjà traversé ces trois phases de la marche de toute vérité scientifique qui a à se faire accepter. Mais les bases de cette croyance n'ont pas encore été pleinement exposées aux yeux du public, en général, de façon à lui permettre de peser et d'apprécier convenablement la valeur des preuves à l'appui. Je vais donc m'efforcer de m'acquitter le mieux possible de cette tâche dans les trois chapitres suivants.

(1) *Bulletin de la Société géologique de France*, vol. XVII, p. 18.

CHAPITRE VII.

TOURBES ET ALLUVIONS POST-PLIOCÈNES DE LA VALLÉE DE LA SOMME.

Structure géologique de la vallée de la Somme et des pays environnants. — Position des alluvions de différents âges. — Tourbe près d'Abbeville. — Sa faune et sa flore. — Objets travaillés dans la tourbe. — Antiquité probable de la tourbe et ses changements de niveau depuis qu'elle a commencé à se produire. — Instruments en silex de type ancien dans les alluvions les plus anciennes. — Leurs formes variées, leur grand nombre.

Structure géologique de la vallée de la Somme.

La vallée de la Somme, en Picardie, dont nous nous sommes occupé dans le chapitre précédent est, comme situation géologique, dans une région de craie blanche avec silex, dont les couches sont presque horizontales. Les collines de craie qui bordent la vallée ont presque partout 60 ou 90 mètres de haut.

Quand on s'élève à cette hauteur, on se trouve sur un vaste plateau parsemé de légères élévations et dépressions. La craie blanche n'apparait que rarement à la surface de ce plateau, quoiqu'elle se montre partout sur les flancs des collines, comme en *b* et *c*, (fig. 7). C'est que la surface du pays à ce niveau supérieur est recouverte au loin dans toutes les directions par un dépôt continu de limon, ou terre à briques, (n° 4, fig. 7), d'environ 1 mètre 50 d'épaisseur, complétement dépourvu de fossiles. C'est à ce manteau de limon que le sol de la Picardie doit principalement sa grande fertilité. Çà et là on observe aussi sur la craie des lambeaux saillants de sable argileux tertiaire, (n° 5, fig. 7), avec fossiles éocènes : ce sont des témoins d'une formation bien plus étendue, qui probablement autrefois s'étendait en une masse continue sur la surface de la craie, avant que le système actuel des vallées eût commencé à prendre son relief. Il faut bien accorder quelque attention à ces débris de couches tertiaires dont il manque la plus grande partie, puisque leur dénudation a largement contribué à fournir les matériaux des dépôts de gravier dans lesquels sont enterrés les ustensiles de silex et les ossements de mammifères éteints. C'est de cette source que proviennent non-seulement ces cailloux de forme ovoïde régulière si communs dans l'alluvion fluviatile ancienne, mais aussi ces énormes masses de grès dur, de plus d'un mètre de diamètre, sur lesquelles je reviendrai dans la suite. Le limon supérieur aussi (n° 4) a souvent, et pour une forte part, été formé aux dépens des mêmes sables et argiles tertiaires, ainsi que l'atteste sa composition, dans laquelle le sable ou l'argile prédominent suivant la nature des lambeaux éocènes situés dans le le voisinage le plus immédiat.

La largeur moyenne de la vallée de la Somme entre Amiens et Abbeville est d'un kilomètre et demi. Aussi la hauteur relative des collines par rapport aux dimensions de la vallée n'a pu être exactement représentée dans la coupe ci-jointe, (fig. 7),

Fig. 7.

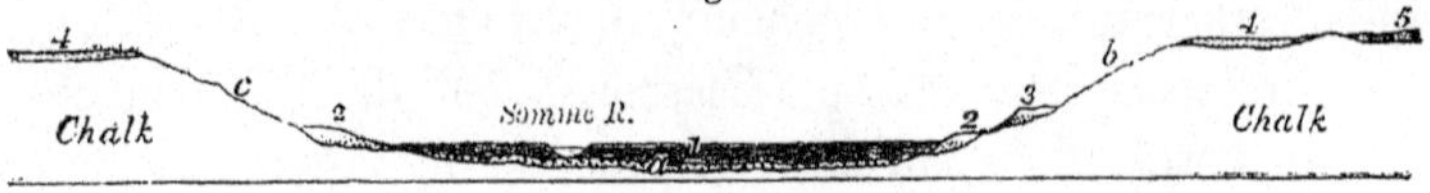

Section transversale de la vallée de la Somme en Picardie.

Fig. 7. — 1 Tourbe de 6 à 9 mètres d'épaisseur reposant sur le gravier *a*.
2 Gravier inférieur avec ossements d'éléphants et ustensiles de silex, recouvert de limon fluviatile : épaisseur de 6 à 12 mètres.
3 Gravier supérieur avec les mêmes fossiles, et limon superposé; épaisseur totale, 9 mètres.
4 Limon des plateaux : épaisseur, 1 mètre 50 ou 1 mètre 80.
5 Couches tertiaires éocènes, en lambeaux, reposant sur la craie.

parce qu'il a fallu réduire les altitudes, sans quoi il eût été nécessaire de quadrupler la distance *b c*. Les dimensions des masses d'alluvions ou dépôts caillouteux, 2 et 3, ont dû aussi être exagérées afin de les rendre suffisamment apparents; car, quelque importance que nous leur trouvions comme monuments géologiques de la période post-pliocène, ils ne sont en somme qu'un trait parfaitement insignifiant de la configuration générale du pays ; à tel point qu'on peut aisément les laisser passer inaperçus dans une inspection rapide de la contrée, et que généralement ils ne sont pas mentionnés sur les cartes géologiques non spécialement consacrées aux formations superficielles.

On verra, dans la légende explicative de la coupe (fig. 7), que le n° 2 indique des graviers inférieurs et le n° 3 d'autres plus élevés atteignant des hauteurs de 24 à 30 mètres au-dessus de la rivière. La position relative et l'âge de ces graviers de niveaux différents fut pour la première fois clairement précisée par M. Prestwich dans des notes lues à la Société royale de Londres en 1860 et en 1862. La tourbe (n° 1) est plus récente qu'eux ; elle a de 3 à 9 mètres d'épaisseur, et non-seulement elle est de date plus nouvelle que les alluvions 2 et 3, mais elle est aussi postérieure à la dénudation de ces dépôts ou au temps où la vallée fut recreusée dans leur épaisseur. Par-dessous la tourbe est un lit de gravier, *a*, de 90 centimètres à 4 mètres d'épaisseur, qui repose sur la craie en place. Ce dépôt de gravier a probablement été formé, au moins en partie, quand la profondeur de la vallée fut portée à son relief actuel; depuis cette époque, aucun changement géologique n'est survenu, excepté l'accroissement de la tourbe et certaines oscillations dans le niveau général du pays dont nous parlerons en leur place. Un mince lit d'argile imperméable sépare le gravier *a* de la tourbe n° 1, et paraît avoir été un préliminaire indispensable à la formation de la tourbe.

Tourbe de la vallée de la Somme.

Dans la revue rétrospective que nous venons de faire jusqu'à présent, nous avons été forcés, pour aller du connu au moins connu, de renverser l'ordre naturel de l'histoire et de parler des formations les plus récentes avant les plus anciennes; je vais de même commencer cette description des monuments géologiques de la vallée de la Somme en disan quelques mots du plus moderne de tous, de la tourbe. Cette substance occupe les parties basses de la vallée beaucoup en amont d'Amiens, et s'étend en aval d'Abbeville jusqu'à la mer. J'ai déjà dit plus haut qu'elle avait en quelques points 9 mètres d'épaisseur, et même accidentellement davantage; elle est tout à fait analogue, sous ce rapport, aux tourbes du Danemark, (chap. II). Comme elle, elle est de la période récente; tous les mammifères comme toutes les coquilles qu'elle renferme appartiennent à des espèces qui habitent encore l'Europe. Les ossements des quadrupèdes sont nombreux; et j'en puis témoigner, pour en avoir vu retirer d'une profondeur considérable près d'Abbeville, presque à chaque coup de sonde. Outre des restes de castor, j'ai vu, dans la collection de M. Boucher de Perthes, deux mâchoires inférieures d'*Ursus Arctos* en parfait état et avec leurs dents. Le Muséum de Paris en possède un autre spécimen, provenant aussi de la tourbe d'Abbeville.

La liste des mammifères déjà reconnus comprend une grande partie de ceux qui sont propres aux habitations lacustres de la Suisse et aux amas de coquilles et tourbières du Danemark; malheureusement on n'a encore fait en France, de cette faune et de cette flore, aucune étude spéciale semblable à celle par laquelle les zoologistes et botanistes suisses et danois nous ont fait comparer les animaux sauvages et domestiques et les végétaux de l'âge de la pierre avec les êtres correspondants de l'âge du fer.

Cependant, malgré cette abondance d'os de mammifères dans la tourbe, malgré la fréquence des ustensiles de pierre des périodes celtique et gallo-romaine, M. Boucher de Perthes n'a pu rencontrer que trois ou quatre fragments de squelettes humains.

A quelque profondeur, en certains endroits de la vallée près d'Abbeville, on a trouvé des troncs d'aunes debout, tels qu'ils avaient poussé, et avec leurs racines fixées dans un ancien sol recouvert plus tard par la tourbe. Les souches de noisetiers et les noisettes abondent, ainsi que les troncs de chênes et de noyers. La tourbe s'étend jusqu'à la côte et on la voit passer sous les dunes de sable et descendre au-dessous du niveau de la mer. Au point où la Canche se jette dans la mer, près de l'embouchure de la Somme, des ifs, des pins, des chênes, des noisetiers ont été extraits de la tourbe qu'on exploite en ce point comme combustible, et qui a environ 90 centimètres d'épaisseur [1]. Pendant de grandes tempêtes on a vu des masses considérables de tourbe renfermant des troncs d'arbres aplatis être jetées à la côte à l'embouchure de la Somme ; ce qui semble indiquer qu'il se produit un affaissement du sol dont la conséquence est de submerger des terrains qui autrefois continuaient à l'ouest la vallée de la Somme, et qui maintenant font partie du lit de la Manche.

La distribution géographique de quelques-unes des essences d'arbres contenues dans cette tourbe est-elle différente, comme en Danemark, quand on passe des lits inférieurs à la partie moyenne, et de celles-ci aux couches supérieures ? Nous n'en savons rien encore. Nous ne possédons pas non plus d'observations sérieuses faites en vue de calculer le minimum du temps qu'a dû exiger l'accumulation d'une masse aussi compacte de matière végétale. D'ailleurs il est évident qu'une épaisseur de 30 centimètres de tourbe fortement comprimée comme celle qu'on atteint quelquefois au fond des tourbières représente comme durée une épaisseur bien plus grande de la tourbe spongieuse et à texture lâche qu'on trouve près de la surface. Les ouvriers qui découpent la tourbe et la retirent du fond des marais affirment que, dans le cours de leur existence, ils n'ont jamais vu se remplir même partiellement les trous qu'ils avaient trouvés ou creusés eux-mêmes en exploitant. Aussi nient-ils que la tourbe s'accroisse. Comme le fait remarquer M. Boucher de Perthes, c'est une erreur, mais cela prouve que l'accroissement pendant une génération n'est pas appréciable par des gens dépourvus d'instruction et de moyens scientifiques d'observation.

(1) D'Archiac, *Histoire des progrès de la géologie*, vol. II, p. 154.

Les antiquaires trouvent près de la surface des restes gallo-romains et encore plus bas des armes celtiques de la période de pierre ; mais la profondeur à laquelle se rencontrent les objets romains varie suivant les endroits, et ne peut servir avec certitude pour faire juger de leur âge, attendu qu'en quelques parties des marais, surtout dans le voisinage de la rivière, la tourbe est souvent si molle que des objets lourds peuvent s'y enfoncer sous la seule action de la pesanteur. Dans un cas pourtant, M. Boucher de Perthes a observé plusieurs larges écuelles aplaties de poterie romaine gisant horizontalement dans la tourbe, et que leur forme avait dû empêcher de pénétrer et de s'enfoncer à travers la couche qui les portait. Estimant à quatorze siècles le temps de l'accroissement de la matière végétale qui les avait recouvertes, il calcula que le gain d'épaisseur par siècle ne devait pas dépasser 3 centimètres [1]. A ce taux d'accroissement il aurait fallu tant de dizaines de mille ans pour former l'épaisseur totale de 9 mètres, que nous devons hésiter avant d'adopter une pareille échelle chronométrique. C'est en multipliant les observations de cette nature, en les vérifiant et en les contrôlant l'une par l'autre, que nous pourrons peut-être réussir à acquérir des données sérieuses pour l'évaluation de l'âge de ce dépôt tourbeux.

Il ne faut pas chercher à appliquer en France la loi de l'accroissement trouvée en Danemark ; les différences dans l'humidité du climat, dans l'intensité et la durée des chaleurs de l'été et des froids de l'hiver, aussi bien que la diversité des espèces de végétaux dominants, sont autant de causes qui modifient la vitesse d'accroissement de la tourbe quand il s'agit de comparer non-seulement diverses contrées de l'Europe, mais même deux périodes successives dans un même pays.

J'ai déjà parlé de quelques faits propres à faire accueillir l'idée qu'il y ait eu des changements de niveau sur la côte

(1) *Antiquités celtiques*, vol. II, p. 134.

depuis le début de la formation de la tourbe. Cette conclusion semble confirmée par le fait de l'épaisseur plus grande de la tourbe à Abbeville et la présence à sa base de l'aune et du noisetier. Si on venait maintenant à enlever 9 mètres de tourbe la mer remonterait dans la vallée et la remplirait jusqu'à 6 kilomètres 1/2 au-dessus d'Abbeville. Or cette matière végétale n'est pas du tout d'origine sous-marine, car partout où l'on y rencontre des coquilles, elles sont terrestres ou fluviatiles; l'accumulation de cette matière s'est donc faite au-dessus du niveau de la mer, quand le sol était plus élevé qu'à présent. Nous avons déjà vu quels changements les niveaux relatifs de la mer et de la terre avaient subis en Écosse depuis le temps des Romains; nous sommes donc préparés à rencontrer sans surprise en Picardie les traces de mouvements analogues. Ils ne se sont probablement pas bornés, en ce pays, à un simple affaissement, mais ils ont dû comprendre des oscillations dans le niveau du sol, oscillations qui ont porté des coquilles marines de la période post-pliocène à quelque 3 mètres ou plus au-dessus du niveau de la mer.

Tout faible que soit encore le progrès accompli dans l'interprétation des pages de ces antiques documents, leur importance dans la vallée de la Somme s'accroît singulièrement quand on réfléchit que, quel que soit le nombre de siècles, dont ils nous conservent la trace, ils appartiennent à des temps postérieurs à ceux des couches contenant les silex ouvrés. Ce sont ces derniers que nous allons maintenant examiner, et nous verrons qu'ils sont même séparés des précédents par un intervalle bien plus grand que celui qui sépare les plus anciens lits de tourbe des plus récents.

Instruments en silex de la période post-pliocène dans la vallée de la Somme.

Les alluvions de la vallée de la Somme n'offrent rien d'extraordinaire ni d'exceptionnel dans leur position ou leur apparence extérieure, ni dans l'arrangement ou la composition de leurs matériaux, non plus que dans leurs restes organiques; par tous ces caractères elles sont comparables au terrain de transport de cent autres vallées de France et d'Angleterre. Mais elles méritent une attention toute spéciale à cause du nombre surprenant des silex ouvrés d'un type fort ancien qui, comme nous l'avons vu dans le chapitre précédent, se rencontrent dans des couches en place et associés à des os de mammifères éteints.

On a fortement et souvent mis en doute que les « hachettes de pierre » eussent été réellement façonnées de main d'homme; l'esprit du lecteur doit donc demander à être d'abord édifié sur ce point, avant de s'engager dans l'étude détaillée des lits successifs de limon, de sable et de gravier, qui varient considérablement, même entre deux localités contiguës.

Depuis le printemps de 1859 j'ai visité trois fois la vallée de la Somme et examiné les principaux gisements de ces ustensiles. Dans mes excursions autour d'Abbeville je fus accompagné par M. Boucher de Perthes, et pendant une de mes explorations dans les environs d'Amiens j'eus pour compagnon M. Prestwich. La première fois que j'entrai dans les sablières de Saint-Acheul, j'en rapportai soixante-dix instruments en silex, tous recueillis dans le terrain de transport pendant les cinq ou six semaines précédentes. Les deux formes prédominantes sont représentées dans les figures ci-jointes, 8 et 9, toutes deux ayant la moitié de la grandeur naturelle. La première, en forme de fer de lance, a une longueur variant de 15 à 20 centimètres. La seconde, de forme ovale, n'est pas sans quelque analogie avec les pierres taillées qui servent encore à présent de hachettes et de tomahawks aux indigènes de l'Australie; mais il y a cette différence que le bord tranchant des armes australiennes, (comme cela a lieu pour ce que nous appelons « Haches celtiques » en Europe), a été obtenu par le frottement, tandis que dans les vieux ustensiles de la vallée de la Somme il est toujours le résultat de simples fractures du silex produites par des coups répétés et adroitement appliqués.

Les armes à forme ovale de l'Australie diffèrent cependant en ce qu'elles ne sont aiguisées qu'à une seule extrémité. L'autre, bien qu'amenée par des fractures successives à la forme générale, reste brute, et, en cet état, on la fixe dans un bâton fendu qui fait l'office de manche en l'y attachant fortement par des lanières de cuir d'opossum. L'un de ces instruments, que je possède, m'a été donné par M. Farquharson, de

Fig. 8.

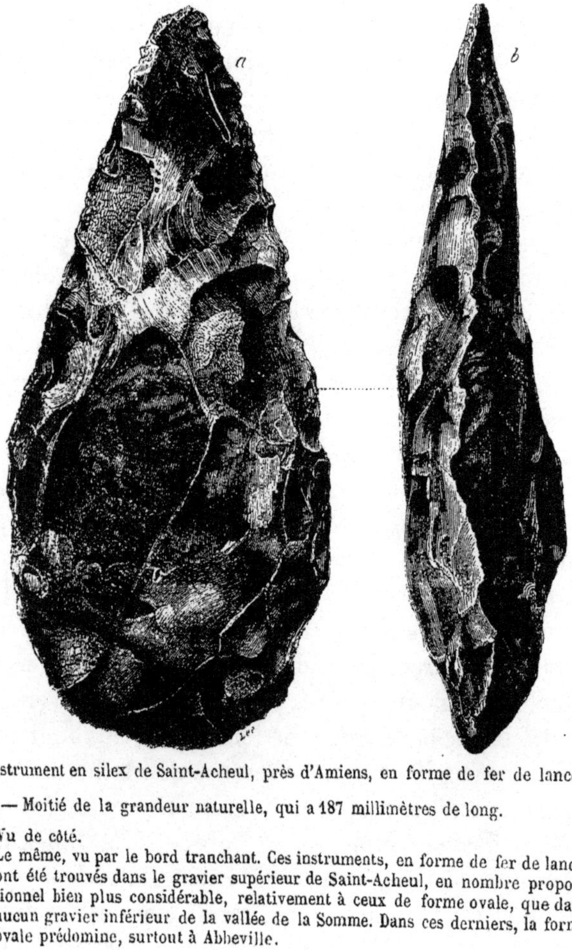

Instrument en silex de Saint-Acheul, près d'Amiens, en forme de fer de lance.

Fig. 8. — Moitié de la grandeur naturelle, qui a 187 millimètres de long.

a Vu de côté.

b Le même, vu par le bord tranchant. Ces instruments, en forme de fer de lance, ont été trouvés dans le gravier supérieur de Saint-Acheul, en nombre proportionnel bien plus considérable, relativement à ceux de forme ovale, que dans aucun gravier inférieur de la vallée de la Somme. Dans ces derniers, la forme ovale prédomine, surtout à Abbeville.

Haughton, qui a vu un indigène s'en servir, en 1854, sur la rivière Auburn, dans le district de Burnet, au nord de l'Australie.

Sur les cent et quelques instruments de silex que je rapportai de Saint-Acheul, un assez grand nombre avaient leurs arêtes plus ou moins brisées ou émoussées, soit par l'usage

Fig. 9.

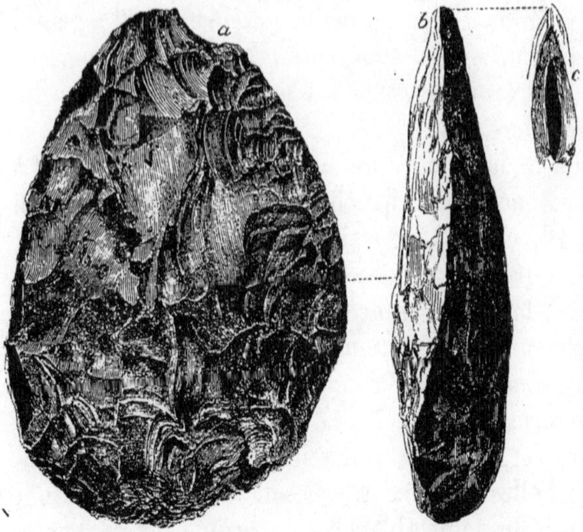

Fig. 10.

Instruments en silex du terrain de transport, post-pliocène d'Abbeville et d'Amiens.

Fig. 9. — *a* Hachette ovale en silex, de Mautort, près Abbeville, moitié de la grandeur naturelle, qui est de 12 centimètres de long; trouvée dans un lit de gravier recouvrant la couche fluvio-marine.

b La même, vue par le bord tranchant.

c Vue d'une fracture récente de la même au point *a*, près du sommet. Cette vue partielle est de grandeur naturelle; la partie centrale, noire, est le silex non altéré; l'enveloppe extérieure, blanche, est une couche dont la décoloration est postérieure à la fabrication de cet outil.

La surface entière du n° 9 doit avoir été noire quand on l'a travaillée, et la décoloration, pénétrant à cette profondeur, ne peut être que l'œuvre du temps; soit qu'elle se soit produite sous l'action de l'air et du soleil avant l'ensevelissement, soit qu'elle soit survenue après l'enfouissement par le séjour à une grande profondeur.

Fig. 10. — Outil en silex de Saint-Acheul vu de champ, grandeur naturelle : 15 centimètres de long et 7 de large.

b c Partie non travaillée.
b a Partie taillée, ayant un bord tranchant en *a*.

qu'on en avait fait avant leur enfouissement dans le gravier, soit parce qu'ils avaient été roulés dans le lit de la rivière.

Quelques-uns de ces outils servaient probablement d'armes de guerre et de chasse; d'autres servaient à arracher des racines, à abattre des arbres, à creuser des canots. Il pourrait y en avoir, comme l'a pensé M. Prestwich, qui eussent servi à pratiquer des trous dans la glace pour pêcher et pour avoir de l'eau. Je m'expliquerai plus au long à ce sujet au chapitre VIII, en examinant les arguments qui porteraient à penser que le diluvium du niveau supérieur provient d'une période pendant laquelle les rivières étaient gelées chaque hiver durant plusieurs mois.

Quand la forme naturelle d'un silex de la craie présentait à un bout une poignée ou un manche convenable, comme celui de la figure 10, cette partie était laissée telle quelle. Ainsi, par exemple, la partie comprise entre *b* et *c* n'a probablement pas été altérée; les protubérances qui sont brisées ont probablement été détruites par l'action de la rivière avant le travail du silex. L'autre extrémité *a* a été travaillée jusqu'à ce qu'elle eût acquis un forme convenable et un bord tranchant.

Beaucoup de ces hachettes sont teintes d'une couleur jaune ocreuse, quand elles ont été ensevelies dans un gravier jaune; d'autres ont pris des teintes blanches ou brunes, suivant celle de la gangue qui les contenait.

Cette concordance entre la couleur des silex taillés et les caractères du lit dont ils sortent indique, dit M. Prestwich, non-seulement qu'ils proviennent bien de ces couches, mais qu'ils y ont séjourné pendant aussi longtemps que les silex brisés faisant partie des mêmes lits (1).

La surface de beaucoup de ces outils est recouverte d'une pellicule superficielle de carbonate de chaux; d'autres sont ornés de cristallisations ramifiées, appelées dendrites, (voir fig. 11, 12, 13), et qui se composent généralement d'un mélange d'oxydes de fer et de manganèse formant une dentelle

(1) *Philosophical Transactions*, 1861, p. 297.

extrêmement délicate, d'un brun noirâtre, ressemblant à certaines espèces de petites plantes marines. Ces dendrites sont un caractère certain et usité de l'ancienneté des hachettes, quand on soupçonne les ouvriers d'avoir fabriqué celles qu'ils veulent vous vendre; cependant le critérium le plus général de l'authenticité de la provenance des silex ouvrés que l'on achète est l'apparence vernissée ou éclat vitreux de leur surface, qui contraste avec l'aspect terne des cassures fraîches. J'ai aussi fait la remarque, à chacune de nos trois visites à Amiens, qu'il y avait de grandes sablières, comme celles de Moutiers et de Saint-Roch, identiques dans leurs caractères à celles de Saint-Acheul, dont elles n'étaient séparées que par 2 ou 3 kilomètres, dans lesquelles les ouvriers m'ont assuré n'avoir jamais trouvé un seul silex ouvré, quoique la forme leur en fût familière et qu'ils en connussent bien la valeur vénale.

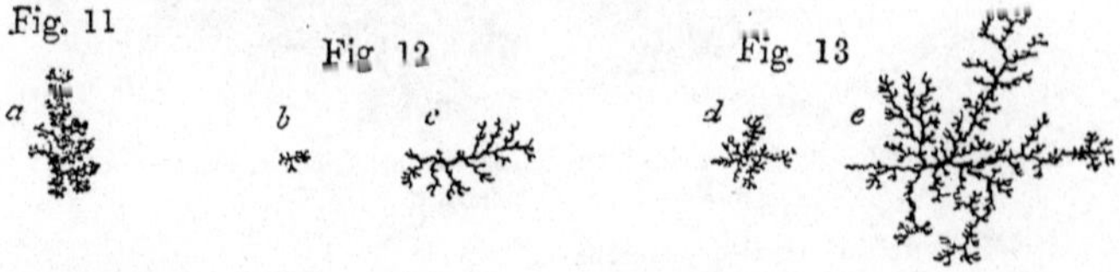

Dendrites à la surface des silex ouvrés du diluvium de Saint-Acheul, près d'Amiens.

Fig. 11. — *a* Grandeur naturelle.
Fig. 12. — *b* Grandeur naturelle, *c* grossissement.
Fig. 13. — *d* Grandeur naturelle, *e* grossissement.

Quant à l'authenticité de ces ustensiles, comme objets travaillés, M. le professeur Ramsay, le juge le plus compétent en cette matière, s'exprime ainsi : « Pendant plus de vingt ans « j'ai, comme les gens de mon métier, manié journellement « des pierres façonnées par la nature ou par l'art ; et les ha- « chettes en silex d'Amiens ou d'Abbeville me paraissent être « des objets travaillés aussi clairement que le premier couteau « venu de Sheffield (1). »

M. Evans classe ces ustensiles de silex en trois catégories,

(1) *Athenæum*, 16 juillet 1859.

dont deux, la forme en fer de lance et la forme ovale ou en amande, ont déjà été décrites. La troisième forme, (fig. 14) comprend des lames minces qui paraissent avoir été destinées à l'usage de couteaux, ou même de têtes de flèches pour quelques-unes des plus petites.

Quant à leur origine, M. Evans fait la remarque qu'il y a une constance de formes, une exactitude des contours et une finesse des tranchants et des pointes qui ne peuvent avoir été obtenues qu'à dessein [1].

J'ai plusieurs de ces couteaux ou lames qui me viennent d'un trou que j'ai fait creuser à Abbeville dans le sable au contact de la craie, et au-dessous d'un certain lit fluvio-marin, sur lequel je reviendrai dans le chapitre suivant.

Fig. 14.

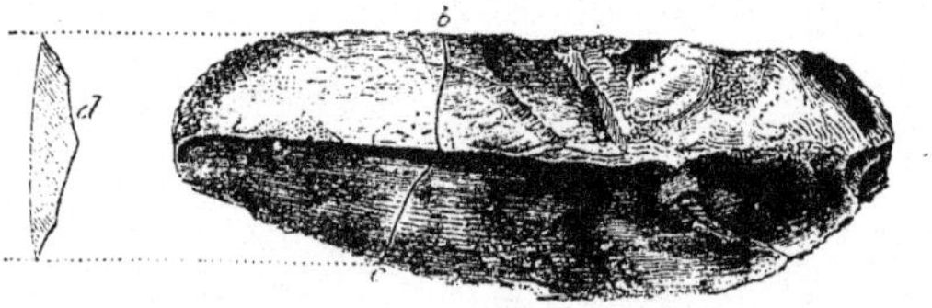

Couteau ou lame de silex trouvé au-dessous du sable à *Cyrena fluminalis*. Menchecourt, Abbeville.

Fig. 14. — Deux tiers de grandeur naturelle.
d Section transversale suivant *b c*.

Entre la forme ovale et celle du fer de lance il y a de nombreuses gradations intermédiaires, comme il y a aussi une grande variété d'ustensiles très-grossiers, dont beaucoup sont des rebuts et d'autres sont des éclats résultant de la fabrication des objets plus parfaits. Il faut des yeux expérimentés pour reconnaître sur quelques-uns d'entre eux les traces d'un travail humain.

On s'est souvent demandé comment tant d'ustensiles de ces divers modèles avaient pu être travaillés d'une façon si uniforme sans le secours de marteaux métalliques. M. Evans voulut s'éclairer expérimentalement au sujet du procédé em-

[1] *Archæologia*, vol. XXXVIII.

ployé : il se fabrica un marteau de pierre en emmanchant un caillou dans un manche de bois, et il s'en servit pour faire sauter des éclats des deux côtés du bord d'un silex de la craie, jusqu'à ce qu'il eût obtenu exactement la même forme que l'ustensile ovale (fig. 9, p. 119).

Si j'avais à évaluer le nombre probable des ustensiles les mieux travaillés, trouvés dans la vallée de la Somme depuis 1842, en rejetant tous les couteaux et tout ce qui peut être soupçonné d'être falsifié et apocryphe, je penserais qu'il faudrait aller beaucoup au delà d'un millier. Ce serait pourtant une grande erreur de se figurer qu'un antiquaire ou un géologue, qui consacrerait quelques semaines à l'exploration d'une vallée comme celle de la Somme, pût arriver à découvrir lui-même un seul échantillon. Il n'y a que fort peu de ces ustensiles gisant à la surface. Tous les autres n'ont été mis au jour que grâce au déplacement et au transport d'un tel volume de sable, d'argile et de gravier, que l'on ne pourrait évaluer le prix de la découverte de l'un d'eux qu'en sachant le nombre de centaines de travailleurs qui, pendant les vingt dernières années, ont travaillé aux fortifications d'Abbeville ou ont exploité les carrières de sable et de gravier autour de cette ville et d'Amiens, pour l'entretien des routes ou tout autre motif.

Dans les carrières de gravier de Saint-Acheul, et dans quelques autres près d'Amiens, on rencontre de petits corps ronds, portant au centre une cavité tubulaire. Ils sont bien connus

Fig. 15

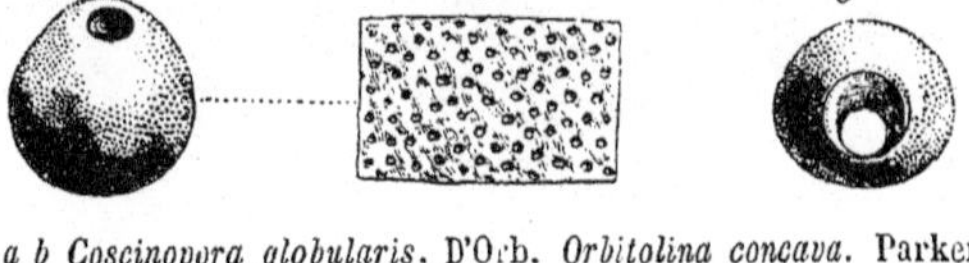

Fig. 15. — *a b Coscinopora globularis*. D'Orb. *Orbitolina concava*. Parker et Jones. *c* Portion du même, amplifiée.

pour être des fossiles de la craie blanche. M. le docteur Rigollot pensa qu'on pouvait bien les avoir réunies en chapelets, et il supposa que le trou central était artificiel. Quelques-uns de ces corps se trouvent entiers dans la craie et dans le gravier; d'autres sont traversés par un trou naturel, et parfois portent un ou deux trous pénétrant à l'intérieur, mais sans s'étendre jusqu'au côté opposé. D'autres encore, comme *b*, fig. 15, ont une large cavité dont l'aspect est tout à fait artificiel. Il est impossible de décider s'ils ont ou non servi d'ornements personnels, à cause de leur forme globuleuse, de leur légèreté et de leur inaltérabilité plus grande que celle de la craie ordinaire, qualités qui auraient pu les faire rechercher pour cet usage. J'accorde bien qu'il y ait eu des cavités naturelles dans quelques-uns d'entre eux ; mais il ne s'ensuit pas qu'on n'en ait pas profité pour les enfiler en chapelets et qu'on n'en ait pas percé d'autres artificiellement. L'argument au moyen duquel le docteur Rigollot cherche à prouver qu'ils ont servi de colliers et de bracelets me paraît parfaitement fondé. Il dit qu'il en a souvent trouvé de petits tas ou groupes à un même endroit, tous perforés, exactement comme cela serait arrivé si une inondation les eût emportés dans le lit de la rivière sans briser le lien qui les réunissait (1).

(1) Rigollot, *Mémoire sur les instruments en silex*, etc., Amiens, 1854, p. 16.

CHAPITRE VIII.

ALLUVIONS POST-PLIOCÈNE AVEC INSTRUMENTS EN SILEX DE LA VALLÉE DE LA SOMME. — CONCLUSIONS.

Couches fluvio-marines avec instruments en silex, près d'Abbeville. — Coquilles marines qu'elles contiennent. — *Cyrena fluminalis.* — Mammifères. — Squelette entier de rhinocéros. — Comment des instruments en silex se trouvent enfouis dans des dépôts fluviatiles. — Changements de lit des rivières. — Ages relatifs des graviers du niveau inférieur et du niveau supérieur. — Coupe des alluvions de Saint-Acheul. — Deux espèces d'éléphant et d'hippopotame coexistant avec l'homme en France. — Épaisseur du diluvium comme preuve de l'ancienneté des instruments en silex. — Absence d'ossements humains dans les alluvions qui contiennent les instruments; comment on l'explique. — Comment cela montre la valeur d'un certain nombre de preuves négatives. — On ne trouve pas d'ossements humains dans le lac desséché de Harlem.

Dans la coupe de la vallée de la Somme donnée page 111, fig. 7, les formations successives plus récentes que la craie sont numérotées dans l'ordre chronologique, en commençant par la plus moderne, la tourbe, qui porte le n° 1 et à laquelle nous avons consacré le dernier chapitre. La suivante dans l'ordre d'ancienneté est le gravier inférieur n° 2, dont je vais maintenant faire la description. Ensuite il nous restera à examiner l'allùvion n° 3, située à un niveau plus élevé ou à environ 60 mètres au-dessus du thalweg de la vallée.

Pour mettre en relief ces anciennes alluvions de la Somme situées un peu au-dessus du niveau actuel de la rivière, j'ai choisi les carrières de sable et de gravier de Menchecourt, au nord-ouest et dans la banlieue d'Abbeville; cet endroit, comme je l'ai dit plus haut, fut pour la première fois signalé par M. Boucher de Perthes dans son ouvrage sur les antiquités celtiques. Il y a bien, entre cette sablière et chacune des sablières voisines, quelques variations de peu d'importance dans la nature et l'épaisseur des lits superposés, mais malgré cela la série des dépôts est généralement assez uniforme. La seule couche dont l'âge relatif soit quelque peu incertain est le gravier *a*, recouvert par la tourbe et reposant sur la craie. Il n'est connu que par des sondages, et il pourrait y en avoir une portion qui fût de l'âge du n° 3. Mais je pense que pour la plus grande partie il est d'une origine plus moderne; il est, en effet, composé du débris des graviers plus anciens, y compris le n° 3, et il s'est formé pendant le dernier creusement de la vallée, immédiatement avant le commencement de la production de la tourbe.

Fig. 16

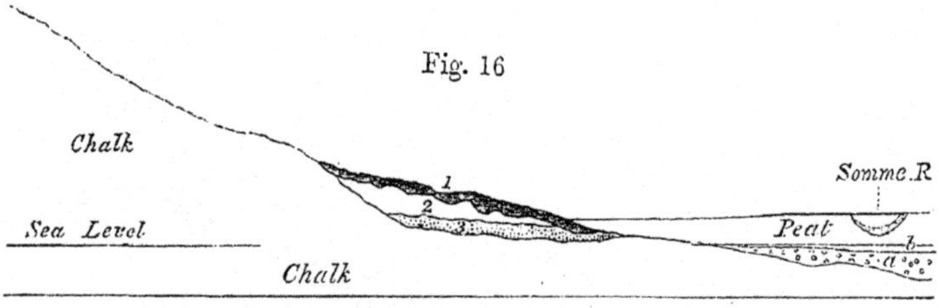

Coupe des couches fluvio-marines, contenant des ustensiles en silex et des mammifères éteints, à Menchecourt, près Abbeville [1].

Fig. 16. — 1 Argile brune avec silex anguleux, et accidentellement avec fragments de craie, (*Chalk*); dépôt non stratifié, s'appliquant sur les flancs des coteaux et devant probablement son origine à l'influence des agents atmosphériques. Épaisseur très-variable, de 30 centimètres à 1 mètre 50 et au delà.

2 Limon calcaire, couleur chamois, ressemblant au lœss, presque entièrement sans stratification, sauf de légères traces en quelques points. Il contient des coquilles terrestres et d'eau douce, avec os d'éléphants, etc. Épaisseur, environ 4 mètres 50.

3 Lits alternants de gravier, de marne, de sable avec coquilles terrestres et d'eau douce, et parfois, dans les couches inférieures, avec mélange de coquilles marines; os d'éléphants, de rhinocéros, etc., ustensiles en silex. Épaisseur, environ 4 mètres.

a Gravier d'âge indéterminé portant la tourbe.
b Lit d'argile imperméable séparant le gravier de la tourbe.

Le plus grand nombre d'instruments en silex a été extrait du n° 3, souvent à la base, et à 7 ou 9 mètres, et même plus, au-dessous de la surface du n° 1.

Un géologue, par un coup d'œil donné à la coupe de la

[1] Pour des coupes et cartes détaillées de ce district, voir Prestwich, *Philosophical Transactions*, 1860, p. 277.

vallée de la Somme, verra qu'elle doit avoir été creusée presque à sa profondeur et à sa largeur actuelles quand les couches du n° 3 ont été déposées, et que c'est après le dépôt des formations successives, n°s 3, 2 et 1, que la vallée fut déblayée jusqu'à son relief actuel, ne conservant que des lambeaux des n°s 3 et 2. Ces dépôts n'ont certainement pas pu à l'origine se terminer de la façon brusque dont ils se terminent maintenant, mais ils ont dû se continuer autrefois beaucoup plus loin et s'étendre jusqu'au milieu de la vallée.

Commençons par le plus ancien, par le n° 3. Il est formé d'une succession de lits d'origine principalement fluviatile, mais on observe accidentellement le mélange des coquilles d'eau douce et des coquilles marines. On a donc là la preuve que parfois la mer empiétait sur la rivière, soit par suite des grandes marées, soit parce que la sécheresse de la saison réduisait le débit de l'eau douce, soit enfin peut-être à cause de légers abaissements de niveau. Tous ces accidents peuvent s'être produits et reproduits à l'embouchure de toute rivière, et avoir donné naissance à des alternances de couches marines et fluviatiles telles qu'on les voit à Menchecourt.

C'est dans les lits inférieurs de sable et de gravier, au contact de la craie, qu'ont été trouvées les hachettes, quelques-unes en parfait état, d'autres plus roulées. C'est dans un lit de sable occupant cette position que des ouvriers que j'employais à déblayer un trou ont trouvé quatre couteaux en silex. Au-dessus de ces sables et de ces graviers vient un lit de sable blanc et siliceux, contenant des coquilles des genres *Planorbis*, *Limnæa*, *Paludina*, *Valvata*, *Cyclas*, *Cyrena*, *Helix* et autres habitant toutes encore la même partie de la France, sauf la *Cyrena fluminalis* qui ne vit plus en Europe, mais habite le Nil et plusieurs parties de l'Asie, y compris la vallée de Cachmyr où elle abonde. On ne rencontre à présent aucune espèce de Cyrène à l'état vivant en Europe. M. Prestwich est le premier qui la trouva fossile à Menchecourt, et depuis cette époque on l'a trouvée dans deux ou trois sablières, toujours dans le lit fluvio-marin.

Mêlées aux coquilles d'eau douce ci-dessus énumérées on trouve les espèces marines suivantes : *Buccinum undatum*, *Littorina littorea*, *Nassa reticulata*, *Purpura lapillus*, *Tellina solidula*, *Cardium edule*, et des fragments d'autres espèces. J'en ai moi-même ramassé plusieurs entières, quoique fort

Fig. 17.

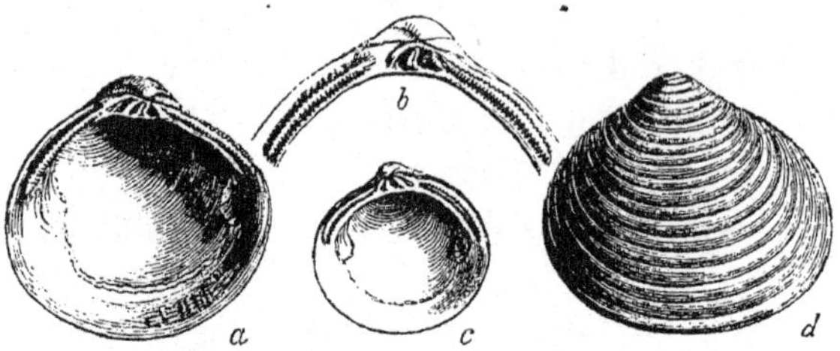

Cyrena fluminalis. O. F. Müller, *Sp.* (1).

Fig. 17. — *a* Intérieur d'une valve gauche venant de Gray's Thurrock (Essex).
b Charnière de la même, grossie.
c Intérieur de la valve droite d'un petit échantillon de Shacklewell (Londres).
d Surface extérieure d'une valve droite, de Erith, (Kent).

SYNONYMIE :

Vivantes	Tellina fluminalis, *O. F. Müller*	1774
	Venus fluminalis Euphratis, *Chemnitz*	1782
	Cyclas Euphratica, *Lam.*	1806
	Cyrena cor, *Lam.* (Nil)	1818
	— consobrina, *Caillaud* (Nil)	1823
	— Cashmiriensis, *Desh.*	
	Corbicula fluminalis, *Mühlfeldt*	1811
Fossiles	Cyrena trigonula, *S. Woodward*	1854
	— Gemmellarii, *Philippi*	1836
	— Duchastellii, *Nyst*	1838

décomposées ; je les ai trouvées dans le sable blanc que les ouvriers appellent « sable aigre. » Elles sont toutes d'espèces littorales, appartenant encore à la faune des côtes voisines de la France. Leur présence à l'état fossile et leur association avec des coquilles d'eau douce à Menchecourt a été signalée dès 1836 par MM. Ravin et Baillon, avant que M. Boucher de Perthes eût commencé les recherches qui ont depuis rendu cette localité si célèbre (2). Les quantités qu'on en a recueillies

(1) Pour la synonymie, voir S. Woodward, *Tibet Shells, Proceedings of the Zoological Society*, 8 juillet 1856.

(2) D'Archiac, *Histoire des progrès de la géologie*, vol. II, p. 154.

depuis lors excluent complétement l'idée qu'elles aient pu être apportées dans l'intérieur des terres comme coquilles comestibles par ceux qui ont fabriqué les hachettes en silex trouvées à la base des sables fluvio-marins. C'est des mêmes lits, et des marnes alternant avec ces sables qu'on a retiré des restes d'éléphants, de rhinocéros et d'autres mammifères.

Au-dessus des couches fluvio-marines nous trouvons celles qui sont désignées dans la coupe (fig. 16) sous le n° 2. Elles sont presque dépourvues de stratification et sont probablement formées des boues ou sédiments qu'entraînaient les eaux avec elles quand elles inondaient l'ancienne plaine d'alluvion de cette époque. Ce n° 2 présente quelques coquilles terrestres, de rares coquilles fluviatiles, et des os de mammifères dont quelques-uns sont éteints. Sa surface supérieure a été profondément sillonnée et entamée par l'action des eaux à l'époque où la matière terreuse n° 1 vint s'y superposer. La matière de ce dépôt supérieur est disposée comme si elle était le produit d'inondations survenues après un soulèvement ou une dénudation des n°s 2 et 3.

Les couches fluvio-marines et le limon supérieurs de Menchecourt reparaissent en face sur la rive gauche de la plaine d'alluvion de la Somme, à une distance de 4 à 5 kilomètres. On les trouve, par exemple, à Mautort, et c'est de là que me vient la hachette de silex de forme ovale figurée page 119 (fig. 9). Elle fut extraite du gravier au-dessus duquel étaient des couches contenant un mélange de coquilles marines et d'eau douce exactement semblables à celles de Menchecourt. Dans les alluvions de toutes les parties de la vallée, aux niveaux inférieurs comme aux niveaux supérieurs, on rencontre de temps en temps dans le gravier des ossements roulés. Il y a des ustensiles en silex dans le gravier d'Abbeville qui ont leurs angles parfaitement conservés, d'autres portent l'empreinte d'une action triturante énergique comme celle qu'ils auraient subie dans le lit de la rivière principale ou de ses affluents.

Les mammifères qu'on cite le plus fréquemment comme

ayant été trouvés dans les dépôts nos 2 et 3 de Menchecourt sont les suivants :

Elephas primigenius.
Rhinoceros tichorinus.
Equus fossilis (Owen).
Bos primigenius.
Cervus somonensis (Cuvier).
Cervus Tarandus priscus (Cuv.).
Felis spelæa.
Hyæna spelæa.

L'*Ursus spelæus* a aussi été mentionné par quelques écrivains. Mais M. Lartet dit que c'est en vain qu'il l'a cherché parmi les trésors ostéologiques envoyés d'Abbeville à Cuvier, à Paris, et dans d'autres collections. Le même paléontologiste, après un minutieux examen des ossements de la vallée de la Somme envoyés dernièrement au Muséum, a remarqué que quelques-uns d'entre eux portent des marques d'instruments évidentes, et se rapportant bien aux incisions que pourrait produire une grossière scie en silex. Parmi les os cités comme ayant été ainsi coupés se trouvent ceux du *Rhinoceros tichorinus*, et les bois du *Cervus somonensis* (1).

Les naturalistes ont acquis les preuves les plus satisfaisantes que quelques-uns des mammifères éteints de Menchecourt ont réellement vécu et péri dans cette partie de la France à l'époque de l'enfouissement des ustensiles en silex dans les lits fluviatiles. Quelques-unes sont d'autant meilleures qu'elles ont été relatées bien avant qu'on eût aucun soupçon que des objets travaillés dussent jamais être découverts dans les mêmes couches. Voici, par exemple, ce qu'écrivait M. Baillon à M. Ravin en 1834 : « On commence à rencontrer des ossements fossiles à la profondeur de 3 ou 4 mètres dans les « sablières de Menchecourt, mais on en trouve une bien plus « grande quantité à la profondeur de 5 mètres 50 cent. ou « 6 mètres. Il y en a qui ont évidemment été brisés avant « d'être enfouis, d'autres sont arrondis et ont sans doute été « roulés dans l'eau courante. C'est à la base des sablières que « l'on rencontre les os les plus entiers. Ils s'y trouvent sans

(1) *Quarterly Journal of the Geological Society*, London, vol. XVI, p. 471

« avoir subi de fractures ou de frictions et paraissent avoir « été encore articulés ensemble à l'époque où ils furent re- « couverts. J'ai trouvé à un endroit toute une jambe de der- « rière de rhinocéros dont les os étaient encore dans leurs « positions relatives. Ils doivent avoir été réunis par leurs « ligaments et même entourés de muscles au moment de leur « ensevelissement. Le squelette entier de cette même espèce « gisait à une petite distance de cet endroit [1].

Si nous supposons que le plus grand nombre des ustensiles en silex qui se rencontrent aux environs d'Abbeville et d'Amiens aient été amenés par l'action d'un cours d'eau à leur place actuelle, nous pouvons immédiatement nous expliquer pourquoi une si grande quantité d'entre eux se trouvent à de grandes profondeurs au-dessous de la surface; en effet, ils ont dû naturellement être ensevelis dans le gravier et non dans les sédiments ténus, ou ce qu'on peut appeler « la boue des inondations, » (voir n° 2, fig. 16, p. 126), qui est un dépôt formé par une eau tranquille, c'est-à-dire dans laquelle le courant n'avait pas une force ou une rapidité suffisante pour balayer sur son passage les silex de la craie, travaillés ou non travaillés. Or, il nous faut presque toujours passer à travers une masse de limon avec coquilles terrestres ou de sable fin avec coquilles d'eau douce avant d'atteindre au-dessous les lits de gravier contenant les hachettes. Accidentellement une arme employée comme projectile peut bien avoir été lancée dans une eau tranquille, ou bien, tombée d'un canot, elle peut avoir atteint le fond de la rivière, ou encore, portée par un glaçon, elle peut avoir traversé les prairies et passé par-dessus les berges, comme cela se voit quelquefois pendant les hivers rigoureux sur les bords de la Tamise. Mais ce sont là des cas exceptionnels, qui ne peuvent qu'aider à expliquer comment des ustensiles en silex, des cailloux, ou des pierres anguleuses peuvent se trouver çà et là au milieu des limons les plus ténus.

[1] *Société royale d'émulation d'Abbeville*, 1834, p. 197.

Les variations sans fin que présentent les coupes des alluvions de la vallée de la Somme peuvent être attribuées aux fréquents envasements du cours d'eau principal et de ses affluents pendant les différentes phases du creusement de la vallée et probablement aussi pendant les changements de niveau du sol. Il est de règle que quand une rivière entame et affouille l'une de ses berges, elle dépose du gravier et du sable du côté opposé de son lit; le fond s'élève en cet endroit, qui, au bout de peu de temps, va s'exhausser assez pour faire suite à la plaine d'alluvion et n'être plus qu'accidentellement inondé. C'est ainsi que, après de nombreux empiétements sur ses berges en certains points, nous trouvons au bout de bien des siècles que la largeur du lit ne s'est pas augmentée, parce que le terrain de nouvelle formation a atteint en peu de temps la hauteur moyenne du dépôt d'alluvion plus ancien. Parfois une île se forme au milieu du fleuve; alors, pendant un certain temps, l'eau la baigne de toutes parts; mais à la fin un chenal plus profond se creuse d'un côté et laisse l'autre se combler pendant les crues, puis s'élever tout à fait en se chargeant de la boue ou de l'argile des inondations. Pendant ces nivellements des anciens lits une crue survient quelquefois qui se fraye un nouveau passage et entraîne des parties de la matière stratifiée précédemment. Telle est la cause de ces traces multipliées de sillons creusés et comblés, témoins de ce qui a été fait et détruit, sur lesquels les sables et les graviers à silex ouvrés d'Abbeville et d'Amiens jettent à chaque instant une nouvelle lumière, et dont nous trouvons l'équivalent dans les anciennes alluvions de la vallée de la Tamise, où se rencontrent les mêmes ossements de mammifères éteints et les mêmes coquilles, y compris la *Cyrena fluminalis*.

M. le professeur Noeggerath, de Bonn, m'apprend que, vers 1845, quand on creusa artificiellement le lit du Rhin en faisant sauter à la poudre et en enlevant les rochers dans les passes étroites de Bingerlöch, près de Bingen, la drague retira du lit principal de la rivière plusieurs hachettes de pierre et un nombre extraordinaire d'armes de fer de l'époque romaine. Le fer, en s'altérant, avait formé un ciment qui avait aggloméré d'assez fortes masses de gravier. En pareil cas, il n'est besoin que de supposer une légère déviation dans la direction du cours du Rhin, ce qui lui est souvent arrivé depuis les temps historiques en différents points de la plaine qu'il parcourt, pour qu'on trouve un jour dans le gravier, et à sa base, des ustensiles appartenant aux périodes de pierre et de fer, enfouis sous une grande épaisseur de sable et de limon qui seront venus les recouvrir.

Quand le cours d'eau, qui arrose une plaine subit des changements comme ceux dont nous venons de parler, il en résulte souvent des mares, des étangs, des marécages, marquant le tracé des anciens lits ou bras de la rivière, incomplétement comblés. Dans ces dépressions peuvent se conserver en même temps des coquilles d'eaux stagnantes et d'eaux courantes, et des quadrupèdes peuvent venir s'y engloutir. Le dernier dépôt, le dépôt supérieur de la série sera le limon ou argile, avec coquilles terrestres et amphibies, (*Helix* et *Succinea*); au-dessous viendront les couches contenant les coquilles d'eau douce, preuve d'une immersion continue; et enfin, à la base, dans presque toutes les coupes, sera le gravier grossier apporté par un courant d'une force et d'une rapidité considérables.

Quand on creusa les docks Sainte-Catherine à Londres et quand on fit des travaux semblables sur les berges de la Mersey, on en retira, ainsi que je l'ai dit quelque part [1], de vieux bateaux montrant combien la Tamise et la Mersey avaient changé de lit dans les temps modernes. Tout récemment, à ce que m'apprend M. Mylne, un ancien lit de la Tamise vient d'être découvert dans un sondage à Shœburyness, sur la rive opposée à Sheerness. Le vieux bras abandonné est séparé du lit nouveau ou actuel par un lambeau « d'argile de Londres. » La profondeur de ce vieux bras, c'est-à-dire l'épaisseur du dépôt fluviatile qui l'a comblé, est de 22 mètres. Le lit actuel a quelque chose comme 18 mètres de profondeur, mais il est

[1] *Principles of Geology.*

probable qu'il y a au fond une couche de 3 ou 4 mètres de gravier. De sorte que si le cours du fleuve subissait une nouvelle déviation, son lit actuel pourrait devenir le réceptacle d'une formation fluvio-marine de 22 mètres d'épaisseur, égale à celle de Shœburyness et bien plus considérable que celle d'Abbeville. Cette formation se composerait de lits d'eau douce et de lits marins ; car la marée amène l'eau salée bien au-dessus de Sheerness ; mais, pour que ce dépôt pût ressembler par sa position géologique aux couches de Menchecourt, il faudrait qu'il s'élevât de 3 ou 4 mètres au-dessus de son niveau actuel et fût en partie entraîné. Une pareille érosion serait du reste l'accompagnement inévitable du mouvement de soulèvement, parce que la Tamise déblayerait et approfondirait son lit afin de conserver sa position relativement à la mer, malgré le relèvement graduel de la terre ferme.

Quand le chenal actuel d'Abbeville n'existait pas encore, la marée se faisait sentir dans la Somme jusqu'à une certaine distance au-dessus de cette ville. Il ne faudrait par conséquent qu'un très-léger affaissement du sol pour permettre aux eaux salées d'atteindre Menchecourt comme elles l'ont fait dans la période post-pliocène. Généralement, en cet endroit, une couche contenant exclusivement des coquilles terrestres et d'eau douce précède et supporte les sables fluvio-marins ; il semble donc que la rivière ait tout d'abord occupé la place avant l'affaissement du sol ; il y eut ensuite un soulèvement qui porta le niveau de la contrée à une hauteur supérieure à celle où elle se trouve à présent ; et ensuite vint un second abaissement indiqué par la position de la tourbe, comme je l'ai expliqué plus haut (page 116). Tous ces changements sont arrivés depuis la première apparition de l'homme dans ce pays.

A plusieurs endroits dans les environs d'Abbeville, il y a des dépôts fluviatiles à un niveau supérieur de 15 mètres à ceux de Menchecourt, et reposant comme eux sur la craie. L'un d'eux se rencontre dans la banlieue de la ville à Moulin-Quignon, à 30 mètres au-dessus de la Somme et du même côté de la vallée que Menchecourt. Il contient des instruments en silex du même type ancien et des os d'éléphants, mais on n'y a trouvé aucune coquille marine, non plus que dans aucun autre sable ou gravier plus élevé que le niveau des coquilles marines de Menchecourt.

La question de savoir si les plus anciens sables et graviers de la vallée de la Somme étaient les plus élevés ou les plus bas a donné lieu à de longues discussions entre les géologues. En règle générale, quand il y a des formations d'alluvion de différents âges dans la même vallée, celles qui occupent la position la plus élevée au-dessus du cours de la rivière sont les plus vieilles. Dans l'Auvergne, dans le Velay, dans la France centrale, des os de quadrupèdes fossiles se rencontrent à toutes les hauteurs au-dessus des cours d'eau actuels, depuis 30 jusqu'à 300 mètres. Nous y remarquons que les caractères de la faune terrestre s'éloignent d'autant plus de ceux de la faune de même ordre actuelle, que nous atteignons des terrasses et des plates-formes plus élevées. Nous passons des alluvions inférieures, contenant le mammouth, le rhinocéros tichorhinus et le renne, à différents groupes de fossiles plus anciens, pour atteindre enfin un plateau de 300 mètres d'altitude, (près du Puy, par exemple), dont l'escarpement domine la vallée actuelle; nous y découvrons un vieux lit d'une rivière disparue, recouvert par un ancien courant de lave, montrant quel a été autrefois le niveau inférieur du pays. Dans cette alluvion, située si haut, sont enfouis les restes d'un mastodonte tertiaire, et d'autres quadrupèdes de même antiquité.

Si les couches de Menchecourt ont été formées les premières, et si la vallée s'est affaissée après avoir atteint à peu près sa largeur et sa profondeur actuelles, la mer a dû s'avancer à l'intérieur des terres et donner naissance à des espèces de deltas, à différentes hauteurs, aux points où le cours d'eau principal et ses affluents avaient leur embouchure. Un mouvement de cette nature, surtout s'il était intermittent et interrompu par de longs temps d'arrêt, pourrait parfaitement rendre compte de l'accumulation de débris stratifiés que nous présentent certains points de la vallée, surtout aux environs d'Abbeville et d'Amiens. Mais il ne nous est pas permis d'adopter cette théorie, à cause de l'absence complète de coquilles marines et de la présence, en grandes quantités, d'ossements de mammifères et de coquilles terrestres et d'eau douce dans les terrains de transport des horizons supérieurs, aussi bien que dans celui des horizons inférieurs en amont d'Abbeville. S'il y eût eu une absence absolue de tous restes organiques, nous aurions pu croire à la présence antérieure de la mer, et attribuer la destruction de débris de cette nature à l'acide carbonique ou à d'autres causes de décomposition; mais les couches post-pliocènes et celles qui contiennent les instruments en silex sont d'origine fluviatile, comme le montrent leurs fossiles.

Ustensiles en silex dans le gravier près d'Amiens. — Gravier de Saint-Acheul.

Quand nous remontons la vallée de la Somme d'Abbeville à Amiens, sur une longueur d'environ 40 kilomètres, nous observons la répétition de tous les mêmes phénomènes d'alluvion que nous avons vu se produire à Menchecourt et dans son voisinage; la seule exception à signaler est l'absence de coquilles marines et de la *Cyrena fluminalis;* nous trouvons le gravier du niveau inférieur, n° 2, fig. 7, p. 111, et l'alluvion n° 3 du niveau supérieur; cette dernière s'élève à une trentaine de mètres au-dessus de la plaine qui se trouve à Amiens, à 15 mètres environ au-dessus du niveau de la rivière à Abbeville. Le docteur Rigollot a constaté, en 1854, que dans le gravier inférieur comme dans le gravier supérieur, on trouve en abondance des ustensiles en silex, des os d'animaux d'espèces éteintes, en même temps que des coquilles terrestres et fluviatiles.

Immédiatement au-dessous d'Amiens, à Saint-Roch, et à 800 mètres en aval, à Montiers, on voit une grande masse de gravier stratifié qui s'élève légèrement au-dessus de la plaine d'alluvion de la Somme. Entre ces deux endroits, un petit cours d'eau, appelé la Celle, vient se jeter dans la rivière.

Fig. 18

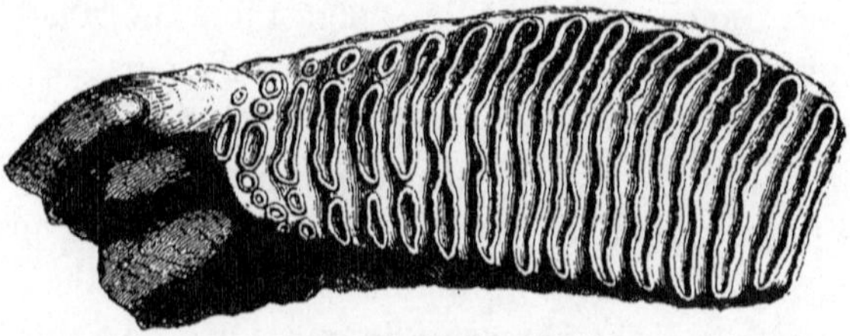

Elephas primigenius.

Fig. 18. — Avant-dernière molaire inférieure de droite; tiers de la grandeur naturelle; post-pliocène. A coexisté avec l'homme.

Fig. 19

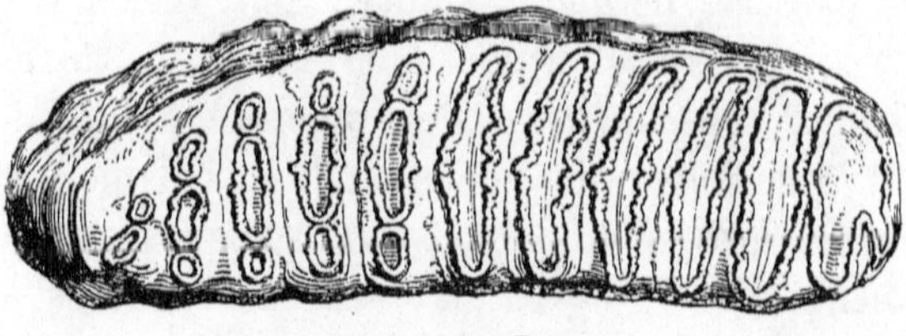

Elephas antiquus. Falconer.

Fig. 19. — Avant dernière molaire inférieure de droite; tiers de la grandeur naturelle; post-pliocène et pliocène supérieur. A coexisté avec l'homme.

Fig. 20 (¹).

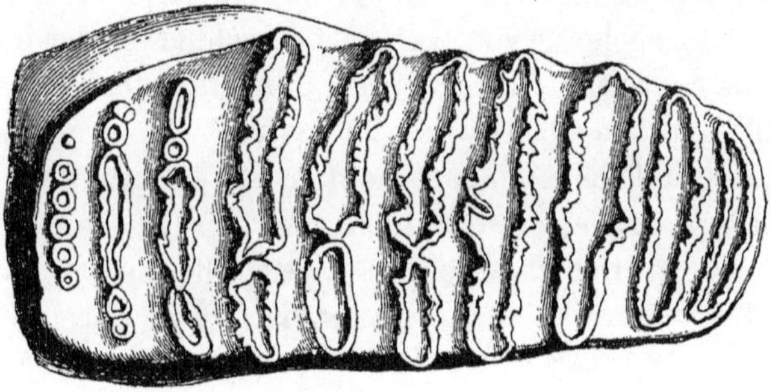

Elephas meridionalis. Nesti.

Fig. 20. — Avant-dernière molaire inférieure de droite; un tiers de l'original; pliocène inférieur, Saint-Prest, près Chartres, et Crag de Norwich. Il n'est pas encore prouvé qu'il ait coexisté avec l'homme.

(¹) Nous devons la fig. 20 à l'obligeance de M. Lartet; la fig. 18 se trouve dans son mémoire inséré au *Bulletin de la Société géologique de France*, mars 1859. La fig. 19 est tirée de la *Fauna Sivalensis*, Falconer et Cautley.

Dans le gravier de Montiers, M. Prestwich et moi avons trouvé des silex tranchants, dont l'un, plat d'un côté, était soigneusement travaillé sur l'autre, et montrait plusieurs fractures manifestement produites par des coups appliqués avec art. Quelques-uns de ces couteaux furent recueillis à un niveau si bas, que nous fûmes parfaitement convaincus qu'il fallait rapporter à la période humaine ce grand lit de gravier de Montiers, aussi bien que celui des carrières de Saint-Roch qui paraît être le prolongement du même dépôt. Le docteur Rigollot avait déjà parlé de hachettes en silex qu'il aurait recueillies à Saint-Roch; mais comme personne n'y en avait trouvé dans ces dernières années, son assertion paraissait avoir besoin d'être confirmée. Aussi la découverte de ces silex tranchants, dans un gravier de même âge, fut intéressante surtout parce que plusieurs dents d'hippopotame furent aussi retirées du gravier de Saint-Roch, quelques-unes tout dernièrement par M. Prestwich. M. Garnier, d'Amiens, a, d'autre part, obtenu des mêmes sablières une belle molaire d'éléphant, que le docteur Falconer rapporte à l'*Elephas antiquus*, (voir fig. 19, p. 137). J'en conclus que ces deux animaux ont coexisté avec l'homme.

Les formations d'alluvion de Montiers sont fort instructives à un autre point de vue. Laissons de côté le gravier inférieur de cet endroit, qui est recouvert d'un limon ou d'une argile dont la portion supérieure est à environ 10 mètres au-dessus du niveau de la Somme, et montons sur le talus de la craie, à la hauteur d'environ 24 mètres; là nous trouvons un autre dépôt de gravier et de sable avec coquilles fluviatiles parfaitement conservées, ce qui est l'indication la plus claire d'un ancien lit de rivière, dont les eaux avaient accoutumé de couler à ce niveau plus élevé avant que la vallée eût été creusée jusqu'à sa profondeur actuelle. Ce dépôt supérieur est du même côté de la Somme, et à peu près à la même hauteur que la partie la plus basse de la célèbre formation de Saint-Acheul, distante de 4 kilomètres, et dont je vais maintenant m'occuper.

La terrasse de Saint-Acheul peut se décrire comme une saillie de la craie, à pente douce, couverte de gravier, et surmontée, comme à l'ordinaire, de limon ou sédiment ténu, dont la surface est à 30 mètres environ au-dessus de la Somme et 45 au-dessus de la mer.

Plusieurs cercueils de pierre, de l'époque gallo-romaine, ont été retirés de la partie supérieure de cette masse d'alluvion. Les tranchées pratiquées pour les y loger pénétraient parfois à 2 mètres 70 au-dessous de la surface, entamant la partie supérieure du n° 3 des coupes 21 et 21 A. Ce fait prouve

Fig. 21.

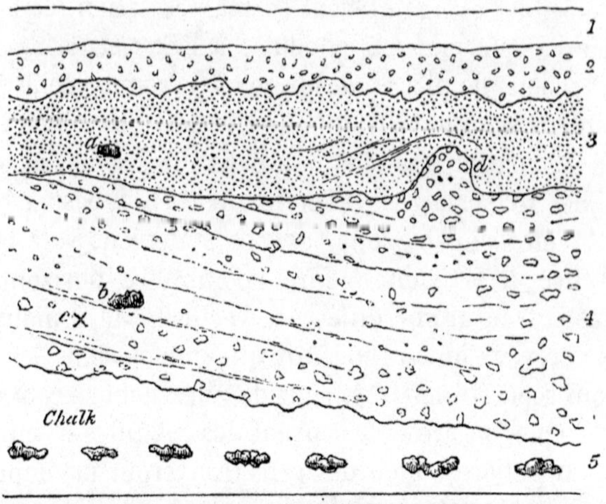

Coupe d'une carrière de gravier contenant des instruments en silex, à Saint-Acheul, près d'Amiens. Observation faite en juillet 1860.

Fig. 21. — 1 Sol végétal et terrain artificiel de 60 à 90 centimètres d'épaisseur.
2 Limon brun avec quelques silex anguleux, passant en certaines parties à un gravier ocreux, et remplissant les accidents de la surface du n° 3. Épaisseur, 60 centimètres.
3 Sable blanc siliceux avec lits de marne crayeuse et fragments de craie; presque sans stratification. 2 mètres 70.
4 Gravier de silex et sable crayeux blanchâtre; silex subanguleux; dimension moyenne des fragments, 75 millimètres de diamètre, mais avec mélange de silex de la craie, non brisés; traversé en certains points par des lits de stratification. Ossements de mammifères, molaire d'éléphant en *b* et instrument en silex en *c*. 3 à 4 mètres.
5 Craie avec silex.

a Portion de molaire d'éléphant à 3 mètres 30 de la surface.
b Molaire entière d'*Elephas primigenius*, à 5 mètres de la surface.
c Position de la hachette de pierre, à 5 mètres 50 de la surface.

que quand les Romains vinrent en Gaule, ils trouvèrent cette terrasse dans le même état qu'à présent, ou du moins dans l'état où elle se trouvait avant qu'on n'en eût emporté tant de gravier, de sable, d'argile et de limon, pour l'entretien des routes et pour la fabrication des briques et de la poterie.

La coupe ci-jointe, que j'ai relevée dans ma dernière visite, en 1860, montre un fragment d'une dent d'éléphant, notée comme extraite au point *a* du limon sableux non stratifié, à 3 mètres 50 au-dessous de la surface; on la trouva au moment de ma visite. Plus bas, en *b*, à 5 mètres 50 de la surface, on retira une grande molaire de la même espèce, entière et non roulée, qui est maintenant en ma possession. Le docteur Falconer l'a déterminée et attribuée à l'*Elephas primigenius*.

Une hachette de pierre, de forme ovale comme celle qui est représentée (fig. 9 p. 119), fut découverte en ce même temps, environ 30 centimètres plus bas, dans un gravier fortement comprimé. La surface de la craie qui sert de base à tout ce dépôt est inégale dans cette carrière et descend vers le fond de la vallée de la Somme. Sur une distance horizontale de 6 mètres je trouvai une différence verticale de 2 mètres 10. Le sable crayeux qu'on rencontre quelquefois dans les interstices qui séparent les fragments de silex dont se compose le gros gravier n° 4 présente souvent des coquilles d'eau douce brisées ou entières. Bien des gens trouveront incompréhensible que des objets aussi fragiles aient pu échapper à la destruction dans le lit d'un fleuve dont le fond charriait tant de gravier; mais j'ai vu la machine à draguer employée dans la Tamise, au-dessus et au-dessous du pont de Londres pour approfondir la rivière, j'ai vu, dis-je, cette machine, mue par la vapeur, retirer du fond de l'eau le sable et le gravier, puis verser ce qu'elle contenait pêle-mêle dans le bateau, et j'ai pu en retirer intacts des échantillons de *Limnea*, de *Planorbis*, de *Paludina*, de *Cyclas* et d'autres coquilles.

Il faut avoir soin de remarquer que le gravier n° 4 a ses lits de stratification inclinés, et que sa surface a subi une dénudation avant la superposition du limon blanc sableux n° 3. Les matériaux de ce gravier en *d* doivent avoir été cimentés ou agglutinés ensemble de manière à former une masse assez cohérente pour permettre à la saillie *d* de s'élever de 1 mètre 50 au-dessus de la surface générale, avec des parois en quelques points verticales. Le n° 3 nous offre probablement un exemple de la transition entre les alluvions du fleuve et la boue des inondations ou le lœss. Dans certaines parties on y trouve des coquilles terrestres.

Il a été bien reconnu, par MM. Buteux, Ravin et autres observateurs bien au courant de la géologie de cette partie de la France, que, dans aucun des dépôts d'alluvion anciens ou modernes, on ne trouve de fragments de roches étrangères au bassin de la Somme. Il n'y existe pas de blocs erratiques dont la présence ne pourrait s'expliquer qu'en l'attribuant à des glaces qui les auraient apportés d'un autre bassin hydrographique, à une époque où le pays aurait été entièrement submergé.

Mais dans quelques-unes des exploitations, à Saint-Acheul, on voit, dans les couches n° 4, fig. 21, non-seulement des cailloux tertiaires arrondis, mais aussi de gros blocs d'un grès dur que dans le sud de l'Angleterre on appelle «greyweathers;» quelques-uns ont de 1 mètre à 1 mètre 20 et même plus, de diamètre. Ils sont communément anguleux, et ceux qui affectent une forme sphérique la doivent généralement à leur propre structure concrétionnée originelle, et non à l'action triturante du courant d'un fleuve. Ces gros morceaux de pierre abondent dans les graviers supérieurs et inférieurs des environs d'Amiens et dans les graviers supérieurs d'Abbeville. On les a aussi retrouvés dans la vallée beaucoup au-dessus d'Amiens, partout où se rencontrent des lambeaux d'alluvions anciennes. Ils proviennent tous des couches tertiaires qui ont recouvert la craie à une certaine époque. Leurs dimensions sont telles qu'il est impossible de s'imaginer qu'une rivière telle qu'est la Somme actuellement, coulant en pays plat, avec une faible pente vers la mer, ait pu les avoir charriés dans son lit pendant plusieurs kilomètres, à moins d'admettre l'intervention des glaces comme agent de transport. Leur forme anguleuse vient du reste à l'appui de cette hypothèse qu'ils aient été portés par des glaçons, ou, sinon portés, rendus au moins assez légers pour avoir pu éviter en grande partie la détérioration que subissent les blocs voyageant au fond du lit d'une rivière. Nous ne devons pas oublier que les hivers sont maintenant en Picardie et dans le nord-ouest de l'Europe d'une douceur exceptionnelle pour l'hémisphère nord, et que de gros fragments de granite, de grès, de calcaire, sont tous les ans charriés par les glaces des fleuves du Canada à des latitudes bien inférieures à celles de Paris (1).

Il faut encore mentionner un autre signe de l'action des glaces qu'on peut observer dans plusieurs sablières, à Saint-Acheul, et que M. Prestwich a très-bien fait ressortir dans une des coupes qu'il a publiées. Il consiste dans des inflexions et des contournements des couches de sable, de marne et de gravier (voir *b*, *c* et *d*, fig. 21 A), accidents que les couches

Fig 21 A.

Couches fluviatiles contournées à Saint-Acheul. (Prestwich, *Philos. Trans.*, 1861, p. 299.)

Fig. 21 A. — 1 Surface du sol.
2 Limon brun comme dans la fig. 21, p. 139. Épaisseur, 1 mètre 80.
3 Sable blanc avec lits de marne courbés et ondulés. Épaisseur, 1 mètre 80.
4 Gravier, comme dans la fig. 21, avec ossements de mammifères et instruments en silex.
A Fosses remplies de terrain artificiel et d'ossements humains.
b et *c* Veines amincies de marne repliées souvent sur elles-mêmes.
d Lits de gravier avec courbures aiguës.

(1) *Principles of Geology*, neuvième édition, p. 220.

n'ont évidemment subis que depuis leur dépôt primitif, et qui ont épargné la craie qui supporte le tout et généralement aussi en partie les couches supérieures du sable n° 3.

Dans mes premiers écrits, j'ai attribué cette sorte de dérangement à deux causes : premièrement, à la pression de glaces échouées se heurtant à des bancs de sable et de boue sans consistance ; secondement à la fonte de masses d'épaisseurs inégales, de glace et de neige, sur la surface desquelles se seraient accumulées des lits horizontaux de boue, de sable, et d'autres matières fines ou grossières. C'est feu M. Trimmer qui a le premier clairement montré comment des plissements aussi compliqués pouvaient tenir à des affaissements inégaux résultant de la fusion irrégulière de masses de glace et de neige recouvertes ou entremêlées de matières de transport [1].

Quand la débâcle des glaces arrive sur le Saint-Laurent et les autres fleuves du Canada, (latitude 46° N.), les glaçons, qui sont amoncelés et chassés violemment les uns par-dessous ou par-dessus les autres, prennent dans la plupart des cas des positions très-inclinées, et parfois même deviennent verticaux. On les voit souvent revêtus sur une de leurs faces de boue, de sable, de gravier cimentés de glace et provenant des bas-fonds de la rivière auxquels ils adhéraient quand la congélation a pour la première fois atteint le fond.

Toutes les fois que de pareilles masses accumulées fondent près du bord de la rivière, les lits de boue, de sable et de gravier qu'elles déposent en se liquéfiant ne peuvent manquer d'adopter un mode anormal d'arrangement, fort embarrassant pour le géologue qui entreprendrait de les débrouiller sans se laisser guider par le souvenir de l'intervention des glaces comme par le fil qui doit le mener à la vérité.

M. Prestwich a émis l'idée que les « *glaces de fond* » ont pu avoir une certaine influence sur la modification des alluvions anciennes de la Somme [2]. Il est certain que la glace sous

(1) Voir chapitre XII.

(2) Prestwich, mémoire lu à la Société royale de Londres, avril 1862.

cette forme joue un rôle fort actif dans les rivières de la Russie d'Europe et de la Sibérie, en mettant en mouvement des pierres et du gravier. Il paraît que, dans ces contrées, quand les cours d'eau sont arrivés presque à leur point de congélation, ce phénomène commence souvent à se produire au fond. La raison en est, d'après Arago (1), que le courant y est plus lent et que des cailloux et de grosses pierres, ayant perdu par rayonnement la plus grande partie de leur chaleur, atteignent une température au-dessous de la moyenne de celle de la masse d'eau totale. C'est donc dans une eau claire et par un ciel

(1) La raison que donne Arago de ce fait généralement trop peu connu, et qui s'observe partout, n'est pas tout à fait celle qu'énonce l'auteur; elle serait plutôt la suivante : Quand le fond d'un cours d'eau offre quelques aspérités (cailloux, roches, herbes, etc.), ces parties saillantes sont les causes et les centres de tourbillons et de remous qui font quelquefois sentir leur action jusqu'à la surface dont les eaux peuvent être entraînées au contact de ces obstacles. Si la surface du cours d'eau est soumise à un refroidissement permanent, et si en même temps la température générale de la masse aqueuse est, à cause du mélange des couches, assez voisine de 0°, les couches supérieures tendront à se congeler et se couvriront peut-être d'aiguilles de glace isolées. Mais des expériences de physique fort connues nous apprennent que la mise en mouvement relatif élémentaire des molécules liquides les unes par rapport aux autres et l'introduction dans la masse d'un corps présentant des arêtes vives, sont les circonstances qui favorisent le mieux, soit la congélation des liquides ayant atteint ou dépassé la température de leur solidification, soit la cristallisation des liqueurs saturées. Dans les deux cas, les cristaux, loin de se présenter indépendants et libres dans la masse, se développent toujours en partant d'une solution de continuité de la surface du vase ou d'un point solide et surtout saillant comme base de leurs ramifications. Dans le cours d'eau dont je parlais tout à l'heure, c'est donc à la surface des aspérités du fond, si le mouvement de l'eau n'est pas trop tumultueux, que la tendance à la cristallisation est la plus forte s'il y a lieu.

Ces points seront donc des centres de congélation si la couche superficielle refroidie, entraînée par les tourbillons, vient constamment les baigner en entraînant les aiguilles de glace qui, suivant certains observateurs, couvrent sa surface, ou même simplement si les couches qui les enveloppent tendent à avoir une température inférieure à 0°, pendant que peut-être les couches superposées, coulant sans obstacles, dépassent un peu cette limite sans se solidifier.

D'aspérités en aspérités la masse de glace spongieuse s'étend, et le glaçon finit par monter à la surface quand sa force ascensionnelle est suffisante pour lui permettre de vaincre son adhérence à ses points d'attache ou de les soulever avec lui. Il est facile de voir que ce phénomène ne pourra avoir lieu sur un fond vaseux et qu'il se produira, comme le dit bien M. Lyell, avec beaucoup plus d'intensité, toutes choses égales d'ailleurs, dans une eau claire et par un temps découvert. (Voir œuvres de François Arago, *Notices scientifiques*, t. V.) — *Note du traducteur.*

sans nuages que les glaces de fond se forment le plus facilement, et ce phénomène se produira plus souvent sur un fond de cailloux que sur un fond de vase. Des morceaux de glace de cette nature venant à s'élever accidentellement à la surface, emmènent avec eux du gravier et même de grosses pierres.

Je ne m'appesantirai pas davantage sur les différentes manières dont la glace peut modifier la forme de la stratification dans le terrain de transport de manière à produire des courbes et des plissements auxquels les terrains subordonnés ou superposés peuvent rester étrangers; j'aurai occasion de revenir sur ce sujet dans la suite. Je tiens seulement à constater ici que ces contournements des couches, explicables ou non, sont caractéristiques des formations glaciaires. Ces phénomènes ne sont pas non plus en relation intime et nécessaire avec le transport de grands blocs de pierre et, par conséquent, comme le remarque M. Prestwich, ils fournissent à eux seuls une preuve indépendante de l'action des glaces dans le gravier post-pliocène de la Somme.

Supposons alors qu'à l'époque où les hachettes en silex furent enfouies en grand nombre dans le gravier ancien qui forme maintenant la terrasse de Saint-Acheul, le cours d'eau principal et ses affluents fussent gelés chaque hiver pendant plusieurs mois. En pareil cas, les peuplades primitives, dit encore M. Prestwich, peuvent avoir eu un genre d'existence assez analogue à celui des Indiens d'Amérique qui habitent la contrée située entre la baie d'Hudson et la mer polaire. Leurs coutumes ont été fort bien décrites par Hearne, qui a passé plusieurs années au milieu d'eux. Dès que le daim et les autres animaux de chasse se font rares à terre, ils se livrent à la pêche dans les rivières. Dans ce but, et aussi dans celui de se procurer de l'eau potable, ils ont pour usage habituel de faire dans la glace des trous de 30 centimètres et plus de diamètre, à travers lesquels ils jettent leurs filets ou leurs hameçons. Souvent ils plantent leurs tentes sur la glace, et alors percent ces trous sous la tente même; se servant pour cela de ciseaux métalliques quand ils peuvent avoir du cuivre ou du fer, et, quand ils n'en ont pas, employant des instruments de quartz ou d'amphibolite.

La grande accumulation du gravier à Saint-Acheul s'est produite dans la partie de la vallée où les affluents, la Noye et l'Arve, se jettent maintenant dans la Somme, ces deux affluents, de même que le cours d'eau principal, ont dû couler à la hauteur d'abord d'une centaine de mètres et plus tard à différents niveaux moins élevés au-dessus du fond de la vallée, pendant les temps reculés où les ustensiles en silex du type le plus ancien venaient s'enfouir dans les lits successifs des rivières. J'ai dit, à différents niveaux, parce qu'il y a, çà et là, des lambeaux de terrain de transport entre les graviers les plus hauts et les plus bas, et aussi quelques dépôts montrant que la rivière a coulé à certains moments à des hauteurs tantôt supérieures, tantôt inférieures au niveau de la plate-forme de Saint-Acheul. Je dois cependant ajouter que, jusqu'à présent, aucun de ces lambeaux de gravier qui garnissent les bords de la vallée à des hauteurs dépassant une trentaine de mètres au-dessus de la Somme n'a fourni d'ustensiles en silex ou d'autres signes du séjour antérieur de l'homme dans cette contrée.

Il est possible que, dans l'état géographique primitif de ce pays, la jonction de la Somme avec ses affluents ait pu déterminer les tributs de chasseurs et de pêcheurs à s'établir en cet endroit. Ce sont peut-être les mêmes avantages naturels qu'ont recherchés les premiers habitants d'Abbeville et d'Amiens quand ils y ont fixé leurs demeures. Pour peu que ces premiers chasseurs et pêcheurs aient fréquenté les mêmes lieux pendant des centaines ou des milliers d'années, le nombre des instruments de pierre perdus dans le lit de la rivière n'a rien qui doive nous surprendre. Des ciseaux pour entamer la glace, des hachettes de pierre, des têtes de flèches ont pu souvent glisser accidentellement à travers ces ouvertures maintenues constamment libres, et l'objet précieux, une fois englouti sous la croûte de glace, a dû être perdu sans retour et inévitablement emporté avec le gravier à la débâcle des glaces au printemps. Durant des hivers prolongés, et dans une contrée fournissant des silex en abondance, la fabrication des ustensiles a dû être continue; et si cela a eu lieu, on a dû jeter aussi à dessein dans ces trous des milliers de débris et d'éclats de silex, outre un grand nombre d'instruments ayant des défauts ou trop mal travaillés pour mériter d'être conservés.

Quant à la faune fossile du terrain de transport envisagée au point de vue du climat, voici ce qu'en pense mon ami M. Deshayes. Je lui envoyai à Paris, en 1859, une collection que j'avais faite de toutes les espèces les plus communes de coquilles terrestres et d'eau douce du terrain de transport d'Amiens et d'Abbeville, et il déclara qu'elles étaient toutes, sans exceptions, les mêmes que celles qui peuplent encore le bassin de la Seine. A première vue ce fait semble prouver que le climat n'a subi aucune altération depuis l'époque de la fabrication des outils en silex; mais il paraît que toutes ces espèces de mollusques sont maintenant répandues jusqu'à des latitudes aussi élevées que celles de la Norwége et de la Finlande, et par conséquent elles ont facilement pu prospérer dans la vallée de la Somme quand la rivière était prise chaque hiver [1].

En ce qui touche les mammifères associés à ces coquilles, quelques-uns, comme le mammouth et le rhinocéros tichorhinus, ont pu être capables d'endurer les rigueurs d'un hiver du Nord aussi bien que le renne, que nous trouvons fossile dans le même gravier. Mais il est un point plus difficile à préciser, c'est de savoir si le climat correspondant aux graviers inférieurs, (ceux de Menchecourt, par exemple), a été plus doux que celui de l'époque des graviers supérieurs. M. Prestwich penche vers cette opinion. Aucun des contournements de couches, décrits plus haut (p. 142) n'a encore été observé dans le terrain de transport inférieur. Il contient bien de gros blocs de grès tertiaire fin et grossier, auxquels il a peut-être fallu l'aide de la glace pour arriver jusqu'aux lieux où on les trouve; mais des blocs de cette nature abondaient

[1] Voir un mémoire de M. Prestwich, lu à la Société royale de Londres.

déjà dans l'alluvion supérieure plus ancienne, et ils peuvent tout simplement être des témoins de sa destruction, et avoir successivement gagné des niveaux de plus en plus bas sans avancer d'un seul pas vers la mer.

La *Cyrena fluminalis* de Menchecourt et l'hippopotame de Saint-Roch semblent venir à l'appui de l'hypothèse d'une température moins rigoureuse des hivers; mais un si grand nombre des espèces de mammifères et même des espèces terrestres et fluviatiles sont communes aux deux formations, et nos renseignements au sujet de l'ensemble de la faune sont si incomplets, qu'il serait prématuré de prétendre décider cette question dans l'état actuel de nos connaissances. Nous devons nous contenter de cette conclusion, (qui a certes bien son importance), savoir : qu'à l'époque où l'homme a, pour la première fois, habité cette partie de l'Europe, au temps où se forma le dépôt de transport de Saint-Acheul, le climat aussi bien que la géographie physique du pays différaient notablement de ce qu'ils y sont à présent.

Parmi les restes d'éléphants de Saint-Acheul, faisant partie de la collection de M. Garnier, le docteur Falconer a reconnu une molaire de l'*Elephas antiquus*, (fig. 19), la même espèce qui a déjà été citée comme ayant été trouvée dans les graviers inférieurs de Saint-Roch. Cette espèce, par conséquent, s'est perpétuée à travers les changements importants des conditions géographiques de la vallée de la Somme. Si nous admettons que le gravier du niveau inférieur soit le plus récent, il s'ensuit que l'*Elephas antiquus* et l'hippopotame de Saint-Roch continuèrent à prospérer longtemps après l'apparition du mammouth, puisque, comme je l'ai dit, une dent de cet animal, bien caractérisée, a été trouvée à Saint-Acheul au moment de ma visite en 1860.

Les couteaux et les hachettes ou silex ont été découverts dans les dépôts d'alluvion de tous les niveaux; nous pouvons donc affirmer en toute certitude que l'homme a habité ce pays aussi anciennement que les quadrupèdes fossiles énumérés plus haut; conclusion tout à fait indépendante de toute différence d'opinion relativement à l'âge des graviers des niveaux supérieurs et de ceux des niveaux inférieurs.

La disparition de tant de grands pachydermes et carnassiers en Europe a souvent été attribuée à l'intervention de l'homme. Il a sans doute efficacement contribué à hâter le moment de leur extinction; mais il y a de fortes raisons de supposer que d'autres causes ont coopéré au même but. La *Cyrena fluminalis* a coexisté avec notre race dans la vallée de la Somme, et a été très-abondante dans les eaux de la Tamise quand l'éléphant, le rhinocéros et l'hippopotame en peuplaient les bords; aucun naturaliste ne voudrait pourtant un moment supposer que l'homme ait accéléré l'extermination de cette espèce de la surface de l'Europe. Les mêmes modifications du climat et des autres conditions de l'existence, qui ont influé sur ce mollusque aquatique, doivent avoir efficacement contribué à l'extinction graduelle de la plupart des grands mammifères.

Nous avons déjà vu que la tourbe de la vallée de la Somme est une formation qui, selon toute vraisemblance, a dû mettre à croître des milliers d'années. Mais aucun changement d'un caractère bien tranché n'est survenu dans la faune mammifère depuis le commencement de son accumulation. Les différences entre la faune du diluvium ancien, du haut en bas de la vallée, et la faune de la tourbe la plus ancienne sont presque aussi grandes que celles qui séparent cette dernière de la faune actuelle; et les traces de l'homme se retrouvent dans toute la série. Nous en pouvons conclure que l'intervalle de temps qui sépare l'époque des grands mammifères éteints de celle de la première tourbe eut une durée bien plus longue que celle de la croissance complète de cette formation. Nous n'avons d'ailleurs pas besoin de cette preuve tirée de l'ancienne faune fossile pour établir l'antiquité de l'homme dans cette partie de la France. Le simple volume du terrain de transport à différentes hauteurs suffirait seul à démontrer qu'il fallut une période d'une énorme durée pour jeter dans des lits de rivières successifs une telle quantité de cailloux arrachés aux roches éocènes et crétacées. Nous voyons des milliers de silex arrondis ou à moitié arrondis, un nombre considérable d'autres de formes anguleuses, avec des fragments de craie blanche en morceaux arrondis de différentes dimensions; n'est-ce pas là le témoignage d'une somme d'actions mécaniques d'une durée prodigieuse, accompagnant les phénomènes d'agrandissement et d'approfondissement de la vallée avant qu'elle devînt le fond d'une tourbière? Et la position de tant de ces instruments en silex peut-elle permettre au géologue de douter que leur fabrication n'ait précédé ces dénudations réitérées?

Absence d'ossements humains dans les alluvions de la vallée de la Somme.

Il est naturellement assez surprenant qu'aucun os humain n'ait encore été rencontré dans le sable et le gravier d'alluvion de la Somme, où nous avons recueilli tant de centaines d'instruments de silex, (sans compter tant de milliers de couteaux). Cette pénurie des restes de notre propre espèce se manifeste également dans toutes les autres parties de l'Europe où l'on a examiné les lambeaux existant dans les vallées du terrain de transport avec instruments en silex, de la période post-pliocène. Cependant, dans ces mêmes formations, les os de mammifères, d'espèces vivantes et éteintes, ne manquent pas plus que dans la vallée de la Somme. Durant le quart de siècle qui vient de s'écouler, on en a soumis des milliers à l'examen attentif des géologues, et ils n'ont pu y découvrir un seul fragment de squelette humain, pas même une dent. Il y a pourtant longtemps que Cuvier avait démontré que les ossements d'hommes extraits des anciens champs de bataille n'étaient pas plus décomposés que ceux des chevaux enterrés dans les mêmes fosses. Nous avons vu d'ailleurs que dans les cavernes de Liége, des crânes, des mâchoires et des dents, ainsi que d'autres os appartenant à la race humaine, se trouvaient conservés dans le même état que ceux de l'ours des cavernes, du tigre et du mammouth.

Il arrivera un jour, et un jour prochain (1), où la curiosité, qui a été si éveillée à ce sujet, sera récompensée par la découverte de quelques restes humains dans le diluvium ancien des vallées de l'Europe. J'attends ce moment avec une ferme confiance. Remarquons en passant combien cette absence de tout vestige d'ossements, appartenant à une population qui a laissé tant d'armes finies et inachevées est une leçon frappante et bien faite pour nous apprendre la valeur que nous devons attribuer à ce genre d'évidence négative par laquelle on veut démontrer la non-existence de certaines classes d'animaux terrestres à des époques données du passé. C'est une nouvelle et bien remarquable preuve de l'extrême imperfection des résultats de nos recherches géologiques, chose dont ceux mêmes qui travaillent constamment sur le terrain peuvent difficilement se faire une juste idée.

N'oublions pas que le docteur Schmerling, qui trouva des ossements de mammifères éteints et des silex travaillés dans quarante-deux cavernes de Belgique, n'eut le bonheur de rencontrer des ossements humains que dans trois ou quatre de ces riches ossuaires. Il en a été de même du bœuf musqué,

(1) Quelques semaines seulement après la publication de ces lignes, le 28 mars dernier, M. Boucher de Perthes trouvait à la sablière de Moulin-Quignon, dans une couche noire argileuse, à 4 mètres 50 au-dessous du sol et à 30 mètres au-dessus de la Somme, la mâchoire inférieure humaine qui a fait tant de bruit depuis son apparition. Cette découverte était la plus éclatante confirmation des vues de l'auteur et une démonstration victorieuse à ajouter à tant d'autres du peu de valeur de ces preuves négatives dont on a abusé en géologie; c'était aussi la récompense des laborieuses recherches de M. Boucher de Perthes. Sans son infatigable persévérance, que rien n'a pu décourager depuis plus de vingt ans, sans les précautions minutieuses dont il a su s'entourer, la mâchoire de Moulin-Quignon n'aurait jamais été recueillie ou, tout au moins, aurait couru grand risque d'être considérée comme apocryphe. L'authenticité de cet os n'est plus aujourd'hui l'objet d'un doute dans l'esprit d'aucun de ceux qui assistèrent ou prirent part à la visite des savants français et anglais à la sablière de Moulin-Quignon le 12 mai 1863; les adversaires quand même de la contemporanéité de l'homme et des mammifères éteints en sont réduits à affirmer que ce dépôt est formé de matériaux remaniés, et s'est formé après la disparition de ces mammifères, assertion que je ne crois admise par aucun de ceux qui ont examiné les localités, et qui vaudrait pourtant la peine qu'on en fournît des preuves directes et concluantes. Au reste, on trouvera l'historique de cette question dans les *Comptes rendus de l'Académie des sciences* du 20 avril au 10 août 1863. — *Note du traducteur.*

(*Bubalus moschatus*), dont le premier crâne découvert dans les graviers fossilifères de la Tamise ne le fut qu'en 1855, et dont la coexistence avec le mammouth en France ne put être prouvée qu'en 1860, comme nous le verrons dans le prochain chapitre. La même théorie qui nous expliquera la rareté comparative de cette espèce nous rendra compte aussi sans doute de la rareté plus grande encore des os humains, et de notre ignorance générale de la faune terrestre post-pliocène, à l'exception de la faible partie que nous ont révélée nos recherches dans les cavernes.

Dans le terrain de transport des vallées nous trouvons communément les os des quadrupèdes qui pâturaient dans les plaines riveraines des cours d'eau. Des carnassiers, en quête de leur proie, attirés dans ces mêmes lieux, ont pu parfois laisser leurs ossements dans les mêmes dépôts, mais plus rarement. La réunion des quadrupèdes fossiles extraits jusqu'à présent du diluvium de la Picardie n'est à coup sûr qu'une simple fraction de la faune entière qui prospérait au temps des peuplades primitives par qui les hachettes en silex ont été travaillées.

Il ne paraît point entrer dans le plan de la nature de conserver des témoignages durables du nombre considérable d'individus, végétaux et animaux, qui ont vécu à sa surface. Son principal soin paraît être, au contraire, de veiller aux moyens de débarrasser les surfaces habitables émergées ou immergées de ces myriades de squelettes solides et de troncs massifs qui, sans cela, auraient bientôt encombré les rivières et comblé les vallées. Pour prévenir cet inconvénient, elle a recours à la chaleur du soleil et à l'humidité de l'atmosphère, au pouvoir dissolvant de l'acide carbonique et d'autres acides, à la dent des carnassiers, à l'estomac des quadrupèdes, des oiseaux, des reptiles et des poissons, et à l'action d'une foule d'animaux invertébrés; nous sommes tous familiarisés avec l'efficacité de ces causes et d'autres encore quand elles agissent à la surface du sol; pour nous faire une idée de ce qui se passe au fond des mers nous n'avons qu'à lire les rapports publiés de MM. Mac Andrew, feu Edward Forbes et autres habiles dragueurs. Ils n'ont jamais réussi à ramener du fond un seul os humain et déclarent que c'est à peine s'ils ont rencontré un objet travaillé, tandis qu'ils ont compté des dizaines de mille de coquilles et de zoophytes, ramassés le long d'une côte de plusieurs centaines de kilomètres d'étendue, et cela souvent à 6 ou 800 mètres seulement d'une terre peuplée de millions d'êtres humains.

Lac de Haarlem.

Il n'y a que peu d'années que le gouvernement hollandais résolut de mettre à sec la grande nappe d'eau appelée autrefois le lac de Haarlem, qui s'étendait sur une superficie de 18000 hectares; on réussit, en 1853, à le dessécher complétement au moyen de pompes à vapeur puissantes élevant l'eau constamment et la déchargeant dans un canal de 30 à 50 kilomètres de long entourant cette terre nouvellement conquise. Le sol en était à 4 mètres au-dessous du niveau moyen de l'Océan. Je traversai en 1859 une partie du lit de cet ancien lac et je le trouvai déjà converti en sol labouré et peuplé d'une population agricole de 5000 âmes. J'avais pour guide et pour compagnon M. Staring, que le gouvernement hollandais avait pendant plusieurs années occupé à dresser une carte géologique de la Hollande. Il m'apprit que lui et ses collaborateurs avaient en vain cherché des ossements humains dans les dépôts qui avaient pendant trois siècles formé le fond de ce grand lac.

Il y a pourtant eu sur ces eaux bien des naufrages, bien des combats navals, et des centaines de soldats et de matelots hollandais et espagnols ont dû y trouver un humide tombeau ; la population qui vivait sur les bords de cette ancienne nappe d'eau comptait de trente à quarante mille âmes. Le creusement du grand canal mit au jour, sur une longueur d'environ 50 kilomètres, une belle coupe des dépôts qui formaient le fond de l'ancien lac; en outre, des tranchées innombrables de plusieurs pieds de profondeur ont été récemment pratiquées sur toutes les exploitations agricoles, et leur longueur totale a certainement atteint des milliers de kilomètres. En quelques points le sol sableux nouvellement rejeté des tranchées m'a montré des échantillons de coquilles d'eau douce et saumâtre, *Unio* et *Dreissena* par exemple, d'espèces vivantes; dans l'argile extraite de la couche inférieure au sable, des coquilles de *Tellina*, de *Lutraria*, de *Cardium*, toutes d'espèces habitant encore la mer avoisinante.

La *Dreissena*, à ce que croient les conchyliologistes, a été introduite dans l'Europe occidentale à une époque très-moderne. Elle y aurait été apportée avec des bois de charpente dans la cale de vaisseaux venant du Volga et d'autres affluents de la mer Noire. La couche de sable qui la contient dans le lac de Haarlem n'a donc probablement pas plus d'une centaine d'années d'existence.

Un ou deux bateaux espagnols naufragés et des armes de la même époque furent les seuls objets qui vinrent récompenser le zèle des antiquaires attentifs aux opérations du dessèchement dans l'espoir d'une plus riche moisson, et fort désappointés d'un si mince résultat. Dans une bande de tourbe, sur un des côtés du lac, on trouva quelques monnaies. Mais si l'histoire eût gardé le silence au sujet du lac de Haarlem et si l'on fût venu à discuter l'existence de l'homme à la surface de notre planète à l'époque où la surface de ce lac était encore sous l'eau, les archéologues appelés à répondre à cette question n'auraient pas manqué, à défaut d'ossements fossiles, d'invoquer, comme dans le cas de la vallée de la Somme, la présence des objets travaillés enfouis dans les couches superficielles. M. Staring, dans son excellent mémoire sur la carte géologique de Hollande, a signalé l'absence générale d'ossements humains dans la tourbe de ce pays, malgré les nombreux objets travaillés qu'elle contient; et il l'attribue à la propriété de dissoudre les os que possèdent l'acide humique et l'acide sulfurique, dont la tourbe en question est complétement imprégnée. Sa théorie peut être exacte, mais elle n'est pas applicable au gravier de la vallée de la Somme, dans lequel les ossements de mammifères fossiles sont fréquents, ni aux couches d'eau douce les plus élevées formant une grande partie du fond du lac de Haarlem, et dans lesquelles on n'a jamais prétendu que ces acides se soient rencontrés.

Les habitants primitifs de la vallée de la Somme ont probablement été trop prudents et trop avisés pour se laisser souvent surprendre et noyer par les inondations qui enlevèrent et firent périr fréquemment les animaux imprévoyants, les éléphants, les rhinocéros, les chevaux, les bœufs, etc. Mais, même si ces chasseurs des premiers âges avaient entretenu quelque superstitieuse vénération pour la Somme et en avaient fait une rivière sacrée, à la façon dont les Indous révèrent le Gange, même s'ils avaient eu l'habitude de confier les corps de leurs morts ou de leurs mourants aux eaux de cette rivière, l'usage de pareils rites funéraires ne saurait en aucune façon avoir eu pour conséquence la conservation jusqu'à notre époque des ossements d'un grand nombre d'individus.

Un cadavre jeté dans le courant commence par s'enfoncer, et s'il n'est pas immédiatement recouvert d'un certain poids de sédiments, il remontera quand il sera distendu par les gaz et flottera peut-être jusqu'à la mer avant de s'enfoncer de nouveau. Il peut alors être attaqué par des poissons de mer, dont quelques-uns sont capables de digérer des os. Si, avant d'être porté jusqu'à la mer et dévoré, il est enveloppé par la boue et le sable du fleuve, la première crue peut le reprendre au milieu du canal, en éparpiller les os, en en brisant une partie pour les transformer en fragments roulés, et en laissant les autres exposés aux agents de destruction ; et cela peut se répéter chaque année jusqu'à ce que tout vestige du squelette ait disparu. Au contraire, un os peut être entraîné au travers d'une fissure dans une cavité souterraine, quoique ce doive être un hasard assez rare, et il peut y avoir les plus grandes chances d'échapper à la destruction ; cela peut surtout avoir lieu si les eaux, qui tombent du toit de la cavité ou des parois de la fente, donnent naissance à des stalagmites, et si l'eau qui s'engouffre dans la caverne n'y produit pas un courant trop violent.

CHAPITRE IX.

OBJETS TRAVAILLÉS DANS LES ALLUVIONS POST-PLIOCÈNES DE FRANCE ET D'ANGLETERRE.

Instruments en silex dans les alluvions anciennes du bassin de la Seine. — Ossements d'hommes et d'espèces éteintes de mammifères dans la caverne d'Arcy. — Mammifères d'espèces éteintes dans la vallée de l'Oise. — Instruments en silex dans le gravier de la même vallée. — Objets travaillés dans le terrain de transport post-pliocène de la vallée de la Tamise. — Buffle musqué. — Réunion des faunes septentrionale et méridionale. — Migration des quadrupèdes. — Mammifères de la région du fleuve Amour. — Relation chronologique des alluvions anciennes de la Tamise avec le terrain de transport glaciaire. — Instruments en silex de la période post-pliocène dans les comtés de Surrey, Kent, Middlesex, Bedford et Suffolk.

Instruments en silex dans les alluvions anciennes du bassin de la Seine.

Il y a longtemps que l'on sait que les alluvions anciennes de la vallée de la Seine et de ses principaux affluents offrent la même association d'animaux fossiles que celle dont nous venons de parler dans le dernier chapitre comme caractéristique du niveau de la Picardie ; mais ce ne fut pas avant l'année 1860, et seulement après des recherches diligentes faites dans ce but, que des instruments en silex du type d'Amiens furent découverts dans cette partie de la France.

Dans les environs de Paris on rencontre des dépôts de terrain de transport correspondant les uns aux niveaux supérieurs et les autres aux niveaux inférieurs du bassin de la Somme que nous venons de décrire [1]. Dans tous les deux on trouve, mélangés à des débris des roches crétacées et tertiaires du voisinage, une grande quantité de sable et de cailloux gra-

[1] Prestwich, *Proceedings of Royal Society of London*, 1862.

nitiques et parfois d'assez gros blocs de granite d'un diamètre allant de quelques centimètres à trois décimètres et même davantage. Ces blocs sont particulièrement abondants dans le terrain de transport inférieur communément appelé « diluvium gris. » On peut suivre la trace de ces matériaux jusqu'à une chaîne de collines, appelée le Morvan, où l'Yonne prend sa source, à 240 kilomètres au S. S. E. de Paris.

Ce fut dans les graviers inférieurs que M. Hippolyte J. Gosse, de Genève, trouva, en avril 1860, dans les faubourgs de Paris, sur la rive gauche de la Seine, à l'avenue de la Motte-Piquet, un ou deux instruments en silex du type d'Amiens, accompagnés d'un grand nombre d'ustensiles plus grossiers ou inachevés. Je visitai cet endroit en 1861 avec M. Hébert, et je vis la couche d'où les silex travaillés avaient été extraits, à 6 mètres au-dessous de la surface et presque à la base du diluvium gris. C'est un lit de gravier où j'ai moi-même, soit à Paris, soit aux environs, souvent recueilli des os d'éléphant, de cheval et d'autres mammifères.

Plus récemment M. Lartet a découvert à Clichy, dans les environs de Paris, dans le même gravier inférieur, un instrument en silex bien façonné du type d'Amiens, accompagné de restes d'*Elephas primigenius* et d'*Elephas antiquus*. Jusqu'à présent aucun ustensile n'a encore été rencontré dans aucun des graviers situés à un niveau supérieur dans la vallée de la Seine; mais il ne faut attacher que peu d'importance à ce fait, attendu qu'on les y a encore trop peu recherchés.

M. Prestwich a observé des contournements indiquant l'action des glaces, et semblables à ceux des environs d'Amiens, dans le terrain de transport du niveau supérieur, à Charonne, près Paris. Mais, quant à présent, aucun accident de cette nature n'a été vu dans les graviers inférieurs; ce fait, quelle qu'en soit la portée, est d'accord avec les phénomènes observés en Picardie.

Dans les cavernes d'Arcy-sur-Yonne, M. le marquis de Vibraye a dernièrement examiné une série de dépôts à la base desquels il a trouvé des os humains mêlés à des restes de quadrupèdes d'espèces éteintes et récentes. Cette caverne est ouverte dans le calcaire jurassique, à une légère élévation au-dessus de la Cure, petit affluent de l'Yonne. Cette dernière rivière se jette dans la Seine, près de Fontainebleau, à environ 65 kilomètres au sud de Paris. La couche inférieure, dans la caverne, ressemblant au diluvium gris de Paris, est composée, comme lui, de matériaux granitiques provenant, comme les premiers, de la dégradation des roches cristallines du Morvan. On en a retiré les deux branches d'une mâchoire inférieure humaine avec ses dents bien conservées, et des ossements d'*Elephas primigenius*, de *Rhinoceros tichorhinus*, d'*Ursus spelæus*, d'*Hyæna spelæa*, de *Cervus Tarandus*, espèces toutes déterminées par M. Lartet. C'est M. de Vibraye qui m'a montré cette collection de fossiles et m'a fait remarquer que les ossements humains et les autres étaient dans les mêmes conditions et avaient la même couleur.

Au-dessus du gravier gris est un lit d'alluvium rouge, composé de fragments de calcaire jurassique empâtés dans une gangue argileuse rouge, qui contenait plusieurs couteaux de silex avec des os de renne, de cheval, mais pas d'animaux éteints; par-dessus, dans une couche d'alluvion supérieure, étaient plusieurs hachettes polies du type plus moderne, dit « type celtique, » et, par-dessus le tout, du limon ou boue des cavernes avec des antiquités gallo-romaines (1).

Les géologues français ne sont pas, jusqu'à présent, assez avancés dans l'assimilation des dépôts successifs des différentes parties du bassin de la Seine pour qu'il me soit permis de tenter, avec quelque confiance, d'établir un synchronisme entre les graviers granitiques à ossements humains de la grotte d'Arcy et le diluvium gris à hachettes de silex de la Motte-Piquet, cité plus haut; mais, comme les mammifères éteints associés sont les mêmes dans les deux gisements, j'incline beaucoup à croire que les hachettes de pierre trouvées par M. H. Gosse à Paris et les ossements humains découverts par M. de Vibraye peuvent se rapporter à la même période.

(1) *Bulletin de la Société géologique de France*, 1860.

Vallée de l'Oise.

Une hachette en silex du type ancien d'Abbeville et d'Amiens fut trouvée dernièrement par M. Peigné-Delacourt, à Précy, près de Creil, sur l'Oise, dans un gravier ressemblant, par sa position géologique, aux graviers déjà décrits de Montiers, près d'Amiens. J'ai visité ces vastes sablières en 1861, en compagie de M. Prestwich, mais le temps que nous y restâmes fut trop court pour nous permettre d'espérer la trouvaille même d'un seul ustensile en silex, eussent-ils été aussi abondants qu'à Saint-Acheul.

En 1859, à Chauny, près de Noyon, dans cette même vallée de l'Oise, j'examinai de belles tranchées de chemin de fer traversant l'alluvion de la période post-pliocène sans interruption pendant plus de 800 mètres. Toutes ces alluvions sont évidemment d'origine fluviatile, car dans les intervalles, entre les cailloux, on trouve en abondance l'*Ancylus fluviatilis* et autres coquilles d'eau douce. Mon compagnon, M. l'abbé Lambert, avait recueilli dans ce gravier une grande quantité d'ossements fossiles, parmi lesquels M. Lartet a reconnu les deux espèces d'éléphant, l'*E. primigenius* et l'*E. antiquus*, puis une espèce d'hippopotame, (*Hippopotamus major?*), et enfin le renne, le cheval et le buffle musqué, (*Bubalus moschatus*). Ce dernier ne paraît pas avoir été vu auparavant dans les alluvions anciennes en France (¹). Au-dessus de ce gravier, près de Chauny, on voit des masses épaisses de limon ressemblant au lœss du Rhin et contenant des coquilles des genres *Succinea* et *Helix*. Il nous est permis de supposer que le gravier contenant des hachettes en silex de Précy est du même âge que celui de Chauny, dont il est la continuation, et que tous les deux sont contemporains des lits à silex ouvrés d'Amiens, attendu que la ligne de partage des bassins de la Somme et de l'Oise n'est qu'une étroite langue de terre, et

(¹) Lartet, *Annales des Sciences naturelles* (Zoologie), quatrième série, t. XV, p. 224.

que les mêmes quadrupèdes fossiles se rencontrent des deux côtés.

Les alluvions de la Seine et de ses affluents, de même que celles de la Somme, ne contiennent point de fragments de roches provenant d'autres bassins hydrographiques. Néanmoins, le relief du sol, ou la pente de la rivière, ou le climat, ou toutes ces conditions à la fois, ont dû être différentes quand s'est formé le diluvium gris dans lequel on rencontre, à Paris, des ustensiles en silex. La taille considérable de quelques-uns des blocs de granit, et la distance qu'ils ont parcourue impliquent dans les cours d'eau une puissance d'entraînement qu'ils n'ont plus. Il est difficile de douter que l'action des glaces des rivières ne jouât autrefois un rôle bien plus actif qu'à présent dans le transport de ces blocs, dont on peut voir, dans les collections de l'École des mines de Paris, un spécimen qui a environ 1 mètre de diamètre.

Alluvions post-pliocènes de l'Angleterre, contenant des objets travaillés.

Dans les alluvions anciennes du bassin de la Tamise, à de faibles hauteurs au-dessus du cours d'eau principal et de ses affluents, nous trouvons des ossements fossiles des mêmes mammifères éteints et vivants que nous avons montré être caractéristiques des bassins de la Seine et de la Somme. Nous ne pouvons donc guère mettre en doute que ces quadrupèdes, durant une partie de la période post-pliocène, aient pu communiquer librement de l'Europe continentale à l'Angleterre, à une époque où la communication par terre n'était pas interceptée entre les deux pays. Le lecteur ne sera donc pas surpris d'apprendre que l'on a trouvé, dans les alluvions de la Grande-Bretagne, des instruments en silex du même type primitif que ceux de la vallée de la Somme.

Le trait le plus remarquable de cette alluvion de la Tamise est ce lit épais de gravier ocreux, composé surtout de silex de la craie brisés et légèrement roulés, et sur lequel la ville de Londres est assise. Il s'étend de l'est à l'ouest, plus haut que Maidenhead, au travers de la métropole jusqu'à la mer, sur une longueur de 80 kilomètres et avec une largeur qui varie de 3 à 14 kilomètres; son épaisseur va communément de 1 mètre 50 à 4 mètres 50 (1). Intercalés dans ce gravier, se trouvent en quelques endroits des lits de sable, de limon, d'argile, le tout contenant parfois des restes de mammouth et d'autres quadrupèdes éteints. A différentes époques, de belles coupes de ce terrain ont pu se voir à Brentford et au pont de Kew, d'autres dans Londres même, ou plus bas, à Erith, dans le comté de Kent, sur la rive droite de la Tamise, et à Gray's Thurrock, dans le comté d'Essex, sur la rive gauche. L'épaisseur totale des lits de sable, de gravier et de limon atteint quelquefois 12 et même 18 mètres. Ils sont en majeure partie au niveau actuel de la plaine recouverte par la Tamise; dans certains cas pourtant ils plongent au-dessous.

Si le lecteur veut bien se reporter à la coupe des sables et graviers post-pliocènes de Menchecourt, près Abbeville, (p. 126), il comprendra parfaitement quelle est la relation des anciennes alluvions de la Tamise avec le chenal actuel de la rivière et la plaine qu'elle arrose, et, en même temps, avec les formations plus anciennes qui les supportent, qu'elles soient tertiaires ou crétacées.

Autant qu'on les connaisse, les mollusques et les mammifères fossiles des deux districts sont aussi tout à fait analogues. La *Cyrena fluminalis* est commune aux deux dépôts, et est la seule espèce qui n'habite plus l'Europe. Toutes les espèces de testacés, celle-ci comprise, sont récentes. L'identité de cette faune avec la faune actuelle a été parfaitement démontrée, grâce aux déterminations que nous devons à feu M. John Brown, membre de la Société géologique de Londres. A Copford, dans le comté d'Essex, il n'a pas recueilli moins de soixante-neuf espèces de coquilles terrestres et d'eau douce dans un dépôt contenant des os de mammouth, d'un grand

(1) Prestwich, *Geological Quarterly Journal*, vol. XII, p. 131.

ours, (probablement l'*Ursus spelæus*), du castor, du cerf et de l'aurochs. De ces espèces, quarante-huit étaient terrestres, et deux d'entre elles, *Helix incarnata* et *H. ruderata*, n'habitent plus les Iles Britanniques, mais vivent encore sur le continent, la dernière sous des latitudes élevées [1]. La *Cyrena fluminalis* et l'*Unio littoralis*, de laquelle je vais avoir à parler, ne se trouvèrent pas dans le nombre.

Il y a longtemps que j'ai avancé l'hypothèse qu'il y avait dans le bassin de la Tamise les indices d'une réunion, à l'époque post-pliocène, d'une faune septentrionale et d'une faune méridionale. Au groupe septentrional peuvent appartenir le mammouth, (*Elephas primigenius*), et le *Rhinoceros tichorhinus*, que Pallas a trouvés tous deux en Sibérie conservés avec leur chair dans la glace. Le renne leur fut accidentellement associé. En 1855, le crâne du bœuf musqué, (*Bubalus moschatus*), fut aussi trouvé dans le gravier ocreux de Maidenhead, par le Rév. C. Kingsley et M. Lubbock. Ce fut M. Owen qui établit l'identité de cette espèce fossile avec l'espèce vivante. Plus tard, un second crâne fossile de cette même espèce septentrionale fut trouvé par M. Lubbock près de Bromley, dans la vallée d'un petit affluent de la Tamise; et enfin deux autres crânes, celui d'un taureau et d'une vache, furent extraits, près de Bath Easton, du gravier de la vallée de l'Avon par M. Charles Moore. M. Owen a dit avec beaucoup de justesse que, « puisque ce quadrupède a une constitution qui lui permet à présent d'habiter les latitudes élevées de l'Amérique, il ne nous est pas permis de douter que ses anciens compagnons, le mammouth à toison épaisse et le rhinocéros bicorne couvert de laine, (*Rhinoceros tichorhinus*), n'aient de même été capables de supporter un climat rigoureux [2]. »

J'ai parlé, p. 159, de la découverte récente de ce même buffle près de Chauny, en France, dans la vallée de l'Oise.

(1) *Quarterly Geological Journal*, vol. VIII, p. 190, 1852. M. Brown les qualifie « d'espèces éteintes, » ce qui pourrait égarer quelques lecteurs. Il ne voulait dire que « éteintes en Angleterre. » Voir aussi Jeffreys, *British Conchology*, p. 174.

(2) *Geological Quarterly Journal of London*, vol. XII, p. 124.

En 1856 j'en ai trouvé un crâne conservé au Muséum de Berlin, et que M. le professeur Quenstedt, le conservateur, avait exactement déterminé dès l'année 1836, époque où ce fossile fut extrait du terrain de transport, dans la colline appelée le Kreuzberg, dans le faubourg sud de la ville. Une notice publiée à cette époque nous apprend que les mammifères qui accompagnaient le buffle musqué étaient le mammouth et le *Rhinoceros tichorinus* avec le cheval et le bœuf (1). Mais je n'ai pu trouver là aucune mention de la rencontre de l'hippopotame, ni de l'*Elephas antiquus*, ni du *Rhinoceros leptorhinus*, dans le terrain de transport du nord de l'Allemagne, le long de la Baltique.

Dans une autre localité, près de Quedlinburg, mais dans le même terrain de transport du nord de l'Allemagne, le docteur Hensel de Berlin, découvrit le lemming de Norwége, (*Myodes lemmus*), et une autre espèce de la même famille appelée par Pallas *Myodes torquatus*, (*Misothermus torquatus* de Hensel). Ce dernier est encore plus septentrional que le lemming, car Parry l'a trouvé à la latitude de 82°, et il ne s'aventure jamais au sud plus loin que la limite septentrionale de la région boisée. M. le professeur Beyrich m'apprend que des restes de *Rhinoceros tichorhinus* ont été trouvés au même endroit (2).

Comme spécimens des espèces qui peut-être ont appartenu à une faune plus méridionale dans la vallée de la Tamise, je puis citer les restes fossiles trouvés dans l'alluvion fluviatile de Gray's Thurrock, dans le comté d'Essex, sur la rive gauche de la Tamise, à 32 kilomètres de Londres. Les couches d'argile à briques, de limon et de gravier que montrent en cet endroit des excavations artificielles ont tout à fait le caractère d'un dépôt qui aurait rempli un ancien lit de rivière. Parmi les mammifères, on y trouve l'*Elephas antiquus*, le *Rhinoceros leptorhinus*, (*R. megarhinus*, Christol), l'*Hippopotamus major*, une espèce de cheval, un ours, un bœuf, un cerf, etc., et

(1) Leonhard, und Bronn's, *Jahrbuch für Mineralogie*, 1836, p. 215.

(2) *Zeitschrift der deutschen geologischen Gesellschaft*, 1855, vol. VII, p. 497, etc.

parmi les coquilles associées, la *Cyrena fluminalis*, qui est fort abondante, au lieu d'être rare comme à Abbeville. Elle est accompagnée de l'*Unio littoralis*, fig. 22, aussi fort nombreuse et avec les valves réunies. Cette remarquable coquille d'eau douce n'habite plus l'Angleterre, mais elle vit encore dans la Seine, et est bien plus abondante encore dans la Loire. Un

Fig. 22.

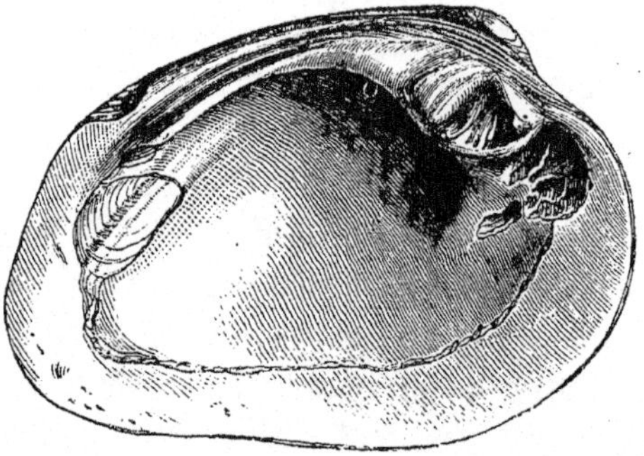

Fig. 22. — *Unio littoralis* de Gray's Thurrock, Essex. Espèce éteinte en Angleterre, vivant encore en France.

autre mollusque d'eau douce, la *Paludina marginata*, (Michaud), espèce univalve qui n'est plus anglaise, mais qui est fréquente dans le sud de la France, se rencontre aussi dans cet endroit avec une variété particulière de *Cyclas amnica*, dont quelques naturalistes ont voulu faire une espèce distincte. On trouve aussi une variété de la *Valvata piscinalis*.

Le docteur Von Schrenck a décrit les mammifères vivants des régions du fleuve Amour situées entre 45° et 55° latitude nord et il nous apprend que, dans cette contrée du nord-ouest de l'Asie, récemment annexée à l'empire russe, il n'y a pas moins de quarante-quatre espèces identiques à celles d'Europe, sur cinquante-huit mammifères vivants. Parmi celles qui ne s'avancent pas jusqu'en Europe il en est qui sont d'un type tout à fait septentrional, et d'autres qui semblent appartenir à la faune des tropiques. Le tigre du Bengale s'avance parfois au nord jusqu'à la latitude de 52°, où sa principale nourriture est le renne ; ce même tigre abonde à la latitude de 48°, jusqu'à laquelle descend quelquefois le petit lièvre sans queue ou *pika*, habitant des régions polaires ([1]). Nous pouvons aisément nous figurer que, pendant la période post-pliocène, les contrées maintenant arrosées par la Tamise, la Somme et la Seine, aient été les limites de deux régions zoologiques distinctes, l'une s'étendant au nord, l'autre s'étendant au sud. Dans ce cas, bien des espèces appartenant à l'une ou à l'autre des deux faunes et douées d'habitudes nomades, comme le buffle musqué ou le tigre du Bengale, peuvent avoir constamment cherché à profiter du moindre changement de climat qui leur convint pour se porter dans la contrée voisine, soit pendant les mois d'hiver ou d'été, soit d'une façon permanente pendant des séries d'années ou de siècles. L'*Elephas antiquus* et son inséparable compagnon, le *Rhinoceros leptorhinus*, peuvent avoir précédé le mammouth et le *Rhinoceros tichorhinus* dans la vallée de la Tamise, ou bien ces deux groupes peuvent avoir alternativement régné dans cette région durant la période post-pliocène.

Quand on cherche à établir la chronologie des dépôts fluviatiles, il est presque aussi difficile de tirer des renseignements précis des restes organiques que d'en trouver dans la superposition des couches, car deux anciens lits de rivières peuvent parfaitement se trouver juxtaposés au même niveau, l'un d'eux étant peut-être de plusieurs milliers d'années postérieur à l'autre. J'en ai vu un exemple à Ilford, où la Tamise, ou bien un cours d'eau tributaire, a traversé à une certaine époque antérieure des sables contenant la *Cyrena fluminalis;* le canal a ensuite été comblé de matières argileuses provenant évidemment de l'érosion du dépôt tertiaire de « l'argile de Londres. » De pareils déplacements du lit principal de la rivière, l'entraînement fréquent du gravier et du sable déposés auparavant, la précipitation de nouvelles alluvions, les inondations des affluents, les soulèvements et les affaissements

([1]) *Mammalia of Amoor land. Natural History Review*, 1861, vol. I, p. 12.

du sol, les oscillations de la température du climat, sont autant de changements qui paraissent avoir produit cette complication des dépôts fluviatiles de la Tamise, complication à laquelle on doit attribuer le peu de progrès que nous avons fait jusqu'ici dans nos déterminations de l'ordre de succession des couches et des groupes de quadrupèdes qu'elles renferment. Il peut arriver, comme à Brentford et Ilford, que deux sablières situées dans des champs contigüs contiennent des espèces distinctes d'éléphant et de rhinocéros ce qui n'empêchera pas les fossiles de se trouver dans les deux cas à la même profondeur, quoiqu'ils doivent, chacun de leur côté, se rapporter à des parties différentes de l'époque post-pliocène, séparées par des milliers d'années.

Des discussions longues et animées se sont élevées au sujet de la relation chronologique de la période glaciaire relativement aux dépôts d'alluvion, comme celui de Gray's Thurrock, dans lesquels la *Cyrena fluminalis*, l'*Unio littoralis* et l'hippopotame semblent être les témoins d'un climat plus chaud. Des lambeaux du terrain de transport du nord se voient dans le voisinage de Londres, à des hauteurs de 60 mètres au-dessus de la Tamise, comme cela se voit à Muswell-Hill par exemple, près de Highgate. Dans ce terrain de transport, les blocs de granite, de syénite, de diorite, de grès houiller avec ses fossiles, et d'autres roches paléozoïques sont confusément mêlés ensemble et avec des débris de craie et d'oolithe. La même formation glaciaire couronne aussi quelques-unes des collines du comté d'Essex, beaucoup plus à l'est, et va même s'étendant un peu plus bas sur leurs versants sud du côté de la vallée de la Tamise. On n'a pas trouvé dans les graviers de la Tamise de fragments arrachés par les eaux à cet ancien terrain de transport superficiel; néanmoins il y a de fortes raisons de croire que la formation glaciaire est la plus ancienne des deux, comme le soutient M. Prestwich (1), et que son ori-

(1) *Geological Quarterly Journal*, 1855, p. 110; *Ibid.*, 1856, p. 133, et 1861, p. 446.

gine remonte, comme nous le verrons dans un chapitre suivant, au temps où la mer recouvrait la plus grande partie de l'Angleterre. En un mot, nous devons admettre que le bassin de la Tamise et tous ses dépôts fluviatiles sont post-glaciaires. dans le sens modifié de ce terme; c'est-à-dire qu'ils sont postérieurs au terrain de transport des comtés du nord et du centre et à l'époque du relèvement de ce pays au-dessus du niveau de la mer.

Après ces considérations générales sur les alluvions de la Tamise, je vais maintenant dire quelque chose des ustensiles qu'on y a jusqu'à présent découverts. Il y a au British Museum une arme en silex, en forme de fer de lance, comme celle qui est représentée figure 8, page 118, et qui, dit-on, a été trouvée avec une dent d'éléphant à Black Mary's, près de Gray's Inn Lane, à Londres. Dans une lettre, qui porte la date de 1715, imprimée dans les *Leland's Collectanea*, vol. I, p. 73, édition de Herne, on dit qu'elle a été trouvée en présence de M. Conyers, avec le squelette d'un éléphant [1]. On a trouvé tant d'ossements d'éléphant, de rhinocéros et d'hippopotame dans le gravier sur lequel Londres est assise, qu'il n'y a aucun motif de douter de l'assertion qui nous a été transmise. Des restes fossiles de ces trois genres ont été extraits des emplacements de Waterloo place, de Saint-James' square, de Charing-Cross, des docks de Londres, de Limehouse, de Bethnal-Green, et encore d'autres endroits, et nombre de personnes encore vivantes peuvent s'en souvenir. Dans le sable et le gravier de Shacklewell, district nord-est de Londres, j'ai moi-même recueilli beaucoup d'échantillons de la *Cyrena fluminalis*, (voir fig. 17, *c*, p. 128), avec des os de daim et d'autres mammifères.

En outre, dans les alluvions du Wey, près de Guildford, dans un endroit appelé Pease Marsh, M. Whitburn a trouvé, en 1836, un silex taillé en forme de coin, ressemblant assez à un autre apporté de Saint-Acheul par M. Prestwich, et com-

(1) Evans, *Archæologia*, 1860.

paré par quelques antiquaires à une pierre à fronde ; il était à 1 mètre 20 dans le sable et le gravier qui avait fourni des dents et des défenses d'éléphant. Le Wey coule à travers la gorge des North Downs, à Guildford, pour se jeter dans la Tamise. M. Austen a montré que ce terrain de transport est si ancien qu'il y en a eu une partie bouleversée et déplacée avant que l'autre se déposât [1].

Entre autres endroits où des ustensiles en silex furent trouvés dans le cours des trois dernières années, je puis citer la vallée du Darent, dans le comté de Kent, où M. Whitaker en a trouvé un de forme ovale. M. Evans en a aussi trouvé un sur le rivage à Swalecliff, près de Whitstable, dans le même comté où M. Prestwich avait déjà décrit un dépôt d'eau douce, reposant sur l'argile de Londres, et principalement composé de gravier dans lequel s'étaient trouvés enfouis une dent d'éléphant et les ossements d'un ours. L'ustensile en silex était profondément décoloré et avait la même teinte brune brillante que le gravier fluviatile ancien du reste de la tranchée.

Un autre ustensile en silex fut trouvé en 1860 par M. T. Leech, au pied de la falaise, entre la baie de Herne et les « Reculvers; » de nouvelles recherches amenèrent la découverte de cinq autres échantillons; tous avaient la forme de fer de lance, si commune à Amiens. MM. Prestwich et Evans ont depuis trouvé trois autres ustensiles semblables sur le rivage, à la base de la même falaise dégradée, qui se compose de couches sableuses éocènes. Au-dessus d'elles, au sommet de la falaise, est un dépôt graveleux, formé dans l'eau douce, à environ 15 mètres au-dessus du niveau de la mer; c'est de ce gravier que doivent provenir les armes en silex. Ces antiques dépôts d'alluvion, couronnant maintenant les falaises du comté de Kent, paraissent avoir été d'anciens lits de rivières, tributaires de la Tamise, avant que la mer eût empiété sur l'emplacement actuel du fleuve, et élargi son estuaire. M. Prestwich a suivi l'un de ces dépôts d'eau douce à l'ouest des « Recul-

(1) *Quarterly Geological Journal*, 1851, vol. VII, p. 278.

vers, » et il y a trouvé à Chislet, près de Grove-Ferry, la *Cyrena fluminalis* avec d'autres coquilles.

Les changements qui se sont produits dans la géographie physique de cette partie de l'Angleterre, pendant ou depuis la période post-pliocène, sont de deux sortes. Ce sont d'abord les empiétements de la mer sur les côtes, empiétements qui continuent, et, en second lieu, un affaissement général du sol. Un des signes remarquables de ce dernier mouvement est une formation d'eau douce à Faversham, passant au-dessous du niveau de la mer. Le gravier en ce point contient exclusivement des coquilles fluviatiles et terrestres des mêmes espèces que celles des alluvions post-pliocènes des localités citées plus haut, et a dû se former quand la rivière coulait à un niveau plus élevé et quand elle s'étendait plus à l'ouest. A cette époque, elle était probablement un affluent du Rhin, comme l'a représenté M. Trimmer dans sa restauration idéale de la géographie de ces anciens temps [1]. En effet, l'Angleterre était alors réunie au continent, et ce qui forme maintenant l'océan germanique était une terre. Il est bien connu que dans beaucoup d'endroits, et notamment sur les côtes de Hollande, on a retiré du fond de cette mer sans profondeur des défenses et d'autres ossements d'éléphant. Le lecteur verra d'ailleurs, par la carte donnée au chapitre XIII, quelle immense étendue de mer se transformerait en terre émergée par un soulèvement de 180 mètres. Un mouvement vertical d'une amplitude bien moindre que la moitié de cette hauteur amènerait la réunion de l'Angleterre au continent et l'extension de la Tamise et de sa vallée bien loin au nord-ouest; les rivières qui arrosent les parties les plus orientales des comtés de Kent et de Sussex se jetteraient dans la Tamise au lieu de se déverser dans son estuaire.

Déjà plus d'une douzaine d'armes en silex, du type d'Amiens, ont été trouvées dans le bassin de la Tamise; mais la position géologique d'aucune d'entre elles n'a encore été pré-

[1] *Quarterly Geological Journal of London*, vol. IX, pl. XIII, n° 4.

cisée avec le même soin qu'on a apporté à la détermination du gisement de beaucoup des ustensiles provenant de la vallée de la Somme, ou de quelques autres spécimens anglais dont je vais maintenant m'occuper.

Instruments en silex de la vallée de l'Ouse, près de Bedford.

L'ancien gravier fluviatile de la vallée de l'Ouse, aux environs de Bedford, est, depuis ces trente dernières années, bien connu des collectionneurs comme leur fournissant une riche récolte d'ossements de mammifères éteints. M. Prestwich, en 1854, observa que cette vallée était encaissée des deux côtés par des couches oolithiques surmontées par de l'argile caillouteuse, (*Boulder clay*); il s'assura depuis, en 1858, que le gravier nº 3, fig. 23, contenait des os d'éléphant, de rhinocéros, d'hippopotame, de bœuf, de cheval et de cerf, et que, par conséquent, on pouvait en conclure que ces animaux étaient plus récents que l'argile caillouteuse, puisque la vallée avait été creusée au travers de ce dépôt et dans l'épaisseur de l'oolithe sous-jacente. M. Evans a trouvé dans le même gravier des coquilles terrestres et d'eau douce, et ces découvertes engagèrent M. James Wyatt, de Bedford, à faire deux visites à Saint-Acheul, afin de comparer le gravier à silex taillés de la Somme à celui de l'Ouse. Après son retour, il résolut de suivre attentivement l'exploitation des carrières de gravier, à Biddenham, à 3 kilomètres O. N. O. de Bedford, dans l'espoir d'y trouver de pareils objets travaillés. Dans ce but, il fit pendant des mois de suite des visites presque quotidiennes à ces sablières, et eut à la fin la satisfaction de découvrir deux instruments en parfait état, l'un en fer de lance, et l'autre de forme ovale; ils étaient exactement les pendants des deux types français figurés pages 118 et 119. Les deux échantillons furent extraits par les ouvriers le même jour du lit inférieur de sable et de graviers stratifiés, de 4 mètres d'épaisseur, qui contenait des os d'éléphant, de daim, de bœuf, et beaucoup de coquilles d'eau douce. Les deux ustensiles en silex furent trouvés à la profondeur de 4 mètres au-dessous de la surface du sol, et reposaient sans intermédiaires sur les couches solides du calcaire oolithique, ainsi que le montre la coupe ci-jointe.

Fig. 23.

Coupe en travers de la vallée de l'Ouse, à 3 kilomètres O. N. O. de Bedford ([1]).

Fig. 23. — 1 Couches oolithiques.
2 Argile caillouteuse, (*Boulder clay*), ou terrain de transport marin provenant du nord, s'élevant à environ 27 mètres au-dessus de l'Ouse.
3 Gravier ancien avec ossements d'éléphant, coquilles marines et instruments en silex.
4 Alluvions modernes de l'Ouse.
a Sablière de Biddenham à la base de laquelle furent trouvés les silex travaillés.

Ayant été invité par M. Wyatt à venir vérifier ces faits, je me rendis à Biddenham dans la quinzaine qui suivit cette découverte, (avril 1861). C'est là que je vis pour la première fois les relations chronologiques irrécusables de ces trois phénomènes : présence des ustensiles en silex, présence des mammifères éteints, dépôts glaciaires. J'examinai donc à cette occasion ces sablières, en 1861, en compagnie de MM. Prestwich, Evans et Wyatt, et nous recueillîmes dix espèces de coquilles dans le terrain de transport n° 3, c'est-à-dire dans les couches recouvrant le gravier inférieur d'où l'on avait retiré les silex travaillés. C'étaient toutes des espèces terrestres ou fluviatiles communes vivant encore dans la même partie de l'Angleterre. Depuis notre visite, M. Wyatt y a ajouté la *Paludina marginata*, (Michaud), (*Hydrobia* de quelques auteurs, voir fig. 34), espèce de la France méridionale qui n'habite plus les Iles Britanniques. Le même géologue a aussi trouvé, depuis notre visite à Biddenham, plusieurs autres silex travaillés du même type

([1]) Prestwich, *Quarterly Geological Journal*, 1861, vol. XVII, p. 364, et Wyatt, *Geologist's Monthly Magazine*, 1861, p. 242.

en cet endroit et en d'autres localités de la vallée de l'Ouse, près de Bedford.

L'argile caillouteuse, (*Boulder clay*), n° 2, s'étend sur des kilomètres dans toutes les directions, et se continuait évidemment de *b* en *c* avant le creusement de la vallée. Ce n'est qu'une partie du grand dépôt marin glaciaire des régions centrales de l'Angleterre, et elle contient des blocs, (quelques-uns de grandes dimensions), non-seulement de l'oolithe du voisinage, mais de la craie, et d'autres roches venues de bien plus grandes distances, telles que de la syénite, du basalte, du quartz, du nouveau grès rouge. Ce blocs erratiques d'origine étrangère sont souvent polis et striés, ayant subi ce que l'on appelle l'action glaciaire, et dont nous reparlerons bien des fois. Des blocs, ayant les mêmes caractères minéralogiques qui sont enfouis à Biddenham dans le gravier n° 3, ont perdu toute trace de stries par le frottement auquel ils ont été soumis dans le lit de l'ancienne rivière.

La grande largeur de la vallée de l'Ouse, qui est parfois de 3 kilomètres, n'a pas été figurée dans le diagramme précédent. Elle doit peut-être son relief à l'action combinée de la rivière et des marées pendant que cette partie de l'Angleterre sortait du fond des eaux de la mer glaciaire ; l'argile caillouteuse aura été entamée la première, puis l'oolithe sous-jacente l'aura été à son tour sur une égale épaisseur. Après cette dénudation qui peut avoir accompagné le soulèvement du sol, le pays fut habité par les peuples primitifs qui ont façonné les silex. La rivière de cette époque, aidée peut-être par le mouvement ascensionnel continu de tout le pays ou par des oscillations dans son niveau, finit par élargir et approfondir la vallée, en changeant souvent son lit, jusqu'à ce qu'enfin une large surface fût couverte d'une succession de dépôts, des plus anciens jusqu'aux plus récents, dont les âges correspondent peut-être aux graviers supérieurs et inférieurs de la vallée de la Somme, (p. 134).

M. Wyatt a recueilli tout dernièrement, (janvier 1863), un silex travaillé associé à des os et à des dents d'hippopotame dans le gravier de la colline de Summerhouse, endroit situé à l'est de Bedford, beaucoup plus bas dans la vallée de l'Ouse, et à 5 kilomètres de Biddenham.

Les coupes de Bedford nous ont fait faire un pas en avant que ne nous avaient pas permis les coupes d'Amiens et d'Abbeville. Elles nous enseignent que ceux qui ont façonné ces antiques ustensiles en silex, et les mammifères leurs contemporains, étaient tous post-glaciaires ; c'est-à-dire, en d'autres termes, qu'ils étaient postérieurs au grand abaissement du sol qui a plongé sous l'eau de la mer glaciaire tout le centre de l'Angleterre.

Instruments en silex dans un dépôt d'eau douce à Hoxne, en Suffolk.

Dès la première année de ce siècle, M. John Frère fit à la Société des Antiquaires une remarquable communication dans laquelle il donnait une description très-claire de la découverte faite à Hoxne, près de Diss, en Suffolk, d'ustentiles en silex du type trouvé depuis à Amiens. Il ajoutait d'excellentes raisons géologiques qui lui faisaient présumer que l'antiquité en était très-reculée, ou, selon son expression, qu'ils étaient antérieurs au monde présent, c'est-à-dire à l'état actuel de la géographie physique de ce pays. « Ces silex, dit-il, étaient « évidemment des armes de guerre fabriquées et employées « par un peuple qui ignorait l'usage des métaux. Ils gisent en « grand nombre à la profondeur d'environ 4 mètres dans un « sol stratifié qu'on a percé pour extraire de l'argile à briques. « Sous 45 centimètres de terre végétale était une épaisseur « de 2 mètres 25 d'argile ; il y avait sous cette argile 30 centi- « mètres de sable avec coquilles, et par-dessous 60 centimè- « tres de gravier dans lequel on trouva les silex façonnés gé- « néralement à raison de 7 ou 8 par mètre carré. Dans les « lits sableux contenant les coquilles, on a trouvé une mâ- « choire et les dents d'un énorme animal inconnu. La façon « dont ces armes de pierre étaient placées me donnerait la « conviction qu'il y avait là un atelier de fabrication de ces

« objets et que leur dépôt en ce point n'est pas purement fortuit. Le nombre en était si grand que l'homme qui charriait « l'argile me dit qu'avant d'être prévenu que ce fussent des « objets de curiosité, il en avait vidé de pleins paniers sur la « route voisine. »

M. Frère vient ensuite à expliquer que les couches où se trouvent les silex sont disposées horizontalement et ne forment pas la base d'aucun terrain plus élevé, de sorte qu'il a dû en être enlevé des portions quand la vallée attenante fut creusée. Si l'auteur n'avait pas pris les coquilles d'eau douce associées aux silex travaillés pour des coquilles marines, il n'y aurait rien à reprendre à sa description de la géologie de ce district, car il a distinctement reconnu que les couches où étaient enfouis les silex avaient, depuis leur dépôt, subi une vaste dénudation [1]. Des spécimens de ces silex en fer de lance, envoyés à Londres par M. Frère, sont encore conservés au British Museum, et d'autres font partie de la collection de la Société des Antiquaires.

Ce fut M. Evans qui appela l'attention de M. Prestwich sur l'existence de ces armes et le mémoire de M. Frère; aussi, à son retour d'Amiens, en 1859, M. Prestwich ne perdit pas de temps pour visiter Hoxne, village à 8 kilomètres à l'est de Diss. Il est assez remarquable qu'il ait trouvé, après un intervalle de soixante ans, l'extraction de l'argile encore en activité dans le même trou. Quelques mois seulement avant son arrivée, deux instruments en silex avaient été extraits de l'argile, l'un à 2 mètres, l'autre à 3 mètres au-dessus de la surface. Depuis cette époque on en a déterré d'autres dans le gravier non remanié de la même exploitation. M. Amyot, de Diss, a aussi obtenu des couches sous-jacentes de gravier d'eau douce l'astragale d'un éléphant et des ossements de daim et de cheval; mais quoique beaucoup des anciens instruments aient récemment été découverts en place dans des couches régulières et conservés par Sir Edward Kerrison, il ne paraît pas jusqu'à

[1] Frère, *Archæologia* pour 1800, vol. XIII, p. 206.

présent que des ossements de mammifères éteints aient été une seule fois rencontrés dans la même couche que l'un de ces ustensiles.

En examinant la coupe ci-jointe, le géologue verra que la dépression en forme de bassin, *a b*, a été remplie graduellement des couches d'eau douce 3, 4 et 5 après avoir été d'abord creusée aux dépens de l'argile caillouteuse plus ancienne n° 6. Les positions relatives de ces formations seront mieux comprises quand j'aurai décrit dans le douzième chapitre la structure des comtés de Suffolk et de Norfolk, telle que nous

Fig. 24.

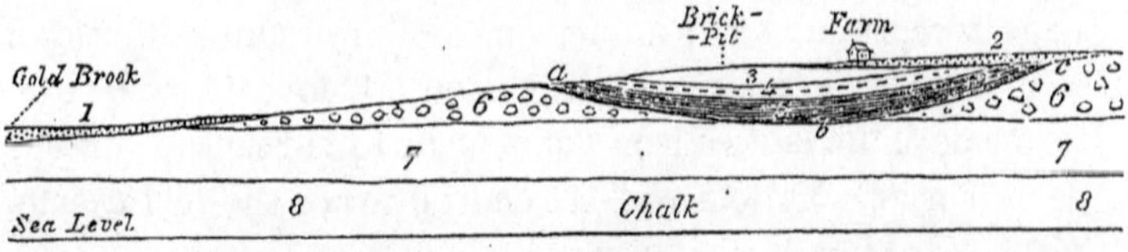

Coupe montrant la position des armes en silex à Hoxne, près Diss, comté de Suffolk. (Voir Prestwich, *Philosophical Transactions*, pl. II, 1860.)

Fig. 24. — 1 Gravier du Gold Brook, affluent du Waveny.
2 Gravier supérieur recouvrant le dépôt d'eau douce.
3, 4 Sables et graviers avec coquilles d'eau douce, instruments en silex et ossements de mammifères.
5 Lits tourbeux et argileux avec les mêmes fossiles.
6 Argile caillouteuse ou terrain de transport glaciaire.
7 Sable et gravier au-dessous de l'argile caillouteuse.
8 Craie (*Chalk*) avec silex.

la montrent les coupes faites dans les falaises à Mundesley, à quelque 9 kilomètres de distance de Hoxne, dans la direction du nord-nord-est.

J'examinai les dépôts de Hoxne en 1860, et j'eus l'avantage d'y être accompagné par le Rév. J. Gunn et le Rév. S. W. King. Dans les lits limoneux, 3 et 4, fig. 24, nous observâmes en grand nombre la *Valvata piscinalis*, si commune dans les rivières. Avec elle, mais plus rares, nous trouvâmes la *Limnea palustris*, le *Planorbis albus*, le *Planorbis spirorbis*, la *Succinea putris*, la *Bithynia tentaculata*, la *Cyclas cornea*; M. Prestwich mentionne la *Cyclas amnica* et des fragments d'*Unio*, outre plusieurs coquilles terrestres. Dans la masse noire tourbeuse n° 5, on a pu reconnaître des fragments de bois de chêne, d'if et de pin. Les armes en silex que j'ai vues provenant de Hoxne sont tellement plus parfaites, et ont leur tranchant tellement plus net que celles de la vallée de la Somme, qu'il semblerait qu'elles n'aient ni servi à l'homme ni roulé dans le lit d'une rivière. Aussi l'opinion de M. Frère, qui admettait l'existence d'un atelier de fabrication de ces armes en ce point, est-elle assez probable.

Instruments en silex à Icklingham, comté de Suffolk.

Dans une autre partie du comté de Suffolk, à Icklingham, dans la vallée du Lark, au-dessous de Bury-Saint-Edmund, il y a un lit de gravier dans lequel on a trouvé deux silex en forme de fer de lance à la profondeur de 1 mètre 30 au-dessous de la surface. J'ai été voir cet endroit, qui a été fort exactement décrit par M. Prestwich (1).

La coupe de l'alluvion à silex ouvrés de Bedford, donnée page 171, peut très-bien servir à représenter celle d'Icklingham, en y substituant la craie à l'oolithe et le nom du Lark à celui de l'Ouse. Dans les deux cas le lit actuel de la rivière est à environ 9 mètres au-dessous du niveau du gravier ancien, et la colline de craie qui forme le côté droit de la vallée du Lark est couronnée, comme l'oolithe de Biddenham, par de l'argile caillouteuse qui s'élève à la hauteur de 30 mètres au-dessus du Lark. Il y a douze ans environ qu'on retira de l'argile caillouteuse d'Icklingham un grand bloc erratique d'environ 1 mètre 20 de diamètre; je trouvai qu'il se composait d'un schiste siliceux dur, probablement d'une roche silurienne, qui devait être venue de fort loin. Dans cet endroit, comme dans celui que nous lui comparions aux environs de Bedford, on a la preuve que le gravier qui contient les silex travaillés est plus récent que le terrain de transport glaciaire, car il contient des fragments de basalte et d'autres roches qui proviennent de cette formation.

(1) *Quarterly Geological Journal*, 1861, vol. XVII, p. 364.

CHAPITRE X.

DÉPÔTS DE CAVERNES ET LIEUX DE SÉPULTURE DE LA PÉRIODE POST-PLIOCÈNE.

Instruments en silex dans une caverne du Somersetshire contenant des hyènes et autres mammifères d'espèces éteintes. — Cavernes de la presqu'île de Gower, dans le sud du pays de Galles. — *Rhinoceros hemitœchus*. — Cavernes à ossements, près de Palerme. — La Sicile faisant partie de l'Afrique. — Le fond de la Méditerranée s'élevant en Sardaigne à une hauteur de 90 mètres durant la période humaine. — Sépulture de date post-pliocène à Aurignac, dans le sud de la France. — L'homme a mangé le *Rhinoceros tichorhinus*. — Opinion de M. Lartet sur les mammifères de races perdues et les objets travaillés trouvés dans la caverne d'Aurignac. — Considérations sur leur ancienneté relative.

Objets travaillés associés à des mammifères éteints dans une caverne du Somersetshire.

La caverne récemment ouverte de Wells dans le Somersetshire est la seule de l'Angleterre de laquelle on ait retiré des instruments en silex ressemblant à ceux d'Amiens, depuis que l'attention des géologues a été éveillée sur l'importance des observations minutieuses quand il s'agit de constater les positions relatives de ces reliques du passé et des mammifères fossiles qui leur sont associés. Cette caverne se trouve près de celle de Wokey Hole de l'orifice de laquelle sort la rivière Axe, sur le flanc méridional des Mendips. Personne n'avait soupçonné que sur le côté gauche du ravin à travers lequel coule la rivière à sa sortie de son canal souterrain il y eut d'autres cavernes et fissures cachées sous le revêtement de verdure de la pente escarpée. Il y a dix ans environ, on fit un canal de quelques centaines de mètres de longueur pour amener les eaux de l'Axe à une papeterie existant maintenant au milieu du ravin. En exécutant ce travail, on eut à entamer d'environ

3 mètres et demi le flanc du côteau et l'on mit au jour, pour la première fois, une fissure caverneuse comblée jusqu'au toit de limon ossifère. Cette grande cavité, ayant originairement 2 mètres 70 de haut et 10 mètres 80 de large, traversait un conglomérat dolomitique. Des fragments de cette roche, les uns anguleux, les autres roulés, étaient dispersés tout au travers de la boue rouge de la caverne qui contenait aussi d'abondants débris fossiles. Nous devons leur description et le relevé de leurs positions à M. Dawkins, membre de la Société géologique, qui explora la caverne, en 1859, accompagné de M. Williamson. Il en retira une si grande quantité d'ossements de *Hæyna spelæa* qu'il en vint à conclure que la caverne avait dû, pendant longtemps, servir de repaire à ces animaux. Entre autres quadrupèdes fossiles qui accompagnaient l'hyène il observa l'*Elephas primigenius*, le *Rhinoceros tichorhinus*, l'*Ursus spelæus*, le *Bos primigenius*, le *Megaceros hibernicus*, le *Cervus Tarandus*, (et d'autres cerfs), le *Felis spelæa*, le *Canis lupus*, le *Canis vulpes* et des dents et os du genre *Equus* en grand nombre.

Au milieu de ces ossements fossiles il y avait des têtes de flèches en os, beaucoup de silex taillés, et de fragments de « *chert* » aussi taillés, une arme du type en fer de lance d'Amiens blanche ou décolorée qui fut prise en place et dans sa gangue par M. Williamson lui-même en même temps qu'une dent d'hyène, montrant que l'homme avait été contemporain de la faune éteinte ou l'avait précédée. Arrivé à 13 mètres de l'entrée, M. Dawkins trouva que la caverne se bifurquait ; l'un des embranchements était vertical. C'était peut-être par cette fissure qu'une partie du contenu de la caverne s'y était introduit (1).

Quand j'examinai cet endroit en 1860 après avoir vu quelques-uns des restes d'hyène, qu'on y avait recueillis, je demeurai convaincu qu'il devait être survenu dans la topographie de ce district une révolution complète depuis le temps de ces quadrupèdes éteints. Je ne fus pas instruit du moment où les

(1) W. B. Dawkins, F. G. S.; *Geological Society's Procedings*, january 1862.

ustensiles en silex furent rencontrés dans le même lit à ossements.

Cavernes de Gower dans le Glamorganshire, Galles du sud.

Les cavernes à ossements de la presqu'île de Gower, dans le Glamorganshire, ont été explorées avec soin pendant ces dernières années par le docteur Falconer et le lieutenant-colonel E. R. Wood, qui ont examiné à fond le contenu de plusieurs d'entre elles inconnues jusqu'alors. Au milieu de ces débris, l'œil exercé du docteur Falconer reconnut les restes de presque tous les quadrupèdes qu'il avait trouvés partout ailleurs dans les cavernes de l'Angleterre. En certains endroits l'*Elephas primigenius* avec son compagnon habituel le *Rhinoceros tichorhinus*, en d'autres l'*Elephas antiquus* associé au *Rhinoceros hemitœchus*, (Falconer) ; les animaux éteints étaient souvent enfouis, comme dans les cavernes de Belgique, dans la même gangue que des espèces vivant encore en Europe, telles que par exemple le blaireau, (*Meles Taxus*), le loup et le renard.

Dans une fissure caverneuse appelée la Raven'scliff on trouva des dents de nombreux individus jeunes et vieux d'*Hippopotamus major ;* et cela dans une région où c'est à peine s'il y a maintenant de petits ruisseaux d'eau courante au lieu des rivières qu'il faudrait à de pareils quadrupèdes pour pouvoir y nager. Dans une des cavernes appelée Spritsail Tor, on a observé les os des éléphants cités ci-dessus avec beaucoup d'autres quadrupèdes d'espèces récentes et éteintes.

Grâce aux persévérants efforts du colonel Wood, on retira d'une fente, appelée Bosco's Den au moins un millier de bois de renne, surtout de la variété appelée *Cervus Guettardi* ; M. Wood estime qu'il en restait encore plusieurs centaines dans la terre ossifère de la même fissure.

Ces bois étaient surtout des bois tombés et ceux de jeunes animaux ; ils avaient été entraînés par les eaux dans cette fente avec d'autres os et des fragments anguleux de calcaire et avaient été enveloppés dans la même boue ocreuse. Les ossements d'autres animaux n'étaient pas nombreux ; on y trouvait pourtant l'ours des cavernes, le loup, le bœuf, le cerf, et le mulot.

Mais la découverte de la plus haute importance relativement au sujet qui nous occupe est celle que fit, en 1861, le colonel Wood dans une caverne nouvellement trouvée appelée Long-Hole. Il y recueillit les restes des deux espèces de rhinocéros, *Rhinoceros tichorhinus* et *Rhinoceros hemitœchus*, (Falconer), dans un dépôt non remanié, à la base duquel étaient des couteaux en silex bien façonnés et portant la marque évidente du travail de l'homme. Leur position montre clairement que l'homme a été le contemporain de ces deux espèces. Nous possédons ailleurs les preuves de sa coexistence avec les autres espèces de la faune des cavernes du Glamorganshire; mais c'est là le premier exemple bien authentique de l'association du *Rhinoceros hemitœchus* à des ustensiles humains.

J'ai dit que dans la faune fossile de la vallée de la Tamise le *Rhinoceros leptorhinus* se rencontrait à Gray's Thurrock avec l'*Elephas antiquus*. Le docteur Falconer prépare en ce moment l'impression d'un mémoire sur les espèces européennes pliocènes et post-pliocènes du genre rhinocéros, mémoire dans lequel il fait voir que sous ce nom de *Rhinoceros leptorhinus*, Cuvier, Owen, et d'autres paléontologistes ont confondu trois espèces distinctes.

1° *Rhinoceros megarhinus*, (de Christol), qui n'est que le vrai *Rhinoceros leptorhinus*, type de Cuvier, espèce fondée sur un crâne du Monte Zago de Cortesi, et qui est le seul exemple d'un rhinocéros européen pliocène ou post-pliocène dépourvu de septum nasal. (Gray's Thurrock, etc.)

2° *Rhinoceros hemitœchus*, (Falconer), dans lequel l'ossification du septum qui sépare les narines est incomplète au milieu; d'autres caractères encore tirés du crâne et des dents le distinguent du *Rhinoceros tichorhinus*; il accompagne l'*Elephas antiquus* dans la plupart des plus anciennes cavernes à ossements de l'Angleterre. (Kirkdale, Cefn, Durdham Down, Minchin Hole, et autres cavernes de Gower, puis Clacton, en Essex, et dans le Northamptonshire).

3° *Rhinoceros etruscus*, (Falconer), forme relativement légère et élancée, avec un septum osseux aussi incomplet ([1]). Se rencontre à la base des dépôts du val d'Arno et dans le « Forest bed ; » il est supérieur à l'argile bleue, avec lignites, de la côte du Norfolk, mais n'a pas jusqu'à présent été trouvé dans les cavernes à ossements de la Grande-Bretagne.

Le docteur Falconer émit, en 1860, l'opinion que le remplissage des cavernes de Gower dans la Galles du sud devait avoir eu lieu après le dépôt de l'argile caillouteuse marine ([2]). Cette opinion est parfaitement d'accord avec ce que nous ont appris depuis les coupes des graviers près de Bedford, (voir plus haut p. 171), où une faune correspondant à celle des cavernes galloises caractérise les alluvions anciennes, faune que nous avons clairement vue être post-glaciaire, c'est-à-dire d'une date postérieure à l'immersion des comtés de l'intérieur sous les eaux de la mer glaciaire. Les cavernes de Gower ont en général leur sol couvert de sable contenant des coquilles marines, toutes d'espèces vivantes, on trouve des « plages soulevées » sur la côte avoisinante, ainsi que d'autres signes géologiques de grands changements dans les niveaux relatifs de la terre et de la mer depuis que le pays a été habité par les mammifères éteints : et quelques-uns d'entre eux, nous l'avons vu, furent certainement contemporains de l'homme.

Cavernes à ossements du nord de la Sicile.

Il y a longtemps que les géologues savent parfaitement que, sur la côte nord de la Sicile, entre Termini à l'est et Trapani à l'ouest, se trouve des cavernes contenant des ossements d'animaux éteints. Ces cavernes sont situées dans un calcaire à hippurites, roche qui appartient à la série crétacée, et on peut en voir quelques-unes sur les deux côtés de la baie de Palerme. Si l'on quitte cette ville en se dirigeant vers l'intérieur de l'île, on monte sur une terrasse inclinée formée de couches

([1]) Falconer, *Quarterly Geological Journal*, vol. XV, p. 602.
([2]) *Geological Quarterly Journal*, 1860, vol. XVI, p. 491.

marines pliocènes supérieures et, à 1 kilomètre et demi du rivage, à la hauteur d'environ 55 mètres au-dessus de la plage, on rencontre un mur calcaire à pic à la base duquel on voit les entrées de plusieurs cavernes. Dans celle de San Ciro, à l'est de la baie, on trouve à la base du sable avec coquilles marines, dont une quarantaine d'espèces ont été examinées et trouvées presque toutes spécifiquement identiques à des mollusques habitant encore la Méditerranée. Sur le sable repose une brèche composée de morceaux de calcaire, de quartz et de schiste, dans une gangue marneuse brune au milieu de laquelle sont dispersées des coquilles terrestres avec des os de deux espèces d'hippopotame, ainsi que l'a déterminé le docteur Falconer. Il y a de certains os du squelette que l'on compte en si grand nombre qu'il faut qu'ils aient appartenu à plusieurs centaines d'individus. On leur trouve associés des restes d'*Elephas antiquus* et des ossements appartenant aux genres *Bos*, *Cervus*, *Sus*, *Ursus*, *Canis*, et à un grand *Felis*. Quelques-uns de ces os ont été roulés comme s'ils avaient été introduits par des courants à travers les fentes du calcaire à hippurites ; mais il n'y a plus maintenant dans le voisinage aucun cours d'eau : ni rivières que l'hippopotame puisse fréquenter, ni même petits ruisseaux ; il faut donc que la géographie physique de cette région ait complétement changé depuis le temps où ces débris furent précipités dans ces fentes ou dans les lits de rivières qui les y entraînaient en s'y engouffrant.

Il ne paraît pas jusqu'ici qu'on ait trouvé des preuves de l'existence de l'homme pendant la période à laquelle l'hippopotame et l'*Elephas antiquus* prospéraient à San Ciro. Mais il y a une autre caverne appelée la grotte de Macagnone, fort semblable à la première comme position géologique et qui se trouve du côté opposé, du côté ouest de la baie de Palerme, près de Carini. Sur le fond de cette caverne se trouve un dépôt ossifère semblable à celui de San Ciro ; il est recouvert jusqu'au toit d'autres matières évidemment introduites d'en haut par les eaux à travers les crevasses du calcaire. Dans cette brèche supérieure et plus récente, le docteur Falconer découvrit des couteaux de silex, des éclats d'os, des morceaux de charbon de bois, de l'argile cuite, et d'autres objets accusant l'intervention de l'homme, mélangés avec des coquilles terrestres entières, des dents de chevaux, des coprolithes d'hyènes et d'autres os, toutes choses cimentées entre elles et soudées au toit de la caverne par les infiltrations des eaux chargées de chaux. L'état parfait de conservation de grandes hélices fragiles, (*Helix vermiculata*), est une preuve bien évidente, dit le docteur Falconer, que ces divers objets furent charriés dans la caverne par une eau tranquille et non par l'action d'un phénomène tumultueux. A une période postérieure il arriva d'autres changements géographiques, de telle sorte que la caverne, après son remplissage, fut déblayée de nouveau et vidée, sauf les lambeaux de brèche qui étaient cimentés par des stalactites et qui adhèrent encore au toit ([1]).

Le baron Anca, poursuivant ces investigations, explora, en 1859, une autre caverne à Mondello à l'ouest de Palerme, au nord du Monte-Gallo, où il découvrit des molaires de l'éléphant actuel d'Afrique ; un peu plus tard, il trouva non loin de là de nouveaux spécimens de la même espèce dans la grotte d'Olivella. Au sujet de cet éléphant, le docteur Falconer nous fait remarquer que la distance entre les parties les plus rapprochées de la Sicile et de l'Afrique, entre Marsala et le cap Bon, n'est pas de plus de 128 kilomètres. D'autre part l'amiral Smyth, dans son mémoire sur la Méditerranée, dit qu'il y a un plateau sous-marin qu'il nomme le « Banc de l'Aventure » qui unit la Sicile à l'Afrique par une succession de crêtes qui ne sont pas à plus de 25 ou 30 mètres au-dessous de l'eau ([2]). La Sicile serait donc de nouveau réunie à l'Afrique par un mouvement de soulèvement dont l'amplitude ne dépasserait pas celle d'autres mouvements analogues que nous savions déjà s'être produits depuis l'apparition de l'homme sur les bords de la Mé-

([1]) Note, *Quarterly Geological Journal*, 1860, vol. XVI, p. 105.

([2]) Note citée par M. Horner, président de la Société géologique de Londres, *Discours anniversaire*, février 1861, p. 42.

diterranée, et dont je vais à présent citer un exemple bien authentique observé en Sardaigne.

Élévation du lit de la mer à la hauteur de quatre-vingt-dix mètres pendant la période humaine en Sicile.

Le comte Albert de la Marmora [1], a fait voir que sur la côte sud de l'île de Sardaigne, à Cagliari et dans le voisinage, le fond d'une mer ancienne contenant des coquilles marines d'espèces vivantes et de nombreux fragments de poterie antique s'était élevé à la hauteur de 70 à 90 mètres au-dessus du niveau actuel de la Méditerranée. Des huîtres et d'autres coquilles, dont la liste exacte a été publiée, et parmi lesquelles on trouve fréquemment la moule commune, (*Mytilus edulis*), avec ses deux valves en connexion, se rencontrent au milieu d'une brèche contenant en abondance des fragments de calcaire. Les moules sont souvent en telle quantité qu'elles communiquent une couleur violette à la roche par leur décomposition. Outre des morceaux de poterie grossière, on a trouvé au milieu des coquilles marines une boule aplatie en terre cuite percée d'un trou dans son axe ; on suppose qu'elle a dû servir à charger des filets de pêche. Cet objet et les autres fragments d'anciennes poteries ont été figurées par le comte de la Marmora.

Ce lit soulevé de la mer appartient probablement dans le cas actuel à la période post-pliocène, car une brèche osseuse remplissant des fissures des roches autour de Cagliari a fourni des restes de mammifères éteints, et parmi eux un nouveau genre de quadrupède carnivore, nommé *Cynotherium* par M. Studiati, et figuré par le comte de la Marmora dans son atlas, (planche VII). On y a découvert aussi une espèce éteinte de *Lagomys*, déterminée par Cuvier en 1825. Enfouis dans cette même brèche osseuse et enveloppés de la même terre rougeâtre que les débris de mammifères, on y trouva des coquilles de *Mytilus edulis* dont nous venons de parler, ce qui prouve

(1) *Description de la Sardaigne*, (partie géologique), Turin, 1857, t. I, p. 382, 387.

que la formation marine contenant les coquilles et les poteries était déjà soulevée et en voie de dénudation avant que les restes de quadrupèdes fussent entraînés par les eaux dans ces fentes et renfermés dans la matière terreuse rouge. Le sol végétal, qui recouvre les couches marines soulevées, contient des fragments de poteries romaines.

Si nous admettons que la vitesse moyenne du soulèvement ait été, comme nous l'avons laissé entendre plus haut, de 75 centimètres par siècle, 90 mètres donneraient une antiquité de douze mille ans aux poteries de Cagliari, même en bornant notre estimation à l'élévation au-dessus du niveau de la mer, et sans faire intervenir la profondeur primitive de l'eau dans laquelle vivaient les mollusques. Et il faut remarquer que ce calcul n'embrasse que la période d'activité de ce phénomène de soulèvement, et que nous ne pouvons à présent faire aucune conjecture sur l'époque probable de son commencement ou de sa fin.

Je tiens du capitaine Spratt, de la marine royale anglaise, que l'île de Crète ou de Candie, qui a environ 216 kilomètres de long, s'est élevée à son extrémité occidentale, d'environ 7 mètres 50, de manière à avoir exhaussé et mis à sec d'anciens ports, tandis que l'extrémité orientale s'est affaissée au point qu'on voit maintenant sous l'eau les ruines d'anciennes villes. De pareilles révolutions dans la géographie physique des pays que baigne la Méditerranée sont bien de nature à nous aider à comprendre les phénomènes des cavernes de Palerme et la présence en Sicile d'espèces africaines de mammifères.

Séjour et habitudes de l'hippopotame.

J'ai plusieurs fois parlé dans ce chapitre de la rencontre d'ossements d'hippopotame dans des lieux où il n'y a plus maintenant ni rivières, ni même un filet d'eau ; d'autre part des débris de ce même genre ont été rencontrés dans les graviers inférieurs de la Somme, où la présence de gros blocs de grès semble indiquer le rôle actif qu'aurait eu la glace dans leur transport ; il peut donc être utile d'examiner avant d'aller plus loin quelles sont les conditions géographiques et climatériques qu'indique la présence de ces pachydermes fossiles.

C'est un fait maintenant généralement admis que le mammouth et le *Rhinoceros tichorhinus* ont été organisés pour habiter des contrées septentrionales ; il est donc naturel de commencer par se demander si l'hippopotame fossile n'a pas pu de la même manière prospérer dans un climat froid. En réponse à cette question, on a fait la remarque que l'hippopotame vivant qui, anatomiquement parlant, se lie si étroitement aux espèces éteintes, a des habitudes si aquatiques et si fluviatiles, qu'il est difficile de concevoir comment ces congénères auraient pu prospérer toute l'année dans des pays où les rivières sont prises chaque hiver pendant plusieurs mois. De plus, je ne sache pas, malgré nos recherches, qu'on ait jamais trouvé dans le terrain de transport du nord de l'Allemagne des os d'hippopotame associés à des restes de mammouth, de *Rhinoceros tichorhinus*, de bœuf musqué, de renne, de lemming, et autres quadrupèdes cités plus haut appartenant à la faune des régions arctiques. Donc, bien qu'il ne soit pas prouvé qu'il ait jamais appartenu à une pareille faune, la présence de l'hippopotame fossile au nord du 50e parallèle de latitude nous dispose naturellement à attribuer des instincts nomades et des habitudes de migrations à quelques espèces éteintes de ce genre. Elles peuvent sous ce rapport avoir ressemblé au bœuf musqué dont les troupeaux franchissent des centaines de kilomètres sur la glace pour atteindre les riches pâturages de l'Ile Melville, et regagnent ensuite des latitudes plus méridionales avant la rupture des glaces.

Je dois à M. Falconer d'avoir appelé mon attention sur le récit qu'un habile zoologiste, Sir Andrew Smith (1), a donné des habitudes nomades de l'hippopotame de l'Afrique méridionale. (*Hipp. amphibius*. Linn).

(1) *Illustrations of the Zoology of south Africa*, art. *Hippopotamus*.

Il raconte que quand les Hollandais s'établirent pour la première fois au cap de Bonne-Espérance, pour le coloniser, cet animal abondait dans toutes les grandes rivières jusqu'à l'extrémité sud du continent; tandis qu'en 1849, il avait entièrement disparu; il n'en restait peut-être pas un dans un rayon encore assez étendu autour de la colonie. Il nous dit aussi que cet animal fait preuve d'une grande sagacité, change de résidence toutes les fois qu'un danger le menace, et abandonne chaque canton à mesure que des colons avec des armes à feu viennent s'y établir. Tout massif qu'il est il fait très-rapidement des voyages de plusieurs kilomètres pour passer d'un cours d'eau desséché à un autre; mais c'est surtout dans l'eau que sa faculté de locomotion est vraiment surprenante, non-seulement dans les rivières, mais même dans la mer; car il est loin de se restreindre à la fréquentation des eaux douces. Même, au dire de Sir A. Smith, « il est difficile « de décider si, durant le jour et quand ils ne pâturent pas, « les hippopotames préfèrent le séjour des bas fonds des ri« vières à celui de l'Océan. » Dans les cantons où ils ont été dérangés par l'homme, ils prennent leur nourriture presque exclusivement la nuit, se nourrissant surtout de certaines sortes d'herbes, et aussi de menues broussailles. Sir A. Smiht rapporte que dans une expédition qu'il fit au nord de Port Natal, il en trouva dans toutes les rivières aux environs du tropique du Capricorne; on voyait souvent sur le sable les empreintes qu'ils avaient laissées en entrant dans l'eau salée et en en sortant, et une fois les compagnons de Smith s'efforcèrent en vain de couper le chemin de la mer à une femelle et à son petit. Une autre femelle, qu'ils avaient blessée pendant sa retraite précipitée vers la mer y fut tuée un peu plus tard.

Il est donc bien permis au géologue de concevoir une époque où des troupes d'hippopotames partaient des fleuves de l'Afrique septentrionale, du Nil par exemple, et nageaient vers le nord pendant l'été le long des côtes de la Méditerranée, et même parfois visitaient les îles voisines du rivage. Ils peuvent de temps en temps être venus à terre pour paître ou brouter, stationnant quelque temps et reprenant ensuite leur voyage vers le nord. D'autres, profitant de quelques jours d'été, peuvent être venus des rivières du sud de l'Espagne ou de la France, et avoir nagé jusque dans la Somme, la Tamise, ou la Severn, se retirant vers le sud à temps pour éviter la neige et les glaces.

Cimetière de date post-pliocène, à Aurignac, sud de la France.

J'ai parlé au commencement du quatrième chapitre d'une coutume en vigueur chez les nations sauvages et qui consistait à enfermer dans les tombeaux des objets travaillés, appartenant au mort ou affectionnés par lui, et même, dans beaucoup de cas, à y mettre des viandes destinées à servir de nourriture aux mânes du défunt dans la vie future. J'ai cité aussi le commentaire de M. Desnoyers sur l'absence de toute espèce de quadrupèdes d'espèces éteintes au milieu des ossements d'animaux domestiques et sauvages trouvés dans les anciens tombeaux gaulois, fait qui tendait à prouver que les plus anciens monuments funéraires connus en France à cette époque, (1845), ne pouvaient prétendre à une antiquité reculée en se fondant sur les données paléontologiques.

Mais M. Lartet vient de publier récemment une description détaillée d'une caverne qui paraît avoir été un caveau funéraire de la période post-pliocène, près d'Aurignac, à peu de distance du pied des Pyrénées. J'ai pu examiner les os fossiles et les objets travaillés qu'il a retirés de cette grotte, j'ai eu l'honneur de causer et de correspondre avec lui sur ce sujet, et je ne vois pas qu'il puisse y avoir lieu de douter de la justesse de ses conclusions (1).

La ville d'Aurignac est situé dans le département de la Haute-Garonne, près d'un contrefort des Pyrénées; tout à côté se trouve la petite colline à sommet aplati de Fajoles,

(1) Voir Lartet, *Annales des sciences naturelles*, quatrième série, (Zoologie), t. XV, p. 177, traduit dans le *Natural History Review*, London, janvier 1862.

qui domine d'environ 18 mètres le ruisseau du Rodes qui en baigne le pied d'un côté. Cette colline se compose de calcaire nummulitique, présentant un escarpement rapide au nord-ouest ; c'est de ce côté que s'ouvre dans le flanc du rocher à environ 13 mètres au-dessus du ruisseau, l'entrée maintenant visible de la grotte qui, dans l'origine, s'ouvrait sur une terrasse *h c k*, fig. 25, descendant en pente douce vers la vallée.

Fig. 25.

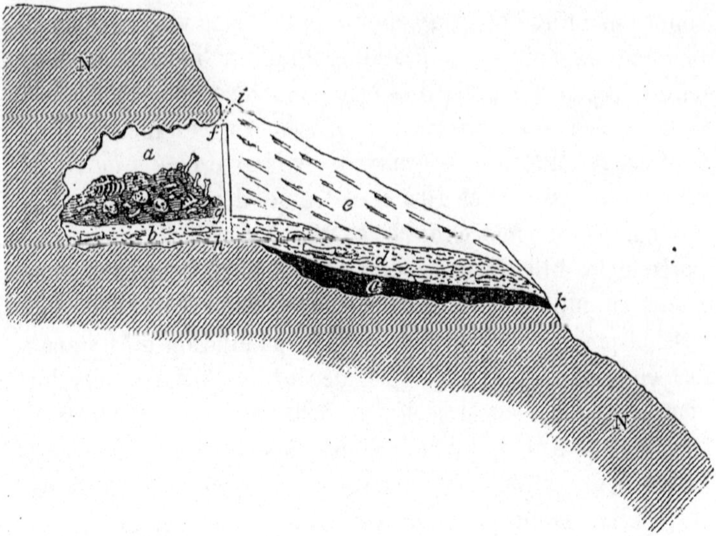

Coupe d'une partie de la colline de Fajoles passant par la grotte funéraire d'Aurignac. (E. Lartet.)

Fig. 25.— *a* Partie de la grotte où l'on a trouvé les restes de dix-sept squelettes humains.

b Lit de terre rapportée de 60 centimètres d'épaisseur : dans l'intérieur de la grotte il contenait quelques os humains, des os entiers d'animaux d'espèces vivantes et éteintes, et un assez grand nombre d'objets travaillés.

c Lit de cendres et de charbon de bois de 15 centimètres d'épaisseur, avec des os de mammifères éteints et récents, brisés, brûlés et rongés ; il s'y trouvait aussi des pierres de foyer et des objets travaillés : pas d'ossements humains.

d Dépôt contenant des objets analogues, et un peu de cendres disséminées.

e Talus formés de déblais venant de la partie supérieure de la colline.

f g Plaque de pierre qui fermait la grotte. Il n'est pas sûr qu'elle allât jusqu'en *h*.

f i Terrier de lapin qui amena la découverte de la grotte.

h k Terrasse primitive sur laquelle s'ouvrait la grotte.

N Calcaire nummulitique de la colline de Fajoles.

Jusqu'en 1852, l'ouverture de la grotte était masquée par un talus de petits fragments de calcaire et de matières terreuses, *e*, telles que celles que les eaux de pluie peuvent entraîner sur la pente de la colline. Ce fut cette année qu'un ouvrier, nommé Bonnemaison, employé à la réparation des routes, remarqua que les lapins, vivement poursuivis par les chasseurs, se terraient dans un trou qu'ils s'étaient creusé dans le talus, en *i*, fig. 25. En plongeant le bras de toute sa longueur dans cette ouverture, il en retira, à sa grande surprise, un os long d'un squelette humain. Ce fait piqua sa curiosité, et, soupçonnant que ce trou communiquait avec une cavité souterraine, il commença à pratiquer une tranchée au milieu du talus; en peu d'heures, il se trouva en face d'une grande et pesante plaque de pierre, *f h*, placée verticalement contre l'entrée. Il l'enleva, et découvrit de l'autre côté une cavité voûtée, *a*, de 2 mètres 10 à 2 mètres 40 dans sa plus grande hauteur, ayant 3 mètres de large et 2 mètres 10 de profondeur horizontale. Elle était presque entièrement remplie d'ossements au milieu desquels il vit deux crânes qu'il reconnut aussitôt pour des crânes humains. La population d'Aurignac, fort étonnée d'apprendre cette découverte d'ossements humains dans un lieu si isolé, se porta en foule à la caverne, et le docteur Amiel, qui était maire, donna l'ordre de recueillir tous les os et de les réenterrer dans le cimetière de la paroisse. Mais avant que ce fut fait, ayant en sa qualité de médecin des connaissances anatomiques, il s'assura, en comptant les os homologues, qu'ils devaient avoir appartenu au moins à dix-sept squelettes des deux sexes et de tout âge; quelques-uns étaient si jeunes que l'ossification des os en était incomplète. Malheureusement les crânes furent brisés dans le transport; mais, ce qui est bien plus déplorable, quand M. Lartet visita Aurignac, le fossoyeur du village fut incapable de lui indiquer la place, où avait été creusée la fosse dans laquelle les squelettes avaient été jetés; de telle sorte que ce riche trésor de renseignements ethnologiques, paraît perdu à jamais pour les antiquaires et les géologues.

On fit voir à M. Lartet, en 1860, les restes de quelques animaux éteints et des débris d'objets travaillés trouvés dans la tranchée primitive pratiquée par Bonnemaison au travers de la couche *d* sous le talus, et d'autres encore extraits de l'intérieur de la grotte. Cela le détermina à reprendre une exploration méthodique des parties encore intactes des dépôts de l'extérieur de la grotte; il supposait que ces derniers, sur lesquels avaient reposé les squelettes humains, n'étaient que de la terre rapportée. S'étant procuré l'assistance de quelques travailleurs intelligents, il surveilla en personne leur travail et trouva en dehors de la grotte, reposant sur la terrasse inclinée *h k*, le lit de cendres et de charbon *c*; cette couche avait un décimètre et demi d'épaisseur, s'étendait sur une surface d'environ un demi-mètre carré, et allait jusqu'à l'entrée de la grotte, mais n'y pénétrait pas, car il n'y avait ni cendres ni charbon à l'intérieur. Au milieu des cendres, et en dehors de la voûte, il y avait des fragments de grès fissile, rougis par la chaleur, et on observa qu'ils reposaient sur une surface nivelée du calcaire nummulitique et qu'ils avaient formé un foyer. L'endroit le plus voisin d'où pouvaient avoir été apportées ces plaques de grès, était l'autre côté de la vallée.

Dans les cendres, et dans quelques lits terreux superposés *d* qui les séparaient du talus *e*, on trouva une grande variété d'os et d'ustensiles. Parmi ces derniers, il n'y avait pas moins d'une centaine d'objets en silex : couteaux, projectiles, pierres à fronde, éclats, et entre autres un de ces noyaux ou silex concrétionnés avec de nombreuses facettes duquel on avait détaché par le choc des lames ou couteaux, ce qui semblait prouver que des instruments étaient à l'occasion fabriqués en ce lieu même.

Entre autres objets trouvés à l'extérieur se trouvait une pierre de forme circulaire, plate des deux côtés, avec une dépression au centre, et provenant d'une roche dure qui ne se trouve pas dans cette partie des Pyrénées. Cet ustensile, d'après les suppositions des antiquaires danois, a dû servir à façonner à petits coups les bords des couteaux de silex, en plaçant, pendant ce travail, les doigts et le pouce dans les deux dépressions opposées. Parmi les instruments en os se trouvaient des flèches non barbelées d'autres ustensiles en corne de renne, et un poinçon fait de la partie la plus compacte d'une corne de chevreuil. Cet instrument était très-bien façonné et avait une pointe aiguë dans un si parfait état de conservation qu'on aurait pu s'en servir à percer des peaux épaisses d'animaux.

Au milieu de ces mêmes cendres et de cette terre se trouvèrent des ossements des diverses espèces d'animaux énumérés dans la liste ci-jointe, à l'exception de deux, marqués d'un astérisque et qui ne furent trouvés qu'à l'intérieur de la grotte.

1° CARNASSIERS.

	Nombre d'individus.
1 *Ursus spelæus*, (ours des cavernes)	5 — 6
2 *Ursus Arctos*, (ours brun)	1
3 *Meles Taxus*, (blaireau)	1 — 2
4 *Putorius vulgaris*, (putois)	1
5* *Felis spelæa*, (lion des cavernes)	1
6 *Felis Catus ferus*, (chat sauvage)	1
7 *Hyæna spelæa*, (hyène des cavernes)	5 — 6
8 *Canis Lupus*, (loup)	3
9 *Canis Vulpes*, (renard)	18 — 20

2° HERBIVORES.

1 *Elephas primigenius*, (mammouth, 2 molaires) . . .	
2 *Rhinoceros tichorhinus*	1
3 *Equus Caballus*, (cheval)	12 — 15
4 *Equus Asinus*, (âne)	1
5* *Sus Scrofa*, (porc, 2 incisives)	
6 *Cervus Elaphus*, (cerf)	1
7 *Megaceros hibernicus*, (cerf géant d'Irlande) . . .	1
8 *Cervus Capreolus*, (chevreuil)	3 — 4
9 *Cervus Tarandus*, (renne)	10 — 12
10 *Bison europæus*, (aurochs)	12 — 15

Les os des herbivores étaient les plus nombreux et tous les os à moelle étaient invariablement fendus comme si l'on avait voulu l'extraire ; plusieurs avaient aussi passé au feu. De plus la partie spongieuse en avait été dévorée et rongée après la fracture, ce que M. Lartet attribue aux hyènes dont les os et les coprolithes se trouvent mélangés aux cendres et disséminés dans le sol superposé, *d*. Il est à supposer que ces animaux de proie rôdèrent autour de cet endroit et dévorèrent les restes des festins de funérailles qu'abandonnèrent les visiteurs humains en se retirant, ou qu'ils laissèrent après eux à chaque nouvelle cérémonie funèbre accompagnant l'enterrement des corps dans la sépulture. Beaucoup de ces os étaient aussi éraillés, comme si la chair en eût été arrachée avec un instrument en silex.

Au nombre des diverses preuves que ces os étaient à l'état frais quand ils furent apportés en ce lieu, on a fait la remarque que ceux des herbivores portaient non-seulement des marques indiquant qu'on en avait extrait la moelle et qu'ils avaient été ensuite rongés et dévorés comme par des animaux carnassiers, mais qu'ils avaient aussi subi l'action du feu, (fait qui fut remarqué particulièrement sur un os d'ours des cavernes), de façon à faire voir qu'ils conservaient encore à ce moment toute leur matière animale.

Parmi les autres quadrupèdes qui paraissent avoir été mangés à ces festins de funérailles et dont les ossements se retrouvent dans les cendres, il faut citer un jeune *Rhinoceros tichorhinus*, dont les os ont été brisés comme ceux des herbivores qui l'accompagnent et rongés par un animal carnassier à leurs extrémités.

Extérieurement à la grande plaque de pierre qui fermait l'entrée, on ne rencontra aucun ossement humain ; en dedans on trouva mélangés à de la terre non tassée les restes d'au moins dix-sept individus humains, outre des objets travaillés et des os d'animaux. Nous ne savons rien de l'arrangement de ces os quand on parvint jusqu'à eux. M. Lartet conclut de la faible hauteur et des petites dimensions de la cavité que les corps étaient courbés sur eux-mêmes et accroupis, posture qu'on sait avoir été adoptée dans la plupart des sépulcres des temps primitifs ; c'est ainsi qu'il les a représentés dans sa restauration de la caverne. Son dessinateur a aussi, par inadvertance, dans le même dessin, figuré la voûte de la grotte comme si elle eût été régulière et unie comme de la maçonnerie, tandis qu'en réalité la surface en était inégale et irrégulière comme le sont les toits de toutes les grottes naturelles.

Il n'y avait point de stalagmites dans la grotte, et M. Lartet, qui est un explorateur expérimenté des cavernes à ossements du sud de la France, en conclut que les ossements et les terres trouvés à l'intérieur y ont été artificiellement introduits. La couche sous-jacente, *b*, fig. 23, qui restait après l'enlèvement des squelettes avait environ 60 centimètres d'épaisseur. On y trouva environ une dizaine d'os humains détachés, entre autres une molaire ; et M. Delesse s'assura par l'analyse soigneuse de l'un d'entre eux et celle d'os de rhinocéros, d'ours et de quelques autres animaux éteints, qu'ils contenaient tous exactement la même proportion d'azote, c'est-à-dire qu'ils avaient perdu la même proportion de leur matière animale. Mon ami, M. Evans, dont j'ai déjà parlé, me fit remarquer que ce fait, pris isolément, n'était pas suffisamment concluant pour prouver que les débris humains et les autres fussent d'une égale antiquité. Sans doute, si les squelettes humains s'étaient trouvés contenir plus de gélatine que ceux des animaux éteints, cela seul aurait montré qu'ils étaient les plus modernes ; mais il n'est pas impossible que quand un os a perdu une certaine proportion de sa matière animale, il cesse d'en perdre davantage aussi longtemps qu'il reste engagé dans la même gangue. S'il en était ainsi, il en résulterait que des os d'anciennetés très-différentes pourraient, après quelques milliers d'années de séjour dans un sol particulier, avoir tous atteint depuis longtemps l'état le plus avancé de décomposition auquel ils puissent arriver dans cette gangue. Mais dans le cas qui nous occupe, la preuve de la contemporanéité de l'homme et des mammifères éteints ne consiste pas seulement dans l'identité de leur état chimique. L'analyse de M. Delesse n'est qu'un fait à l'appui d'une masse considérable d'autres preuves [1].

[1] Voir Appendice A.

Au milieu des ossements humains de l'intérieur de la grotte qu'avait bouleversés et emportés Bonnemaison se trouvaient dix-huit petites plaques rudes et plates de matière testacée blanche, empruntée à quelque espèce de *Cardium;* elles étaient percées en leur milieu comme pour être enfilées en bracelets. Dans le substratum de l'intérieur examiné par M. Lartet, il trouva aussi une canine de jeune *Ursus spelæus* dont la couronne avait été dégarnie de son émail et qui avait été sculptée, peut-être pour en faire une imitation d'une tête d'oiseau. Elle était perforée dans sa longueur comme si elle eût dû être suspendue et portée en guise d'ornement ou d'amulette. On trouva aussi à l'intérieur un couteau en silex qui n'avait évidemment jamais servi et était sous ce rapport fort différent des nombreux spécimens émoussés qu'on trouvait à l'extérieur, de sorte que l'on conjecture qu'il avait été placé là, ainsi que les autres objets travaillés qui l'accompagnaient, comme objet jouant un rôle dans les cérémonies funèbres.

Quelques dents du lion des cavernes, *Felis spelæa*, et deux défenses de sanglier sauvage, trouvées aussi à l'intérieur, étaient peut-être des souvenirs de chasse ; aucun reste des mêmes animaux ne fut trouvé dans les débris de l'extérieur.

En résumé, les ossements des animaux de l'intérieur de la grotte offraient un remarquable contraste avec ceux de l'extérieur. Ils étaient tous entiers, intacts et aucun d'eux n'avait été brisé, rongé, à moitié mangé, éraillé ni brûlé comme ceux qui se trouvaient mélangés aux cendres de l'autre côté de la grande plaque qui fermait l'entrée. Les os de l'intérieur paraissaient avoir été revêtus encore de leurs chairs au moment de leur ensevelissement dans la couche de terre non tassée qui recouvrait le sol. Ce qui confirme cette idée, c'est que beaucoup d'os des squelettes furent observés dans leur juxtaposition naturelle, et même il y eut un endroit où se trouvèrent ensemble et intacts presque tous les os d'une jambe d'*Ursus spelæus*. Ajoutons à cela l'absence complète de cendres et de bois carbonisé, et nous ne pourrons guère douter que nous n'ayons là un exemple d'un ancien lieu de sépulture, dont la clôture a été assez efficace pour en interdire l'entrée aux hyènes et autres carnassiers, qui n'ont laissé aucune marque de leurs dents, ni sur les os de l'homme ni sur ceux des animaux.

John Carver, dans la relation de ses voyages dans l'intérieur de l'Amérique du Nord, en 1766-68, (chap. xv), donne une description minutieuse des rites funèbres d'une tribu indienne qui habitait le pays appelé maintenant Jowa, au confluent de la rivière de Saint-Peter avec le Mississipi ; et Schiller, dans son fameux « Nadowessische Todten Klage » a fidèlement reproduit dans un chant poétique les traits caractéristiques de cérémonies si bien décrites par le voyageur anglais, sans oublier les présents funèbres qui, nous l'avons dit, étaient placés dans une « caverne » avec le corps du défunt. Les lignes commençant par : « Bringet her die letzten Gaben, » ont été ainsi fidèlement traduites en français par M. Charles Meaux Saint-Marc [1] :

Entonnez le chant funéraire,
Apportez le dernier cadeau,
Mettez tout ce qui peut lui plaire
Auprès du mort dans le tombeau.

Déposez d'abord à sa tête
La hache terrible en sa main,
Puis un quartier d'ours, sa conquête;
Les morts font un si long chemin!

Puis le couteau, tranchant, rapide,
Qui de son ennemi gisant
Scalpait la chevelure humide
Et la peau du crâne sanglant;

Puis dans sa main, pour qu'il s'en peigne
Les couleurs dont il fut épris,
Qu'éclatant de rouge il atteigne
Le grand royaume des Esprits.

(1) Schiller, *Poëmes et Ballades*.

Si nous adoptons la manière de voir de M. Lartet au sujet des dépôts du dehors et du dedans de la grotte d'Aurignac, nous n'y trouvons rien qui ajoute aux preuves paléontologiques que nous possédions déjà en faveur de l'antiquité de l'homme ; nous avons vu en effet tous les mêmes mammifères associés partout ailleurs à des ustensiles en silex, et quelques espèces, par exemple l'*Elephas antiquus*, le *Rhinoceros hemitœchus*, et l'*Hippopotamus major*, qui manquent ici, ont été trouvés à d'autres endroits. Mais les faits observés à Aurignac nous fournissent peut-être un argument en faveur d'une idée en quelque sorte inverse de la précédente ; il tendrait à prouver, et cette opinion a été soutenue, que quelques-uns des mammifères éteints ont vécu à une époque beaucoup plus voisine de la nôtre qu'on ne le croit généralement :

1° A cause du style moderne des objets travaillés qu'on y a découverts ;

2° A cause de l'absence complète de toute trace de changement dans la géographie physique du pays, depuis que la caverne a servi de lieu de sépulture.

En ce qui touche la première de ces propositions, on a dit que les ustensiles d'os et de pierre indiquent un état de l'industrie bien plus avancé que les instruments en silex d'Abbeville et d'Amiens. Mais M. Lartet n'est pas de cette opinion, et ne pense pas que nous ayons le droit d'admettre que les hommes qui ont taillé les fers de lance et autres silex de la vallée de la Somme n'aient possédé ni ornements ni instruments en bronze ressemblant à ceux qu'on a découverts à Aurignac. De plus, il regarde ces derniers comme très-grossiers en comparaison d'autres trouvés en France, appartenant à la période de pierre, et qui sont d'une date postérieure, ainsi qu'il est prouvé par la paléontologie ou au moins par de fortes preuves négatives; ainsi, par exemple, à Savigné, près de Civray, dans le département de la Vienne, se trouve une caverne où il n'y a point de mammifères éteints, mais où les ossements de renne abondent. Les objets travaillés qu'on y a trouvés attestent une industrie bien plus avancée que celle dont la grotte d'Aurignac avait fourni des spécimens. Parmi les trouvailles de Savigné se trouve un os métatarsien de *Cervus Elaphus* sur lequel sont gravées, comme avec la pointe d'un silex, les silhouettes de deux animaux qui paraissent être des rennes. Dans une autre caverne, celle de Massat, dans le département de l'Ariége, que M. Lartet place dans la période de l'*Aurochs*, lequel survécut au renne dans le sud de la France, il y avait des ustensiles en os dénotant une industrie encore plus avancée ; ainsi on y trouva des flèches barbelées, chacune des dents portant un petit canal qu'on pense avoir servi à insérer du poison ; de plus, une aiguille faite d'un os d'oiseau, soigneusement façonnée, et percée d'un trou à l'une de ses extrémités ; puis un andouiller de cerf sur lequel est sculptée l'image d'une tête d'ours et qui porte à son extrémité un trou pour le suspendre. Nous avons peut-être là, dit M. Lartet, le plus ancien exemple connu de la représentation des formes au moyen de lignes.

La faune de l'*Aurochs*, (*Bison europæus*), est analogue à celle des plus anciennes habitations lacustres de la Suisse, dans lesquelles le renne manque jusqu'à présent ; tandis qu'on l'a trouvé dans ce pays, au mont Salève, dans une caverne que M. Lartet suppose plus ancienne que les habitations lacustres.

D'après cette manière de voir, la faune mammifère aurait subi au moins deux transformations depuis que des quadrupèdes maintenant éteints ont été mangés et d'autres ensevelis comme présents funèbres dans la grotte sépulcrale d'Aurignac.

Quant à l'absence de tout changement notable dans la configuration physique de cette région depuis que la grotte a servi de sépulture, il faut se souvenir que c'est la condition normale de la surface du globe de subir de grandes altérations en un point, tandis que d'autres pays, souvent dans un voisinage immédiat, demeurent pendant des âges successifs sans aucune modification. Dans une contrée, des rivières approfondiront et élargiront leurs lits, les vagues de la mer mineront leurs rivages, le sol s'enfoncera sous l'eau ou en sortira pendant une succession de siècles, ou bien un volcan vomira des torrents de boue ou des pluies de cendres; tandis que dans la région la plus voisine, les anciennes forêts, les vastes landes, ou les cités opulentes continueront d'exister à l'abri de tout mouvement, de toute perturbation. Si le talus qui cachait à la vue l'ancien foyer avec ses cendres et la pierre massive qui fermait la grotte d'Aurignac avaient échappé pendant des milliers d'années à la découverte de l'homme, il n'y a guère lieu de croire que le petit cours d'eau qui coule au pied de la colline de Fajoles eût pu jamais en miner la base. Le seul changement qu'eût pu amener une période de longue durée aurait peut-être été l'augmentation d'épaisseur du talus protecteur qui recouvrait les cendres et les ossements. Nous voyons dans bien des vallées de l'Auvergne, à une quinzaine de mètres au-dessus des cours d'eau actuels, des cônes volcaniques de cendres sans consistance surmontés d'un cratère duquel se sont précipités de puissants courants de lave basaltique qui sont venus prendre la place d'anciens lits de torrents. Mais le courant, continuant sans répit son action pendant le cours des siècles, a emporté pilier par pilier, et malgré leur dureté, de puissantes masses de basalte columnaire et des quantités bien plus considérables encore de laves poreuses; on peut en voir des exemples au puy Rouge, près de Chalucet, et au puy de Tartaret, près de Nechers [1]. Les rivières ont même quelquefois fait comme la Sioule, près de Chalucet, qui non-seulement a traversé le basalte qui l'avait dépossédée de son ancien lit, mais a même à l'heure présente entamé d'une quinzaine de mètres le gneiss sous-jacent; et pourtant l'amas incohérent de scories et de déjections spongieuses qui forme le cône demeure debout et intact. Que les eaux se fussent élevées une fois, ne fût-ce qu'un jour, assez haut pour atteindre la base de l'un de ces cônes, qu'il y eût eu une seule crue de 15 à 18 mètres de haut depuis la dernière éruption, et la majeure partie de ces volcans aurait inévitablement été balayée aussi rapidement qu'eût été effacée toute trace du lit de cen-

(1) Scrope, *Volcans de la France centrale*, London, 1858, p. 97.

dres et de ses ossements, si le Rodes, près d'Aurignac, s'était élevé d'une quinzaine de mètres depuis l'âge du mammouth, de l'ours des cavernes, et du rhinocéros.

La caverne d'Aurignac n'a pas ajouté de nouvelles espèces à la liste des mammifères éteints dont nous avons pu constater ailleurs la contemporanéité avec l'homme au moyen de preuves indépendantes. Mais si ces documents fossiles ont été bien interprétés, si nous avons en effet sous les yeux, au pied des Pyrénées, un caveau sépulcral contenant des squelettes d'êtres humains, ensevelis dans leur dernière demeure par des parents et des amis, si les débris que nous trouvons sur le seuil de cette tombe sont bien les restes des festins de funérailles, et si les viandes qui paraissent avoir été déposées dans l'intérieur étaient les provisions de voyage destinées à ceux qui partaient pour la terre des Esprits; si, enfin, c'étaient bien des présents funèbres que ces armes qui devaient servir à chasser dans d'autres contrées le cerf géant, le lion des cavernes, l'ours des cavernes et le rhinocéros à toison : alors nous avons enfin réussi à retrouver dans le passé la trace des cérémonies funèbres, et, ce qui est bien plus intéressant encore, nous avons constaté la croyance en une vie future, à des temps bien antérieurs à ceux de l'histoire et de la tradition. Tout grossiers et superstitieux qu'aient été les sauvages de cet âge reculé, ils nourrissaient l'espoir d'une autre vie et méritaient l'épithète de « nobles » que donne Dryden à l'homme primitif qu'il semble s'être représenté comme le type originel de notre race :

« Tel que la nature a créé l'homme
Quand le noble sauvage parcourait librement les forêts [1]. »

[1] *Siége de Grenade*, Ire partie, acte I, scène I.

CHAPITRE XI.

DISCUSSION DE L'AGE DES FOSSILES HUMAINS DU PUY DANS LA FRANCE CENTRALE ET DE NATCHEZ SUR LE MISSISSIPI.

L'homme fossile de Denise, près du Puy, en Velay, envisagé au point de vue de son authenticité. — Ancienneté de la race humaine qu'indique ce fossile. — Périodes successives de l'action volcanique dans la France centrale. — A quels changements elles correspondent dans la faune des mammifères. — L'*Elephas meridionalis* antérieur à l'époque des graviers à instruments en silex de Saint-Acheul. — Discussion de l'authenticité du fossile humain de Natchez, sur le Mississipi. — Le dépôt de Natchez contenant des ossements de mastodonte et de mégalonyx n'est probablement pas plus ancien que les instruments en silex de Saint-Acheul.

Parmi les restes fossiles de l'espèce humaine auxquels on ont tenté d'attribuer une haute antiquité et qui, depuis plusieurs années, ont fortement attiré l'attention, les deux exemples les plus saillants sont les suivants :

1° L'homme fossile de Denise, comprenant les restes de plusieurs squelettes trouvés dans une brèche volcanique près de la ville du Puy en Velay, dans la France centrale ;

2° Les ossements humains fossiles de Natchez, sur le Mississipi, qu'on suppose provenir d'un dépôt contenant des restes de mastodonte et de mégalonyx. J'ai soigneusement examiné les gisements de ces deux fossiles célèbres, et je vais examiner dans ce chapitre la nature des preuves sur lesquelles on s'appuie pour faire remonter leur ensevelissement à une date reculée.

Homme fossile de Denise.

Une description de ces restes fossiles fut pour la première fois publiée en 1844 par M. Aymard, du Puy, écrivain d'une autorité justement méritée et comme paléontologiste et comme géologue (1). M. Pictet, après avoir visité le Puy et examiné le gisement de la découverte annoncée, demeura convaincu que les ossements fossiles appartenaient à la période des dernières éruptions volcaniques du Velay; mais dans son important *Traité de paléontologie*, il énonça expressément cette conclusion : que, quoiqu'il en résultât que l'homme eût coexisté avec l'éléphant éteint, cela ne l'entraînait pas à admettre que la race humaine eût vécu antérieurement au remplissage des cavernes de France et de Belgique contenant des ossements de mammifères éteints (2).

Dans la réunion du congrès scientifique de France qui eut lieu au Puy en 1856, la question de l'âge des fossiles de Denise fut discutée et approfondie; et dans le rapport des travaux de cette réunion publié la même année, on a rappelé les opinions sur ce sujet de quelques-uns des plus savants ostéologistes. Feu l'abbé Croizet, l'un des plus habiles collectionneurs d'ossements fossiles des contrées volcaniques de la France centrale, et feu M. Laurillard, de Paris, qui avait aidé Cuvier à mouler beaucoup d'ossements fossiles et à classer le musée du Jardin des Plantes, déclarèrent que dans leur opinion les échantillons conservés au musée du Puy n'étaient pas contrefaits. Ils croyaient que ces os humains avaient été enveloppés par des causes naturelles dans la gangue de tuf où nous les voyons maintenant.

En 1859, MM. Hébert et Lartet visitèrent le Puy, uniquement pour voir les mêmes échantillons et pour s'éclairer sur l'authenticité de ces os et de leur âge géologique. Un peu plus tard, dans la même année, j'allai moi-même au Puy dans le même but, et j'eus la bonne fortune d'y rencontrer mon ami M. Poulett Scrope, en compagnie duquel j'allai examiner la montagne de Denise, où un paysan nous raconta comment il avait lui-même, de ses mains, extrait les échantillons, dans sa propre vigne, à peu de distance du sommet du volcan. Je

(1) *Bulletin de la Société géologique de France*, 1844, 1845, 1847.
(2) *Traité de paléontologie*, Paris, 1853, t. I, p. 152.

pris un manœuvre pour faire faire, d'après les indications de ce paysan, quelques nouvelles fouilles en continuation de celles qui avaient été faites un mois auparavant par MM. Hébert et Lartet, dans l'espoir de vérifier la position exacte des fossiles, mais je n'eus pas plus de succès qu'eux. Nous ne pûmes même pas trouver *in situ* aucun morceau exactement semblable à la pierre du musée du Puy.

Les restes osseux provenant de cette localité se composent du frontal et de quelques autres parties du crâne, notamment la mâchoire supérieure avec ses dents, de deux individus, l'un jeune, l'autre adulte; puis un radius, des vertèbres lombaires et quelques métatarsiens. Ils sont tous engagés dans un tuf léger et poreux, analogue de couleur et de composition minéralogique aux déjections de plusieurs des dernières éruptions de Denise. Mais aucun de ces os ne pénètre dans d'autres parties des mêmes échantillons, qui se composent d'une roche plus compacte à structure grossièrement lamelleuse. Néanmoins, j'adopte l'opinion de l'abbé Croizet et de M. Aymard, et je pense qu'on ne saurait concevoir comment les parties même les moins cohérentes de l'échantillon du musée auraient pu être artificiellement appliquées sur les ossements humains de façon à les envelopper, quelle que puisse être d'ailleurs l'origine de certains fragments de tuf qu'on a vendus plus tard comme venant du même endroit, et qui contenaient aussi des restes humains. Quelques-uns de ces derniers sont-ils apocryphes ou non? C'est là une question fort difficile à décider. L'un d'eux, maintenant en la possession de M. Pichot-Dumazel, avocat au Puy, est soupçonné d'avoir été altéré par l'introduction de plâtre de Paris comme moyen d'assujettir plus fixement les os dans le tuf volcanique poreux. On m'a assuré qu'un marchand d'objets d'histoire naturelle du Puy avait l'habitude, à l'occasion, de réunir ainsi entre eux les fragments d'os brisés, et de souder par ce procédé au tuf volcanique poreux les os entiers qu'il y trouvait isolés et non adhérents. De là à la fabrication d'un fossile humain artificiel, il n'y a qu'un pas, comme on l'a dit. Mais, pour en revenir à l'échantillon de M. Pichot, un anatomiste exercé m'a fait remarquer que le paysan, propriétaire de la vigne, et le marchand dont je viens de parler étaient tout à fait incapables de placer dans leurs positions respectives exactes les trente-huit os de la main et des doigts, ou les seize os du carpe, sans faire d'erreur et surtout sans prendre ceux de la main droite pour leurs homologues de la main gauche, admettant d'ailleurs que ces os leur eussent été apportés de quelque autre endroit et qu'ils les eussent artificiellement introduits dans un mélange de tuf volcanique et de plâtre de Paris.

J'accorde cependant que le prix élevé des fossiles humains ait pu provoquer quelques fraudes; mais ce n'en est pas moins une question fort intéressante que d'examiner si la reconnaissance de l'authenticité d'un seul fossile comme celui du musée du Puy nous conduit à assigner à l'existence de l'homme en France une antiquité plus reculée que nous n'avons été conduits à admettre par l'examen des autres faits exposés dans les sept derniers chapitres qu'on vient de lire. A ce sujet, je dois faire observer que je ne pus personnellement fixer avec précision la couche exacte de la montagne volcanique de laquelle provenait la roche empâtant les os; mais M. Félix Robert, après avoir étudié les alluvions volcaniques de Denise, s'assura que du côté de Cheyrac et au village de Malouteyre, on rencontre fréquemment des blocs exactement semblables à ceux du musée. Il regarde ce tuf comme le produit de la dernière éruption du volcan. On y a trouvé des restes d'*Hyena spelæa* et d'*Hippopotamus major*. Les éruptions de gaz et de vapeurs qui s'échappaient du cratère de Denise se faisaient jour au travers des couches d'argiles tertiaires et en projetaient de petits fragments, les uns à peine altérés, les autres tranformés en scories, tandis que d'autres parties devaient être à l'état de boue argileuse. Des projections de pareilles matières seraient appelées, par les Napolitains, de la lave aqueuse, (*lava d'acqua*), et il nous est bien permis de supposer que quelques êtres humains, s'il en existait, aient pu, comme les animaux sauvages, être accidentellement engloutis dans ces tufs. D'un point de la montagne voisin de celui d'où provient, dit-on, le bloc du musée, un courant de lave bien reconnaissable à sa structure tabulaire, a coulé le long du flanc de la colline jusqu'à quelques mètres de la plaine d'alluvion de la Borne, petit affluent de la Loire, sur l'autre rive duquel s'élève la ville du Puy. Son cheminement non interrompu jusqu'à ce niveau inférieur montre clairement que la vallée avait déjà été creusée, à quelques mètres près, à sa profondeur actuelle, à l'époque où cette lave a coulé.

Nous savons que les alluvions de la même contrée présentent les mêmes relations avec le relief géographique actuel des vallées, et qu'elles sont post-pliocènes, car elles contiennent aux environs du Puy des ossements de l'*Elephas primigenius* et du *Rhinoceros tichorhinus*; nous avons donc là un renseignement sur l'âge du squelette humain de Denise, si nous considérons ce dernier comme contemporain du courant de lave dont il vient d'être question.

Il est important d'insister sur ce point, parce que quelques géologues n'ont plus voulu croire à l'authenticité de « l'homme fossile de Denise » par ce motif que, si on l'admettait, il en faudrait conclure que la race humaine ait été contemporaine d'une faune plus ancienne, de la faune de l'*Elephas meridionalis*. Cette faune fossile se trouve dans un autre lit de tuf couvrant la pente de Denise du côté opposé à celui où fut déterré l'échantillon du musée. Les quadrupèdes qu'on a rencontrés dans ce tuf plus ancien sont d'abord l'*Elephas meridionalis*, l'*Hippopotamus major*, le *Rhinoceros megarhinus*, l'*Antilope torticornis*, l'*Hyæna brevirostris*, puis une douzaine d'autres appartenant aux genres cheval, bœuf, cerf, chèvre, tigre, etc., tous regardés comme d'espèces éteintes. Ce tuf, qui se trouve entre Malouteyre et Polignac, est regardé par M. Robert comme le produit d'une éruption plus ancienne, et il le rapporte à la montagne voisine de Sainte-Anne, volcan plus dénudé et plus dégradé que celui de Denise, et attribué par M. Bertrand de Doue à un âge intermédiaire entre celle des premiers et celle des derniers cônes volcaniques du Velay.

La faune à laquelle appartiennent l'*Elephas meridionalis* et ses compagnons est, dans le nord de la France, d'une date antérieure aux ustensiles en silex de Saint-Acheul, comme on peut s'en rendre compte par le raisonnement suivant : La vallée de la Somme n'est pas seulement géographiquement contiguë à celle de la Seine, elle s'y rattache encore en ce que ses anciennes alluvions contiennent le même mammouth et d'autres espèces fossiles identiques. L'Eure, affluent de la Seine, coule pour aller s'y jeter dans une vallée qui suit la direction d'une faille de la craie, et l'on voit que cette vallée est relativement moderne parce qu'elle coupe à Saint-Prest, à 6 kilomètres au-dessous de Chartres, une vallée plus ancienne appartenant à un système d'écoulement des eaux antérieur, vallée qui a été remplie d'une alluvion fluviatile plus ancienne composée de sable et de gravier ayant une épaisseur de 27 mètres. J'ai examiné le gisement de cet ancien terrain de transport, et les fossiles en ont été déterminés par le docteur Falconer. Ils comprennent l'*Elephas meridionalis*, une espèce de rhinocéros, (mais non le *Rhinoceros antiquus*), et d'autres mammifères différents de ceux des graviers à silex travaillés de la Seine et de la Somme. Ces derniers, qui appartiennent à l'époque du mammouth, pourraient bien avoir été contemporains des éruptions volcaniques modernes de la France centrale ; et nous pouvons présumer, même sans recourir au fossile de Denise, que l'homme en a été le témoin. Mais les tufs et les graviers qui renferment l'*Elephas meridionalis* étaient synchroniques d'une époque plus ancienne de l'action volcanique, époque à laquelle appartiennent le cône de Sainte-Anne, près du Puy, et plusieurs autres montagnes de la période moyenne de M. Bertrand de Doue, montagnes dont les cônes et les cratères ont été fortement dégradés par l'action des eaux. Nous n'avons jusqu'ici aucune preuve que l'homme ait été le témoin de la formation de ces collines de lave et de scories de la période moyenne de l'action volcanique.

Quelques-uns des naturalistes réunis au Puy en 1856 exprimèrent quelque surprise de ce que le crâne de « l'homme fossile » de Denise fût du type caucasique ordinaire, ou européen, bien qu'il fût contemporain du mammouth et témoin des dernières éruptions des volcans du Puy ; mais en lisant les observations de M. le professeur Huxley sur le crâne d'Engis, au chapitre v, observations par lesquelles il démontre le grand rapprochement de cet ancien crâne et du type européen, on verra que cette objection n'est qu'assez peu embarrassante.

Fossile humain à Natchez sur le Mississipi.

J'ai déjà parlé des essais du docteur Dowler pour évaluer en années l'antiquité d'un squelette humain qu'on disait avoir été enfoui par-dessous quatre forêts de cyprès dans le delta du Mississipi, près de la Nouvelle-Orléans (p. 44). Dans ce cas, aucun os d'animal éteint ne se trouva mélangé à ceux de l'homme ; mais il y a une autre partie du bassin du Mississipi où un os humain, associé à des ossements de mastodonte et de mégalonyx, a été regardé comme arraché par les eaux à une alluvion plus ancienne.

Je visitai ce lieu en 1846, et en décrivant la position géologique des os, je discutai leur âge probable, avec une grande tendance, je dois l'avouer, à douter de la probabilité de l'ensevelissement simultané antérieur de l'homme et du mastodonte, doute qu'aucun géologue ne saurait aujourd'hui légitimement conserver.

A la latitude de Vicksburg, à 32° 50′ N., la plaine d'alluvion

Fig. 26.

Fig. 26. — 1 Alluvion moderne du Mississipi.
2 Limon ou lœss.
3 *f* Eocène.
4 Cretacé.

large et basse du Mississipi, *a b*, fig. 26, est limitée à l'est par un plateau, *d e*, dominant le fleuve d'environ 60 mètres et s'étendant à 19 kilomètres à l'est, en s'élevant en pente douce. Cette plate-forme élevée se termine brusquement en *d*, par une ligne de falaises verticales dont le grand fleuve mine incessamment la base.

Le plateau, *d e*, à Vicksburg, point auquel passe la coupe de la fig. 26, se compose de limon recouvrant les couches tertiaires, *f f*. Entre ce limon et cette formation tertiaire sous-jacente se trouve généralement un dépôt de sable et de gravier stratifiés, de grands fragments de coraux silicifiés et des débris de roches paléozoïques plus anciennes. L'âge de ce terrain de transport inférieur, qui a 42 mètres d'épaisseur à Natchez, n'a pas encore été bien déterminé ; il serait possible qu'il appartînt à la période glaciaire. Natchez est à environ 128 kilomètres au sud de Vicksburg sur la même rive gauche du Mississipi. Il y existe une falaise dont les 18 mètres supérieurs se composent de la continuation d'une portion du même limon calcaire qu'à Vicksburg; il y ressemble également au lœss du Rhin par ses caractères minéralogiques et par les alternances de parties complétement stériles en fossiles et de parties qui en sont tellement remplies que les coquilles terrestres décolorées se détachent en relief sur la face exposée à l'air et verticale des tranchées qu'y creusent les cours d'eau partout où ils coupent ce limon.

Les coquilles sont si nombreuses que je pus, en 1846, ramasser à Natchez, en peu d'heures, plus de vingt espèces des genres *Helix*, *Helicina*, *Pupa*, *Cyclostoma*, *Achatina* et *Succinea*, toutes identiques aux coquilles vivant maintenant dans le même pays. Je remarquai même en un endroit, (ce qui se voit aussi parfois dans la vallée du Rhin), le passage du limon, avec coquilles terrestres à un dépôt sous-jacent d'origine lacustre ou fluviatile et contenant des coquilles des genres *Limnea*, *Planorbis*, *Paludina*, *Physa* et *Cyclas*, toutes aussi d'espèces américaines récentes. Ce genre de dépôts est plus nettement stratifié que le limon qui contient les coquilles terrestres. Ils se forment, comme je l'ai dit plus haut, p. 135, dans toutes les grandes plaines d'alluvion où les rivières changent de place et où les anciens bras abandonnés donnent naissance à des marais, à des étangs ou à des lacs. Dans cette partie de l'Amérique pourtant, il peut être arrivé que ces lacs aient eu pour cause des affaissements partiels du sol, tels qu'il s'en est produit de mémoire d'homme, pendant les tremblements de terre de 1811-1812, autour de New-Madrid, dans la vallée du Mississipi.

Grâce à la désaggrégation facile du limon jaune, *d e*, fig. 26, chaque filet d'eau coulant sur le plateau s'y est creusé un ravin profond qui le mène au Mississipi. Cette érosion, dans ces dernières années, surtout depuis 1812, a marché avec une vitesse toujours accélérée qui, jusqu'à un certain point, peut être attribuée au défrichement partiel des forêts primitives, mais doit l'être aussi en partie aux effets du tremblement de terre de 1811-1812. Cette convulsion a violemment ébranlé la contrée autour de Natchez et l'a fissurée en maint endroit. L'une des étroites vallées dues à ces fissures près de Natchez s'appelle maintenant le Ravin du Mammouth. Il n'a pas moins de 11 kilomètres de long et, en quelques points, de 18 mètres de profondeur; pourtant un propriétaire du pays, le colonel Wiley, m'a affirmé qu'il n'existait pas avant 1812. Le ravin principal et ses nombreuses ramifications ont, dit-on, été entièrement formées depuis le tremblement de terre de New-Madrid. Avant cet événement, le colonel Wiley avait labouré un terrain situé exactement sur une partie du parcours actuel de ce fossé.

Je m'assurai que le ravin s'était considérablement élargi et allongé peu de temps avant ma visite; les traces d'érosion étaient récentes et la dégradation s'accomplissait d'une façon constante. Un lit argileux immédiatement inférieur au limon jaune contenait des ossements de *Mastodon ohioticus*, d'une espèce de *Megalonyx*, d'espèces des genres *Equus*, *Bos* et autres, quelques-unes éteintes, les autres qu'on croit vivantes; ces os se sont détachés et sont tombés au pied des escarpements. Au milieu du tout, M. Dickeson, de Natchez, trouva un os pelvien, (*os innominatum*), humain que je vis dans sa collection. Il paraissait être dans le même état de conservation et avoir la même teinte noire que les autres fossiles, et on pense qu'il provient comme eux de la couche qui est à environ 9 mètres au-dessous de la surface. Dans ma *Seconde Visite en Amérique en* 1846 (1), j'énonçai qu'il serait possible d'expliquer cette association d'un os humain à des restes de mastodonte et de mégalonyx en admettant que le premier provînt du sol végétal couronnant l'escarpement et que les restes de mammifères éteints eussent été enlevés à un niveau inférieur pour tomber tous ensemble dans le même amas, dans le même talus, jusqu'au fond du ravin. Je me figurais que l'os pelvien en question pouvait avoir acquis sa teinte noire par un séjour prolongé pendant des années ou pendant des siècles dans le sol superficiel noirâtre et tourbeux commun dans cette contrée; j'avais appris que beaucoup d'ossements des anciens tombeaux indiens étaient teints d'une couleur aussi foncée. Je suggérai cette hypothèse au colonel Wiley, de Natchez, et j'appris que la même idée s'était présentée à son esprit. Nul doute que si cet os pelvien eût appartenu à tout autre mammifère récent qu'à un homme, on n'aurait jamais songé à une pareille théorie. Mais tant que nous n'avons qu'un cas isolé, et en l'absence du témoignage d'un géologue qui ait personnellement vu l'os encore engagé dans sa gangue, et l'ait extrait de ses propres mains, il nous est permis d'ajourner notre jugement définitif relativement à l'antiquité de ce fossile.

Cependant, si l'on me demande si je considère le limon de Natchez avec coquilles terrestres et ossements de mastodontes et de mégalonyx, comme plus ancien que les alluvions de la Somme contenant des silex travaillés et des restes de mammouth et d'hyène, je déclarerai que je ne le crois pas. Des deux côtés, en Europe comme en Amérique, les coquilles terrestres qui accompagnent les pachydermes éteints sont d'espèces vivantes, et je n'ai pu découvrir dans le limon de Natchez aucune coquille aussi étrangère au bassin du Mississipi que l'est la *Cyrena fluminalis* aux rivières de l'Europe moderne. Par conséquent, si les données conchyliologiques seules

(1) Vol. II, p. 197.

avaient à décider de la question des âges relatifs des alluvions de Natchez et de la Picardie, les couches fluvio-marines d'Abbeville devraient être regardées comme légèrement plus anciennes que le lœss de Natchez. La répugnance que j'éprouvais, en 1846, à regarder comme post-pliocène l'os humain fossile, venait en partie de la réflexion que j'avais faite que le lœss ancien de Natchez est antérieur à la totalité du delta moderne du Mississipi. Le plateau *d e*, fig. 26, faisait autrefois partie, je le pense, de la plaine originelle d'alluvion ou delta du grand fleuve avant qu'elle se fût élevée. Elle est maintenant à plus de 60 mètres de son niveau primitif. Après ce soulèvement, ou pendant qu'il s'effectuait, le Mississipi a entamé l'ancienne formation fluviatile qui forme maintenant ses berges, tout comme le Rhin, en bien des points de sa vallée, s'est frayé un passage au travers de son ancien lœss. Si le calcul que j'ai fait [1], en évaluant à plus de cent mille ans le temps minimum qu'a dû exiger la formation du delta actuel du Mississipi, est exact, il en résulterait qu'en admettant les titres de l'homme de Natchez à sa contemporanéité avec le mastodonte, la race humaine aurait peuplé l'Amérique du Nord il y a plus de mille siècles. Mais, cela fût-il vrai, nous ne pouvons pas supposer, en ne raisonnant que sur des faits géologiques positifs, que l'os humain de Natchez soit d'une date antérieure aux ustensiles en silex de Saint-Acheul. Quand on remonte le Mississipi de Natchez à Vicksburg, pour entrer là dans l'Ohio, on suit tout le temps une bordure de terrasses de sable et de gravier à une certaine hauteur au-dessus de la plaine d'alluvion du grand fleuve et ensuite de celle de son affluent. On trouve que cette ancienne alluvion contient partout les restes du mastodonte, et dans quelques endroits, comme à Evansville, ceux du mégalonyx. De même que dans la vallée de la Somme, en Europe, ces anciens graviers post-pliocènes se présentent souvent à plus d'un niveau, et les anciens tumulus de l'Ohio, avec leurs objets travaillés, décrits p. 41, sont plus récents que les anciennes terrasses de la

(1) Voir *Principes de Géologie*, et Appendice B.

période du mastodonte, tout comme les tombeaux gallo-romains de Saint-Acheul ou les armes celtiques de la tourbe d'Abbeville sont plus modernes que les ustensiles en silex des alluvions qui contiennent le mammouth.

En premier lieu, je puis rappeler au lecteur que le mouvement vertical de 61 mètres qu'il a fallu pour élever le lœss de Natchez à son niveau actuel est inférieur, d'après les constatations du comte de la Marmora, au soulèvement qu'a subi la couche marine de Cagliari, qui contient des fragments de poterie, (p. 184). Donc, puisque de pareils changements de niveau se sont produits en Europe depuis la période humaine, ils peuvent bien aussi être arrivés en Amérique. En second lieu, je dois faire observer que, si le delta du Mississipi s'est formé depuis l'enfouissement dans l'argile du mastodonte de Natchez, de même, depuis que le mammouth et le rhinocéros d'Abbeville et d'Amiens ont été recouverts de limon et de gravier fluviatile en même temps que les ustensiles en silex, une grande épaisseur de tourbe s'est accumulée dans la vallée de la Somme. Or, il faut encore songer qu'antérieurement au commencement de la croissance de la tourbe il s'est écoulé une durée pendant laquelle une grande quantité d'espèces de mammifères se sont éteintes, ce qui a peut-être exigé, comme nous l'avons vu p. 149, une succession d'âges bien des fois plus longue que le temps nécessaire à la formation de 9 mètres de tourbe, puisque, depuis l'apparition des premières couches de ce dépôt, il n'y a pas eu de changements dans la faune des mammifères de l'Europe.

Si donc des recherches ultérieures viennent confirmer l'opinion que l'homme de Natchez a coexisté avec le mastodonte, elles n'ajouteront rien à la valeur des faits géologiques qui prouvent l'antiquité de l'homme; leur seul résultat sera d'attribuer au delta du Mississipi la valeur d'une échelle chronométrique qui nous permette de mesurer la durée des temps post-pliocènes d'une façon un peu moins vague que ne l'ont fait tous les autres procédés d'évaluation qui ont été jusqu'à présent découverts ou mis en pratique en Europe.

CHAPITRE XII.

ANCIENNETÉ DE L'HOMME RELATIVEMENT A LA PÉRIODE GLACIAIRE ET A LA FAUNE ET A LA FLORE ACTUELLES.

Relation chronologique entre la période glaciaire et les plus anciens vestiges connus de l'apparition de l'homme en Europe. — Série des dépôts tertiaires du Suffolk et du Norfolk précédant immédiatement la période glaciaire. — Refroidissement progressif de la température prouvé par l'examen des coquilles marines de groupes successifs. — Coquilles marines offrant les caractères des coquilles des mers du Nord dans les dépôts pliocènes les plus récents, près de Woodbridge. — Coupe des falaises de Norfolk. — Crag de Norwich. — Forêts enfouies et sédiments fluvio-marins. — Plantes et mammifères qu'ils contiennent. — Ils sont recouverts par le « Boulder clay » et un terrain de transport à surface tourmentée. — Dernière formation d'eau douce de Mundesley comparée à celle de Hoxne. — Grandes oscillations de niveau qu'accuse la série des couches des falaises de Norfolk. — La plus ancienne date connue de la présence de l'homme est de beaucoup postérieure à l'apparition de la faune et de la flore actuelles.

Nous avons, dans les pages qui précèdent, fait de fréquentes allusions à une période, dite « glaciaire, » dont il n'est pas fait mention dans le tableau chronologique des formations donné à la p. 7. Cette période comprend une longue succession d'âges, principalement post-tertiaires, durant lesquels l'intensité du froid, due soit à des glaciers terrestres, soit à des glaces flottantes, fut bien plus grande qu'à présent dans l'hémisphère boréal et se faisait sentir à des latitudes bien plus méridionales.

Il arrive souvent que, dans une région quelconque, quand nous avons étendu nos investigations géologiques aussi loin que possible en recherchant les traces de la première apparition de l'homme en Europe, nous nous trouvons arrêtés par ce que l'on appelle l'argile caillouteuse, (*Boulder clay*), ou le terrain de transport du nord, (*Northern drift*). Cette formation est ordinairement dépourvue de restes organiques, de telle sorte que le fil de nos recherches dans l'histoire de la création animée ou de celle de l'homme se trouve brusquement rompu. Cependant cette interruption ne se rencontre pas dans toutes les régions en des points correspondants à des temps simultanés. Dans le cas des tourbes du Danemark, par exemple, nous ne remontons pas plus loin que la période récente de notre tableau chronologique, (p. 17), et nous rencontrons alors l'argile caillouteuse. Il en est de même dans la vallée de la Clyde, où les couches marines contiennent les anciens canots que nous avons décrits, et où rien ne s'intercale entre cette formation récente et le terrain de transport glaciaire. Mais nous avons vu que dans le voisinage de Bedford, (p. 171), les témoignages de l'existence de l'homme peuvent être suivis dans un passé plus reculé, c'est-à-dire jusque dans la période post-pliocène, alors que la race humaine était contemporaine du mammouth et de bien d'autres espèces de mammifères maintenant éteintes. Néanmoins, dans le Bedfordshire comme en Danemark, la formation immédiatement antérieure à celle qui contient les instruments humains fait encore partie du terrain de transport glaciaire avec ses blocs erratiques.

Si le lecteur se souvient de ce qui a été dit dans le huitième chapitre, p. 150, au sujet de l'absence ou de l'extrême rareté des os humains et des objets travaillés dans tous les dépôts, soit marins, soit d'eau douce, même dans ceux qui se forment dans le voisinage immédiat d'une terre habitée par des millions d'êtres humains, il s'attendra à la pénurie générale des témoignages de la présence de l'homme dans les formations glaciaires, qu'elles soient récentes, post-pliocènes ou plus anciennes. Y eût-il eu quelques hommes errants sur les terres revêtues de glaciers ou sur les mers couvertes de montagnes de glace, y eût-il un petit nombre d'entre eux qui eussent laissé leurs os ou des armes dans des moraines ou dans le terrain de transport marin, les chances qu'aurait le géologue d'en trouver, après tant de milliers d'années écoulées, ne peuvent à coup sûr qu'être bien faibles.

Il est donc naturel de rencontrer un hiatus dans la succession régulière des monuments géologiques relatifs à l'histoire du passé de l'humanité partout où nous trouvons la preuve d'une intensité marquée de l'action glaciaire, phénomène qui s'est produit sur de grandes étendues de l'Europe et du nord de l'Amérique dans la période post-pliocène. A mesure que nous nous avançons vers des latitudes plus méridionales, vers le 50e parallèle en Europe et le 40e dans l'Amérique du Nord, cette cause perturbatrice cesse d'opposer une barrière à nos recherches. Néanmoins, comme il est de la nature même de toutes les annales géologiques de se composer de faits détachés, nous sommes inévitablement réduits à ne progresser qu'avec lenteur dans la reconstruction d'une sorte de chaîne continue de l'histoire du monde, puisque nous ne pouvons l'établir qu'en rapportant les anneaux de cette chaîne trouvés dans un pays pour suppléer aux renseignements qui nous manquent ailleurs.

La série la moins interrompue de documents consécutifs que nous puissions consulter dans les Iles Britanniques pour tracer la liaison des périodes tertiaires et post-tertiaires, se trouve dans les comtés de Norfolk, de Suffolk et d'Essex. J'en vais parler dans ce chapitre, attendu que ces faits sont d'une importance immédiate au sujet de la relation réciproque de la période glaciaire et de la période humaine, relation qui va former le sujet de plusieurs des chapitres suivants. Les coquilles fossiles des dépôts en question indiquent clairement une transition graduelle du climat passant d'une température d'abord un peu plus chaude que la température normale actuelle de nos latitudes à un refroidissement intense ; or il est assurément d'un haut intérêt géologique d'étudier les temps d'arrêt successifs qui ont marqué les progrès de l'accroissement du froid.

On a vu dans le tableau de la p. 7 qu'immédiatement avant la période post-tertiaire se trouve la période pliocène divisée en ancienne et récente. Les lits coquilliers et sableux qui correspondent à ces périodes dans le Norfolk et dans le Suffolk sont appelés dans le pays du « Crag; » c'est le nom sous lequel on les emploie depuis longtemps en agriculture pour améliorer les terres dépourvues de matières calcaires ou pour les rendre plus légères et moins imperméables. Dans le Suffolk, les plus anciennes couches pliocènes appelées « crag » peuvent se diviser en crag corallin et crag rouge, le premier étant le plus ancien des deux. Dans le Norfolk, de larges surfaces sont occupées par une formation plus moderne qu'on désigne communément sous le nom de crag de Norwich, ou quelquefois crag à mammifères; elle doit être rapportée à la période du nouveau pliocène.

Nous devons à M. Searles Wood, de la Société géologique de Londres, une admirable monographie des coquilles fossiles de ces formations pliocènes de la Grande-Bretagne. Il ne nous a pas lui-même donné le résumé des résultats de son ouvrage, mais les éléments du tableau suivant ont été réunis pour moi par M. S. P. Woodward, l'auteur bien connu du *Manuel des mollusques récents et fossiles*, (Londres, 1851-56), afin de mettre en lumière quelques-unes des conclusions générales auxquelles conduit l'examen consciencieux fait par M. Wood de 442 espèces de mollusques.

Nombre d'espèces de mollusques marins connues dans les trois dépôts pliocènes appelés le Crag de Norwich, le Crag rouge, et le Crag corallin.

Brachiopodes	6
Conchifères	206
Gastéropodes	230
TOTAL	442

Distribution de ces mollusques marins.

Nombre d'espèces.		Espèces communes :	
Crag de Norwich	81	Au Crag rouge et au Crag de Norwich (seulement)	33
Crag rouge	225	Au Crag de Norwich et au Crag corallin (seulement)	4
Crag corallin	327	Au Crag rouge et au Crag corallin (seulement)	116
		Aux trois Crags	19[1]

[1] Il faut ajouter ces 19 espèces à chacun des nombres 33, 4 et 116 pour avoir le total complet des espèces communes dans chacun des trois premiers cas.

Proportions des espèces récentes aux espèces éteintes.

	Récentes.	Éteintes.	Proportion pour 100 des espèces récentes.
Crag de Norwich.	69	12	85
Crag rouge.	130	95	57
Crag corallin.	168	159	51

Espèces récentes vivant maintenant dans les mers britanniques.

	Espèces septentrionales.	Espèces méridionales.
Crag de Norwich.	12	0
Crag rouge.	8	16
Crag corallin.	2	27

Dans la liste ci-dessus je n'ai pas compris les coquilles des couches glaciaires de la Clyde et de plusieurs autres dépôts de l'Angleterre, d'une origine plus récente que le crag de Norwich, et dans lesquels presque toutes les espèces, peut-être même toutes, sont récentes. Les coquilles terrestres et d'eau douce, au nombre de trente-deux, ont aussi été omises à dessein, de même que trois espèces de coquilles de l'argile de Londres que M. Wood lui-même soupçonne d'être peu authentiques.

La majeure partie des espèces marines vivantes comprises dans ce tableau habitent encore les mers britanniques, mais leur abondance relative a considérablement changé. Quelques-unes des plus communes dans le crag sont maintenant extrêmement rares, ainsi, par exemple, le *Buccinum Dalei;* tandis que d'autres, rares à l'état fossile, sont maintenant très-communes, comme le *Murex erinaceus* et le *Cardium echinatum*.

Le tableau précédent met en évidence une différence notable entre les climats des trois périodes successives. Il montre que dans le crag corallin il y a vingt-sept coquilles méridionales, dont vingt-six sont de la Méditerranée et une des Indes occidentales, (*Erato Maugeriæ*). Treize seulement de ces coquilles se rencontrent dans le crag rouge, associées à trois nouvelles espèces méridionales; et enfin toutes disparaissent dans le crag de Norwich. D'autre part, le crag corallin ne contient que deux coquilles ayant des rapports intimes avec des formes arctiques d'*Admete* et de *Limopsis*. Le crag rouge contient, comme le montre le tableau, huit espèces septentrionales, qui toutes reparaissent dans le crag de Norwich accompagnées de quatre autres habitant aussi les régions arctiques. Il paraît donc être bien démontré qu'il y a eu un continuel refroidissement du climat en Angleterre pendant la période pliocène. La présence de ces coquilles septentrionales ne saurait s'expliquer en supposant qu'elles habitassent les régions profondes de la mer, car quelques-unes d'entre elles, la *Tellina calcarea* et l'*Astarte borealis*, par exemple, se rencontrent à profusion, quelquefois avec leurs deux valves encore réunies par leur ligament, et en compagnie d'autres coquilles littorales, telles que la *Mya arenaria* et la *Littorina rudis*, ce qui prouve qu'elles n'ont pas été rejetées du sein d'eaux profondes. D'ailleurs le caractère septentrional du crag de Norwich ne serait pas pleinement démontré par cette seule remarque qu'il contient douze espèces septentrionales. C'est la prédominance de certains genres et de certaines espèces, comme la *Tellina calcarea*, l'*Astarte borealis*, la *Scalaria groenlandica* et le *Fusus carinatus*, qui rend manifeste aux yeux des conchyliologistes le caractère arctique de ce dépôt. De même, c'est la présence des genres *Pyrula*, *Columbella*, *Terebra*, *Cassidaria*, *Pholadomya*, *Lingula*, *Discina* et autres qui donne un aspect méridional à la faune des mollusques du crag corallin.

Le froid, qui avait toujours été en augmentant depuis le temps du crag corallin jusqu'à celui du crag de Norwich, continua, avec des oscillations dans la température peut-être, à devenir de plus en plus rigoureux après le dépôt du crag de Norwich, jusqu'à ce qu'il atteignit son maximum dans ce qu'on a appelé l'époque glaciaire. La faune marine de cette dernière période contient, en Irlande aussi bien qu'en Écosse, des espèces récentes de mollusques, vivant actuellement au Groenland et dans d'autres mers, bien au nord des régions où nous trouvons leurs restes à l'état fossile.

L'idée du refroidissement du climat, depuis l'époque du pliocène ancien jusqu'au temps du pliocène supérieur, n'est pas du reste émise ici pour la première fois, car feu Edward Forbes y était arrivé, en 1846, par ses études sur les coquilles du crag [1].

Le point le plus méridional auquel on ait jusqu'à présent retrouvé les couches marines du crag de Norwich est Chillesford, près de Woodbridge, dans le Suffolk, à environ 130 kilomètres au nord-est de Londres; en ce point, comme l'ont bien précisé MM. Searles Wood et Prestwich [2], il montre des marques certaines auxquelles on reconnaît qu'il s'est déposé dans une mer d'une température bien plus basse que la température normale actuelle des mers de la même latitude. Sur plus de vingt-trois coquilles extraites en cet endroit des couches argileuses qui ont 6 mètres d'épaisseur, deux seulement, la *Nucula Cobboldiæ* et la *Tellina obliqua*, sont éteintes, et la majeure partie des autres espèces, telles que la *Leda lanceolata*, le *Cardium groenlandicum*, la *Lucina borealis*, la *Cyprina islandica*, la *Panopæa norwegica* et la *Mya truncata*, portent les caractères d'une faune septentrionale, quelques-unes même d'une faune franchement boréale.

On est porté à supposer que ces couches de Chillesford sont un peu plus modernes que les dépôts exclusivement marins du crag de Norwich que montre la coupe des falaises du Norfolk au N. O. de Cromer, dont je vais donner la description. Elles sont même probablement antérieures au « Forest bed » et aux dépôts fluvio-marins de ces mêmes falaises. Elles sont donc d'une haute importance au point de vue de la chronologie de la période glaciaire, puisqu'elles nous montrent un assemblage de coquilles fossiles avec une proportion de 8 à 9 pour 100 d'espèces éteintes, et qu'elles sont à une latitude qui ne dépasse pas au nord 53°. Il y a là la preuve d'un climat assez froid pour qu'on puisse en conclure que la période glaciaire a commencé avant la fin de la période du pliocène supérieur.

(1) *Manual of Geological Survey*, London, 1846, p. 391.
(2) *Quarterly Geological Journal*, 1849, vol. V, p. 345.

La coupe ci-jointe donnera une idée générale de la succession ordinaire des couches pliocènes supérieures et post-pliocènes qui reposent sur la craie dans les falaises du Norfolk et du Suffolk. Ces escarpements ont une hauteur qui varie de 15 à 90 mètres. A l'extrémité N. O. de la coupe, à Weybourne, (en dehors des limites de la figure), et de ce point jusqu'à Cromer, sur une distance de 11 kilomètres, le dépôt marin du crag de Norwich repose immédiatement sur la craie. La grande majorité des coquilles qu'il contient sont d'espèces vivantes : *Cardium edule*, *Cyprina islandica*, *Scalaria groenlandica* et *Fusus antiquus ;* un petit nombre sont éteintes : *Tellina obliqua* et *Nucula Cobboldiæ*. A la jetée de Cromer, cette formation s'amincit en A, comme le montre la figure, et au sud on trouve le n° 3, ordinairement appelé « Forest bed, » qui repose immédiatement sur la craie et prend la place qu'occupait le crag marin n° 2. Cette forêt enfouie a été reconnue sur plus de 64 kilomètres : quand la saison et l'état de la côte le permettent, elle se voit entre la haute et la basse mer. Elle s'étend de Cromer jusqu'auprès de Kessingland, et se compose de nombreux troncs d'arbres restés debout et attachés encore à leurs racines qui pénètrent dans toutes les directions dans le limon ou ancien sol végétal sur lequel les arbres ont poussé. Ils marquent l'emplacement d'une forêt qui a existé là pendant fort longtemps, car, outre ces troncs d'arbres debout dont quelques-uns ont 60 ou 90 centimètres de diamètre, les lits d'argile immédiatement sous-jacents contiennent une énorme accumulation de matière végétale. Il y a trente ans, quand j'examinai cette couche pour la première fois, je vis un grand nombre d'arbres dont les racines plongeaient dans le sol ancien, mis à nu à la base de la falaise près de Happisburgh ; bien longtemps après ma visite, d'autres observateurs, et entre autres feu M. J. C. Taylor, ont signalé cette forêt enfouie. Dans ces dernières années, elle a été vue à bien des reprises en plusieurs endroits par M. Gunn, puis par M. King, après les grandes tempêtes de l'automne de 1861. Pour que les troncs soient visibles, il faut que la violence des

Fig. 27.

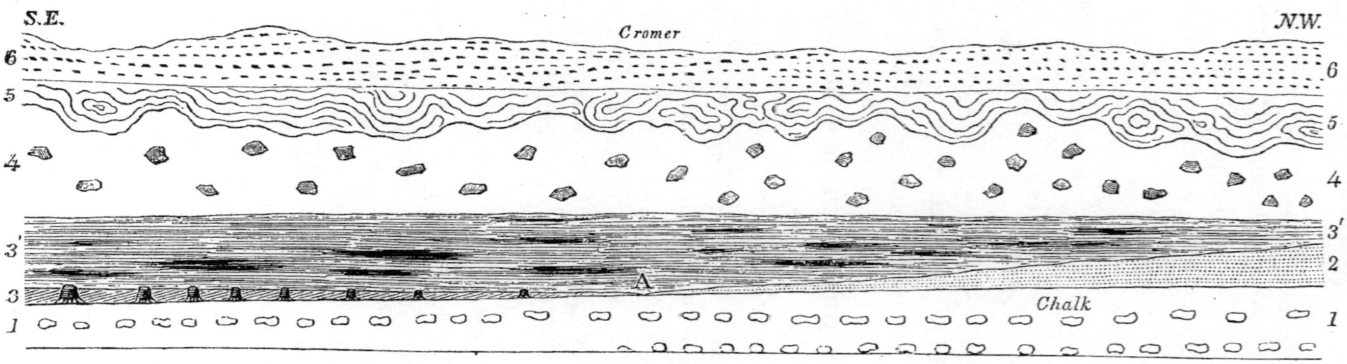

Fig. 27. — Dessins représentant la succession générale des couches dans les falaises du Norfolk et embrassant un espace de plusieurs kilomètres au N. O. et au S. E. de Cromer.

A Emplacement de la jetée de Cromer.
1 Craie supérieure à silex en stratification régulière.
2 Crag de Norwich partant du niveau des basses eaux à Cromer pour atteindre le sommet des falaises à Weybourne, à 11 kilomètres.
3 « Forest bed » avec troncs d'arbres en place et restes d'*Elephas meridionalis*, *E. primigenius*, *E. antiquus*, *Rhinoceros etruscus*, etc. Cette couche plonge à l'est en augmentant d'épaisseur. Le Crag n° 2 n'est pas connu à l'est de la jetée de Cromer.
3' Série fluvio-marine. A Cromer et à l'est elle contient d'abondants lits de lignite et des restes de mammifères avec des cônes et des bois de pin d'Écosse et de sapin. A Runton, au nord-ouest de Cromer, elle se développe sous forme d'un dépôt épais d'eau douce surmonté de couches marines; ailleurs elle se compose de lits alternatifs de sable et d'argile déposé dans une eau tranquille, tantôt avec coquilles marines, tantôt avec coquilles d'eau douce.
4 Argile caillouteuse, (*Boulder-clay*), de la période glaciaire avec blocs erratiques de provenance lointaine, parfois polis et striés; épaisseur de 6 à 24 mètres.
5 Terrain de transport, (*Drift*), à couches contournées.
6 Gravier et sable superficiels recouverts de sol végétal.

vagues ait déblayé une quantité considérable de sable et de galets. Comme la mer s'avance constamment aux dépens de la terre ferme, elle met au jour de temps en temps de nouvelles rangées d'arbres, et montre que la longueur aussi bien que la largeur de l'espace occupé par cette ancienne forêt doit avoir été considérable.

Juste au-dessus du n° 2, on trouve une série de sables et d'argiles avec lignite, (n° 3), qui atteint quelquefois 3 mètres d'épaisseur et se compose d'alternances de lits fluviatiles et marins, ce qui montre que cette ancienne forêt terrestre, qui fut d'abord probablement fort élevée au-dessus du niveau de la mer, s'est affaissée de façon à être successivement et à différentes reprises inondée par les eaux douces d'une rivière et par les eaux-salées d'un estuaire. Il y eut probablement plusieurs oscillations du niveau qui provoquèrent ces changements pendant lesquels des arbres furent souvent déracinés et abattus et donnèrent ainsi naissance à des lits de lignite; accidentellement il se forma des marais où des tourbes s'accumulèrent, après quoi l'eau salée reprit le dessus, de telle sorte, que des espèces de *Mytilus*, de *Mya*, de *Leda* et autres genres marins vécurent aux lieux mêmes où des *Unios*, des *Cyclas* et des *Paludines* avaient pendant un temps prospéré. Que les coquilles marines aient vécu et péri en ce lieu, et qu'elles n'aient pas été jetées là par les vagues durant une tempête, cela n'est pas douteux; et la preuve en est, comme le fait remarquer M. King, qu'à West Runton, au N. O. de Cromer, la *Mya truncata* et la *Leda myalis* se trouvent avec leurs deux valves réunies et debout dans le limon, et toutes avec l'extrémité postérieure, c'est-à-dire le côté du siphon, dirigée en haut. Cette position montre au conchyliologiste que ces mollusques ont vécu et ont péri en cet endroit aussi clairement que la position verticale des troncs prouve au botaniste l'existence d'une forêt au-dessus de la craie à l'est de Cromer.

Entre les troncs de la forêt ensevelie et dans les lits de lignite qui les recouvrent on trouve des cônes bien conservés du pin d'Écosse et du sapin, *Pinus silvestris* et *Pinus abies*. Le botaniste sous la garantie duquel je donne les noms de ces fossiles n'est rien moins que feu Robert Brown, qui me les détermina en 1840. M. le professeur Heer a dernièrement examiné une nombreuse collection provenant de ces mêmes couches et a reconnu que parmi les cônes de sapin il y en avait dont la partie centrale ou l'axe seul restait, le reste ayant été arraché, exactement comme le fait l'écureuil dans nos bois pour en manger les graines. Il y a aussi dans le « Forest bed » une grande quantité de morceaux de résine, semblable à celle qu'en Suisse on recueille pour l'usage, selon M. le professeur Heer, au pied des sapins.

La liste suivante donne le nom de quelques plantes et graines recueillies par le Rév. S. W. King dans le « Forest bed » à Happisburgh et déterminées par M. le professeur Heer.

Pinus silvestris, (Pin d'Écosse).
Pinus abies, (Sapin).
Taxus baccata, (If).
Prunus spinosa, (Prunellier commun).
Menyanthes trifoliata, (Trèfle d'eau).
Nymphæa alba, (Nénuphar blanc).
Nuphar luteum, (Nénuphar jaune).
Ceratophyllum demersum.
Potamogeton.
Alnus, (Aulne).
Quercus, (Chêne).
Betula, (Bouleau).

Les insectes, autant du moins qu'on les connaisse, comprennent plusieurs espèces de *Donacea*, et sont, comme les plantes et les coquilles d'eau douce, d'espèces vivantes. Il faut remarquer cependant que le pin d'Écosse est localisé, depuis les temps historiques, dans la partie septentrionale des Iles Britanniques, et que le sapin n'est plus nulle part indigène dans la Grande-Bretagne. Les autres plantes sont des espèces qu'on trouverait encore dans le Norfolk, et beaucoup d'entre elles indiquent un sol humide et marécageux.

Quand on se reporte à l'ensemble des familles de cette flore, les mammifères qui l'accompagnent sont certainement des plus extraordinaires. Il n'y a pas moins de trois éléphants, puis un rhinocéros, un hippopotame, un grand castor éteint, et plusieurs grands mammifères d'estuaires ou de haute mer, le morse, le narval et la baleine.

La liste suivante est celle des espèces de vertébrés dont les ossements ont été recueillis par MM. Gunn et King. Ceux qui sont marqués d'un astérisque ont été mentionnés par M. Owen dans un ouvrage intitulé *British fossil mammalia;* ceux qui sont marqués de deux astérisques ont été reconnus et déterminés par le même naturaliste dans la collection des géologues précités, et les trois autres espèces sont indiquées d'après le docteur Falconer.

Mammifères du « Forest Bed » et des lignites inférieurs au terrain de transport glaciaire des falaises du Norfolk.

Elephas meridionalis.	* *Cervus capreolus.*
* *Elephas primigenius.*	** *Cervus Elaphus.*
Elephas antiquus.	** *Cervus Tarandus.*
Rhinoceros etruscus.	** *Cervus Sedgwicki.*
* *Hippopotamus major.*	* *Trogontherium Cuvieri.*
* *Sus scrofa.*	* *Castor europæus.*
* *Ursus sp.?*	* *Palæospalax magnus.*
** *Canis Lupus.*	** *Trichecus rosmarus.*
* *Equus fossilis.*	** *Monodon monoceros.*
** *Bos priscus.*	** *Balænoptera.*
** *Megaceros hibernicus.*	** Cubitus d'oiseau.

M. Gunn m'apprend qu'on a trouvé dans les lits fluvio-marins, à Bacton, les vertèbres de deux baleines distinctes, et que, de l'examen de celles de l'une des deux, M. Owen a conclu et dit que l'animal devait avoir 18 mètres de long. M. King a découvert une défense de narval et des restes de morse près de Cromer. Ce ne sont pas moins de trois espèces d'éléphants, ainsi que l'a déterminé le docteur Falconer, qui ont été retirées des couches n° 3 et 3' ; le plus fréquent, au dire de M. King, est l'*Elephas meridionalis*, le mammouth ne vient qu'après, et le troisième, l'*Elephas antiquus*, est relativement rare.

Les coquilles d'eau douce qui accompagnent les quadrupèdes cités ci-dessus sont les mêmes que celles qui habitent maintenant les rivières et les étangs de l'Angleterre. Mais on trouve parmi elles, à Runton par exemple, entre le « Forest

Fig. 28.

Fig. 28. — *Cyclas* (*Pisidium*) *amnica*, var? Les figures intermédiaires sont de grandeur naturelle.

bed » et les dépôts glaciaires, une remarquable variété de *Cyclas amnica*, fig. 28, identique à celle qui accompagne l'*Elephas antiquus* à Ilford et à Grays dans la vallée de la Tamise.

Toutes les coquilles d'eau douce des lits séparant le « forest bed, » n° 3, de la formation glaciaire n° 4, (fig. 27), sont d'espèces récentes. Quant au petit nombre d'espèces marines que l'on rencontre dans cette même série fluvio-marine, je n'en ai vu aucune qui appartînt à une espèce éteinte ; il y a des auteurs qui en ont cité une ou deux. Aussi hésité-je encore à classer le « forest bed » et les couches qui le surmontent comme des couches post-pliocènes ou comme des lits formant passage entre le pliocène supérieur et la période post-pliocène. La série fluvio-marine se termine généralement, à sa partie supérieure, par des sables et des argiles en feuillets minces sans fossile sur lesquels repose l'argile caillouteuse, (*Boulder clay*).

Cette formation n° 4 est d'une épaisseur très-variable. Son origine glaciaire se reconnaît non-seulement à l'absence de stratification, aux grandes dimensions et aux formes anguleuses des blocs de provenance lointaine qu'elle contient, mais aussi aux surfaces polies et striées de ceux d'entre eux qui ont été assez durs pour conserver ces empreintes.

Près de Cromer on a rencontré des blocs de granit de 1 mètre 80 à 2 mètres 50 de diamètre, puis d'autres plus petits de syénite, de porphyre, de trapp, entre des débris d'argile de Londres, de craie, d'oolithe et de lias mêlés à des roches fossilifères plus anciennes. Les blocs erratiques provenant de la Scandinavie se rencontrent principalement dans les parties inférieures du dépôt. Je fus amené en 1834 à conclure qu'ils provenaient réellement de la Norwége et de la Suède, après avoir, dans le cours de cette même année, suivi les traces non interrompues de leurs parcours depuis ces contrées jusqu'au Danemark et au delà de l'Elbe, à travers la Westphalie, jusqu'aux côtes de la Hollande. Il n'y a donc rien de surprenant à les voir reparaître sur nos côtes orientales entre la Tweed et la Tamise, pays moins éloignés de certaines parties de la Norwége que ne le sont bien des blocs erratiques de Russie des points d'où ils proviennent.

D'après les observations du Rév. J. Gunn et de feu M. Trimmer, le terrain de transport glaciaire dans les falaises de Lowestoff peut se séparer en deux subdivisions : l'inférieure, dans laquelle abondent les blocs d'origine scandinave qu'on suppose être venus du nord-est ; la supérieure, probablement déposée par un courant du nord-ouest, et qui contient principalement des fragments de roches oolithiques plus roulés que les blocs du dépôt inférieur. L'épaisseur totale de ces deux subdivisions, sans compter quelques lits feuilletés intercalés, est de 24 mètres, mais elle excède probablement 30 mètres près de Happisburg (1). Quoique ces divisions du terrain de transport glaciaire n'aient qu'une importance locale, elles fa-

(1) *Quarterly Geological Journal*, vol. VII, p. 21.

cilitent l'intelligence des changements survenus dans les courants et les autres conditions physiques, et de l'énorme durée qui a dû être nécessaire à l'accumulation d'une série aussi variée de dépôts.

La partie inférieure du dépôt glaciaire, « *Till*, » celle qui repose sur l'argile dont nous venons de parler, est tout à fait unie et régulière, mais la surface supérieure a un profil remarquablement accidenté, qu'elle doit en partie, selon toute vraisemblance, à la dénudation, mais plus encore à d'autres causes que je vais à présent discuter.

Les couches n° 5 de sable et de gravier qui les recouvrent présentent souvent dans leur stratification les plus singuliers dérangements qui, en beaucoup de points, semblent être en relation intime avec les irrégularités du relief du dépôt de transport, « *Till*, » sous-jacent. Il y a cependant des cas où, les couches supérieures étant fort courbées, les couches inférieures de la même série ont conservé leur horizontalité. Ainsi la coupe ci-jointe, fig. 29, représente une falaise d'environ

Fig. 29.

Gravier
Sable
Limon
Till
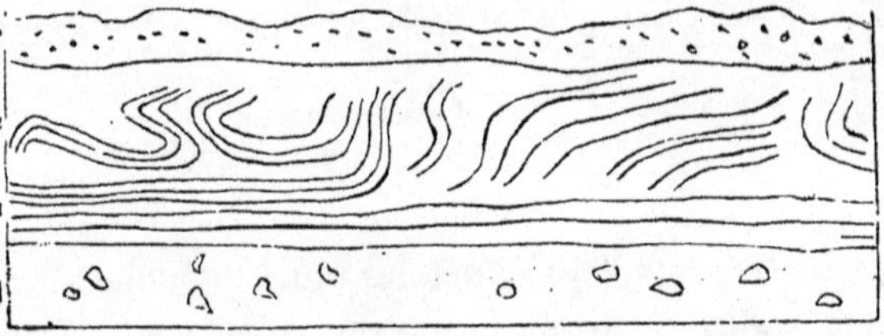

Fig. 29. — Falaise de 15 mètres de haut entre Bacton Gap et Mundesley.

15 mètres de haut, au bas de laquelle est le « *till* » ou argile non stratifiée, contenant des cailloux et dont la surface est unie et horizontale; par-dessus reposent, en stratification concordante, des lits feuilletés d'argile et de sable ayant environ 1 mètre 50 d'épaisseur, qui, à leur tour, sont surmontés d'une épaisseur de 6 mètres de lits de sable et de limon verticaux, repliés et contournés; le tout est recouvert par un gravier siliceux. Les courbures de ces lits, diversement colorés et sans

consistance de sable, de limon et de galets, sont si compliquées que non-seulement on en trouve des parties qui conservent leur verticalité sur une hauteur de 2 mètres 50, 3 mètres et même 4 mètres 50, mais qu'il y en a qui se sont repliées sur elles-mêmes, de telle sorte qu'un sondage vertical pourrait percer le même lit jusqu'à trois fois.

En quelques points, les lits paraissent se courber autour d'un noyau central, comme en *a*, fig. 30, où les couches semblent repliées autour d'une petite masse de craie, ou bien cela se présente comme dans la fig. 31, où l'argile bleue, n° 1,

Fig. 30.

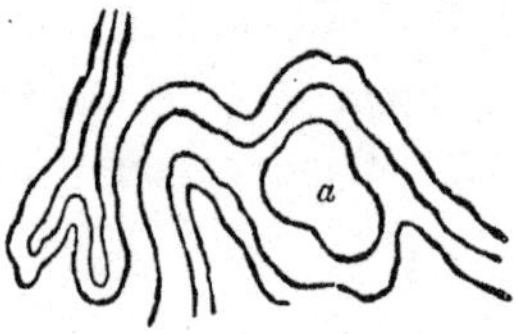

Fig. 30. — Plissement des couches entre East Runton et West Runton.

Fig. 31.

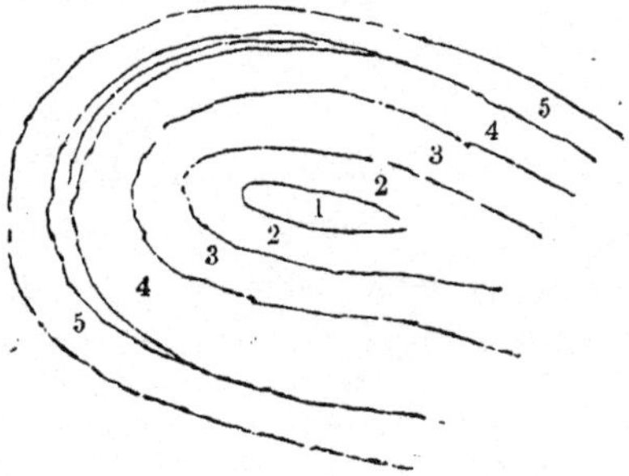

Fig. 31. — Coupe des lits concentriques à l'ouest de Cromer.

1 Argile bleue. 3 Sable jaune.
2 Sable blanc. 4 Limon et argile rubannés.
5 Argile bleue feuilletée.

est au centre, enveloppée par les autres couches 2, 3, 4 et 5, la masse entière ayant 6 mètres d'épaisseur verticale. Cet arrangement concentrique autour d'un noyau central n'est néanmoins qu'une apparence trompeuse; c'est un simple effet de la coupe faite dans une partie où les lits ont une forme convexe, et ce qui semble le noyau n'est en réalité que le lit de la série le plus intérieur qui a été mis au jour en partie par la disparition des portions enveloppantes des autres couches. Au nord de Cromer il y a d'autres beaux exemples de contournement du terrain de transport reposant sur une base à stratification horizontale et à surface de niveau.

Ces phénomènes, déjà suffisamment difficiles à expliquer en eux-mêmes, prennent un caractère anormal bien plus prononcé quand par hasard le terrain de transport renferme d'énormes fragments de craie de plusieurs mètres de diamètre. Un exemple bien frappant s'en voit à Sherringham, où un bloc pointu, colossal de craie, de 21 à 24 mètres de haut, se trouve revêtu des deux côtés de lits verticaux de limon, d'argile et de sable, (fig. 32).

Fig. 32.

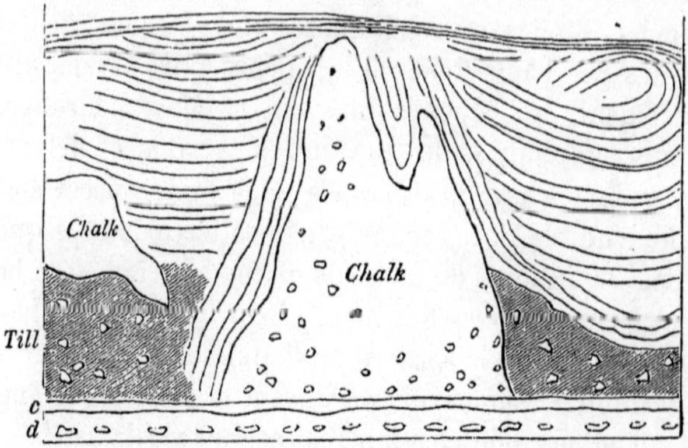

Bloc pointu de craie, (Chalk), enclavé à Old Hythe Point, à l'ouest de Sherringham.
Fig. 32. — *d* Craie avec lits réguliers de silex.
c Lit appelé « the Pan », composé de craie, de silex et de coquilles marines d'espèces récentes, cimentés par de l'oxyde de fer.

Ce fragment de craie n'est qu'une des nombreuses masses détachées qui sont enclavées dans le terrain de transport, et qui ont été entraînées en même temps que lui jusqu'à leur emplacement actuel. La surface horizontale de la craie en place peut être suivie pendant 10 kilomètres le long de la côte; elle y a échappé aux violents mouvements auxquels le terrain de transport superposé s'est trouvé exposé [1].

Il faut maintenant en arriver à expliquer quelle est la force qui a pu agir sur les masses supérieures de façon à produire

[1] Pour une description complète du terrain de transport du Norfolk, voir une note de l'auteur dans le *Philosophical Magazine*, n° 104, mai 1840.

ces mouvements auxquels les couches sous-jacentes n'ont pas participé. On pourrait répondre que, si nous concevons que le *till* et ses cailloux aient été transportés jusqu'à leur emplacement actuel par les glaces, ce peuvent être les îles de glace, en s'échouant, qui ont déterminé ces pressions latérales. Nous savons, en effet, par les observations de MM. Dease et Simpson dans les régions polaires, que ces îles, quand elles s'échouent au rivage, poussent devant elles de volumineux monticules de sable et de galets. Il est par cela même probable qu'elles occasionnent un grand trouble dans la disposition des couches molles et incohérentes qui forment la partie supérieure des hauts-fonds et des bancs noyés, sans altérer l'arrangement des couches inférieures. Mais peut-être les courbures compliquées de ces couches de sable et de gravier sont-elles dues à une autre cause, à la fonte en cet endroit des montagnes de glaces et des glaces côtières dans lesquelles des dépôts de cailloux, de sable, de glace, de neige et de boue, auraient formé des couches successives. Des îlots de glace de cette nature chavirent souvent en flottant et le gravier, d'abord horizontal, peut avoir pris avant la fonte de la glace à laquelle il adhère une position inclinée ou verticale. L'entassement des glaces jetées à la côte peut amener un dérangement analogue dans un amas congelé de sables et de galets, et, comme l'a dit M. Trimmer [1], des lits alternatifs de matières terreuses peuvent s'être déposés lentement au fond de l'eau pendant la liquéfaction de la glace intercalée, de façon à affecter les positions les plus anormales et les plus fantastiques, tandis que les couches inférieures et celles qui viendront plus tard se superposer aux précédentes peuvent rester parfaitement horizontales.

Dans la plupart des cas où les contournements des couches de sable et de gravier ont une relation marquée avec les accidents du « *till* » sous-jacent, l'hypothèse de la fusion de grandes masses ou agglomérations de glaces mélangées d'abord avec lui offre l'explication la plus naturelle du phéno-

[1] *Quarterly Journal, Geological Society*, vol. VII, p. 22, 30.

mène. La quantité de glace qu'on voit maintenant dans les falaises du détroit de Behring où les restes d'éléphants fossiles sont communs, et les énormes masses de glace solide que Meyendorf a découvertes en Sibérie après avoir percé une épaisseur considérable de sol superficiel non gelé, sont tout à fait en faveur de l'hypothèse qui explique les phénomènes dont nous venons de parler par l'affaissement partiel et graduel des glaces qui supportaient les matières, affaissement donnant nécessairement naissance à des plissements dans les lits superposés et d'abord horizontaux, tout comme cela se passe dans les galeries des mines de charbon (1).

Dans la figure 27, les couches plissées et contournées n° 5, dont nous venons de parler, sont représentées comme recouvertes de lits n° 6 de sable et de graviers à allure normale. Ils sont généralement dépourvus de restes organiques; mais on dit qu'en quelques endroits on y a trouvé des coquilles marines d'espèces récentes. Ils montrent en beaucoup de points des traces évidentes et répétées de dénudation et de réformation du dépôt, et sont peut-être le témoin d'une longue série d'âges.

Formation d'eau douce post-glaciaire de Mundesley.

En suivant les falaises que nous venons de décrire, on trouve à Mundesley, à 3 kilomètres au sud-est de Cromer un beau spécimen d'une formation d'eau douce plus récente que toutes les précédentes ; c'est un dépôt qui a rempli une dépression creusée dans les lits plus anciens 3, 4 et 5 de la coupe, fig. 27.

Quand j'examinai cette ligne de côtes, en 1839, la coupe en question était loin d'être aussi nettement dégagée et visible qu'elle l'est depuis ces dernières années. Je trouvai à cette époque que presque tous les fossiles des lits à lignite n° 3, au-dessus du « Forest bed » étaient d'espèces identiques à celles des dépôts post-glaciaires, B C et je supposai que le tout était

(1) Voir le *Manuel de géologie*, par l'auteur, p. 51.

d'origine contemporaine ; je le décrivis ainsi dans ma note sur les falaises du Norfolk (1).

Fig. 33

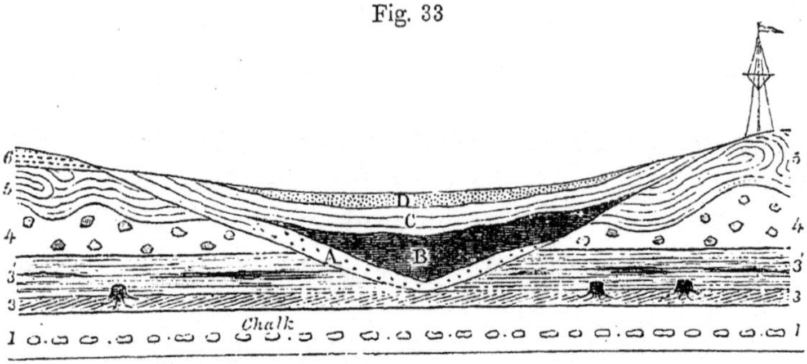

Coupe de la formation récente d'eau douce dans la falaise de Mundesley, à 3 kilomètres au S. E. de Cromer; dessin du Rév. S. W. King.

Fig. 33. — Hauteur de la falaise à son point le plus bas, 10 mètres 50 au-dessus des hautes eaux.

Série inférieure plus ancienne.

1 Craie supportant le tout, au dessous du niveau de la plage.
3 « Forest bed » avec éléphants, rhinocéros, cerfs, etc., et troncs d'arbres non déracinés aussi au-dessous du niveau de la plage.
3' Sables et argiles en feuillets minces avec une faible couche de lignite, et coquilles de *Cyclas*, *Valvata*, et, dans quelques lits, de *Mytilus*.
4 Terrain de transport glaciaire avec cailloux. (*Boulder Till.*)
5 Terrain de transport à stratification tourmentée. (*Drift.*)
6 Gravier surmontant ce dernier.

N. B. — Le n° 2 de la coupe, fig. 27, p. 221, manque ici.

Série supérieure plus récente.

A Gravier fluviatile grossier et sables feuilletés reposant en lits inclinés sur le « *Till.* »
B Dépôt noir tourbeux, avec coquilles d'*Anodonta*, de *Valvata*, de *Cyclas*, de *Succinea*, de *Limnea*, de *Paludina*, etc., graines de *Ceratophyllum demersum*, de *Nuphar lutea*, écailles et ossements de brochet, de perche, de saumon, etc., et élytres de *Donacia*, *Copris*, *Harpalus* et autres coléoptères.
C Sable jaune.
D Gravier de transport.

M. Gunn fut le premier à s'apercevoir de cette méprise qu'il m'expliqua sur le terrain quand je revisitai Mundesley, en 1859, en compagnie du docteur Hooker et de M. King. C'est ce dernier géologue qui a eu l'obligeance de relever pour moi la coupe précédente de ces différents lits qu'il avait récemment étudiés en détail (2).

(1) *Philosophical Magazine*, vol. XVI, mai 1840, p. 345.
(2) M. Prestwich a donné une exacte description de cette coupe dans une note

Les formations 3, 4 et 5, déjà décrites p. 221, étaient évidemment continues autrefois car on peut les suivre pendant des kilomètres du N. O. au S. E. sans interruption et dans le même ordre. Une vallée ou un lit de rivière se creusa dans leur épaisseur probablement pendant le soulèvement graduel de la contrée et c'est cette dépression qui reçut plus tard les lits d'eau douce plus modernes, A, B, C et D. Ils représentent peut-être un envasement du lit de la rivière qui serait restée pendant un certain temps à l'état de lac ou d'étang dans lequel la masse noire tourbeuse B se serait accumulée par accroissement lent au-dessus du gravier du fond, A. On trouve en B les restes de quelques-unes des mêmes plantes que nous avons citées comme communes dans l'ancien lignite en 3', fig. 27, p. 221, par exemple le nénuphar jaune et le trèfle d'eau, et aussi quelques-unes des coquilles d'eau douce qui se rencontrent dans cette même série fluvio-marine 3'.

Fig. 34.

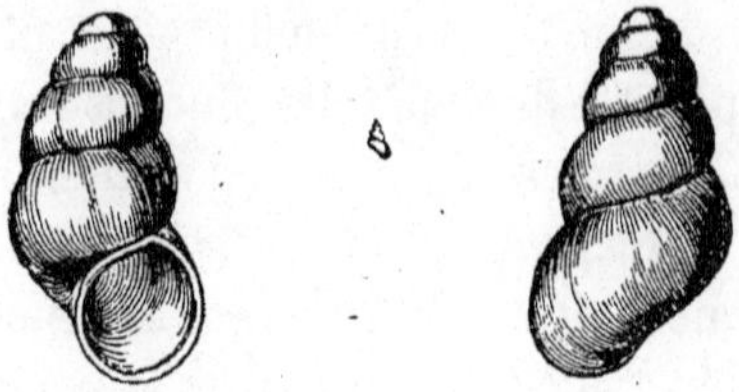

Fig. 34. — *Paludina marginata*, Michaud. (*P. minuta*, Strickland.) *Hydrobia marginata* [1].

La seule coquille, que je n'aie pu rapporter à une espèce d'Angleterre, est la petite paludine, fig. 34, dont j'ai parlé p. 171.

Quand je montrai à M. Agassiz les écailles et les dents de perche, de brochet, de gardon et de saumon que j'avais obte-

lue à l'Association britannique à Oxford, 1860. Voir *Geologist's Magazine*, 1861, vol. IV.

[1] Cette coquille, dit-on, a un opercule subspiral, (non pas concentrique comme celui de la paludine), et par conséquent il faut la rapporter au genre Hydrobia, sous-genre des Rissoa. Mais cette coquille est toujours associée à des coquilles d'eau douce, tandis que les Rissoa fréquentent les eaux salées et saumâtres.

nues de cette formation, il fut d'avis qu'elles présentaient des divergences si prononcées des types voisins les plus vivants qu'il faudrait peut-être en faire des espèces distinctes ; mais M. Yarrell ne pensa pas que ces différences fussent suffisantes pour les distinguer. Les insectes comme les coquilles et les plantes sont identiques, autant du moins qu'on les connaisse, aux espèces vivant encore en Angleterre. On n'a pas réussi jusqu'à présent à découvrir à Mundesley les mammifères contemporains.

En se reportant à la description et à la coupe du dépôt d'eau douce de la p. 175, le lecteur verra d'un coup la frappante analogie des dépôts de Hoxne et de ceux de Mundesley, dont le premier contient une si grande quantité d'instruments et silex du type d'Amiens. Tous les deux sont post-glaciaires, comme le lit de gravier de Bedford avec ustensiles en silex et ossements de mammifères éteints. (page 171). On verra aussi qu'il s'est intercalé une longue série d'événements géologiques et de changements dans la géographie physique entre le « Forest bed, » n° 3, fig. 27, au temps duquel prospérait l'*Elephas meridionalis*, et la période du dépôt des couches fluviatiles de Mundesley, A, B, C, exactement comme j'ai montré p. 206 qu'en France le même *Elephas meridionalis* appartenait à un système d'écoulement des eaux différent de celui auquel se rattachent les silex taillés des anciennes alluvions de la Somme et de la Seine et remontant à une époque antérieure.

Avant la croissance de l'ancienne forêt n° 3, fig. 33, le *Mastodon arvernensis*, grand proboscidien caractéristique du crag de Norwich, paraît avoir disparu ou au moins être devenu rare, car on n'a pas encore trouvé de ses débris dans les falaises du Norfolk. Sans doute la faune des mammifères eut le temps de subir encore d'autres modifications entre l'époque des couches marines n° 2, p. 221, (dont les coquilles indiquent une submersion continue par les eaux de la mer), et l'accumulation des derniers lits de la série fluvio-marine et des lignites n° 3′, qui recouvrent à la fois les n°s 3 et 2, c'est-à-dire la forêt ensevelie et le crag. Dans l'intervalle nous devons admettre des oscillations de niveau réitérées, pendant lesquelles le sol couvert d'arbres, l'estuaire avec ses coquilles d'eau douce, et la mer avec sa *Mya truncata* et ses autres bivalves à tubes encore en position verticale, eurent tour à tour la prédominance. Ces changements furent accompagnés de dénudations suivies d'une immersion considérable à plus de 100 mètres, survenue sans doute lentement, et pendant la durée de laquelle les glaces flottantes eurent pour effet d'apporter des blocs erratiques de grandes distances. Le *till* glaciaire, n° 4, date de ce moment, et le gravier et les sables, n° 5, furent plus tard superposés à l'argile caillouteuse, dont les lits d'abord horizontaux se contournèrent dans la suite. Ces derniers furent à leur tour recouverts par d'autres lits de sable et de gravier, n° 6, pp. 221 et 232, pendant que le mouvement d'affaissement se continuait.

L'épaisseur totale des couches qui recouvrent la craie en quelques points près de la côte et la hauteur à laquelle elles sont maintenant relevées montre que l'abaissement de la contrée après la croissance de la forêt du « Forest-bed», a dû dépasser 120 mètres. Le relèvement a dû être à peu près équivalent, car l'emplacement de l'ancienne forêt, originairement émergé, a été reporté à quelques décimètres au-dessous du niveau des hautes eaux. Enfin, après tous ces événements et probablement pendant que l'émersion s'achevait, se produisit le creusement de la vallée dans laquelle les dépôts d'eau douce plus récents de Mundesley, fig. 33, p. 252, se déposèrent peu à peu.

D'un bout à l'autre de cette succession de changements géographiques, la faune des invertébrés et la flore de l'Europe ne paraissent pas avoir subi de transformation importante dans leurs caractères spécifiques. Les plantes du « Forest bed » appartenaient déjà à ce que l'on a appelé la flore allemande. Les mollusques, les insectes, et même quelques-uns des mammifères, tels que le castor d'Europe et le chevreuil, étaient les mêmes que ceux qui vivent encore avec l'homme. Ainsi, pour le moment, les plus anciennes traces de notre espèce, découvertes dans la Grande-Bretagne, sont post-glaciaires, c'est-à-dire d'une date postérieure à celle de l'argile caillouteuse, n° 4, p. 221 et 232. La position des ustensiles en silex de Hoxne correspond à celle des couches de Mundesley, de A à D, p. 232, et la couche dans laquelle il est le plus probable que nous trouvions ultérieurement des silex travaillés est, sans aucun doute, le gravier A de la coupe qui a tout à fait l'apparence d'un ancien lit de rivière. On n'y en a pas encore trouvé; mais si les alluvions anciennes d'Amiens et d'Abbeville s'étaient trouvées dans les falaises du Norfolk au lieu d'être dans la vallée de la Somme, et si c'eût été l'action des vagues de la mer, au lieu du travail de plusieurs centaines d'ouvriers continué pendant vingt ans, qui eût été chargée du soin de nous mettre au jour les ustensiles en silex, nous aurions bien pu, jusqu'à l'heure actuelle, rester dans l'ignorance des reliques fossiles produites à la lumière par M. Boucher de Perthes et ceux qui l'ont suivi dans ses recherches.

Nous ne devons pas désespérer de rencontrer un jour des traces de l'existence de l'homme dans le « Forest bed » n° 3 ou dans la couche superposée, 3', sous prétexte d'un climat défavorable à l'homme ou d'une création animée, incompatible avec l'existence de notre espèce. Pour le moment, nous devons nous contenter d'attendre et ne pas oublier que nous n'avons point fait de recherches qui puissent nous permettre de nous étonner que des os ou des armes de pierre de l'époque de l'*Elephas meridionalis*, n'aient pas encore été mis au jour. Si un seul de ces objets est enfoui et caché dans ces couches et vient plus tard à nous être révélé, l'antiquité de l'homme s'en trouvera reculée dans le temps à une distance probablement double de celle qui sépare notre époque de celle des plus anciens graviers à silex ouvrés, découverts jusqu'ici en Picardie ou partout ailleurs. Mais, même dans ce cas, le lecteur remarquera que l'âge de l'homme, quoique datant de l'époque pré-glaciaire, serait si moderne dans le grand calendrier géologique donné page 7, que c'est à peine s'il serait reculé jusqu'au commencement de la période post-pliocène.

CHAPITRE XIII.

RELATIONS CHRONOLOGIQUES DE LA PÉRIODE GLACIAIRE ET DES PLUS ANCIENS VESTIGES DE L'APPARITION DE L'HOMME EN EUROPE.

Relations chronologiques entre la fin de la période glaciaire et les premières traces géologiques de l'apparition de l'homme. — Action des glaciers et des montagnes de glace sur les roches; roches polies et striées. — La Scandinavie a été recouverte de glace jusqu'au Groënland. — Mouvement des glaces du Groënland qui les porte hors de la terre ferme. — Douceur du climat de ce pays pendant la période miocène. — Blocs erratiques d'époque récente, en Suède. — État glaciaire de la Suède pendant la période post-pliocène. — L'Écosse autrefois recouverte de glace. — Sa submersion ensuite et son soulèvement. — Derniers changements produits par les glaciers en Écosse. — Restes de mammouth et de renne dans le « Boulder clay » d'Écosse. — Terrasses parallèles sur les flancs du Glen-Roy formées dans les lacs des glaciers. — Date relativement moderne de ces saillies.

Nous avons fréquemment parlé, dans le dernier chapitre, des relations chronologiques de la période humaine et de la période glaciaire; les coupes obtenues près de Bedford, fig. 23, p. 171, à Hoxne en Suffolk, fig. 24, p. 175, ainsi que la vue d'ensemble des falaises du Norfolk nous ont appris que les plus anciens vestiges de l'apparition de l'homme qui aient encore été découverts dans les Iles Britanniques étaient de date post-glaciaire, ce qui veut dire qu'ils sont postérieurs à la grande immersion de l'Angleterre sous les eaux de la mer glaciaire. Mais après cette époque, durant laquelle presque toute l'Angleterre, au nord de la Tamise et du canal de Bristol, se trouva submergée pendant des siècles, le fond de la mer se releva chargé de limon et de pierres provenant de la fonte des glaces flottantes, et des glaciers comblèrent à leur tour les vallées de beaucoup de régions montagneuses. Nous devons donc à présent rechercher si l'Europe était peuplée par la race humaine, le mammouth et autres mammifères maintenant éteints, pendant cette phase qui clôt la période glaciaire.

Quoi qu'il soit impossible, dans l'état actuel de nos connaissances, d'arriver à une conclusion positive sur ce point, je ne connais pas d'étude plus propre à nous éclairer sur l'état géologique de l'hémisphère nord à l'époque où prospérèrent les hommes qui façonnèrent les instruments en silex du type d'Amiens. Je vais donc à présent commencer l'examen des relations chronologiques de ces anciennes peuplades avec le retrait définitif des glaciers qui occupèrent les montagnes de la Scandinavie, de l'Écosse, du pays de Galles et de la Suisse.

Marques superficielles et dépôts laissés par les glaciers et les glaces flottantes.

Pour discuter à fond cette question, il faut que je commence par revenir sur quelques-unes des plus récentes idées théoriques qui ont pris cours au sujet de la question glaciaire. En traitant ce sujet dans mes *Principes de géologie*, chap. XV, et dans mes *Éléments de géologie*, chap. XI, j'ai dit que la masse entière d'un glacier est en mouvement permanent, et que les blocs de pierre détachés des escarpements qui le bordent, aussi bien que la boue et le sable entraînés des hauteurs qui les dominent par les avalanches ou par la pluie, se fixent à sa surface et viennent lentement lui faire une ceinture de monticules allongés, appelés en Suisse des « moraines. » Ces accumulations de fragments de roches et de détritus se déposent à l'extrémité du glacier, au point où il fond, pour ne laisser qu'un amas confus, appelé « moraine terminale; » cet amas est dépourvu de stratification; les blocs, grands et petits, aussi bien que le sable et la boue la plus fine, sont portés à la même distance et déposés tranquillement en une masse confuse, puisqu'il n'y a point d'eau courante pour les classer par ordre de grosseur en portant les matières les plus ténues plus loin que les plus grosses, et pour produire une disposition stratifiée par les variations périodiques du courant en chaque point.

Dans les contrées où les glaciers arrivent jusqu'à la mer et où de grandes masses de glace s'en détachent et se mettent à flot, les moraines que je viens de décrire peuvent être transportées à des distances indéfinies, et se déposer sur le fond de la mer partout où les glaces viennent à fondre. Si la liquéfaction a lieu quand la montagne de glace échouée demeure stationnaire, et s'il n'y a point de courant, l'amas de pierres anguleuses et arrondies, mêlées au sable et à la boue, tombera au fond sans se stratifier et affectera la forme de ce qu'on appelle le « *till* » en Écosse, dépôt que nous avons vu, par le chapitre précédent, être abondant dans les falaises du Norfolk; mais si l'action d'un courant intervient en certains points ou à de certaines saisons, alors il s'opèrera un triage des matières à mesure qu'elles tomberont, et elles se disposeront en lits dans un ordre déterminé par leurs poids et leurs volumes respectifs. Il y aura donc des passages entre le « *till* » et les argiles, sables et graviers stratifiés.

Quelques-uns des blocs de pierre, dont la surface du glacier est chargée, tombant accidentellement dans des crevasses, demeurent fixés et incrustés dans la glace au fond de la masse en mouvement et sont entraînés avec elle. Dans cette position, soumis à une grande pression, ils creusent de longs sillons ou rainures parallèles sur la surface de chacune des roches solides sous-jacentes. Les cristaux ou les saillies des minéraux les plus durs font sur la surface polie des stries ou raies plus petites, comme celles que le diamant fait sur le verre.

Dans tous les pays où la roche sous-jacente, qui supporte la formation caillouteuse se compose de granit, de gneiss, de marbre ou d'autre pierre dure capable de garder, d'une façon permanente les empreintes superficielles qu'elle a pu recevoir, elle est lisse ou polie, et montre des stries et des sillons parallèles ayant une orientation déterminée. Cette orientation dominante, en Europe comme dans l'Amérique du Nord, est évidemment dépendante de la direction suivie par les blocs erratiques dans la même contrée, et très-fréquemment elle est nord-sud ; mais même quand elle dévie de 20 ou 30 degrés et plus à l'est ou à l'ouest, elle correspond toujours à la direction qu'ont suivies dans leur voyage les grosses pierres anguleuses ou arrondies. Ces pierres elles-mêmes sont souvent sillonnées et rayées de plusieurs côtés, comme celles dont nous avons déjà parlé qui se rencontrent dans le terrain de transport glaciaire de Bedford, (p. 171), et dans celui de Norfolk (p. 221 et 225).

Quand nous comparons la surface qui est actuellement soumise au frottement et à l'usure de la glace à celle qui est le réceptacle des matériaux des moraines abandonnés par la fonte des glaciers ou des montagnes de glace, nous voyons immédiatement que la surface sous-marine est de beaucoup la plus étendue des deux. Le nombre de grandes montagnes de glace, qui s'envont flottant chaque année à de grandes distances dans les deux hémisphères, est extrêmement considérable et la quantité de pierre et de boue qu'elles emmènent est énorme. On a rencontré quelques îles de glace flottante de 3 à 8 kilomètres de longueur, et de 30 à 65 mètres de hauteur ; la partie immergée devait, d'après les densités relatives de la glace et de l'eau de mer, être six ou huit fois plus considérable que la partie visible. De telles masses, quand elles s'échouent sur le fond de la mer, doivent produire des effets mécaniques prodigieux et peuvent polir et sillonner les roches sous-jacentes à la façon des glaciers terrestres. Il sera donc souvent fort difficile de distinguer les effets des glaces agissant sous l'eau ou sur le sol émergé.

La Scandinavie a été autrefois couverte de glace et a été un centre de dispersion des blocs erratiques.

Dans le nord de l'Europe, le long des bords de la Baltique, où la formation caillouteuse est continue sur des centaines de kilomètres à l'est et à l'ouest, on a reconnu depuis longtemps que les blocs erratiques, ayant souvent de très-grandes dimensions, sont d'une provenance septentrionale. Les uns sont venus de la Suède et la Norwége, d'autres de la Finlande, et leur distribution actuelle prouve qu'ils ont été transportés vers le sud, au moins pendant une partie du trajet, par des glaces flottantes, à une époque où la majeure partie de la surface sur laquelle ils se trouvent répandus était sous les eaux. Mais il ressort des observations de Boetlingk, en 1840, et de celles d'autres observateurs plus récents, que pendant que beaucoup de ces blocs voyageaient vers le sud, d'autres ont été portés vers le nord, c'est-à-dire vers les rivages de la mer Polaire, et d'autres au nord-est, du côté de la mer Blanche. En résumé, ils se sont répandus dans toutes les directions, à partir des montagnes de la Scandinavie comme d'un centre, et les sillons rectilignes dont les roches sont assez dures pour en conserver les empreintes se dirigent dans tous les sens, c'est-à-dire rayonnent à partir des terres élevées comme les directions suivies dans leurs parcours par ces blocs erratiques.

Avant qu'on eût adopté cette théorie glaciaire, les géologues suédois et norwégiens raisonnaient dans l'hypothèse d'une grande inondation, de l'invasion soudaine d'une énorme quantité d'eau chargée de boue et de pierres qui serait descendue des hauteurs centrales comme d'un déversoir pour se répandre sur les terres basses adjacentes. On supposait que le passage des blocs erratiques avait poli et strié la surface des roches sur lesquelles ils étaient violemment chassés.

Ce serait à coup sûr perdre son temps que d'aller, dans l'état actuel de la science, discuter cette hypothèse, car c'est maintenant un fait bien admis que, même si l'on accordait l'invasion d'un courant diluvien, inventé pour les besoins de la cause et sans aucune analogie connue dans l'ordre des phénomènes ordinaires de la nature, on ne pourrait s'en servir pour venir à bout d'expliquer l'uniformité, le parallélisme, la persistance et la direction rectiligne des sillons dits « glaciaires. » Il est au surplus constaté que de pesantes masses de roches, enchâssées dans la glace et se mouvant en toute liberté, comme cela a lieu quand elles sont simplement entraînées dans un torrent boueux, ne déterminent pas la production de ces rainures et de ces sillons.

M. Kjerulf, de Christiania, dans une communication qu'il a faite récemment à la Société géologique de Berlin [1], a combattu, et peut-être a-t-il raison, les idées émises dans quelques-uns de nos écrits, au sujet de l'amplitude, suivant lui exagérée, que j'ai attribuée à l'immersion des montagnes du nord de l'Europe pendant la période glaciaire. Il remarque que les traces de l'action glaciaire sur les montagnes de la Scandinavie se retrouvent jusqu'à une altitude de 1800 mètres, tandis que les coquilles fossiles marines de la même période n'atteignent jamais une élévation supérieure à 180 mètres. Le sol, dit-il, a pu être beaucoup plus élevé qu'il ne l'est maintenant, mais évidemment il n'a pas été beaucoup plus bas depuis le commencement de la période glaciaire, sans quoi l'on retrouverait des coquilles marines en des points plus élevés. En ce qui touche l'absence de coquilles marines, je montrerai dans la suite combien peu nous devons compter sur la valeur de cette preuve négative comme renseignement sur l'amplitude des mouvements d'immersion du sol. Je ne puis donc souscrire à limiter la dépression probable et le relèvement de la Scandinavie à 180 mètres, mais je consens volontiers à admettre que la plus grande partie des phénomènes glaciaires de cette contrée prirent leur origine au-dessus des eaux. Pour venir à l'appui de cette idée, M. Kjerulf fait observer que les sillons et les stries, produits par le frottement glaciaire, ne s'accordent ni avec un mouvement général des glaces flottantes qui seraient issues des régions polaires, ni avec le relief actuel des vallées, comme cela eût eu lieu si ces érosions eussent été causées par des glaciers indépendants ayant leur origine dans les vallées élevées après que le sol eut pris son relief actuel. Leur arrangement général et leurs irrégularités apparentes sont, suivant lui, bien plus en harmonie avec l'hypothèse d'un manteau non interrompu de glace qui

(1) *Zeitschrift der Geologischen Gesellschaft*, Berlin, 1860.

aurait autrefois couvert toute la Norwége et toute la Suède, semblable à celui qui existe actuellement au Groënland. Il se chargeait chaque année de neiges nouvellement tombées qui le poussaient constamment à descendre vers les côtes et les parties basses, en franchissant les saillies peu élevées, et sans que son mouvement fût en relation avec les petites dépressions qui étaient toutes remplies de glace et ainsi ramenées à un niveau uniforme.

Glaces continentales du Groënland.

A l'appui de cette manière de voir, il en appelle à l'admirable description des glaces continentales du Groënland, publiée dernièrement par le docteur H. Rink, de Copenhague [1], qui résida trois ou quatre ans dans les établissements danois de la baie de Baffin, sur la côte ouest du Groënland, entre les latitudes 69° et 73° N. Dans ce pays, dit le docteur Rink, le sol peut se diviser en deux régions, l'intérieur et les côtes. L'intérieur, qui a 1290 kilomètres de l'ouest à l'est, et une longueur bien plus considérable du nord au sud, est un vaste continent inconnu enseveli sous une masse continue et colossale de glace permanente qui s'avance constamment vers la mer, mais dont une faible partie seulement se dirige vers l'est, tandis que presque tout descend vers la baie de Baffin. Au fond des fiords qui échancrent la côte, on voit la glace s'élever presque à pic du niveau de la mer à une hauteur de 600 mètres au delà de laquelle la glace de l'intérieur monte d'une façon continue aussi loin que l'œil puisse la suivre jusqu'à une altitude inconnue: Tous les plis du sol peu importants et les vallées sont nivelés et cachés; seulement, çà et là, des montagnes abruptes percent brusquement la surface de glace et quelques rares lignes de moraines surperficielles se laissent voir dans les saisons où il n'est pas tombé de glaces récentes [2]:

(1) *Journal de la Société royale géographique*, 1853, vol. XXIII, p. 145.
(2) Dans le XXIIIe volume du *Journal de la Société royale géographique de*

Quoique toute la glace se meuve vers la mer, la plus grande partie se décharge au fond de certaines grandes baies, ayant généralement 6 kilomètres de large, et qui, si le climat était plus doux, serviraient d'issues à autant de grands fleuves. C'est par ces dépressions que la glace s'avance maintenant en blocs énormes de plusieurs kilomètres de large et de 300 à 450

Londres pour 1853, p. 151, dans un extrait d'une Note sur les glaces continentales du Groënland, par le docteur H. Ring, on trouve le passage suivant :

« L'élévation au-dessus de la mer de cette plaine de glace au point où elle atteint « la région côtière du pays et où elle commence à s'abaisser dans les vallées et les « échancrures de la côte a été trouvée de 600 mètres dans la baie d'Omenak, et à « partir de ce niveau elle s'élève graduellement vers l'intérieur. L'auteur a dans « ses voyages observé vingt-trois gradins ou plates-formes de cette nature auxquels « il en faut ajouter cinq ou six, dessinés d'après des descriptions. »

Conformément à cet exposé j'avais, dans la première édition de mon ouvrage, décrit la glace du Groënland, qui s'étend à l'intérieur comme une succession de gradins ou de plates-formes s'élevant de plus en plus dans la direction de l'est. Mais M. Otto Torell m'apprend que ce n'est pas ce qui a lieu. Cet observateur n'a pas seulement visité le Groënland, il connaît aussi à fond les mémoires et les ouvrages originaux en langue danoise du docteur Rink, maintenant gouverneur du Groënland, et il m'informe que les plates-formes de glace dont j'ai parlé n'existent ni dans la nature ni dans les écrits de M. Rink. En réalité la glace commence par s'élever à pic à la hauteur de 600 mètres, et alors sa surface s'élève graduellement à l'intérieur jusqu'à des hauteurs inconnues aussi loin que l'œil puisse la suivre, fait qui a été vérifié par le docteur Torell lui-même, dans la vue étendue qu'il a eue de l'intérieur du pays du haut d'une montagne appelée Karsok, dans la région côtière.

Cette montagne a de 1500 à 1800 mètres de haut, et est située au nord de l'île de Disco, dans la presqu'île de Noursoak, lat. 70° N., et au sud de la baie d'Omenak. De ce point élevé le docteur Torell vit un plan de glace incliné s'élevant graduellement vers l'intérieur, avec quelques montagnes escarpées debout çà et là, et qui, selon la description de M. Rink, rompent l'uniformité de cette surface de glace continue. Il eut une vue semblable de cette glace continentale à 150 kilomètres plus au nord, à Upernivik, (lat. 72° 45′, N.), où M. Rink vit à la surface de la glace des lignes de pierres ou moraines, même au plus loin qu'il pût les distinguer, moraines indiquant, dit-il, l'existence des montagnes escarpées beaucoup plus loin à l'est. Le docteur Torell ne vit pas ces moraines, parce que, quand il alla en ce point, l'automne était avancé et il était tombé de la neige fraîche.

L'erreur de l'extrait inséré au *Journal de la Société géographique* paraît venir de la substitution du mot « gradins de glace » à celui de « courants de glace. » M. Rink dit, en effet, qu'il a compté vingt-deux courants de glace le long de la côte, et dit qu'il sait, par des descriptions qui lui en ont été faites, qu'environ six autres descendent des vallées tout en étant recouverts du manteau général de glace.

mètres de hauteur ou d'épaisseur. Quand ces masses atteignent le fond des baies, elles ne se fondent pas et ne se brisent pas en fragments, mais elles continuent leur course et pénètrent dans l'eau salée en restant solides et raclant le fond qu'elles doivent polir et entailler à des profondeurs de 30 mètres, et peut-être de plus de 300. A la longue, quand elles plongent assez pour flotter, il s'en détache d'énormes morceaux qui remplissent la baie de Baffin de montagnes de glace d'un taille bien supérieure à ce que pourraient jamais produire les glaciers ordinaires des vallées. Ces montagnes de glace, qui descendent dans la baie de Baffin, contiennent quelquefois des pierres, du sable et de la boue. En quelques points, où la glace de l'intérieur atteint la côte, le docteur Rink a vu des sources considérables d'eau bourbeuse sortant de dessous la glace, même en hiver, et attestant l'action destructrice de la masse congelée mêlée de sable sur la surface des roches sous-jacentes.

La région côtière où sont établies les colonies danoises se compose de nombreuses îles, dont celle de Disco est la plus grande, (lat. 70° N.), et de plusieurs presqu'îles, avec des « fiords » de plusieurs kilomètres de long, entrant dans l'intérieur des terres et parcourus par les glaces dont nous avons parlé dans leur trajet pour arriver à la baie de Baffin. Cette surface est de 34000 kilomètres carrés et contient plusieurs montagnes de 1200 à 1500 mètres de haut. Les neiges éternelles commencent généralement à la hauteur de 600 mètres, niveau au-dessous duquel le sol est, pour la plus grande partie, débarrassé de neige entre juin et août, et porte une végétation de plusieurs centaines d'espèces de plantes à fleurs dont les graines mûrissent avant l'hiver. Il y a même des points où l'on a trouvé des plantes phanérogames à la hauteur de 1500 mètres, fait qui mérite toute l'attention des géologues quand on songe à la proximité immédiate d'une si puissante agglomération de glace qui couvre tout le pays à la même latitude. Il ne faut pas oublier d'ailleurs que tandis que les Danois sont établis à l'ouest sur la région côtière, on trouve précisément à l'est, sur la portion la plus méridionale de ce continent couvert de glace, à la distance d'environ 1900 kilomètres, le pays qu'habitent les Lapons avec leurs rennes, leurs ours, leurs loups, leurs phoques, leurs morses et leurs cétacés. Par conséquent, s'il y a des raisons géologiques de croire que la Scandinavie, l'Écosse ou le pays de Galles aient été autrefois dans le même état glaciaire que le Groënland actuel, nous ne pouvons pas en conclure que la faune et la flore contemporaines aient été pauvres et d'un caractère rabougri, et qu'elles n'aient même pu, surtout à la distance de quelques centaines de kilomètres au sud, être tout à fait luxuriantes.

D'autres séries d'observations ont été faites par le capitaine Graah pendant une inspection au Groënland, de 1823 à 1829, et par le docteur Pingel en 1830-32; ces observations sont du plus grand intérêt relativement à la région côtière et à ses rapports avec les phénomènes glaciaires d'ancienne date. Ces observateurs danois, avec l'un desquels, (le docteur Pingel), je me suis entretenu à Copenhague, en 1834, affirment que toute la côte, de la latitude 60° jusqu'à celle de 70° environ, a été s'abaissant depuis les quatre derniers siècles, de telle sorte que les anciens pilotis enfouis dans le rivage pour retenir les bateaux des colons ont été graduellement submergés, et qu'il a fallu, à plusieurs reprises, déplacer les habitations en bois pour les reporter en arrière [1].

En Suède et en Norwége, c'est le mouvement contraire qui se produit, et la terre s'élève lentement; mais il suffit de supposer qu'autrefois, quand elles étaient comme le Groënland couvertes d'une couche de glace continue, elles s'enfoncèrent de plusieurs mètres par siècle, pour pouvoir se rendre compte de la présence des dépôts marins au-dessus du niveau de la mer, et de leur superposition presque générale à des roches polies et striées.

Nous savons que le Groënland n'a pas toujours été couvert

[1] *Principles of Geology*, chap. xxx.

de neige et de glace; en examinant les couches tertiaires de l'île de Disco, qui appartiennent à la période miocène, on y découvre une multitude de plantes fossiles qui démontrent que, comme beaucoup d'autres parties des régions arctiques, ce pays a joui autrefois d'un climat doux et agréable. Parmi les fossiles rapportés de cette île, (lat. 70° N.), M. le professeur Heer a reconnu le *Sequoia Langsdorfii*, espèce de conifère qui prospérait sur une grande partie de l'Europe pendant la période miocène, et se rapproche beacoup du *Sequoia sempervirens* actuel de Californie. La même plante a été trouvée fossile par Sir John Richardson au delà du cercle polaire, beaucoup à l'ouest de la rivière Mackenzie, près de l'entrée de la rivière de l'Ours, et aussi par des naturalistes danois à l'est de l'Islande. Le lignite de cet âge en Islande a aussi fourni une riche moisson de plantes, dont plus de trente et une, selon Steenstrup et Heer, en bon état de conservation, et dont quinze au moins spécifiquement identiques à des plantes miocènes d'Europe. Treize dans ce nombre sont des arbres, entre autres un tulipier, (*Liriodendron*), avec ses fruits et feuilles caractéristiques, un platane, un noyer, et une vigne, montrant de la façon la plus irrécusable, à la latitude du cercle polaire, un climat qui exclut l'hypothèse de glaciers existant à cette époque dans le voisinage, et encore bien plus celle d'un manteau général de glace comme au Groënland [1].

La flore pliocène ancienne des couches tertiaires d'Italie, de même que les coquilles précitées du crag corallin, indique une température plus douce que celle qui règne généralement à présent en Europe, quoique moins élevée que celle de la période miocène supérieure ; il est probable que l'accumulation des neiges et de la glace sur les montagnes et dans les vallées du Groënland ne commença qu'après le début de la période pliocène, et n'a guère atteint son maximum qu'à la fin de cette période.

La Suède et la Norwége paraissent avoir subi les mêmes

[1] *Recherches sur la végétation du pays tertiaire*, etc., 1861, p. 178.

phénomènes glaciaires successifs par lesquels a passé le Groënland et d'autres par lesquels ce pays passera un jour si le climat dont il a joui autrefois lui est jamais rendu. Il a dû y avoir d'abord une période de glaciers séparés en Scandinavie, puis un état glaciaire analogue à celui du Groënland, et, plus tard, dans la période de décroissement, une seconde époque où d'énormes glaciers séparés remplissaient la plupart des vallées maintenant couvertes de bois de pins et de bouleaux. Enfin, sous l'influence du « Gulf stream » et des divers changements dans la hauteur et l'étendue des terres boréales, il s'est produit une fonte générale de presque toutes les glaces permanentes entre les latitudes 60° et 70° N. correspondant aux parallèles des glaces continentales du Groënland, de sorte qu'il nous faut à présent dépasser le 70e degré de latitude N. avant de rencontrer un glacier dont la mer baigne le pied. Entre autres traces de ce dernier retrait des glaciers, Kjerulf et d'autres auteurs décrivent de grandes moraines transversales qu'ils ont laissées sur la plupart des vallées de la Norwége et de la Suède.

Relations chronologiques de la période glaciaire et de la période humaine en Suède.

Nous avons maintenant à examiner si l'homme a été témoin de quelques-uns de ces changements en Scandinavie, et, dans ce cas, quels sont ceux auxquels il a pu assister. En Suède, dans le voisinage immédiat de la ville d'Upsal, j'ai observé, en 1834, des hauteurs formées de sable et de gravier stratifiés, au milieu desquels se trouve un lit de marne, formé évidemment à l'origine au fond de la Baltique par le développement lent des *Mytilus*, *Cardium* et autres coquilles marines d'espèces vivantes, mêlées à d'autres espèces propres aux eaux douces. Les coquilles marines sont d'une taille naine comme celles qui habitent maintenant les eaux saumâtres de la Baltique, et la marne dans laquelle il y en a des myriades est maintenant élevée de plus de 30 mètres au-dessus du niveau du golfe de Bothnie. Au sommet de ces hauteurs, (dont l'une s'appelle « Osars, » en Suède), reposent plusieurs énormes blocs erratiques, composés de gneiss non-arrondi pour la plupart, de 2 mètres 70 à 5 mètres de diamètre et qui ont dû être apportés à leur emplacement actuel depuis le moment où le golfe voisin était déjà caractérisé par sa faune récente. Nous avons donc là la preuve que le transport des blocs erratiques continua à avoir lieu non pas seulement alors que la mer fut peuplée par la faune testacée actuelle, mais quand le nord de l'Europe eut pris ce trait remarquable de sa configuration physique qui sépare la Baltique de la mer du Nord, et donne au golfe de Bothnie une salure qui est à peine le quart de celle de l'Océan.

Je ne puis mettre en doute que ces grands blocs erratiques n'aient été apportés à leur place actuelle pendant la période récente, non-seulement à cause de leur peu d'élévation au-dessus du niveau de la mer dans une région où le sol s'élève encore à chaque siècle, mais parce que j'ai observé des signes de grandes oscillations de niveau survenues depuis l'installation de l'homme dans ce pays, à Södertelje, au sud de Stockholm, à environ 70 kilomètres d'Upsal. J'ai décrit dans les *Philosophical Transactions*, en 1835, une coupe faite en creusant un canal en 1819, coupe qui montre un abaissement du sol suivi d'un relèvement, (chacun de ces mouvements ayant plus de 18 mètres d'amplitude), qui ont dû avoir lieu depuis le temps où une hutte grossière fut construite sur l'ancien rivage. On trouva la charpente en bois de la hutte, un cercle de pierres de foyer sur le sol, et beaucoup de bois carbonisé, le tout recouvert d'une épaisseur de plus de 18 mètres de couches marines contenant la variété naine du *Mytilus edulis* et d'autres coquilles d'eau saumâtre du golfe de Bothnie. Quelques embarcations assemblées avec des chevilles de bois, d'une date par conséquent antérieure à l'usage des métaux, étaient aussi enfouies dans une partie de la même formation marine qui s'est élevée depuis, de sorte que les couches supérieures sont maintenant à plus de 18 mètres au-dessus du niveau des eaux, et la hutte est ainsi ramenée à sa position primitive relativement à la mer.

Nous avons vu dans la description des « monticules de coquilles » ou « amas de débris » de la période récente, (p. 13), que même à une époque fort récente relativement à leur origine, les eaux de la Baltique avaient acquis une salure bien plus forte que celle qu'elles ont maintenant. Les blocs erratiques d'Upsal appartiennent peut-être à la même époque que ces « amas de débris. » Mais, si nous nous reportons en arrière jusqu'à une époque bien antérieure; si nous remontons jusqu'au temps des cavernes de Belgique et d'Angleterre avec leurs animaux éteints et les traces qu'elles nous ont laissées d'une géographie physique complétement différente de l'état actuel, ou jusqu'à la période du dépôt des alluvions à silex ouvrés de Saint-Acheul, nous devons nous attendre à trouver la Scandinavie recouverte de glaciers et devenue inhabitable à l'homme. A une époque encore plus éloignée, la même région était dans l'état dans lequel se trouve actuellement le Groënland, et revêtue d'un manteau non-interrompu de glace continentale qui a laissé son empreinte spéciale sur les plus hautes montagnes. Cette période, probablement antérieure aux plus anciennes traces mises au jour jusqu'ici de la présence de l'homme, a dû coïncider avec la submersion de l'Angleterre et le dépôt de l'argile caillouteuse du Norfolk, du Suffolk et du Bedfordshire, dont nous avons parlé plus haut. Il a déjà été établi que la syénite et d'autres roches du « *Till* » du Norfolk paraissent être venues de la Scandinavie; et il n'y a pas d'époque à laquelle les montagnes de glace aient pu plus facilement les transporter aussi loin vers le sud que quand toute la Suède et toute la Norwége étaient enveloppées d'une croûte compacte de glace. L'existence de cet état de choses se déduit des sillons glaciaires et de leur peu de rapport avec la forme des vallées secondaires.

Période glaciaire en Écosse.

M. Robert Chambers, après avoir visité la Suède et la Norwége et après avoir comparé les traces de l'action glaciaire en ces pays avec les marques analogues visibles dans les Grampians, est arrivé aux conclusions suivantes, savoir : que non-seulement les hautes terres de la Scandinavie et de l'Écosse ont l'une et l'autre, à une certaine époque, été « moulées dans la glace, » et que le mouvement de déplacement et de descente ainsi que la pression de la masse congelée ont arrondi, poli et strié les roches, mais que ces actions ont pendant une suite de siècles approfondi et élargi les vallées, et produit une grande partie des dénudations qu'on attribue communément à l'influence des eaux. Il a suivi les traces de l'action glaciaire sur les montagnes de l'Écosse au moins jusqu'à la hauteur de 900 mètres [1].

M. Agassiz, après son voyage en Écosse, en 1840, émit l'opinion que les blocs erratiques avaient été dispersés autour des montagnes de l'Écosse comme autour d'un massif central indépendant, et que le revêtement de glace devait avoir eu une épaisseur extraordinaire. M. F. T. Jamieson, de Ellen, dans le comté d'Aberdeen, a récemment apporté un nouvel ensemble de faits à l'appui de cette théorie. D'après lui, les Grampians furent, à la période du froid maximum, enveloppés d'un linceul de neige et de glace qui aboutissait de toutes parts à la côte, la terre étant alors plus élevée qu'elle ne l'est à présent. Il décrit des sillons glaciaires gravés sur des roches dures visibles dans le comté d'Aberdeen et dirigés au sud-est, ceux de la vallée du Forth à Édimbourg, de l'est à l'ouest, et d'autres en amont dans la même vallée à Stirling, allant du nord-ouest au sud-est, tous par conséquent orientés comme si la glace avait suivi les lignes principales d'écoulement des eaux. Les observations de Sir James Hall, de M. Maclaren, de

(1) *Ancient Sea Margins*, Edinburgh, 1848. *Glacial Phenomena, Edinburgh New Philosophical Journal*, avril 1853 et janvier 1854.

M. Chambers et du docteur Fleming sont citées par lui comme confirmant cette disposition des empreintes glaciaires ; il montre d'ailleurs que le long de la côte septentrionale les sillons se dirigent au nord, et dans le comté d'Argyle à l'ouest, toujours en harmonie avec la direction des principaux vallons et fiords.

Il invoque encore un autre argument pour prouver que la glace a exercé son action mécanique dans une direction partant des hautes terres et de l'intérieur du pays pour aboutir à la région basse des côtes. Des collines isolées et de petits pointements de roches sont souvent polis et striés du côté qui regarde l'intérieur du pays, tandis que leurs arêtes demeurent brutes et vives du côté qui fait face à la mer. On peut constater ce phénomène sur la côte ouest aussi bien que sur la côte est. On cite aussi des blocs de granit qui ont voyagé du sud au nord dans le comté d'Aberdeen, et on n'aurait pas trouvé d'exemples de blocs de cette nature si tous les erratiques eussent été apportés des régions arctiques par des glaces flottantes pendant la submersion de l'Écosse. On oppose aussi à la théorie, qui attribue tous les phénomènes glaciaires à une immersion du pays, que les sillons glaciaires, au lieu de rayonner d'un centre comme ils le font, devraient, s'ils avaient été produits par des glaces venant du nord, se trouver parallèles à la ligne des côtes avec laquelle ils font souvent un angle droit. Cet argument donc, qui autrefois était si fort invoqué en faveur des glaces flottantes, à savoir, qu'elles expliquaient pourquoi la position d'un si grand nombre de pierres n'était point en harmonie avec les contours et la direction des vallées et des coteaux secondaires, se trouve détruit, et, bien plus, il se trouve retourné en faveur de la doctrine de la glace continentale à la façon de celle du Groënland, qui, après avoir nivelé les petites dépressions, aurait marché sous forme de puissants courants de glace, dans des directions souvent fort inclinées par rapport aux chaînes et aux vallons secondaires.

L'application de cette théorie à la Scandinavie et à l'Écosse rend nécessaire un nouvel examen des preuves précédemment alléguées comme établissant la submersion d'une grande partie de l'Écosse par les eaux de la mer à la période postérieure à la période glaciaire. En tous cas, aux points où des coquilles marines reposent sur le *Till*, ou recouvrent des roches à surfaces polies et striées, les preuves de l'immersion et du soulèvement postérieur du sol demeurent inébranlées ; mais ce genre spécial d'évidence se présente rarement à des hauteurs excédant 150 mètres. Nous avons déjà vu que dans le bassin de la Clyde on rencontre des couches récentes à 7 mètres 50 au-dessus du niveau de la mer, avec des espèces existantes de testacés marins, avec des canots enfouis et d'autres objets de l'industrie humaine. A un niveau plus élevé, à 12 mètres, se rencontre la plage soulevée bien connue de la côte occidentale, qui, selon M. Jamieson, contient, près de Fort-William, au Loch Fyne, et encore ailleurs, un assemblage de coquilles prouvant un climat plus froid que celui de la terrasse de 7 mètres 50 d'altitude ou de la mer actuelle. C'est un fait tout à fait comparable à celui que nous a présenté la vallée de la Somme, où les graviers du niveau supérieur paraissent appartenir à une période plus froide que ceux du niveau inférieur, et bien plus encore que ceux de l'époque actuelle. A une élévation encore plus grande, des couches plus anciennes, contenant une réunion de coquilles encore plus boréales, ont été observées à Airdrie, à 32 kilomètres au sud-est de Glasgow, à 157 mètres au-dessus du niveau de la mer. Elles sont enfouies dans des argiles stratifiées, et sont enclavées entre deux couches de *Till* caillouteux sans stratification, dont la partie supérieure contient quelques cailloux de granite qui doivent être venus de distances de 96 kilomètres pour le moins (1). La présence de la *Tellina calcarea* et de plusieurs autres coquilles septentrionales indique un climat plus froid que celui des mers actuelles de l'Écosse. Au nord de ce pays, des coquilles marines ont été trouvées dans des dépôts du même âge dans les comtés de Caithness et d'Aber-

(1) Smith of Jordanhill, *Quarterly Geological Journal*, 1850, vol. VI, p. 387.

deen, à des hauteurs de 75 mètres, puis sur les rivages du Moray Frith ainsi qu'à Gamrie, dans le comté de Banff, à 105 mètres; même les sables stratifiés et les lits de cailloux appartenant à la même formation montent encore plus haut, ils vont jusqu'à 150 mètres au moins (1).

On trouve encore à de bien plus grandes hauteurs des masses de terrain de transport, mais on n'y a jusqu'à présent trouvé ni restes organiques, ni animaux marins ou d'eau douce. On n'a pas encore résolu la question de savoir si tous les dépôts de cette nature dans les monts Grampians pourront être expliqués sans faire intervenir la mer. L'un des exemples les plus saillants a été décrit par M. Jamieson et se trouve sur le flanc d'une colline appelée Meal Uaine, dans le comté de Perth, sur la rive orientale de la vallée du Tummel, juste au-dessous de Killiecrankie. Ce dépôt consiste en couches parfaitement horizontales dont la partie inférieure est à 90 mètres au-dessus de la rivière, et 180 au-dessus de la mer. Depuis ce niveau jusqu'à une altitude de 360 mètres, la même série de couches peut se suivre d'une façon continue en remontant la pente des montagnes, et on en voit même des lambeaux çà et là jusqu'à 465 mètres au-dessus du niveau de la mer. Ce dépôt se compose en grande partie de vase en feuillets minces alternant avec des matières plus grossières, au milieu desquelles se trouvent disséminées des pierres de 12 à 15 décimètres de longueur. Ces gros cailloux et d'autres de plus petites dimensions sont polis sur une ou plusieurs faces et sont marqués de stries glaciaires. Les roches sous-jacentes, gneiss, micaschistes, quartz, sont aussi partout sillonnées et polies comme par le passage d'un glacier (2).

Il y a un endroit où l'on voit, sur une épaisseur verticale de 39 mètres, cette série de couches coupée par un torrent, et on a compté en tout plus de deux mille lits de sable, d'argile, et de gravier, le tout évidemment accumulé sous l'eau.

(1) Voir les notes de M. Prestwich, *Proceedings of the Geological Society*, vol. II, p. 545; et F. T. Jamieson, *Geological Quarterly Journal*, vol. XVI.

(2) Jamieson, *Geological Quarterly Journal*, vol. XVI, p. 360.

Quelques couches se composent d'une boue impalpable et plastique, qui paraît provenir de la pulvérisation du feldspath et est semblable à la boue que produit actuellement l'action triturante des glaciers modernes.

M. Jamieson, quand il décrivit pour la première fois ce terrain de transport, conclut, malgré l'absence de coquilles marines, qu'il indiquait une submersion de l'Écosse par l'Océan après le commencement de la période glaciaire ; ou postérieurement à l'époque de la glace continentale, qui avait laissé ses traces sur la surface des roches sous-jacentes qu'elle avait polies et striées. Cette conclusion implique un abaissement du sol de 465 mètres au-dessous du niveau actuel de la mer, après quoi serait survenu un grand mouvement de relèvement. Mais le même auteur, ayant dernièrement visité de nouveau la vallée du Tummel, énonce une autre explication possible, et que je crois probable, du même phénomène. Le terrain de transport en question est situé dans une dépression profonde entre deux contre-forts de rochers ; si on suppose qu'un énorme glacier ait autrefois rempli la vallée du Turmmel à la hauteur du terrain stratifié, il a dû barrer la vallée à un torrent venu des montagnes et donner naissance à un lac profond dans lequel se seront déposés des lits de sable et d'argile entraînés par le torrent. Charpentier, dans son ouvrage sur les glaciers de la Suisse, a décrit beaucoup de réservoirs de cette nature dans lesquels s'accumulent encore à présent les matières stratifiées et qui doivent leur existence à des barrages analogues ; et il a indiqué les débris d'anciennes formations semblables laissés par des glaciers d'une époque antérieure. Il mentionne particulièrement ce fait que des pierres anguleuses de diverses dimensions, souvent polies et striées, reposent sur le glacier et finissent par tomber quand le torrent mine le flanc de la glace qui s'avance; ces pierres alors descendent dans le petit lac et s'intercalent entre les lits de graviers et de sédiments fins qu'y apporte le torrent [1].

[1] Charpentier, *Essai sur les glaciers*, 1841, p. 63.

La présence du séjour des eaux de la mer sur le sol depuis le commencement de la période glaciaire se concluait autrefois de la hauteur à laquelle on trouvait des blocs erratiques venus de régions éloignées et du défaut d'harmonie entre les sillons glaciaires et le contour actuel d'une grande partie des vallées. Quelques-uns de ces phénomènes peuvent maintenant, comme nous l'avons vu, s'expliquer en admettant qu'il y eut autrefois une croûte de glace semblable à celle qui recouvre maintenant le Groënland.

La hauteur des Grampians dans le Forfarshire et le Perthshire va de 900 à 1200 mètres. Au sud se trouve la large et profonde vallée de Strathmore, limitée à son tour par les collines de Sidlaw, dont la hauteur est de 450 mètres et au delà. Sur les sommets les plus élevés de cette chaîne formée de grès et de schistes argileux, et à diverses élévations, j'ai observé de gros morceaux anguleux de micaschiste de 1 mètre à 4 mètres 50 de diamètre, qui ont été apportés d'une distance d'au moins 24 kilomètres, distance la plus courte à laquelle se trouvent les roches les plus voisines des monts Grampians dont ils puissent provenir. D'autres, qui n'ont pas été jusque-là, se sont répandus sur le sol de la large vallée de Strathmore (1).

On pourrait objecter que le transport de ces blocs ne saurait être attribué à des glaces flottantes, et doit au contraire remonter à une époque où la vallée de Strathmore était remplie de glace compacte dont un courant s'étendait des Highlands du Perthshire au sommet des collines de Sidlaw ; et l'absence complète de coquilles marines ou d'eau douce dans tous les dépôts stratifiés ou non qui se trouvent en relation avec ces blocs erratiques dans le Forfarshire et le Perthshire semblerait être un argument en faveur de cette théorie.

Mais il est difficile d'imaginer que le même mode de transport ait pu s'appliquer à des fragments de micaschiste, dont l'un pèse de 8 à 10 tonnes, et qui furent observés beaucoup plus au sud par M. Maclaren sur les collines de Pentland, près

(1) *Proceedings of the Geological Society*, vol. III, p. 344.

d'Édimbourg, à la hauteur de 330 mètres au-dessus de la mer, à une distance de 80 kilomètres de la montagne la plus voisine composée des mêmes roches [1]. On trouve aussi sur les mêmes collines, à toutes les hauteurs, des graviers stratifiés qui, bien que dépourvus de coquilles, paraissent difficilement pouvoir se rapporter à une origine autre qu'une origine marine.

Je veux bien, par conséquent, accorder que les traces de phénomènes glaciaires des montagnes de l'Écosse à des niveaux supérieurs à 600 mètres puissent s'expliquer par des glaces continentales ; mais il me semble difficile de ne pas admettre qu'il y ait eu un abaissement, non pas de 150 à 180 mètres, comme celui que montrent les coquilles marines, mais d'une bien plus grande amplitude, comme celle qu'indiqueraient la position actuelle des blocs erratiques et certains lambeaux de terrain de transport stratifié. L'absence de coquilles marines au delà de 157 mètres au-dessus de la mer sera examinée dans un chapitre suivant. Il pourrait se faire qu'elle dût en partie être attribuée à l'action des glaciers qui ont emporté les couches marines dans toutes les hautes vallées après le relèvement du sol au-dessus des eaux.

Derniers changements amenés en Écosse par les glaciers.

Nous avons maintenant à examiner l'état de l'Écosse une fois qu'elle fut sortie des eaux de la mer glaciaire, époque qui ne peut manquer d'être voisine du temps où l'homme coexistait avec le mammouth et d'autres mammifères éteints. Dans une note que j'ai publiée, en 1840, sur les anciens glaciers du Forfarshire, je m'efforçais de démontrer qu'il y en eut quelques-uns qui continuèrent à exister après que les montagnes et les vallées eurent pris leur relief actuel [2], et qu'ils avaient abandonné des moraines, même dans les plus petites

[1] Maclaren, *Geology of Fife*, etc., p. 220.
[2] *Proceedings of the Geological Society*, vol. III, p. 337.

vallées, précisément aux points où ils en déposeraient encore si la neige et la glace venaient de nouveau à recouvrir le sol. Je décrivais aussi un remarquable monticule allongé, ayant évidemment formé la moraine d'un glacier en voie de retrait, et qui traverse de part en part la vallée du South Esk, à quelques kilomètres du point où ce cours d'eau sort des Grampians et à 9 kilomètres et demi environ de la ville de Clova. Cette moraine est située à un endroit appelé Glenairn, (à 210 mètres peut-être au-dessus du niveau de la mer), où la vallée a 800 mètres de large et est limitée par des montagnes élevées et escarpées. Immédiatement au-dessus de cette barrière transversale, la vallée s'étale en une large plaine d'alluvion qui a évidemment autrefois été un lac. Le barrage lui-même, ayant à peu près 60 mètres de haut, se compose à sa partie inférieure de *Till* avec cailloux, sur 24 mètres d'épaisseur, tout à fait semblable à la moraine d'un glacier suisse; au-dessus se trouve une masse de sable stratifié de 30 mètres de puissance, qui paraît se composer des matériaux de la moraine remaniés et stratifiés peut-être par les eaux d'un lac de glaciers. La disposition de cette barrière a été entièrement mise au jour par l'Esk, qui s'y est frayé un profond passage d'environ 270 mètres de large.

J'ai aussi donné la description d'un autre trait saillant de la physionomie géographique du Perthshire et du Forfarshire, dont je fais remonter l'origine à la même époque; il s'agit d'une bande continue d'argile caillouteuse, formant des hauteurs et des monticules de 15 à 21 mètres d'élévation, ayant généralement leurs parties supérieures stratifiées, et servant de limites à de nombreux lacs dont quelques-uns ont plusieurs kilomètres de long, et à de nombreux étangs et marais remplis de marnes coquillières et de tourbes. Cette zone de *Till*, avec association de cailloux des Grampians et de gravier fluviatile, peut se suivre d'une façon continue sur une distance de 54 kilomètres avec une largeur de 5 kilomètres et demi depuis les environs de Dunkeld, en passant par Coupar, jusqu'au sud de Blairgowrie, puis de là à travers la partie basse de Strathmore, et ensuite en droite ligne à travers la grande dépression des collines de Sidlaw, depuis Forfar jusqu'à la baie de Lunan.

Quoique aucun grand cours d'eau ne traverse maintenant cette ligne d'anciens lacs, d'anciennes moraines et d'anciens graviers fluviatiles, il est néanmoins évident qu'elle correspond d'abord à l'ancienne limite d'un grand glacier qui deviendrait autrefois des montagnes à la mer, et en second lieu, pour une période postérieure, au principal canal d'écoulement des eaux de ce pays. Les modifications ultérieures de la géographie sont comparables comme valeur à celles de la vallée de la Somme depuis le dépôt des graviers du niveau supérieur, ou à celles de la Belgique depuis que les cavernes de ce pays se sont remplies de boue et de brèche osseuse.

M. Jamieson a remarqué à ce sujet, et à propos d'autres lits de rivières d'une date correspondante, que nous avons le moyen de fixer la direction dans laquelle coulaient les eaux en observant l'arrangement des galets ovales et aplatis dans ces lits abandonnés; en effet, dans le lit d'un cours d'eau rapide les cailloux de cette espèce sont inclinés de façon à plonger vers l'amont, comme on le voit fig. 35, position qui est celle où ils offrent la plus grande résistance au courant [1].

Fig. 35.

Admettant cela, il s'ensuit que les situations relatives de la région haute ou montagneuse et de la région basse sont les mêmes qu'au temps où un grand cours d'eau traversait cette chaîne de lacs.

Nous avons aussi un témoin de l'origine comparativement moderne de ces monticules de *Till* qui limitent la chaîne des lacs dont venons de parler et dont fait partie celui de

[1] Jamieson, *Quarterly Geological Journal*, vol. XVI, p. 349.

Forfar, dans les espèces de restes organiques contenus dans la marne coquillière qui en fait le fond. Tous les mammifères comme toutes les coquilles sont d'espèces récentes. Malheureusement nous n'avons aucun renseignement sur la faune qui peuplait le pays à l'époque où le *Till* lui-même se déposa. Il paraît n'y avoir jusqu'ici que trois ou quatre exemples connus de mammifères découverts dans l'argile caillouteuse de l'Écosse.

M. R. Bald a rapporté les circonstances dans lesquelles fut trouvée une défense isolée d'éléphant dans le terrain de transport non stratifié de la vallée du Forth, et il l'a fait avec les détails minutieux que méritait la rareté de la découverte. Il désigne sous le nom de « ancien revêtement d'alluvion » l'argile caillouteuse pour la distinguer des alluvions plus modernes dans lesquelles on a trouvé à Airthrie les baleines décrites p. 55. Ce « revêtement, » dit-il, a quelquefois 48 mètres d'épaisseur. N'y ayant jamais trouvé de restes organiques, il suivit, avec curiosité et attention, entre Édimbourg et Falkirk, le creusement du « Union canal, » qui, pendant plus de 45 kilomètres, traverse presque continuellement ce dépôt. M. Baird, l'ingénieur, chef des travaux, l'aidait dans cette recherche, et il n'y eut qu'un point dans cette longue coupe où ils trouvèrent un fossile ; ce fut à Cliftonhall, dans la vallée de l'Almond. Il fut trouvé à une profondeur de 4 mètres 50 à 6 mètres au-dessous de la surface, dans une argile très-dure, et consistait en une défense d'éléphant de 97 centimètres de long et de 32 de circonférence, dans un état de conservation si frais qu'un tourneur d'ivoire l'acheta et en avait déjà utilisé une portion à fabriquer des échecs avant qu'on la sauvât de la destruction. Ce qui en reste est maintenant au musée d'Édimbourg, mais l'exposition à l'air l'a considérablement racornie [1]. En 1817, on rencontra deux autres défenses et quelques os d'éléphant, à ce que nous apprend le même auteur, M. Bald ; les défenses avaient 1 mètre de long

(1) *Memoirs of the Wernerian Society*, Edinburgh, vol. IV, p. 58.

et 32 centimètres de circonférence ; elles gisaient horizontalement à 5 mètres de profondeur dans l'argile avec des coquilles marines, à Kilmaurs, dans le comté d'Ayr. Les espèces de coquilles n'ont pas été indiquées (1).

Les travaux du chemin de fer de jonction de la Clyde et du Forth firent découvrir, dans une autre excavation, des bois de renne à Croftamie, dans le comté de Dumbarton, dans le bassin de la rivière Endrick, qui se jette dans le Loch Lomond. La tranchée avait traversé 3 mètres 60 de *Till* à cailloux anguleux et arrondis, (quelques-uns de grandes dimensions), puis 1 mètre 20 d'argile sous-jacente, quand on trouva ces bois de renne à 5 mètres 50 de la surface, recouverts par 30 centimètres du sable sur lequel reposait le *Till*. A la distance de quelques mètres, dans la même position, mais à quelque 50 centimètres plus bas, on observa des coquilles marines, *Cyprina islandica*, *Astarte elliptica*, *A. compressa*, *Fusus antiquus*, *Littorina littorea*, et une balane. La hauteur, au-dessus du niveau de la mer, était de 30 à 31 mètres. Le bois de renne fut examiné par M. Owen, qui le regarda comme étant celui d'une jeune femelle de la variété à grande taille appelée *Carabou* par les trappeurs de la baie d'Hudson.

Les restes d'éléphants, maintenant déposés aux muséums de Glasgow et d'Édimbourg, et qui proviennent des dépôts superficiels de l'Écosse, ont été rapportés à l'*Elephas primigenius*. Dans les cas où les défenses seules ont été trouvées non accompagnées de molaires, cette détermination spécifique peut être incertaine ; mais si un seul de ces échantillons est déterminé avec certitude, il suffit pour établir qu'on rencontre dans l'argile caillouteuse d'Écosse le mammouth et le renne, quadrupèdes qui tous deux sont connus pour avoir été contemporains de l'homme. Ce fait corrobore l'idée que j'avais précédemment énoncée, savoir, que la fin de la période glaciaire dans les Grampians devait avoir coïncidé avec

(1) *Memoirs of the Wernerian Society*, Edinburgh, vol. IV, p. 65.

une période où l'homme existait dans les parties de l'Europe dont le climat était moins rigoureux, par exemple dans les bassins de la Tamise, de la Somme et de la Seine, dans lesquels les ossements de beaucoup de mammifères éteints se trouvent associés à des ustensiles d'un type primitif.

Terrasses parallèles du Glen Roy en Écosse.

Il n'est peut-être pas de partie du terrain de transport superficiel de l'Écosse à laquelle, à n'en considérer que l'aspect récent, on puisse attribuer une origine plus moderne qu'à ce qui forme ce que l'on a appelé « les terrasses parallèles du Glen Roy. » Si elles ne se rapportent pas à la période récente, elles sont au moins postérieures à la création du relief actuel des montagnes et des vallons, (*glen*), et au moment où chacun des moindres ruisseaux eût adopté le lit qu'il occupe à présent, à part quelques-uns qui ont pu légèrement approfondir le leur. Au surplus, la parfaite horizontalité de ces terrasses, dont l'une est non interrompue sur 32 kilomètres environ de l'est à l'ouest et 19 kilomètres du nord au sud, montre que depuis l'époque de leur formation aucun changement n'est survenu dans les niveaux relatifs des différentes parties de cette région.

Le Glen Roy est situé dans les Highlands de l'ouest, à peu près à 16 kilomètres de Fort-William, près de l'extrémité occidentale du grand glen, de l'Écosse, c'est-à-dire du canal Calédonien, et presque au pied du plus élevé des Grampians, du Ben Nevis, (voir la carte, p. 264). Sur presque toute sa longueur, c'est-à-dire sur un parcours de plus de 16 kilomètres, on suit le long des flancs escarpés des montagnes trois terrasses ou saillies parallèles, ayant à peu près l'aspect représenté dans la planche II par feu sir T. Lauder Dick, conservant chacune une horizontalité parfaite, et se retrouvant exactement au même niveau sur le côté opposé du Glen. Vues à distance, elles font l'effet de routes ou de terrasses artificiellement entaillées dans les flancs des collines. Mais quand on

VUE DES DÉBOUCHÉS DU GLEN ROY ET DU GLEN SPEAN PAR SIR T. LAUDER DICK

Glen Collarig. Colline de Bohuntire. Glen Roy. Mealderry. Entrée du Glen Spean.

Séparation du Glen Roy et du Glen Spean.

est dessus on a quelque peine à en reconnaître l'existence, tant la surface en est inégale et recouverte de cailloux. Elles ont de 3 à 18 mètres de large, et la seule différence qu'on puisse signaler entre elles et la surface de la montagne, c'est que la pente en est un peu moins rapide.

Mais en les examinant de plus près on trouve que ces terrasses sont stratifiées à la manière ordinaire des dépôts littoraux ou d'alluvion, comme on peut le voir aux points où des torrents ont creusé des ravins. Ainsi ces saillies parallèles n'ont point eu pour cause une dénudation, mais un dépôt de détritus précisément semblable à celui qui est répandu en moins grande épaisseur sur les déclivités des collines supérieures. Ces collines se composent de schiste argileux, de micaschiste et de granite, roches qui ont été usées et mises à nu en un petit nombre de points immédiatement au-dessus des terrasses en question. La plus basse de ces terrasses est à environ 255 mètres au-dessus du niveau de la mer, la suivante à environ 63 mètres plus haut et la troisième à 25 mètres au-dessus de la seconde. Il y en a encore une quatrième qui ne se trouve que dans une vallée contiguë appelée le Glen Gluoy; elle est de 3 mètres 60 plus élevée que toutes les terrasses du Glen Roy, et par conséquent se trouve à 347 mètres au-dessus du niveau de la mer [1]. Une seule, la plus basse des trois du Glen Roy, se continue au travers du Glen Spean, grande vallée qui se réunit au Glen Roy, (voir planche II et fig. 36.) Comme ces saillies n'ont pas d'inclinaison vers la mer ainsi que des berges ordinaires de rivières, elles sont partout à la même hauteur absolue et deviennent de plus en plus élevées au-dessus du cours d'eau, à mesure qu'on descend la vallée. A la fin elles se terminent très-brusquement sans aucune cause visible, et sans aucun changement ni dans la forme du sol ni dans la composition ou la dureté des roches.

Je dépasserais de beaucoup les limites de cet ouvrage si

[1] On en voit aussi une autre isolée à Kilfinnan; voir la carte ci-jointe

Fig. 36.

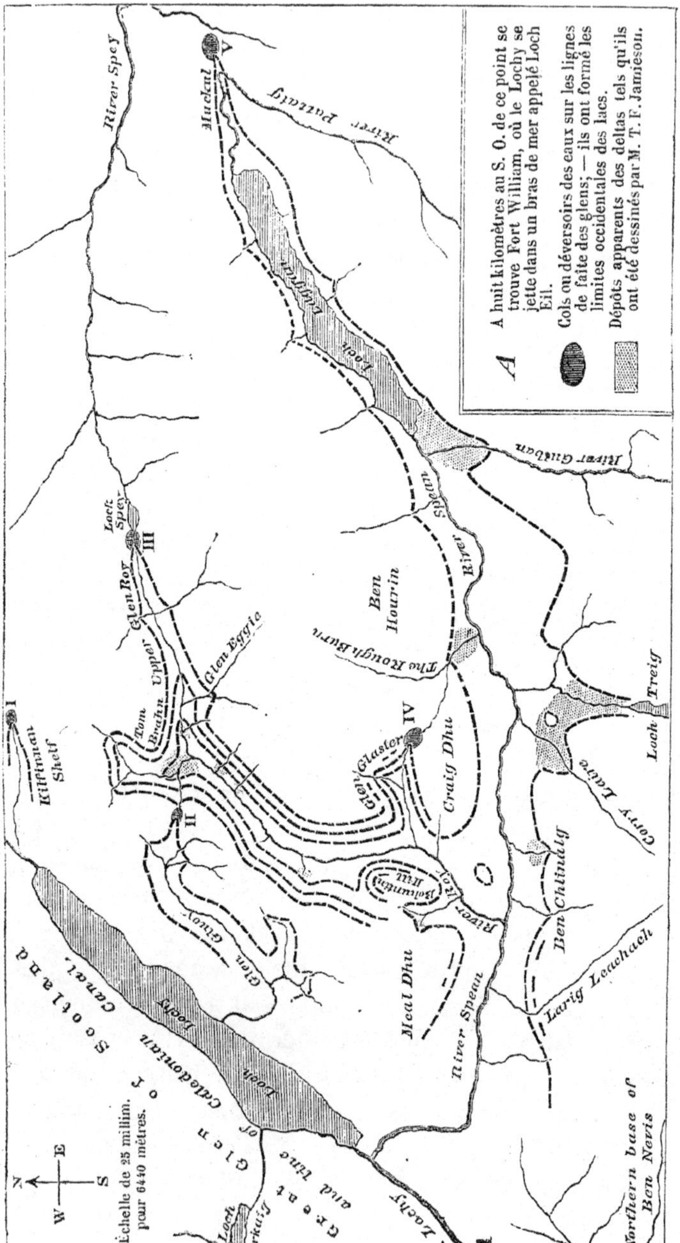

Fig. 36. Carte des terrasses parallèles du Glen Roy.

j'essayais de donner une description complète de toutes les circonstances géographiques qui se rattachent à ces singulières terrasses ou de discuter les ingénieuses théories proposées à diverses reprises pour en rendre compte par le docteur Macculloch, sir T. Lauder et MM. Darwin, Agassiz, Milne et Chambers. Il y a cependant un point sur lequel tous sont d'accord, c'est que ces saillies sont d'anciennes plages, ou formations littorales déposées autour des bords d'une ou de plusieurs nappes d'eau qui existèrent autrefois successivement et pendant longtemps aux niveaux des différentes terrasses.

C'est un fait bien connu que partout où il existe un lac ou un fiord marin, environné de montagnes à pente rapide et soumises à une désaggrégation superficielle due à la gelée ou à l'action des torrents, des détritus sont entraînés chaque année par les eaux, surtout à la fonte des neiges, et s'arrêtent dans leur descente au point où ils atteignent les eaux du lac. Alors les vagues étalent ces matières le long des rives et en jettent une partie sur la plage; ce travail de dispersion leur est facilité par la glace qui souvent adhère aux fragments de roches pendant les mois d'hiver et les rend plus aisément transportables. Le diagramme ci-contre met en lumière la façon dont MM. Macculloch et Darwin se représentent ces terrasses, qu'ils supposent ne constituer que de simples saillies du revêtement superficiel d'alluvion qui repose sur les flancs des collines et se compose principalement d'argile et de pierres brutes non arrondies.

Fig. 37.

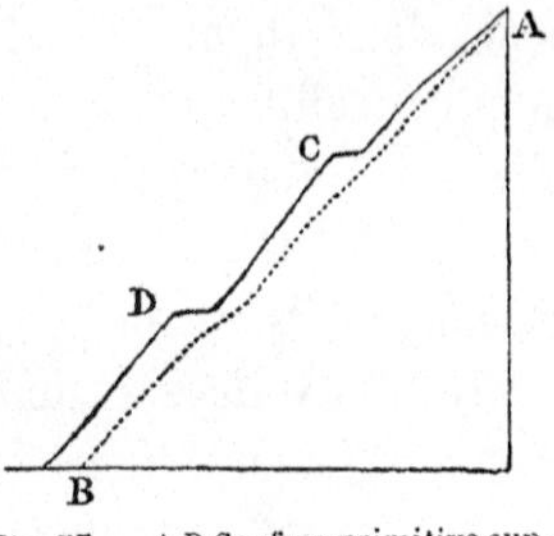

Fig. 37. — A B Surface primitive supposée du rocher.
C D Terrasses ou saillies dans le revêtement d'alluvion extérieur de la colline.

Entre autres preuves que les terrasses parallèles ont réellement été formées le long du bord d'une nappe d'eau, il faut citer la suivante : c'est que partout où une colline isolée s'élève au milieu du glen au-dessus du niveau d'une des terrasses, comme à Mealderry, planche II, une saillie correspondante se voit au même niveau autour du coteau, comme cela se serait produit s'il eût autrefois formé une île dans un lac ou dans un fiord. Une autre particularité très-remarquable de ces terrasses, c'est que chacune d'elles, en un point de son parcours, aboutit à un col ou crête de séparation des extrémités supérieures des glens; nous examinerons ce fait dans la suite et nous en chercherons l'explication.

Les écrivains qui professèrent les premiers la doctrine que les terrasses étaient d'anciens rivages de lacs d'eau douce ne pouvaient offrir aucune hypothèse probable relativement à la formation et à la destruction ultérieure de barrières d'une hauteur et d'une solidité suffisantes pour retenir ces eaux. L'intervention d'une violente convulsion, qui les aurait détruites, était incompatible avec l'horizontalité non interrompue des terrasses et avec l'aspect des parties des glens où ces terrasses se terminent brusquement, aspect qui n'indique aucune perturbation.

M. Agassiz et le docteur Buckland, en leur qualité de défenseurs de la théorie des lacs, s'efforcèrent d'expliquer pourquoi ces saillies étaient limitées à certains glens et pourquoi elles manquaient dans d'autres glens contigus où les roches avaient la même composition et où l'inclinaison du sol était la même; ils mirent en avant une théorie en vertu de laquelle ces vallées avaient été autrefois interceptées par d'énormes glaciers descendant du Ben Nevis et donnant naissance à ce qu'on a appelé en Suisse et dans le Tyrol des lacs de glaciers. A l'appui de cette idée, ils alléguèrent que l'alluvion du Glen Roy, ainsi que celle d'autres parties de l'Écosse, a des caractères analogues à ceux des moraines des glaciers qu'on voit dans les vallées des Alpes suisses. Je dois reconnaître que cette hypothèse est préférable à toute autre théorie antérieure fondée sur la présence des lacs, car elle rend compte facilement de l'existence temporaire et de la disparition complète de puissantes barrières transversales, quoiqu'on puisse alléguer que la hauteur attribuée aux digues de glace supposées paraisse vraiment énorme.

Avant que M. Agassiz eût émis l'idée des lacs de glaciers, M. Darwin avait examiné le Glen Roy et en était arrivé à penser que ces terrasses s'étaient formées quand les glens étaient encore des bras de mer et que, par conséquent, il n'y avait jamais eu de barrières interceptant la communication entre la mer et les glens. D'après lui, le sol se soulevait au-dessus des eaux d'un mouvement lent et uniforme comme celui qu'on a reconnu sur une grande partie de la Suède et de la Finlande; mais il y aurait eu certains temps d'arrêt dans le soulèvement, et à ces moments les eaux de la mer seraient restées stationnaires pendant assez de siècles pour permettre l'accumulation d'une quantité extraordinaire de détritus et la création, juste au-dessus du niveau de la mer, d'entailles profondes et de falaises nues dans les roches dures et solides.

Ce fut cette théorie que j'adoptai en 1841, (*Elements*, 2me édition), parce qu'elle me parut la moins sujette à objection de toutes celles qu'on avait jusqu'alors proposées. Les phénomènes qu'il est le plus difficile de concilier avec elle sont d'abord la brusque terminaison des terrasses en certains points dans les différents glens; secondement, leur nombre inégal dans différentes vallées communiquant l'une avec l'autre, comme par exemple le Glen Roy, où il y en a trois, et le Glen Spean, où il n'y en a qu'une; troisièmement, l'exacte horizontalité du niveau que conserve la même terrasse sur un développement de plusieurs lieues, ce qui nous force à admettre que pendant un exhaussement de 347 mètres aucune portion du sol ne s'éleva même de quelques mètres plus rapidement qu'une autre; quatrièmement enfin, la coïncidence déjà citée du niveau de chaque terrasse avec un col ou point de partage des eaux de deux vallons qui y aboutissent. M. Darwin s'est efforcé d'expliquer de la façon suivante ce dernier trait de la géographie physique du Lochaber. Il appela ces cols des « détroits de terres, » et, les regardant comme ayant été anciennement des détroits ou des passes entre des îles, il fit remarquer qu'il y a dans des endroits de cette nature une tendance à s'ensabler, tendance proportionnelle au peu de largeur de ces passages. Dans une carte marine des îles Falkland par le capitaine Sullivan de la marine royale, il paraît que l'on voit plusieurs exemples de détails où les sondages diminuent régulièrement à mesure qu'on s'avance vers la partie la plus étroite. L'un d'eux est si près d'être à sec qu'on peut le franchir à pied à marée basse, et un autre, qui n'est plus couvert par la mer, doit, à ce qu'on suppose, sa mise à sec récente à une légère altération dans les niveaux relatifs de la mer et du sol. « On rencontre dans les Hébrides, fait re- « marquer M. Chambers, de semblables détroits qui, par leurs « caractères, tiennent le milieu entre la terre et la mer et qui « pourraient s'appeler des gués. Tel est, par exemple, le pas- « sage qui sépare les îles de Lewis et de Harris, et celui qui se « trouve entre North Uist et Benbecula, qui tous deux se pré- « senteraient certainement comme des cols situés sur le pro- « longement d'une terrasse ou plage soulevée entourant les « îles si la mer venait à s'abaisser [1]. »

La première des difficultés que nous venons de citer, c'est-à-dire la non-extension des terrasses sur certaines parties des glens, pourrait s'expliquer, dit M. Darwin, en supposant en certains endroits une croissance rapide d'un revêtement de gazon sur un sol convenable, revêtement qui aurait empêché la pluie de délayer et d'entraîner les matières qui recouvraient la surface. Mais partout où le sol était nu et où le gazon mit trop longtemps à croître, l'entraînement des détritus eut le temps de se produire. On cite un cas où une terrasse intermédiaire se montre sur une faible longueur, (1200 mètres), sur le flanc de la montagne appelée Tombkran, entre les deux terrasses supérieures, et sans qu'on la retrouve ailleurs. Elle se rencontre au point où la plaine liquide s'étendait le plus au large, et où les vagues devaient avoir une puissance plus qu'ordinaire pour amasser les détritus.

(1) R. Chambers, *Ancient Sea Margins*, p. 114.

Le nombre inégal des terrasses dans des vallées communiquant l'une avec l'autre et creusées dans des roches de composition identique, aussi bien que l'absence générale de toute terrasse aux altitudes correspondantes dans les glens situés du côté opposé à la ligne de partage des eaux, et dans les vallées dont l'écoulement se fait vers l'est, sont des objections à la théorie marine qui n'ont jamais encore été résolues. M. T. F. Jamieson, déjà cité, a, lors de sa dernière visite au Lochaber, en 1861, observé plusieurs faits qui confirment hautement l'hypothèse des lacs de glaciers qui, comme je l'ai déjà dit, fut d'abord énoncée par M. Agassiz. En premier lieu il trouva de nombreuses traces de surfaces de rochers polies et striées, et une grande accumulation de débris de roches aux points où devait précisément apparaître l'action glaciaire si la glace avait vraiment autrefois intercepté les eaux des glens dans lesquels se rencontrent les « terrasses. » Le Ben Nevis doit avoir étendu ses glaciers vers le nord et le Glen Arkeg vers le sud, car les montagnes qui terminent ce dernier glen ont 900 mètres de haut et peuvent, avec l'aide d'autres glens tributaires, avoir contribué à intercepter par des glaces la grande vallée Calédonienne de façon à barrer pendant un certain temps les issues du Glen Spèan, du Glen Roy et du Glen Gluoy. La transformation temporaire de ces glens en lacs de glaciers est très-facile à concevoir, parce que la partie supérieure des collines n'a pas une étendue très-considérable et que les vallons peuvent n'avoir pas été comblés de glace à l'époque où de grands glaciers se formaient dans d'autres régions avoisinantes et plus élevées.

Secondement, les terrasses parallèles, dit M. Jamieson, sont plus nettement limitées et continues qu'aucun autre rivage soulevé ou ancienne ligne côtière visible à notre connaissance dans l'ouest de l'Écosse, dans le comté d'Argyle, par exemple.

Troisièmement, au niveau de la plus basse des terrasses du Glen Roy, aux points où des torrents qui descendent sur les flancs de la colline se sont frayé un chemin à travers la terrasse, on voit de petites expansions de cette terrasse, expansions en forme de delta, parfaitement accusées, comme si les matières fines ou grossières s'étaient déposées là primitivement dans un lac tranquille et n'avaient pas été soumises à l'action des marées qui les auraient mêlées avec des sédiments apportés par d'autres courants. Ces deltas sont trop intacts pour qu'il soit permis de supposer qu'ils aient jamais, depuis leur origine, été exposés aux vagues de la mer.

Quatrièmement, les alluvions déposées sur les cols ou déversoirs, dont nous avons parlé, sont telles qu'elles devraient être si les eaux avaient pris leur cours vers l'est, ou étaient sorties par l'issue supérieure des lacs de glaciers supposés, au lieu de s'échapper par la partie inférieure dans la direction de l'ouest où l'on admet que se trouvaient les grands barrages de glace.

A l'appui de ces arguments de M. Jamieson je rappellerai qu'en Suisse, actuellement, il n'existe point de mollusques testacés dans les eaux froides des lacs glaciers ; ainsi, l'absence complète de coquilles fossiles marines ou d'eau douce dans les matières stratifiées des terrasses serait expliquée si l'on adoptait la théorie que je viens d'indiquer.

Quand j'examinai les « terrasses parallèles, » en 1825, en compagnie du docteur Buckland, ni la théorie de glaciers, ni l'hypothèse des anciennes plages marines de M. Darwin n'avaient encore été proposées, et depuis cette époque je ne suis pas retourné au Lochaber. Mais il m'est resté dans la mémoire un souvenir très-présent de l'ensemble et des traits physiques de ce pays, et je regarde maintenant la théorie des lacs de glaciers comme offrant la solution la plus satisfaisante de ce problème difficile. L'objection qui paraît la plus redoutable de toutes celles qu'on lui ait faites jusqu'ici, objection qui a décidé M. Robert Chambers, dans ses « Sea margins, » à rejeter entièrement cette solution, consiste dans la difficulté de concevoir comment les eaux avaient pu s'élever assez haut dans le Glen Roy pour donner lieu à la formation de la saillie supérieure. En admettant dans la partie inférieure du glen une barrière de glace de hauteur suffisante pour empêcher les eaux de couler à l'ouest, qui les aurait empêchées de s'échapper par-dessus le col auquel aboutit le Glen Glaster? Le niveau de ce col coïncide exactement, comme l'a le premier fait remarquer M. Milne Home, avec celui de la seconde saillie, ou terrasse moyenne du Glen Roy. La difficulté alléguée paraît écartée si on suppose que les lignes ou terrasses les plus élevées aient été formées les premières et alors que la glace était en grand excès. Il faut nous figurer qu'à l'époque où la terrasse supérieure du Glen Roy était en voie de formation dans un lac peu profond, la partie inférieure de ce glen était comblée de glace, et suivant M. Jamieson, un glacier venant du Loch Treig se projetait à ce moment au travers du Glen Spean et butait contre le flanc du coteau vis-à-vis, de façon à intercepter en effet à l'eau toute issue par le col du Glen Glaster. Il cite les preuves de l'existence, à cette époque, d'un pareil glacier, et les trouve dans les nombreuses stries tranversales qu'on peut observer au fond du Glen Spean, et dans la présence de matériaux de moraines en énorme abondance sur les flancs de la colline et jusqu'à des hauteurs supérieures au col du Glen Glaster. Quand le glen se retira et prit une extension moindre, la seconde terrasse dut se former ayant son niveau déterminé par le col en question, tandis que le Glen Spean était rempli par un glacier. A la fin, le barrage de glace commun au Glen Roy, au Glen Spean et au Glen Laggan, et qui n'était probablement autre chose qu'un glacier descendant du Ben Nevis, donna naissance au lac inférieur, de beaucoup le plus étendu, dont les eaux s'échappaient par le « Pas de Muckul » ou le col auquel aboutit le Loch Laggan ; ce col, ainsi que s'en est maintenant assuré M. Jamieson, est précisément au niveau de la plus basse des terrasses, et ce point présente des marques non équivoques du passage d'une rivière pendant un temps prolongé.

Le docteur Hooker a décrit des terrasses parallèles, d'aspect fort analogue à celles du Glen Roy, et qui existent dans les plus hautes vallées de l'Himalaya; il en a dessiné plusieurs représentations. Il regarde ces saillies, observées par lui dans l'Inde, comme produites sur les bords de lacs de glaciers, dont les barrières étaient généralement formées par la glace et les moraines de glaciers latéraux ou tributaires qui descendaient dans la vallée principale et la traversaient, comme nous l'avons supposé dans le cas du Glen Roy. Mais il y en a d'autres qu'il attribue à la moraine terminale du glacier principal lui-même, qui se serait retiré pendant une série de saisons douces, de façon à laisser un intervalle entre la glace et la moraine terminale. Cet intervalle, dû à la fonte de la glace, se remplit d'eau et forme un lac, dont l'écoulement se fait généralement par filtration à travers les parties poreuses de la moraine, et non pas par déversement par-dessus cette barrière. Le docteur Hooker a trouvé un lac de glaciers de cette nature existant près du sommet de la vallée de Yaugma dans l'Himalaya. Il était, de plus, partiellement limité par des terrasses marginales ou saillies parallèles de formation récente, et indiquant des changements de niveau dans la barrière de glace et les moraines [1].

On a quelquefois objecté à l'hypothèse des lacs de glaciers, appliquée au cas du Glen Roy, que les terrasses n'ont pu se former qu'en un temps très-long. Une pareille durée, dit-on, peut s'accorder avec la théorie des temps d'arrêt ou périodes stationnaires dans le soulèvement du col pendant un mouvement ascensionnel intermittent, mais elle est difficilement compatible avec l'idée d'une barrière aussi peu solide et aussi variable qu'une masse de glace. Mais le lecteur aura vu que la permanence du niveau dans les lacs de glaciers de cette nature n'est pas en connexion nécessaire avec les faibles variations de hauteur que peut subir la digue de glace supposée. Si un glacier qui descend de montagnes plus élevées par un glen secondaire vient couper la vallée principale dans

[1] Hooker, *Himalaya Journal*, vol. I, p. 242; vol. II, p. 119, 121, 166. Je me suis aussi servi des explications personnelles que m'a données l'auteur.

laquelle il se trouve qu'il n'y a point de glacier, il en intercepte le cours d'eau et un lac se forme. La digue s'alimente constamment et peut varier de plusieurs centaines de mètres en hauteur sans que le niveau du lac en soit affecté, tant que le trop plein trouve une issue par un col. C'est ce point, et non la barrière de glace, qui détermine la hauteur à laquelle les eaux demeurent stationnaires, pourvu que la digue soit plus haute que le col.

Mais si nous adoptons la théorie des lacs de glaciers, il faut nous préparer à admettre non-seulement que la mer n'est jamais intervenue dans la formation primitive des terrasses parallèles, mais même que jamais, depuis la disparition des lacs, elle ne s'est élevée dans aucun des glens au-dessus du niveau de la saillie inférieure, qui est à peu près à 255 mètres; dans ce cas, en effet, l'intégrité et la persistance remarquables des terrains et des deltas que nous venons de décrire auraient été altérées.

On a vu (p. 254) qu'à 80 kilomètres au sud du Lochaber, la formation glaciaire du Lanarkshire avec coquilles marines de type boréal se retrouve jusqu'à la hauteur de 157 mètres. A 80 kilomètres environ au sud-est, dans le Perthshire, se trouvent ces argiles et sables stratifiées, près de Killiecrankie, qu'on suppose être d'origine sous-marine. Si cela était, il en résulterait que le sol actuel aurait dû autrefois subir une immersion d'une amplitude de 465 mètres, c'est-à-dire dépassant de plus de 200 mètres la différence de niveau du sol et de la plus élevée des terrasses. Mais même en admettant que ce terrain de transport feuilleté puisse avoir une origine différente, (comme je l'ai indiqué plus haut, p. 256), il y a encore beaucoup de faits se rapportant à la distribution des blocs erratiques et à la production des empreintes glaciaires dont on rend difficilement compte, si on suppose que le pays n'ait pas été immergé, depuis l'époque des glaces continentales, à une profondeur dépassant 157 mètres, altitude la plus grande à laquelle on ait jusqu'à présent trouvé des coquilles marines.

Après ce qui a été dit de la pression et du pouvoir destructeur d'un revêtement général de glace comme celui qui couvre à présent le Groënland, il est à peu près superflu de dire que les terrasses parallèles sont d'une date postérieure à cet état de choses, car toute trace de ces saillies eût été effacée par le mouvement d'une pareille masse de glace. Il n'est pas moins évident qu'il ne peut maintenant exister aucun lac de glaciers au Groënland, et que par conséquent il n'a pas pu y en avoir en Écosse quand les montagnes étaient recouvertes d'une épaisse croûte de glace. On est par conséquent fondé à admettre que les terrasses parallèles se produisirent quand le revêtement général de glace fut remplacé par une période de glaciers séparés, et qu'il n'est survenu dans le Lochaber, depuis le temps des lacs, aucune époque d'immersion profonde. Dans ce cas, cependant, il est difficile de supposer que la région du Glen Roy n'ait pas participé au mouvement d'abaissement qui plongea une partie du Lanarkshire à 157 mètres sous la mer, postérieurement à la première grande invasion des glaces en Écosse (p. 254). Mais l'affaissement aurait atteint cette amplitude, et même une plus considérable, que la mer ne se serait pas encore élevée au niveau de la terrasse inférieure, qui est à 255 mètres au-dessus du niveau de la mer.

Cette question est un sujet sur lequel je n'ai pas encore une opinion suffisamment arrêtée pour l'énoncer.

L'horizontalité de ces saillies ou terrasses est-elle réellement aussi parfaite qu'on l'a généralement admis? C'est un point qui demanderait à être fixé par des observations trigonométriques plus précises qu'on ne l'a fait jusqu'à présent. La conservation exacte du même niveau d'un bout à l'autre des glens Spean, Roy et Laggan, sur une distance de 32 kilomètres de l'est à l'ouest, et de 16 à 19 kilomètres du nord au sud, serait vraiment étonnante si elle était constatée avec une précision mathématique. M. Jamieson, après avoir fait, en 1862, plusieurs opérations avec un niveau à bulle d'air, est arrivé à soupçonner une surélévation de 19 centimètres par kilomètre dans la direction de l'ouest à l'est, c'est-à-dire en partant du débouché du Glen Roy pour aller à un point situé à 9 kilomètres et demi du premier dans le Glen Spean. Il serait extrêmement important de confirmer ces observations et de déterminer si le relèvement s'effectue avec la même vitesse en continuant à l'est jusqu'au Pas de Muckul.

En somme, je conclus que les terrasses du Glen Roy et celles des quelques vallées avoisinantes se sont formées sur les bords de lacs de glaciers longtemps après l'invasion des glaces en Écosse. Elles pourraient ne remonter, surtout les plus basses, qu'à cette partie de la période post-pliocène à laquelle l'homme coexistait en Europe avec le mammouth.

CHAPITRE XIV.

RELATIONS CHRONOLOGIQUES ENTRE LA PÉRIODE GLACIAIRE ET LES PLUS ANCIENS VESTIGES DE L'APPARITION DE L'HOMME EN EUROPE. (SUITE.)

Traces d'anciens glaciers dans le pays de Galles. — Abaissement considérable et submersion du pays de Galles pendant la période glaciaire prouvés par la présence de coquilles marines. — Preuves d'un abaissement encore plus grand fournies par des dépôts stratifiés. — Rareté des restes organiques dans les formations glaciaires. — Traces d'anciens glaciers en Angleterre. — Action de la glace en Irlande. — Cartes destinées à montrer les évolutions successives de la géographie physique durant la période post-pliocène. — Limite méridionale des blocs erratiques en Angleterre. — Époques successives de jonction et de séparation de l'Angleterre, de l'Irlande et du continent. — Temps nécessaire à ces changements. — Causes probables du relèvement et de l'abaissement de la croûte terrestre. — L'ancienneté de l'homme envisagée dans ses rapports avec l'âge de la faune et de la flore actuelles.

Anciens glaciers du pays de Galles.

Nous avons parlé, dans le dernier chapitre, de l'amplitude considérable dans des sens opposés du mouvement vertical qui paraît devoir donner l'explication la plus plausible de la position de quelques-uns des dépôts de transports stratifiés et fossilifères de l'Écosse, et dont la formation est postérieure au commencement de la période glaciaire. Cette amplitude paraîtra beaucoup moins effrayante si nous pouvons être amenés par des observations indépendantes à conclure que les évolutions géographiques qui accompagnaient les phases successives de l'action glaciaire dans les montagnes galloises se sont accomplies dans de bien plus vastes proportions.

Il y a longtemps qu'on a reconnu que le pays de Galles avait été autrefois un centre indépendant de dispersion des blocs erratiques. Le docteur Buckland publia, en 1842, les raisons qu'il avait de penser que le massif de Snowdon, dans le Caernarvonshire, avait été autrefois couvert de glaciers, qui rayonnaient des hauteurs centrales dans les directions des sept principales vallées de cette chaîne dans laquelle les stries et les cannelures sur les roches polies ont ces mêmes orientations. Il décrivit aussi les moraines des anciens glaciers et ces masses arrondies de roches polies, qu'on appelle en Suisse des « roches moutonnées. » Ses vues relativement aux anciens glaciers disparus de la Galles du nord furent plus tard confirmées par M. Darwin, qui attribua le transport de la plupart des grands blocs erratiques à l'action des glaces flottantes. Une grande partie du terrain de transport glaciaire du pays de Galles est d'origine marine, comme l'a montré M. Trimmer, et M. Darwin soutient que quand le sol se releva pour prendre sa hauteur actuelle, des glaciers remplirent les vallées et les déblayèrent de tous les débris qu'y avaient laissés les eaux de la mer [1].

M. le professeur Ramsay, dans une note lue en 1851 à la Société géologique de Londres, et dans un ouvrage plus récent sur les phénomènes glaciaires du pays de Galles, a décrit trois périodes glaciaires successives; l'une, la première, pendant laquelle le sol était beaucoup plus élevé qu'à présent et la quantité de glace excessive; la seconde, période de submersion, pendant laquelle le sol était de 700 mètres plus bas qu'à présent, et les sommets des montagnes les plus élevées ne s'élevaient au-dessus de la mer que comme un groupe d'îles basses, qui néanmoins étaient couvertes de neige; la troisième, pendant laquelle le dépôt de transport marin formé dans la période moyenne fut refoulé hors des grandes vallées par un second régime de glaciers plus petits que ceux de la première période. Cette dernière phase des phénomènes glaciaires peut avoir coïncidé avec celle des terrasses parallèles du Glen Roy dont nous avons parlé au chapitre précé-

(1) *Philosophical Magazine*, série III, vol. XXI, p. 18).

dent. Dans le pays de Galles elle fut certainement précédée d'une submersion, de même que les roches avant leur enfoncement avaient déjà subi l'action polissante et le frottement de la glace.

Fort heureusement les preuves du séjour des montagnes galloises sous les eaux de la mer ne font pas défaut comme en Écosse, et la présence de coquilles marines en donne la démonstration complète. Feu M. Trimmer en découvrit sur le Moel Tryfane, dans la Galles du nord, dans un terrain de transport élevé de 418 mètres au-dessus du niveau de la mer. Il ressort de ces observations et de celles de feu Edward Forbes, confirmées par d'autres de M. le professeur Ramsay et de M. Prestwich, qu'environ douze espèces de coquilles, entre autres le *Fusus bamfius*, le *F. antiquus*, la *Venus striatula*, (Forbes et Hanley), ont été trouvées, à des hauteurs comprises entre 300 et 420 mètres, dans le terrain de transport reposant sur la surface de roches qui avaient été striées et antérieurement exposées au frottement glaciaire (1). Ces coquilles, dans leur ensemble, sont celles de la période glaciaire et non celles du crag de Norwich. Nous devons à M. le professeur Ramsay l'observation de deux nouveaux gisements de ces coquilles, localités qui sont à ajouter à celles qu'avait d'abord indiquées M. Trimmer. Mais, dans son opinion, l'amplitude de la submersion ne peut en aucune façon être limitée à la hauteur maximum à laquelle on a reconnu l'existence des coquilles, car un terrain de transport ayant les mêmes caractères que celui de Moel Tryfane s'étend sans interruption jusqu'à la hauteur de 690 mètres (2).

(1) J'ai dernièrement, (juillet 1863), recueilli jusqu'à vingt espèces de coquilles dans le gravier et le sable stratifiés, de 15 mètres d'épaisseur, qui ont été traversés et mis au jour dans les mines d'Alexandra, près du sommet de Moel Tryfane, et M. Darbishire a récolté au même endroit un nombre d'espèces encore plus grand. A la base de ce gravier, qui repose sur des schistes cambriens, se trouvent de gros cailloux polis et striés par l'action de la glace. Les coquilles composent une faune vraiment arctique et sont toutes d'espèces septentrionales vivantes. Ce gisement est environ à 390 mètres au-dessus du niveau de la mer.

(2) Ramsay, *Quarterly Geological Journal*, 1852, vol. VIII, p. 372.

Rareté des restes organiques dans les formations glaciaires.

La pénurie générale des coquilles dans les formations de cette nature, au-dessus comme au-dessous du niveau auquel M. Trimmer en a d'abord trouvé, mérite l'attention. Que nous puissions ou non l'expliquer, c'est un caractère négatif qui paraît appartenir d'une façon très-générale aux dépôts formés dans les mers glaciaires. La nature poreuse des couches, et la longue durée du temps pendant lequel elles ont été traversées par l'eau de pluie, peut rendre compte en partie, comme nous l'avons dit plus haut, de la destruction des restes organiques. Mais il est possible aussi qu'ils aient été rares à l'origine, car nous savons que lorsque les eaux de la mer sont rafraîchies et même refroidies par la fonte des montagnes de glace dans certains fiords de la Norwége et de l'Islande, les poissons s'en éloignent et les mollusques y périssent. Les moraines des glaciers sont toujours dépourvues de coquilles, et si des glaces flottantes en transportent les matériaux à distance et les déposent aux points où fond la glace, elles continueront à être aussi privées de toute trace de vie organique qu'à leur origine.

Néanmoins, on pourrait dire d'autre part que les glaces flottantes du Spitzberg, à la latitude de 80° N., sont couvertes de ces troupeaux de morses et de phoques dont M. Lamont nous a récemment donné une vivante peinture [1], et que d'énormes baleines s'engraissent dans les régions polaires en mangeant des myriades de ptéropodes. On a aussi prétendu que le fond de la mer, à l'époque de la plus grande immersion de l'Écosse et du pays de Galles, avait dépassé la profondeur limite de la vie animale, limite que feu Edward Forbes, après une longue série de sondages, plaçait, dans une partie de la Méditerranée, (la mer Égée, par exemple), à la profondeur de 550 mètres. Mais les coquilles du terrain

[1] *Seasons with the Sea-Horses*, 1861.

de transport glaciaire de l'Écosse et du pays de Galles, quand on en rencontre, ne sont pas toujours des coquilles de mers profondes; et, au surplus, notre croyance à un état inhabitable de l'Océan à de grandes profondeurs a été rudement ébranlée depuis la découverte récente du capitaine M'Clintock et du docteur Wallich, qui ont trouvé des astéries à plus de 2000 mètres, (2268 mètres!), de profondeur, à mi-chemin entre le Groënland et l'Islande. Or, ces rayonnés ont réellement été retirés du fond par la drague; ils y vivaient et ils s'y nourrissaient, car on a trouvé leurs estomacs pleins de *Globigerina*, espèce de foraminifères qui, à cette grande profondeur, composaient à eux seuls, vivants ou morts, le fond vaseux de l'Océan (1).

(1) En discutant les causes probables de la pénurie des coquilles fossiles et des autres restes organiques dans les formations glaciaires, alors même que les dépôts semblent être d'origine sous-marine, je viens de parler des résultats des récents sondages faits à de grandes profondeurs. Il est constaté maintenant que pour atteindre le point où cesse la vie organique, il faut descendre beaucoup plus bas que feu Edward Forbes ne l'avait conclu de ces expériences dans la Méditerranée.

Comme preuves de ce fait, j'aurais pu citer les observations faites par M. le docteur Hooker dans son voyage aux régions antarctiques avec le capitaine Sir J. C. Ross. Les sondages qu'ils firent dans les environs de la Terre Victoria, entre le 71e et le 78e degré de latitude S., établissent en fait que le fond de l'Océan, à ces latitudes élevées, est habité, à des profondeurs de 365 et 730 mètres, par une grande variété d'animaux invertébrés. Le docteur Hooker y énumère entre autres des crustacés et des mollusques, puis des serpules, des ophiures, des flustres, des virgulaires, une encrine et beaucoup d'éponges.

Quelques-uns de ces sondages dans les régions australes nous feraient penser que la vie animale descend au moins à 1000 mètres. Le fond, dans ces latitudes, est couvert de boue fine et de quelques pierres provenant de la fonte des glaces. Il est donc évident que l'abondance de grandes montagnes de glace et la proximité d'une terre australe entièrement couverte de glaces perpétuelles ne son pas du tout des conditions défavorables au libre développement de la vie animale dans le lit de l'Océan *.

Si nous étudions les mers boréales, nous arrivons aux mêmes conclusions, grâces aux dernières investigations. Le docteur Torell, dont j'ai déjà cité le nom, après avoir examiné, de 1856 à 1860, les glaciers de la Suisse, de la Norwége, de l'Islande, du Groënland et du Spitzberg, fut chargé, en 1861, de commander une expédition scientifique entreprise aux frais réunis du gouvernement suédois et du prince Oscar

* Hooker, *Annals and Magazine of Natural History*, 1845, p. 238.

Quelle qu'en soit la cause, un fait certain, c'est que sur de vastes surfaces, en Écosse, en Irlande, dans le pays de Galles,

de Suède. Elle se composait de deux vaisseaux, et on fit l'exploration des côtes du Spitzberg et des mers avoisinantes.

Loin de trouver que les mollusques fussent rares, ces explorateurs ne recueillirent pas moins de 150 espèces vivantes, principalement sur les côtes nord et ouest du Spitzberg, aux latitudes 79° et 80° N., et le nombre des individus, aussi bien que la variété des espèces, était souvent très-grand, surtout quand le fond consistait en boue fine provenant des moraines des glaciers et produite par l'action triturante de de la glace sur les roches sous-jacentes.

Entre le Spitzberg et le nord de la Norwége, mais plus près du premier, M. Torell et son collaborateur, M. Chydenius, obtinrent des profondeurs énormes de 1800 et 2700 mètres, (septembre 1861), des mollusques, (une dentale et une bulle ou *Cylichna*), un crustacé, des coquilles polythalames, un corail de 7 centimètres 1/2 de long, auquel étaient attachées plusieurs actinies rouges, et enfin un petit nombre d'annélides. Ils trouvèrent tout cela à l'ouest de l'île de Beeren, par 76° 17′ de latitude N. et par 13° 53′ de longitude E., dans une mer où les glaces flottantes sont communes pendant dix mois de l'année. La température de la boue du fond était entre 32° et 33° Fahrenheit, celle de l'eau à la surface 41°, et celle de l'air 33°.

Dans le Groënland, au nord de l'île de Disco, entre les 70° et 71° degrés de latitude N., dans un bras de mer profond qui sépare la presqu'île de Noursoak de l'île d'Omenak, parages où les plus grandes montagnes de glace descendent vers la baie de Baffin, le docteur Torell retira, outre une vingtaine d'autres mollusques, la *Terebratella spitzbergensis*, vivant à la profondeur de 457 mètres. J'ai trouvé cette coquille à l'état fossile, en 1835, à Uddevalla, dans d'anciennes couches glaciaires, mais bien au sud des lieux qu'elle habite à présent. Le fond de la mer, dans le canal d'Omenak se compose de boue impalpable, et quelques-unes des montagnes flottantes étaient recouvertes de cette boue, dans laquelle enfoncèrent jusqu'aux genoux ceux qui y abordèrent. En outre, il y avait de nombreux blocs de roches granitiques et autres de toutes les dimensions, dont beaucoup étaient striés sur une, deux ou plusieurs de leurs faces. Donc en cet endroit il se fait un dépôt de boue contenant des coquilles marines qui sont mélangées à des cailloux et à des galets glaciaires.

Le docteur Torell trouva qu'une des coquilles les plus caractéristiques de la vase de ces régions glacées était une espèce de nucule, (*Leda truncata*, ou *Yoldia truncata*, Brown), vivant maintenant dans les mers du Spitzberg, du Groënland septentrional, du canal Wellington et des îles de Parry. Jadis, pendant la période glaciaire, la même coquille descendait bien plus au sud qu'à présent, car on la trouve dans l'argile caillouteuse du sud de la Norwége et de la Suède, ainsi qu'en Écosse. Elle a récemment été observée par le Rév. Thomas Brown, en même temps que d'autres espèces exclusivement boréales, à Élie, dans le sud du comté de Fife, dans l'argile glaciaire, au niveau de la ligne des hautes eaux. Je l'ai moi-même trouvée à l'état fossile dans l'argile glaciaire de Portland et d'autres localités dans l'État du Maine, dans l'Amérique du Nord. C'est la coquille bien connue sous le nom de *Leda portlandica* de Hitchcock.

Dans les étangs et les lacs de la région côtière du Groënland septentrional, de je pourrais ajouter dans tout l'hémisphère boréal et des deux côtés de l'Atlantique, le terrain de transport stratifié de la période glaciaire est très-généralement dépourvu de fossiles, bien que l'on rencontre çà et là des coquilles marines à des hauteurs de 150, 200 et 420 mètres. Ces fossiles appartiennent tous à des espèces vivantes connues. Je ne puis donc me ranger à l'opinion de M. Kjerulf, qui admet que l'amplitude de cet ancien mouvement de submersion peut être mesuré par la hauteur maximum à laquelle on est arrivé à trouver des coquilles.

Formations glaciaires de l'Angleterre.

Les montagnes du Cumberland et du Westmoreland ainsi que la région des lacs de l'Angleterre nous offrent des traces

Fig. 58.

Fig. 58. — Roches moutonnées dans la vallée de la Rotha, près d'Ambleside, d'après un dessin de E. Hull, membre de la Société géologique [1].

l'île de Disco, par exemple, le docteur Torell n'a jamais rencontré de mollusques d'eau douce, quoique ces eaux soient habitées par quelques espèces de crustacés des genres *Apus* et *Branchipus*. Ceci peut nous aider à comprendre l'absence des fossiles dans tous les dépôts glaciaires d'origine fluviatile ou lacustre. Si j'ai relaté les découvertes ci-dessus, c'est pour faire voir que les couches glaciaires de la Clyde, et celles d'Élie, dans le comté de Fife, avec leurs coquilles arctiques, sont précisément des formations telles qu'on aurait à en chercher pour correspondre à une période pendant laquelle l'Écosse aurait suivi des phénomènes glaciaires aussi intenses que ceux qui affectent maintenant le Spitzberg et le nord du Groënland.

(1) *Edinburgh New Philosophical Journal*, 1860, vol. XI, pl. I, p. 31.

non équivoques de l'action de la glace non-seulement dans les formes polies et sillonnées des roches, mais aussi dans ces bosses arrondies dont j'ai déjà parlé comme étant si abondantes dans les vallées des Alpes de la Suisse contenant ou ayant contenu des glaciers. M. Hull a dernièrement publié une fidèle description de ces phénomènes et a figuré quelques-unes de ces roches moutonnées de l'Angleterre. Elles ressemblent exactement à des centaines de protubérances ayant cette même forme de dôme dans la Galles du nord, dans la Suède et dans l'Amérique du Nord [1].

Les traces de l'action de la glace sur les roches et le transport de blocs erratiques du Cumberland vers l'est ont été suivis par M. le professeur Phillips sur une grande partie du Yorkshire, jusqu'à une hauteur de 450 mètres au-dessus de la mer; un terrain de transport semblable a été observé dans le Lancashire, le Cheshire, le Derbyshire, le Shropshire, le Staffordshire et le Worcestershire. Il est rare d'y trouver des coquilles marines, excepté à des hauteurs de 60 à 90 mètres. Cependant je tiens de MM. Binney et Prestwich que dans un petit nombre de cas on en a rencontré, (notamment la *Turritella communis*, espèce qui vit en troupes), assez loin dans l'intérieur, à des altitudes de 150 mètres et même de 210 mètres, dans le Derbyshire et certains comtés adjacents.

Ces exemples ont, au point de vue de la théorie, un très-grand intérêt, en ce qu'ils nous permettent de nous rendre compte de la dispersion de grands blocs erratiques à des altitudes semblables et même plus grandes sur une grande partie des comtés du nord et de l'intérieur, blocs qui n'ont pu y être apportés que par des glaces flottantes. Entre autres spécimens de cette nature, on en peut citer un remarquable consistant en un gros bloc anguleux de syénite amphibolique, de 1 mètre 35 sur 1 mètre 20 de base et 0 mètre 60 d'épaisseur, décrit par M. Darwin, et situé au sommet de la lande

[1] Hull, *Edinburgh New Philosophical Journal*, juillet 1860.

d'Ashley, dans le Staffordshire ; il est à 241 mètres au-dessus de la mer et repose sur le Nouveau Grès rouge [1].

Traces d'action glaciaire et de submersion en Irlande pendant la période glaciaire.

Nous rencontrons en Irlande la même difficulté qu'en Écosse à déterminer, dans les hautes montagnes, la part d'action glaciaire qui doit être attribuée aux glaciers et celle qui doit l'être aux glaces flottantes de l'époque de la submersion. Les traces de cette action glaciaire ont été reconnues par M. le professeur Jukes à des altitudes de 750 mètres dans le district de Killarney et à de grandes hauteurs dans d'autres régions montagneuses; mais des coquilles marines ont rarement été rencontrées au-dessus de 180 mètres, et on les a trouvées surtout dans le gravier, l'argile et le sable, dans les comtés de Wicklow et de Wexford. Elles sont si rares dans le terrain de transport à l'est des montagnes du comté de Wicklow, qu'une exception à la règle générale, exception observée à Ballymore-Eustace, par M. Jukes, a semblé un fait d'un grand intérêt géologique. La grande étendue qu'occupe en Irlande ce terrain de transport avec les mêmes caractères montre que toute l'île, à un certain moment de la période glaciaire, a été un archipel comme celui qui est représenté dans les cartes, fig. 39 et 40.

En parlant du terrain de transport du comté de Wexford, feu Edward Forbes dit que sir H. James y a trouvé, avec un grand nombre des coquilles glaciaires habituelles, plusieurs espèces qui sont caractéristiques du crag; entre autres une variété inverse de *Fusus antiquus* appelée *F. contrarius*, et les espèces éteintes *Nucula Cobboldiæ* et *Turritella incrassata* [2]. Peut-être une partie de ce terrain de transport du sud de l'Irlande appartient-elle à la fin de la période pliocène

(1) *Ancient glaciers of Caernarvonshire, Philosophical Magazine*; série 3, vol. XXI, p. 180.

(2) Forbes, *Memoirs of Survey*, etc., vol. I, p. 377.

supérieure, et se trouve-t-elle d'une date un peu plus ancienne que les coquilles de la Clyde dont nous avons parlé p. 254. Elles correspondraient peut-être encore mieux à l'âge de la faune des couches tout à fait supérieures du crag de Norwich qu'on rencontre à Chillesford et dont il a été question p. 218.

La rareté des restes de mammifères dans le terrain de transport de l'Irlande est en faveur de la théorie de son origine marine. Je n'ai trouvé, se rapportant aux dépôts superficiels de l'île entière, que trois exemples constatés de mammouth; l'un dans le sud, près de Dungarvan, où des os d'*Elephas primigenius*, de deux espèces d'ours, (*Ursus arctos* et *Ursus spelæus?*), de renne, de cheval furent trouvés dans une caverne [1], un autre au centre de l'île, près de Belturbet, dans le comté de Cavan.

Peut-être la transformation en terre ferme du lit de la mer glaciaire et l'immigration dans cette région nouvellement soulevée de l'éléphant, du rhinocéros et de l'hippopotame contemporains des auteurs des silex de Saint-Acheul, furent-ils des événements antérieurs à l'élévation du terrain de transport de l'Irlande et à la réunion de cette île à l'Angleterre. L'Irlande a peut-être continué beaucoup plus longtemps à rester à l'état d'archipel, et a par conséquent pendant moins longtemps été habitée par les grands pachydermes éteints de la période post-pliocène.

Dans un des rapports de la commission géologique de l'Irlande, publié en 1859, M. le professeur Jukes, pour expliquer la feuille 184 des cartes, parle de couches de sable et de gravier et de roches polies et striées qui se trouveraient dans les comtés de Kerry et de Killarney, jusqu'à la hauteur de 750 mètres au-dessus du niveau de la mer, et il suppose, (peut-être non sans raison), que le sol s'abaissa de cette quantité. Il fait la remarque qu'au delà de cette altitude les roches sont anguleuses et non arrondies comme elles l'eus-

[1] E. Brenan and doctor Carte, Dublin, 1859.

sent été par la glace. On a trouvé du terrain de transport jusqu'à 450 mètres, et les plus hautes collines en cet endroit dépassent 1020 mètres. Cependant M. Jukes ne penche pas du tout à en conclure la submersion jusqu'au niveau de 750 mètres, car il est convaincu que de la glace analogue à celle qui recouvre à présent le Groënland pourrait expliquer la plus grande partie, sinon la totalité des traces glaciaires dans les régions élevées.

Le parcours suivi par les blocs erratiques de l'Irlande est en général tel que leur transport paraît devoir être attribué à des glaces flottantes ou à des glaces côtières; cependant quelques blocs de granite ont voyagé du sud au nord, comme l'a fait voir Sir R. Griffiths, en particulier pour ceux des « Montagnes du Bœuf » dans le comté de Sligo; de ce fait M. Jamieson conclut que ces montagnes formaient autrefois un centre de dispersion. Dans la même partie de l'Irlande, la direction générale suivie partout par les cailloux glaciaires est N. O. — S. E., parcours directement à angle droit avec l'orientation dominante de la chaîne de montagnes actuelle.

Cartes montrant les évolutions successives de la géographie physique pendant la période post-pliocène.

Feu M. Trimmer, dont j'ai déjà parlé, s'était efforcé de nous aider dans nos études et dans nos recherches relatives aux évolutions successives de la géographie physique par lesquelles ont passé les Iles Britanniques depuis le commencement de la période glaciaire; il avait fait dans ce but des « esquisses géographiques, » comme il les appelait, dans la première desquelles il donnait une restauration idéale de la période continentale initiale appelée par lui la première période des éléphants, c'est-à-dire celle de la forêt de Cromer, décrite plus haut, (p. 220). Il ne savait pas que l'éléphant dominant à cette époque, (*E. meridionalis*), fût distinct du mammouth. A cette époque il se figurait l'Irlande et l'Angleterre réunies entre elles et à la France, mais une grande partie de la surface teintée comme terre dans la carte, fig. 41, p. 293, était supposée sous l'eau. La seconde carte, celle de la grande submersion de la période glaciaire, ne différait pas essentiellement de notre carte, fig. 39, p. 290. La troisième carte correspondait à une époque de relèvement partiel à laquelle l'Irlande était de nouveau réunie à l'Écosse et au nord de l'Angleterre, mais elle était séparée de la France. Cette restauration me paraît reposer sur des données insuffisantes; elle est construite pour reproduire les terres supposées sur lesquelles le cerf d'Irlande gigantesque, le *Megaceros*, aurait effectué sa migration de l'est à l'ouest, et aussi en vue d'expliquer une submersion admise d'avance du pays appelé « The Wealden » au sud-est de l'Angleterre, qui est resté émergé pendant la grande submersion glaciaire.

La quatrième carte est presque une reproduction du même état continental que la première. L'Irlande, l'Angleterre et le continent sont de nouveau réunis : elle se rapporte à ce qu'il appelle la seconde période des éléphants. Elle coïnciderait très-exactement avec cette partie de l'époque post-pliocène pendant laquelle l'homme coexistait avec le mammouth et où, d'après une hypothèse de M. Trimmer, déjà énoncée auparavant par M. Godwin-Austen, la Tamise allait se jeter dans le Rhin [1].

Il se hasarda à énoncer ces aperçus géographiques dix ans après que Edward Forbes eut publié ses hardies généralisations sur les changements géologiques qui avaient accompagné les introductions successives dans les Iles Britanniques des faunes et des flores vivantes de la Scandinavie, de l'Allemagne et d'autres pays. Sa théorie comme celle de son devancier était le résultat de mûres réflexions sur un vaste ensemble de faits. Ce n'est que par des efforts répétés de cette nature faits par des géologues préparés à l'insuccès partiel

[1] Joshua Trimmer, *Quarterly Geological Journal*, 1853, vol. IX, pl. XIII; et Godwin-Austen, *ibid.*, 1851, carte, pl. VII, vol. VII, p. 134.

de leurs premières tentatives, que nous pourrons à la fin arriver à connaître la longue série des évolutions géographiques qui se sont succédé les unes aux autres depuis le commencement de la période post-pliocène.

La carte, fig. 39, p. 290, donnera une idée de la grande étendue de terre qui a dû être submergée, si nous admettons, comme le font la plupart des géologues en présence des preuves réunies qu'en fournissent les coquilles marines, les blocs erratiques, les stries glaciaires et le terrain de transport stratifié à de grandes hauteurs, si nous admettons que l'Écosse ait été pendant une partie de la période glaciaire à 600 mètres, et d'autres parties des Iles Britanniques à 390 mètres au-dessous de leur niveau actuel. Un affaissement de cette amplitude est démontré pour le nord du pays de Galles par la présence des coquilles marines, (voir p. 278). Dans le district des lacs du Cumberland et du Yorkshire nous ne trouvons que les stries glaciaires et le transport de blocs erratiques comme preuves d'un abaissement excédant 180 mètres. Quant à l'Angleterre centrale, c'est-à-dire le pays au nord de la Tamise et du canal de Bristol, on y trouve des coquilles marines de période glaciaire qui atteignent quelquefois 180 et 210 mètres d'altitude et les blocs erratiques vont encore plus haut, (p. 283). Mais toute cette région est à une hauteur si restreinte au-dessus de la mer qu'elle serait également submergée si l'affaissement ne dépassait pas 180 mètres.

Pour mettre en évidence cette dernière proposition, j'ai construit, au moyen de nombreux documents, la plupart inédits, la carte, fig. 40, p. 292, qui montre à quel point cette faible dénivellation transformerait l'ensemble des Iles Britanniques en un archipel de toutes petites îles, sauf des parties de l'Écosse, du nord de l'Angleterre et du pays de Galles, où il resterait quatre îles plus considérables.

Quant au pays au sud de la Tamise et du canal de Bristol, il paraît être resté émergé pendant toute la durée de la période glaciaire, et alors que la région nord était sous les eaux.

Cette carte, fig. 40, dont je parle, représente simplement

l'effet d'un mouvement d'abaissement de 180 mètres supposé uniforme pour l'ensemble des Iles Britanniques. Elle fait ressortir le contraste entre le relief géographique de la région en question dans cette hypothèse et le résultat d'un mouvement inverse de soulèvement d'égale amplitude, résultat dont sir H. de la Bèche nous a déjà donné une représentation géographique dans son excellent traité intitulé : *Recherches sur la partie théorique* [1], ouvrage auquel j'ai emprunté la carte, fig. 41, p. 293, après lui avoir fait subir quelques corrections importantes.

S'il est surprenant de voir, à l'inspection de la première carte, fig. 40, quelle vaste étendue gagnerait la mer par un si médiocre abaissement, 180 mètres, il sera probablement plus étonnant encore de reconnaître, au moyen de la fig. 41, qu'un soulèvement du même nombre de mètres réunirait toutes les Iles Britanniques, y compris les Hébrides, les Orkneys et les Shetland, entre elles et au continent, et mettrait à sec la mer qui les sépare actuellement de la Suède et du Danemark.

Il semble résulter des sondages exécutés pendant différentes explorations faites par les soins de l'amirauté que les terres nouvelles ainsi sorties de dessous les eaux de la mer ne présenteraient pas un système de collines et de vallées analogues à celles qui caractérisent généralement l'intérieur de la plus grande partie de la Grande-Bretagne, mais qu'elles formeraient une terrasse presque de niveau, ou un plan incliné en pente douce, s'abaissant en s'éloignant, comme ces terrasses de dénudation et de dépôt qu'on rencontre sur les côtes de la Sicile et de Morée et que j'ai décrites ailleurs [2].

Il semblerait que, pendant les anciennes oscillations de niveau qu'ont subies, à plusieurs reprises peut-être, les Iles Britanniques, la mer eût eu le temps d'entamer ses falaises sur de grandes longueurs en certains endroits, tandis qu'en d'autres points les détritus provenant de cette érosion s'accu-

(1) Reproduite aussi dans le *Geological observer* de Sir H. de la Bèche.
(2) *Manuel de Géologie*, p. 74.

Fig. 39.

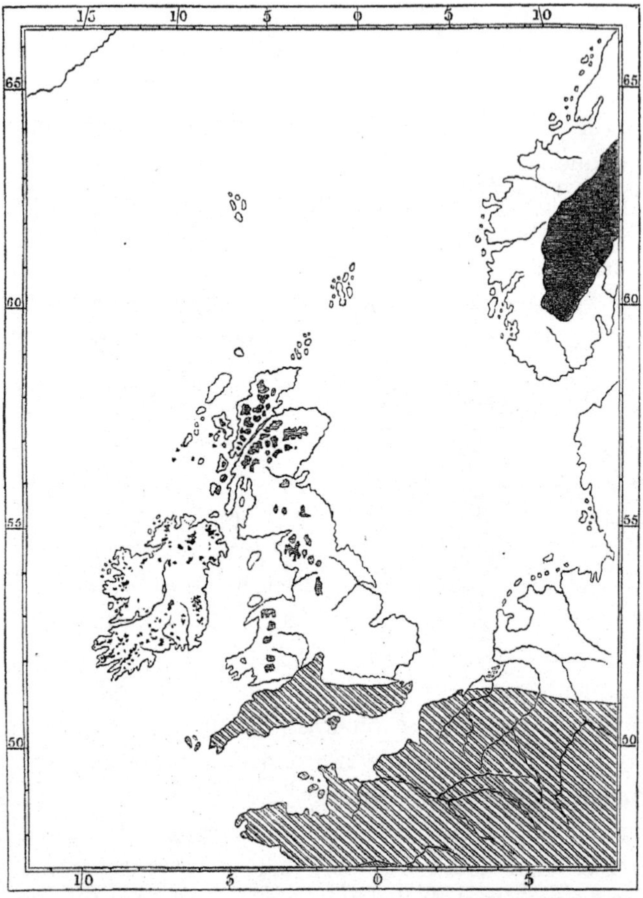

Fig. 39. — Carte des Iles Britanniques et d'une partie du N. O. de l'Europe montrant l'amplitude de l'immersion supposée du sol au-dessous de la mer pendant une partie de la période glaciaire.

L'abaissement de l'Écosse est de 600 mètres et celle des autres parties des Iles Britanniques de 390 mètres.

Dans cette carte, la teinte noire représente les parties non submergées. La surface ombrée en diagonale est celle dont la présence de blocs erratiques ou de coquilles marines boréales n'a pas prouvé le séjour au-dessous des eaux pendant la période des glaces flottantes. Quant à la détermination des époques de submersion, soit simultanées, soit successives, de ces différentes régions dans le cours de la période glaciaire, l'état actuel de nos connaissances ne nous le permet pas.

mulaient le long des rivages en même temps que les sédiments apportés par les rivières et entraînés par les courants dans les vallées sous-marines ; la mer aurait ainsi exercé une action nivelante en comblant toutes les dépressions qui auraient pu préexister. Grâce à cette double action, il est resté peu d'inégalités sensibles de niveau sur ce fond de mer ; les « Silver-Pits » de l'embouchure de l'Humber nous offrent une des rares exceptions à cette règle générale, et même, en ce point cette étroite dépression n'atteint pas 90 mètres de profondeur.

Au delà de l'horizontale de 180 mètres, l'inclinaison du fond sur tout le tour des côtes de la Grande-Bretagne devient beaucoup plus rapide, de sorte qu'un second soulèvement de même amplitude, (180 mètres), n'ajouterait que peu de chose au sol de nouvelle création résultant du premier ; en d'autres termes, les horizontales de 180 et 360 mètres sont très-rapprochées l'une de l'autre sur la carte ([1]).

Les naturalistes auraient été fondés à admettre la réunion autrefois, à l'époque post-pliocène, de toutes les Iles Britanniques entre elles et au continent, comme le représente la carte, fig. 41, même en l'absence de faits géologiques qui les amenassent à cette conclusion. En effet, c'est le seul moyen qu'il y ait de se rendre compte de l'identité de la faune et de la flore qu'on trouve dans toutes ces contrées. Si tous ces pays avaient été séparés seulement dès la période miocène, comme Madère, Porto Santo et les Désertes, qui composent le petit archipel de Madère, nous aurions dû nous attendre à trouver des différences dans les espèces de coquilles terrestres, non-seulement en comparant l'Irlande et l'Angleterre, mais en comparant les différentes îles des Hébrides l'une avec l'autre, et chacune d'elles avec l'Angleterre. Il ne serait cependant pas nécessaire, pour amener le mélange complet des animaux et des plantes dont nous sommes actuellement les témoins, d'admettre que toutes les parties de cette surface

([1]) De la Bèche, *Geological Researches*, p. 191

Fig. 40.

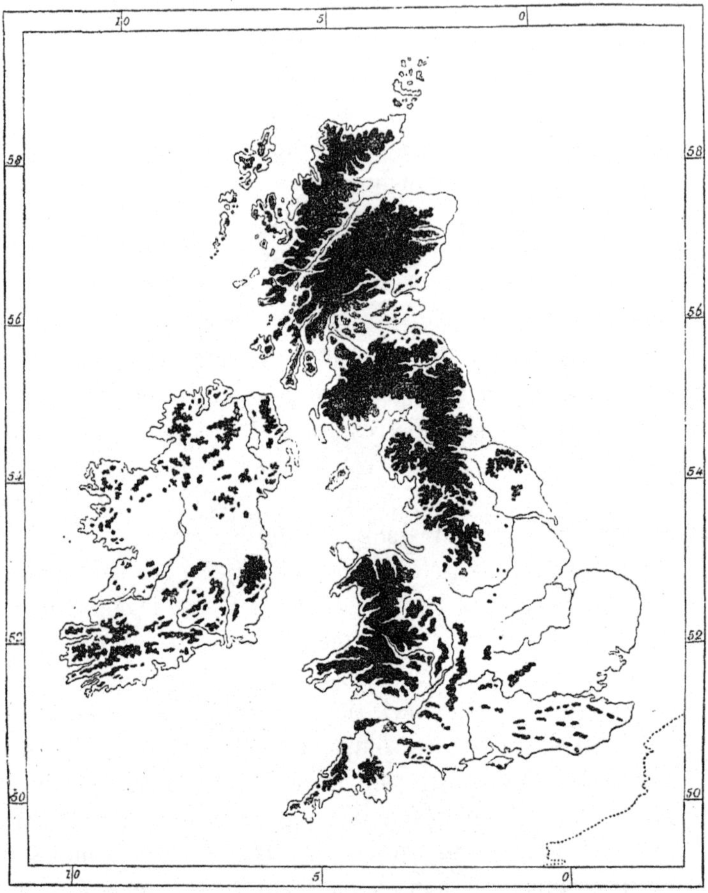

Fig. 40. — Carte montrant les parties des Iles Britanniques qui resteraient émergées après un abaissement de 180 mètres.

Les autorités auxquelles je suis redevable des renseignements dont les résultats sont consignés dans cette carte sont :

Pour l'Écosse : A. Geikie, Esq., F. G. S., et T. F. Jamieson, Esq., of Ellon, Aberdeenshire.

Pour l'Angleterre : Yorkshire, Lancashire et Durham. — Colonel Sir Henry James, R. E.

Dorsetshire, Hampshire, et île de Wight. — H. W. Bristow, Esq.

Gloucestershire, Somersetshire et une partie du Devonshire. — R. Etheridge, Esq.

Kent et Sussex. — Frederick D ew, Esq.

Ile de Man. — W. Whitaker, Esq.

Pour l'Irlande : La carte est une réduction du nivellement effectué en 1837 par le lieutenant Larcom, R. E., pour la commission des chemins de fer.

Fig. 41.

Fig. 41. — Carte d'une partie du N. O. de l'Europe, comprenant les Iles Britaniques, et montrant l'étendue du fond de la mer qui se transformerait en terre ferme si tout cette surface s'élevait de la hauteur de 180 mètres.

La teinte foncée représente les terres actuelles ; la teinte claire, l'espace compris entre la ligne des côtes actuelles et l'horizontale de 180 mètres au-dessous, espace qui se transformerait en terre ferme par ce mouvement d'ascension.

L'original de cette carte se trouve dans les *Geological Researches* de Sir H. de la Bèche, 1834, p. 190, mais on y a introduit d'importantes modifications :

1° Un chenal de plus de 180 mètres de profondeur s'étend de la mer du Nord jusque dans la Baltique. Il a été tracé d'après l'autorité des relevés hydrographiques de l'amirauté anglaise, consignés dans la « Carte de la mer du Nord, » publiée par John Murray, ingénieur civil. (*Proceedings Institution of Civil Engineers*, vol. XX, 1860-1861.) Au point *b*, à l'entrée de la mer Baltique, la profondeur de ce chenal atteint 775 mètres.

2° Dans la partie la plus étroite de ce chenal qui sépare l'Irlande de l'Écosse, au point *a*, il existe un petit espace dont la profondeur dépasse 180 mètres.

3° Il est prouvé que l'horizontale de 180 mètres s'approche de la côte occidentale de l'Irlande beaucoup plus. (à 128 kilomètres en un point), que dans la carte donnée par Sir H. de la Bèche en 1834. (Voir les relevés récents de l'Amirauté.)

Le banc du Porc-Épic est figuré dans notre carte comme une île, au lieu d'être réuni à la terre ferme comme dans la carte de de la Bèche.

eussent formé un continent sans solution de continuité à un seul et même moment, mais il suffit que les diverses portions en aient été réunies pendant la durée de la période post-pliocène, de façon à permettre à ces animaux et à ces plantes d'émigrer librement et graduellement d'un district dans un autre.

Limite méridionale des blocs erratiques en Angleterre.

Au sujet de la partie du sud de l'Angleterre qui est marquée par des hachures en diagonales dans la carte, fig. 39, nous avons dit qu'elle était restée à nu pendant la période des glaces flottantes; cette théorie n'est pas uniquement fondée sur des preuves négatives telles que l'absence du terrain de transport d'origine septentrionale ou argile caillouteuse à sa surface. Nous avons de plus, pour nous amener à la même conclusion, le fait remarquable de la présence de blocs erratiques sur la côte sud du Sussex, ce qui implique l'existence d'une ancienne ligne de côtes en cet endroit à une époque où le froid devait avoir atteint toute son intensité.

Les points où l'on peut voir ces blocs en plus grand nombre sont Pagham et Selsea, à 24 kilomètres au sud de Chichester, à la latitude de 50° 40′ N.

Ils consistent en fragments de granite, de syénite et d'amphibolite, et aussi de roches siluriennes et dévoniennes, quelques-uns de grandes dimensions. J'ai mesuré à Pagham un bloc de granite qui avait 11 mètres de circonférence. Ces blocs ne proviennent pas du nord, mais ils doivent être venus de la côte de Normandie ou de Bretagne ou d'une terre qui aurait autrefois existé au sud-ouest, sur l'emplacement actuel de la Manche.

Ils ont probablement été accumulés dans leur gisement présent par des glaces côtières, et l'argile jaune et le gravier dans lequel ils sont enfouis sont des formations littorales, comme le montrent les coquilles. Au-dessous de ce gravier contenant ces grands blocs erratiques se trouve une boue bleue dans laquelle on a observé des squelettes d'*Elephas antiquus* et d'autres mammifères. Encore plus bas, on rencontre un limon sableux dans lequel M. Godwin-Austen (1) a recueilli trente-huit espèces de coquilles marines, toutes vivantes, mais formant une association complètement différente de celle qui peuple maintenant les eaux de la Manche. La présence parmi elles de la *Lutraria rugosa* et du *Pecten polymorphus*, qu'on n'a pas reconnu dans les mers actuelles plus au nord que les côtes du Portugal, indiquent une température un peu plus chaude pour l'époque où elles prospéraient en ce point. Plus tard, il doit y avoir eu un froid intense quand les blocs erratiques de Selsea vinrent s'accumuler dans leur emplacement actuel, et ce froid, sans aucun doute, a dû être synchronique d'un abaissement de température des régions plus septentrionales. Ces blocs de transport du Sussex sont un peu plus anciens qu'un rivage avec coquilles marines, qui, à Brighton, est recouvert par des débris de craie, et porte le nom de « couche à éléphants. » Je ne puis le décrire ici, mais je le cite comme une des nombreuses preuves géologiques de l'existence antérieure d'un rivage marin dans cette contrée et de celles d'anciennes falaises bordant le canal qui sépare la France de l'Angleterre, rivages et falaises tous antérieurs à la fin de la période glaciaire.

Pour donner un aperçu d'ensemble et aussi simplifié que possible de la série des changements principaux de la géographie physique qu'il est possible d'invoquer pour expliquer les phénomènes de la période glaciaire et l'établissement des différentes flores et faunes locales, voici quelle est l'énumération que l'on peut faire des états géographiques successifs de la Grande-Bretagne et de la surface terrestre qui l'environne :

1° Période continentale à la fin de laquelle végéta la forêt de Cromer, p. 220; le sol se trouvait au moins à 150 mètres au-dessus de son niveau actuel, peut-être beaucoup plus haut,

(1) *Quarterly Geological Journal*, vol. XIII, p. 50.

et s'étendait probablement beaucoup plus loin que ne le montre la carte, fig. 41.

2° Période de submersion qui eut pour effet de réduire graduellement les terres au nord de la Tamise et du canal de Bristol et le sol de l'Irlande à l'état d'archipel, comme cela est figuré dans la carte, fig. 40, et qui finalement amena un envahissement général et permanent de la mer tel qu'on le voit dans la carte, fig. 39. Ce fut la période de la grande submersion et des glaces flottantes, où la flore scandinave, qui avait occupé les terres basses pendant la première période continentale, dut s'emparer exclusivement des seules terres non couvertes par les neiges perpétuelles.

3° Seconde période continentale où le lit de la mer glaciaire, avec ses coquilles marines et ses blocs erratiques, fut mis à sec, et où la quantité du sol émergé égala celle de la première période et surpassa probablement, par conséquent, celle qui est représentée dans la carte, fig. 41. Pendant cette période, il y eut des glaciers sur les hautes montagnes d'Écosse et du pays de Galles, et les glaciers de ce dernier pays poussèrent devant eux et déblayèrent le terrain de transport marin dont quelques vallées avaient été comblées pendant la période de submersion. Les terrasses parallèles du Glen Roy peuvent se rapporter à une partie de cette période.

M. le professeur Ramsay est un de ceux qui présument que les terres qui, dans la carte, fig. 41, ne sont représentées que comme ayant 180 mètres au-dessus de leur niveau actuel, furent bien plus élevées pendant une partie de cette période ; et il en signale comme raison que la dénivellation antérieure avait dépassé de beaucoup 180 mètres, puisqu'on trouve dans le pays de Galles des coquilles marines à 420 mètres et du terrain de transport stratifié à 690 mètres ; il n'est donc pas improbable que le mouvement de soulèvement se soit exécuté dans les mêmes proportions.

En passant de la période de l'immersion principale à ce second état continental, nous pouvons concevoir un passage graduel, d'abord de l'état de la carte, fig. 39, à celui de la carte, fig. 40, ensuite de cette dernière phase à celle de la carte, fig. 41, et enfin à une extension des continents encore plus grande. C'est pendant cette dernière période que s'effectua le passage de la flore germanique sur la surface de la Grande-Bretagne, et que les plantes de la Scandinavie, en même temps que les insectes, les oiseaux et les quadrupèdes des climats septentrionaux, se retirèrent dans les terres élevées.

La première apparition de l'homme, qu'il soit contemporain du mammouth et du rhinocéros à toison ou de l'*Elephas antiquus*, du *Rhinoceros hemitœchus* et de l'*Hippopotamus major*, sa première apparition dans les Iles Britanniques, quand il y eut un libre accès de toutes les parties du continent, appartient probablement à la dernière partie de cette seconde période continentale.

4° Dernière évolution comprenant le nouveau morcellement de la surface émergée en de nombreuses îles, et se terminant par l'état géographique actuel. Il y eut probablement plusieurs oscillations du niveau pendant cette dernière transformation du continent en îles, et c'est par de pareils mouvements dans des directions inverses qu'on pourrait expliquer la présence de coquilles marines à des hauteurs médiocres au-dessus du niveau de la mer, malgré l'abaissement général du sol. C'est à la fin de cette période qu'appartiennent les dépôts marins de la Clyde et ceux du Tay et du Forth, que j'ai cités précédemment, pages 49, 53, 56.

Dans un mémoire dont j'ai déjà parlé, M. Ed. Forbes fait remarquer que le sol qui forma le passage par lequel se fit en Irlande l'immigration des plantes et des animaux se composait de terrain de transport marin soulevé qui avait précédemment fait partie du fond de la mer glaciaire. Des parties de ce dépôt de transport s'étendent à l'ouest jusqu'aux rivages de Wicklow et de Westford, d'autres se trouvent dans l'île de Man et sont pleines de coquilles arctiques, d'autres se trouvent sur la côte d'Angleterre qui fait face à l'Irlande. La marne d'eau douce qui, dans l'île de Man, contient de nombreux squelettes du grand cerf *Megaceros*, y recouvre ce terrain de transport marin de l'époque glaciaire. M. Forbes remarque aussi que la séparation ultérieure de l'Irlande et de l'Angleterre, c'est-à-dire la création du canal de Saint-Georges, qui n'atteint pas 120 mètres dans sa plus grande profondeur, a précédé l'ouverture du Pas-de-Calais, ou la séparation finale de l'Angleterre et du continent. Il le conclut de la distribution actuelle des espèces aussi bien dans le règne animal que dans le règne végétal. Ainsi, par exemple, il y a deux fois autant d'espèces de reptiles en Belgique qu'en Angleterre, et le nombre des espèces qui habitent ce pays est double de celui des espèces qu'on trouve en Irlande. De plus, les espèces d'Irlande sont toutes communes à ce pays et à l'Angleterre et celles de l'Angleterre se retrouvent toutes en Belgique. C'est de là qu'il conclut que les migrations des espèces vers l'ouest n'ayant pu se faire qu'à l'aide du temps, il n'y a pas eu une durée suffisante pour compléter l'identité de la faune des reptiles du continent et de celle de la Grande-Bretagne avant que la France fût séparée de l'Angleterre et l'Angleterre de l'Irlande.

C'est pour la même raison qu'un grand nombre d'oiseaux à vol court et de petits quadrupèdes qui habitent l'Angleterre ne se retrouvent pas en Irlande; le canal de Saint-Georges paraît les avoir arrêtés dans leur course vers l'ouest (1).

La profondeur du canal de Saint-Georges, dans la partie la plus étroite, n'est que de 108 mètres, et celle du Pas-de-Calais n'atteint pas 60 mètres entre Douvres et Calais, et ne dépasse 90 mètres qu'en de rares endroits. Aussi un mouvement vertical peu étendu, si on le compare à quelques-uns de ceux qui viennent de nous occuper, aidé de l'action dénudante de la mer, de l'érosion des falaises et du creusement du détroit, aurait pu suffire avec le temps à faire des îles de toutes les terres dont nous venons de parler.

(1) E. Forbes, *Fauna and Flora of British Isles, Memoirs of Geological Survey*, 1846. vol. I, p. 344.

Temps nécessaires aux transformations successives de la géographie physique pendant la période post-pliocène.

Le temps qu'il faudrait pour accomplir de pareils changements de niveau avec la vitesse moyenne admise, p. 60, quelque considérable qu'il soit, ne paraîtra pas supérieur à celui qui suffirait le mieux à expliquer les oscillations successives de la température du sol, les impressions glaciaires reçues par les roches solides, le transport des blocs erratiques au-dessus et au-dessous du niveau de la mer, la hauteur à laquelle se trouvent des coquilles marines au-dessus de ce niveau, et enfin, tout aussi bien, les migrations des espèces existantes d'animaux et de plantes jusqu'à leurs cantonnements actuels et l'extinction de quelques-unes des formes remarquables qui prospérèrent durant les temps post-pliocènes. Quand on envisage attentivement tous les changements qui sont survenus depuis le commencement de l'époque glaciaire, c'est-à-dire depuis le moment où florissaient la forêt de Cromer et l'*Elephas meridionalis*, on trouve que les phénomènes deviennent de plus en plus intelligibles à mesure que nous admettons une plus grande lenteur dans les vitesses d'élévation et d'abaissement.

La submersion du pays de Galles à l'amplitude de 420 mètres, que prouvent les coquilles glaciaires, exigerait 56000 ans au taux de 75 centimètres par siècle. Mais si on adopte l'estimation de M. le professeur Ramsay, qui porte cette amplitude à 240 mètres de plus, (voir page 278), en déduisant ce chiffre de la position de quelques dépôts de transport stratifiés, il faut ajouter à la première évaluation une période additionnelle de 32000 ans, ce qui fait en tout 88000 ans ; et il faudrait le même temps pour ramener ces contrées à leur hauteur actuelle. Mais si les terres se sont élevées, dans la seconde période continentale, de 180 mètres au-dessus du niveau de leur niveau actuel, comme le figure la carte n° 41, ces 180 mètres d'exhaussement puis d'abaissement exigeraient 48000 ans de plus. L'accomplissement de la grande oscillation comprenant la submersion et l'émersion aurait ainsi exigé en tout 224000 ans; et cela même sans qu'il y ait eu de périodes stationnaires, quand le mouvement dans un sens cessait, et avant qu'il se fût transformé en un autre de sens inverse.

Je sais bien qu'on peut objecter que la vitesse moyenne que je viens d'indiquer est purement arbitraire et conjecturale, puisqu'au cap Nord on suppose à l'exhaussement une valeur d'environ 1 mètre 50 par siècle, et que, suivant M. Lamont, il a été encore plus rapide au Spitzberg durant les 400 dernières années [1]. Mais, bien que j'accorde que dans ces cas et d'autres exceptionnels aussi, (dont aucun d'ailleurs n'est encore parfaitement établi), l'exhaussement et l'affaissement aient été momentanément accélérés, je ne pense pas que la vitesse moyenne du mouvement ait dépassé celle que j'ai indiquée ci-dessus. Je trouve que M. Darwin estime qu'une semblable vitesse moyenne de soulèvement serait aussi grande qu'il nous est permis de l'admettre pour la côte occidentale de l'Amérique du Sud, pays où nous avons, plus que nulle part ailleurs, des preuves de brusques changements de niveau. Cependant il n'a essayé d'évaluer la vitesse séculaire probable d'exhaussement ni dans ce pays ni dans aucun autre.

Nous n'avons guère réussi jusqu'à présent à deviner les causes les plus probables de ces grands mouvements de la croûte terrestre. Le peu que nous sachions de l'état de l'intérieur de notre globe nous conduit à penser que la dilatation ou la contraction graduelle de portions étendues de la croûte solide peut être le résultat de fluctuations dans la température, fluctuations auxquelles se rattache probablement l'existence de centaines de volcans actifs et de milliers d'autres qui sont éteints.

Il est constaté que les roches solides, telles que le granite et le grès, se dilatent et se contractent annuellement d'une

(1) *Seasons with the Sea-Horses*, p. 202.

façon sensible, même pour un écart de température aussi médiocre que la différence de l'été à l'hiver au Canada. Si la chaleur venait à croître dans une épaisseur de 16 kilomètres seulement par exemple de la croûte terrestre, le soulèvement graduel de la masse superposée pourrait aller à 100 mètres et plus; et encore l'exhaussement serait-il porté bien plus loin s'il y avait fusion complète d'une partie des roches inférieures.

Il résulte des expériences de M. Deville que la contraction du granite pour passer de l'état de fusion, de l'état plastique, comme le diraient certaines personnes, à l'état solide, est de plus de dix pour cent [1]. De sorte que nous disposons d'une cause de dénivellation à grande échelle dans chacune des périodes où les roches granitiques ont pris nature dans l'intérieur de la croûte terrestre. Tous les minéralogistes conviennent que le passage de masses volumineuses de l'état liquide ou pâteux à l'état solide et cristallin ne doit se faire qu'avec une extrême lenteur. Il doit fréquemment arriver que, dans la même série verticale de roches superposées, il y en ait de solides ou en partie fondues qui se dilatent, tandis que d'autres au même moment cristallisent et se contractent; de telle sorte que les modifications de niveau de la surface peuvent être le résultat d'actions compliquées et souvent inverses. Plus nous concevrons que ces changements se soient accomplis graduellement, plus nous les rendrons intelligibles et admissibles aux yeux du chimiste et du naturaliste philosophe qui s'occupent des transformations de l'intérieur du globe; plus ils deviendront féconds entre les mains du géologue pour l'aider à expliquer les évolutions de la surface habitable.

Il est fort à présumer qu'après une permanence durable du mouvement dans une direction déterminée soit d'exhaussement, soit d'abaissement, le passage à un mouvement inverse, passage impliquant la substitution du refroidissement au ré-

(1) *Bulletin de la Société géologique*, série 2, vol. IV, p 1312.

chauffement, ou vice versa, n'a pas dû s'opérer brusquement; il a dû être accusé par une période d'inaction, ou de mouvement peu prononcé, ou par un état de repos semblable à celui qui existe à présent sur de vastes surfaces de terre ferme, dans les conditions normales du globe.

Je ne vois aucune raison de supposer qu'aucune phase des évolutions de la géographie physique auxquelles avaient trait les cartes précédentes indique des catastrophes plus considérables que celles dont la génération présente a été le témoin. Si l'homme a existé à l'époque où la forêt de Cromer fut submergée, il n'a pas dû en être plus alarmé que ne l'ont été les colons danois de la côte est de la baie de Baffin en trouvant descendus au-dessous de leur niveau primitif les pieux qu'ils avaient plantés sur le rivage pour mettre leurs bateaux à l'abri.

Déjà, peut-être, les glaces en fondant ont-elles recouvert ces pieux d'argile, de cailloux, de *Till*, analogues à l'argile caillouteuse qui recouvre le « Forest bed » des falaises du Norfolk.

Nous avons vu que toutes les plantes et les coquilles marines et d'eau douce du « Forest bed » et des couches fluvio-marines qui lui sont associées dans le Norfolk sont spécifiquement identiques à celles de la faune et de la flore actuelles de l'Europe; si donc sur une couche de cette nature venait à se déposer une formation marine ou d'eau douce de la période actuelle, elle s'y superposerait en stratification concordante et contiendrait la même faune d'invertébrés et la même flore. Des couches ainsi superposées seraient appelées contemporaines dans le langage géologique ordinaire, non-seulement comme appartenant à la même époque, mais comme comprises dans les limites de la même subdivision d'une seule et même époque; elles seraient pourtant en réalité séparées par un intervalle de plusieurs centaines de milliers d'années.

Si, dans la plus basse des deux formations, quelques mammifères des genres éléphant et rhinocéros se trouvaient spécifiquement distincts de ceux des mêmes genres de la couche la plus élevée, de la couche « récente », on reconnaîtrait qu'il y a eu une soudaine introduction de formes nouvelles et une soudaine disparition des formes anciennes; mais que néanmoins l'intervalle n'a pas été suffisamment long pour amener aucun changement perceptible dans la forme des invertébrés, ce qui est le seul moyen dont nous nous servions habituellement pour mesurer les durées auxquelles correspondent les formations plus anciennes.

Quand nous mettons en regard les vertébrés contenus dans deux couches ou étages superposés appartenant à la craie, à l'oolithe, ou à toute autre ancienne formation, et dans lesquels les coquilles sont d'espèces identiques, nous ne devons jamais perdre de vue que ces horizons peuvent être séparés par des intervalles analogues, c'est-à-dire par deux ou trois mille siècles. Ce nombre d'années peut quelquefois n'avoir qu'une importance très-faible, eu égard à la vitesse de fluctuation des espèces dans les animaux inférieurs, et en acquérir une considérable quand nous envisageons la succession des formes dans les classes les plus élevées des vertébrés.

En réfléchissant à la longue série d'événements de la période post-pliocène et de la période récente que nous avons passés en revue dans ce chapitre, on remarquera que la date assignée à la première apparition de l'homme, en allant jusqu'où nous mènent pour le moment nos investigations géologiques, est extrêmement moderne relativement à l'âge de la faune et de la flore existantes, ou même relativement à l'époque où la plupart des espèces vivantes d'animaux et de plantes ont adopté leur distribution géographique actuelle. On verra en même temps que si l'arrivée de l'homme en Europe a eu lieu avant la fin de la seconde période continentale et antérieurement à la séparation de l'Angleterre et de l'Irlande ou de l'Angleterre et du continent, cet événement serait assez reculé pour faire paraître complétement insignifiante la durée de la période historique comparée à l'antiquité de la race humaine.

CHAPITRE XV.

GLACIERS ANCIENS DES ALPES ET LEUR RELATION CHRONOLOGIQUE AVEC LA PÉRIODE HUMAINE.

Glaciers anciens de la Suisse. — Blocs erratiques d'origine alpestre sur le Jura. — Ils n'ont pas été transportés par des glaces flottantes. — Glaciers anciens du versant italien des Alpes. — Examen de la théorie de l'origine des bassins des lacs due à l'action érosive des glaciers. — Phases successives du développement de l'action glaciaire dans les Alpes. — Relation probable de ces phénomènes avec la plus ancienne date connue de la présence de l'homme. — Leur corrélation avec les changements successifs de l'état glaciaire de la Scandinavie et des montagnes de la Grande-Bretagne. — Période du froid en Sicile et en Syrie.

Glaciers anciens de la Suisse.

Nous venons de voir dans les chapitres précédents que les montagnes de la Scandinavie, de l'Écosse et de la Galles du nord se sont comportées pendant la période glaciaire comme autant de centres indépendants pour la dispersion des blocs erratiques, tout comme à présent le continent glacé du Groënland septentrional laisse descendre ses glaces à la côte dans toutes les directions, et remplit la baie de Baffin de montagnes flottantes dont un grand nombre sont chargées de fragments de rochers.

Un autre grand centre d'action glaciaire pendant la période post-pliocène fut le massif des Alpes suisses; je vais maintenant examiner les relations chronologiques des anciens glaciers alpestres avec ceux des régions plus septentrionales dont nous venons de nous occuper.

Les Alpes sont situées fort au sud des limites extrêmes du terrain de transport septentrional décrit dans les pages précédentes, car elles sont situées entre le 44e et le 45e degré de latitude N. Néanmoins, on voit se reproduire sur les flancs de ces montagnes, sur les chaînes de collines qui leur sont subordonnées et dans les plaines adjacentes, ces marques dont nous avons déjà si souvent parlé comme distinguant ou accompagnant le terrain de transport entre les 50e et 70e parallèles de latitude N.; elles reparaissent brusquement dans la région méridionale et y arrivent à un développement tout à fait comparable à celui que nous leur avons vu dans les contrées boréales. C'est près des points culminants des Alpes que les plus gros blocs erratiques se sont répandus; par exemple, dans les régions du Mont Blanc et du Mont Rose, et dans les parties avoisinantes de la Suisse et de l'Italie. Dans les pays, au contraire, où l'altitude de la grande chaîne diminue, comme en Carinthie, en Carniole et ailleurs, il n'y a pas eu de fragments de roches détachés et transportés à distance, ou il n'y en a eu qu'un petit nombre et de petites dimensions.

En l'année 1821, M. Venetz énonça le premier l'opinion que les glaciers des Alpes devaient autrefois s'être étendus beaucoup au delà de leurs limites actuelles; les preuves qu'il invoquait comme confirmation de cette doctrine furent plus tard reconnues par M. Charpentier, qui les appuya de nouvelles observations et de nouveaux arguments et déclara, en 1836, qu'il était convaincu que les glaciers des Alpes avaient dû autrefois s'étendre jusqu'au Jura et y avoir porté leurs moraines à travers la grande vallée suisse. M. Agassiz, après de nombreuses excursions dans les Alpes avec M. Charpentier, et après s'être consacré lui-même à l'étude des glaciers pendant quelques années, a publié une admirable description de ces phénomènes et des marques qui attestent l'action, à une époque antérieure, d'énormes masses de glace sur la surface entière des Alpes et des pays environnants [1]. Il fit remarquer que la surface de chaque grand glacier est parsemée de gravier et de pierres détachées des précipices environnants par la gelée, la pluie, le tonnerre ou les avalanches. Il décrivit avec plus de soin que tous les écrivains

[1] Agassiz, *Études sur les glaciers*, Neufchâtel, 1840; et *Système glaciaire*, Paris, 1847.

qui l'avaient précédé ces longues traînées de pierres qui s'alignent sur les côtés du glacier et qu'on appelle les moraines latérales, et celles qu'on trouve à l'extrémité inférieure de la nappe de glace et qu'on appelle les moraines terminales. Chaque glacier est ainsi terminé par un amas de terre et de cailloux qu'il pousse devant lui quand il avance et qu'il laisse derrière lui quand il se retire. Quand les glaciers des Alpes atteignent des niveaux trop bas et des points par conséquent trop chauds, quand ils arrivent à des altitudes de 900 à 1200 mètres au-dessus de la mer, ils fondent si rapidement que, malgré le mouvement de descente de la masse, ils ne peuvent dépasser ce point. Cette limite précise varie d'une année à l'autre, et encore bien plus d'un siècle à l'autre. On a souvenance d'un exemple d'un retrait de 800 mètres en une seule année. M. Venetz nous a aussi appris qu'entre le onzième et le quinzième siècle tous les glaciers des Alpes descendaient moins bas qu'à présent, mais que du dix-septième au dix-huitième siècle ils commencèrent à s'avancer de façon à couvrir des routes autrefois praticables, et à renverser des forêts existant de longue date.

Ces oscillations permettent au géologue de prendre note des points de repère qu'un glacier laisse derrière lui quand il rétrograde; et parmi ceux-ci les plus saillants sont, comme nous l'avons déjà dit, les moraines terminales; ce sont des monticules de pierres et de terre, sans stratification, souvent divisés par des crues d'eau postérieures en petites éminences séparées, et qui traversent la vallée comme le feraient d'anciens ouvrages en terre ou des digues pour intercepter un cours d'eau. Quelques-unes de ces barrières transversales avaient autrefois été signalées par de Saussure au-dessous du glacier du Rhône, comme prouvant combien il dépassait anciennement ses limites actuelles. Sur ces moraines on voit de gros blocs anguleux qui, ayant été charriés à la surface du glacier, n'ont pas eu leurs arêtes émoussées par le frottement; mais le plus grand nombre des fragments de roches, même de ceux de grande taille, a été tout à fait arrondi, non par la force de l'eau, mais par l'action mécanique de la glace qui les a chassés les uns contre les autres ou contre les roches qui flanquent la vallée; d'autres sont tombés dans les nombreuses crevasses qui coupent le glacier : là, soumis à la pression de toute la masse de glace et entraînés par elle, ils ont été tout à fait arrondis ou réduits à l'état de sable ou même de boue fine comme celle qui constitue la moraine en grande partie.

Les moraines terminales, qui sont les témoins les plus saillants que laisse le glacier en se retirant, sont aussi, et par cela même, les plus sujets à destruction partielle. Il y a souvent dans les Alpes de violentes irruptions d'eau ou débâcles, causées par la rupture subite d'un lac de glacier, c'est-à-dire de ces nappes d'eau temporaires dont nous avons parlé, et qui doivent leur origine au barrage d'un cours d'eau, barrage formé par un glacier qui s'est accru durant une succession de saisons froides, et qui, descendant d'une vallée tributaire, est venu traverser de part en part la vallée principale qu'il a interceptée. Quand cette barrière de glace vient à se fondre, les eaux accumulées n'étant plus retenues, entraînent dans leur chute et nivellent un grand nombre des monticules transversaux formés de cailloux et de gravier sans consistance, et vont en étaler les matériaux en lits confus et irréguliers dans la plaine basse. Une autre trace de l'action antérieure des glaciers dans des lieux où il n'y en existe plus, consiste dans ces roches à surfaces polies, striées et sillonnées, que j'ai déjà décrites. Les pierres qui garnissent la surface inférieure du glacier et qu'il entraîne avec lui sont souvent incrustées dans la glace, et comme la masse totale glisse lentement à raison de quelques centimètres, ou au plus à raison de 6 ou 9 décimètres par jour, elles usent, sillonnent et polissent les roches; les plus gros blocs réciproquement ont leurs surfaces inférieures sillonnées et polies par leur passage sur ces mêmes roches. Comme la pression et la force de propulsion sont énormes, le sable agit comme émeri et polit la surface; les cailloux font l'office de gros burins, l'entaillent et la sillonnent ; et les grosses pierres y creusent de profondes rainures. Enfin, les parties saillantes des roches en place deviennent ce que l'on a appelé des « roches moutonnées, » (voir ci-dessus, page 282), et sont arrondies et usées en forme de dômes aplatis partout où les glaciers les ont recouvertes.

Quoique la surface de presque toutes les espèces de roches, quand elles sont exposées à l'air, s'altère et se décompose, il y en a pourtant qui conservent pendant bien des siècles leur aspect poli et strié : et même, si elles sont protégées par une enveloppe d'argile ou de gazon, ces traces d'érosion paraissent pouvoir indéfiniment résister à l'action du temps. On en voit la trace dans les Alpes, à de grandes hauteurs au-dessus des glaciers actuels, et à de grandes distances horizontales de leurs emplacements.

Un autre effet des glaciers est de former une ceinture de pierres autour du sommet des pitons qui, dans certains cas, font saillie au-dessus de la glace qu'ils traversent. Si un glacier vient à s'abaisser brusquement en fondant, ces cercles de gros fragments anguleux, qu'on appelle « blocs perchés, » demeurent abandonnés dans une situation singulière près du sommet de ces saillies escarpées, ou pitons, dont la partie inférieure peut être complétement dépourvue de cailloux.

Blocs erratiques alpestres sur le Jura.

La plus grande partie, sinon la totalité, des traces glaciaires que nous venons d'énumérer, moraines, blocs erratiques, surfaces polies, roches moutonnées, stries, blocs perchés, s'observent dans les Alpes à de grandes hauteurs au-dessus des glaciers d'à présent et bien loin au-dessous de leurs extrémités actuelles. On les retrouve aussi dans la grande vallée suisse, à 80 kilomètres plus loin ; et enfin presque partout sur la chaîne du Jura qui se trouve au nord de cette vallée. La hauteur moyenne du Jura est d'environ un tiers de celle des Alpes, et il est maintenant entièrement dépourvu de glaciers ; pourtant il présente presque partout des moraines, et des surfaces de roches polies et striées. De plus, les blocs erratiques dont il est couvert offrent un phénomène qui a fort étonné et embarrassé les géologues, pendant plus d'un demi-siècle. Aucune conclusion n'est plus incontestable que celle qui fait venir des Alpes ces blocs anguleux de granite, de gneiss et d'autres roches cristallines et qui veut qu'ils aient été apportés d'une distance de 80 kilomètres et plus, à travers l'une des plus larges et des plus profondes vallées du globe, de façon à se trouver maintenant logés sur les collines et dans les vallées d'une chaîne de montagnes composée de calcaire et d'autres formations complétement distinctes de celles des Alpes; mais leur taille considérable, et leurs formes anguleuses, après un pareil voyage, a, non sans raison, excité l'étonnement, car il y en a des centaines aussi grands que des maisons : un entre autres, formé d'un bloc de gneiss, et fort connu sous le nom de Pierre à Bot, repose sur le flanc d'un coteau à 180 mètres environ au-dessus du lac de Neufchâtel, et n'a pas moins de 12 mètres de diamètre; quelques-unes de ces masses de granite et de gneiss venues de loin sont encore plus grandes; on en a trouvé qui cubaient 1400 à 1600 mètres; et même, il y a un bloc de calcaire à Devens, près de Bex, qui a fait un voyage de 48 kilomètres, et qui cube 4347 mètres : ses angles sont vifs et intacts.

De Buch, Escher et Studer conclurent de l'examen de la composition minérale de ces blocs erratiques, que ceux du Jura en face des lacs de Genève et de Neufchâtel provenaient de la région du Mont Blanc et du Valais, comme s'ils avaient suivi le cours du Rhône jusqu'au lac de Genève pour continuer ensuite leur chemin en droite ligne vers le nord.

M. Charpentier a adopté l'idée que les Alpes, pendant la période du froid maximum, ont dépassé de plus de 1000 mètres leur hauteur actuelle; il pense aussi que les glaciers des Alpes se prolongaient autrefois sans interruption jusqu'au Jura, et apportaient jusque-là les grands blocs erratiques en question (1). M. Agassiz, d'autre part, au lieu de faire inter-

(1) D'Archiac, *Histoire des progrès de la géologie*, t. II, p. 249.

venir des glaciers distincts et séparés, imagina que toute la vallée suisse avait bien pu être remplie de glace, et qu'un vaste manteau avait pu s'étendre des Alpes au Jura, sans que les relations actuelles des hauteurs des deux chaînes eussent été modifiées. On a fait à cette idée l'objection que la différence d'altitude, répartie sur une distance horizontale de 80 kilomètres, ne donnerait qu'une inclinaison de deux degrés, c'est-à-dire de beaucoup inférieure à celle d'aucun glacier connu. Malgré cette difficulté, cette hypothèse a depuis lors été appuyée de l'autorité de M. le professeur James Forbes, dans son remarquable ouvrage sur les Alpes, publié en 1843.

En 1841, j'avançai, conjointement avec M. Darwin [1], la théorie que les blocs erratiques pouvaient avoir été transportés jusqu'au Jura par des glaces flottantes, à l'époque où la plus grande partie de cette chaîne et toute la grande vallée suisse au sud étaient sous la mer. Nous fîmes remarquer que si, à cette époque, les Alpes avaient atteint seulement la moitié de leur altitude actuelle, elles auraient constitué une chaîne aussi considérable que les Andes du Chili, dont la latitude est celle de la Suisse et qui projettent, au fond de tous les golfes de la côte, des glaciers donnant naissance à des glaces flottantes qui s'en vont en mer couvertes de blocs de granit. Vis-à-vis de cette partie du Chili, où les glaciers abondent, se trouve l'île de Chiloë, qui a 160 kilomètres de longueur sur une largeur de 48, et dont la plus grande dimension est parallèle à la côte. Le canal qui la sépare du continent a une profondeur considérable : il est large de 40 kilomètres. Il y a des parties de la surface de cette île qui sont recouvertes de coquilles marines récentes, de même que la côte du Chili qui leur fait face. Ce fait indique donc un soulèvement du sol à une époque très-moderne. Au-dessous de ces coquilles est un dépôt de cailloux dans lequel M. Darwin a trouvé de grands blocs de granite et de syénite évidemment originaires des Andes.

[1] Voir *Éléments de Géologie*, 1841, deuxième édition.

Que le mouvement ascensionnel, qui se fait sentir encore maintenant dans cette région des Andes et dans l'île de Chiloë, continue à se produire dans l'avenir, et la chaîne principale deviendra le pendant des Alpes et donnera à l'île de Chiloë l'altitude du Jura. Un soulèvement de cette nature pourrait mettre à sec le canal qui sépare Chiloë du continent, de façon à en faire la contre-partie de la grande vallée suisse.

Sir Roderick I. Murchison, après avoir fait plusieurs importantes explorations géologiques dans les Alpes, proposa, en 1849, une théorie identique, au fond, à celle que nous avions émise M. Darwin et moi, savoir : que les blocs erratiques avaient été transportés jusqu'au Jura à l'époque où la grande dépression de la Suisse et la plupart des vallées pénétrant profondément dans le massif des Alpes étaient recouvertes par les eaux. Il regardait comme impossible que les détritus glaciaires de la vallée du Rhône eussent jamais pu être transportés au delà du lac de Genève par un glacier, ou, en d'autres termes, qu'une aussi vaste masse de glace, issue d'une étroite vallée, eût jamais pu disperser ces blocs erratiques sur les régions basses des cantons de Vaud, de Fribourg, de Berne et de Soleure, en même temps que sur les flancs du Jura, ce qui représente une surface d'environ 160 kilomètres d'étendue du sud-ouest au nord-est, comme cela est indiqué dans la carte de Charpentier. En conséquence, il demeura persuadé que les blocs granitiques avaient été transportés jusqu'au Jura par des glaces flottantes pendant la submersion de la contrée intermédiaire [1]. On peut remarquer que cette théorie, si toutefois on admet que les eaux aient été salées ou saumâtres, exige une tout aussi grande oscillation dans le niveau du sol que celle sur laquelle Charpentier avait basé son raisonnement ; la seule différence est que la première hypothèse nous force à débuter par un affaissement de 750 à 900 mètres, et l'autre par un soulèvement de même amplitude. Nous ne devons pas oublier non plus que les crêtes ou

[1] *Quarterly Geological Journal*, 1850, vol. VI, p. 65.

lignes de partage des Alpes et du Jura sont distantes d'environ 130 kilomètres, et si nous en venons à supposer qu'elles aient été en mouvement durant la période glaciaire, nous devons regarder comme très-probable que des mouvements s'opérant en des points si éloignés n'aient pas été exactement concordants. S'il en est ainsi, il peut se faire que les Alpes aient eu une altitude relative un peu plus grande, ce qui aurait singulièrement aidé à l'extension de leurs glaciers jusqu'aux flancs de la chaîne la moins élevée.

Cinq ans avant l'apparition du mémoire dont je viens de parler, M. Guyot avait publié un ensemble considérable de faits nouveaux à l'appui de la doctrine primitive de Charpentier, à savoir, que les glaciers des Alpes s'étaient autrefois étendus jusqu'au Jura et y avaient déposé une partie de leurs moraines (1). L'exposition de ses observations et de ses conclusions fut faite avec beaucoup de clarté au public anglais, en 1852, par M. Charles Maclaren, qui avait lui-même visité la Suisse dans le dessein de se former une opinion indépendante dans une question d'un si haut intérêt, et au sujet de laquelle tant de savants éminents étaient arrivés à des conclusions aussi contradictoires (2).

M. Guyot s'est efforcé de montrer que les blocs erratiques des Alpes ne se sont point éparpillés au hasard sur le Jura et la grande plaine suisse, mais qu'ils sont disposés dans un certain ordre déterminé, exactement analogue à celui auquel ils auraient obéi, s'ils avaient autrefois formé les moraines latérales, médianes et terminales de grands glaciers. Les roches, sur lesquelles il fonde principalement la démonstration de cette distribution, consistent en trois variétés de granite, outre des gneiss, des schistes chlorités, des euphotides, des serpentines et une certaine espèce de conglomérat, associations minérales toutes étrangères aussi bien à la grande vallée qui sépare les Alpes du Jura qu'au Jura lui-même.

(1) *Bulletin de la Société des sciences naturelles de Neufchâtel*, 1845.
(2) *Edinburgh New Philosophical Magazine*, octobre 1852.

Dans ces deux régions, les calcaires, les grès et les argiles, des formations secondaires et tertiaires, affleurent seuls à la surface, de sorte que les fragments venus des Alpes se distinguent facilement, et même, dans quelques cas, permettent la détermination précise des lieux de leur origine.

La carte figurative ci-jointe, empruntée, avec de légères modifications, à celle qu'a donnée M. Maclaren, permettra au

Fig. 42.

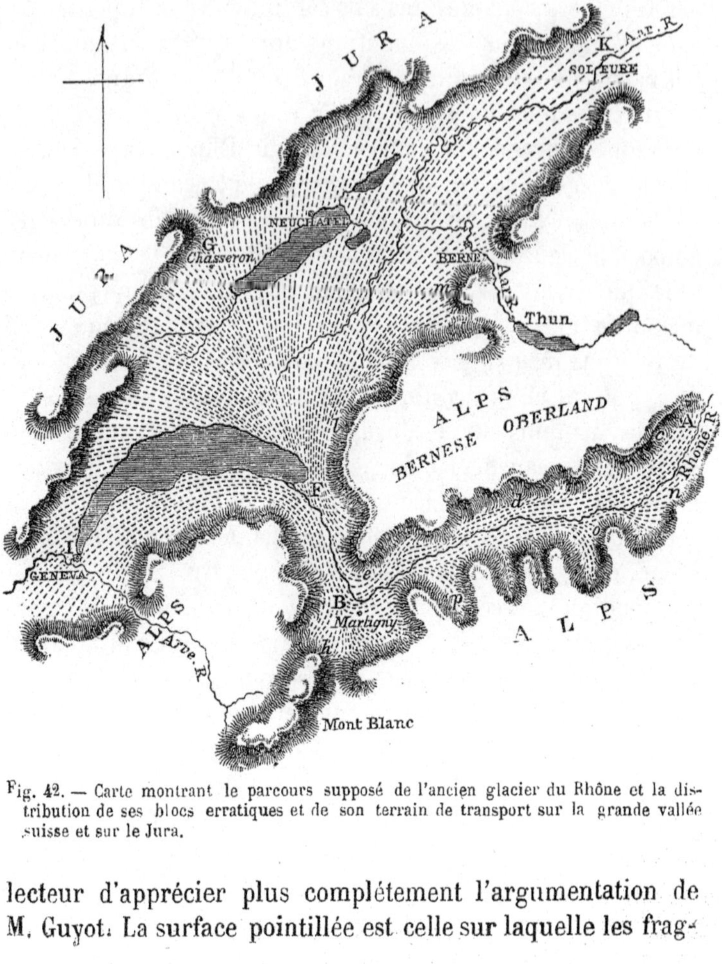

Fig. 42. — Carte montrant le parcours supposé de l'ancien glacier du Rhône et la distribution de ses blocs erratiques et de son terrain de transport sur la grande vallée suisse et sur le Jura.

lecteur d'apprécier plus complétement l'argumentation de M. Guyot. La surface pointillée est celle sur laquelle les fragments de roches alpestres se trouvent répandus par l'ancien glacier supposé du Rhône. L'emplacement du glacier actuel réduit qui porte ce nom se voit en A. A partir de ce point on commence d'abord par suivre les cailloux jusqu'en B, c'est-à-dire jusqu'à Martigny, où la vallée s'infléchit brusquement à angle droit sur sa direction primitive. Là, les blocs appartenant à la rive droite de la vallée, c'est-à-dire provenant des points *c*, *d*, *e*, ne l'ont pas traversée jusqu'en *b* sur la rive gauche, comme ils l'auraient fait s'ils avaient été transportés par les glaces flottantes, mais ils continuent à occuper le côté dont ils sont originaires, montrant ainsi qu'ils ont autrefois fait partie de la moraine latérale droite d'un grand glacier qui n'existe plus. Ce glacier, après être arrivé en F à l'extrémité inférieure de l'étroite vallée du Rhône supérieur, a rempli de glace le lac de Genève F I. De F, comme d'un immense débouché, il rayonnait alors dans toutes les directions, emportant dans son parcours les moraines qui le chargeaient et les dispersant de tous côtés sur la grande plaine ; mais la masse de glace principale continuait son mouvement en droite ligne jusqu'à la colline de Chasseron, G, (juste en face de F), où les blocs erratiques des Alpes atteignent leur plus grande hauteur sur le Jura, c'est-à-dire 604 mètres au-dessus du niveau du lac de Neufchâtel, ou 1440 mètres au-dessus de la mer. Les blocs de granit qui sont perchés sur cette éminence, G, proviennent du flanc oriental du Mont Blanc, en *h*, et ont suivi la direction B, F, G.

Quand on suit ces blocs et leurs compagnons qui reposent sur les pentes sud-est du Jura depuis le point culminant G dans des directions opposées, soit à l'ouest, vers Genève, soit à l'est, vers Soleure, on trouve que leurs gisements diminuent d'altitude depuis le milieu, G, de l'arc jusqu'aux deux extrémités, I et K, qui toutes les deux sont à un niveau inférieur à G d'environ 450 mètres. En d'autres termes, la glace de cet ancien glacier atteignait son élévation maximum sur les flancs inclinés du Jura, dans la direction de la pression la plus forte, et prenait, latéralement, une inclinaison en pente douce, à la façon d'une masse flexible ou visqueuse, jusqu'à ce qu'elle atteignît deux points distants l'un de l'autre d'au mois 160 kilomètres.

Au surplus, comme confirmation de cette théorie, M. Guyot observa que les fragments provenant de la rive droite de la grande vallée du Rhône, *c*, *d*, *e*, se trouvent du côté droit de la grande dépression ou vallée suisse, en *l* et *m* par exemple, tandis que ceux qui proviennent de la rive gauche, *p*, *h*, se rencontrent sur la gauche du bassin, c'est-à-dire sur le Jura entre G et I; qu'enfin, ceux qui sont originaires de points de la rive gauche encore plus élevés et plus voisins de la source du Rhône, comme *n*, *o*, occupent le milieu du grand bassin et constituent entre *m* et K ce que M. Guyot appelle la moraine frontale ou terminale du prolongement oriental de l'ancien glacier.

On voit à Steinhoff, à 16 kilomètres à l'est de K, c'est-à-dire de Soleure, une énorme masse de granite talqueux cubant 1728 mètres; Charpentier, qui l'a examinée, a conclu de sa composition qu'elle provenait du point *n*, l'un des points les plus élevés de la rive gauche de la vallée du Rhône, fort au-dessus de Martigny. Pour venir de ce point, il a fallu qu'elle fît le tour par F, seule issue de cette profonde vallée, et qu'elle accomplît un voyage de plus de 240 kilomètres.

Le transport général des blocs erratiques en Suisse s'est fait par les glaciers et non par les glaces flottantes.

Il est évident que les restrictions que je viens de décrire, que cette localisation de certains fragments d'un caractère lithologique spécial sur la seule rive du Rhône où l'on rencontre leurs roches congénères, et que l'arrangement linéaire correspondant des blocs sur le côté opposé de la grande plaine suisse, sont des faits qui cadrent singulièrement bien avec la théorie des glaciers, tandis qu'ils sont complétement inconciliables avec celle des glaces flottantes. On peut faire revivre, pour les opposer à cette dernière hypothèse, tous les arguments que Charpentier avait primitivement fait valoir pour combattre la première et populaire doctrine d'une grande débâcle ou inondation soudaine qui serait descendue des Alpes sur le Jura. S'il y avait jamais eu, dit-il, une pareille irruption d'eau boueuse, les blocs entraînés dans les bassins des principales rivières de la Suisse, le Rhône, par exemple, l'Aar, la Reuss et la Limmat, auraient été confusément mélangés au lieu de s'être localisés ainsi sur des surfaces distinctes et séparées, comme cela devrait avoir lieu conformément à l'hypothèse des glaciers.

M. Morlot m'offrit, en 1857, une carte inédite de la Suisse sur laquelle il avait tracé et réuni les résultats de ses propres observations et de celles de MM. Guyot, Escher et autres, et distingué par des couleurs différentes les limites relatives à chaque grand bassin du transport des détritus par les glaciers. L'arrangement du terrain de transport et des erratiques ainsi mis en relief concorde parfaitement avec les vues de Charpentier et est complétement inconciliable avec l'hypothèse qui admettrait que ces blocs eussent été dispersés par des glaces flottantes pendant que la Suisse était submergée.

A l'encontre de la première hypothèse on peut encore rappeler que jusqu'à présent on n'a encore trouvé dans ces terrains de transport ni coquilles marines, ni fossiles d'autre origine qu'une origine terrestre, tels que des os de mammouth, d'un petit nombre d'autres mammifères, et quelques bois de conifères; et pourtant ce dépôt a souvent plus de cent mètres d'épaisseur.

Un coup d'œil sur la carte de M. Morlot [1] fera voir que les deux plus grandes régions indiquées par une seule couleur sont les régions sur lesquelles le Rhône et le Rhin ont autrefois, à ce qu'on suppose, répandu leurs énormes moraines. Nous n'en avons montré qu'une, celle du Rhône, dans notre figure 42, p. 313. Les caractères distinctifs du terrain de

(1) Voir la carte insérée au *Geological Quarterly Journal*, vol. XVIII, pl. XVIII, p. 185.

transport dans les deux cas sont précisément ce qu'ils seraient si deux glaciers colossaux venaient maintenant à descendre des sommets des Alpes dans les vallées arrosées par ces rivières et à abandonner leurs moraines dans les régions basses. La superficie occupée par le terrain de transport du Rhin égale, ou même dépasse celle du Rhône, et son étendue n'est pas plus restreinte par le lac de Constance, long de 72 kilomètres, que ne l'est la dispersion des blocs erratiques du Rhône par le lac de Genève, qui a 80 kilomètres de longueur. Les blocs anguleux ou autres ont dans les deux cas effectué leurs parcours exactement comme si ces lacs n'avaient pas existé, ou comme s'ils eussent été comblés de glace solide, ce qui s'est produit sans aucun doute.

Pendant une dernière visite en Suisse en 1857, je fis des excursions en compagnie de plusieurs géologues distingués dans le but de me rendre compte de la valeur relative des deux théories rivales que je viens d'exposer. J'examinai les parties du Jura au-dessus de Neufchâtel en compagnie de M. Desor, les environs de Soleure avec M. Langen, le côté méridional de la grande dépression près de Lausanne avec M. Morlot, le bassin de l'Aar autour de Berne avec M. Escher von der Linth. M'étant ainsi assuré que tous les faits que j'avais vus au nord des Alpes concordaient avec la manière de voir de M. Guyot, je franchis la chaîne et me rendis sur le versant italien, où je demeurai convaincu que la même théorie était également applicable aux anciennes moraines des plaines du Pô.

M. Escher me fit voir à Trogen, dans le canton d'Appenzell, sur la rive gauche du Rhin, des fragments d'une roche d'un caractère minéralogique particulier et qu'on appelle communément le granite de Pontelyas, le gisement en est bien connu près de Trons, à 160 kilomètres de Trogen, sur la rive gauche du Rhin, à quelque 48 kilomètres de la source de ce fleuve. Tous les blocs de cette espèce de granite se maintiennent sur la rive gauche même quand la vallée s'infléchit presque à angle droit sur sa direction précédente, comme à Mayenfeld, au-dessous de Chur, où elle fait un angle très aigu semblable à celui de la vallée du Rhin à Martigny. Ces blocs de granite peuvent se suivre jusque dans les plaines basses, où ils occupent encore, près du lac de Constance, la gauche de la vallée. Il serait tout à fait inexplicable qu'ils n'eussent pas franchi la vallée au-dessous de Chur si, rejetant l'action des glaces terrestres, on persistait à n'invoquer, comme agent de transport, que les glaces flottantes.

Dans la carte précitée de M. Morlot on remarque, entre les régions occupées par le terrain de transport glaciaire du Rhin et par celui du Rhône, trois espaces plus petits mais non négligeables, teintés de façons différentes, et indiquant les détritus spéciaux des trois grandes rivières, l'Aar, la Reuss et la Limmat. L'ancien glacier du premier de ces cours d'eau, de l'Aar, a traversé les lacs de Brienz et de Thun, et a porté des blocs anguleux, polis et striés de calcaire et d'autres roches jusqu'à Berne et même un peu en aval de cette ville. La Reuss aussi a imprimé le cachet lithologique de sa région montagneuse sur les parties basses de son bassin hydrographique, qu'elle a couvertes d'un détritus alpin spécial. Il en est de même de l'ancien glacier de la Limmat, qui, dans son mouvement de retrait, a laissé des témoins de son parcours dans le lac de Zurich sous forme de moraines terminales, dont l'une a presque divisé cette grande nappe d'eau en deux lacs distincts.

Le « travail glaciaire » fait par ces glaciers anciens, quand on le compare avec celui qu'accomplissent leurs diminutifs de l'époque présente, est bien proportionnel aux volumes relatifs des glaciers supposés, soit qu'on les évalue par les distances auxquelles ils ont transporté les blocs erratiques, soit qu'on le fasse par l'étendue de la surface qu'ils ont recouverte de détritus, ou par la quantité de roches dures ou le nombre des pierres qu'ils ont polies et striées. Au lieu d'être réduits à des longueurs de 8, 16 ou 30 kilomètres et à des épaisseurs de 60, 90 ou tout au plus 250 mètres, ces géants des temps passés devaient avoir de 80 à 240 kilomètres de longueur, et de 300 à 900 mètres d'épaisseur. Aussi l'action glaciaire, quoique de nature identique, s'exerce sur une si faible échelle dans les glaciers actuels des Alpes, que des géologues suédois, écossais, gallois ou américains du nord en seraient à première vue fort désappointés. Je visitai, en 1859, la moraine terminale du glacier du Rhône, et j'essayai de comparer le nombre des blocs et des cailloux anguleux ou arrondis qui offrent le poli ou les raies glaciaires avec celui des pierres qui ne portent pas ces empreintes ; je trouvai qu'il me fallait en examiner plusieurs milliers avant d'arriver au premier qui fût strié ou poli de façon à différer des pierres ordinaires d'un lit de torrent. Même dans les moraines des glaciers de Zermatt, de Viesch et autres, où les fragments de calcaire et de serpentine sont abondants, (ce sont les roches qui reçoivent et conservent le mieux les empreintes glaciaires), je trouvai que pour un seul qui présentât ces caractères il y en avait des centaines qui en étaient complétement dépourvus. J'obtins des résultats d'une nature tout opposée quand je me livrai à un semblable examen sur les cailloux et les galets de la moraine terminale d'un ancien glacier, de celle du glacier du Rhône dans la banlieue de Soleure. Ainsi, au point K de la carte fig. 42, p. 313, j'observai une masse d'argile ou de boue non stratifiée, au milieu de laquelle étaient répandus des pierres anguleuses et irrégulières, de nature variée, dont une proportion notable était polie et rayée. Quant à la matière argileuse, elle était devenue si compacte, comme si ce fût la pression d'une grande masse de glace qui l'eût agglomérée, qu'on fut obligé de la faire sauter à la poudre pour y faire les tranchées d'un chemin de fer qui l'entamait. Une sorte de marbre, roche appartenant à l'étage portlandien, sur lequel repose cette moraine, a sa surface polie comme un miroir, et montre de magnifiques coupes de coquilles fossiles des genres *Nerinea* et *Pteroceras*. D'autres fois, outre de fines stries, on trouve de profondes rainures rectilignes d'une orientation parfaitement concordante avec la direction qu'aurait dû suivre l'ancien glacier s'il avait obéi à la théorie de M. Guyot que je viens d'exposer.

Glaciers éteints du versant italien des Alpes.

Passons à un autre exemple pris sur le versant opposé ou méridional des Alpes. On peut voir sur la carte, fort bien étudiée, que vient d'exécuter tout récemment M. Gabriel de Mortillet, et qui représente les anciens glaciers du versant italien des Alpes, que les anciennes moraines descendent des crêtes neigeuses en bandes étroites par les vallées principales jusqu'au grand bassin du Pô, dans lequel elles s'étalent et couvrent de larges surfaces circulaires ou ovales. On observe, (voir la carte, fig. 43), que chacun de ces groupes de détritus contient exclusivement les débris des roches que l'on trouve en place sur les crêtes des Alpes qui limitent les bassins hydrographiques auxquels appartiennent respectivement les moraines.

J'eus l'occasion de vérifier ce fait en compagnie de M. Gastaldi, qui voulut bien me guider, quand j'examinai les blocs erratiques et les dépôts de cailloux entre Suse et Turin, sur les rives de la Dora Riparia, qui descend du mont Cenis et des Alpes qui le touchent au S. O. Je vis là des fragments striés de dolomie et de gypse, qui provenaient du Mont Cenis et avaient voyagé jusqu'à Avigliana; j'y vis aussi des masses de serpentine, apportées de moins loin, et dont quelques-unes avaient des dimensions qui paraissaient surpasser celles des plus grands blocs erratiques de la Suisse. J'allai visiter ensuite, accompagné de MM. Gastaldi et Michelotti, un spécimen encore bien plus grandiose de l'action d'un glacier colossal des anciens temps, à 32 kilomètres au N. E. de Turin; c'est la moraine d'un glacier qui descendait des points les plus élevés des Alpes, du Mont Blanc et du Mont Rose, et, après avoir traversé la vallée d'Aoste, sortait par un étroit défilé au-dessus d'Ivrée, (voir la carte, fig. 43). C'est par cet étroit débouché que l'ancien glacier versait dans les plaines du Pô cette accumulation étonnante de boue, de gravier et de gros blocs erratiques qui s'étend sur 80 kilomètres depuis au-dessus d'Ivrée jusqu'au-dessous de Caluso, et qui, vue de profil de Turin, offre l'aspect d'une chaîne de collines. Il y a,

Fig. 43.

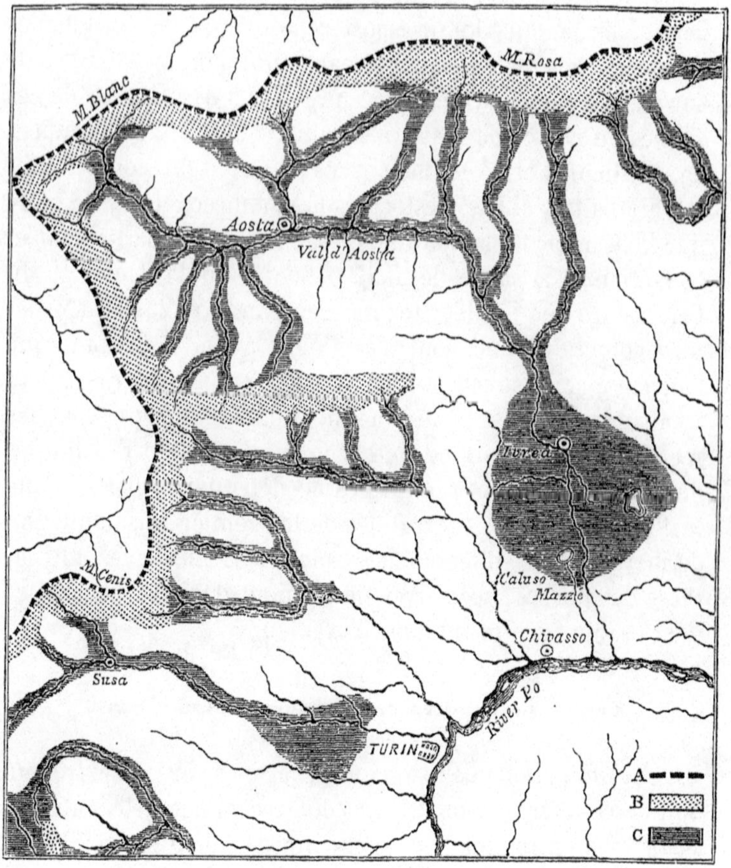

Fig. 43. — Carte des moraines d'anciens glaciers s'étendant depuis les Alpes jusque dans les plaines du Pô, près de Turin.

D'après une carte des anciens glaciers du versant italien des Alpes, par M. Gabriel de Mortillet.

A Crête ou ligne de partage des Alpes.
B Sommets neigeux des Alpes qui alimentaient les anciens glaciers.
C Moraines de glaciers anciens.

en effet, bien des pays où on la considérerait comme une chaîne importante de collines, car aux points où elle se rattache aux montagnes elle a plus de 450 mètres d'altitude; elle conserve plus de la moitié de cette hauteur sur une grande partie de son parcours et s'élève brusquement au-dessus de la plaine souvent avec une pente de 20° ou 30°. Cet ancien terrain de transport repose près des montagnes sur des roches métamorphiques anciennes, et, en s'éloignant, sur des couches marines pliocènes. Il y a des parties de ces saillies de *Till* et de matière stratifiée qui ont été découpées en monticules et en mamelons par l'action du cours d'eau, la Dora Baltea, et il s'y est créé de nombreux lacs, de sorte que l'ensemble de la moraine ressemble, à part la hauteur et la largeur, à la lande de *Drift* glaciaire du Pertshire et du Forfarshire que j'ai décrite précédemment, (p. 258). Sa structure compliquée ne peut s'expliquer qu'en supposant que l'ancien glacier se soit avancé et retiré à plusieurs reprises et ait abandonné de grandes moraines latérales, (qui sont les monticules les plus modernes compris en dedans des limites des plus anciens), et des masses de détritus superposées aux matériaux remaniés et stratifiés de la première accumulation de moraines. Ces phénomènes concordent bien avec l'hypothèse des phases successives de l'action glaciaire en Suisse, dont je vais faire maintenant l'examen.

Couches glaciaires contournées au sud d'Ivrée.

A Mazzé, près de Caluso, (voir la carte, p. 321), l'extrémité sud de cette grande moraine a tout récemment été entamée pour faire un tunnel pour le chemin de fer de Turin à Ivrée. Dans la belle coupe ainsi mise au jour, M. Gastaldi et moi eûmes l'occasion d'observer la structure interne de la formation glaciaire. Tout à fait au contact d'une grande masse de terrain de transport avec cailloux striés, nous vîmes des lits stratifiés alternatifs de gravier, de sable et de limon, qui étaient repliés à des angles si aigus que beaucoup d'entre eux avaient été traversés deux fois dans la même verticale. Ces couches ont-elles été ainsi reployées par l'action mécanique d'un glacier en voie de progression qui aurait poussé devant lui un amas de matières stratifiées, comme cela arrive au glacier de Zermatt, qui est connu pour avoir quelquefois chassé des blocs de pierre au travers de murs d'habitations? Est-ce, au contraire, la fusion de masses de glace, contenant des couches de sable et de glace intercalées, qui a donné naissance à ces plissements, de la façon indiquée ci-dessus, pages 142 et 228? Je ne prétends pas décider la question; je me contente de faire remarquer que c'est déjà un résultat satisfaisant d'avoir découvert une nouvelle preuve de la connexion intime qui rattache l'action glaciaire à la stratification contournée que nous avons décrite comme si fréquente dans les falaises de Norfolk, p. 230, et qu'on voit aussi si fréquemment en Écosse et dans l'Amérique du Nord quand le gravier stratifié recouvre le *Till*. Je doute un peu que, si les couches marines pliocènes qui supportent en grande partie la moraine en aval d'Ivrée étaient mises au jour par une coupe verticale, on ne trouvât pas les couches inférieures participant à un degré moindre aux plissements des sables et des graviers du terrain de transport glaciaire superposé.

Mais revenons aux traces glaciaires. On trouve dans la moraine, à Mazzé, un grand nombre de gros blocs de protogine et des fragments de toutes les tailles de calcaire et de serpentine qui ont été apportés du Mont Rose, à travers la gorge d'Ivrée, après un voyage de 80 kilomètres. Je portai surtout mon attention sur les parties de la moraine où les morceaux de calcaire et de serpentine étaient très-nombreux, et je trouvai qu'il n'y en avait pas moins d'un tiers du nombre total qui portât des signes incontestables de l'action glaciaire; cet état de choses me semble n'être pas sans quelque relation avec l'immense volume et l'énorme pression de la glace qui autrefois constituait l'ancien glacier, et avec la distance que les pierres ont parcouru. En séparant les fragments de quartz, qui n'étaient jamais striés, et ceux de granite, de mica, de schistes et de diorite, qui n'offrent que rarement les impressions glaciaires, et bornant mon examen seulement à ceux de serpentine, je trouvai qu'il n'y en avait pas moins de dix-neuf sur vingt du nombre total qui étaient polis et rayés. Au contraire, dans les moraines terminales de quelques glaciers modernes, où les fragments n'ont parcouru que 16 à 25 kilomètres au lieu de 160, c'est à peine s'il y a un sur vingt des morceaux de serpentine qui aient été polis et striés par l'action de la glace.

Examen et théorie qui attribue l'origine des bassins des lacs à l'action érosive des glaciers.

Les géologues sont tous d'accord pour admettre que la dernière série des mouvements auxquels les Alpes doivent leur relief actuel et leur structure est postérieure aux dépôts des couches miocènes; on est également dans l'usage de rapporter à ces mêmes mouvements l'origine des nombreux bassins des lacs des Alpes ou de la zone qui les entoure, soit en Suisse, soit dans l'Italie septentrionale. Il paraît, en effet, assez naturel de supposer que des forces capables de modifier la configuration de la plus grande chaîne de montagnes de l'Europe en relevant quelques-unes des couches tertiaires qui en font partie, (les couches d'origine marine de la période miocène), à plus de 1000 mètres au-dessus de leur niveau primitif après les avoir redressées verticalement et reployées, il paraît, dis-je, naturel que de pareilles forces aient pu donner naissance à des dépressions de la surface dans lesquelles de grands volumes d'eau aient pu s'accumuler. M. Desor, dans un mémoire sur les lacs de la Suisse et de l'Italie, pense qu'ils ont pu conserver leur relief, grâce à la glace qui les a comblés pendant toute la durée de la période glaciaire et y a empêché tout dépôt sédimentaire. Postérieurement au retrait des grands glaciers, nous savons que les bassins des lacs ont été, sur une certaine portion de leur étendue, envahis et transformés en sol émergé par les deltas des cours d'eau; l'un d'eux, celui du Rhône, à l'entrée du lac de Genève, n'a pas moins de 19 kilomètres de long et de plusieurs kilomètres de large; il y a d'ailleurs sur les bords du même lac beaucoup de torrents qui y créent de petits deltas.

M. Gabriel de Mortillet, ayant étudié avec attention les formations glaciaires des Alpes, conclut comme ses prédécesseurs que les grands lacs ont existé avant la période glaciaire; mais il en vint à penser, en 1859, qu'ils avaient tous été comblés de matières d'alluvion, puis recreusés par l'action de la glace, qui, durant la période d'intensité du froid, les avait, par son poids et son irrésistible poussée, déblayés des matières meubles et incohérentes d'alluvion, même au point où leur accumulation avait atteint une épaisseur de 680 mètres. Outre cette érosion, la glace aurait repoussé toute la masse de boue et de pierre sur les plans inclinés à partir des profondeurs centrales, jusqu'aux débouchés inférieurs des lacs. et souvent beaucoup plus loin. Comme quelques-uns de ces bassins à parois rocheuses ont 150 et d'autres plus de 600 mètres de profondeur, comme leurs fonds sont dans quelques cas à 150 et dans d'autres à 300 mètres au-dessous du niveau de la mer, comme ils ont des surfaces de 32 à 80 kilomètres de longueur, et de 7 à 19 kilomètres de largeur, il y a lieu d'être quelque peu effrayé de l'audace d'une telle hypothèse.

Voici quels sont les faits et quel est l'enchaînement d'idées qui a conduit M. de Mortillet à adopter cette manière de voir. Aux extrémités inférieures des grands lacs d'Italie, les lacs Majeur, de Côme, de Garde et autres, il y a de vastes moraines dont les matériaux prouvent qu'elles proviennent des vallées supérieures des Alpes en amont des lacs. Ces moraines reposent souvent sur une alluvion plus ancienne stratifiée, composée de galets roulés et arrondis, débris des mêmes roches que celles qui forment les moraines; mais ce dépôt n'a point été formé aux dépens de ces dernières, ses fragments y sont de petite dimension, jamais anguleux, ni polis, ni striés, et le tout a évidemment son origine à une grande distance. Ces couches d'alluvions plus anciennes doivent, d'après M. de Mortillet, être de date pré-glaciaire, et n'auraient pas pu être charriées au delà des emplacements des lacs, si chaque bassin n'avait d'abord été nivelé et comblé de boue, de sable et de gravier, de façon à offrir aux cours d'eau un lit continu d'une extrémité à l'autre de chaque bassin.

M. le professeur Ramsay, après avoir fait une étude approfondie et avoir acquis une connaissance intime des phénomènes glaciaires des Iles Britanniques, a enseigné, il y a déjà plusieurs années, que certains petits marais, que certains bassins rocheux peu profonds, tels que nous en voyons dans les régions montagneuses, doivent leur origine à des glaciers qui usent la surface des roches les plus tendres, laissant saillir en relief les plus dures, qu'ils n'ont relativement pas altérées. Poursuivant cette idée, après avoir visité la Suisse, et sans avoir eu aucune communication avec M. de Mortillet, sans avoir eu connaissance de ses idées à ce sujet, M. Ramsay émit l'opinion, en 1859, que les bassins des lacs n'étaient pas de date pré-glaciaire, mais qu'ils avaient été creusés par la glace durant la période glaciaire; leur relief étant en grande partie pris dans l'épaisseur du grès miocène, qu'en terme provincial on appelle la « molasse » en raison même de son peu de dureté. Par cette théorie, il s'affranchissait de la nécessité du remplissage préalable de ces cavités par des alluvions stratifiées, à la façon dont le propose M. de Mortillet.

Je vais maintenant expliquer dans quelle mesure j'adopte les idées des deux géologues précités, et sur quels points mon opinion diffère de la leur :

1° Il n'est pas douteux, comme M. le professeur Ramsay en fait la remarque, que de pesantes masses de glace glissant lentement pendant des siècles sur une surface émergée, (que cette surface se compose de collines, de plateaux et de vallées, comme c'est le cas au Groënland, ou soit réduite aux fonds de grandes vallées, comme cela a lieu maintenant dans les parties élevées des Alpes), il n'est pas douteux, dis-je, que de pareilles masses de glace doivent souvent, par leur action érosive, produire des dépressions proportionnelles aux différents degrés de résistance offerte par les roches de dureté inégale. Ainsi, par exemple, quand des lits quartzeux de micaschiste alternent avec des schistes argileux, ou quand des dykes de trapp, qui interrompent souvent le cours des torrents par des cascades, viennent à traverser les grès et les roches schisteuses, ces associations et la multitude d'autres arrangements que présentent les roches doivent donner lieu à des érosions d'une amplitude fort inégale, et par conséquent à des bassins de lacs sur une petite échelle. Mais, plus les dimensions d'un lac sont grandes, plus il est certain qu'il doit contenir des roches possédant tous les degrés de dureté, de résistance et de mollesse, si donc nous y trouvons un approfondissement graduel, depuis l'extrémité supérieure jusqu'aux parties centrales, et un relèvement progressif du fond, depuis le milieu jusqu'à l'extrémité inférieure, comme cela a lieu dans plusieurs des lacs de la Suisse et de l'Italie, qui ont de 50 à 65 kilomètres de longueur, il nous faut invoquer une force capable d'agir avec une uniformité remarquable sur ces masses possédant des résistances si variables.

2° Plusieurs des grands lacs ne sont en aucune façon orientés suivant la direction qu'ils devraient avoir affectée, si leur relief était l'effet de la pression et du mouvement d'avancement des anciens glaciers. Le lac de Genève, par exemple, s'il eût été le résultat d'un travail glaciaire, se serait trouvé dans le prolongement de la fin de la vallée du Rhône supérieur et dans la direction du Jura, suivant l'alignement F, G de la carte, fig. 42, au lieu d'avoir son grand axe dirigé suivant F, I.

3° On a reconnu expérimentalement que, dans un glacier comme dans une rivière, la vitesse du mouvement est augmentée ou diminuée suivant que la pente du sol est plus ou moins grande : que, de plus, les couches inférieures de la glace, comme celles de l'eau, se meuvent plus lentement que celles qui les surmontent. Dans le lac Majeur, qui a plus de 797 mètres de profondeur, la glace, dit M. le professeur Ramsay, a à descendre une pente d'environ 3° pendant les 40 premiers kilomètres, et à partir de là, à remonter pendant les derniers 19 kilomètres, (du point le plus profond jusqu'à la sortie), suivant un angle de 5°. Je laisse à ceux qui sont familiers avec la dynamique du mouvement des glaciers le soin de deviner si, en pareil cas, la décharge de la glace ne se ferait pas entièrement par les couches supérieures dont le mouvement est plus rapide, et si les couches inférieures ne resteraient pas complétement, ou à peu près, immobiles, et n'exerceraient pas sur le fond un frottement très-faible et même presque nul.

4° Mais l'objection la plus grave qu'on puisse faire à l'hypothèse de l'érosion glaciaire sur une échelle aussi extraordinaire nous est fournie par l'absence complète de lacs de grandes dimensions dans plusieurs régions hydrographiques où il devrait en exister si les énormes glaciers, qui ont autrefois occupé ces surfaces, avaient été doués du pouvoir de creuser qu'on leur a attribué. Ainsi, dans la surface dessinée dans la carte, p. 321, c'est-à-dire celle qui est couverte par les anciennes moraines de la Dora Baltea, nous voyons les vestiges de la présence d'un glacier colossal issu du Mont Blanc et du Mont Rose, qui descendait de points situés presque à 160 kilomètres de distance, puis débouchait par la gorge étroite qui est au-dessus d'Ivrée, s'étalait dans la plaine du Pô, et s'avançait ensuite en glissant sur un sol formé de couches marines pliocènes n'offrant pas plus de consistance que le sable et le conglomérat miocènes dans lesquels sont creusés les bassins des lacs de Genève, de Zurich et d'autres encore. Pourquoi ce glacier n'a-t-il pas creusé un bassin large et profond dont les dimensions aient rivalisé avec celles du lac Majeur et du lac de Côme, au lieu de donner tout simplement naissance à quelques petits marais au-dessus d'Ivrée qui peuvent, en effet, être le produit de l'action glaciaire ? Il y a bien un lac, celui de Candia, près de l'extrémité méridionale de la moraine, qui est plus grand; mais celui-là même, comme on peut le voir par la carte p. 321, est tout à fait d'une importance secondaire, et l'on ne sait pas encore exactement s'il est creusé dans le roc, ou s'il ne doit son existence qu'au barrage qu'aurait produit une moraine transversale.

Il aurait dû aussi y avoir un autre grand lac, en vertu de la théorie précédente, dans l'espace occupé maintenant par la moraine de la Dora Riparia entre Suze et Turin; (voir la carte p. 321). M. Gastaldi a montré que les étangs de cette région sont tous exclusivement ce que M. de Mortillet a appelé des « lacs de moraines, » c'est-à-dire des lacs produits par des barrages de boue glaciaire et de pierres.

5° Comme preuve que les grands lacs n'ont pas existé antérieurement à la période glaciaire, M. le professeur Ramsay fait observer que nous ne trouvons dans les Alpes aucune couche d'eau douce d'âge intermédiaire à la fin de la période miocène et le commencement de l'époque glaciaire [1]. Ces formations sont rares, il est vrai, mais elles sont loin de faire absolument défaut; et si l'on peut montrer qu'un seul des principaux lacs, celui de Zurich par exemple, ait existé avant l'ère glaciaire, il en résultera, que dans les Alpes, l'action érosive de la glace n'a pas été nécessaire pour produire des bassins de lacs sur une grande échelle. Les dépôts des bords du lac de Zurich auxquels je fais allusion sont ceux de Utznach et de Dürnten, situés tous les deux à environ 105 mètres au-dessus du niveau actuel du lac et contenant des lits importants de lignite.

Le premier, celui d'Utznach, est un delta, formé à la tête d'un ancien lac d'une étendue beaucoup plus considérable. Les couches argileuses dans lesquelles le lignite est intercalé, et qui ont plus de 30 mètres d'épaisseur, reposent en stratification discordante sur des couches très-inclinées et quelquefois verticales de molasse miocène. Ces argiles sont recouvertes de couches concordantes de sable et de gravier de 18 mètres d'épaisseur, partiellement consolidées, et dans lesquelles les cailloux proviennent de roches appartenant au vallon supérieur de la Limmat et de ses affluents, tous de pe-

[1] *Quarterly Geological Journal*, vol. XVIII.

tites dimensions, sans stries glaciaires, et sans aucun mélange de grandes pierres anguleuses. Par-dessus le tout reposent de très-gros blocs erratiques montrant, de la façon la plus évidente, que le glacier colossal, qui a rempli autrefois la vallée de la Limmat, a recouvert tout l'ancien dépôt littoral; la grande antiquité du lignite est à peu près démontrée par la présence des ossements d'*Elephas antiquus* qu'on y a trouvés.

Je visitai Utznach, en 1857, en compagnie de M. Escher von der Linth, et, dans le cours de la même année, j'examinai le lignite de Dürnten, à plusieurs kilomètres en aval, sur la rive droite du lac, en compagnie de M. le professeur Heer et de M. Marcou. Les couches, en ce point, sont du même âge que les précédentes, et sont à quelques décimètres près au même niveau au-dessus du lac. On aurait pu facilement les négliger dans un examen rapide, ou les confondre avec la généralité des couches du terrain de transport glaciaire du voisinage, si le lit de lignite, qui est de 1 mètre 50 à 3 mètres d'épaisseur, n'avait pas été exploité comme combustible; cette exploitation a mis au jour beaucoup de restes organiques. Parmi ces débris se trouvèrent les dents de l'*Elephas antiquus*, déterminées par le docteur Falconer, le *Rhinoceros leptorhinus?* (*R. megarhinus* de Christol), le bœuf sauvage et le cerf, (*Bos primigenius*, Boj., et *Cervus Elaphus*); les deux derniers déterminés par M. le professeur Rutimeyer. Dans les mêmes couches je trouvai plusieurs coquilles d'eau douce, des genres *Paludina*, *Limnea*, etc., toutes d'espèces vivantes. Les plantes nommées par M. le professeur Heer sont aussi d'espèces récentes et offrent une singulière identité avec celles de la forêt enfouie de Cromer, que j'ai décrite p. 222.

Au nombre de ces végétaux se trouvent le pin d'Écosse et le sapin, *Pinus sylvestris*, *Pinus abies*, et le trèfle d'eau, *Menyanthes trifoliata*, etc., puis le bouleau commun avec d'autres plantes européennes.

Par-dessus ce lignite sont d'abord, comme à Utznach, des graviers stratifiés d'origine non glaciaire, d'environ 9 mètres de puissance; secondement, par-dessus le tout, de gros blocs erratiques anguleux, témoins incontestables de la présence d'un grand glacier d'une date postérieure à celle de tous les restes organiques que nous venons d'énumérer.

Si la profondeur d'un des lacs actuels de la Suisse venait maintenant à diminuer, soit que son canal de déversement s'approfondît, soit que la partie d'amont s'élevât relativement à celle d'aval, nous verrions de pareils deltas, d'une date relativement moderne, devenir apparents, et quelques-uns contiendraient des troncs enfouis de pins des mêmes espèces, entraînés aux époques des crues. Les dépôts de cette nature seraient très-fréquents aux extrémités supérieures des lacs, mais on en rencontrerait un petit nombre sur chaque rive aux débouchés des torrents, dans des positions géographiques analogues à celles des formations à lignites d'Utznach et de Dürnten.

Il y a d'autres formations d'eau douce avec lignite que celle du lac de Zurich; par exemple, celle de Wetzikon, près du lac de Pfaffikon, celle de Kaltbrunnen, celle de Buchberg, et celle de Morschweil, entre Saint-Gall et Rorschach; mais aucune, probablement, n'est plus ancienne que les couches de Dürnten. De même que la forêt ensevelie de Cromer, elles sont toutes pré-glaciaires; elles ne se rapportent donc ni au vieux pliocène ni au pliocène nouveau, mais bien plutôt au commencement de l'époque post-pliocène. Il est donc vrai de dire, comme le fait remarquer M. le professeur Ramsay, qu'aucune couche « de l'âge des crags anglais » n'a été découverte dans les vallées des Alpes. En d'autres termes, il n'y a aucune formation d'eau douce connue jusqu'à présent, dont la date corresponde à celle des couches pliocènes du Val d'Arno supérieur, au-dessus de Florence, fait duquel nous pouvons conclure, (avec les restrictions qu'on doit apporter dans un raisonnement basé sur des preuves négatives), que quoique les grandes vallées des Alpes aient été creusées à l'époque pliocène, les bassins des lacs sont néanmoins de date post-pliocène, et formés les uns pendant et les autres après l'époque glaciaire.

6° De quelle manière se sont donc créés les bassins des grands lacs, si ce n'est pas la glace qui les a creusés? Ma réponse est qu'ils doivent tous leur origine à des mouvements de soulèvement et d'affaissement inégaux. Nous avons déjà vu que la forêt enfouie de Cromer, qui, par ses restes organiques, semble d'une façon manifeste être du même âge que la lignite de Dürnten, était pré-glaciaire, qu'elle avait subi une grande oscillation de son niveau, d'environ 150 mètres dans les deux sens, (voir page 234), depuis son origine, et qu'elle s'était d'abord enfouie de cette quantité au-dessous de la mer, puis qu'elle s'était relevée d'autant. Pendant cette durée incalculable des âges post-miocènes qui précédèrent l'époque glaciaire, les principaux bassins hydrographiques des Alpes eurent amplement le temps de subir l'érosion lente des eaux, et les emplacements de tous les grands lacs coïncident, suivant la remarque très-juste de M. le professeur Ramsay, avec les grandes lignes d'écoulement des eaux. Les cavités qui contiennent des lacs, ne sont pas orientées suivant les dépressions synclinales, suivant les affleurements et les plis des couches; mais, comme le remarque généralement le même géologue, les coupent souvent à angle droit; ils ne sont pas non plus la conséquence de fentes ou de fissures béantes, quoique ces accidents, ainsi que d'autres qui se rattachent au mouvement de dislocation des Alpes, aient pu quelquefois déterminer la direction primitive des vallées. La coïncidence des bassins des lacs et du parcours des principaux cours d'eau peut s'expliquer en admettant que ces dépressions soient le résultat d'inégalités dans les mouvements de soulèvement et d'affaissement de toute la contrée, à l'époque post-pliocène, après la période d'érosion des vallées.

Nous savons qu'en Suède la vitesse de soulèvement du sol est loin d'être uniforme, qu'elle n'est que de quelques centimètres par siècle près de Stockholm, tandis qu'au nord de cette ville et au delà de Gefle, elle va jusqu'à un mètre et plus dans le même nombre d'années. Supposons avec Charpentier que les Alpes se soient élevées de 1000 mètres et plus à l'époque où le froid intense de l'époque glaciaire se faisait sentir; ce soulèvement graduel aura été une ère d'érosion aqueuse, qui aura creusé, élargi et prolongé les vallées. Il est fort peu probable que l'élévation du sol ait dû partout être d'amplitude identique; mais si elle n'eût jamais été plus forte sur les bords de la chaîne que dans les régions centrales, elle n'aurait pas donné naissance à des lacs. Cependant, si la période de soulèvement a été suivie par une autre d'affaissement graduel, le mouvement n'étant pas partout uniforme, il se sera formé des bassins de lacs partout où la vitesse de dénivellation de la région la plus élevée l'aura emporté. Supposons, par exemple, que la région des sources d'un grand cours d'eau s'abaisse à raison de 12 à 18 décimètres par siècle, tandis que la moitié seulement de cet affaissement se produit sur les bords de la chaîne de montagnes, supposons, pour fixer les idées, que la vitesse d'abaissement diminue d'environ 15 millimètres par kilomètre sur une distance de 64 kilomètres, par exemple, ce seul fait pourrait convertir en lacs les extrémités inférieures de la plupart des plus profondes et des plus larges vallées.

Nous n'avons aucune certitude que de pareils mouvements ne se fassent pas sentir encore en ce moment dans les Alpes; car, s'ils étaient aussi lents que nous l'avons supposé, ils seraient tout à fait insensibles aux habitants de ces pays, comme l'est le soulèvement de la Scandinavie ou l'affaissement du Groënland pour les Suédois et les Danois qui y résident. La seule notion qu'ils aient du progrès de cette évolution géographique leur vient du léger changement de niveau qui se manifeste sur les bords de la mer. Les lignes successives d'élévation et de dénivellation supposées ci-dessus pourraient bien n'avoir laissé aucune trace géologique reconnaissable de leur présence sur les crêtes et les plateaux élevés qui séparent les vallées des principaux cours d'eau. Ce n'est que lorsqu'elles traversent les vallées que leurs perturbations séculaires se manifestent par des altérations permanentes et sensibles dans le régime des eaux. En l'absence de la glace, l'affaissement du sol pourrait fort bien ne pas donner lieu à des lacs. Si ce phénomène se produit sans l'intervention de la glace, il faut que la vitesse d'abaissement soit suffisamment rapide pour distancer l'effet des atterrissements du cours d'eau, c'est-à-dire, en d'autres termes, pour lui rendre impossible le remplissage de la cavité naissante aussi vite qu'elle se forme. Cet effet de nivellement une fois accompli, l'eau courante, aidée dans son action par ses sables et ses cailloux, se frayera progressivement une gorge dans l'épaisseur de la roche nouvellement soulevée, de façon à l'empêcher de former une barrière; mais si un grand glacier vient remplir la partie inférieure de la vallée, toutes les conditions du problème sont changées. Au lieu de la boue, du sable et des pierres, confusément entraînés des régions élevées et abandonnées dans le bassin naissant, toutes les matières analogues le traverseront sous forme de moraines, superposées à la glace, franchissant et dépassant la nouvelle dépression, de telle sorte qu'au bout d'une cinquantaine ou d'un millier de siècles, à la fonte du glacier, on verra paraître pour la première fois un grand et profond bassin résultant de la différence des mouvements des deux régions montagneuses adjacentes, c'est-à-dire de la partie centrale et de la zone qui l'entoure.

En adoptant cette hypothèse, nous reconnaissons qu'il y a une relation intime entre la période glaciaire et une certaine tendance prédominante à la formation des lacs que la glace concourt à former de trois manières différentes.

1° Par l'action directe et énergique de la glace, pour creuser des bassins peu profonds, quand les roches sont d'inégale dureté; cette érosion n'est sans aucun doute pas limitée à la surface de la terre ferme; mais elle doit se faire sentir, à quelque 300 mètres et plus, au-dessous du niveau des hautes eaux, dans les baies remplies de glace, comme celles que nous avons décrites au Groënland. (Voir ci-dessus, p. 244.)

2° La glace doit intervenir indirectement en empêchant les dénivellations dues à des inégalités d'affaissement ou d'exhaussement de devenir des réceptacles d'eau d'abord, et ensuite de sédiments qui les combleraient et feraient disparaître les lacs.

3° La glace est encore une cause indirecte de la création des lacs, parce qu'elle accumule en monticules les matières des moraines, et qu'elle donne ainsi naissance à des marais et même à des nappes d'eau de plusieurs kilomètres d'étendue.

On peut donc conclure que la rareté comparative des lacs de l'époque post-pliocène dans les contrées tropicales, et en général au sud du 40e et du 50e degré de latitude, peut s'expliquer par l'absence de l'action glaciaire dans ces contrées.

Habitations lacustres post-glaciaires dans le nord de l'Italie.

M. de Mortillet nous a appris que dans la tourbe qui a rempli l'un des lacs de moraines formés par l'ancien glacier du Tessin, M. Moro a découvert à Mercurago les pilotis d'une habitation semblable à celles de la Suisse; en outre, divers ustensiles et un canot creusé dans un tronc d'arbre. Ce fait nous montre l'identité des coutumes, au sud aussi bien qu'au nord des Alpes, des peuples primitifs qui y prospérèrent après le retrait des grands glaciers.

Phases successives de l'action glaciaire dans les Alpes et leurs relations avec la période humaine.

Il résulte des observations géologiques de M. Morlot que l'on peut reconnaître avec certitude les phases successives suivantes dans le développement de l'action glaciaire dans les Alpes :

1° Il y eut une période où la glace atteignit son extension maximum; nous l'avons décrite, page 311 et suivantes. A cette époque, le glacier du Rhône non-seulement se prolongeait jusqu'au Jura, mais atteignait l'altitude de 604 mètres au-dessus du lac de Neufchâtel, et de 1440 mètres au-dessus de la mer; la glace des Alpes alors envahissait le territoire français sur quelques points, et y pénétrait par certaines gorges, par exemple par le défilé du fort de l'Écluse.

2° Vint ensuite un retrait prolongé des grands glaciers, quand non-seulement ils évacuèrent le Jura et les contrées basses qui séparent cette chaîne de celle des Alpes, mais même se retirèrent en partie dans les vallées de ces montagnes. M. Morlot suppose que cette diminution de volume des glaciers doit avoir accompagné un affaissement général de toute cette région d'une quantité d'au moins 300 mètres. Les formations géologiques de cette seconde période consistent en masses stratifiées de sable et de gravier, que MM. Neckèr et Favre appellent « l'alluvion ancienne, » et qui correspondent au « diluvium ancien ou inférieur » de quelques auteurs. Elles doivent évidemment leur origine à l'action des rivières grossies par la fonte des glaces, et qui ont remanié et stratifié une portion des anciennes moraines qu'elles ont abandonnée à des hauteurs considérables au-dessus du niveau des plaines actuelles.

3° Les glaciers s'avancèrent de nouveau et reprirent des dimensions gigantesques. Néanmoins ils furent loin d'acquérir celles de la première période. Celui du Rhône, par exemple, ne s'étendit pas de nouveau jusqu'au Jura, pourtant il remplit le lac de Genève, sur les bords duquel il forma d'énormes moraines ainsi qu'en beaucoup de parties des vallées entre les Alpes et le Jura.

4° Il se produisit un second retrait des glaciers et ils vinrent reprendre à peu près leurs limites actuelles. Ce phénomène fut accompagné d'une nouvelle accumulation de graviers stratifiés, lesquels forment, en beaucoup d'endroits, une série de terrasses au-dessus des plaines d'alluvion des rivières actuelles.

Dans la gorge de la Dranse, près de Thonon, M. Morlot ne découvrit pas moins de trois de ces formations glaciaires directement superposées, savoir : à la base, une masse de *Till*, compacte ou argile caillouteuse, (n° 1), de 3 mètres 60 d'épaisseur, renfermant des cailloux striés de calcaire alpin ; il était couvert d'une alluvion ancienne régulièrement stratifiée, (n° 2), de 45 mètres d'épaisseur et composée de cailloux arrondis en lits horizontaux ; cette masse était à son tour surmontée d'une seconde formation non stratifiée, (n° 3), d'argile caillouteuse avec blocs erratiques et cailloux striés : elle avait formé la moraine latérale gauche du grand glacier du Rhône quand il s'avançait pour la seconde fois jusqu'au lac de Genève. A peu de distance de cette coupe, on voit des terrasses, (n° 4), composées d'alluvions stratifiées à la hauteur de 6, 15, 30 et 45 mètres au-dessus du lac de Genève ; on voit, par la position de ce dépôt, qu'il est postérieur à la date de l'argile caillouteuse supérieure, et qu'il appartient par conséquent à la quatrième période, c'est-à-dire à celle du dernier retrait des grands glaciers. Dans les dépôts de cette quatrième période, on a découvert des restes de mammouth, à Morges, par exemple, sur le lac de Genève. Le delta conique de la Tinière, mentionné page 28, comme contenant à différentes profondeurs des vestiges de l'époque romaine et de celle de bronze qui l'avait précédée, ce delta est le résultat d'une alluvion en voie de formation, quand la terrasse de 15 mètres d'altitude était elle-même en train de se déposer. M. Morlot évalue à 10000 ans le temps nécessaire à l'accumulation de ce delta moderne. A la hauteur de 45 mètres au-dessus du lac, en remontant le cours du même torrent, on a rencontré un delta plus ancien, environ dix fois aussi considérable et qu'on suppose, par conséquent, être le résultat d'une action d'un nombre de siècles décuple, c'est-à-dire de 100000 ans, période qui doit être entièrement comprise dans la quatrième époque de la page précédente, c'est-à-dire dans celle qui suivit le dernier retrait des grands glaciers (1).

Si l'on rapporte le cône aplati inférieur de la Tinière en grande partie à l'âge des premières habitations lacustres, il pourrait se faire que le plus élevé correspondît à l'époque post-

(1) Morlot, *Terrain quaternaire du bassin de Léman.* (*Bulletin de la Société vaudoise des sciences naturelles*, n° 44.)

pliocène de Saint-Acheul, c'est-à-dire à l'époque où l'homme et l'*Elephas primigenius* vivaient ensemble ; mais jusqu'à présent on n'a trouvé aucun reste humain, ni aucun objet travaillé dans les dépôts de cet âge ni dans les autres alluvions de la Suisse contenant des ossements de mammifères éteints.

Mais en somme, il est impossible de n'être pas frappé d'une correspondance apparente dans la succession des phénomènes de l'époque glaciaire en Suisse et dans les Iles Britanniques. L'époque des premiers glaciers colossaux des Alpes, quand cette chaîne était peut-être de plus de mille mètres plus élevée qu'à présent, peut bien avoir coïncidé avec la première période continentale, (p. 251 et 293), alors que l'Écosse était revêtue d'une croûte générale de glace; le retrait des premiers glaciers des Alpes, dû en partie à l'abaissement de cette chaîne, peut avoir été synchronique de la période de la grande submersion et des glaces flottantes en Angleterre; le second avancement des glaciers peut l'être du second soulèvement des Alpes, aussi bien que de celui de l'Écosse et du pays de Galles; enfin le retrait final des glaciers de la Suisse et de l'Italie peut avoir eu lieu quand l'homme et les mammifères éteints colonisaient le nord-ouest de l'Europe, et commençaient à habiter les surfaces qui avaient formé le lit de la mer glaciaire pendant le temps de la grande submersion.

Cependant il faut avouer que dans l'état actuel de nos connaissances, ces essais pour comparer les relations chronologiques de périodes de soulèvement et d'affaissement de surfaces aussi éloignées les unes des autres que les montagnes de la Scandinavie, les Iles Britanniques et les Alpes, ou les époques d'avancement et de retrait des glaciers dans ces diverses régions et les plus ou moins grandes intensités du froid, doivent être considérés comme de simples conjectures.

Ce que nous pouvons présumer avec plus d'assurance, c'est que quand les Alpes étaient plus élevées et leurs glaciers plus étendus, quand ils remplissaient tous les grands lacs de l'Italie septentrionale et recouvraient les plaines du Piémont et de la Lombardie, les eaux de la Méditerranée avaient une température moyenne inférieure à celle qu'elles ont actuellement. La conchyliologie d'ailleurs ne saurait se passer d'admettre un pareil refroidissement pour expliquer la prédominance de coquilles septentrionales dans les mers de la Sicile vers la fin de l'époque pliocène ou au commencement des temps post-pliocènes. Des coquilles comme la *Cyprina islandica*, la *Panopæa norwegica*, (*P. Bivonæ*, Philippi), la *Leda pygmea*, et d'autres qu'on trouve dans les listes des fossiles des dernières formations tertiaires de la Sicile par Philippi et Edward Forbes, indiquent à coup sûr l'existence autrefois d'un climat plus rude (1).

Le docte Hooker, dans son dernier voyage en Syrie, dans l'automne de 1860, a aussi trouvé les moraines d'anciens glaciers sur l'emplacement desquels croissent tous les anciens cèdres du Liban, et a reconnu qu'elles descendaient jusqu'à 1200 mètres plus bas que le sommet de cette chaîne. La température de la Syrie est maintenant si adoucie qu'il n'y a plus de neige perpétuelle même sur le sommet du Liban, dont l'altitude au-dessus de la Méditerranée a été reconnu être de 3060 mètres (2).

De pareils témoins d'un climat froid à des latitudes aussi méridionales que celles de la Syrie et le nord de la Sicile, entre 33° et 38° N., peuvent être avec assurance rapportées à la première partie de la période des glaciers, c'est-à-dire à une époque bien antérieure à celle de l'homme et des mammifères éteints d'Abbeville et d'Amiens.

(1) Voir l'Appendice A.

(2) Hooker, *Natural History Review*, n° 5, janvier 1862, p. 11.

CHAPITRE XVI.

RESTES HUMAINS DANS LE LŒSS ET LEUR AGE PROBABLE.

Nature, origine et âge du lœss du Rhin et du Danube. — Boue impalpable produite par l'action broyante des glaciers. — Dispersion de cette boue à l'époque du retrait des grands glaciers des Alpes. — Continuité du lœss depuis la Suisse jusqu'aux Pays-Bas. — Restes organiques non lacustres. — Gravier alpin de la vallée du Rhin recouvert par le lœss. — Distribution géographique du lœss et sa hauteur au-dessus de la mer. — Mammifères fossiles. — Lœss du Danube. — Nécessité d'invoquer des oscillations dans le niveau des Alpes et des contrées basses pour expliquer le dépôt et les dénudations du lœss. — Mouvement plus rapide de l'intérieur des terres. — Ces mêmes abaissements et relèvements peuvent rendre compte de l'avancement et du retrait des glaciers des Alpes. — Boues de l'Himalaya, répandues sur les plaines du Gange, comparées au lœss européen. — Restes humains dans le lœss près de Maestricht et leur ancienneté probable.

Nature et origine du lœss.

Il existe une relation étroite entre les sujets traités dans les derniers chapitres et la nature, l'origine, l'âge d'un certain dépôt limoneux, communément appelé lœss, qui forme un des traits accentués des dépôts superficiels des bassins du Rhin, du Rhône, et d'autres grands cours d'eau qui descendent des Alpes. Ce dépôt s'étend dans la plaine du Rhin jusqu'aux Pays-Bas, et a peut-être autrefois formé un tout continu avec d'autres de même composition dans le nord de la France.

On a signalé dans ces dernières années des restes humains en plusieurs points dans le lœss du Rhin et dans celui de la Meuse, près de Maestricht. J'ai visité les localités citées; mais avant d'en donner une description, il sera utile d'expliquer ce qu'on entend par le lœss. Cette interruption est d'autant plus nécessaire qu'un géologue français, pour la science et le jugement duquel j'ai un grand respect, me dit qu'il est arrivé à conclure que le lœss est « un mythe », qu'il n'a pas d'existence géologiquement parlant, c'est-à-dire qu'il n'occupe pas une place définie dans la série chronologique.

Sans doute il est vrai qu'en chaque pays, et à toutes les époques géologiques, les cours d'eau ont déposé du limon fin sur leurs plaines inondées à la façon dont nous l'avons expliqué plus haut, p. 35, en parlant du Nil. Cette boue des plaines de l'Égypte est parfaitement identique de composition au lœss du Rhin, d'après les analyses chimiques de M. le professeur Bischoff [1]. J'ai montré aussi, à propos de l'homme fossile de Natchez, quelle identité il y avait entre le lœss du Rhin et le limon fluviatile du Mississipi, tant au point de vue de la composition minérale qu'à celui de ses coquilles terrestres et amphibies. Mais, tout en accordant que du limon présentant ce même aspect ait pu se former à différentes époques et dans différents bassins hydrographiques, il n'en est pas moins vrai que pendant la période glaciaire les Alpes furent un grand centre de dispersion, non-seulement des blocs erratiques, comme nous l'avons vu dans le dernier chapitre, et de gravier qui fut entraîné plus loin que les blocs erratiques, mais aussi de boue très-fine, qui fut transportée à de bien plus grandes distances et en bien plus grandes masses, dans les principales vallées d'écoulement qui allaient des montagnes à la mer.

Boue produite par les glaciers.

Ceux qui ont visité la Suisse ont pu vérifier que tous les torrents qui sortent d'une caverne de glace à l'extrémité d'un glacier sont fortement chargés d'une boue impalpable produite par l'action broyante que subissent les roches qui supportent la glace et les blocs, les pierres et le sable qui y sont encastrés, ainsi que nous l'avons décrit plus haut. Nous pou-

(1) *Chemical and Physical Geology*, vol. I, p. 132.

vons, par conséquent, concevoir facilement qu'il ait pu être entraîné un bien plus grand volume de sédiments fins par les cours d'eau grossis par la fonte des glaces à l'époque du retrait des gigantesques glaciers des anciens temps. Une grande partie de cette boue glaciaire, au lieu d'être versée dans l'Océan où elle aurait formé un delta sur la côte, ou bien où elle aurait été dispersée dans tous les sens par les courants et par les marées, s'est accumulée dans les vallées des continents. Ce fait n'est qu'une preuve de plus qu'il y a eu autrefois, dans les Alpes et dans les régions continentales voisines, ces oscillations de niveau qu'on invoque pour expliquer les alternatives d'avancement et de retrait des glaciers et la superposition de plusieurs dépôts d'argile caillouteuse et d'alluvions stratifiées (p. 337).

La position du lœss entre Bâle et Bonn amène à conclure que la grande vallée du Rhin avait déjà acquis son relief actuel, et, en quelques endroits, peut-être plus que sa profondeur et sa largeur actuelles, antérieurement à l'époque où elle fut graduellement comblée en grande partie par du limon fin. La plus grande partie de ce limon a depuis été emportée, de sorte qu'il ne subsiste qu'une garniture discontinue de ce dépôt sur les flancs des hauteurs qui limitent la vallée, ou accidentellement quelques lambeaux au milieu de la grande plaine du Rhin quand elle prend une grande largeur.

Ces lambeaux sont quelquefois sur une si grande échelle qu'il faut admettre que des collines et des vallées secondaires ont été créées aux dépens de ce dépôt par l'action de la pluie et des ruisseaux, comme, par exemple, près de Fribourg en Brisgau et dans d'autres districts.

Coquilles fossiles du lœss.

Le lœss est généralement dépourvu de fossiles; pourtant en certains points il contient abondamment des coquilles terrestres, toutes d'espèces vivantes et comprenant une partie notable de l'ensemble de la faune des mollusques qui habitent maintenant la même région. Les trois coquilles que l'on rencontre le plus fréquemment sont les trois que représente la figure ci-jointe. Le limaçon appelé *Succinea* n'est pas exclusivement aquatique ; il habite les lieux marécageux et se rencontre abondamment loin des rivières, dans des prairies où l'herbe reste humide de pluie ou de rosée. Mais les coquilles des genres *Limnea*, *Planorbis*, *Paludina*, *Cyclas* et autres, qui ont besoin d'être constamment dans l'eau, sont tout à fait exceptionnelles dans le lœss et ne se rencontrent qu'à la base de ce dépôt, où il commence à alterner avec l'ancien gravier fluviatile sur lequel il repose d'ordinaire. Ce gravier

Fig. 44.

Succinea elongata.

Fig. 45.

Pupa muscorum.

Fig. 46.

Helix hispida, Linn.; (*H. plebeia*, Drap.

sous-jacent est composé dans la vallée du Rhin, pour la plus grande partie, de cailloux et de galets d'origine alpestre, qui prouvent qu'il y eut une époque où les cours d'eau étaient capables de charrier de gros matériaux pendant des centaines de kilomètres au nord de la Suisse jusqu'à la mer. Plus tard, au contraire, il se produisit un changement complet dans la géographie physique de la même région, et les rivières ne déposèrent plus que de la boue fine qui s'accumula sur une épaisseur de 240 mètres et plus dans la plaine d'alluvion primitive.

Pourtant, quoique le gravier, qui fait le fond de cette alluvion, provienne des Alpes, on a observé que dans le voisinage des principales chaînes de montagnes qui bordent la grande vallée, telles que la Forêt noire, les Vosges, l'Odenwald, il y avait un mélange de détritus caractéristiques de ces différentes chaînes. Nous ne pouvons donc pas douter que quelques-unes de ces montagnes, particulièrement les Vosges, n'aient eu leurs glaciers propres pendant la période glaciaire, et qu'une partie de la boue fine de leurs moraines n'ait été mêlée au lœss provenant des Alpes. Néanmoins la principale masse de ce dépôt doit être venue de la Suisse, et on peut le suivre d'une façon continue de Bâle jusqu'en Belgique.

Distribution géographique du lœss.

Il a été dit, dans le chapitre précédent, qu'à l'époque de la plus grande extension des glaciers suisses, le lac de Constance et tous les autres grands lacs étaient remplis de glace; le gravier et la boue pouvaient ainsi librement passer de la partie supérieure de la vallée du Rhin jusqu'à la région plus basse située entre Bâle et la mer, car le grand lac n'interceptait le passage à aucun des matériaux des moraines, ni aux plus grossiers ni aux plus ténus. D'ailleurs l'Aar et ses grands affluents, la Reuss et la Limmat, ne viennent se jeter dans le Rhin qu'après sa sortie du lac de Constance; les lits de ces rivières ont de tout temps dû offrir au gravier des Alpes un passage sans obstacles vers les vallées basses même après la fusion de la glace du grand lac.

On peut donner une idée au lecteur de la façon dont le lœss du Rhin se présente, en disant que quelques observateurs scientifiques se sont figuré qu'il avait été formé dans un vaste lac qui aurait occupé la vallée du Rhin de Bâle à Mayence et qui aurait envoyé des bras, des ramifications dans ce qui constitue maintenant les vallées du Mein, du Neckar et autres grandes rivières. Ils placèrent le barrage de ce lac hypothétique dans l'étroite et pittoresque gorge du Rhin, entre Bingen et Coblentz ; puis, quand on eut fait l'objection que la vallée latérale de la Lahn, qui communique avec cette gorge, a aussi été remplie par le lœss, ils furent forcés de reporter la grande digue bien en aval, et de la placer au-dessous de Bonn. A vrai dire, il faut la placer beaucoup plus au nord, c'est-à-dire sous le 51e parallèle, où MM. d'Omalius d'Halloy, Dumont et autres ont reconnu et tracé les limites du lœss à l'est et à l'ouest suivant une ligne qui passe par Cologne, Juliers, Louvain,

Oudenarde et Courtray, en Belgique, jusqu'à Cassel, près de Dunkerque, en France. Cette ligne terminale n'indique probablement pas l'extension totale primitive qu'avait cette formation du côté de la mer; elle doit s'être prolongée plus au nord, et cette terminaison brusque nous montrerait seulement jusqu'où l'action dénudante de la mer est venue la détruire à une époque postérieure.

A supposer même que les coquilles terrestres enfouies dans le lœss aient été lacustres, au lieu d'être, comme nous les avons vues, terrestres et amphibies, la hauteur et la longueur énorme de la barrière qu'on voulait faire intervenir auraient été fatales à cette théorie d'un lac. En effet, on rencontre le lœss en grande abondance à une altitude d'au moins 480 mètres au-dessus de la mer, recouvrant le Kaiserstuhl, montagne volcanique qui s'élève au milieu de la plaine du Rhin, près de Fribourg en Brisgau. L'énorme quantité de cette boue fine, qui s'est accumulée dans les vallées et qui plus tard a été balayée, est un fait des plus remarquables.

Le lœss de Belgique a été appelé le « limon hesbayen » par feu M. Dumont, qui, m'a-t-on dit, avait reconnu qu'il était en grande partie composé de boue provenant des Alpes. M. d'Archiac, parlant du lœss, fait remarquer qu'il enveloppe le Hainault, le Brabant et le Limbourg comme le ferait un manteau, conservant partout ses caractères d'uniformité et d'homogénéité, remplissant les dépressions inférieures des Ardennes et s'étendant de là sur le nord de la France, mais sans arriver jusqu'à l'Angleterre. En France, ajoute-t-il, on le trouve sur des plateaux élevés à 180 mètres au-dessus de certaines rivières, par exemple la Marne, mais quand on s'éloigne au sud et à l'est dans le bassin de la Seine, il s'atténue jusqu'à disparaître dans ces directions [1]. On pourrait se demander si le « limon des plateaux, » c'est-à-dire ce limon qui couronne les hauteurs de la vallée de la Somme dont nous avons parlé plus haut [2], ne ferait pas partie de cette

[1] D'Archiac, *Histoire des progrès de la géologie*, vol II, p. 169, 170.
[2] N° 4, fig. 7, p. 111.

même formation. En traitant des graviers supérieurs et inférieurs de cette vallée, qui, comme ceux de la Seine, ne contiennent point de roches de provenance étrangère (1), nous avons vu qu'ils sont tous recouverts de dépôts de lœss ou boue d'inondation, appartenant respectivement aux époques mêmes des graviers, mais que le limon des plateaux est d'une date bien plus ancienne, s'étend sur de bien plus grandes surfaces, et occupe des positions souvent sans relation avec le système actuel des vallées. Il est à présent impossible de rétablir en imagination le relief géographique de la Picardie auquel correspondait l'existence des cours d'eau qui charriaient une boue aussi homogène et coulaient à de pareils niveaux.

Dans la vallée du Rhin, comme je l'ai fait remarquer plus haut, la masse principale du lœss, au lieu de s'être formée successivement à des niveaux de plus en plus bas, ce qui est le cas de la vallée de la Somme, s'est déposée dans un bassin large et profond, dépression préexistante, limitée par de puissantes chaînes de montagnes, la Forêt noire, les Vosges, l'Odenwald. En quelques endroits le limon s'est accumulé sur une épaisseur assez grande pour remplir d'abord la vallée et se répandre ensuite sur les plateaux adjacents, comme cela se présente dans l'Eifel inférieur, où il entoure quelques-uns des cônes volcaniques modernes formés de cendres et de ponce légère. Dans ce dernier cas, il ne me paraît pas que les volcans aient été en éruption durant la période de dépôt du lœss, comme l'ont supposé quelques géologues. Les alternances des couches de limon et de déjections volcaniques dans la stratification tiennent probablement à ce que la boue fluviatile a graduellement enveloppé les cônes de scories sans cohésion après leur complète formation. J'incline d'autant plus à adopter cette manière de voir depuis que j'ai vu le contact du granite et du lœss sur les pentes rapides de quelques-unes des montagnes qui forment la limite de la grande plaine du Rhin sur sa

(1) Voir plus haut, p. 136.

rive droite dans la Berg-Strasse. Ainsi, entre Darmstadt et Heidelberg, on voit des coupes verticales de lœss de 60 mètres d'épaisseur à différentes hauteurs au-dessus du fleuve, quelques-unes à des altitudes de 240 mètres et même davantage. Dans l'une d'elles on peut voir sur le flanc de la colline de Melibocus, dans l'Odenwald, le limon jaune ordinaire sans cailloux au contact d'une surface de granite en pente rapide; mais il est divisé jusqu'à une assez faible distance de la ligne de contact en lits horizontaux. On voit dans ces lits qui viennent buter contre le granite un mélange de mica et de grains non arrondis de quartz et de feldspath, provenant évidemment de la décomposition des roches cristallines qui se seront désagrégées sous l'influence des agents atmosphériques avant que la boue eût atteint ce niveau. Ce dépôt à éléments granitiques contient des coquilles d'*Helix*, de *Pupa* et de *Succinea* d'espèces vivantes communes. Nous pouvons donc être certains que la vallée était limitée par des collines abruptes de granite avant l'accumulation tranquille de cette énorme masse de lœss.

Durant le second creusement de la vallée du Rhin, des dépôts successifs de lœss, d'origine plus moderne, se formèrent à différents moments, et il est souvent difficile de distinguer leurs âges relatifs, surtout parce que les fossiles font souvent entièrement défaut, et parce que la composition minérale du dépôt est trop uniforme.

Le lœss, en Belgique, a une épaisseur variable, généralement comprise entre 3 et 9 mètres. Il couronne quelques-uns des plus hauts coteaux ou plateaux des environs de Bruxelles, à une altitude de 90 mètres au-dessus du niveau de la mer. Il y repose habituellement sur du gravier et contient rarement des coquilles; mais quand cela se présente, elles sont toutes d'espèces récentes. J'ai trouvé la *Succinea oblonga* et l'*Helix hispida*, de la fig. 44, dans le lœss belge, à Neerepen, entre Tongres et Hasselt, où M. Bosquet avait, avant moi, trouvé les restes d'un éléphant, attribués à l'*Elephas primigenius*. Ce pachyderme, ainsi que le *Rhinoceros ti-*

chorhinus, sont cités comme caractéristiques du lœss dans différents endroits de la vallée du Rhin. Plusieurs squelettes complets de marmottes ont été déterrés dans le lœss d'Aix-la-Chapelle; mais il y a encore bien des recherches à faire pour déterminer les espèces de mammifères de cette formation et les altitudes relatives auxquelles on les rencontre au-dessus du fond de la vallée.

Quand on remonte le bassin du Neckar, on trouve qu'il est rempli de lœss d'une grande épaisseur, beaucoup au-dessus de sa jonction avec le Rhin. A Canstadt, près de Stuttgart, du lœss, semblable à celui du Rhin, contient beaucoup d'ossements fossiles, particulièrement ceux de l'*Elephas primigenius* avec ceux du *Rhinoceros tichorhinus;* ces espèces viennent d'être déterminées par le docteur Falconer. En ce point, le lœss est recouvert par une couche épaisse de travertin, employé comme pierre à bâtir et qui est le produit d'une source minérale. Il y a dans le travertin beaucoup de plantes fossiles, toutes d'espèces récentes, sauf deux, un chêne et un peuplier, dont M. le professeur Heer n'a pu identifier les feuilles avec celles d'aucune espèce connue.

Au-dessous du lœss de Canstadt, dans lequel les ossements de mammouth sont si abondants, se trouve un lit de gravier, qui est évidemment un ancien lit de cours d'eau, situé maintenant à plusieurs mètres au-dessus du niveau du Neckar; la vallée a été creusée à une certaine profondeur au-dessous de son ancien fond, de sorte que les eaux coulent maintenant sur les couches sous-jacentes du Grès Rouge ou Keuper. Le lœss, lorsqu'on le suit depuis la vallée du Rhin jusque dans celle du Neckar ou de tout autre de ses affluents, subit souvent de légères altérations de composition; pourtant ces caractères conservent une identité suffisante pour autoriser à penser que le limon du cours d'eau principal remontait assez loin dans les vallées tributaires, tout comme le Mississipi, pendant ses crues, remonte très-loin dans l'Ohio, et charrie son limon dans le bassin de cette rivière. Mais l'uniformité de couleur et de composition minérale ne s'étend pas indéfiniment jusqu'aux parties les plus élevées de chaque bassin. Dans celui du Neckar, par exemple, près du Tübingen, j'ai trouvé le limon fluviatile ou argile à briques renfermant les *Helix* et *Succinea* habituelles avec des os de mammouth, mais très-distinct par sa couleur et sa composition du lœss ordinaire du Rhin ; et tel que personne n'eût pu le confondre avec la boue provenant des Alpes. Il est marbré de rouge et de vert comme le Nouveau Grès Rouge du Keuper, duquel il est clair qu'il tire son origine.

Ces exemples pourtant montrent simplement qu'au point où un bassin a une étendue assez limitée pour que ses détritus proviennent principalement, ou même exclusivement, d'une seule formation, la roche prédominante communique au dépôt limoneux sa couleur et sa composition d'une façon très-tranchée; tandis que dans le bassin d'un grand fleuve, qui a beaucoup d'affluents, le limon se composera d'un mélange de presque toutes les variétés de roches, et offrira, par conséquent, une composition moyenne résultante presque identique dans tous les pays. Ainsi, le limon qui remplit à une grande profondeur la large vallée de la Saône, vallée limitée à l'ouest par une coupure de l'oolithe inférieure, et à l'est par la chaîne du Jura, ce limon est en tout semblable au lœss qu'on trouve en continuant à descendre le même grand bassin au-dessous du confluent du Rhône, qui vient y ajouter et y mélanger une quantité considérable de boue d'origine alpestre.

Dans les parties les plus élevées du bassin du Danube, du lœss, présentant les caractères de celui du Rhin, et que je crois également provenir des Alpes, atteint une bien plus grande altitude au-dessus de la mer qu'aucun dépôt du lœss rhénan; mais le limon, qui d'après M. Stur remplit les vallées du versant nord des Karpathes presque jusqu'au niveau de la ligne de partage entre la Gallicie et la Hongrie, pourrait bien provenir d'une source distincte.

Oscillations de niveau invoquées pour expliquer l'accumulation et la dénudation du lœss.

On voit donc qu'une théorie qui a pour but de rendre compte de la position du lœss ne saurait être satisfaisante, à moins de s'appliquer également au bassin du Rhin et à celui du Danube. Pour ce qui est de l'origine d'un limon aussi homogène, il y a de grands affluents du Danube qui, durant la période glaciaire, peuvent avoir charrié jusqu'à ce fleuve une énorme quantité de boue de moraines provenant des Alpes; et quant à ce qui regarde les grandes oscillations dans le niveau du sol, il est évident que les mêmes mouvements d'abaissement et d'élévation qui se sont produits dans la grande chaîne de montagnes ont dû exercer une influence analogue sur les grands fleuves coulant au nord aussi bien que sur ceux qui coulent à l'est. Dans les deux cas, du limon fin se sera accumulé pendant l'affaissement et aura été entraîné pendant le soulèvement. Par conséquent, des changements de niveau, analogues à ceux que nous avons été conduit à envisager en essayant de résoudre les divers problèmes soulevés par les phénomènes glaciaires, peuvent tout aussi bien servir à rendre compte de la nature et de la distribution géologique du lœss. Mais nous devons supposer que l'amplitude de l'abaissement et du relèvement de la région centrale dut excéder considérablement celle des mouvements analogues qui se firent sentir dans les régions plus basses, plus voisines de la mer, et aussi que l'affaissement de la première ne fut jamais assez considérable pour en amener la submersion, c'est-à-dire pour faire arriver la mer dans l'intérieur du continent par les vallées des principaux fleuves.

Nous avons déjà admis que les Alpes formaient un massif plus important qu'à présent quand elles étaient la source de ces glaciers gigantesques qui atteignaient les flancs du Jura. A cette époque, le gravier était transporté à son plus grand éloignement des montagnes centrales par les vallées principales qui avaient une pente un peu plus rapide qu'à présent, et l'abondance des glaces de rivière doit avoir contribué au transport des cailloux et des galets. A cet état de choses en succéda graduellement un autre d'un caractère différent, quand la chute totale des rivières depuis les montagnes jusqu'à la mer s'amoindrit de plus en plus, tandis que les Alpes s'abaissaient lentement et que les grands glaciers effectuaient leur premier retrait. Supposons que la dépression se fût effectuée à raison de 1 mètre 50 par siècle dans les montagnes et seulement à raison de 12 centimètres à la même époque près de la côte, le mouvement aurait paru être uniforme aussi loin que l'œil eût pu en juger sur une surface comprenant seulement une petite partie de la Suisse ou du bassin du Rhin, et les vallées et les saillies préexistantes auraient paru conserver leurs situations respectives antérieures.

Une inégalité de cette nature dans les vitesses d'abaissement et de soulèvement, quand nous contemplons de grands espaces continentaux, est tout à fait d'accord avec ce que nous savons des phénomènes de la nature à notre propre époque aussi bien qu'à d'autres périodes géologiques. Ainsi j'ai déjà dit qu'en Suède l'exhaussement du sol qui s'opère actuellement est presque uniforme en s'avançant au nord et au sud dans un rayon peu étendu; mais il diminue singulièrement au sud, si l'on compare des points séparés par quelques centaines de kilomètres; de sorte qu'au lieu d'être d'environ 1 mètre 50 par siècle comme au cap Nord, ce soulèvement atteint à peine 12 centimètres à Stockholm, et que, encore plus au sud, le sol est stationnaire, si même il ne paraît pas plutôt s'abaisser que s'élever [1].

Pour citer un exemple d'une antiquité géologique reculée, M. Hébert a démontré que pendant la période oolithique et la période crétacée de semblables irrégularités dans les mouvements verticaux de l'écorce terrestre ont eu lieu en Suisse et en France. De ses propres observations et de celles de

[1] *Principes de Géologie*, neuvième édition, chap. xxx, p. 519 et suivantes.

M. Lory il résulte que la surface des Alpes a été s'élevant et sortant de dessous les eaux de l'océan vers la fin de l'époque oolithique, et qu'elle était au-dessous des eaux au commencement de l'ère crétacée. Par contre, la surface du Jura, à environ 160 kilomètres au nord, s'abaissait lentement à la fin de la période oolithique et avait fini par être submergée au commencement de l'époque crétacée. Pourtant ces oscillations de niveau se sont accomplies sans aucun dérangement perceptible des couches, qui se maintinrent horizontalement, de façon que les lits de la craie inférieure de l'étage néocomien se sont déposés en stratification concordante sur les couches oolithiques [1].

Considérons comme admis que la dénivellation ait été plus rapide dans la région plus élevée ; il a dû en résulter que les grands fleuves auront perdu siècle par siècle une portion de leur rapidité et de leur force d'entraînement ; qu'ils auront de plus en plus laissé sur leur parcours dans leurs plaines d'alluvion de la boue de moraines dont ils s'étaient chargés, jusqu'à ce qu'à la fin, au bout d'un millier ou de quelques milliers d'années, une grande partie des vallées principales ait commencé à prendre la physionomie des plaines de l'Égypte, où il ne se dépose que de la boue pendant la saison des inondations. L'épaisseur du limon contenant des coquilles terrestres ou amphibies aurait pu de cette façon s'accumuler sur une épaisseur suffisante pour que les eaux eussent pu s'élever au-dessus de quelques-unes des hauteurs bordant primitivement la vallée, et pour que le dépôt de ce qu'on appelle en France le limon des plateaux pût s'étendre sur de vastes étendues. A la longue, partout où se produisit un relèvement des Alpes au temps de la seconde extension des glaciers, il a dû se produire une dénudation et un entraînement de ce lœss ; et si, comme le pensent quelques géologues, il y a eu plus d'une oscillation de niveau dans les Alpes depuis le commencement de la période glaciaire, la complication des traces des change-

[1] *Bulletin de la Société géologique de France*, 1859, 2e série, t. XVI, p. 596.

ments a dû en être proportionnellement augmentée et des terrasses de gravier recouvertes de lœss ont pu se former à différents niveaux et à différentes époques.

Limon de l'Himalaya et du Gange comparé au lœss européen.

Quelques-unes des évolutions de la géographie physique que nous avons attribuées au continent européen pendant la période post-pliocène ont peut-être eu leurs pendants dans l'Inde durant la période récente. Les vastes plaines du Bengale sont couvertes de boue de l'Himalaya qui, en remontant le Gange, s'étend dans l'intérieur à 1900 kilomètres de la mer, conservant son homogénéité sur toute cette surface, sauf qu'elle devient un peu plus sableuse à mesure qu'on se rapproche des hauteurs. Quand on descend le fleuve pendant la saison des inondations, on ne voit qu'une nappe d'eau dans toutes les directions, sauf çà et là des têtes d'arbres qui s'élèvent au-dessus de son niveau. A quelle profondeur s'étend cette vase? on n'en sait rien; mais elle se rapproche du lœss en ce qu'elle est généralement dépourvue de stratification et de coquilles, quoiqu'on y trouve quelquefois des coquilles terrestres en abondance, ainsi que des concrétions calcaires, appelées kunkur, qui peuvent se comparer aux nodules de carbonate de chaux qu'on a vus quelquefois former des lits dans le lœss rhénan. Le colonel Strachey et le docteur Hooker m'ont dit qu'au-dessus de Calcutta, dans le Hoogly, à marée basse, on peut voir la boue du Gange sur une hauteur de 24 mètres dans les falaises du fleuve; ils n'ont pu y découvrir aucun reste organique, remarque que j'ai trouvée également applicable au limon récent du Mississipi.

Le docteur Wallich, tout en me confirmant ces observations, m'informe qu'en certains points au Bengale, plus loin dans l'intérieur, il a rencontré des coquilles terrestres dans les berges du grand fleuve. On a fait à Calcutta des sondages commencés à une faible hauteur au-dessus du niveau de la mer jusqu'à la profondeur de 90 à 120 mètres. Partout où l'on a trouvé des restes organiques dans les couches traversées, ils étaient fluviatiles ou terrestres, et montraient que pendant un affaissement prolongé et graduel du pays les sédiments déposés par le Gange et le Brahmapoutra s'étaient accumulés avec une vitesse suffisante pour empêcher la mer d'envahir le pays.

Au fond des sondages, après avoir traversé du limon fin, on atteignit des lits de galets, de sable et de cailloux, tels qu'en aurait présenté un ancien lit de rivière; on y rencontra des ossements de crocodile et la carapace d'une tortue d'eau douce à la profondeur de 120 mètres au-dessous de la surface. Aucun galet n'est apporté maintenant par le fleuve qu'à de très-grandes distances de ce point, de sorte que le pays a dû autrefois avoir une physionomie complétement différente, et a dû posséder ses collines, ses vallées, ses cours d'eau, avant que tout fût nivelé par l'accumulation du limon fin de l'Himalaya. Si ce dernier dépôt se trouvait entraîné durant un nouveau soulèvement graduel de la contrée, on verrait peut-être reparaître beaucoup d'anciens bassins hydrographiques, et il pourrait rester des lambeaux en terrasses sur les flancs des collines ou sur les plateaux, lambeaux attestant la vaste étendue de ce revêtement limoneux à une époque antérieure. Une succession analogue de phénomènes s'est, selon toute vraisemblance, produite en Europe pendant le dépôt et la dénudation du lœss de la période post-pliocène, qui, comme nous l'avons vu dans un chapitre précédent, fut assez longue pour permettre le développement graduel d'une transformation physique de cette nature, quelle qu'en fût l'importance.

Restes humains dans le lœss près de Strasbourg [1].

M. Ami Boué, bien connu par ses nombreux ouvrages sur la géologie, et observateur fort versé dans toutes les branches

[1] C'est après avoir écrit le seizième chapitre de cet ouvrage, chapitre dans lequel est traité du lœss, que mon ami, M. Ami Boué, me rappela que dès l'année 1823

de la science, retira, en l'année 1823, et de ses mains, plusieurs os d'un squelette humain d'un lœss ancien en place, à

il avait déterré de ses propres mains plusieurs os appartenant à un squelette humain d'un ancien lœss en place à Lahr, petite ville du grand-duché de Bade, à peu près en face de Strasbourg, sur la rive droite de la vallée du Rhin. Il me fut impossible de me servir, à ce moment, de ces renseignements sans retarder de plusieurs semaines la publication de ma première édition, car il me fallait quelque temps pour n'en admettre l'évidence qu'après examen critique. J'ai lu maintenant les mémoires originaux de M. Boué et j'ai entretenu une correspondance avec lui sur ce sujet; je n'hésite pas à déclarer que dans mon opinion les conclusions auxquelles il est arrivé sont pleinement justifiées par les faits. En répondant à quelques-unes de mes questions, il a eu la bonté de me faire part des notes d'exploration qu'il avait prises sur les lieux, d'abord en 1823, puis en 1829, quand il retourna visiter Lahr.

La petite ville que je viens de citer est à 6 kilomètres et demi du Rhin, et environ à 30 mètres au-dessus du niveau du grand fleuve. Elle est située près du point où la vallée tributaire, arrosée par le petit cours d'eau appelé le Schutter, venant de la forêt Noire, se jette dans la grande plaine d'alluvion du Rhin. Dans cette partie de la plaine le lœss a au moins 60 mètres d'épaisseur; des collines et de petites vallées ont été formées à ses dépens. Une partie de cette formation remonte de la vallée principale dans la vallée tributaire dont elle garnit les flancs, et dans laquelle elle s'élève à la hauteur de 24 mètres et davantage au-dessus du Schutter. Elle a subi une dénudation à Lahr et forme maintenant une succession de terrasses sur la rive droite du petit cours d'eau. En examinant celles de ces terrasses qui sont à la base, M. Boué vit, dans la tranchée d'une coupe verticale de lœss d'environ 1 mètre 50 d'épaisseur, un os assez grand qui faisait saillie et qui fut reconnu plus tard pour être un fémur humain. On creusa dans l'escarpement, et on en retira presque la moitié des os d'un squelette : un fémur, un tibia, un péroné, des côtes, des vertèbres, des os métatarsiens et autres, mais pas de crâne. Ils étaient placés horizontalement, mais leur position ne correspondait pas à celle d'un cadavre qui aurait été enterré en cet endroit.

Le lœss qui enveloppait le squelette était solide, et différent du lœss vaseux entraîné par la pluie, puis reconsolidé. Les couches immédiatement au-dessous des os contenaient quelques galets, et encore plus bas se trouvait du gravier avec fragments arrondis de « Bunter Sandstein » (grès bigarré), et de gneiss venus de la forêt Noire. Dans les couches inférieures du lœss, au même niveau que les os, se trouvèrent des coquilles des genres *Limnea*, *Pupa*, *Physa*, *Clausilia*, *Helix*, et plus rarement *Cyclostoma*. Mais, en ce qui touche la *Limnea*, citée par M. Boué dans sa note, il pense qu'il serait possible qu'elle ne fût que la *Succinea oblonga*, si commune dans le lœss.

M. Boué pense qu'avant que le lœss fût entamé dans cette vallée par le Schutter, il a dû y en avoir une épaisseur d'au moins 24 mètres superposée à ces ossements humains; il regarde le dépôt limoneux de Lahr comme n'étant que la continuation du lœss du Rhin, et comme provenant de la même source; il ne pense pas qu'il appartienne en propre aux alluvions du Schutter. Il assigne une grande antiquité à ces ossements, tant à cause de leur position tout à fait à la base du lœss qu'à cause

Lahr, presque en face de Strasbourg, sur la rive droite de la grande vallée du Rhin. On ne trouva pas le crâne, mais le tibia, le péroné et d'autres os furent obtenus en bon état de conservation, et montrés à cette époque à Cuvier, qui déclara que c'étaient des ossements humains.

Restes humains dans le lœss près de Maestricht.

Les bords de la vallée de la Meuse à Maestricht, comme ceux de la vallée du Rhin à Bonn et à Cologne, dominent légèrement le niveau de la plaine d'alluvion; sur la rive droite de la Meuse, en face de Maestricht, la différence de niveau est si marquée qu'on a construit un pont à plusieurs arches pour assurer, pendant la saison des inondations, les communications entre les parties les plus élevées de la plaine d'alluvion et les collines ou mamelons qui la bordent. Cette plaine

de la découverte de restes de mammifères éteints, faite dans le lœss du même âge du voisinage.

Quand M. Boué, accompagné de M. Cordier, montra pour la première fois ces ossements à Cuvier, à Paris, ce naturaliste déclara immédiatement qu'ils appartenaient à l'homme. Mais, à la grande surprise des deux géologues, il exprima l'opinion qu'ils provenaient d'un cimetière. La même idée fut ensuite adoptée par M. Alexandre Brongniart, qui suppose qu'on les avait enterrés dans le limon d'alluvion moderne du Schutter*. Même après que M. Boué eût visité de nouveau la localité en 1829 et confirmé ses premières observations, le jugement d'un géologue aussi expérimenté ne put prévaloir contre les idées préconçues qui avaient cours alors généralement au sujet de la date géologique de l'origine de l'homme**.

La précieuse collection des ossements de Lahr, renfermée dans une boîte, fut confiée par M. Boué aux soins de M. Cuvier; elle a été négligée et elle est maintenant perdue. Quant à l'âge de ces ossements, je ne vois aucune raison de supposer qu'ils fussent plus anciens que ceux qu'avait trouvés Schmerling dans les cavernes de Liége, ou que les instruments en silex du gravier de Saint-Acheul. Mais si les idées que j'ai énoncées dans ce chapitre sont fondées, quelques-uns des grands mouvements continentaux d'élévation et d'abaissement qui arrivèrent immédiatement après le retrait des grands glaciers des Alpes furent d'une date postérieure à l'enfouissement de ces os dans l'ancien limon du Rhin.

* *Annales des Sciences naturelles*, 1829, vol. XVIII; *Revue bibliographique*, p. 150.

** *Akademie der Wissenschaften Sitzungsberichte*, 1852, t. VIII, p. 89; docteur A. Boué, *Erlæuterungen über die von mir in Lœss des Rheinthales im Jahre 1823 aufgefundenen Menschenknochen.*

se compose de lœss moderne, impossible à distinguer minéralogiquement du lœss plus ancien, ne présentant aucune trace de dépôt successif et dépourvu de coquilles terrestres ou fluviatiles. On l'exploite sur une grande échelle comme terre à brique jusqu'à une profondeur de 2 mètres 50. Les mamelons dont j'ai parlé consistent en une terrasse de gravier, ayant de 9 à 12 mètres d'épaisseur, et recouverte par du lœss ancien qui se continue en remontant la vallée jusqu'à Liége. Dans les faubourgs de cette ville, on voit des lambeaux de lœss à la hauteur de 135 mètres au-dessus du niveau de la Meuse. Le plateau supérieur de cette région, composé de roches carbonifères et dévoniennes, est à une altitude d'environ 45 mètres et n'est pas recouvert de lœss.

On a signalé l'existence d'une terrasse de gravier recouverte de lœss sur la rive droite de la Meuse à Maestricht. On en voit une autre qui en fait le pendant sur la rive gauche au-dessous de cette ville ; cette dernière projette dans la plaine d'alluvion de la Meuse un promontoire, s'avançant jusqu'à moins de 90 mètres du fleuve et qui fut traversé lors du creusement du canal de Maestricht à Hocht entre 1815 et 1823. Cette coupe se trouve au village de Smeermass ; elle a environ 18 mètres de profondeur, dont les 12 mètres inférieurs sont dans le gravier stratifié et les 6 autres dans le lœss. Le nombre de molaires, de défenses, d'ossements, (appartenant probablement à des squelettes entiers), qui furent retirés des déblais fut vraiment extraordinaire. On en conserve une grande partie aux muséums de Maestricht et de Leyde, ainsi que des bois de daim, des os de bœuf et d'autres mammifères, et une mâchoire inférieure humaine avec ses dents. D'après M. le professeur Crahay, qui en publia la description à cette époque, cette mâchoire, que l'on conserve à Leyde, fut trouvée à la profondeur de 5 mètres 70 au-dessous de la surface, au contact du lœss et du gravier sous-jacent, dans une couche de limon sableux reposant sur du gravier et surmontée de quelques lits graveleux et sableux. Cette couche, dit-il, était intacte et non remaniée, mais la mâchoire humaine était isolée, et la défense d'éléphant la plus voisine en était à 5 mètres 50 de distance horizontale.

La plupart des autres ossements de mammifères se trouvèrent comme cet os humain dans le gravier, ou dans son voisinage, mais quelques-unes des défenses et des dents d'éléphants se rencontrèrent beaucoup plus près de la surface. Je visitai le gisement de ces fossiles en 1860, accompagné de M. Van Binkhorst, et nous reconnûmes que la description des lieux publiée par feu M. le professeur Crahay, de Louvain, était fort exacte [1]. Le promontoire de cette terrasse, qui fut traversé par les travaux du canal, s'appelle la colline de Caberg : le sommet en est plat, l'altitude en est de 18 mètres, et elle s'abaisse en pente rapide des deux côtés vers la plaine d'alluvion. M. Van Binkhorst, (qui est l'auteur de plusieurs ouvrages estimés sur la paléontologie de la craie de Maestricht), est tout récemment allé à Leyde et s'est assuré que le fossile humain dont j'ai parlé existait encore intact dans le muséum de l'université. Quoique je n'aie pas eu l'occasion de vérifier l'authenticité des assertions de M. le professeur Crahay, je ne vois aucune raison de supposer que la mâchoire humaine doive appartenir à une période géologique différente de celle des éléphants éteints. On peut l'admettre d'ailleurs sans qu'il en résulte que cet os doive être rapporté à une antiquité plus reculée que les restes humains déterrés par le docteur Schmerling dans les cavernes de Belgique ; mais ce serait un des premiers exemples du fait de la rencontre d'un pareil débris dans un dépôt d'alluvion post-pliocène au milieu d'une plaine ouverte. Le sommet de la colline de Caberg n'est pas aussi élevé au-dessus de la Meuse que l'est au-dessus de la Somme la terrasse de Saint-Acheul avec ses instruments en silex, mais à Saint-Acheul on n'a encore trouvé aucun ossement humain.

On conserve au musée de Maestricht un frontal humain et

(1) M. Van Binkhorst m'a montré le mémoire original manuscrit lu à l'Athenæum de Maestricht en 1823. Il fut publié en 1836 dans le *Bulletin de l'Académie royale de Belgique*, tome III, p. 43.

un os pelvien, teints d'une couleur foncée comme celle de la tourbe. Le frontal est très-remarquable par son peu d'élévation et la saillie des arcades sourcilières, qui se rapprochent de celle du crâne de Borreby figuré p. 89. Ces restes pourraient bien être les mêmes que ceux dont parle M. le professeur Crahay dans son mémoire, quand il dit que, dans un dépôt de couleur noire des faubourgs de Hocht, on a trouvé des feuilles, des noix, des coquilles d'eau douce en très-bon état et un crâne humain fortement coloré. Ces objets étaient d'une époque bien postérieure à celle du lœss qui contenait les ossements d'éléphants et dans lequel était, dit-on, enfouie la mâchoire humaine de Leyde.

CHAPITRE XVII.

DISLOCATIONS ET PLISSEMENTS POST-GLACIAIRES DES COUCHES CRÉTACÉES ET DU TERRAIN DE TRANSPORT DANS L'ÎLE DE MÖEN EN DANEMARK.

Structure géologique de l'île de Möen. — Grands bouleversements de la craie, postérieurs au dépôt glaciaire avec coquilles récentes. — Coupe des falaises de Möen par M. Puggaard. — Plissements et failles communs à la craie et au dépôt glaciaire. — Directions différentes des lignes successives de mouvements de fracture et de plissement. — Absence de bouleversement dans les roches des îles danoises avoisinantes. — Mouvements inégaux de soulèvement en Finmark. — Tremblement de terre en Nouvelle-Zélande en 1855. — Prédominance à toutes les époques des mouvements continentaux uniformes sur ceux qui ont amené des dislocations locales dans les roches.

Dans les chapitres précédents j'ai essayé de montrer que l'étude des phases successives de la période glaciaire, des marques persistantes qu'elles ont imprimées sur les roches solides, et des caractères du terrain de transport superficiel, nous est d'un grand secours pour nous permettre d'apprécier l'énorme laps de temps compris dans la période post-pliocène. Cette étude élargit en même temps nos idées, non-seulement au sujet des espèces vivantes de plantes et d'animaux, mais au sujet de leur distribution géographique actuelle, et éclaire les relations chronologiques de ces espèces avec la plus ancienne date connue de l'existence de la race humaine. Cette date, on le verra, est fort reculée, si on la compare aux temps de l'histoire et de la tradition, mais elle est très-moderne si on l'oppose à la longue durée depuis laquelle tous les mollusques testacés vivants, et même beaucoup de mammifères, habitent notre globe.

Pour compléter ma description des phénomènes de l'époque glaciaire, je vais décrire dans ce chapitre quelques autres changements dans la géographie physique et dans la structure interne de la croûte terrestre, qui se sont produits pendant la période post-pliocène. Il me paraît utile d'en parler, parce qu'ils sont d'une nature fort différente de ceux que nous avons décrits précédemment et font partie d'une catégorie de phénomènes que les anciens géologues croyaient appartenir exclusivement aux époques antérieures à celles de la flore et de la faune actuelles. C'est à cette classe que se rapportent ces failles, ces violentes dislocations de roches, et ces reploiements et plissements des couches, phénomènes que l'on voit si fréquemment dans les chaînes des montagnes, quelquefois même dans les plaines, et surtout quand les roches sont de formation ancienne.

Dislocations et plissements post-glaciaires de la craie et du terrain de transport dans l'île de Möen, Danemark.

Un exemple des plus frappants, qui permet de saisir ces convulsions de date post-pliocène, se voit dans l'île danoise de Möen, située à environ 80 kilomètres au sud de Copenhague. L'île a environ 96 kilomètres de circonférence et se compose de craie blanche de plus 100 mètres d'épaisseur, recouverte par des argiles et sables avec cailloux; ce terrain de transport glaciaire se subdivise en plusieurs parties, les unes stratifiées, les autres non stratifiées, le tout ayant une puissance moyenne de 18 mètres, mais allant quelquefois au double de cette épaisseur. Dans l'un des plus anciens membres de cette série, on a trouvé des coquilles marines d'espèces actuelles.

Dans la plus grande partie de l'île de Möen, les couches du terrain de transport sont en place et horizontales comme celles de la craie sous-jacente; mais sur la côte nord-est, elles ont été, sur un certain espace, ployées, plissées et déplacées en même temps que les couches de la craie sous-jacente. Dans cet espace, les dérangements qu'elles ont subis sont même plus considérables que ne le sont ceux de la craie à silex de l'Angleterre le long de l'axe central de l'île de Wight dans le Hampshire, ou de celui du Purbeck dans le Dorsetshire. Le déplacement total de la craie est évidemment d'une date postérieure à l'origine du terrain de transport, car les couches de ce dernier sont horizontales quand la craie sur laquelle elles reposent le sont aussi, et sont inclinées, courbées et verticales quand la craie offre les mêmes perturbations. Je suis arrivé à ces conclusions relativement à la structure de l'île de Möen dès 1835, après avoir consacré plusieurs jours à l'examiner en compagnie du docteur Forchhammer [1]; je n'aurais pourtant pas osé citer ce lieu comme présentant sur une si grande échelle des exemples de convulsions d'une date si remarquablement moderne, si cette île n'avait, depuis cette époque, été examinée en détail par un homme d'une autorité considérable, et reconnue par M. le professeur Puggaard, géologue danois, qui a publié une série de coupes détaillées de ces falaises.

Elles s'étendent sur la côte nord-est de l'île, appelée Möens Klint [2], où les précipices formés dans la craie sont escarpés et pittoresques, et ont de 90 à 120 mètres de hauteur. Les sommets en sont couronnés de grands hêtres, et çà et là la base en est recouverte d'énormes éboulements du terrain de transport garnis d'herbes et d'arbrisseaux verdoyants qui rompent la monotonie de cette ligne continue de falaises de craie blanche.

Dans la partie basse de l'île, en A, fig. 47, à l'extrémité méridionale de cette ligne dont nous venons de parler, le terrain de transport est horizontal; mais en arrivant en B, on commence à s'apercevoir d'un changement à la fois dans la hauteur des falaises et dans l'inclinaison des couches, et la craie, n° 1, ne tarde pas à se montrer sortant de dessous les couches du terrain de transport n°s 2, 3, 4 et 5.

Cette craie avec ses lits de silex est si semblable à celle de l'Angleterre que la description en est inutile. Le terrain de transport superposé se compose des subdivisions suivantes, en commençant par la base :

(1) Lyell, *Geological Transactions*, 2e série, vol. II, p. 243.

(2) Puggaard, *Geologie des Insel Möen*, Berne, 1851; et *Bulletin de la Société géologique de France*, 1851.

N° 2. Limon et sables stratifiés de 1 mètre 50 d'épaisseur, contenant en un point, près de la base de la falaise, en S, fig. 48, *Cardium edule*, *Tellina solidula* et *Turritella*, avec fragments d'autres coquilles. Entre la craie n° 1 et le n° 2 s'intercale généralement une brèche de silex de la craie brisés.

N° 3. Argile bleu ou terrain de transport glaciaire, (*Till*),

Fig. 47.

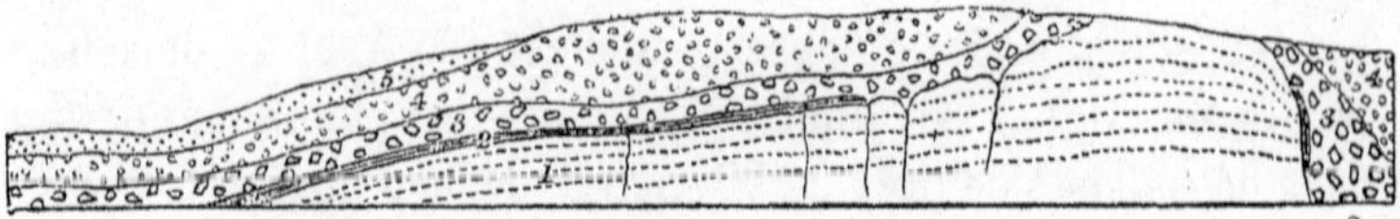

Fig. 47. — Extrémité méridionale de Möens Klint. (Puggaard.)

A Terrain de transport horizontal.
B Craie et terrain de transport superposé commençant à se redresser.
C Premier plissement et faille ; hauteur de la falaise sur ce point : 54 mètres.

Fig. 48.

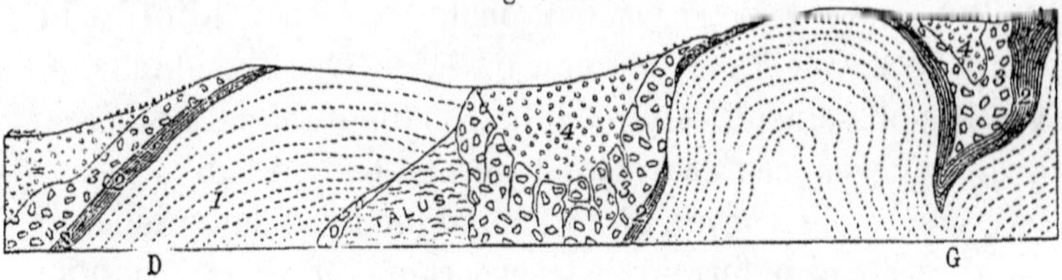

Fig. 48. — Coupe de Möens Klint, (Puggaard), suite de la fig. 47.

D Coquilles fossiles d'espèces récentes dans le terrain de transport.
G Hauteur maximum près de G, 84 mètres.

avec petits cailloux et fragments de roches de la Scandinavie accidentellement disséminés. Épaisseur, 3 mètres 60.

N° 4. Seconde masse non stratifiée d'argile jaune et plus sableuse, de 12 mètres de puissance, avec cailloux et blocs anguleux, polis et striés de granit et d'autres roches de la Scandinavie apportées de loin.

N° 5. Sables et graviers stratifiés contenant parfois de grands blocs erratiques ; la masse totale varie de 12 à 30 mètres de puissance, mais elle n'atteint cette dernière épaisseur qu'en un petit nombre de points.

Les formes anguleuses d'un grand nombre de blocs des n°s 3 et 4, les surfaces striées ou polies des autres et leur provenance lointaine attestée par leur nature cristalline, sont autant de preuves que ce dépôt fait partie du terrain de transport septentrional de la période glaciaire.

On voit que les quatre subdivisions 2, 3, 4 et 5 commencent à se redresser en B, fig 47, et qu'en C, où la falaise atteint 54 mètres de hauteur, il y a une flexion brusque partagée également par la craie et le terrain de transport superposé. Entre D et G, fig. 48, on observe une grande fracture dans les roches avec lignes synclinales et anticlinales ; elle se manifeste dans des falaises de près de 90 mètres de hauteur où tous les plissements de la craie se font également sentir dans les couches du terrain de transport, c'est-à-dire dans les trois membres inférieurs de cette série, y compris, par conséquent, le n° 2, qui, au point S de la figure, contient les coquilles d'espèces récentes dont j'ai parlé.

Près de l'extrémité septentrionale du Möens Klint, à un endroit appelé « Taler, » à plus de 90 mètres de hauteur, on voit des plissements semblables, si aigus qu'il paraît y avoir quatre alternances distinctes de formations glaciaires et crétacées en lits verticaux ou fortement inclinés ; la craie en un point recouvre le terrain de transport, de sorte que la position des couches est intervertie.

Mais les changements et failles les plus étonnants de ces couches s'observent dans le Dronningestol, portion de cette même falaise, d'une hauteur verticale de 120 mètres, où le terrain de transport, comme le montre la fig. 49, est complétement enchevêtré et mélangé dans la craie disloquée.

En suivant les alignements des failles, on peut voir, dit M. Puggaard, le long des surfaces de contact des lits déplacés, des traces du polissage et du frottement qu'ont subis les silex de la craie, ainsi que beaucoup de pierres du gravier du terrain de transport : quelques-unes de ces dernières ont même pénétré dans la craie molle. La façon dont les sommets de quelques-uns des plissements des couches de craie ont été rasés dans cette coupe et dans plusieurs autres du voisinage, atteste la vaste dénudation qui accompagnait ces perturbations; il y a eu des portions des couches ployées qui ont été enlevées probablement pendant qu'elles sortaient du sein des eaux.

Fig. 49.

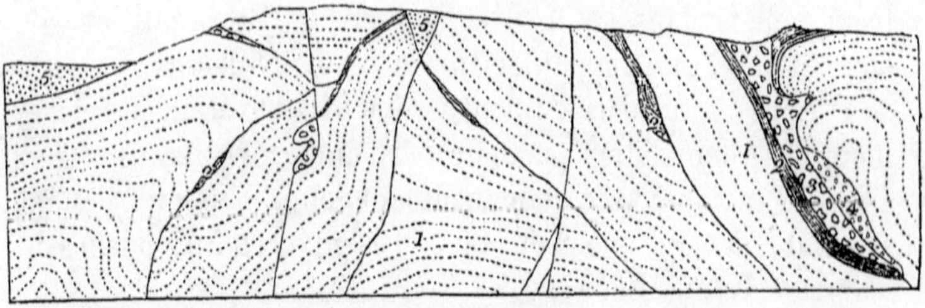

Fig. 49. — Perturbations post-glaciaires des couches redressées, plissées et déplacées de la craie et du terrain de transport dans le Dronningestol Möen; hauteur, 120 mètres. (Puggaard.)

1 Craie avec silex.
2 Limon marin stratifié; couche inférieure de la formation glaciaire.
3 Argile bleue ou *Till* sans stratification avec blocs erratiques.
4 *Till* sableux, jaune, avec cailloux et galets glaciaires.
5 Sable et gravier stratifiés avec blocs erratiques.

Voici les conclusions que M. Puggaard a déduites de l'étude de ces falaises.

1° La craie blanche, lorsqu'elle conservait encore l'horizontalité de sa stratification, mais après avoir subi une dénudation considérable, s'est graduellement affaissée, de sorte que les lits inférieurs, n° 2, du terrain de transport, avec leurs coquilles littorales, s'y superposèrent dans une mer peu profonde.

2° Les argiles non stratifiées superposées, n° 3 et 4 se déposèrent dans une eau plus profonde; ce phénomène fut facilité par les glaces flottantes venant du nord.

3° Ce fut alors que commencèrent des dénivellations irrégulières et qu'il se produisit des affaissements partiels amenant le plissement et parfois l'engloutissement des masses supérieures de la craie et du terrain de transport, et donnant lieu aux diverses dislocations ci-dessus décrites et représentées. Le mouvement d'abaissement se continua jusqu'à ce qu'il eut dépassé 120 mètres, car même sur la surface du n° 5, dans quelques parties de l'île, on voit d'énormes blocs erratiques de 6 mètres et plus de diamètre, dont la présence indique qu'ils ont été charriés par la glace dans une mer d'une profondeur suffisante pour porter de grandes montagnes de glace. Mais ces gros blocs, dit M. Puggaard, ne pénètrent jamais dans les fissures comme ils l'auraient fait s'ils eussent été d'une date antérieure à ces convulsions.

4° Après cette période d'affaissement arrivèrent le relèvement et la dénudation partielle des couches crétacées et glaciaires coïncidant avec un mouvement général de soulèvement semblable à celui qu'éprouvent à présent certaines parties de la Suède et de la Norwége.

Au sujet des directions du mouvement dans l'île de Möen, M. Puggaard pense, après une étude comparative attentive des falaises et de l'intérieur de l'île, qu'il y eut au moins trois orientations différentes à autant d'époques successives, toutes de date post-glaciaire. La première direction courrait de l'E. S. E. à l'O. N. O. avec une ligne de fractures à angle droit. La seconde courrait du S. S. E. au N. N. O., aussi avec fractures transversales. Enfin la troisième serait celle d'un plongement allant du N. au S., et accompagné d'affaissements de date contemporaine orientés à angle droit, c'est-à-dire de l'E. à l'O.

Quand on s'approche de l'extrémité N. O. du Möens Klint, c'est-à-dire de la ligne de côtes que je viens de décrire, les couches deviennent peu à peu moins ployées et brisées, et en continuant encore à s'avancer quelque peu dans cette direction on retrouve la craie et le terrain de transport superposé dans la même position horizontale qu'à l'extrémité méridionale du Möens Klint. Ce qui fait de ces conclusions un phénomène des plus frappants c'est ce fait que dans les îles danoises avoisinantes, aussi bien que dans une grande partie de l'île de Möen elle-même, les formations tertiaires et les formations secondaires n'ont subi aucune perturbation.

Il est impossible de contempler de pareils effets produits par des mouvements locaux réitérés, tous de date post-tertiaire, sans réfléchir que sans la présence accidentelle du terrain de transport stratifié ils auraient pu parfaitement nous échapper, même aux points où ce terrain aurait existé autrefois, à cause des dénudations importantes qui se sont produites. Nous aurions probablement attribué la verticalité des couches, leurs flexions, et leurs failles à une période ancienne, telle par exemple que celle qui sépare la craie à silex de la craie de Maestricht, ou à l'époque de cette dernière formation, ou aux temps éocènes, miocènes, pliocènes inférieurs, car cette dernière période elle-même est bien antérieure au commencement de l'époque glaciaire. Cet exemple nous permet de soupçonner que, dans d'autres pays où nous manquons de pareils moyens de fixer la date exacte de certains mouvements géologiques, l'époque où ils se seront produits peut être beaucoup plus moderne que nous ne le supposons généralement. Nous pourrions ainsi expliquer les anomalies apparentes de position de certains blocs erratiques qu'on rencontre parfois à de grandes hauteurs au-dessus des roches congénères dont ils proviennent, et aussi l'irrégularité de direction de certains sillons glaciaires comme ceux qu'ont décrits M. le professeur Keilhau et M. Hörbye sur les montagnes de Dovrefjeld, lat. 62° N., où les stries et le frottement paraissent avoir été indépendants de l'inclinaison et du relief actuels des montagnes (1). Mais même dans les cas de cette espèce, il reste à démontrer si un encroûtement de glace continentale comme celui du Groënland, décrit par Rink, (voir plus haut, p. 244), ne pourrait expliquer la déviation des sillons et des stries par rapport aux directions qu'ils auraient dû normalement affecter s'ils avaient été produits par des glaciers séparés remplissant les vallées existantes.

Il semble en général que le mouvement de soulèvement de la Scandinavie, mouvement qui a élevé des rivages avec co-

(1) *Observations sur les phénomènes d'érosion en Norwége*, 1857.

quilles marines d'espèces récentes à la hauteur de plus de 100 mètres, ait été à peu près uniforme sur de vastes étendues ; pourtant M. Bravais a signalé une remarquable exception à cette règle à Altenfiord, en Finmark, entre les latitudes 70° et 71° N. Une ancienne ligne de niveau des eaux, tracée par un dépôt sableux formant terrasse, et par des marques d'érosion dues aux vagues, peut se suivre sur une longueur de 48 kilomètres du sud au nord, le long des bords d'un fiord, et elle s'élève graduellement d'une altitude de 25 mètres à celle de 66 mètres au-dessus de la mer, c'est-à-dire à raison de 85 centimètres par kilomètres (1).

Passons à une autre partie du monde situé fort loin de nous. On a été témoin, sans aller plus loin qu'en janvier 1855, dans l'île du nord de la Nouvelle-Zélande, d'un soulèvement soudain et permanent du sol sur le rivage septentrional du détroit de Cook ; ce mouvement était si peu uniforme qu'en un point appelé Muko-muka, il atteignit 2 mètres 70 de hauteur verticale tandis qu'il diminuait graduellement à partir de ce maximum de soulèvement sur une distance de 53 kilomètres dans la direction du N. O. pour aboutir à un point où le changement de niveau n'était plus perceptible. M. Edward Roberts, du corps royal des ingénieurs, était, au moment de cet événement, occupé à exécuter, pour le compte du gouvernement, des travaux d'utilité publique sur la côte, il s'assura que ce soulèvement extrême de certaines roches anciennes suivait une ligne de faille se prolongeant au moins à 145 kilomètres dans l'intérieur du sud au nord. De plus, ce qui est d'un grand intérêt géologique, immédiatement à l'est de cette faille, la surface composée de couches tertiaires, restait immobile et stationnaire. Ce fait fut bien établi par la position d'une ligne de nullipores qui marquaient le niveau de la mer avant le tremblement de terre sur la surface des couches tertiaires comme sur la surface des roches paléozoïques (2).

(1) *Proceedings of the Geological Society*, 1845, vol. IV, p. 94.

(2) *Bulletin de la Société géologique de France*, 1856, vol. XIII, p. 660, où j'ai décrit les faits que m'avaient communiqués MM. Roberts et Walter Mantell.

De pareils mouvements, s'ils se répétaient et surtout s'ils revenaient de temps en temps le long des mêmes lignes de fracture, auraient pour effet, dans la suite des temps, de faire plonger les couches dans un sens, tandis que dans le sens opposé elles viendraient se terminer brusquement à un escarpement abrupt.

Mais il est probable que la multiplication des mouvements de cette nature dans la période post-tertiaire a rarement été assez considérable pour produire des résultats comme ceux que nous avons décrits dans l'île de Möen, car les principaux mouvements, à quelque époque qu'ils se rapportent, paraissent appartenir à un ordre de phénomènes plus uniformes, comme ceux dont nous avons parlé p. 351, c'est-à-dire à cette espèce de mouvements qui n'altèrent pas sensiblement la topographie des régions restreintes ni la position des couches, et qui ne font qu'en modifier la hauteur relativement à la mer. S'il en était autrement, on ne trouverait jamais de concordance entre les couches de tous les âges y compris les formations fossilifères primaires déposées dans des eaux basses, formations qui ont dû se maintenir horizontales sur de vastes étendues pendant le mouvement d'affaissement de plus de 1000 mètres qui se produisait à l'époque de leur accumulation. On verrait encore bien moins ces mêmes couches primaires, Carbonifères, Devoniennes et Siluriennes conservant encore leur horizontalité sur des milliers de lieues carrées, comme cela se présente dans l'Amérique du nord et en Russie où elles n'ont subi aucune dislocation, aucune flexion, pendant l'énorme intervalle qui sépare les temps actuels de l'époque paléozoïque. Pourtant ce n'est pas qu'elles soient restées immobiles, car elles ont subi des dénudations d'une telle importance et d'une telle nature, qu'on ne peut les expliquer qu'en supposant que les couches aient été soumises à de grandes oscillations de niveau et exposées dans quelques cas à plusieurs reprises à l'action destructive et nivelante des vagues de la mer.

Il paraît probable que les convulsions successives de l'île de Möen furent contemporaines de ces mouvements d'exhaussement et d'abaissement de la période glaciaire qui ont été décrits dans le treizième chapitre et dans les suivants; il est probable également qu'elles prirent fin avant que les lits n° 5, p. 363, avec leurs grands blocs erratiques se déposassent, car quelques-uns de ces lits qu'on voit dans les parties bouleversées de l'île de Möen paraissent avoir échappé aux convulsions qui ont affecté les nos 2, 3 et 4. S'il en est ainsi, l'ensemble de ces dérangements, tout en étant post-pliocène, peut avoir été antérieur à l'époque humaine, c'est-à-dire la date la plus ancienne à laquelle on ait encore retrouvé les traces de la présence de l'homme.

CHAPITRE XVIII.

PÉRIODE GLACIAIRE DANS L'AMÉRIQUE DU NORD.

Couches post-glaciaires contenant des restes de *Mastodon giganteus* dans l'Amérique du Nord. — Rareté des coquilles marines dans le dépôt glaciaire du Canada et des États-Unis. — L'action de la glace s'est étendue plus au sud dans l'Amérique du Nord que dans l'Europe. — Traînées de blocs erratiques de grandes dimensions dans le Berkshire, Massachussetts. — Description de leur arrangement linéaire et de leurs points de départ. — Leur transport attribué à des glaces flottantes et côtières. — Remarques générales sur les causes des anciens changements de climats aux époques géologiques successives. — Effets supposés du changement de la direction nord-est du Gulf stream en une direction nord. — Le développement maximum du froid pendant la période glaciaire n'est pas exactement simultané des deux côtés de l'Atlantique. — Nombre des espèces de plantes et d'animaux communs aux temps pré-glaciaires et post-glaciaires.

Dans le continent de l'Amérique du Nord, entre le cercle polaire arctique et le 42ᵉ parallèle, on rencontre des traces d'action glaciaire sur une échelle aussi grande, sinon plus grande, qu'en Europe. Là aussi le froid paraît avoir atteint son maximum à la fin de la période tertiaire, et avoir prolongé ses effets pendant une grande partie de la période post-pliocène.

L'absence générale de restes organiques dans la formation glaciaire de l'Amérique du Nord nous offre les mêmes difficultés qu'en Europe pour la détermination des mammifères qui ont vécu sur le premier de ces deux continents pendant le temps du refroidissement maximum, c'est-à-dire quand de larges surfaces se recouvraient des matériaux du terrain de transport glaciaire et de blocs erratiques. Mais il est certain qu'un grand proboscidien éteint, le *Mastodon giganteus*, (Cuvier), et plusieurs autres quadrupèdes, les uns vivants, les autres disparus, jouèrent un rôle important dans l'ère post-glaciaire. Par la fréquence de ses restes fossiles, cette espèce de pachyderme représente l'*Elephas primigenius* d'Europe, cependant ce dernier se rencontre aussi à l'état fossile aux Etats-Unis et au Canada, et il abonde, à ce que j'apprends de sir John Richardson, à des latitudes bien plus septentrionales que celles auxquelles on a retrouvé les vestiges du mastodonte.

Dans l'État de New-York, il n'est pas rare de rencontrer le mastodonte dans des marais et des dépôts lacustres occupant des dépressions du terrain de transport, et par conséquent, dans une position géologique fort semblable à celle de la tourbe récente et de l'argile coquillière des Iles Britanniques, du Danemark et de la vallée de la Somme. Parfois les cultivateurs en ont découvert des squelettes entiers à quelques décimètres de la surface dans le sol tourbeux au fond de petits marécages qu'ils desséchaient. Les coquilles qui les accompagnent appartiennent en pareil cas à des genres d'eau douce, *Limnea*, *Physa*, *Planorbis*, *Cyclas*, et autres; elles diffèrent des espèces européennes, mais sont les mêmes que celles qui sont encore maintenant propres aux étangs et aux lacs de la même partie de l'Amérique.

J'ai donné ailleurs la description de beaucoup de ces localités que j'ai visitées en 1842, et je puis affirmer que l'aspect en est certainement plus moderne que celui de presque tous les dépôts européens où l'on rencontre le mammouth (1), quoique on cite quelques exemples de l'*Elephas primigenius* trouvés dans la tourbe en Grande-Bretagne. Ainsi on m'a montré au musée de Torquay, dans le Devonshire, une dent de mammouth que l'on croit avoir été extraite d'un dépôt de matière végétale maintenant en partie submergé par la mer. Une partie plus élevée de la même formation tourbeuse constitue le fond de la vallée dans laquelle s'élève l'abbaye de Tor. Cet éléphant doit, à coup sûr, avoir vécu à une date plus moderne que ses congénères fossiles du gravier de la caverne

(1) *Travels in North America*, London, 1845, vol. I, p. 55; et *Manual of Geology*, chap. XII, cinquième édition, p. 144.

de Brixham décrite p. 103, car il vivait alors que le relief géographique du Devonshire, fort différent de celui de la période des cavernes, était presque identique à celui qui existe à présent.

Je suis fort tenté de croire que beaucoup de ces dents et de ces défenses de mammouth, qu'on prétend avoir été trouvées dans la tourbe sont aussi apocryphes que ces cornes de rhinocéros citées si souvent dans les *Mémoires de la Société wernerienne*, et soi-disant trouvées dans les marnes coquillières du Forfarshire et d'autres comtés de l'Écosse; néanmoins, il est certain qu'entre la période à laquelle le mammouth fut le plus abondant et celle à laquelle il acheva de disparaître, il a dû s'écouler au long intervalle de siècles pendant lesquels il devenait de plus en plus rare. Nous devons donc nous attendre à en trouver quelques individus isolés enfouis dans des dépôts bien plus récents que les autres, jusqu'à ce qu'enfin nous ayons réussi à saisir le passage de la faune post-pliocène, à la faune actuelle, a l'aide des monuments géologiques qui viendront remplir l'hiatus dont j'ai parlé p. 149, et qui sépare l'ère des outils en silex d'Amiens et d'Abbeville de celle de la tourbe de la vallée de la Somme.

Jusqu'à quel point ces couches lacustres de l'Amérique du Nord peuvent-elles nous aider à restreindre cette lacune? Y eut-il des individus de *Mastodon giganteus* qui vécurent assez tard pour voir la naissance de la période historique? Ce sont là deux questions auxquelles il n'est pas aussi aisé de répondre qu'on pourrait à première vue le supposer. Un géologue s'imaginerait naturellement que la formation fluviatile de l'île de la Chèvre, près des chutes du Niagara et de plusieurs autres points au-dessous de ces mêmes chutes [1], est d'origine très-moderne, en voyant que toutes les coquilles qu'elle contient sont d'espèces habitant encore les eaux de ce fleuve, et qu'elle a été déposée postérieurement au terrain de transport glaciaire de la même localité. En réalité, l'ancien lit de

[1] *Travels in North America*, vol. I, chap. II, et vol. II, chap. XIX.

rivière dans lequel on trouve les ossements de mastodonte, occupe, par rapport à la formation caillouteuse, la même position que celle qu'affectent, par rapport au terrain de transport glaciaire, la marne coquillière et les marécages avec ossements de mastodonte si fréquents dans l'État de New-York ; et tous sont peut-être de date contemporaine. Mais dans le cas de la vallée du Niagara, nous avons heureusement un moyen mesurer le temps, moyen qui nous manque dans les autres localités : c'est celui que nous donne le recul des chutes, phénomène encore en activité, et qui a creusé le ravin profond du Niagara sur 11 kilomètres de longueur entre Queenstown et l'île de la Chèvre. Ce ravin est non-seulement postglaciaire, mais il est même postérieur à la date des couches fluviatiles à ossements de mastodonte. Par conséquent, les individus qu'on en a trouvés fossiles près de l'île de la Chèvre prospéraient avant l'existence de l'excavation toujours croissante de cet abîme long et profond, et nous devons en évaluer l'ancienneté non par milliers d'années mais par dizaines de milliers d'années, si je ne me suis pas trompé dans mon estimation du temps minimum qu'a exigé la formation de ce grand ravin [1].

Les prétendus contes qu'on a fait courir sur des os de mastodonte dont la surface aurait été percée comme par des flèches ou qui auraient porté les traces de blessures faites par des instruments en silex, devront dorénavant être examinés de plus près, car il est difficile de douter que le Mastodonte n'ait vécu dans l'Amérique du Nord à une époque où le mammouth était contemporain de l'homme en Europe. Mais je ne m'étendrai pas davantage sur ce sujet, car j'ai déjà exposé ma manière de voir relativement à l'antiquité de l'homme dans l'Amérique du Nord quand j'ai parlé des os humains découverts à Natchez, sur le Mississipi.

Nous éprouvons au Canada et aux États-Unis les mêmes

[1] *Principles of Geology*, neuvième édition, p. 2 ; et *Travels in North America*, 1845, vol. I, p. 32.

difficultés qu'en Europe quand nous essayons de distinguer les formations glaciaires d'origine terrestre de celles d'origine sous-marine. Dans le nouveau monde comme en Angleterre et en Écosse les coquilles marines de cette époque ont rarement été trouvées à plus de 150 mètres au-dessus de la mer, et 210 mètres paraît être le maximum de l'altitude à laquelle on les ait jusqu'à présent reconnues. Dans ces pays, les blocs erratiques ont voyagé du N. au S., suivant la même direction que les sillons et les stries glaciaires imprimés presque partout sur les roches solides qui portent le terrain de transport. Leur direction s'écarte rarement de plus de 15° à l'ouest ou à l'est du méridien, de sorte qu'il est difficile de douter, malgré la pénurie générale des coquilles marines, que les véhicules de la plupart des blocs, qui se sont dirigés vers les latitudes méridionales, aient été autre chose que des montagnes de glace flottant sur la mer, et s'échouant souvent sur les roches qui en formaient le fond.

Il y a néanmoins, aux États-Unis comme en Europe, plusieurs groupes de montagnes qui ont agi comme des centres indépendants de dispersion des blocs erratiques ; par exemple, les Montagnes-Blanches, lat. 44° N., dont la plus élevée, le mont Washington, s'élève à 1890 mètres au-dessus de la mer. D'après M. le professeur Hitchcock, quelques-uns des massifs les plus importants de la chaîne du Massachussetts ont autrefois envoyé leurs glaciers dans la contrée basse environnante.

Développement considérable des traînées de blocs erratiques vers le sud dans le Berkshire, Massachussetts, États-Unis, lat. 42° N.

J'ai si longuement parlé dans ce volume des événements de la période glaciaire que je ne veux pas conclure sans mettre sous les yeux du lecteur les preuves que nous fournit l'Amérique du Nord de l'action de la glace à des latitudes plus méridionales d'au moins 10° qu'aucun phénomène de pareille nature et d'égale importance constaté en Europe. Cette extension vers le sud des phénomènes glaciaires dans des régions où il n'y a ni montagnes couvertes de glace comme les Alpes pour expliquer cette anomalie, ni collines d'une élévation au-dessus de la moyenne, constitue un trait caractéristique spécial au continent occidental de l'Atlantique comparé au continent oriental, et nous ne devons pas le négliger quand nous recherchons les causes du refroidissement de l'hémisphère nord durant la période post-pliocène.

En 1852, accompagné de M. James Hall, géologue de l'État de New-York, et auteur de plusieurs ouvrages estimés et fort connus de géologie et de paléontologie, j'examinai le terrain de transport glaciaire et les blocs erratiques du Berkshire, Massachussetts, et ceux des parties avoisinantes de l'État de New-York, région située à 210 kilomètres environ des côtes de l'Atlantique et exactement à l'est de Boston, à la latitude 42° 25′ N. Cette latitude correspond en Europe à celle du nord du Portugal. On voit dans cette contrée de nombreux fragments de roches détachés, disposés en files alignées ou formant de longues traînées parallèles courant presque exactement en ligne droite à travers les collines et les vallées sur des distances de 8, 16, 32 kilomètres et quelquefois davantage. Sept des plus remarquables de ces traînées, sont représentées dans la carte fig. 50, de 1 à 7 inclusivement [1]. On remarquera qu'elles courent dans une direction N. O.—S. E., c'est-à-dire presque perpendiculairement aux chaînes de collines A, B et C, qui sont orientés N. N. E. et S. S. E. Les crêtes de ces chaînes de collines sont environ à 240 mètres au-dessus des vallées qui les séparent. Les blocs de la traînée la plus septentrionale, n° 7, sont calcaires, et proviennent de la chaîne calcaire B; ceux des deux traînées suivantes, n°s 6 et 5, se composent exclusivement dans leur première partie d'une roche chloritée verte d'une grande dureté; mais quand elles

(1) J'ai donné cette carte et une description plus étendue des erratiques du Berkshire dans un extrait d'une lecture faite par moi à l'Institut royal de la Grande-Bretagne, 27 avril 1855, que j'ai publié dans les *Proceedings of the Royal Institution.*

Fig. 50.

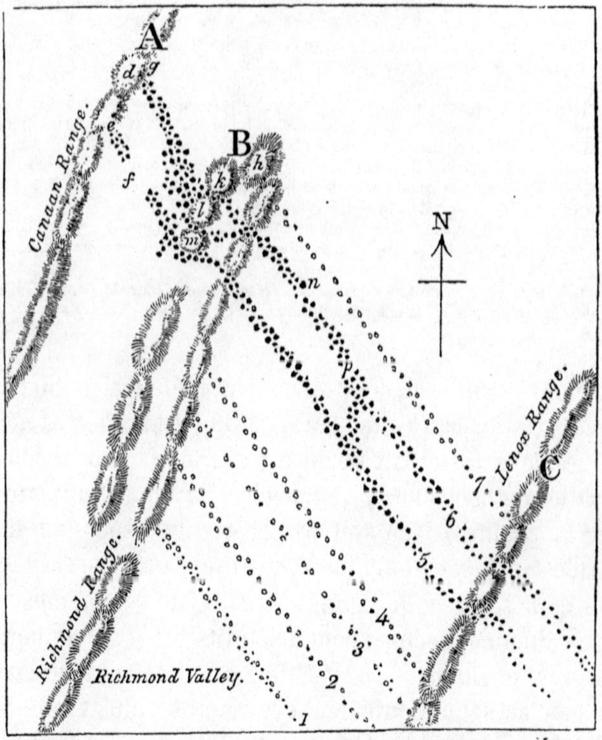

Fig. 50. — Carte montrant la position relative et la direction de sept traînées de blocs erratiques dans le Berkshire, Massachussetts, et dans une partie de l'État de New-York.

Distance en droite ligne entre les chaînes de collines A et C, environ 13 kilomètres.

A Chaîne de Canaan dans l'État de New-York. Les sommets en sont composés d'une roche chloritée verte.

B Chaîne de Richmond, dont la partie occidentale forme la montagne de Merriman et se compose des mêmes roches chloritées vertes que celles de A, mais à un état plus schisteux, tandis que la partie orientale se compose de calcaire lamellaire.

C Chaîne de Lenox composée en partie de micaschiste et en quelques endroits de calcaire cristallin.

d Mamelon de la chaîne A duquel on suppose que provient la plus grande partie de la traînée n° 6.

e Point de départ supposé de la traînée n° 5 dans la chaîne A.

Intervalle de 160 mètres sans blocs dans la traînée n° 5.

g Sherman's House.

h Pic de Perry.

k La Roche plate.

l Mont Merriman.

m Mont de Dupey.

n Blocs les plus gros de la traînée n° 6. Voir fig. 51 et 52.

p Point de divergence d'une branche détachée du n° 6 qui va rejoindre le n° 5.

N° 1. Traînée la plus méridionale, examinée par MM. Hall et Lyell, entre Stockbridge

Richmond; elle se compose de blocs de schiste noir, de calcaire bleu, et de quelques-uns de la roche verte de la chaîne de Canaan, avec des cailloux de quartz blanc disséminés.
N° 2. Traînée composée principalement de grosses masses de calcaire dont quelques-unes se divisent en deux ou plusieurs fragments par des fissures naturelles.
N° 3. Traînées composées de blocs de calcaire et de roche verte de Canaan; elle passe au sud de la station de Richmond sur le chemin de fer d'Albany à Boston; moins bien définie que les nos 1 et 2.
N° 4. Traînée composée principalement de blocs calcaires, dont quelques-uns ont 9 mètres de diamètre; elle court au N. O. de la station de Richmond, et passe au sud de la maison de réunion des Méthodistes, où elle est coupée par une tranchée du chemin de fer.
N° 5. Traînée sud du docteur Reid entièrement composée de gros blocs de la roche verte chloritée de Canaan; elle passe au nord de l'ancienne maison de réunion de Richmond, et est à 1200 mètres au nord de la précédente.
N° 6. La grande ou principale traînée, (traînée nord du docteur Reid), composée de très-gros blocs de la roche de Canaan, se dédouble en *p*, et se relie par une branche à la traînée n° 5.
N° 7. Traînée bien accusée de blocs calcaires avec quelques blocs de Canaan, allant de Richmond jusqu'au flanc de la chaîne de Lenox.

ont franchi la saillie B, on y observe un mélange de blocs calcaires. Après avoir traversé la vallée de 10 kilomètres de largeur, ces deux traînées passent à travers des dépressions ou intervalles de la chaîne C, comme elles l'avaient fait pour traverser la chaîne B; on voit par là que la dispersion de ces blocs n'est pas sans quelque relation avec les inégalités actuelles de la surface, quoique le parcours de ces mêmes blocs soit parfaitement indépendant des traits les plus saillants de la géogrophie du pays, c'est-à-dire du relief qui détermine le système actuel d'écoulement des eaux. Le plus grand nombre des fragments chlorités verts des traînées 5 et 6 proviennent évidemment de la chaîne A, et la plus grande partie du tout vient du sommet le plus élevé, *d*, où la crête de cette chaîne a été usée et a pris la forme des roches moutonnées citées p. 282 et 308; on voit en ce point, *d*, plusieurs fragments de cette forme ayant 9 mètres de long, qui sont les uns en place, les autres légèrement écartés de leur position primitive comme s'ils étaient prêts à commencer leur voyage. Ces blocs sont arrondis et usés sur leur face supérieure, mais ils sont restés anguleux à leur partie inférieure dont le relief doit sa forme aux joints naturels de la roche. Si ces blocs avaient été apportés de *d* par des glaciers, ils auraient rayonné à partir de ce point comme centre dans toutes les directions, tandis qu'on n'en trouve aucun, même de la plus petite taille, à l'ouest de A ; il n'aurait pourtant fallu qu'un bien léger effort pour les faire rouler jusqu'au pied de cette chaîne dont la pente à l'ouest est très-rapide. Il est donc clair que la force qui les a déplacés, quelle qu'elle ait pu être, a agi exclusivement dans la direction du sud-est. M. le professeur Hall et

Fig. 51.

Fig. 51. — Roche moutonnée formée d'un bloc erratique de roche chloritée compacte, (*n* de la carte, fig. 50), près de la maison de réunion de Richmond, Berkshire, Massachussetts, lat. 42° 25' N. Longueur, 15 mètres 50 ; largeur, 12 mètres ; hauteur au-dessus du sol, 4 mètres 50.

Fig. 52.

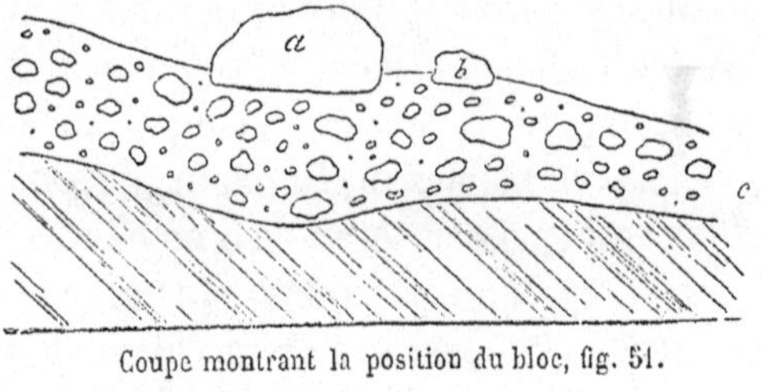

Coupe montrant la position du bloc, fig. 51.

Fig. 52. — *a* Le gros bloc. Fig. 51 et *n* de la carte, fig. 50.
b Un fragment détaché du même.
c Terrain de transport non stratifié avec cailloux.
d Calcaire silurien en stratification inclinée.

moi avons observé un de ces blocs verdâtres, de 7 mètres de long posé en équilibre sur un autre qui avait environ 5 mètres 60. Le plus grand de tous, sur le flanc occidental de *m*, ou du Mont de Dupey, s'appelle l'Alderman : il a environ

27 mètres de diamètre et à peu près 90 de circonférence. Nous comptâmes en certains points, 40 ou 50 blocs visibles à la fois, et dont le plus petit était plus grand qu'un chameau.

Le dessin qui précède représente l'un des plus connus de la traînée n° 6, qui est marqué *n* sur la carte, p. 377. D'après nos mesures, il a 15 mètres 50 de long sur 12 de largeur et il s'élève de 4 mètres 50 au-dessus de la surface du terrain de transport dans lequel il est en partie engagé. A quelques mètres de là, se voit un plus petit bloc, de 1 mètre environ de hauteur, de 6 mètres de long, de 4 mètres de large, composé de la même roche chloritée; ce n'est évidemment qu'un fragment détaché de la grosse masse à la partie inférieure de laquelle ses angles se rapporteraient exactement. Ce bloc *n* a sa surface supérieure régulièrement arrondie, usée et adoucie comme les « roches moutonnées » dont j'ai parlé, mais il n'a subi aucun frottement depuis qu'il a quitté la roche dont il provient, car les angles de sa partie inférieure sont parfaitement vifs et intacts.

Des tranchées de chemin de fer faites au travers du terrain de transport glaciaire, dans le voisinage, et d'autres excavations artificielles, nous permettent de conclure que la position du bloc *n*, dans une coupe verticale, se présenterait comme l'indique la figure 52. Le dépôt *c*, dans cette coupe, se compose de sable, de boue, de gravier, de pierres, pour la plupart sans stratification, et fort semblables au *Till* ou argile caillouteuse de l'Europe. Il varie d'épaisseur et va de 3 mètres à 4 mètres 50 : c'est dans les vallées qu'il atteint sa plus grande puissance. La partie tout à fait supérieure est accidentellement stratifiée, mais cela est rare. Un petit nombre de pierres de ce dépôt sont aplaties, polies, striées et sillonnées sur leurs faces. Ce sont invariablement et exclusivement, comme les sept traînées décrites page 377, des fragments provenant du massif des roches de la région située au N. O. Partout où la surface de la roche sous-jacente a été mise à nu par l'enlèvement des détritus qui la recouvraient, on a vu une surface polie et sillonnée comme celle qui fait le fond d'un glacier, la direction des sillons étant N. O.—S. E., c'est-à-dire correspondant au parcours suivi par les blocs erratiques.

Comme tous les fragments, au lieu de provenir d'un centre de dispersion, ont été transportés dans la même direction, et ont franchi les chaînes de collines A, B, C et les vallées intermédiaires, l'hypothèse de glaciers doit être écartée. Aussi j'imagine que ces blocs erratiques ont été apportés aux emplacements qu'ils occupent par des glaces côtières, quand le pays était submergé par les eaux d'une mer refroidie par des montagnes de glace provenant chaque année des régions polaires.

Fig. 53.

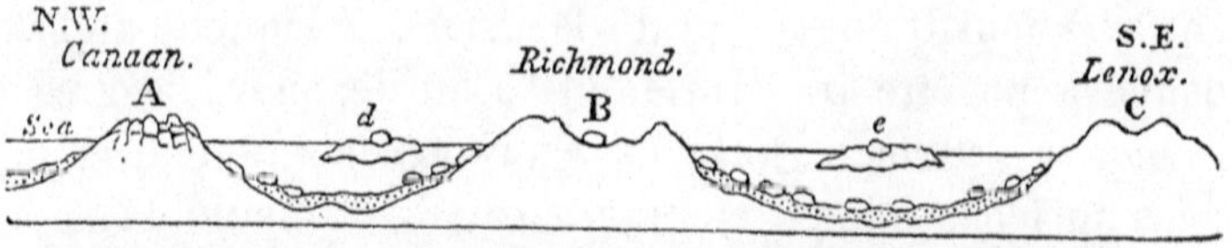

Fig. 53. — *d*, *e*, masses de glace flottantes portant des fragments de roches.

Supposons que les pics les plus élevés des chaînes de collines A, B, C, de la figure ci-jointe, aient seuls été au-dessus des eaux en formant des îles, considérons alors des masses *d*, *e*, de glace flottante qui s'en seraient allées à la dérive à travers les vallées de Canaan et de Richmond, à une époque où elles étaient des bras de mer séparant les îles ou plutôt les chaînes d'îles dirigées du N. N. E. au sud S. S. O. Un morceau de glace tel que *d*, chargé d'un bloc venant d'A, aura pu s'échouer et venir augmenter la masse des blocs déposés à la base N. O. de l'île, (maintenant chaîne de collines), B, ou bien il aura pu passer dans un détroit entre B et l'île suivante du même groupe pour venir continuer à flotter dans le bras de mer entre B et C. A la longue, les points, tels que *e* et *d* de la fig. 50, p. 377, dans la chaîne de Canaan, à force d'être minés par les vagues, auront pu devenir des points de départ des blocs composant les traînées n°s 5 et 6. On peut faire l'objection que les courants dans l'Océan pourraient bien n'avoir pas toujours eu la même direction, cela peut être vrai, mais pendant une courte saison chaque année, au moment de la débâcle des glaces, le courant dominant peut bien avoir toujours eu la direction du S. E.

On peut se demander pourquoi les blocs de chaque traînée ne sont pas plus disséminés, surtout quand ils s'éloignent de leur origine; mais il faut remarquer qu'en débouchant des détroits qui séparaient les îles, ils se trouvaient de nouveau quitter des points de départ d'une étendue très-restreinte; au surplus, il ne faut pas attribuer à ces traînées une régularité exagérée; leur largeur passe du simple au double suivant les endroits, et le n° 6 envoie en *p* un embranchement qui va rejoindre le n° 5; il y a aussi de grands blocs égarés çà et là entre les deux traînées. Quant à la distance à laquelle un bloc donné a pu être transporté, elle a dû dépendre de circonstances très-variées : force du courant, direction du vent, poids du bloc, volume et tirant d'eau du véhicule de glace. Les plus petits fragments auraient en somme été ceux qui auraient le plus de chances d'aller le plus loin; d'abord parce qu'ils étaient les plus nombreux, puis parce qu'étant plus légers, il leur fallait de moindres glaçons pour les porter, ils s'échouaient moins facilement sur les hauts-fonds, et enfin, s'ils s'échouaient, ils étaient plus facilement remis en mouvement. Beaucoup de ces blocs qui, à première vue, paraissaient formés d'une masse unique, se trouvèrent, après examen, composés de deux ou trois morceaux et même plus, divisés par des surfaces de séparation naturelles. Dans le cas où la glace les eût repris, une ou plusieurs portions s'en seraient détachées et auraient été se déposer plus loin. Toutes les fois que cela est arrivé, les dimensions primitives s'en sont trouvées réduites, et le bloc, d'abord usé et arrondi en frottant sur les écueils, a dû reprendre sa forme anguleuse : et cette tendance à se fendre nous explique ainsi comment quelques-uns des blocs les plus éloignés ont conservé des angles si vifs.

Ces diverses considérations servent aussi à rendre compte de ce fait que la grosseur moyenne des blocs des sept traînées, indiquées fig. 50, va sensiblement en s'amoindrissant à mesure que nous nous éloignons des principaux points de départ de chaque espèce de blocs erratiques, sans pourtant que cette diminution affecte une régularité absolue, car de gros blocs se rencontrent parfois aux points où le reste de la traînée ne se compose que de pierres beaucoup plus petites.

Tous les géologues qui connaissent le pays dont nous parlons, s'accordent à reconnaître que la chaîne de montagnes A, B, C, et les vallées adjacentes, avaient pris leur forme et leur position actuelles avant que le terrain de transport et les blocs erratiques s'y fussent accumulés et avant que les surfaces des roches en place fussent polies et sillonnées. Je n'hésite pas à attribuer tous ces phénomènes à l'action des glaces flottantes, car j'ai vu, en 1852, un bloc anguleux de grès, de 2 mètres 50 de diamètre, qui, trois ans seulement auparavant, avait été transporté par la glace, pendant plusieurs kilomètres, à l'embouchure de l'estuaire du Petitcodiac, dans la baie de Fundy, dans la Nouvelle-Écosse. Je me suis de plus assuré que sur les bords de la même baie, à South-Joggins, en 1850, de beaucoup plus gros blocs avaient été déplacés par des glaces côtières, avaient flotté pendant 800 mètres, et étaient allés tomber dans l'eau salée le long d'une jetée construite pour le service des navires qui venaient charger du charbon; si bien qu'il fut nécessaire de faire sauter à la poudre, à marée basse, ces énormes rochers pour permettre aux navires de se ranger le long de la jetée. Ces exemples récents de l'énorme puissance de la glace, comme agent de transport, se sont présentés à la latitude de 46° N., (à peu près celle de Bordeaux), dans une baie que n'atteignent jamais les montagnes de glace.

C'est ici le lieu de remarquer qu'un manteau continu de glace, même d'une épaisseur très-médiocre, s'il s'étend sur un espace ouvert, peut suffire à charrier les plus gros blocs erratiques qui puissent y tomber. La taille de ces fragments ne dépend pas de l'intensité du froid, mais leurs dimensions ne sont que la conséquence de la manière dont sont disposés les plans de séparation de la roche, d'où proviennent les blocs qui tombent de l'escarpement miné par la glace.

Quand j'essayai pour la première fois, en 1830, dans mes *Principes de Géologie* (¹), d'expliquer les causes du refroidissement et du réchauffement des climats qu'avait subis le globe à des époques antérieures, j'invoquai les variations successives d'altitude et de position du sol, et son étendue relativement à la mer dans les régions polaires et équatoriales; j'invoquai aussi l'influence des variations dans les directions des courants océaniques et dans les autres conditions géographiques, variations à l'influence réunie desquelles je pense encore que sont dues les principales révolutions de l'état météorologique de l'atmosphère aux diverses époques géologiques. J'examinai particulièrement l'influence du Gulf stream, qui tempère la rigueur des climats septentrionaux de l'Europe, et dont la direction dépend complétement de particularités temporaires et accidentelles, dans le relief du sol, par exemple, du peu de largeur du détroit de Bahama, particularités qu'une légère modification de la croûte terrestre changerait entièrement.

M. Hopkins, dans un remarquable *Essai sur les causes des anciens changements des climats* (²), a essayé de calculer de combien s'abaisserait la température moyenne annuelle de l'Europe si le Gulf stream venait à prendre une nouvelle direction, et il évalue cette différence à 6 ou 7 degrés Fahrenheit. Il suppose aussi, que si, en même temps, une partie considérable de l'Europe septentrionale et centrale était submergée, de façon qu'un courant froid issu des mers polaires vînt à la balayer, un second refroidissement de trois ou quatre degrés s'ajouterait au premier. Il s'est aussi occupé dans le même Essai des effets qu'éprouverait l'hémisphère oriental si ce même puissant courant d'eau chaude, au lieu de traverser l'Atlantique, venait à prendre la direction du nord à partir

(¹) Première édition, chap. VII; neuvième édition, *ibid.*

(²) Hopkins, *Geological Quarterly Journal*, 1852. vol. VIII, p. 56.

du golfe de Mexico, au travers de la région maintenant occupée par la vallée du Mississipi et celles qui la suivent jusqu'aux latitudes polaires.

Quand on a réfléchi à ce qui a été dit dans le treizième chapitre sur la submersion et l'exhaussement des Iles Britanniques et des parties avoisinantes de l'Europe, sur le soulèvement et l'abaissement des Alpes et des bassins de quelques-uns des grands cours d'eau issus de cette chaîne depuis le commencement de la période glaciaire, on ne songera pas, si on est géologue, à combattre la théorie dont je viens de parler sous prétexte qu'elle exige la conversion en océan d'une trop grande étendue de terre ferme, ou des changements géographiques presque insignifiants pendant les temps post-pliocènes. Mais il se présente une difficulté d'une autre nature. Nous avons vu que, pendant la période glaciaire, le froid en Europe s'étendait beaucoup plus au sud qu'il ne le fait à présent, et, dans ce chapitre, nous avons démontré que, dans l'Amérique du Nord, le froid s'étendait au sud à 10° de latitude de plus qu'en Europe. De sorte que si une grande masse d'eau échauffée, au lieu de se diriger vers le nord-est, avait traversé ce qui forme maintenant l'Amérique centrale jusqu'au cercle polaire, elle n'aurait pas manqué d'adoucir les rigueurs des hivers sous les latitudes où le froid était précisément le plus intense et où il a laissé des témoignages d'une action glaciaire bien plus étendue que celle que nous montre le côté européen de l'Océan.

Dans l'état actuel du globe, les lignes « *isochimènes*, » ou lignes de température hivernale égale, quand on les prolonge à l'est de l'Europe jusqu'à l'Amérique du Nord, s'infléchissent de 10° au sud, puisqu'il y a dans ces régions un excès notable du froid sur celui des latitudes correspondantes à l'ouest de l'Atlantique. Pendant la période glaciaire, en l'envisageant dans son ensemble, nous observons les signes d'une semblable inflexion des lignes isochimènes en les suivant de l'est à l'ouest; de sorte que, si, dans l'espérance d'expliquer les rigueurs anciennes du froid glaciaire en Europe, nous supposons l'absence du Gulf Stream, et si nous imaginons qu'un courant d'égale importance se soit dirigé droit au nord, en partant du golfe du Mexique, nous faisons intervenir, comme je viens de le montrer, une source de chaleur, précisément dans la partie du continent où les traces du refroidissement sont les plus manifestes. Ainsi envisagée, l'hypothèse en question ferait des phénomènes glaciaires décrits dans ce chapitre quelque chose d'aussi compliqué et d'aussi anormal qu'on puisse l'imaginer. Mais ici se dresse une autre question. Est-il certain que les époques auxquelles le froid a atteint son maximum des deux côtés de l'Océan aient réellement été contemporaines?... Nous avons découvert, et nous savons à présent, non-seulement que la période glaciaire eut une énorme durée, mais qu'elle traversa diverses phases et diverses alternatives de température; de sorte qu'il est possible que la production des stries et autres actions glaciaires sur les roches, que le transport des blocs erratiques dans l'Europe et dans le nord de l'Amérique, aient eu lieu à des époques contemporaines, en employant ce mot dans son sens géologique ordinaire, c'est-à-dire alors que les mêmes mollusques testacés et la même réunion de mammifères post-pliocènes prospéraient; mais il n'en résulte pas que les développements extrêmes du froid des deux côtés de l'Océan aient été exactement simultanés; il est fort possible, au contraire, que l'un ait précédé ou suivi l'autre d'un ou de plusieurs milliers de siècles.

Il est probable que les plus grands refroidissements de la Norwége, de la Suède, de l'Écosse, du pays de Galles, des Vosges et des Alpes furent à très-peu près synchroniques; mais, pendant que la Scandinavie et les montagnes de l'Écosse étaient recouvertes d'un manteau de glace continu, analogue à celui qui revêt maintenant le Groënland, il a pu se faire que ce dernier pays ne fût pas dans un état aussi glaciaire qu'à présent: ne trouvons-nous pas que l'ancien encroûtement de glace et les grands glaciers, qui ont laissé leurs traces sur les montagnes de la Suède et de la Norwége, sont maintenant disparus, justement à un moment où l'accumulation de la glace au Groënland est si excessive? En d'autres termes, on voit que dans l'état présent de l'hémisphère septentrional, à la distance d'environ 2400 kilomètres l'une de l'autre, il peut exister deux zones également méridionales, jouissant de conditions de température complétement différentes; nous avons donc toute liberté de supposer à une époque antérieure des alternances de climats rigoureux et doux, d'un côté à l'autre de l'Océan pendant le cours de la période post-pliocène, alternances ayant une influence compensatrice, le froid d'un côté, faisant équilibre au climat plus tempéré de l'autre. En admettant une pareille succession d'événements, il nous est plus facile d'expliquer pourquoi il n'y a pas eu une plus rapide extermination des espèces tant terrestres qu'aquatiques, dans les régions polaires et tempérées, pendant la période glaciaire, et pourquoi tant d'espèces sont communes aux temps préglaciaires et post-glaciaires.

Le nombre de plantes qui sont communes aux zones tempérées, situées au nord et au sud de l'équateur, a été attribué par M. Darwin et le docteur Hooker aux migrations qui se sont produites pendant quelques-unes des phases de l'époque glaciaire, le long de la grande chaîne de montagnes qui court du nord au sud (1). Cette hypothèse nous permet de ne pas avoir recours à la doctrine en vertu de laquelle les mêmes espèces auraient eu une origine indépendante dans deux régions distinctes et séparées; et elle devient de plus en plus admissible si nous acceptons la doctrine de la coexistence et de l'alternance de bandes terrestres à climat chaud et à climat froid, au lieu du règne simultané du froid extrême à la fois dans l'hémisphère oriental et dans l'hémisphère occidental. D'ailleurs les courants d'eau échauffée se dirigent toujours vers les latitudes élevées, tandis que les courants froids tendent toujours vers les régions équatoriales; il semble donc nécessaire qu'il y ait eu une sorte de compensation de cette nature, et que l'accroissement du froid dans une région ait

(1) Darwin, *Origin of species*, chap. xi, p. 365; Hooker, *Flora of Australia*, Introduction, p. xviii.

dû, jusqu'à un certain point, être contre-balancé par l'adoucissement qu'éprouvait ailleurs la température.

Sir John F. Herschell, dans son ouvrage récent sur la « Géographie physique, » parle de la mer ouverte qui doit son existence, dans une partie des régions polaires, à la disparition des glaces qui s'échappent à travers le détroit de Behring, et mentionne le courant d'eau réchauffée qui se dirige vers le nord à travers le même canal; il fait remarquer que ces détroits qui séparent actuellement les continents de l'Asie et de l'Amérique du Nord n'ont que « 50 kilomètres « d'étendue dans leur plus faible largeur, et seulement 457 « mètres dans leur plus grande profondeur. Mais cet étroit ca- « nal, ajoute-t-il, est loin d'être indifférent dans l'économie « de la nature, car il permet à une portion de l'eau, qui « circule en venant des régions plus chaudes, de pénétrer « dans le bassin des mers polaires; c'est grâce à lui, par con- « séquent, non-seulement que l'extrême rigueur du froid « polaire est tempérée, mais, selon toute probabilité, que les « glaces ne s'agglomèrent pas en revêtement continu, qui « se transformerait bientôt en une véritable accumulation « de montagnes (1). »

Le détroit de Behring, dont je viens de parler, présente une singulière analogie de largeur et de profondeur avec le Pas de Calais, dont la profondeur ne diffère que de quelques décimètres; de sorte qu'avec la vitesse du soulèvement qui se produit actuellement en plusieurs parties de la Scandinavie, c'est-à-dire à raison de 62 centimètres par siècle, ce détroit serait fermé dans trois mille ans, et une vaste accumulation de glace commencerait à se produire dans les régions polaires.

Mais, d'autre part, quoique un pareil amas de glaces dût faire sentir son influence refroidissante à bien des kilomètres au sud de cette nouvelle barrière, le courant chaud, qui pénètre maintenant à travers le détroit, et qui se refroidit

(1) *Herschel's Physical Geography*, 1861, p. 41.

aux dépens des glaces flottantes qu'il y rencontre, ce courant, une fois les communications tout à fait interceptées avec la mer glacée, prendrait une température plus élevée, modifierait son parcours, et commencerait immédiatement à améliorer le climat de quelque autre contrée.

Il y a encore une autre cause probable, dont je n'ai pas parlé, de la diminution de chaleur atmosphérique dans l'Europe méridionale durant la période glaciaire; je veux parler de la submersion du grand désert de Sahara sous les eaux d'une mer post-pliocène. C'est de la surface brûlante de cette vaste étendue de sable que souffle maintenant chaque année, pendant plusieurs semaines, le sirocco qui vient fondre la neige des Apennins et limiter les empiétements des glaciers des Alpes. A l'époque immédiatement antérieure à la nôtre, ce vent acquérait une température moins extrême en passant au-dessus d'une mer qui paraît s'être étendue du golfe de Cabès, dans la Méditerranée, jusqu'à ce qui forme maintenant la côte occidentale de l'Afrique sur l'Atlantique au sud de la Barbarie. De nombreuses coquilles fossiles d'espèces vivantes, entre autres le *Cardium edule*, qui se trouvent répandues sur la surface du désert, ou enfouies dans des dépôts superficiels, attestent pleinement la submersion, dans les temps post-pliocènes, de grandes parties de cette surface, dont bien des portions sont encore à présent au-dessous du niveau de la Méditerranée.

Le but et les limites de ce volume ne me permettent pas d'aller plus loin dans cet ordre d'idées et de raisonnements; mais je crois en avoir dit assez pour montrer que les monuments de la période glaciaire, quand on les connaîtra plus à fond, agrandiront le champ de notre science en ce qui touche l'antiquité de la faune et de la flore dont nous sommes les contemporains, et nous permettra de mieux déterminer l'époque à laquelle l'homme, dans l'hémisphère septentrional, commença à faire partie de la faune actuelle.

CHAPITRE XIX.

RÉCAPITULATION DES PREUVES GÉOLOGIQUES DE L'ANCIENNETÉ DE L'HOMME.

Récapitulation des résultats des premiers chapitres. — Ages de pierre et de bronze. — Tourbières et Kjökken-möddings du Danemark. — Habitations lacustres de la Suisse. — Changements locaux dans la végétation, dans les animaux domestiques et sauvages, et dans la géographie physique qui ont coïncidé avec l'âge de bronze et la dernière époque de la pierre. — Évaluation de la date réelle de quelques dépôts de la dernière époque de pierre. — Distinction de l'âge de pierre de Saint-Acheul et de celui d'Aurignac. — Migrations de l'homme du continent en Angleterre pendant cette période post-glaciaire. — Lents développements du progrès dans les âges barbares. — Examen de la doctrine qui attribue une intelligence et des facultés supérieures à l'homme des premiers temps de l'espèce humaine. — Opinions des Grecs et des Romains et leur coïncidence avec celle des partisans modernes de la progression. — Civilisation égyptienne primitive et comparaison de sa date avec celle de la première et de la seconde époque de pierre.

Nous avons parlé, dans les premiers chapitres de cet ouvrage, de ce que les archéologues ont appelé les âges de pierre et de bronze. On a constaté l'existence de ce dernier à une époque antérieure à l'occupation par les Romains de l'Helvétie, de la Gaule et d'autres pays au nord des Alpes. Pendant la période où cet alliage de métaux fut en usage, il semble qu'une civilisation assez uniforme ait régné sur la majeure partie de l'Europe centrale et septentrionale, et la longue durée de cet état de choses dans le Danemark et dans la Suisse nous est prouvée par les perfectionnements graduels que reçurent l'industrie et les arts d'ornement. Ce progrès nous est attesté par la variété croissante des formes, par le fini et le goût plus parfaits dans la décoration des outils et des ustensiles retirés des dépôts les plus modernes de l'âge de bronze, de ceux des lits supérieurs de la tourbe, par exemple, quand on les compare à ceux qui proviennent des couches inférieures. Le grand nombre des habitations lacustres de l'âge de bronze en Suisse, (on a déjà découvert environ soixante-dix villages), la population considérable que certains d'entre eux étaient capables de contenir, et l'épaisseur de la vase accumulée dans certains lacs et dans laquelle étaient enfouis des objets travaillés, nous sont autant de témoignages d'une longue succession de siècles. L'inégale antiquité de ces cantonnements nous est aussi parfois attestée par les différents degrés d'altération qu'ont subis les pieux en bois ou les pilotis ; quelques-uns s'élèvent plus que d'autres au-dessus de la vase, mais tous ceux qui remontent à la première période, à celle de la pierre, sont pourris et détruits jusqu'au-dessous de ce niveau : la seule partie qui en ait résisté à la décomposition est celle qui, dès l'origine, avait été enfoncée dans le fond du lac ([1]).

Parmi les monuments qui nous restent de la période de pierre, celle qui précéda immédiatement celle de bronze, les plus abondants sont les hachettes appelées « haches celtiques, » qui étaient d'un usage fort général en Europe avant l'introduction des ustensiles métalliques. Les tourbières et les monticules de coquilles du Danemark ainsi que les plus anciens cantonnements lacustres de la Suisse nous apprennent que ces premiers habitants étaient chasseurs, et vivaient presque exclusivement de gibier ; mais leur nourriture, dans les siècles suivants, se composa de plus en plus d'animaux domestiques, et, plus tard encore, il se produisit un passage complet à la vie pastorale coïncidant, à mesure que la population s'augmentait, avec la culture de certaines céréales.

Les coquilles comme les quadrupèdes appartenant à la dernière période de la pierre et à l'âge du bronze sont exclusivement d'espèces encore vivantes en Europe ; la faune était la même que celle qui prospérait en Gaule quand Jules César en fit la conquête, puisque le *Bos primigenius* lui-même, le seul

([1]) Troyon, *Habitations lacustres*, Lausanne, 1860.

animal dont le type sauvage soit perdu, est encore représenté, d'après Cuvier, Bell et Rütimeyer, par une des races domestiques de bêtes à cornes existant encore en Europe (voir page 25).

Tous ces monuments, qu'ils soient de pierre ou de bronze, appartiennent donc à ce que j'ai géologiquement défini par le nom de « période récente. » Cette définition pourra paraître à certaines personnes trop exclusivement fondée sur des faits négatifs. On l'accusera de tenir trop de compte de ce qu'on n'a pas jusqu'ici découvert de mammifères éteints, par exemple de mammouth, qui pourraient bien un jour être rencontrés à l'état fossile dans quelques-uns des anciens dépôts de tourbe, comme le fait s'est d'ailleurs déjà présenté, dit-on, sans que j'aie pu jusqu'ici en obtenir des preuves suffisamment authentiques [1]. Sans doute nous rencontrerons des cas exceptionnels de ce genre dans le cours de nos investigations futures, car nous n'avons encore que des notions fort imparfaites sur la faune entière de l'âge de pierre en Danemark. Nous pouvons, en effet, conclure d'une opinion énoncée par Steenstrup que quelques-uns des instruments exhumés des tourbes du Danemark par les antiquaires sont fabriqués en cornes de renne et d'élan ; et jusqu'à présent pourtant on n'a trouvé dans cette même tourbe ni squelette ni os non travaillé de l'une ou de l'autre de ces espèces.

Néanmoins l'examen qu'ont fait les naturalistes des divers dépôts de la période récente en Danemark et en Suisse a été assez minutieux, pour que la trouvaille qu'on y ferait de quelque individu égaré d'éléphant ou de rhinocéros, si jamais elle arrivait, prouvât tout au plus qu'il y en eut quelques individus retardataires au moment où l'espèce était sur le point de s'éteindre, et ces rares exceptions ne démontre-

[1] Le cas le plus vraisemblable que je connaisse est une molaire d'*E. primigenius*, en très-bon état, qui est au musée de Torquay; on croit qu'elle a été arrachée par les vagues à un amas submergé de matière végétale à l'extrémité de la vallée où s'élève l'abbaye de Tor. Voir ci-dessus, p. 372.

raient pas que la classification proposée ne fut pas appropriée.

A l'époque où de nombreux quadrupèdes et oiseaux sauvages commençaient à devenir rares et à disparaître par endroits en Danemark, il se produisait de grands changements dans la végétation. Le pin d'Écosse, enseveli dans la tourbe la plus ancienne, finissait par céder la place au chêne, qui à son tour, après de longs siècles de prospérité, était remplacé par le hêtre; et les périodes auxquelles ces trois arbres forestiers se succédaient comme essence dominante correspondaient presque exactement avec les âges de pierre, de bronze et de fer en Danemark (p. 17). Nous avons vu aussi que dans ce même pays la période de pierre fut témoin de nombreuses variations du relief géographique. Ainsi, dans certaines îles, sur les côtes qui regardent l'Océan, les « amas de débris » ou « Kjökken-möddings » ont été détruits par les vagues à mesure que la mer rongeait ses rivages; de l'autre côté, sur la Baltique, au contraire, où la mer n'empiétait pas ainsi sur les terres, où même la terre faisait parfois des conquêtes sur la mer, ces monticules sont restés intacts. J'ai aussi montré que l'huître, qui servait de nourriture à ces peuplades primitives, atteignait sa taille normale dans des parties de la Baltique où elle ne peut plus vivre à cause du défaut de salure des eaux, et que certaines univalves et bivalves marines, telles que les *Littorina*, *Mytilus* et *Cardium*, dont les monticules contiennent les débris, atteignaient aussi à cette époque leurs dimensions normales, de même que l'huître; maintenant, au contraire, les mêmes espèces continuent bien à habiter la côte de la mer intérieure au voisinage des monticules, mais elles n'y vivent que rabougries, atteignant à peine la moitié de leur taille naturelle, parce que les eaux sont devenues trop douces pour elles à cause du trop grand nombre de rivières qui se jettent dans la Baltique.

Quelques archéologues et géologues de mérite ont essayé d'arriver à des dates précises et d'évaluer exactement l'ancienneté minimum qu'on puisse assigner au dernier âge de pierre. Ces calculs ont été fondés tantôt sur les changements de niveaux de sol, tantôt sur l'accroissement de la tourbe dans les tourbières danoises, tantôt enfin sur la transformation en sol émergé d'une certaine surface d'eau, grâce aux alluvions des cours d'eau depuis l'abandon de certains cantonnements lacustres de la Suisse. On s'est encore appuyé sur la distribution géographique et la prédominance de certaines espèces actuelles d'animaux et de plantes, ainsi que sur les traces du progrès de la civilisation humaine, et on a cherché à s'en servir pour estimer la durée des périodes de pierre et de bronze.

M. Morlot a calculé l'antiquité probable de trois sols végétaux superposés traversés et mis au jour à différentes profondeurs dans le delta de la Tinière, et dont chacun contenait des os humains ou des objets de l'industrie humaine appartenant respectivement à l'époque romaine, à celle du bronze et au dernier âge de pierre. D'après son estimation, on doit attribuer une antiquité d'au moins 7000 ans aux plus anciens de ces débris, et pourtant il les regarde comme étant d'une date bien postérieure au temps où le mammouth et d'autres mammifères éteints prospéraient en même temps que l'homme en Europe (voir p. 26 et suivantes). De pareilles supputations, de pareilles évaluations des temps passés doivent n'être regardées, dans l'état actuel de nos connaissances, que comme des tentatives dont les résultats ont besoin d'être confirmés par le plus grand ensemble possible de preuves; cependant ils me paraissent déjà s'approcher assez de la vérité.

Entre la division la plus récente de l'âge de pierre et la plus ancienne, celle qui a reçu le nom de post-pliocène, il y eut évidemment un énorme intervalle, lacune de l'histoire du passé dans laquelle viendront un jour s'intercaler bien des monuments de date intermédiaire. Nous en avons des exemples dans ces cavernes du sud de la France où M. Lartet a dernièrement trouvé des ossements de renne associés à des objets travaillés d'un style un peu plus parfait que ceux de

Saint-Acheul ou d'Aurignac. Nous avons vu qu'il existe dans la vallée de la Somme une grande épaisseur de tourbe dont les lits supérieurs contiennent des débris romains et celtiques; toute cette formation ne s'est accrue que lentement dans des dépressions ou bassins qui sont particuliers au relief actuel du sol et sont en relation avec les niveaux auxquels il doit le régime de ces eaux; ce dépôt est bien postérieur aux premiers graviers, qui contiennent les ossements du mammouth et un grand nombre d'ustensiles en silex d'un type antique et grossier. Certains de ces graviers se sont accumulés dans les lits de cours d'eau qui coulaient à des niveaux plus élevés d'une trentaine de mètres que les rivières actuelles, et avant que la vallée eût atteint sa forme et sa profondeur d'à présent. Dans ces dépôts d'anciens lits de rivières, on n'a observé le mélange d'aucune de ces armes polies appelées « haches celtiques, » ni d'autres débris des temps plus modernes, c'est-à-dire du second âge de pierre, non plus qu'aucune intercalation de tourbe. Le climat de ces âges post-pliocènes, où l'homme habitait le nord-est de la France et l'Angleterre méridionale et centrale, paraît avoir été beaucoup plus rude en hiver qu'il ne l'est maintenant dans la même saison, mais il était loin d'être aussi froid que dans la période glacière, qui était immédiatement antérieure.

Nous avons tout lieu d'admettre une durée fort considérable pour le temps qu'a dû exiger la disparition ou la destruction du grand nombre d'animaux sauvages qui sont représentés dans les couches post-pliocènes et qui manquent dans la faune récente, car nous savons quelle peine nous avons à notre propre époque, même avec l'aide des armes à feu, à exterminer un quadrupède nuisible, le loup, par exemple, dans un pays où se trouve une grande forêt ou une chaîne de montagnes. Dans bien des villages du nord du Bengale, il arrive encore que le tigre enlève des victimes humaines, et c'est, en grande partie, aux ravages qu'il exerçait qu'on attribue l'abandon qu'ont fait les indigènes, dans ces dernières années, d'une partie des « Sunderbunds » ou delta inférieur du

Gange. Mais il est probable qu'il y eut des causes plus générales et plus puissantes que l'action de l'homme : les modifications du climat, les variations dans la distribution de beaucoup d'espèces de plantes et d'animaux vertébrés ou invertébrés, les changements géographiques de hauteur, de profondeur et d'étendue de la terre et de la mer. Ce sont ces causes qui, combinées ou isolées, ont amené, après une longue série d'années, non-seulement la destruction de beaucoup de grands mammifères, mais la disparition de la *Cyrena fluminalis*, autrefois fréquente dans les rivières de l'Europe, et les différences de distribution ou d'abondance relative des autres coquilles que nous trouvons dans les terrains de transport européens.

Que l'action envahissante de l'homme soit venue en aide aux causes qui détruisirent tant d'espèces post-pliocènes; c'est ce qu'on ne peut guère contester. Pourtant, il y a plutôt lieu de s'étonner qu'avant l'introduction des armes à feu ou seulement l'usage des armes de pierre perfectionnées, les aborigènes aient pu se défendre contre le lion des cavernes, l'hyène et le taureau sauvage, et lutter avec de pareils ennemis, qu'il n'y aurait lieu d'être surpris s'ils n'avaient eu aucune influence sur la rapide extinction de ces animaux.

Il est déjà clair que l'homme fut contemporain, en Europe, de deux espèces d'éléphants, *E. primigenius* et *E. antiquus*, puis de deux autres espèces de rhinocéros, *R. tichorhinus*, et *R. hemitœchus*, d'une espèce au moins d'hippopotame, de l'ours des cavernes, du lion des cavernes, de l'hyène des cavernes, de plusieurs espèces de bœufs, de chevaux et de cerfs, et de beaucoup de petites espèces de carnassiers, de rongeurs et d'insectivores, tous éteints. Pendant que ces animaux arrivaient lentement au moment de leur extinction, le bœuf musqué, le renne, et d'autres espèces septentrionales, qui ont survécu jusqu'à notre époque, abandonnaient les vallées de la Seine et de la Tamise, et se retiraient vers le nord jusque vers les régions arctiques, dans leurs cantonnements d'aujourd'hui.

Les squelettes humains des cavernes de Belgique, remontant aux temps du mammouth et d'autres mammifères éteints, ne présentent dans leur structure, qu'on examine le crâne ou la jambe, aucun trait saillant de dissemblance avec le type actuel de certaines races humaines vivantes. Quant au remarquable squelette de Neanderthal, (chap. v), il est, quant à présent, trop isolé, trop exceptionnel, son âge est trop incertain, pour que nous puissions nous baser, avec quelque confiance, sur ses caractères anormaux qui le rapprochent du singe, et en conclure quelque chose relativement à la question de savoir si, à mesure que nous retrouverons les traces de l'homme en remontant davantage dans le passé, nous le trouverons aussi se rapprochant de plus en plus, au point de vue de sa conformation physique, de ces espèces de quadrumanes anthropoïdes dont la structure a le plus d'affinités avec la sienne.

Les descriptions que j'ai déjà données des modifications géographiques qu'ont subies les Iles Britanniques depuis le commencement de la période glaciaire, (voir les cartes, pages 290, 292 et 293), ont montré qu'il a dû y avoir une libre communication par terre, à l'époque post-pliocène, entre le continent et ces îles, et entre les différentes îles elles-mêmes. Il faut l'admettre pour expliquer les migrations de la faune et de la flore germaniques et leur introduction dans toutes les parties de surface terrestre, ainsi que le retrait et la localisation des plantes et des animaux de la Scandinavie sur les plus hautes montagnes. Durant une partie du temps post-pliocène, les grands pachydernes et les animaux de proie à leur suite, tous éteints à présent, passèrent du continent en Angleterre, et il est extrêmement probable que la France fut réunie à quelque partie des Iles Britanniques jusqu'à l'époque des graviers de Saint-Acheul, et jusqu'aux temps de ces rivières qui s'engouffraient, et qui, dans le bassin de la Meuse, près de Liége, entraînaient dans une multitude de fentes et de cavernes les os de l'homme confondus avec ceux du mammouth et de l'ours des cavernes. Il y eut de vastes évolutions géographiques dans l'ère dont je viens de parler, il y eut de grandes oscillations du sol qui, peut-être à plusieurs reprises, mirent à sec et submergèrent le pas de Calais, dont l'origine fort ancienne nous est pourtant attestée par les blocs erratiques de Pagham et l'ancienne plage de Brigthon. C'est pendant quelqu'une de ces phases que l'homme l'aura franchi, à pied sec, ou dans des canots, ou peut-être encore sur la glace d'une mer gelée, (comme l'a indiqué M. Prestwich), car les hivers de l'époque des graviers supérieurs de la vallée de la Somme durent être d'une extrême rigueur.

Les peuplades primitives qui coexistèrent avec l'éléphant et le rhinocéros dans la vallée de l'Ouse, à Bedford, et qui firent usage d'ustensiles en silex du type de ceux d'Amiens, habitèrent certainement une partie de l'Angleterre qui était déjà sortie des eaux de la mer glaciaire, et les hommes qui façonnèrent les silex de Hoxne, en Suffolk, étaient aussi, nous l'avons vu, post-glaciaires. Nous pouvons donc raisonnablement présumer que les peuplades post-pliocènes, qui ont laissé les témoignages de leur présence dans la vallée de la Tamise, remontent à une antiquité correspondante, et furent postérieures à l'argile caillouteuse, mais antérieures au temps où les cours d'eau de cette contrée adoptèrent leurs lits actuels.

La longue durée qui a séparé les dépôts des deux niveaux de gravier de la Somme, riches tous deux en ustensiles en silex de formes analogues, (quoique la forme ovale prédomine dans les graviers les plus récents), nous force à conclure que l'état des arts, dans ces temps primitifs, est resté stationnaire pendant des périodes presque indéfinies. Il a pu cependant y avoir différents degrés de civilisation et divers progrès dans l'art de façonner les silex, progrès dont il nous est difficile de suivre les traces dans le premier âge de la pierre, et certaines tribus ont pu être considérablement en avance sur leurs contemporaines. Ainsi, par exemple, les chasseurs qui mangeaient le rhinocéros et ensevelissaient leurs morts avec des cérémonies funèbres à Aurignac ont pu être moins barbares que les sauvages de Saint-Acheul ; c'est du moins ce que permettent de penser quelques-unes de leurs armes et quelques-uns de leurs ustensiles. Pour un Européen qui, du point élevé où il se trouve, jette ses regards sur l'humble industrie des aborigènes de tous les temps et de tous les pays, les couteaux et les flèches des Peaux-Rouges de l'Amérique du Nord, les hachettes des indigènes de l'Australie, les outils provenant des habitations lacustres de la Suisse, ou ceux des Kjökken-Möddings et de Saint-Acheul sembleront presque tous être également grossiers et appartenir à un type général tout à fait uniforme. La lenteur du progrès des arts manuels dans la vie sauvage ressort visiblement de ce fait que les premiers instruments de bronze furent modelés exactement sur la forme des outils de pierre de l'âge précédent, quoique de pareilles formes n'eussent à coup sûr jamais été choisies si les métaux avaient été connus dès l'origine. La répugnance ou l'incapacité des tribus sauvages à adopter les nouvelles inventions a été bien mise en évidence dans l'ouest de l'Amérique, puisque les habitants continuent encore aujourd'hui à se servir des mêmes ustensiles de pierre que leurs ancêtres; et pourtant de puissants empires, où l'usage des métaux dans les arts était fort connu, ont prospéré pendant trois mille ans dans leur voisinage.

Nous voyons, à notre propre époque, que la vitesse du progrès dans les arts et dans les sciences est en raison géométrique directe de l'accroissement des connaissances; nous devons donc nous attendre, en jetant nos regards en arrière dans le passé, à trouver la trace d'un ralentissement du progrès augmentant suivant la même loi en raison de l'infériorité de l'état d'avancement de la civilisation. De telle sorte que le progrès d'un millier d'années à une époque reculée peut correspondre à celui d'un siècle dans les temps modernes, et qu'à mesure que nous nous reporterons à des temps plus reculés, nous verrons l'homme ressembler de plus en plus à la brute et partager avec elle cet attribut qui fait qu'une génération imite exactement et en toutes choses celle qui l'a précédée.

Un des sujets d'étonnement des Européens qui voyagent dans l'Ouest est de voir jusqu'à quel point un état de civilisation, pourtant assez avancé, peut s'immobiliser et se stéréotyper pendant des siècles. Un de mes amis m'a raconté que les naturels lui exprimèrent un jour le souhait qu'il pût vivre mille ans. Cette idée, qui le frappa, ne lui parut pas du tout extravagante, car il vit que s'il était destiné à demeurer pour toujours avec eux, il ne devrait guère espérer en dix siècles échanger autant d'idées et assister à autant de progrès qu'il le pouvait faire chez lui en un demi-siècle.

Il est arrivé quelquefois qu'une nation ait été conquise par une autre moins civilisée mais plus belliqueuse, ou que des révolutions politiques et sociales aient amené une rétrogradation dans les connaissances d'un peuple. Dans un cas de cette nature, les traditions des premiers âges ou celles que conservait une caste plus élevée et plus instruite ont pu être détruites : et on en a conclu à la dégénérescence de l'humanité à partir d'un type primitif dont l'intelligence eût été supérieure ou dont la science eût été d'origine surnaturelle. Mais si la souche originelle de l'espèce humaine avait été réellement douée de facultés intellectuelles supérieures, si sa science lui avait été inspirée, et si elle avait possédé une nature perfectible comme sa postérité, l'état d'avancement auquel l'humanité fût parvenue aurait été singulièrement plus élevé. Nous ne pouvons fixer, pour le moment, soit au commencement, soit à la fin de la première période de pierre les limites du temps que l'homme vécut en même temps que les mammifères éteints, mais nous ne pouvons douter qu'il n'ait été leur contemporain pendant une longue durée. Pendant ces âges, il y aurait eu le temps de se produire des progrès dont nous pouvons difficilement nous former une idée, et les caractères les plus différents auraient été imprimés aux objets travaillés que nous cherchons maintenant à interpréter, à ces reliques que nous trouvons tantôt dans les cavernes de Liége, tantôt dans les sablières de Saint-Acheul. Là, comme dans la portion du lit de la Méditerranée soulevée sur les côtes de Sardaigne, au lieu de la plus grossière poterie, au lieu d'ustensiles en silex d'une forme si irrégulière qu'un œil peu exercé puisse hésiter à les attribuer à une main mue par une volonté, nous trouverions maintenant des objets sculptés bien supérieurs aux chefs-d'œuvre de Phidias et de Praxitèle, nous découvririons des chemins de fer et des télégraphes électriques où les meilleurs ingénieurs de nos jours puiseraient d'inestimables renseignements ; nous en verrions sortir des instruments astronomiques et des microscopes d'une construction plus avancée qu'aucun de ceux qu'on connaisse en Europe et une multitude d'autres preuves d'une perfection dans les arts et les sciences dont le dix-neuvième siècle n'a pas encore été le témoin. Ces conquêtes du génie d'invention se trouveraient encore dépassées par celles que nous montreraient les dépôts plus récents maintenant attribués aux âges de bronze et de fer. Ce serait en vain que nous épuiserions notre imagination à deviner les usages possibles et la signification de pareilles reliques : ce seraient peut-être des machines pour la navigation aérienne, pour l'exploration des profondeurs de l'Océan, ou pour le calcul des problèmes arithmétiques, appareils hors de proportion avec les besoins ou même la conception des mathématiciens vivants.

L'opinion généralement adoptée par les écrivains classiques de la Grèce et de Rome était que l'homme, dans la première phase de son existence, était à peine distinct de la brute ; c'est ce qu'exprime Horace dans ces vers célèbres qui commencent par :

Quum prorepserunt primis animalia terris (1).

Cette peinture de la transmutation donnée dans ces vers, quelque sévères et dédaigneuses que soient les critiques que lui aient infligées les commentateurs chrétiens, s'accorde singulièrement avec le courant des idées auxquelles a donné l'essor la doctrine moderne du développement progressif.

(1) *Sat.*, lib. I, 5, 99.

« Quand les animaux, dit-elle, sortirent en rampant du « sein de la terre nouvellement formée, troupeau muet et « immonde, ils commencèrent à combattre pour se disputer « les glands dont ils se nourrissaient et les repaires qui « leur servaient d'abri; ils se servirent d'abord de leurs on- « gles et de leurs poings, puis de bâtons, et enfin d'armes « que l'expérience leur avait appris à fabriquer. Ensuite ils « donnèrent des noms aux choses, et inventèrent des mots « pour rendre leurs pensées; après quoi, ils commencèrent « à n'être plus en guerre constante, ils fortifièrent des cités, « et firent des lois. » Ceux qui, dans ces derniers temps, ont embrassé cette doctrine ne l'ont point fait par déférence pour leurs prédécesseurs païens; ils l'ont, au contraire, adoptée malgré de fortes préventions antérieures en faveur d'une hypothèse opposée, de l'hypothèse de la supériorité des parents primitifs, dont ils auraient dû se regarder comme les descendants dégénérés et abâtardis.

En se laissant guider par la paléontologie, on arrive à ce résultat d'une façon indépendante; mais on est conduit à peu près aux mêmes conclusions que les anciens par des considérations ethnologiques qui nous sont communes avec eux: c'est-à-dire en réfléchissant aux ténèbres dont l'enfance de chaque peuple est enveloppée et en songeant que l'histoire certaine et la chronologie sont pour ainsi dire créées d'hier. Ainsi, la première olympiade est généralement regardée comme la date la plus ancienne sur laquelle on puisse compter dans les annales de l'humanité, et elle ne précède l'ère chrétienne que de 776 ans.

Si nous passons des renseignements historiques aux monuments et aux anciennes inscriptions, nous n'en trouvons aucun qui paraisse pouvoir être attribué à une époque antérieure au quinzième siècle avant Jésus-Christ. Ceux qui subsistent encore à Rome, en Étrurie, en Grèce, en Judée et en Assyrie ne nous reportent pas en arrière, dans l'histoire des temps passés, aussi loin que les temples, les obélisques, les villes, les tombeaux et les pyramides de l'Égypte, qui tous, après les patientes et sagaces études dont ils ont été l'objet pendant des siècles, restent encore d'une date obscure et incertaine. Néanmoins l'étude de l'état avancé de civilisation auquel était arrivée l'humanité dans la vallée du Nil, à une époque que les Grecs, d'il y a deux mille ans regardaient comme perdue dans la nuit des âges, nous permet de nous former une idée du minimum des temps qu'il a fallu à un peuple comme les Égyptiens pour sortir lentement de la barbarie originelle et atteindre, bien avant la première olympiade, à un si haut degré de puissance et de civilisation.

Sir Georges Cornewall Lewis, dans son récent ouvrage (1) sur l'astronomie des anciens, dit qu'en tenant compte de tous les documents relatifs aux monuments et aux grands ouvrages de l'Égypte qui existaient du temps d'Hérodote, on peut arriver à conclure qu'il n'y a aucune preuve suffisante qui force à les placer à une date antérieure à la construction du temple de Salomon, c'est-à-dire à l'an 1012 avant Jésus-Christ. Le même auteur nous rappelle qu'Homère, dans l'*Iliade*, parle de la Thèbes égyptienne « qui a cent portes, « par chacune desquelles sortent deux cents chariots de « combat, » et nous fait remarquer que nous pouvons nous former une idée de la grandeur que le poëte entendait assigner à la Thèbes d'Égypte, par ce seul fait qu'on suppose que la Thèbes de Béotie n'avait que sept portes. On pense qu'Homère florissait environ huit siècles avant l'ère chrétienne. Donc, dès cette époque, la magnificence de Thèbes avaient attiré l'attention des Grecs. Mais, au dire des Égyptologues, il y avait de grandes cités d'une date encore bien plus ancienne que Thèbes; Memphis, par exemple, qui, d'après la comparaison des noms des rois inscrits sur les plus anciens monuments qui subsistent dans chacune des deux villes, remonterait à des temps bien plus reculés. Aristote, dans ses *Météores*, (I, 14), prétend que Memphis est probablement la moins ancienne des deux parce que le sol qui la

(1) *Historical Survey of the Astronomy of the Ancients*. London, 1862, p. 440.

porte est plus près de la Méditerranée et a dû, par conséquent, rester plus tard à l'état inondé et marécageux. Mais cet argument, s'il était fondé, donnerait aux deux cités une antiquité extrêmement reculée, vu les progrès lents que le delta et les alluvions du Nil ont faits dans les derniers deux ou trois mille ans. C'est seulement dans des baies comme celle de Menzaleh que le sol conquis a une certaine étendue, l'accroissement du delta étant constamment entravé par un fort courant de la Méditerranée qui, venant de l'ouest, balaye vers l'est les sédiments entraînés par le fleuve, et empêche la terre ferme de s'étendre aux dépens de la mer. Un léger abaissement du sol peut aussi contribuer pour sa part à arrêter la marche progressive du delta et le desséchement de l'intérieur des terres.

Aristote fait la remarque qu'Homère ne fait pas mention de Memphis, ce qui semble indiquer ou que cette cité n'existait pas au temps du poëte ou qu'elle était bien moins considérable que Thèbes.

Cette observation est juste, sans aucun doute, autant qu'elle s'applique à la splendeur comparative des deux cités, dont l'une fut la métropole de la haute Égypte, et l'autre celle de la basse Égypte. Mais elle n'a aucune portée relativement à la question de l'existence de Memphis, car ce n'est qu'incidemment que Thèbes est citée par Homère comme la plus grande cité qu'il connaisse. Il fait dire à Achille : « Non, quand vous m'offririez les trésors de la Thèbes égyptienne aux cent portes, etc., etc., je ne ferais pas un pas (1), » et l'allusion à Thèbes dans l'*Odyssée* n'est faite également qu'en passant (2). Si un ouvrage comme la *Géographie* de Strabon, composé au temps d'Homère, fût venu jusqu'à nous, et si Thèbes s'y fût trouvée complétement décrite sans qu'il y fût fait mention de Memphis, nous serions alors autorisés à nier l'existence de cette dernière cité à cette époque.

De grandes villes, dit Sir G. C. Lewis, des temples et des

(1) *Iliade*, IX, 381.
(2) *Odyssée*, IV, 127.

pyramides ont pu être créés dans l'espace d'un petit nombre de siècles, quand des souverains despotiques disposaient pendant la paix du travail de grandes armées; nous savons que quelques monarques orientaux, dans les temps historiques, ont été possédés de la manie de construire d'immenses édifices pour satisfaire leurs fantaisies. Mais, en faisant la part de ce qui peut être attribué à la magnificence ou aux caprices accidentels, on ne peut contempler la taille moyenne et le nombre des pyramides actuellement existantes, (plus de quarante tant petites que grandes), pour ne pas parler des monuments et des inscriptions, sans supposer qu'elles aient été l'œuvre d'une longue succession de générations. Bien avant le temps d'Homère, alors que Thèbes avait déjà atteint une si grande importance et une si grande splendeur, une civilisation indigène doit s'être lentement développée avec une forme de culte spéciale, de splendides cérémonies religieuses, l'usage d'embaumer les morts, un style à part d'architecture et de sculpture, des hiéroglyphes, et l'habitude d'endiguer le grand fleuve pour préserver les emplacements des villes et des cités de l'invasion de l'inondation annuelle.

On trouve dans les temples des peintures représentant des batailles et des siéges, des processions où l'on porte des trophées et où l'on conduit des prisonniers en captivité; et s'il est vrai, comme le soutient Sir G. C. Lewis, que durant la période historique les Égyptiens aient été un peuple pacifique et jamais conquérant, les guerres auxquelles ces monuments font allusion seraient si anciennes, qu'il en résulterait pour les Égyptiens une antiquité bien plus reculée que celle qu'ont admise Bunsen et Lepsius.

Néanmoins, géologiquement parlant, et comparativement au premier âge de pierre, ces monuments historiques de la vallée du Nil peuvent être qualifiés d'extrêmement modernes. Partout où des excavations ont été faites dans le limon du Nil au-dessous des fondations des cités égyptiennes, par exemple à 18 mètres plus bas que le péristyle de l'obélisque d'Héliopolis, ainsi que généralement dans la plaine d'alluvion du Nil, les ossements rencontrés appartenaient à des espèces vivantes de quadrupèdes; c'étaient le chameau, le dromadaire, le chien, le bœuf et le porc, mais jamais jusqu'à présent on ne leur a une seule fois trouvé associés un os ou une dent d'une espèce perdue.

Le même fait se présente dans tous les pays que baigne la Méditerranée, en Algérie, en Espagne, dans le sud de la France, en Italie, en Grèce, en Asie Mineure, et généralement dans toutes les îles de la Méditerranée. Partout où l'on a trouvé des ossements de mammifères éteints, d'éléphant, de rhinocéros et d'hippopotame, ce n'est pas dans les deltas modernes des rivières ni dans les plaines d'alluvion submergées par les inondations que ces restes fossiles se présentent, mais bien dans une situation correspondante à celle des anciens graviers de la vallée de la Somme, où l'on rencontre les os du mammouth et le type le plus ancien des instruments en silex.

Par conséquent, si le monarque égyptien Nécho, qui envoya une expédition de circumnavigation autour de l'Afrique, ou quelque autre roi de ses prédécesseurs, avait ordonné à un de ses amiraux de franchir les colonnes d'Hercule, de voguer ensuite vers le nord aussi loin qu'il pourrait pénétrer, et de laisser, avant de se rembarquer pour le retour, un monument commémoratif qui indiquât aux âges suivants l'Ultima Thule de son expédition, le point le plus septentrional qu'il eût atteint, et si nous venions maintenant à découvrir l'obélisque en granite laissé par lui à cette époque sur le plateau de Saint-Acheul, près d'Amiens, les fondations de ce monument occuperaient précisément la même position que les tombes gallo-romaines de la fig. 21, p. 142. Si ces voyageurs avaient creusé assez profondément pour exhumer quelque dent d'éléphant, ils auraient pu voir facilement qu'elles différaient des dents de l'espèce d'Afrique, et qu'il fallait les distinguer, comme beaucoup d'autres os qui les accompagnaient, de ceux des animaux habitant alors la vallée du Nil ou celle de la Somme. Les silex façonnés auraient été, comme à présent, enfouis dans le gravier ancien, et la seule différence géologique entre cette époque et la nôtre aurait consisté dans une moindre épaisseur de la tourbe qui borde la Somme; les lits supérieurs n'auraient pas renfermé, comme de nos jours, des antiquités romaines, et certains lits immédiatement inférieurs où l'on rencontre des haches dites « celtiques » n'auraient point existé; mais, à part cette légère exception, la vallée aurait eu le même aspect que quand les Romains soumirent la Gaule.

CHAPITRE XX.

THÉORIES DE LA PROGRESSION ET DE LA TRANSMUTATION.

Antiquité et persistance des caractères des races humaines actuelles. — Examen de la théorie de l'unité de leur origine. — Portée de la diversité des races au point de vue de la doctrine de la transmutation. — Difficulté de définir les termes de « espèce » et de « race. » — Lamarck introduit l'élément du temps dans la définition de l'espèce. — La théorie de la variation et de la progression. — Valeur des réponses faites aux objections à cette théorie. — Arguments des écrivains modernes en faveur de la progression dans le règne animal et végétal. — Les anciennes démarcations qui servaient à indiquer la première apparition de l'homme et de différentes classes d'animaux se trouvent erronées. — Cependant la théorie d'une série continue et progressive des êtres organisés n'est pas incompatible avec les faits. — Les plus anciens mammifères connus sont d'un degré inférieur. — Point de vertébrés découverts jusqu'à présent dans les plus anciennes roches fossilifères. — Examen des objections à la théorie de la progression. — Causes de la popularité de la doctrine de la progression comparée à celle de la transmutation.

En parlant, dans un précédent ouvrage, des diverses races humaines (1), j'ai fait la remarque que si « toutes les principales variétés de la famille humaine sont issues d'un seul « couple, (doctrine à laquelle on n'a encore fait, que je sache, « aucune objection sérieuse), il a fallu, pour la formation « lente et graduelle de races comme la race caucasique, « mongole ou nègre, un laps de temps bien plus grand que « celui qu'embrasse aucun des systèmes populaires de chro« nologie. »

Comme confirmation de la haute antiquité de deux de ces races, j'ai cité les peintures murales des anciens temples de l'Égypte, dans lesquels, un millier d'années et peut-être plus avant l'ère chrétienne, les physionomies du nègre et de

(1) *Principles of Geology*, 1847, septième édition, p. 637 ; voir aussi neuvième édition, p. 660.

l'homme caucasique étaient reproduites d'une façon aussi fidèle et offraient un contraste aussi frappant que si les images des hommes de ces races avaient été dessinées d'hier. A propos du même sujet, j'insistai sur le peu d'importance des modifications qu'a subies le nègre venu des tropiques et transporté, depuis plus de deux siècles, dans le climat tempéré de la Virginie; j'en concluais que « si les races diverses « descendent toutes d'un seul couple, il nous faut admettre « une vaste série d'âges antérieurs, pendant le cours desquels « l'influence continue des circonstances extérieures donna « naissance, à la longue, à des particularités qui devinrent « plus saillantes durant un grand nombre de générations « successives, et finirent par se fixer par transmission héré- « ditaire. »

Tant que les physiologistes persistèrent à croire que l'homme n'existait pas sur la terre depuis plus de six mille ans, ils purent, et avec raison, se refuser à admettre la théorie de l'unité de l'origine de tant de races distinctes. Mais la difficulté devient de moins en moins grande à mesure que nous développons et élargissons les idées que nous nous faisons du laps de temps pendant lequel différents groupes d'hommes ont pu lentement s'avancer sur le globe, puis s'isoler, et rester ainsi pendant des âges soumis à un genre de vie particulier et à des conditions spéciales de température, d'alimentation et de tranquillité ou d'inquiétude. La loi de la vitesse géométrique d'accroissement de la population, loi qui fait que l'homme est toujours à court de moyens de subsistance, a dû exiger l'émigration, dans différentes directions, de rameaux de la société primordiale, abandonnant la région où ils s'étaient multipliés. Ils arrivèrent ainsi graduellement, par terre ou par eau, dans des contrées éloignées, dispersés quelquefois par des ouragans ou des courants qui entraînaient leurs canots sur des rivages inconnus; mais alors des montagnes, des déserts, des mers, barrières qui n'opposeraient aucun obstacle aux relations mutuelles entre nations civilisées, assuraient pour des dizaines ou des milliers de siècles l'isolement complet de ces tribus et leur immobilité dans l'état de barbarie primitive.

Quelques ethnologistes modernes, d'accord en cela avec les philosophes de l'antiquité, ont admis que tout d'abord les hommes se nourrirent des fruits de la terre avant l'invention des plus grossiers outils de pierre ou de la plus simple forme de canot. Il est probable, dit-on, qu'ils commencèrent par vivre dans quelque île fertile des tropiques, où la tiédeur de l'air rendait les vêtements inutiles, et où nulle bête féroce ne venait troubler leur sécurité. Mais, sitôt que leur nombre s'accrut, ils durent être forcés d'émigrer dans des régions moins sûres et douées d'un climat moins fécond. Bientôt il a dû naître des contestations pour la possession des terres les plus fertiles, où le gibier et les pâturages abondaient, et ils durent mettre en œuvre leur énergie et leurs facultés inventives; c'est ainsi qu'à la longue ils durent faire des progrès dans les arts.

Mais les ethnologistes n'ont pas réussi jusqu'à présent à reconstituer l'histoire d'aucune des races humaines, ni à retrouver la région d'où elle était originaire; aussi quelques zoologistes éminents ont-ils énoncé leur conviction que les différentes races, qu'il y en eût trois, cinq, vingt ou davantage, (point sur lequel la diversité des opinions est illimitée) [1], étaient toutes des créations primordiales, qui avaient dès l'origine été frappées de traits caractéristiques au moral et au physique, traits qui les distinguent encore, en exceptant les cas de races mélangées ou hybrides produites par les alliances. Si nous admettons, disent-ils, l'unité d'origine pour des variétés aussi fortement tranchées que le nègre et l'Européen, différant, comme cela a lieu, de couleur et de constitution physique, appropriées chacune à des climats distincts, et offrant quelques particularités spéciales dans leur structure ostéologique et même dans la conformation de leur crâne et de leur cerveau, aussi bien que dans leurs facultés intellectuelles, (voir p. 95); si, malgré le fait de la fidèle

(1) Voir *Transactions of Ethnological Society*, 1861, vol. I.

transmission de tous ces attributs sans altération pendant des centaines de générations, nous en venons à croire que ces variétés soient l'œuvre du temps et dérivent toutes d'une souche commune, comment pourrons-nous nous opposer aux arguments des partisans de la transmutation, qui prétendent que toutes les espèces de plantes et d'animaux, rattachés entre eux par des liens étroits, sont de même issus de parents communs, bien que, depuis les trois ou quatre derniers mille ans, leurs caractères soient demeurés persistants? Où nous arrêterons-nous, si nous ne défendons pas au moins la création indépendante de ces races humaines, distinctes, dont l'histoire nous est mieux connue que celle d'aucun autre des animaux inférieurs?

Tant que la géologie n'a pas soulevé un coin du voile qui cachait autrefois au naturaliste l'histoire des changements qu'a subis la création animée à une époque immédiatement antérieure à la période récente, il était facile de taxer ces questions d'être trop transcendantes ou de les accuser d'être trop en dehors du domaine de la science positive pour mériter une discussion sérieuse. Mais il n'est plus possible d'interdire à la curiosité d'essayer de découvrir les rapports par lesquels l'état actuel du monde animal et du monde végétal, aussi bien que les diverses races de l'humanité, se rattachent à l'état de la faune et de la flore qui les a immédiatement précédés.

Dès le début de cette étude nous nous heurtons à la difficulté de définir ce que nous entendons par les termes de « espèce » et « race »; et la surprise des gens qui ne sont pas au courant de ces sortes de choses est grande généralement, quand ils découvrent quelle est la divergence et la multiplicité des opinions régnantes au sujet de mots d'un usage si courant. Mais, en vérité, nous ne pouvons arriver à aucun accord sur ces définitions tant que nous n'aurons pas d'abord familiarisé nos esprits avec quelques-uns des plus importants problèmes que l'intelligence humaine ait jamais tenté de résoudre.

Il y a maintenant trente ans que, dans la première édition de nos *Principes de Géologie*, (vol. II, 1832), j'ai donné une analyse des idées émises à ce sujet par Lamarck au commencement de ce siècle. Depuis cette époque, le nombre des plantes et des animaux connus s'est considérablement augmenté; on en a étudié la physiologie et la distribution géographique et, qui plus est encore, on en a examiné et décrit les espèces fossiles; les progrès accomplis par la botanique et la zoologie sont même si étendus, que ces nouvelles additions faites à nos connaissances dépassent probablement tout l'ensemble de la science antérieure. Ce que Lamarck avait prédit est arrivé : plus les formes nouvelles se sont multipliées, moins nous avons été capables de préciser ce que nous entendions par une variété et par une espèce. En réalité, les zoologistes et les botanistes sont non-seulement plus embarrassés que jamais pour définir l'*espèce*, mais même pour déterminer si elle existe réellement dans la nature ou si elle n'est pas une simple abstraction de l'intelligence humaine; les uns prétendent qu'elle est constante dans de certaines limites étroites et infranchissables de variabilité, les autres la veulent susceptible de modifications indéfinies et illimitées.

Avant d'essayer de faire comprendre le grand pas qu'ont fait récemment M. Darwin et ses collaborateurs dans ce champ de recherches, je crois utile de récapituler ici quelques-uns des traits principaux du système de Lamarck, sans tenter de préciser les titres que peuvent avoir certains de ses contemporains, (Ét. Geoffroy Saint-Hilaire en particulier), à partager l'honneur de quelques-unes de ses idées originales.

Depuis le temps de Linné jusqu'au commencement du siècle présent, on croyait avoir suffisamment défini l'espèce en disant que, « une espèce se compose d'individus tous semblables les uns aux autres et reproduisant par génération des êtres semblables à eux. » Mais Lamarck, après avoir d'abord étudié la botanique avec succès, dirigea ensuite ses études sur la conchyliologie, et se convainquit bientôt que dans les couches les plus nouvelles de l'écorce terrestre, dans les couches tertiaires, il y avait une multitude d'espèces fossiles de coquilles, quelques-unes identiques à des espèces vivantes, d'autres qui n'en étaient que des variétés et qui, à ce titre, devaient porter les mêmes noms, d'après les règles ordinaires de la classification. Il remarqua aussi que d'autres coquilles étaient si étroitement alliées à des formes vivantes, qu'il était difficile de ne pas soupçonner qu'il y eût entre elles un lien commun de parenté. En conséquence, il proposa de faire entrer l'élément du temps dans la définition de l'espèce, et de la formuler ainsi : « Une espèce se compose d'individus semblables les uns aux autres, et reproduisant par génération des êtres semblables à eux, *tant que les conditions dans lesquelles ils vivent ne subissent pas de changements suffisants pour faire varier leurs habitudes, leurs caractères et leurs formes.* » Il arriva enfin à cette conclusion : qu'aucun des animaux ni des plantes actuellement existants n'était de création primordiale, mais qu'ils étaient tous dérivés de formes préexistantes : qu'après avoir, pendant une série indéfinie d'âges, reproduit des êtres semblables à eux, ils avaient à la fin subi des variations graduelles sous l'influence des altérations du climat et du monde animal, et qu'ils s'étaient accommodés de ces nouvelles circonstances : mais que quelques-uns d'entre eux, dans la suite des temps, s'étaient tellement écartés du type primitif, qu'ils avaient maintenant droit à être regardés comme des espèces nouvelles.

A l'appui de cette manière de voir, il invoqua le contraste des plantes sauvages et cultivées, des animaux sauvages et domestiques, rappelant combien leur couleur, leur forme, leur structure, leurs caractères physiologiques et même leurs instincts, se modifiaient graduellement dans de nouveaux sols, sous de nouveaux climats, en présence d'ennemis nouveaux, et sous l'influence d'une nourriture et d'un mode de subsistance différents.

Il eut soin de faire remarquer que les particularités acquises récemment peuvent se transmettre pendant une suite indéfinie de générations, qu'elles aient été produites naturellement ou artificiellement; soit qu'une espèce arrivée à la limite de son habitat géographique entre en lutte avec de nouveaux antagonistes, et se trouve soumise à d'autres conditions physiques, soit que, grâce au croisement ou à la culture, on perpétue par sélection des variétés de formes ou de dispositions différentes.

Lamarck ne soutint pas que les espèces avaient été constamment soumises à des changements en passant d'une période géologique à une autre, mais aussi qu'il y avait eu un progrès constant du monde organique depuis les premiers temps jusqu'aux derniers, depuis les êtres les plus simples jusqu'à ceux d'une structure de plus en plus complexe, depuis les instincts les plus inférieurs jusqu'aux plus élevés, et, enfin, depuis l'intelligence de la brute jusqu'aux facultés et à la raison de l'homme. Le perfectionnement des êtres avait été lent et continu, et la race humaine elle-même s'était à la fin dégagée du groupe des mammifères inférieurs dont l'organisation était la plus élevée.

Afin d'expliquer comment, après une série indéfinie d'âges, il y avait encore une si grande abondance d'animaux et de plantes des types inférieurs, il imagina des germes ou êtres vivants rudimentaires, qu'il appela des « monades », et qui se formaient constamment dans le monde, et il admit autant de sortes de monades que de divisions de premier ordre dans le règne animal et dans le règne végétal. Cette dernière hypothèse ne paraît pas différer essentiellement de la vieille doctrine de la génération spontanée; elle est tout à fait en désaccord avec toutes les expériences ou observations modernes, et par conséquent ne nous est d'aucun aide dans nos études sur l'origine des phénomènes vitaux sur la terre.

Quelques-unes des lois qui régissent l'apparition des nouvelles variétés furent clairement exposées par Lamarck. Il remarqua, par exemple, que, de même que les muscles du bras deviennent plus forts par l'exercice et s'affaiblissent faute d'usage, il est certains organes qui peuvent s'atrophier avec le temps, tandis que d'autres, d'abord peu importants, acquièrent de la force et jouent un rôle nouveau ou prédominant dans l'organisation de l'espèce. Il en est encore de même des instincts; et quand des animaux sont en butte à de nouveaux dangers, ils deviennent plus rusés et plus prudents et transmettent ces facultés acquises à leur postérité. Mais, non encore satisfait de ces conceptions légitimes, le philosophe français imagina que par des actes répétés de la volonté les animaux pouvaient acquérir de nouveaux organes et de nouveaux attributs, et que, dans les plantes qui n'ont pas d'action propre, certains fluides subtils, certaines forces organisatrices pouvaient opérer des transformations analogues.

Après avoir parlé de ces causes purement imaginaires, je montrai, en 1832, les deux points tout à fait défectueux dans l'essai de Lamarck pour expliquer l'origine des espèces. D'abord, il n'avait pu citer un seul exemple de la création d'aucun organe dans aucune espèce animale ou végétale. En second lieu, la variation, soit qu'elle fût due au cours naturel de choses, soit qu'elle ne fût produite qu'artificiellement, grâce aux croisements ou à la culture, n'avait jamais été jusqu'à donner deux races de constitutions physiologiques assez différentes pour être stériles quand on les mariait ou pour ne produire, dans le cas de fécondité, que des hybrides eux-mêmes inféconds (1).

A cette objection Lamarck aurait sans doute répondu qu'on n'avait pas encore eu assez de temps pour produire des variations de cette importance. En effet, quand Cuvier et quelques autres de ses contemporains objectèrent le fait des plantes et des animaux embaumés trouvés dans les tombeaux égyptiens, et qui, malgré leur âge de quelque trois mille ans, n'avaient pas éprouvé la plus légère modification de leurs caractères spécifiques pendant cette longue période, Lamarck répliqua que le sol et le climat de la vallée du Nil n'avaient point varié dans cet intervalle, et qu'il n'y avait, par conséquent aucune

(1) *Principles of Geology*, première édition, vol II, ch. II.

raison de penser qu'on pût découvrir aucun changement dans la faune ou dans la flore. « Mais si, dit-il ensuite, la la géographie physique, la température et les autres conditions de la vie avaient été aussi altérées en Égypte, que cela est arrivé en d'autres pays, comme nous l'apprend la géologie, quelques-uns de ces mêmes animaux et de ces mêmes plantes auraient tellement dévié de leur type primitif, que nous nous croirions autorisés à leur attribuer le rang d'espèces nouvelles et distinctes. »

Quoique j'aie cité cette réponse de Lamarck dans mon compte rendu de sa théorie ([1]), je n'en appréciai pas alors assez complétement le trait principal, c'est-à-dire la profonde conviction que les changements géologiques se sont produits d'une façon lente, et que trente ou quarante siècles ne sont rien dans l'histoire d'une espèce, conviction acquise et énoncée à une époque où les géologues les plus capables avaient les vues les plus étroites au sujet de l'étendue des temps passés, et où les grandes révolutions de la croûte terrestre et de ses habitants étaient généralement attribuées à des catastrophes soudaines et violentes.

Tout en combattant en 1832 la doctrine de Lamarck sur la transmutation d'une espèce en une autre, j'adoptai sa croyance, que l'ensemble des modifications qui s'opèrent actuellement dans le monde organique donnerait, lorsqu'il serait bien compris, la clef et l'explication de toutes les vicissitudes de la création vivante dans les âges passés. Je m'élevai contre la doctrine alors si populaire de la destruction soudaine d'énormes quantités d'espèces, et de l'irruption brusque dans le monde de nouvelles multitudes de plantes et d'animaux.

J'essayai d'esquisser, (et ce fut, je crois, le premier essai systématique d'un pareil travail), j'essayai d'esquisser les lois qui régissent l'extinction des espèces, dans le but de montrer que les variations lentes mais incessantes qui se produisent à présent dans la géographie physique, et les migrations des

([1]) *Principles of Geology*, 1832 p 587

plantes et des animaux dans de nouvelles contrées doivent, dans le cours des âges, amener parfois la perte de certaines d'entre elles, et doivent même éventuellement être cause de la disparition d'une faune et d'une flore entières; je voulais aussi faire voir que nous pouvons conclure des données géologiques que les places ainsi vacantes de temps en temps, sont immédiatement remplies par de nouvelles formes appropriées aux nouvelles conditions, quelquefois par suite d'immigrations des pays voisins, quelquefois par de nouvelles créations. Au nombre des nombreuses causes d'extinction que j'ai énumérées se trouvaient l'influence des espèces ennemies, la diminution de la nourriture, les modifications du climat, la conversion de la terre en mer, ou de la mer en terre, etc. Je combattis fortement l'hypothèse de Brocchi, qui veut que l'énergie vitale de chaque espèce décroisse (1), et je maintins qu'on avait toute raison de croire que la puissance de reproduction des derniers représentants survivants d'une espèce fût aussi active que celle de leurs prédécesseurs et qu'ils fussent aussi capables, dans des circonstances favorables, de repeupler la terre de leur espèce. La manière dont certaines espèces se font rares à présent ou périssent l'une après l'autre me parut être en faveur de la doctrine de la fixité de leurs caractères spécifiques, comme montrant un défaut d'aptitude à se plier aux variations, défaut qui entraînait forcément leur destruction toutes les fois qu'il se produisait des changements contraires à leur bien-être, et qu'il ne leur était pas accordé pour cette transformation un temps qu'on pût concevoir comme suffisant pour leur adaptation aux nouvelles circonstances et leur conversion en ce que des naturalistes appelleraient de nouvelles espèces (2).

Mais, tout en rejetant la transmutation, je n'étais pas moins opposé à la théorie populaire de la diminution d'intensité de

(1) *Principles of Geology*, première édition, vol. II, chap. VIII; et neuvième édition, p. 668.

(2) Lois de l'extinction, *Principles of Geology*, première édition, 1832, vol. ,II chap. V à XI inclusiv.; et neuvième édition, 1853, chap. XXXVII à XLII inclusiv.

la puissance créatrice, ou de sa suspension depuis l'entrée de l'homme sur la scène. Qu'une force rénovatrice qui avait été en pleine activité pendant des millions d'années dût cesser d'agir alors que les causes destructrices agissaient encore avec toute leur intensité : cela me paraissait au plus haut degré improbable. Le seul point qui me parût douteux était de savoir si cette force n'était pas intermittente au lieu d'être, comme le supposait Lamarck, en opération incessante. La naissance de nouvelles espèces, comme la mort de tant d'autres, ne serait-elle pas un fait soudain? N'aurait-il pas pu jusqu'à présent échapper à notre observation? Si l'arrivée d'une nouvelle espèce et la perte d'une autre qui a vécu pendant des âges se produisait chaque année, et si nous admettons qu'il y ait un million d'animaux et de plantes vivant sur le globe, il faudrait, disais-je, un million d'années pour opérer une révolution complète de la faune et de la flore. Je m'imaginai qu'en pareil cas, bien que la première apparition d'une nouvelle forme pût être aussi brusque que la disparition d'une autre, il était pourtant fort possible que les naturalistes n'eussent jamais été témoins de l'entrée en scène d'un végétal ou d'un animal grand et remarquable, et quant aux petites espèces, on peut admettre que beaucoup d'entre elles ont passé inaperçues et se sont répandues graduellement sur de larges surfaces comme des espèces qui auraient émigré dans de nouvelles contrées.

Il est peut-être utile d'offrir maintenant au lecteur quelques remarques sur l'accueil très-différent qui fut fait aux deux branches jumelles de la théorie du développement de Lamarck, à la progression et à la transmutation, et de rechercher les causes de la popularité de l'une et de l'impopularité de l'autre. Nous apprécions généralement la valeur d'une hypothèse scientifique par le nombre et la variété des phénomènes dont elle offre une bonne ou plausible explication. Si la transmutation, ainsi évaluée, a un avantage décidé sur la progression, et si pourtant elle est encore relativement discréditée, on peut, avec de grandes présomptions, soupçonner que l'accueil en est retardé non pas tant à cause de ses imperfections propres qu'à cause de certaines conséquences qu'on suppose qu'elle contient, et qu'on appréhende parce qu'elles viennent à l'encontre de nos opinions préconçues.

Théorie de la progression.

En traitant de cette question, je commencerai par la doctrine de la progression, dont un exposé concis, en ce qui regarde le règne animal, a été donné, il y a douze ans, par M. le professeur Sedgwick dans la préface de son discours sur les études de l'université de Cambridge.

« Nous trouvons, dit-il, dans les anciens dépôts de la croûte « terrestre, la trace d'une progression dans l'organisation des « formes vivantes successives. On peut remarquer, par exem- « ple, l'absence des mammifères dans les groupes les plus « anciens, et leurs rares apparitions dans les groupes secon- « daires plus récents; des animaux à sang chaud, (pour la « plupart de genres inconnus), sont assez répandus dans les « plus anciennes couches tertiaires, et ils abondent, (fréquem- « ment avec des formes génériques connues), dans les par- « ties supérieures de la même série; enfin l'apparition de « l'homme à la surface de la terre est un fait récent.

« Ce développement historique, continue le même auteur, « des formes et des fonctions de la vie organique pendant « des périodes successives, paraît être l'indice d'une évolu- « tion graduelle de la puissance créatrice, se manifestant par « une tendance progressive vers le type le plus élevé de l'or- « ganisation animale. Mais cette élévation des faunes des pé- « riodes successives ne s'est point faite par transmutation, « mais par des additions à la création. C'est en enregistrant « ces additions que nous pouvons avoir un aperçu des vrais « progrès historiques de la nature, et apprendre qu'il fut un « temps où les Céphalopodes étaient le type le plus élevé de « la race animale, les Primats de ce monde; qu'ensuite les « Poissons eurent la préséance; plus tard les Reptiles; et que,

« durant la période secondaire, ces derniers étaient, au point « de vue anatomique, bien supérieurs à aucune des formes « vivantes de la même classe. Les Mammifères furent ajoutés « les derniers, et la nature enfin devint ce qu'elle est à pré- « sent par l'addition de l'Homme (1). »

Pendant le demi-siècle qui vient de s'écouler entre le temps de Lamarck et la publication du résumé ci-dessus, de nouvelles découvertes ont amené les géologues à attribuer à l'homme, aux plus anciens mammifères, aux reptiles et aux poissons une plus grande antiquité qu'on ne le faisait auparavant. Néanmoins, la généralisation présentée par M. Segdwick reste vraie au sujet de la progression dans tous ses traits essentiels.

La théorie de la progression fut exposée dans les termes suivants par feu Hugh Miller dans ses « *Footprints of the Creator* » (Empreintes des pas du Créateur).

« C'est un fait bien extraordinaire en lui-même, et sans « invoquer d'autres considérations, que l'ordre adopté par « Cuvier dans son *Règne animal*, comme celui dans lequel « les quatre grandes classes de vertébrés viennent se placer « naturellement d'après leurs rapports mutuels et leur rang, « soit aussi celui dans lequel elles se présentaient dans l'ordre « chronologique. Le cerveau dont le volume relativement à « celui de la moelle épinière n'est pas dans un rapport moyen « de plus de deux à un est celui du poisson : il a paru le pre- « mier; celui qui présente le rapport moyen de deux et demi « à un lui a succédé : c'est celui du reptile; vint ensuite le « rapport de trois à un, qu'offrent le cerveau et la moelle « épinière de l'oiseau; le rapport moyen de quatre à un, que « nous offre le mammifère; et enfin, le dernier de tous, parut « sur la scène un cerveau dont le rapport moyen à la moelle « épinière est de vingt-trois à un : c'est celui de l'homme, « de l'homme qui raisonne et qui calcule (1). »

(1) *Professor Sedgwick's Discourse on the Studies of the University of Cambridge*. Préface de la cinquième édition, 1850, p. XLIV, CLIV, CCXVI.

(2) *Footprints of the Creator*, Edinburgh, 1849, p. 283.

M. Agassiz, dans son *Essai de classification*, a consacré un chapitre au parallélisme entre la succession géologique des animaux et des plantes et leur situation actuelle ; il y a exprimé, d'une façon tranchée, son opinion que dans les limites des ordres de chaque grande classe il y a coïncidence entre leur rang relatif dans l'organisation et l'ordre de succession de leurs représentants dans l'échelle des temps ([1]).

M. le professeur Owen, dans sa *Paléontologie*, a énoncé des vues analogues, et a fait remarquer, en ce qui touche les vertébrés, qu'on a des preuves positives et non pas seulement des preuves négatives pour appuyer la doctrine du progrès dans l'échelle des êtres à partir des périodes géologiques anciennes jusqu'aux temps modernes. Ainsi, par exemple, on observe dans les couches triasiques, oolithiques et crétacées, non-seulement l'absence des mammifères placentaires, mais la présence de reptiles innombrables, quelques-uns de grande taille, aquatiques ou terrestres, herbivores ou carnassiers, et destinés à accomplir les fonctions dévolues maintenant aux mammifères.

Feu M. le professeur Bronn, de Heidelberg, après avoir passé en revue plus de 24000 animaux et plantes fossiles, qu'il avait classés et rapportés chacun à leur position géologique, arrive à conclure, dans son *Index Palæontologicus*, que, dans le cours des âges, il s'est introduit sur la terre des types de la vie animale et végétale d'une organisation de plus en plus élevée ; les espèces modernes étant en somme les plus spécialisées, c'est-à-dire ayant des organes séparés ou des parties distinctes de leur corps, pour accomplir les différentes fonctions qui, dans les temps primitifs et dans les êtres d'une structure plus simple, étaient confiées en commun à une seule partie, à un seul organe.

M. Adolphe Brongniart, dans un Essai publié, en 1849, sur la classification botanique et la distribution géologique des

([1]) *Contributions to Natural History of United States*, Ire partie. — *Essay on Classification*, p. 108.

genres de plantes fossiles [1], arrive à des résultats semblables, relativement au progrès du monde végétal depuis les temps primitifs jusqu'à notre époque. Il ne prétend pas tracer une série historique exacte depuis l'algue jusqu'à la fougère, ou depuis la fougère jusqu'aux conifères et aux cycadées, et enfin depuis ces familles jusqu'aux palmiers et aux chênes. Mais néanmoins il signale la prédominance des cryptogames, surtout des acrogènes, parmi les fossiles des formations primaires, particulièrement de la formation carbonifère, tandis que les gymnospermes ou les conifères et cycadées abondent dans toutes les couches depuis le trias jusqu'au wealdien exclusivement. Enfin, les angiospermes les plus développées, monocotylédones et dicotylédones, ne deviennent abondantes que dans la période tertiaire. C'est un fait bien remarquable, et qu'il note avec raison, que toutes les angiospermes exogènes, qui comprennent les quatre cinquièmes des plantes vivantes, groupe auquel appartiennent tous nos arbres indigènes européens, excepté les conifères, et qui embrasse les Composées, les Légumineuses, les Ombellifères, les Crucifères, les Bruyères et tant d'autres familles, que ce groupe soit sans aucun représentant parmi tous les fossiles découverts jusqu'ici, dans les formations primaires et secondaires, depuis le Silurien jusqu'à l'Oolithe inclusivement. Ce n'est que quand nous arrivons à la période crétacée qu'on voit ces plantes commencer à paraître, rares d'abord, et ne commençant à prendre un rôle important qu'avec les palmiers et autres endogènes dans l'époque tertiaire.

En parlant de la promptitude avec laquelle la doctrine de la progression fut adoptée depuis la fin du dernier siècle jusqu'au moment où, en 1830, j'essayai de donner un exposé des théories dominantes en géologie, je fis remarquer qu'on avait généralement accordé beaucoup trop de confiance et

[1] *Tableau des Genres de Végétaux fossiles*, etc., *Dictionnaire universel d'histoire naturelle* de d'Orbigny. Paris, 1849.

d'importance aux dates des premières apparitions de certains ordres ou classes d'animaux ou de plantes, attendu que ces dates n'étaient déterminées que par l'âge de la couche, dans laquelle le hasard avait fait concentrer les plus anciens débris des types de cette nature. A cette époque (1830), il était regardé comme admis que l'homme n'avait pas coexisté avec les mammouths et d'autres mammifères éteints ; pourtant, maintenant que nous avons retrouvé les traces de son existence dans la période post-pliocène, et que nous pouvons prévoir quelque jour où nous trouverons ses restes jusque dans l'époque pliocène, la théorie de la progression n'en est pas ébranlée; nous ne pouvons, en effet, nous attendre à rencontrer les ossements humains dans les formations miocènes, où toutes les espèces et presque tous les genres de mammifères appartiennent à des types complétement différents de ceux qui vivent à présent; et si quelque autre être raisonnable, qui eût représenté l'homme, avait prospéré à cette époque, il eût été difficile qu'il ne fût pas parvenu à notre connaissance quelque trace de son existence, sous forme d'instruments de pierre ou de métal, plus fréquents et plus durable que les restes osseux de n'importe quel mammifère.

Au commencement de ce siècle, il était passé en article de foi, dans la géologie populaire, que les premiers quadrupèdes à sang chaud qui eussent habité cette planète étaient ceux qu'on trouvait dans le gypse éocène de Montmartre, dans les environs de Paris, animaux que Cuvier avait démontré appartenir, presque tous, à des genres éteints. Ce dogme continua à être en vigueur pendant plus d'un quart de siècle, en dépit de la découverte, faite en 1818, d'un quadrupède marsupial dans les schistes de Stonesfield, qui font partie de l'oolithe inférieure près d'Oxford. Les uns contestèrent l'autorité de Cuvier lui-même et les caractères mammifères du fossile, d'autres l'exactitude de ceux qui lui avaient attribué une place aussi ancienne dans la série chronologique des roches. Je fis voir, en 1832, que la rencontre de ce seul fossile isolé dans l'oolithe était « fatale à la théorie du développement successif, » tel qu'on l'enseignait alors [1]. Depuis cette époque, nous avons considérablement accru nos connaissances, relativement à l'existence de quadrupèdes terrestres dans les temps anciens. On a reconnu que dans les couches éocènes antérieures au gypse de Paris, il n'a pas prospéré moins de quatre groupes distincts de mammifères placentaires. Ce sont d'abord ceux de la série de Headon, dans l'île de Wight, dont on a obtenu quatorze espèces; secondement, ceux des couches antérieures de Bagshot et de Bracklesham, qui, avec l'étage du calcaire grossier de Paris, qui leur est contemporain, ont fourni vingt espèces; troisièmement, les couches encore plus anciennes de Kyson, près d'Ipswich, et ceux de la baie de Herne, à l'embouchure de la Tamise, dans lesquelles on a trouvé sept espèces; quatrièmement, l'argile plastique ou la formation à lignite, qui a offert dix espèces [2].

Il n'est guère possible de douter que nous eussions déjà retrouvé les traces incontestables de cette classe de fossiles dans les étages bien plus anciens, si nos recherches n'avaient pas été entravées d'abord par le vaste hiatus qui sépare les formations tertiaires des formations secondaires, et ensuite par la nature marine des roches crétacées.

Les premiers mammifères que nous connaissions, en suivant l'ordre d'ancienneté, sont ceux de l'oolithe supérieure de Purbeck, découverts de 1854 à 1857, et ne comprenant pas moins de quatorze espèces qu'on peut rapporter à huit ou neuf genres; l'un deux, le *Plagiaulax*, est regardé par le docteur Falconer comme étant un marsupial herbivore. Il paraît résulter des observations réunies de MM. Owen et Falconer que cet ensemble d'animaux correspond à un type inférieur de quadrupèdes, probablement au type marsupial. Ils sont, pour la plupart, de très-petite taille, car les deux plus grands ne dépassent guère notre hérisson commun et notre putois.

[1] *Principles of Geology*, deuxième édition, I, 173.
[2] *Supplément* à la cinquième édition des *Éléments de Géologie*, 1857.

Viennent ensuite, en remontant la série, les mammifères de l'oolithe inférieure de Stonesfield, dont on connaît quatre espèces très-petites aussi, et probablement marsupiales, à une seule exception près, le *Stereognathus Oolithicus*, qui, d'après les conjectures de M. Owen, aurait pu être un quadrupède ongulé et placentaire; mais on n'en a qu'une demi-mâchoire inférieure avec ses dents, et les molaires ne ressemblent à aucun type vivant, de sorte que cette opinion n'a été hasardée que sous toute réserve.

En remontant encore dans la série des temps, nous arrivons aux quadrupèdes fossiles de petite taille trouvés dans le trias supérieur de Stuttgart, en Allemagne, et à ceux que M. C. Moore a tout dernièrement retirés des couches d'âge correspondant, près de Bristol. Ils sont aussi d'un type inférieur, analogue au *Myrmecobius* vivant d'Australie. Au delà de cette limite, la classe la plus élevée des vertébrés n'a pas jusqu'à présent été reconnue, mais les nombreux sauts en arrière des anciennes limites qu'on a tour à tour regardées comme indiquant la date de la première apparition des quadrupèdes à sang chaud sur la terre doit nous servir d'avertissement, et nous empêcher de considérer le résultat atteint à présent par la paléontologie comme une barrière que ceux qui viendront après nous ne soient pas destinés à franchir.

D'autre part, on peut dire en faveur de la progression, qu'après toutes ces découvertes, la doctrine n'a point sa base détruite, car les marsupiaux qui sont le plus bas dans l'échelle précèdent les mammifères placentaires plus élevés dans l'ordre de leur apparition sur le globe.

Si les trois localités où les mammifères les plus anciens ont été trouvés, Purbeck, Stonesfield et Stuttgart, appartenaient toutes à des formations de même âge, nous aurions bien pu nous imaginer qu'une surface aussi limitée eût été exclusivement peuplée de mammifères marsupiaux, exactement comme cela a eu lieu en Australie, tandis que d'autres parties du globe auraient été habitées par des placentaires. L'Australie ne fournit-elle pas cent soixante espèces de marsupiaux, tandis que le reste des continents et des îles est habité par sept cents espèces environ de mammifères, dont quarante-six seulement sont des marsupiaux, les opossums des deux Amériques? Mais la grande différence d'âge des couches de ces trois localités, semble indiquer la prédominance de mammifères d'un type inférieur pendant un vaste laps de temps, depuis l'époque du trias inférieur jusqu'à celui des couches de Purbeck. Cette persistance de types génériques et ordinaux semblables en Europe pendant que les espèces changeaient et pendant que les poissons, les reptiles et les mollusques subissaient de si grandes modifications, est faite pour nous faire présumer fortement que les formes marsupiales avaient pris aussi un développement considérable sur la surface du globe pendant la partie de l'époque secondaire qu'on a appelée l'âge des reptiles.

Quant à la classe des reptiles, quelques-uns des types qui prédominaient au moment de la formation des roches secondaires montraient, il faut l'avouer, une organisation bien supérieure à celle d'aucun des représentants actuels des ordres de cette classe. Si les ophidiens les moins parfaits, les Couleuvres, qui abondent maintenant sur la terre, avaient dans ces anciens temps occupé le premier rang par leur nombre parmi les reptiles terrestres, et si les *Dinosaurus* avaient été contemporains de l'homme, il n'est pas douteux que les progressionistes ne se fussent appesantis avec une satisfaction marquée sur ce fait qui serait venu confirmer leur manière de voir. Mais puisque l'ordre de succession est précisément interverti, puisque l'âge de l'*Iguanodon* fut bien antérieur à celui du *Palæophis* éocène et du Boa vivant, et puisque le Crocodile est à notre époque le représentant le plus élevé de cette classe, il faut bien admettre un mouvement rétrograde dans cette importante division des vertébrés. Il s'expliquerait peut-être par la prépondérance acquise par les mammifères placentaires quand ils devinrent prédominants, prépondérance dont la classe des vertébrés qui leur est immédiatement inférieure, et qui à ce titre est plus directement en lutte d'influence avec eux, dut plus que toute autre subir les conséquences.

Pendant plus de trente-quatre ans ce fut un axiome reçu en paléontologie qu'il n'avait pas existé de reptiles avant la période Permienne, avant le Calcaire Magnésien ; mais à la fin, en 1844, cette barrière préconçue fut renversée, et des reptiles carbonifères, terrestres et aquatiques de plusieurs genres, virent le jour. On discute même encore en ce moment la question de savoir si certains restes d'un *Enaliosaurus*, (c'était peut-être un grand *Labyrinthodon*), n'ont pas été découverts dans le terrain houiller de la Nouvelle-Écosse, et si certains grès des environs d'Elgin en Écosse, contenant des os de lacertiens, de crocodiliens et rhynchosauriens, ne devraient pas se rapporter au Vieux Grès Rouge, c'est-à-dire au groupe dévonien. Néanmoins, aucun vestige de cette classe n'a encore été découvert dans des roches aussi anciennes que celles dans lesquelles on a trouvé les premiers poissons.

Les représentants fossiles les plus anciens de la classe des poissons n'étaient guère supposés avant 1838, être antérieurs au terrain houiller; mais on en a retrouvé depuis jusque dans le terrain dévonien d'abord, puis jusque dans les couches siluriennes supérieures. Cependant aucun être de cette classe non plus qu'aucun autre vertébré n'a encore été découvert dans les couches siluriennes inférieures, si riches en fossiles invertébrés, ni dans la zone primordiale de M. de Barrande encore plus ancienne; nous sommes donc à peu près autorisés à conclure, mais sous toutes réserves, que le type vertébré était extrêmement rare, sinon complétement absent aux époques souvent appelées « primitives, » mais qui, si la théorie du développement était vraie, seraient probablement les dernières d'une longue série d'âges antérieurs pendant lesquels prospérèrent de nombreux êtres vivants.

Quant aux mollusques qui nous offrent la série la plus continue de « médailles » géologiques, les plus élevés de cette classe, les céphalopodes, abondèrent dans les premiers temps siluriens et comprirent plusieurs centaines d'espèces d'univalves cloisonnés. S'il avait existé à l'encontre de la théorie progressive des idées préconçues, on lui aurait probablement objecté que lorsque ces céphalopodes abondaient, lorsque les gastéropodes à siphon faisaient défaut, c'était un ordre plus élevé de mollusques carnassiers auquel revenaient les fonctions attribuées plus tard à un ordre inférieur dans les mers secondaires, tertiaires et post-tertiaires. Mais je n'ai vu nulle part que cette idée ait été émise pour combattre la doctrine du progrès, quoiqu'on ait attribué une grande importance dans ce sens, à ce fait que les brachiopodes siluriens, êtres inférieurs, remplirent autrefois les fonctions des lamellibranches bivalves actuels qui leur sont supérieurs.

On a dit avec raison que les *Ammonites*, les *Orthoceras* et les *Nautilus* de ces roches anciennes, étaient du groupe tétrabranche, et qu'aucun d'eux n'avait une organisation aussi élevée que la bélemnite et les autres céphalopodes dibranches qui ne parurent que plus tard, et dont quelques-uns vivent dans nos mers actuelles. Nous en pouvons conclure que les formes les plus simples des céphalopodes furent antérieures aux plus complexes. Mais si l'on adopte cette manière de voir, il ne faut pas oublier qu'il y a des céphalopodes vivants, tels que les octopodes, qui sont dépourvus de toute partie dure externe ou interne, et qui ne sauraient laisser après eux aucune trace fossile de leur existence. Il faut donc que nous fassions ici une hypothèse un peu arbitraire, c'est qu'à cette époque reculée il n'existait point de dibranches de cette nature, afin de nous prévaloir de cet argument en faveur de la progression. Mais d'autre part, on sait que dans la « zone primordiale » de M. de Barrande, on n'a pas encore découvert même de tétrabranches à coquilles.

Si nous passons aux plantes, la généralisation précitée de M. Adolphe Brongniart est probablement exacte; néanmoins, il y a chez les avocats de la théorie de la progression une tendance à exagérer les conséquences que l'on a le droit de tirer des faits connus et à les forcer, pour soutenir leur dogme favori au delà des limites que l'évidence justifie. Le docteur

Hooker fait remarquer, dans l'introduction de son récent *Essai sur la flore de l'Australie* [1], qu'il est impossible d'établir un parallèle entre la succession chronologique des formes végétales, et la série en groupes de plus en plus élevés, qu'établit la méthode naturelle de classification, d'après la complexité de leur structure ou la spécialisation de leurs organes. Il ajoute aussi que les plus anciennes cryptogames, ne sont pas seulement les plus élevées qui existent maintenant, mais qu'elles ont aussi des organes de végétation plus profondément distincts qu'aucune de celles dont l'apparition a été postérieure; il dit encore que l'embryon dicotylédone et le bois exogène parfait dont le tissu ligneux est le plus complétement spécialisé, (celui des conifères de texture glanduleuse), parurent sur le globe avant l'embryon monocotylédone et les bois endogènes; or, ces faits sont opposés à la doctrine de la progression, et ne sauraient être négligés qu'en admettant que ce ne sont que des arguments incomplets et qu'ils se rapportent à un temps bien plus éloigné de l'origine de la végétation que de l'époque actuelle [2].

Ce serait un travail facile que de multiplier les objections à la théorie dont nous nous occupons, mais je m'en défendrai, car je la regarde non-seulement comme utile, mais bien plutôt, dans l'état actuel de la science, comme une hypothèse indispensable, et qui, toute destinée qu'elle soit à subir plus tard de nombreuses et grandes modifications, ne pourra jamais être absolument détruite.

Il paraîtra sans doute paradoxal que les écrivains qui sont les plus fermes soutiens de la transmutation, (M. C. Darwin et le docteur J. Hooker, par exemple), soient néanmoins au nombre des plus prudents, on pourrait dire des plus timides, quand il s'agit pour eux d'adopter la doctrine de la progression; tandis que, d'autre part, les plus zélés champions de la progression font le plus souvent une opposition très-vio-

(1) London, 1859.
(2) *Flora of Australia, Introductory Essay*, London, 1859, p. XXI, publié à part.

lente à la transmutation. Nous aurions pu nous attendre à des tendances contraires de part et d'autre, car, que prétend la théorie de la progression? Elle suppose que le type des vertébrés s'est, dans le cours des âges, graduellement élevé depuis le poisson qui en est la forme la plus simple jusqu'aux mammifères placentaires, et jusqu'à l'arrivée au dernier échelon de la série des temps, des mammifères les plus anthropoïdes, et enfin de la race humaine. Ce dernier paraît donc, dans cette hypothèse, être une partie intégrante de la même série continue d'actes de développement, un anneau de la même chaîne, le couronnement de l'œuvre, de même qu'il rentre dans la même et unique série des manifestations de la puissance créatrice. Si le danger, qu'appréhende la transmutation, venait de la connexion trop intime qu'elle tend à établir, entre l'homme et la nature purement animale, on aurait pu s'attendre à voir les développements progressifs de l'organisation, de l'instinct et de l'intelligence rester impopulaires, comme ouvrant la voie à la réception de la doctrine la moins bien accueillie. Mais la vraie explication de cette apparente anomalie est que nul ne peut croire à la transmutation, qui n'est profondément convaincu que tout ce que nous savons en paléontologie n'est rien en comparaison de ce que nous avons encore à apprendre, et que ceux qui regardent nos renseignements comme si décousus, et notre science de ces fragments tels quels comme si rudimentaire, sont naturellement portés à être singulièrement surpris de la confiance qu'ont les progressionnistes dans des données qui ne peuvent qu'être extrêmement défectueuses. Mais de même que nous avons vu combien on avait exagéré le nombre et l'exactitude de nos renseignements et de nos connaissances, de même et au même degré, nous voyons des progressionnistes n'avoir point conscience du but vers lequel ils sont entraînés. Leur confiance dans l'état complet des documents qui composent nos annales naturelles leur fait regarder toutes les interruptions dans la série de l'existence organique, ou dans la succession des roches fossilifères, comme des preuves de lacunes et de sauts originaux dans le cours des événements naturels. Ce sont pour eux des signes de l'action intermittente de la force créatrice, ou de catastrophes qui auraient dévasté la surface habitable; ils ne doutent pas qu'il n'y ait un plan d'ensemble continu, mais ils croient qu'il n'existe que dans l'esprit de la Divinité et n'ont en conséquence aucune appréhension qu'on puisse découvrir des faits qui pourraient impliquer une connexion matérielle entre les organismes qui s'éteignent et l'arrivée de ceux qui les remplacent.

CHAPITRE XXI.

DE L'ORIGINE DES ESPÈCES PAR VARIATIONS ET SÉLECTION NATURELLE.

Théorie de M. Darwin sur l'origine des espèces par sélection naturelle. — Mémoire de M. Wallace. — Comment les races favorisées triomphent dans la lutte d'où dépend leur existence. — Création de nouvelles races par les croisements. — Hypothèses également arbitraires de la faculté définie ou indéfinie de modifications. — Rivalité et extinction des races. — La progression n'accompagne pas nécessairement la variation. — Classes distinctes de phénomènes auxquelles la sélection naturelle sert d'explication. — Unité de type, organes élémentaires, distribution géographique, rapport des espèces éteintes à la Faune et à la Flore actuelles, relations mutuelles des groupes successifs des formes fossiles — Lumière jetée sur l'embryogénie par la sélection naturelle. — Pourquoi les genres nombreux ont des espèces plus variables que les autres. — Le docteur Hooker trouve dans le règne végétal des preuves en faveur de la création par variations. — Steenstrup sur les générations alternantes. — Combien la doctrine de la création indépendante est opposée aux lois qui gouvernent actuellement les migrations des espèces.

Pendant bien des années après l'apparition de la doctrine de Lamarck sur le développement progressif, les géologues furent fort occupés de la question de savoir si les changements antérieurs du monde animé et du monde inanimé étaient le produit de convulsions soudaines ou de l'action graduelle et continue de causes de même nature et de même ordre que celles qui agissent encore maintenant.

L'auteur anonyme des *Vestiges de la Création* publia, en 1844, un traité écrit dans un style clair et attrayant, et qui familiarisa le public anglais avec les idées principales de Lamarck sur la transmutation et la progression; mais il n'énonça aucun fait nouveau, n'apporta aucun système original d'argumentation, à l'appui de ses vues, pour combattre les principales objections qu'on leur faisait dans le monde scientifique.

Il ne fut fait aucun pas marqué dans cette direction jusqu'à la publication, en 1858, de deux notes, l'une de M. Darwin, l'autre de M. Wallace, qui furent suivies, en 1859, du célèbre ouvrage de M. Darwin sur l'*Origine des espèces par la voie de la sélection naturelle* (1), ou « La conservation des races favorisées dans la lutte d'où dépend leur existence. » L'auteur de ce traité était depuis vingt ans fortement enclin à croire, que la variation et les lois ordinaires de la reproduction étaient au nombre des causes secondaires toujours employées par l'auteur de la nature pour introduire de temps en temps de nouvelles espèces dans le monde; il s'était dévoué patiemment à recueillir des faits et à faire des expériences en zoologie et en botanique avec le dessein de prouver combien la théorie de la transmutation était fondée. Une partie du manuscrit de son ouvrage projeté fut communiquée au docteur Hooker dès 1844, et quelques-uns des principaux résultats m'en furent communiqués dans différentes occasions. Le docteur Hooker et moi pressâmes, à plusieurs reprises, l'auteur de le publier sans délai, mais en vain, attendu qu'il ne voulait pas interrompre le cours de ses investigations. Enfin, M. Alfred Wallace, qui s'occupait depuis plusieurs années à recueillir et à étudier les animaux de l'archipel indien oriental, conçut, indépendamment et de son côté, l'une des théories les plus nouvelles et les plus importantes de M. Darwin. Il en fit le sujet d'un essai « Sur la tendance des variétés à s'éloigner indéfiniment du type originel. » Il le rédigea à Ternate, en février 1858, et l'envoya à M. Darwin, en le priant de me le montrer, s'il le trouvait suffisamment nouveau et intéressant. Le docteur Hooker et moi jugèrent qu'il fallait immédiatement l'imprimer, et nous réussîmes à persuader à M. Darwin de faire paraître en même temps l'un des chapitres de son manuscrit de l'*Origine des espèces*, chapitre ayant pour titre : « De la tendance des espèces à former des « variétés, et de la perpétuation naturelle des espèces et « des variétés par la sélection (2). »

(1) Traduit en français par mademoiselle Royer.
(2) Voir *Proceedings of Linnæan Society*, 1858.

En parcourant ces mémoires, on verra que les deux écrivains commencent par faire au monde animal et au monde végétal l'application de la théorie de Malthus sur la population, c'est-à-dire qu'ils admettent sa tendance à croître suivant une progression géométrique, tandis que les sources d'alimentation ne s'augmentent, et encore dans certaines localités, que suivant une progression arithmétique. Il en résulte qu'il n'y a ni place ni moyens de subsistance pour une grande proportion des plantes et des animaux qui viennent au monde, et qu'un grand nombre doit périr chaque année. Aussi les individus qui représentent chaque espèce n'assurent-ils leur existence qu'au prix d'une lutte continuelle, et la grande majorité ne peut jamais arriver à l'âge adulte; et je ne compte pas la multitude d'œufs et de graines qui n'éclosent jamais ou ne parviennent pas même à germer. Pour les oiseaux, on estime que le nombre de ceux qui périssent chaque année est égal au nombre moyen total et permanent de ceux qui représentent l'espèce.

La lutte, qui doit décider quels seront ceux qui survivront et ceux qui succomberont, a lieu dans la saison où les moyens de subsistance sont le plus restreints, où les ennemis sont le plus nombreux, où les individus sont affaiblis par le climat et par d'autres causes; c'est alors que les variétés qui ont un avantage, fût-il des plus légers, sur les autres, demeurent victorieuses, et ne doivent souvent leur salut qu'à des différences qui paraîtraient futiles à un observateur d'occasion; ce seront, par exemple, une couleur plus ou moins foncée, qui les rend moins visibles aux espèces dont elles sont la proie; d'autres fois, des qualités plus manifestement avantageuses, un instinct plus rusé, un vol plus puissant, des pieds plus rapides. Ces qualités et facultés particulières, tant physiques qu'instinctives, peuvent leur permettre de survivre à leurs rivales moins favorisées, et, en les transmettant par héritage à leurs rejetons, elles constitueront de nouvelles races, ou ce que M. Darwin appelle « des commencements d'espèces. » Si une variété, qui sous tous les autres rapports est au niveau de ses compétiteurs, se trouve être plus prolifique, elle aura plus de chances de voir quelques-uns de ses rejetons au nombre de ceux qui auront échappé à la destruction, et ses descendants, s'ils sont féconds au même degré, continueront à se multiplier aux dépens de toutes les autres variétés moins prolifiques.

Les éleveurs d'animaux domestiques, quand ils choisissent certaines variétés de préférence à d'autres pour des croisements, appellent leur méthode, en terme technique, une méthode de sélection; de même, M. Darwin, pour désigner l'action combinée des causes naturelles qui font que certaines variétés d'animaux ou de plantes sauvages l'emportent sur d'autres de la même espèce, l'appelle la « sélection naturelle. » Les éleveurs savent qu'on peut, au bout de quelques générations, faire une nouvelle race de bétail, à courtes cornes ou sans cornes, en choisissant comme animaux reproducteurs ceux dont les cornes sont le moins développées; ainsi, dit-on, fait la nature; elle altère, dans le cours des âges, les conditions de la vie, les traits géographiques d'un pays, son climat, l'association de plantes et d'animaux, par conséquent, la nourriture et les ennemis d'une espèce et son mode d'existence, et par ces moyens, elle choisit certaines variétés mieux adaptées au nouvel ordre de choses. C'est ainsi que de nouvelles races peuvent souvent supplanter le type originel dont elles descendent, bien que ce type ait pu s'être perpétué, sans modification, pendant une série illimitée d'âges antérieurs dans la même contrée, tant qu'il s'est trouvé en harmonie avec les conditions physiques du milieu environnant.

Lamarck, en cherchant l'origine du long cou de la girafe, s'imagina que ce quadrupède s'était étendu pour atteindre les rameaux d'arbres élevés, jusqu'à ce qu'à la suite d'efforts continus, et à force de chercher à arriver de plus en plus haut, il eut acquis un cou allongé. M. Darwin et M. Wallace supposent simplement que, pendant une saison de disette, une variété à long cou eut l'avantage sous ce rapport sur le reste de l'espèce, lui survécut grâce à ce qu'elle put brouter le feuillage hors de la portée des autres, et transmit à ses successeurs cette particularité de conformation.

Grâce à la multiplication de modifications légères pendant le cours de milliers de générations, grâce à la transmission par héritage des particularités nouvellement acquises, on suppose qu'il se produit une divergence de plus en plus grande du type primitif, jusqu'à ce qu'il en résulte ce que l'on peut appeler une nouvelle espèce, ou, si le laps de temps a été plus long, un nouveau genre.

Tous les naturalistes admettent qu'il y a chez les plantes comme chez les animaux une tendance générale à la variation; mais on regarde généralement comme admis, quoique nous n'ayons aucun moyen de vérifier cette présomption, qu'il y a certaines limites que chaque espèce ne saurait franchir dans aucune circonstance ni au bout d'un nombre quelconque de générations. M. Darwin et M. Wallace disent que l'hypothèse opposée, qui attribue à l'espèce une faculté indéfinie de variation à partir de son type originel, est tout aussi arbitraire, et doit, à bien meilleur titre, être préférée, car elle rend compte d'une foule de phénomènes que la théorie ordinaire est incapable d'expliquer.

Dussions-nous, disent-ils, trouver une espèce variable, mais qu'on ne puisse plus faire varier davantage dans une certaine direction, nous n'aurions pas le droit d'admettre qu'elle eût atteint les dernières limites de la divergence qu'elle put subir à partir de son type primitif sous l'influence de conditions plus favorables ou d'un temps plus prolongé.

Les croisements ne sont pas aux yeux de M. Darwin une source de nouvelles espèces, mais plutôt une cause qui tend à restreindre la variation dans de certaines limites. Des variétés qui sont très-voisines des autres, se croisent facilement entre elles et avec la souche originelle, et elles tendent ainsi à conserver à l'espèce son vrai type; mais, si des formes, qui ont entre elles des relations plus éloignées, peuvent, à la rigueur, se marier entre elles, les métis, qui en naîtront, ne seront plus capables de perpétuer leur race.

La lutte des races et des espèces, fait encore remarquer M. Darwin, est toujours plus acharnée entre celles qui se touchent de plus près et jouent par conséquent à peu près le même rôle dans l'économie de la nature. Aussi, quand les conditions primitives de l'existence s'altèrent, la souche originelle court-elle de grands risques d'être remplacée par l'un de ses rameaux modifiés. Il est fort possible que la nouvelle race ou la nouvelle espèce ne soit pas absolument supérieure à ses parents primitifs par la somme de ses facultés physiques et de ses qualités, et même qu'elle soit d'une structure plus simple et d'une intelligence ou d'une organisation moins développée, il suffit qu'au bout du compte elle se trouve avoir un léger avantage sur ses concurrents. La progression n'est donc pas l'accompagnement nécessaire de la variation et de la sélection naturelle, seulement quand une nouvelle espèce, qui se trouve avoir une organisation supérieure, réunit en même temps les meilleures conditions possibles pour s'adapter aux nouvelles conditions, elle aura d'autant plus de facilités et d'autant plus de chances d'étendre sa domination et de la maintenir d'une façon permanente. C'est un des principaux titres qu'on puisse invoquer pour faire accepter la théorie de M. Darwin, c'est qu'elle nous permet de nous dispenser de la loi de la progression comme accompagnement nécessaire de la variation. Elle rend compte également bien de ce que l'on appelle la dégradation, c'est-à-dire d'un mouvement rétrograde vers une structure plus simple, et n'a que faire de la création continue des monades de Lamarck. Cette partie du système de ce philosophe lui avait été nécessaire afin d'expliquer comment, après l'œuvre incessante du pouvoir progressif pendant des myriades de siècles, il pouvait encore exister autant d'êtres de l'organisation la plus simple.

M. Darwin prétend, et il soutient brillamment cette idée, que toute vraie classification en zoologie et en botanique est au fond une classification généalogique et, que cette communauté d'origine, et ce parallélisme de descendance est le lien caché que les naturalistes ont cherché sans en avoir conscience alors qu'ils s'imaginaient souvent qu'ils étaient à la recherche d'un plan inconnu de création.

L'*Origine des espèces* n'est en elle-même qu'un extrait d'un beaucoup plus grand ouvrage non encore publié; il m'est donc difficile d'en donner une analyse plus restreinte que ne l'est l'ouvrage original, néanmoins il pourra être utile que j'énumère brièvement quelques-unes des principales classes de phénomènes sur lesquelles la sélection naturelle jetterait quelque lumière.

Tout d'abord elle rendrait compte, dit M. Darwin, de l'unité de type que l'on retrouve dans tout le monde organique; elle expliquerait pourquoi l'on voit quelquefois dans une même classe d'êtres une conformité de la structure fondamentale qui est tout à fait indépendante de leurs habitudes de vie; cela tient à ce que cette structure, qui vient par héritage d'un ancêtre éloigné, s'est modifiée dans le cours des âges de différentes manières suivant les conditions d'existence. Elle expliquerait aussi comment il se fait que tous les êtres vivants et éteints sont unis par un réseau complexe de lignes rayonnantes et circulaires d'affinités et font partie d'un même grand système (1); de plus, comment, après l'extinction continue d'anciennes races et d'anciennes espèces, états transitoires de cette progression, et après la formation d'autres nouveaux types, dans certains genres qui sont largement représentés, c'est-à-dire qui ont un grand nombre d'espèces, les relations de ces formes entre elles sont intimes mais fort inégales; pourquoi enfin les espèces d'animaux et de plantes sont localisées dans des provinces géographiques distinctes, car la présence prolongée de barrières physiques qui ont isolé les faunes et les flores, les a laissé varier d'une façon continue et s'éloigner à la fois et du type originel et des formes nouvelles qu'affectaient d'autres descendants provenant de la même souche.

(1) *Origin of Species*, etc., p. 498.

La théorie de la modification indéfinie expliquerait encore pourquoi les organes rudimentaires sont d'un si grand usage en matière de classification parce qu'ils sont les représentants conservés par hérédité d'organes dont les espèces actuelles se sont autrefois servi. C'est le cas, par exemple, des yeux rudimentaires des insectes et des reptiles qui habitent des cavernes obscures, ou des ailes des oiseaux et des coléoptères qui n'ont plus la faculté de voler. En pareil cas les affinités de l'espèce sont souvent plus nettement discernées en ne s'occupant que de ces organes imparfaits qu'en se fondant sur l'examen d'autres appareils qui ont pour les individus une importance physiologique bien supérieure.

Cette même hypothèse expliquerait pourquoi, dans les îles éloignées des continents, il n'y a d'autres mammifères que des cheiroptères qui peuvent y arriver en volant; pourquoi aussi les oiseaux, les insectes, les plantes et les autres habitants de ces îles, même alors qu'ils sont d'espèces différentes de celles du continent le plus voisin, sont généralement de genres identiques aux premiers, dès qu'on admet que la souche de ces espèces est venue par migration des terres les plus voisines.

La variation et la sélection naturelle donnent aussi la clef d'une multitude de faits géologiques complétement inexplicables autrement; par exemple, des rapports généraux et intimes qu'il y a entre les plantes et les animaux vivants de chaque grande division du globe et ceux de la faune et de la flore éteintes post-tertiaires et tertiaires de la même région; ainsi, dans l'Amérique du Nord, nous trouvons non-seulement parmi les mollusques vivants des formes particulières étrangères à l'Europe, le *Gnathodon* et le *Fulgur*, (sous-genre de *Fusus*), mais nous rencontrons aussi les espèces éteintes des mêmes genres dans la faune tertiaire de la même partie du monde. De même, nous ne trouvons en fait de mammifères vivants, en Australie, que les Kanguroos et les Wombats, et les espèces fossiles éteintes de ce pays, appartiennent aux mêmes genres. De même encore, c'est dans l'Amérique du

Sud que se trouvent, à l'état récent et fossile, les Paresseux, les Tatous et autres édentés, tandis que c'est dans le grand continent asiatique européen qu'on trouve les Éléphants, les Rhinocéros, les Tigres et les Ours. La théorie de l'origine des nouvelles espèces par variation expliquera ainsi pourquoi une espèce éteinte ne reparaît jamais, et pourquoi la faune et la flore fossile s'éloignent de plus en plus du type vivant à mesure que nous les suivons en remontant à des époques plus éloignées. Elle servirait aussi à rendre compte de ce fait, que, quand nous venons à intercaler un nouvel ensemble de couches fossilifères entre deux groupes déjà connus, les fossiles nouvellement découverts servent à remplir des lacunes entre les types spécifiques ou génériques qui nous étaient familiers. Ils nous fournissent ainsi, souvent, des anneaux qui manquaient à cette chaîne qui, si l'on admet la transmutation, a dû être continue.

Une des conceptions les plus originales de l'ouvrage de M. Darwin est tirée de ce fait, que présente la reproduction des animaux, c'est qu'on observe fréquemment qu'à quelqu'âge qu'une variation apparaisse chez les parents, elle tend à reparaître à l'âge correspondant chez les rejetons. Aussi les jeunes individus de deux races, issues d'une même souche, sont-ils généralement plus semblables les uns aux autres que des individus adultes; par exemple : les petits du lévrier et du bouledogue ont des proportions beaucoup moins dissemblables avant qu'après leur croissance; la même chose s'observe sur les poulains des chevaux de trait et des chevaux de course. La même raison doit nous faire comprendre pourquoi les espèces du même genre, ou les genres de la même famille, se ressemblent plus entre eux à leur état embryonnaire qu'au moment de leur entier développement, et comment il se fait qu'aux yeux de bien des naturalistes, la structure de l'embryon soit même plus importante, au point de vue de la classification, que celle de l'adulte, « car l'em- « bryon est l'animal à son état le moins modifié, et révélant « le mieux l'organisation des parents qui l'ont produit. Si

« donc deux groupes d'animaux qui diffèrent beaucoup l'un « de l'autre, quant à présent, d'habitudes et d'organisation, « si ces deux groupes passent par des phases embryonnaires « identiques ou analogues, nous pouvons tenir pour certain « qu'ils sont tous deux descendus des mêmes parents ou de « parents presque identiques, et qu'ils ont, par conséquent, « sous ce rapport, des liens étroits de rapprochement. La « communauté de structure embryonnaire révèle donc la « communauté de filiation, quelles que soient les modifica- « tions que la structure de l'adulte ait pu avoir subies [1]. »

Ainsi, s'il y a eu un système de développement progressif, nous pouvons espérer que les changements successifs par lesquels passe à présent un embryon d'une classe élevée, d'un mammifère, par exemple, nous présentent une image des phases que, dans le cours des âges, cette classe d'animaux a successivement traversées en avançant dans l'échelle des êtres. On sait, en effet, que les états embryonnaires successifs de l'être humain offrent une certaine dose de ressemblance avec ceux du poisson, du reptile et de l'oiseau, avant d'affecter ceux de la division supérieure des vertébrés.

M. Darwin s'est livré à de laborieuses analyses de plusieurs flores, et il a trouvé que les genres qui sont représentés par un plus grand nombre d'espèces contiennent, relativement parlant, un nombre d'espèces variables plus grand que les genres moins nombreux. Il cite ce fait, à l'appui de son opinion, que les variétés sont des commencements d'espèces, et il fait remarquer que l'existence de genres plus étendus nous force à admettre qu'à l'époque qui a précédé la nôtre immédiatement, la création des espèces s'opérait plus activement; nous devrions donc, dans ce cas, trouver généralement les mêmes forces encore en pleine activité, d'autant plus que nous avons toute raison de croire que le procédé qui produit les espèces nouvelles ne peut être que fort lent [2].

(1) Darwin, *Origin of Species*, etc., p. 448.
(2) *Origin of Species*, chap. II, p. 56.

Le docteur Hooker nous dit qu'il fut pendant longtemps disposé à douter de ce résultat, parce qu'il connaissait trop de genres restreints qui étaient variables, mais qu'après examen des faits cités par M. Darwin, il avait été forcé d'accepter ses généralisations (1).

C'est une de ces conclusions qui demandent, pour être vérifiées, la recherche et l'examen de plusieurs milliers d'espèces, et à laquelle on peut opposer facilement bien des exceptions à la fois dans le règne animal et dans le règne végétal, de telle sorte qu'il se passera longtemps avant que nous puissions nous attendre à en avoir la confirmation complète, et, si elle est vraie, à pouvoir pleinement l'apprécier. Comme exceptions des plus frappantes, il y aura des genres encore étendus, mais qui sont déjà en voie de décroissement, parce que les conditions qui avaient favorisé leur grand développement antérieur ont déjà commencé à changer. Pour beaucoup, cette doctrine de la sélection naturelle, ou « de la conservation des races favorisées dans la lutte qu'elles soutiennent pour assurer leur existence, » semble si simple, quand elle est clairement exposée, et paraît cadrer si bien avec les faits connus et les principes reçus, qu'ils ont de la difficulté à concevoir qu'elle puisse constituer un grand pas en avant accompli par la science. Les découvertes importantes sont souvent dans ce cas ; assurons-nous donc que cette doctrine était loin d'être évidente, et, pour cela, passons en revue les écrits des naturalistes habiles qui ont essayé, dans la première partie du dix-neuvième siècle, d'émettre des théories à ce sujet, avant qu'on eût inventé la nouvelle méthode qui sert à expliquer comment certaines formes organiques sont supplantées par de nouvelles, et de quelle manière ces dernières ont été choisies parmi d'innombrables variétés pour devenir permanentes.

(1) *Introductory Essay on Flora of Australia*, p. 6.

Opinion du docteur Hooker sur l'application au règne végétal de la théorie de la création par variation.

Le docteur Hooker, dont j'ai souvent parlé dans ce chapitre, est cité par M. Darwin dans l'introduction à l'*Origine des espèces*, comme un homme, qui pendant quinze ans, l'avait aidé de toutes les manières possibles par l'excellence de ses connaissances, et l'étendue de son jugement. Ce botaniste distingué, publia son étude sur la flore de l'Australie (1), en décembre 1859, l'année qui suivit la communication à la Société linnéenne du « Mémoire sur la sélection naturelle, » et un mois après l'apparition de l'*Origine des espèces*.

Il avait, dans le cours de ses longs voyages, étudié la botanique des régions arctiques, tempérées et tropicales; il avait écrit sur la flore de l'Inde, qu'il avait examinée à toutes les hauteurs au-dessus de la mer, depuis les plaines du Bengale, jusqu'aux limites des neiges perpétuelles de l'Himalaya; et avait spécialement consacré son attention aux « variétés géographiques, » c'est-à-dire à ces changements que montrent les plantes dans leurs caractères quand on les suit sur de larges surfaces et qu'on les examine placées dans de nouvelles conditions. Il était aussi versé par une longue pratique dans la description et la classification des plantes nouvelles, et avait été appelé à examiner les titres que pouvaient avoir des milliers de variétés à prendre rang comme espèces. Personne n'avait donc fait d'observations ou d'études, qui le missent mieux en mesure, de donner avec autorité, une opinion sur la question de savoir si la végétation actuelle du globe est conforme à la théorie qu'a proposée M. Darwin. Il est donc extrêmement intéressant de lui entendre faire la déclaration suivante : « Les relations mutuelles des plantes de chaque « grande province botanique, et aussi du monde en général, « sont précisément ce qu'elles seraient si elles étaient le ré- « sultat d'une variation dont l'action se serait exercée pen-

(1) *Introductory Essay to the Flora of Australia.* London, 1859.

« dant des périodes indéfinies, de la même manière que nous « la voyons agir pendant un nombre limité de siècles, de « façon à donner naissance à la longue aux formes les plus « divergentes. »

Dans le même essai, cet auteur remarque, que « cet élément « de mutabilité, envahit tout le règne végétal, il n'y a ni « classe, ni ordre, ni genre ayant plus de quelques espèces « qui en soit complétement affranchi. Et l'ensemble total des « formes instables, auxquelles on attribue souvent le nom « d'espèces, excède probablement de beaucoup, celui des « types stables. » Il soutient, d'ailleurs, que les espèces ne sont ni des illusions, ni même des créations arbitraires du naturaliste, mais bien des réalités, quoique leurs définitions puissent ne pas rester vraies indéfiniment. La majorité d'entre elles, fait-il remarquer, est tellement constante « dans les limites de notre expérience, » et leurs formes et leurs caractères se maintiennent si fidèlement, pendant des milliers de générations, qu'elles ont tout droit à être traitées, comme si tout en elles, était immuable et permanent. Mais, « notre ex- « périence est d'étendue si restreinte, qu'elle ne saurait nous « rendre compte d'un seul fait dans la distribution géogra- « phique actuelle, ni de l'origine d'aucune espèce de plante, « ni de l'amplitude de la variation qu'elle a subie, pas plus « qu'elle ne peut nous indiquer l'époque de son apparition, « ou la forme qu'elle avait au moment de sa création (1). »

Quant à l'écart des limites entre lesquelles une espèce peut être circonscrite, on peut, dit-il, s'en faire une idée juste, par ce fait singulier, que parmi les botanistes qui leur accordent l'immuabilité, les uns admettent 80,000 pour le nombre des plantes à fleurs, et d'autres 150,000. La localisation des espèces sur certaines surfaces du globe, fait naître l'idée, que chacune d'elles, avec toutes ses variétés, soit issue d'un parent unique et se soit répandue dans diverses directions, à partir d'un centre commun. Le groupement fréquent des

(1) Hooker, *Introductory Essay on Flora of Australia*

genres dans certaines limites géographiques, est aussi en faveur de la même loi, quoique les migrations des espèces, soient quelquefois une cause d'exception apparente à cette règle, et fasse naître l'idée, que les mêmes types aient pu originairement paraître d'une façon indépendante en différents endroits.

Certains genres de plantes comme les ronces, les rosiers et les saules, en Europe, qui se composent d'une série continue de variétés, entre les termes extrêmes desquelles on peut intercaler tant de formes intermédiaires, peuvent être considérés comme des types nouveaux et en voie d'accroissement qui subissent en conséquence, des variations plus considérables. Tandis que des genres qui ne présentent pas des gradations aussi embarrassantes et aussi nombreuses, sont peut-être de date plus ancienne, et ont vu s'éteindre un certain nombre de leurs espèces et de leurs variétés. Dans ce dernier cas, l'anéantissement de formes intermédiaires qui ont existé, rend plus facile, la séparation de celles qui restent.

Il a généralement été admis par les champions de l'immuabilité des espèces, que lorsqu'on permet aux races domestiques de reprendre la vie sauvage, elles retournent toujours à leur type originel. M. Wallace répond à cela, qu'une espèce domestique qui vient à perdre la protection de l'homme, ne peut se maintenir à l'état sauvage, qu'en reprenant les habitudes et recouvrant les facultés qu'elle pouvait avoir perdues au moment et par le fait de la domestication. Si ces facultés sont assez effacées pour qu'elle ne puisse les recouvrer, elle périra; sinon, et si elle peut s'accommoder des conditions du milieu qui l'environne elle retournera à l'état dans lequel l'homme l'a d'abord trouvée : car les deux ou trois mille ans qui peuvent s'être écoulés depuis sa domestication ne sont pas un temps suffisant pour qu'il se soit produit des changements géographiques, climatériques ou organiques, capables de créer une nouvelle race, ou une espèce nouvelle, mais voisine.

En ce qui touche les plantes, le docteur Hooker met en

doute le fait du retour au type primitif. Suivant lui, les espèces en général ne varient pas très-facilement, mais quand elles ont commencé à le faire, les nouvelles variétés montrent, comme le savent tous les horticulteurs, une grande tendance à s'éloigner de plus en plus de la souche originelle. De même que les variétés les plus tranchées d'une espèce sauvage, se rencontrent aux confins de la surface qu'elle habite, de même les variétés les plus tranchées des plantes cultivées, sont les dernières produites par le jardinier. Les choux, par exemple, les arbres d'espaliers et les céréales, ne montrent aucune disposition, quand on les néglige, à affecter les caractères qu'ont ces plantes à l'état sauvage. De là la difficulté de déterminer la vraie souche originelle de la plupart de nos plantes cultivées. Ainsi nos meilleures espèces de pommiers, venus de semis, dégénèrent et se transforment en sauvageons, mais elles ne retournent pas pour cela, au pommier sauvage type, elles deviennent simplement des représentants sauvages des variétés mères (1).

Ce serait me livrer à une digression beaucoup trop longue que d'essayer de donner une plus complète analyse de cet admirable essai; mais je puis ajouter, que parmi les observations relatives à la doctrine que le docteur Hooker appelle celle de la création par variation, aucune n'a une importance plus directe, que celle de la grande étendue des modifications que les plantes sont susceptibles de subir dans leurs caractères et leurs propriétés internes ou dans leur constitution physiologique, tout en n'offrant à l'extérieur, aucune déviation sensible de la forme normale. Ainsi, dans un pays une espèce peut posséder des qualités médicinales particulières qu'elle n'a pas ailleurs, où elle peut être plus robuste et plus apte à supporter le froid. L'écart moyen d'altitude, dit le docteur Hooker, que parcourt chaque plante à fleurs des monts Himalaya, soit dans la région tropicale, soit dans la région tempérée, soit dans la région montagneuse, est d'environ 1200 mè-

(1) *Introductory Essay on the Flora of Australia.*

tres, ce qui équivaut à douze degrés de latitude isotherme. Si on apporte en Angleterre un individu de l'une de ces espèces provenant de la limite supérieure de son habitat, on le trouve plus apte à supporter notre climat que ceux des niveaux inférieurs ou plus chauds. Quand plusieurs de ces modifications internes ou physiologiques sont accompagnées de variations de taille, d'habitudes, de croissance, de coloration de fleurs ou d'autres caractères, et quand ils demeurent constants pendant des générations successives, les botanistes peuvent bien commencer à différer d'opinion et se demander s'ils doivent ou non faire des espèces distinctes.

Génération alternante.

On n'a jusqu'à présent proposé aucune hypothèse rivale pour la substituer à la doctrine de la transmutation; car ce que l'on appelle la « Création indépendante, » ou l'intervention directe de la cause suprême, ne doit être envisagé que comme l'aveu que la question sort des limites du domaine de la science.

La découverte, faite par Steenstrup de la génération alternante, a élargi le champ de nos connaissances et de nos idées au sujet de l'amplitude des métamorphoses que peut subir une espèce, et nous montre, (par exemple dans le cas de la transformation réciproque d'une Sertulaire en Méduse), que les déviations sont parfois assez considérables pour que de savants zoologistes aient rapporté les différents états de l'animal à des genres ou même à des familles distinctes. Mais dans tous ces cas l'organisme, après avoir parcouru un certain cycle de changements, revient exactement au point dont il est parti et aucune forme ni espèce nouvelle ne se trouve introduite dans le monde. Par conséquent la seule cause secondaire qui ait jusqu'à présent été mise en avant, même d'une façon conjecturale, pour expliquer comment, dans le cours ordinaire de la nature, de nouvelles formes spécifiques peuvent être engendrées, est la « variation » invoquée par

Lamarck, et cette hypothèse est devenue bien plus probable depuis qu'on a montré combien la sélection naturelle donne de vigueur et de persistance à certaines variétés.

Création indépendante.

En défendant autrefois la doctrine, qui veut que les espèces soient des créations primordiales et non des dérivations, je m'efforçai d'expliquer leur distribution géographique et les affinités entre elles des formes vivantes et des types fossiles les plus voisins dans les couches tertiaires de la même partie du globe; pour cela, je supposais que la puissance créatrice, qui a, à l'origine, adapté certaines formes à une existence aquatique, et d'autres à une existence terrestre, avait aussi, à des époques géologiques successives, introduit de nouvelles formes, les mieux appropriées à chaque région et à chaque climat, de façon à remplir la place de celles qui avaient disparu.

Dans ce cas, quoique les nouvelles espèces dussent différer des premières, elles devaient cependant se rapprocher génériquement de leurs prédécesseurs; mais celles-ci ne pouvaient être ramenées en scène puisqu'elles avaient déjà prouvé, par le fait même de leur extinction, qu'elles étaient incapables de continuer à remplir leur rôle. M. Darwin établit en effet, en parlant des races nouvelles, que celles qui deviennent le type dominant, héritent des avantages qui ont assuré, dans la même contrée, la prospérité des espèces qui leur étaient parentes; et que, de même, elles participent à ces avantages généraux qui ont largement développé dans son pays natal le genre auquel appartiennent toutes ces espèces alliées.

Nous aurions donc pu, par un raisonnement semblable, arriver à conclure *a priori* que ce seraient de nouvelles modifications des types anciens que la puissance créatrice introduirait dans l'ensemble de la création, adaptant les nouveaux types aux nouvelles combinaisons de conditions organiques, et inorganiques d'une région donnée, (le sol, le climat, les habitants), qu'il y aurait, par exemple, de nouveaux Marsupiaux créés en Australie, de nouveaux Paresseux et de nouveaux Tatous dans l'Amérique du Sud, de nouvelles Bruyères au Cap, de nouvelles Roses dans l'hémisphère nord, de nouvelles Calcéolaires dans l'hémisphère sud. Mais à cette façon de raisonner M. Darwin et le docteur Hooker répliquent, que quand des animaux ou des plantes immigrent dans de nouvelles régions, soit avec l'assistance de l'homme, soit sans son aide, les immigrants dont la colonisation réussit le mieux ne sont nullement ceux dont les types sont le plus rapprochés des anciennes espèces indigènes. Au contraire, il arrive plus fréquemment que des membres de genres, d'ordres ou même de classes étrangers à la contrée envahie font leur chemin rapidement, et s'établissent en maîtres, aux dépens des anciens possesseurs du sol. Tel est le cas que nous offrent les quadrupèdes placentaires en Australie, les chevaux et beaucoup de plantes étrangères dans les pampas de l'Amérique du Sud, et aux États-Unis et ailleurs, d'autres nombreux exemples dont on pourrait facilement faire l'énumération. C'est de là que partent les partisans de la transmutation pour conclure que la seule raison pour laquelle ces types étrangers, si parfaitement appropriés à ces contrées, ne s'y sont jamais développés auparavant, c'est simplement parce qu'il y avait des barrières naturelles qui leur en interdisaient l'accès. Mais ces barrières, mers, déserts ou montagnes, auraient été complétement impuissantes, si la force créatrice s'était exercée sans se soucier des lois matérielles, c'est-à-dire s'il n'avait pas paru bon à l'Auteur de la nature que l'origine des nouvelles espèces fût régie par de certaines causes secondaires, analogues à celles que nous voyons présider à l'apparition de nouvelles variétés, qui ne se produisent jamais que comme des descendants issus d'une souche primitive, avec laquelle ils ont une étroite ressemblance.

CHAPITRE XXII.

EXAMEN DES OBJECTIONS A L'HYPOTHÈSE DE LA TRANSMUTATION.

Exposé des objections à l'hypothèse de la transmutation fondées sur l'absence des formes intermédiaires. — Genres dont les espèces sont tout à fait voisines. — Découverte fortuite à l'état fossile d'anneaux qui manquaient à la série. — Monographie des Brachiopodes par Davidson. — Pourquoi les formes qui servent de passage sont, quand on les trouve, récusées comme preuves de la transmutation. — Lacunes causées par l'extinction des races et des espèces. — Grande durée des périodes tertiaires pendant lesquelles cette extinction s'est exercée sur la Flore et la Faune actuelles.— Lien généalogique entre les plantes et les insectes récents et ceux de l'époque miocène. — Fossiles d'Œninghen. — Espèces d'insectes représentées par des variétés distinctes dans la Grande-Bretagne et dans l'Amérique du Nord. — Monographie par Falconer des éléphants vivants et fossiles. — Espèces et genres fossiles du groupe des chevaux dans les deux Amériques. — Rapport entre les mammifères pliocènes de l'Amérique du Nord, de l'Asie et de l'Afrique.— Les espèces des mammifères, quoique moins persistantes que celles des mollusques se modifient lentement. — Arguments pour et contre la transmutation tirés de l'absence des mammifères dans les îles.— Imperfection des documents géologiques. — Intercalation de formations de découverte récente et d'âge intermédiaire dans la série chronologique. — Attribution des couches de Saint-Cassian à la série triasique. — Découvertes de nouveaux types organiques. — L'Archæopteryx de l'oolithe avait des plumes.

Théorie de la transmutation. — Absence d'anneaux intermédiaires.

La première qui vienne à l'esprit, et aussi la plus populaire des objections que l'on ait opposées à la théorie de la transmutation, peut se formuler ainsi : Si les espèces éteintes de plantes et d'animaux des périodes géologiques précédentes ont engendré les espèces vivantes et leur ont donné naissance par variation et sélection naturelle, où sont toutes les formes intermédiaires, fossiles et vivantes, par lesquelles les types perdus ont dû passer pour se transformer en ceux qui vivent maintenant? Pourquoi aussi ne trouvons-nous pas, presque partout, des passages entre les espèces et les genres qui se touchent de plus près, au lieu de ces lignes tranchées de démarcation, et souvent de ces vastes lacunes qui les séparent?

Il faut examiner cette objection à deux points de vue :

1° Jusqu'à quel point les anneaux de raccordement manquent-ils en réalité dans la création vivante ou dans le monde fossile, et quelle espérance devons-nous concevoir de découvrir par nos recherches futures ceux qui nous manquent?

2° Les lacunes sont-elles plus nombreuses que nous ne devrions nous y attendre, en tenant compte de l'état originaire défectueux des monuments géologiques, de leur destruction et de leur disparition ultérieures, et des notions insuffisantes que nous possédons sur les parties qui en subsistent, et tenant compte aussi des extinctions fréquentes de races et d'espèces qui se produisent à présent, et qui se sont produites depuis le commencement de la période tertiaire?

Quant au premier point, c'est-à-dire quant à l'absence alléguée de variétés intermédiaires formant le passage d'une espèce à l'autre, tous les zoologistes et les botanistes qui s'occupent de classification, ont abouti de temps en temps à ce dilemme : Si je fais plus d'une espèce dans ce groupe, il faut, pour être conséquent, que j'en fasse un grand nombre. Même dans un pays aussi restreint que les Iles Britanniques, on éprouve continuellement cet embarras.

Y a-t-il deux botanistes, par exemple, qui soient d'accord sur le nombre des roses, nombre moins considérable encore que celui des espèces de ronces? Dans le premier genre, *Rubus*, il y a un groupe de formes au sujet duquel on se demande encore s'il faut le regarder comme composé de trois espèces ou de trente-sept. M. Bentham adopte la première opinion et M. Babington la seconde, chacun dans leurs ouvrages bien connus sur les plantes britanniques.

Le docteur Hooker nous apprend qu'aux antipodes, aussi bien en Nouvelle-Zélande qu'en Australie, ce même genre *Rubus* est représenté par plusieurs espèces, riches en individus et d'une variabilité remarquable. Il faut nous rappeler qu'à mesure que nous étudions une même plante dans une zone de plus en plus étendue, nous la voyons généralement présenter de nouvelles variétés dans chaque district; alors, si nous essayons de nous figurer le nombre de formes du genre *Rubus* qui existent à présent ou qui ont probablement existé en Europe et dans les contrées séparant l'Europe de l'Australie, formes différentes qui peuvent avoir toutes fleuri à l'époque tertiaire ou post-tertiaire, nous verrons combien ont peu de poids les arguments fondés dans l'absence présumée des anneaux qui manquent dans la flore telle que nous la voyons.

Si, dans le combat de la vie, la lutte est d'autant plus active entre les espèces et les variétés qu'elles sont plus voisines, comme le soutient M. Darwin, il y a bien des formes qui ne peuvent pas avoir une longue durée ni s'étendre sur un grand espace, et celles qui sont dans ce cas doivent souvent passer et disparaître sans laisser derrière elles aucun témoin fossile de leur existence. C'est ainsi que nous pouvons nous expliquer bien des solutions de continuité dans la série, lacunes que nos recherches futures ne combleront même jamais.

Travaux de Davidson sur les Brachiopodes fossiles.

C'est dans l'étude des coquilles fossiles, plus que dans celle de toute autre subdivision du monde organique, que nous devons espérer découvrir les traces d'une transition de certains types à d'autres, et trouver des témoins de toutes les nuances de formes intermédiaires. Nous devons surtout compter tirer des renseignements de ce genre dans l'étude de certains groupes inférieurs, tels que les Brachiopodes, dont les types sont si persistants que le fil de nos recherches est moins exposé à être interrompu par des lacunes dans la série des roches fossilifères. La magnifique monographie des Brachiopodes des Iles Britanniques, que vient de terminer M. Davidson, met en lumière, en premier lieu, la tendance qu'ont certaines formes génériques de cette division des Mollusques à se maintenir au travers de l'étendue totale des temps géologiques que nous connaissons. En effet, les genres *Rhynchonella*, *Crania*, *Discina* et *Lingula* ont été reconnus dans les dépôts Siluriens, Dévoniens, Carbonifères, Permiens, Jurassiques, Crétacés, Tertiaires et Récents, et conservent encore, dans les mers actuelles, une forme et des caractères identiques à ceux qu'ils offraient dans les plus anciennes formations. D'autre part, il y a d'autres Brachiopodes qui, dans le cours de périodes plus courtes, ont subi une si vaste série de transformations, qu'on a donné des noms spécifiques et mêmes génériques distincts à la même forme variable, selon les différents aspects ou caractères qu'elle revêtait dans les groupes de couches successifs.

A mesure que les matériaux de comparaison s'amassaient, la nécessité de réunir sous une même dénomination des espèces regardées auparavant comme distinctes devint de plus en plus apparente. M. Davidson, après avoir étudié les deux cent soixante espèces prétendues des roches carbonifères britanniques, a été obligé de réduire ce nombre à cent; il y a ajouté vingt espèces entièrement nouvelles, ou nouvelles, au moins, dans les couches de la Grande-Bretagne. Mais il déclare que, dans sa conviction, quand notre connaissance de ces cent vingt Brachiopodes sera plus parfaite, il y aura lieu d'opérer encore une réduction de ce nombre d'espèces.

Il dit, en parlant de l'une de ces formes, qu'il appelle la *Spirifera trigonalis*, qu'elle est si dissemblable à l'autre forme extrême de la série *Spirifera crassa*, que dans la première partie de son mémoire, (publiée il y a quelque dix ans), il les a décrites comme distinctes. L'idée de les confondre en une seule doit, il le reconnaît, paraître absurde à ceux qui n'ont jamais vu les intermédiaires, telles que celle qui porte le nom de *Spirifera bisulcata*, et quatre autres encore, au moins, avec leurs variétés; la plupart de ces coquilles étaient autrefois reconnues comme distinctes par les plus éminents paléontologistes; mais ces mêmes autorités s'accordent maintenant avec M. Davidson, pour les réunir dans une seule espèce [1].

La même espèce a parfois continué à exister, avec des formes légèrement modifiées, pendant toute la durée de l'époque silurienne inférieure et supérieure, ou bien pendant la totalité des temps dévoniens et carbonifères, ainsi qu'on l'observe pour la coquille généralement connue sous le nom de *Leptena depressa*, qu'il faut maintenant appeler, pour se conformer à la loi de priorité de la nomenclature, *Anomites*, (ou *Strophomena*), *Rhomboïdalis*, Wahlenberg. Il n'y a pas moins de quinze espèces, communément adoptées, que M. Davidson a pu démontrer appartenir à ce seul type, grâce à une longue série de formes de transition. Il a d'ailleurs été reconnu, par quelques-uns des meilleurs auteurs qu'ils ont été entraînés, par des motifs purement théoriques, à donner des noms distincts à quelques-unes des variétés maintenant supprimées, et simplement parce qu'ils les avaient trouvées dans des roches d'époques si différentes qu'ils auraient cru violer les lois des analogies en attribuant à une espèce une durée aussi longue; raisonnement trompeur, analogue à celui qui a conduit quelques zoologistes et botanistes à distinguer par des noms spécifiques de légères variétés de plantes et d'animaux vivants rencontrés dans des pays très-éloignés l'un de l'autre, en Europe et en Australie par exemple; ils admettaient que chaque espèce avait un lieu de naissance unique, un seul endroit où elle avait été créée, et qu'aucune n'avait pu par migration franchir les tropiques pour aller de l'hémisphère Nord à l'hémisphère Sud.

M. Davidson donne aussi des exemples d'espèces qui passent du terrain Dévonien dans le Carbonifère, et qui se prolongent même dans le terrain Permien. L'énorme longévité de ces formes spécifiques n'a pas été généralement reconnue, à cause des changements de nom qu'elles subissent quand elles viennent de formations aussi distantes; ainsi l'*Atrypa ungui-*

(1) Monographie des Brachiopodes britanniques, *Palæontographical Society*, issued for the year 1859, p. 222.

cularis porte, quand elle vient des roches carbonifères, le nom de *Spirifera Urii*, outre plusieurs autres synonymes, et quand elle arrive à la période permienne elle prend celui de *Spirifera Clannyana*, King; or toutes ces formes, nous assure l'auteur de la monographie en question, ne sont qu'un seul et unique type.

Aucun géologue ne niera que le laps de temps qui sépare quelques-unes des périodes dont nous venons de parler, c'est-à-dire qui s'est écoulé entre la première et la dernière apparition de certains des fossiles précités, ne doive être évalué par millions d'années. Selon M. Darwin, ce n'est qu'en disposant de documents répartis dans des périodes aussi énormes que nous pouvons espérer réussir à saisir les gradations intermédiaires par lesquelles se relient entre elles des formes spécifiques très-distinctes. Mais le champion de la transmutation ne doit pas se trouver désappointé si les preuves qu'on le défiait de produire, et qu'il a obtenues, ne font point impression sur l'esprit de son adversaire. Tout ce qu'on peut lui accorder, c'est que la variation spécifique, dans les Brachiopodes au moins, s'exerce entre des limites bien plus écartées qu'on ne l'avait supposé anciennement. Tant qu'on trouva des rapprochements plus intimes à faire entre des espèces voisines les unes des autres, on éprouva une très-grande inquiétude au sujet de la réalité de l'espèce en général. Mais lorqu'on en eut une quinzaine, ou un peu plus, qui se furent franchement associées dans un même groupe, pour former, par leur ensemble, une espèce unique, indivisible et facile à distinguer de tous les autres groupes connus jusqu'à présent, toutes les inquiétudes et tous les mécomptes cessèrent. On reprit alors confiance dans l'immobilité de l'espèce; et plus les nuances d'un extrême à l'autre furent trouvées insensibles, en d'autres termes, plus la transition se montra avec une complète évidence, plus on sentit la faiblesse de l'argumentation qu'on en tirait. Elle se réduit alors simplement à l'un de ces exemples exceptionnels de ce que l'on appelle une forme protéenne.

Il y a trente ans, qu'un grand marchand de coquilles de Londres, naturaliste habile lui-même, me dit qu'il n'y avait rien qu'il eût autant lieu de redouter, comme cause de dépréciation des collections qu'il vendait, que l'apparition d'une bonne monographie de quelque grand genre de Mollusques; plus elle serait exécutée dans un esprit philosophique, plus cet ouvrage était sûr de lui faire du tort, en déclarant que toutes les espèces prétendues n'étaient que de simples variétés, qui ne trouveraient plus dès lors qui les achetât. Heureusement, on a fait depuis, en Angleterre, assez de progrès de ce côté, et l'on apprécie assez le but et la vraie fin de la science pour que les spécimens qui marquent le passage entre des formes généralement séparées par de grandes lacunes soit dans la faune fossile, soit dans la faune récente, soient devenus fort recherchés, et acquièrent souvent plus de prix que les formes normales ou typiques.

Il est clair que plus les Mollusques actuels seront anciens, c'est-à-dire plus les restes des coquilles encore vivantes se retrouveront loin dans le passé, plus il deviendra facile de concilier avec la doctrine de la transmutation les différences observées dans les caractères de la majorité des espèces, vivantes. Car, que nous manque-t-il? Le temps: d'abord pour la formation graduelle, et puis pour l'extinction des races et des espèces voisines, extinction qui établit ces lacunes entre les survivants.

En 1830 j'annonçai, sur l'autorité de M. Deshayes, qu'environ un cinquième des Mollusques des fahluns ou des couches miocènes supérieures d'Europe appartenaient à des espèces vivantes. La justesse de cette conclusion fut par la suite mise en question par deux ou trois éminents conchyliologistes, par feu M. Alcide d'Orbigny, par exemple; mais elle a été depuis confirmée par la majorité des naturalistes vivants, et elle a été complétement constatée par les preuves surabondantes qu'en a offertes au public M. Hörnes dans son magnifique ouvrage publié sous les auspices du gouvernement autrichien, sur *les Coquilles fossiles du bassin de Vienne*.

La collection des coquilles tertiaires d'après laquelle ont été faites ces descriptions et ces magnifiques figures, est presque unique pour le bel état de conservation des échantillons, et le soin avec lequel toutes les variétés ont été comparées. Il est maintenant admis, qu'environ un tiers de ces formes miocènes, tant univalves que bivalves, est spécifiquement identique à des mollusques vivants ; il faut donc prendre en considération un intervalle de temps plus énorme encore, que celui qui sépare l'époque miocène de la période récente, quand nous cherchons à découvrir l'origine par transmutation des espèces vivantes et la disparition par extinction des variétés et des espèces intermédiaires.

Plantes et insectes miocènes, rapportés à des espèces récentes.

Les géologues connaissaient environ trois cents espèces de coquilles marines, des fahluns des bords de la Loire, avant d'avoir aucune notion sur les plantes et les insectes contemporains. A la fin, et comme pour nous prémunir contre le danger de s'appuyer sur des preuves négatives pour conclure à la pauvreté d'aucun groupe de couches en restes organiques d'origine terrestre, on découvrit tout à coup une flore et une faune entomologique des plus riches, caractéristiques de l'Europe centrale pendant la période miocène supérieure. Ce fut le résultat de la détermination de la vraie position des couches d'Œninghen, en Suisse, et de celle de certaines formations de lignite en Allemagne.

M. le professeur Heer, qui a décrit environ cinq cents espèces de plantes fossiles d'Œninghen, sans compter beaucoup d'autres provenant d'autres localités miocènes de la Suisse [1], estime à trois mille les espèces phanérogames qui ont dû fleurir dans l'Europe centrale à cette époque, et pense que les insectes ont été encore plus nombreux et que leur proportion dépassait celle des plantes comme cela se passe encore sous toutes les latitudes. Cette flore miocène européenne était

[1] Heer, *Flora tertiaria Helvetiæ*, 1859 ; et traduction française de Gaudin avec additions, Winterthur 1861.

remarquable par la prédominance d'arbrisseaux et de plantes arborescentes à feuilles persistantes appartenant à plusieurs types génériques différents qui ne se trouvent plus associés dans aucune flore locale actuelle. Certains genres, par exemple, qui sont à présent relégués en Amérique, coexistaient en Suisse avec des formes maintenant particulières à l'Asie, et d'autres confinées en Australie.

M. le professeur Heer n'a osé identifier aucun des termes de ce vaste ensemble de plantes et d'insectes avec des espèces vivantes, et aller jusqu'à leur assigner les mêmes noms spécifiques, mais il nous présente une liste de ce qu'il appelle des formes homologues qui ressemblent tellement aux formes vivantes, qu'il suppose que les unes ne sont qu'une dérivation généalogique des autres. Il hésite seulement sur la façon dont cette transformation a pu se faire, et sur la nature précise des liens de parenté, et n'ose affirmer ni que ces changements soient le produit d'une influence dont l'action se serait produite d'une façon continue pendant des âges, ni qu'à un certain moment donné les anciens types aient subitement revêtu des traits différents.

Parmi les plantes homologues dont j'ai parlé, se trouvent quarante espèces dont on possède les feuilles et les fruits, et trente autres qu'on ne connaît que par leurs feuilles. Au nombre des premières nous trouvons plusieurs types américains, le tulipier, (*Liriodendron*), le cyprès tombant, (*Taxodium*), l'érable rouge, et d'autres mêlés à des formes japonaises comme le cannelier, qui est très-abondant. Ce qui est non moins digne de remarque, c'est que non-seulement ces fossiles si rapprochés des plantes vivantes se rencontrent dans les couches miocènes supérieures, mais même que quelques-unes, en Suisse et en Allemagne, descendent jusque dans la partie inférieure de cette formation qui est probablement aussi distante des couches miocènes supérieures que celles d'Œninghen le sont de notre propre époque.

Quelques-unes des plantes fossiles auxquelles M. le professeur Heer avait donné de nouveaux noms, ont été regardées comme des espèces actuelles par d'éminents naturalistes. Ainsi, l'une des espèces voisines de l'Orme a été appelée par M. Unger, *Planera Richardi*, arbre qui fleurit maintenant au Caucase et en Crète. M. le professeur Heer a essayé de le distinguer de l'espèce vivante par les dimensions plus grandes de son fruit, mais il avoua que ce caractère ne valait rien quand il eut l'occasion, en 1861, de comparer toutes les variétés du *Planera Richardi* que le docteur Hooker lui mit sous les yeux dans le riche herbier de Kew.

Quant aux « insectes homologues » de la période miocène supérieure en Suisse, nous y trouvons, avec des formes tout à fait étrangères à l'Europe, quelques autres qui nous sont très-familières; le ver-luisant, par exemple, (*Lampyris noctiluca*), le bousier, (*Geotrupes stercorarius*, Linn.), la bête-à-bon-Dieu, (*Coccinella septempunctata*, Linn.), le perce-oreilles, (*Forficularia auricularia*, Linn.), quelques-unes de nos libellules communes, ainsi la *Libellula depressa*, Linn., l'abeille, (*Apis mellifera*, Linn.), l'insecte, (*Aphrophora spumaria*, Linn.), qui vit sur la primevère, et une longue liste d'autres auxquels M. le professeur Heer a donné d'autres noms, mais que plusieurs entomologistes ne regardent que comme de simples variétés, jusqu'à ce que de meilleures raisons les ramènent à l'opinion contraire.

Plusieurs des insectes que je viens d'énumérer, la libellule commune, par exemple, sont fort connus pour être répandus à présent dans une zone très-étendue, sur presque tout l'ancien monde, par exemple, sans subir de variations, et l'on pouvait par conséquent s'attendre à les voir se maintenir non altérés au travers de nombreux changements successifs dans l'écorce du globe et dans le climat. Néanmoins nous pouvons parfaitement nous attendre à ce que les types, même les plus constants, aient subi quelques modifications en passant de l'époque miocène à l'époque récente, attendu que dans la première période le relief et le climat de l'Europe, la hauteur des Alpes, et la faune et la flore générales étaient fort différents de ce qu'ils sont à présent. Mais la déviation ne doit pas dépasser celle qui correspondrait à ce que l'on entend généralement par l'expression, une variété bien tranchée.

Avant de passer à un autre genre d'argument, il me paraît à propos de répondre à une question qui peut s'être présentée à l'esprit du lecteur. Comment est-il arrivé que nous ayons ignoré si longtemps la végétation et les insectes de la période miocène supérieure en Europe? La réponse servira au moins à instruire ceux qui ont l'habitude de n'attribuer aucune importance aux richesses du monde organique antérieur partout où ils ne trouvent pas des preuves directes de ce qu'elles étaient. La majeure partie des insectes et des plantes du terrain miocène supérieur dont nous venons de parler a été rencontrée à Œninghem, près du lac de Constance, en deux ou trois endroits, dans des couches de marne en feuillets minces, dont l'épaisseur totale dépasse ou même atteint à peine 1 mètre, et dans deux carrières de dimensions fort restreintes. Les causes combinées grâce au concours desquelles tant de trésors si périssables se sont si parfaitement conservés dans un si étroit espace paraissent être les suivantes : d'abord, une rivière se jetant dans un lac : ensuite, des ouragans qui ont arraché des feuilles et parfois des branches d'arbres que le courant a emportées dans le lac : troisièmement, des gaz méphitiques s'élevant du lac et qui faisaient parfois périr les insectes volant à sa surface : et enfin l'arrivée constante de carbonate de chaux apporté par des sources minérales et qui, se précipitant sur le fond, formait un dépôt qui se mélangeait avec la boue fine et constituait ainsi cette marne fossilifère.

Espèces d'insectes représentées par des variétés distinctes dans la Grande-Bretagne et dans l'Amérique du Nord.

Quand on compare les insectes vivants de la Grande-Bretagne à ceux du continent américain, on trouve fréquemment que même les espèces qui sont regardées comme identiques sont pourtant des variétés des types européens. J'ai déjà mentionné ce fait en parlant du papillon commun de l'Angleterre, *Vanessa Atalanta*, que je vis au milieu de l'hiver voltiger dans les bois de l'Alabama. Je ne pus découvrir moi-même aucune différence, mais tous les échantillons que j'apportai au British Museum furent étudiés par M. Doubleday, qui y reconnut une légère particularité dans la coloration d'une petite portion de l'aile antérieure [1]. Ce caractère avait été remarqué pour la première fois par M. T. F. Stephens, qui avait aussi découvert que de légères variations, mais tout aussi constantes, distinguent les autres lépidoptères qui habitent les deux côtés de l'Atlantique. Pourtant, lui, M. Westwood et feu M. Kirby se sont toujours accordés à attribuer ces variétés à la même espèce.

M. T. V. Wollaston, dans son ouvrage sur les variations des insectes sur les bords des mers et dans les petites îles, a fait voir comment la couleur, la croissance des ailes et beaucoup d'autres caractères subissent des modifications sous l'influence continue de conditions locales pendant de longues périodes [2]. M. Bronn a aussi tout dernièrement appelé notre attention sur ce fait que les insectes des îles Shetland s'écartent légèrement des types correspondants observés en Grande-Bretagne; mais ces variations sont beaucoup moins accusées que celles qui distingent entre elles les variétés anglaises et américaines [3], et M. Bronn fait remarquer que nous avons tout lieu de supposer que la réunion des îles Shetland à l'Écosse ait existé à une époque beaucoup plus moderne que celle de l'établissement d'une communication entre l'Europe et l'Amérique. Nous avons vu, en effet, que les Shetland n'ont guère pu manquer d'être réunies à l'Écosse postérieurement au commencement de l'époque glaciaire; (voir la carte p. 295); mais une communication entre l'Amérique et l'Europe par l'Irlande et le Groënland, (ce dernier, nous l'avons vu, a joui autrefois d'un climat fort doux), a

(1) Lyell, *Second Visit to the United States*.
(2) Wollaston, *On the Variation of Species*, etc., London, 1856, Van Voorst.
(3) *Transactions of Northern Entomological Society*, 1862.

dû être bien antérieure à l'époque glaciaire. La distance d'isolement plus grande et l'impossibilité qui en résulte pour les variétés formées de se croiser les unes avec les autres expliquent, dans la théorie de M. Darwin, la plus grande divergence des types américains et anglais.

Le lecteur doit se souvenir qu'il n'y avait qu'une différence à peine appréciable entre la faune des mollusques du commencement de l'époque glaciaire et la faune actuelle. Lors donc qu'on se représente les événements qui se sont accomplis pendant la période glaciaire et que nous avons décrits dans la première partie de ce volume, et lorsqu'on réfléchit que dans la période miocène supérieure les espèces actuelles de mollusques composent à peine un tiers de la faune totale, on voit clairement par quelles durées énormes il faut évaluer le temps pour exprimer la distance entre la période miocène et nos jours.

Espèces de mammifères récentes et fossiles. — Proboscidiens.

On pourrait peut-être alléguer que les mammifères offrent plus que les mollusques, les insectes et les plantes, des exemples frappants des vastes lacunes qui séparent les espèces et les genres, et que, si dans cette classe plus élevée il avait jamais existé la multitude de formes de transition qui serait nécessaire pour faire des espèces récentes réunies aux espèces tertiaires une série unique ou un réseau de formes voisines et graduées sans interruption, ces passages n'auraient pu échapper à notre observation soit dans la faune fossile, soit dans la faune vivante. Un zoologiste qui vit dans cette idée ferait bien de se consacrer à l'étude de quelque genre spécial et unique de mammifères, tel que ceux des éléphants, des rhinocéros, des hippopotames, des ours, des chevaux, des bœufs et des cerfs. Ce n'est qu'après avoir recueilli tous les matériaux qu'il aura pu, tant d'espèces vivantes que d'espèces fossiles, qu'il pourra se former une conviction et décider si l'état actuel de la science justifie l'idée qu'il avait admise, que la chaîne n'a jamais été continue, tant le nombre des anneaux manquant se trouve considérable.

Parmi les espèces éteintes, autrefois contemporaines de l'homme, aucun quadrupède fossile n'a été plus souvent cité dans cet ouvrage que le mammouth, *Elephas primigenius*. Il ressort de la monographie des Proboscidiens, par le docteur Falconer, que cette espèce représente une forme extrême d'un type qui aboutit de l'autre côté au *Mastodon Borsoni* pliocène. Entre ces deux extrêmes, le docteur Falconer a déjà énuméré non moins de vingt-six espèces; quelques-unes remontent dans le temps aussi loin que la période miocène, tandis que d'autres sont encore vivantes, comme les éléphants d'Afrique et des Indes. Cependant il y a deux de ces espèces qu'il a toujours considérées comme douteuses, le *Stegodon Ganesa*, qui n'est probablement qu'une simple variété de l'une des autres, et l'*Elephas priscus* de Goldfuss, établie en partie sur des spécimens de l'éléphant d'Afrique, supposés fossiles par erreur, et en partie sur certaines formes un peu altérées de l'*Elephas antiquus*.

Le premier effet de l'intercalation d'un aussi grand nombre de formes entre les deux types les plus divergents a été de faire tomber presque complétement la distinction générique entre le Mastodonte et l'Éléphant. Le docteur Falconer fait remarquer que le *Stegodon*, (l'un des sous-genres qu'il a établis), compose un groupe intermédiaire, duquel les autres espèces s'éloignent par les caractères de leur dentition, pour se rapprocher d'un côté des mastodontes et de l'autre des éléphants (1). Le résultat immédiat de cette observation est de diminuer la distance qui sépare les membres de chacun de ces groupes.

Le docteur Falconer a découvert qu'il n'y avait pas moins de quatre espèces d'éléphants qu'on avait autrefois confondues sous le nom d'*Elephas primigenius*, et il en conclut, sinon l'ubiquité de l'espèce à l'époque pliocène, au moins sa

(1) *Geological Quarterly Journal*, 1857, vol. XIII, p. 314.

grande extension sur la moitié de la surface habitable du globe. Mais, malgré les limites étroites dans lesquelles sont ainsi renfermés les caractères spécifiques de ce proboscidien, il a pourtant ses variétés géographiques; en effet, les dents de mammouth apportées d'Amérique peuvent, dans beaucoup de cas, selon le docteur Falconer, se distinguer de celles qui sont propres à l'Europe. Le docteur Leidy a appliqué le nom d'*Elephas Americanus* à cette variété d'Amérique. Une autre race de ce même mammouth, (toujours déterminée par le docteur Falconer), existait, comme nous l'avons vu, avant la période glaciaire, c'est-à-dire à l'époque du dépôt de la forêt enfouie de Cromer et des falaises de Norfolk (p. 224). Les géologues suisses ont récemment trouvé les restes du mammouth dans leur pays à la fois dans les formations préglaciaires et dans les formations post-glaciaires.

Depuis la publication de la monographie du docteur Falconer, deux autres espèces d'éléphants, *E. mirificus*, Leidy, et *E. imperator*, ont été extraites des formations pliocènes de la vallée de Niobrara, dans la Nebraska; mais il pourrait se faire que l'une d'elles dût, plus tard, être reconnue identique à l'*E. Columbi*, Falconer. On a découvert aussi une remarquable espèce naine, (*Elephas Melitensis*), qui appartient, comme l'espèce actuelle d'Afrique, au groupe des *Loxodon*. Cette espèce a été établie par le docteur Falconer sur des restes trouvés par le capitaine Spratt, de la marine royale, à Malte dans une caverne (1).

Les fait suivants peuvent donner une idée de la façon dont augmenteront, plus tard, les difficultés d'établir des séparations entre les représentants fossiles de ce genre, quand toutes les espèces avec leurs variétés géographiques seront connues. M. le professeur Schlegel, dans un mémoire publié récemment, s'efforce de montrer que l'éléphant vivant de Sumatra est identique à celui de Ceylan, mais diffère spécifiquement de celui de l'Inde continentale, dont il peut se distinguer par

(1) *Proceedings of the Geological Society*, London, 1862.

le nombre de ses vertèbres dorsales et de ses côtes par la forme de ses dents et par d'autres caractères [1]. Mais le docteur Falconer, d'autre part, considère ces deux espèces vivantes comme de simples variétés géographiques, les caractères invoqués n'étant pas constants, comme il s'en est assuré en comparant différents individus de l'*Elephas Indicus*, pris dans différentes parties du Bengale, sur lesquels le nombre des côtes a varié de dix-neuf à vingt, et différentes variétés de l'*Elephas Africanus* dans lesquelles ce nombre variait de vingt à vingt et un.

Une étude des diverses espèces récentes et fossiles du genre Rhinocéros a conduit le docteur Falconer à des résultats analogues, ainsi qu'on pourrait le conclure de ce qui a été dit au chapitre x, et ainsi que le démontrera bientôt complétement un mémoire du même auteur qui va paraître.

Parmi les fossiles rapportés, en 1858, par M. Hayden de la vallée de Niobrara, le docteur Leidy décrit un rhinocéros si semblable à l'espèce asiatique, *R. Indicus*, qu'il l'y rapporta d'abord; mais il remarque, ce qui est plus singulier, que la faune pliocène de cette partie de l'Amérique du Nord se rapproche beaucoup plus de la faune post-pliocène et récente d'Europe que de celle qui peuple maintenant le continent américain.

Il semble, en vérité, de plus en plus évident que désormais, quand nous voudrons étudier la généalogie des quadrupèdes éteints qui abondent dans le terrain de transport des cavernes de l'Europe, il nous faudra chercher notre principale source de renseignements dans l'Amérique du Nord et dans l'Amérique du Sud. Il y a trente ans, si on avait recherché des types fossiles pouvant remplir une lacune entre deux espèces ou deux genres de la tribu des chevaux, (c'est-à-dire de la grande famille des solipèdes), on aurait cru suffisant de réunir autant que possible tous les matériaux qu'auraient pu fournir les continents de l'Europe, de l'Asie et de l'Afrique.

(1) Schlegel, *Natural Historical Review*, 1862, nº 5, p. 72.

On aurait probablement pensé que, comme l'Amérique du Nord ni l'Amérique du Sud n'ont fourni, à l'époque de leur découverte par les Européens, de représentant vivant de cette famille, cheval, âne, zèbre ou couagga, on pouvait se dispenser de rechercher au delà de l'Océan la présence des espèces fossiles. Mais combien maintenant a changé le point de vue duquel nous envisageons cette question! M. Darwin fut le premier qui découvrit les restes d'un cheval fossile pendant son voyage dans l'Amérique du Sud, et, depuis, deux autres espèces en ont été rencontrées sur le même continent. C'est bien autre chose encore dans l'Amérique du Nord; dans la seule vallée de Nebraska, où M. Hayden a recueilli, d'après le docteur Leidy, d'abord une espèce impossible à distinguer du cheval domestique, puis les représentants de cinq autres genres fossiles de solipèdes. Il les appelle *Hipparion*, *Protohippus*, *Merychippus*, *Hypohippus* et *Parahippus*. C'est un total de douze espèces de chevaux appartenant à sept genres, (y compris l'*Anchitherium* miocène de Nebraska), qu'on a déjà découverts dans les formations tertiaires et post-tertiaires des États-Unis (1).

MM. Unger (2) et Heer (3), guidés uniquement par des considérations de botanique, ont soutenu l'existence, autrefois, d'un continent atlantique pendant une partie de la période tertiaire comme fournissant la seule explication plausible qu'on pût imaginer de l'analogie entre la flore miocène de l'Europe centrale et la flore actuelle de l'Amérique orientale. Mais M. le docteur Oliver, après avoir montré combien de types américains trouvés fossiles en Europe sont communs au Japon, se rallie à la théorie émise pour la première fois par le docteur Asa Gray. Cette théorie consiste à voir dans la communauté des types des États orientaux de l'Amérique du Nord et de la faune miocène de l'Europe le résultat d'une migration des espèces qui se serait produite alors qu'il y avait une com-

(1) *Proceedings of Academy of Natural science*, Philadelphia, pour 1858, p. 89.
(2) *Die versunkene Insel Atlantis*.
(3) *Flora tertiaria Helvetiæ*.

munication terrestre entre l'Amérique et l'Asie orientale, entre le cinquantième et le soixantième degré de latitude, c'est-à-dire au sud du détroit de Behring, en suivant la direction des îles Aleutiennes [1]. En suivant ce trajet, les espèces ont pu se transporter à l'une des trois époques miocène, pliocène ou post-pliocène, et avant la période glaciaire, dans la région du fleuve Amour sur la côte est de l'Asie septentrionale.

Nous avons déjà vu (p. 164) que les quadrupèdes actuels du fleuve Amour sont presque tous d'espèces identiques à ceux qui habitent à présent l'Europe occidentale et les Iles Britanniques.

Une monographie de l'hippopotame, de l'ours, du bœuf, du cerf, ou de tout autre genre de mammifères fréquent dans le terrain de transport et dans les cavernes de l'Europe, réussirait également à faire ressortir l'état incomplet des matériaux dont nous disposons à présent. On possède rarement un squelette complet d'aucune espèce éteinte, encore moins a-t-on les squelettes des deux sexes et des âges différents. On ne sait généralement rien des variétés géographiques des espèces pliocènes et post-pliocènes, et surtout on n'a aucune idée des changements successifs de forme qu'elles doivent avoir subis dans la période pré-glaciaire entre l'époque miocène supérieure et les temps post-pliocènes. Aussi, vu cette pauvreté de nos documents paléontologiques, ne faut-il pas s'étonner que les ostéologistes ne soient pas d'accord au sujet de certains restes trouvés dans les cavernes et de leur identification avec des espèces encore vivantes; et qu'on n'ait pas encore décidé, par exemple, si la *Talpa fossilis* est réellement la taupe commune, si le *Meles Morreni* est le blaireau commun, la *Lutra antiqua* notre loutre d'Europe, le *Sciurus priscus* l'écureuil, l'*Arctomys primigenia* la marmotte, le *Myoxus fossilis* le loir, le *Felis Engihoulensis* de Schmerling le lynx d'Europe, et si l'*Ursus spelæus* et l'*Ursus priscus* ne

[1] Oliver, *Lecture at the Royal Institution*, 7 mars 1862.

sont pas des races éteintes de l'ours brun vivant, (*Ursus Arctos*).

Si, à quelque époque future, toutes les espèces que je viens de citer venaient à être réunies à leurs congénères voisines, ce fait agrandirait singulièrement le champ de nos idées relativement aux modifications qu'une espèce est susceptible de subir dans le cours des temps, bien que la même forme puisse nous paraître parfaitement immuable dans les limites étroites de notre expérience humaine.

Longévité des espèces de mammifères.

Dans mes *Principes de Géologie*, j'établissais, en 1833 [1], que la longévité des espèces dans la classe des mollusques surpasse celle des espèces de mammifères. On a, depuis, reconnu que l'on pouvait étendre beaucoup plus cette généralisation, et qu'en réalité la loi qui régit les changements des êtres organisés est telle, que plus la place qu'ils occupent dans l'échelle est basse, c'est-à-dire plus leur structure est simple, plus ils sont constants dans leurs formes et leur organisation. Je me convainquis bientôt de la vérité de cette règle pour la classe des mollusques, quand j'essayai de calculer la proportion numérique des espèces récentes dans les formations pliocènes supérieures relativement à ce qu'elle est dans les formations pliocènes inférieures, et ensuite quand je voulus faire la même comparaison entre cette dernière époque et l'époque miocène. J'observai, en effet, invariablement, qu'on pouvait identifier à des espèces vivantes un bien plus grand nombre d'acéphalés, ou bivalves lamellibranches, que de gastéropodes, et, parmi ces derniers, un bien plus grand nombre de ceux du groupe inférieur, à bouche entière, que de ceux qui sont pourvus d'un siphon. Quelle que soit la façon dont se sont produits les changements, par variation, par sélection naturelle ou autrement, la vitesse de changement est d'autant plus grande que l'organisation est plus élevée.

(1) Première édition, vol. III, p. 48 et 140.

Ce n'est donc que quand tous les principaux ordres de mollusques sont complétement représentés, et que quand on compare ceux de grade correspondant, qu'on peut avoir quelque confiance dans les nombres proportionnels des espèces éteintes et des espèces récentes, et en tirer quelque indication sur les relations de ces deux groupes avec la faune actuelle.

Les foraminifères, qui caractérisent l'échelon le plus bas de la vie animale, puisqu'ils sont au même rang que les éponges, nous montrent, comme nous l'apprennent les recherches du docteur Carpenter et de MM. Jones et Parker, une extrême variabilité dans leurs formes spécifiques, mais ces mêmes formes si variables se perpétuent à travers de vastes périodes de temps, et surpassent, sous ce rapport, même les mollusques brachiopodes dont nous avons parlé.

Le docteur Hooker fait observer, au sujet des plantes dont la fleur a une structure compliquée, qu'elles manifestent leur supériorité physique par une faculté de variation plus étendue, ce qui leur permet d'assurer avec plus de sécurité la perpétuation de leur race : il regarde cette propriété comme un attribut d'un ordre plus élevé, à certains égards, que celui de la spécialisation des organes (1).

L'une des conséquences de cette loi est, dit-il, que les espèces, les genres, les ordres sont, en somme, mieux limités dans les plantes plus élevées; dans les dicotylédonées, par exemple, mieux que dans les monocotylédonées, et dans les dichlamydées mieux que dans les achlamydées.

On peut peut-être, fait remarquer M. Darwin, se rendre compte de la rapidité plus grande des changements dans les espèces terrestres et dans les êtres d'une organisation plus élevée que dans les espèces marines et les êtres inférieurs, en réfléchissant aux relations plus complexes des êtres supérieurs avec l'entourage organique et inorganique de leur milieu (2).

(1) *Introductory Essay*, etc., p. VII.
(2) *Origin of Species*, troisième édition, p. 3:0.

Si l'on suppose que les mammifères soient plus sensibles que les classes inférieures de vertébrés à toutes les fluctuations de l'état de la nature animée ou inanimée qui les entoure, il en résultera qu'ils auront plus souvent à s'adapter par variation aux nouvelles conditions, faute de qui ils devront céder la place à d'autres types. Par conséquent les extinctions de variétés, d'espèces et de genres seront plus fréquentes, les types survivants en seront mieux limités et la durée moyenne des types spécifiques non altérés sera diminuée.

Conséquences de l'absence de mammifères dans les îles au point de vue de la transmutation.

Mais si les mammifères varient, en somme, plus rapidement que les animaux qui leur sont inférieurs dans l'échelle des êtres, il ne faut pas pour cela supposer qu'ils puissent sans transition changer d'habitudes et d'organisation, ou qu'il suffise de courtes périodes pour les transformer en d'autres espèces. L'extrême lenteur avec laquelle se produisent ces changements d'habitudes et d'organisation quand le milieu se modifie, paraît trouver une excellente démonstration dans l'absence des quadrupèdes à sang chaud, même très-petits, dans les îles éloignées des continents, alors même que ces îles ont des dimensions parfaitement suffisantes pour qu'ils y puissent vivre.

M. Darwin a fait voir combien cette absence de mammifères était conforme à ses vues et à fait observer que les chéiroptères, qui font seuls exception à cette loi, peuvent fort bien, grâce à leurs ailes, être venus d'îles éloignées, car on les rencontre souvent en mer volant à de grandes distances des côtes. Il est incontestable que cette absence générale et complète des quadrupèdes qui ne pourraient arriver qu'en nageant dans ces terres isolées, semble indiquer que la nature ne cesse pas de s'assujettir aux lois ordinaires de la reproduction quand elle peuple le globe de nouvelles formes; car si des causes purement immatérielles étaient seules en jeu, il y aurait tout lieu de s'attendre à trouver dans ces endroits des écureuils, des lapins, des putois et d'autres petits herbivores ou carnassiers aussi bien qu'on y rencontre des chauves-souris.

D'autre part, il me paraît difficile de concilier l'ancienneté de certaines îles, telles que celles de l'archipel de Madère, et celles des Canaries qui sont plus grandes encore, avec l'absence totale de petits quadrupèdes indigènes; car, à en juger par les anciens dépôts de coquilles littorales, maintenant fort élevés au-dessus du niveau de la mer, plusieurs de ces îles volcaniques, (Porto-Santo, et la Grande-Canarie entre autres), n'ont pas dû cesser d'exister, depuis la période miocène supérieure. Mais, sans même invoquer les titres qu'elles peuvent avoir à être aussi anciennes, il est au moins certain que depuis la fin de la période pliocène supérieure, Madère et Porto-Santo, ont constitué deux îles séparées, l'une en vue de l'autre, et habitées chacune par un ensemble de coquilles terrestres (*Helix*, *Pupa*, *Clausilia*, etc.), pour la plupart différentes, c'est-à-dire propres à chaque île. On possède environ trente-deux espèces fossiles de Madère et quarante-deux de Porto-Santo; il n'y en a que cinq sur ce nombre, qui soient communes aux deux îles. Dans chacune d'elles les coquilles terrestres vivantes sont également distinctes et correspondent respectivement pour la plupart aux espèces qui se trouvent fossiles dans chaque île.

Parmi les espèces fossiles il y en a une ou deux qui paraissent entièrement éteintes, mais un plus grand nombre a disparu de la faune de l'archipel de Madère, quoiqu'on les retrouve encore en Afrique et en Europe. Beaucoup d'entre les plus communes à l'époque pliocène supérieure sont devenues maintenant plus rares, et d'autres, rares autrefois, sont maintenant beaucoup plus abondamment représentées. L'influence modificatrice s'est exercée avec une telle énergie, — peut-être devrais-je dire a eu tant de temps pour se développer, — que presque chaque rocher isolé, à une portée de fusil du rivage, possède ses formes vivantes particulières, c'est-à-dire ces races très-tranchées auxquelles M. Lowe, dans son excellente description de la faune de ces pays, a donné le nom de « sous-espèces. »

Depuis que les coquilles fossiles ont été enfouies dans le sable près des côtes, ces îles volcaniques ont subi des altérations considérables de dimensions et de formes, grâce à l'action destructrice des vagues de l'Atlantique qui en battent incessamment les falaises, de sorte que les phénomènes organiques, comme les phénomènes inorganiques, nous donnent la preuve du long temps qui s'est écoulé.

Pendant cette période, aucun mammifère, même de petite taille, sauf des chauves-souris, n'a apparu ni à Madère ni à Porto-Santo, ni dans les îles plus grandes et plus nombreuses du groupe des Canaries. On aurait peut-être pu conclure de quelques expressions que l'on rencontre çà et là dans l'*Origine des espèces*, (quoiqu'il fallût peut-être, pour cela, interpréter la pensée générale de l'auteur et forcer un peu ses raisonnements), on aurait peut-être pu conclure, dis-je, que cette pénurie de la classe la plus élevée des vertébrés s'accordait mal avec la faculté qu'ont les mammifères d'accommoder leurs habitudes et leur organisation à des conditions nouvelles. Pourquoi, par exemple, après une grande multiplication des chauves-souris, et lorsque la rareté des insectes en l'air se fit sentir d'une façon pressante, n'y en eut-il pas quelques-unes qui se mirent à terre à chercher leur proie, et qui, perdant graduellement leurs ailes, se transformèrent en insectivores non volants? M. Darwin me dit qu'il y a dans l'Inde une chauve-souris connue pour dévorer quelquefois des grenouilles. On pourrait aussi être tenté de demander comment il se fait que les phoques, qui pullulaient sur les côtes de Madère et des Canaries avant l'arrivée des Européens, ne se laissèrent jamais entraîner, quand la nourriture devint rare en mer, à quitter le rivage pour s'aventurer à terre; pourquoi ils ne commencèrent pas à Ténériffe, à la grande Canarie particulièrement, et dans d'autres grandes îles, à prendre des habitudes terrestres, à s'écarter de quelques mètres du rivage, et, de proche en proche, à venir occuper quelques-unes des places laissées vacantes dans l'économie de la nature. Qui nous empêcherait de supposer que pendant ces excursions, certaines variétés, dont la palmure des doigts était composée d'une peau moins développée, aient réussi à marcher plus facilement sur le sol, et qu'au bout de plusieurs générations elles aient pu échanger leur allure actuelle, c'est-à-dire cette manière de se traîner péniblement et de sauter, avec l'aide de la queue et de leur extrémité en forme de nageoire, contre des pieds mieux faits pour courir?

On dit que l'une des chauves-souris de l'île de Palma, (dans l'archipel des Canaries), est d'une espèce particulière, et même que quelques-uns des chéiroptères des îles du Pacifique ou de l'Océanie appartiennent à des genres spéciaux. Si cela est, le monde organique comme les faits géologiques nous montrent que nous ne pouvons alléguer une durée insuffisante pour aucune des grandes divergences de types. Il semble aussi que nous ayons le droit de nous demander pourquoi les chauves-souris et les rongeurs de l'Australie, qui sont si nombreux parmi les marsupiaux de ce continent, ne se sont jamais développés, en vertu du principe de la progression, et transformés en types placentaires qui sont plus élevés. Nous savons, en effet, maintenant, que ce continent n'est point du tout impropre à l'existence de ces mammifères, car depuis que l'homme les y a introduits, ils y sont devenus sauvages, et s'y sont naturalisés dans beaucoup d'endroits. Voici les réponses que l'on pourrait faire à ces critiques de quelques-unes des vues théoriques de M. Darwin.

D'abord, en ce qui touche les chauves-souris et les phoques, ce sont ce que les zoologistes appellent des types égarés et d'une spécialisation extrême; ce sont, par conséquent, ceux chez lesquels on doit s'attendre à trouver la fixité la plus inflexible d'organisation, c'est-à-dire l'aptitude la plus faible à modifier leur structure dans de nouvelles directions, et à subir des transformations d'habitudes telles qu'elles résulteraient du passage d'une existence aquatique à une existence terrestre ou de la perte de la faculté de voler.

Secondement, cette même faculté de voler qui a permis aux premières chauves-souris d'arriver jusqu'à Madère et aux Canaries devrait en faire venir d'autres, de temps en temps, du continent africain; les dernières, se mêlant aux premières émigrées et se croisant avec elles, empêcheraient la formation de nouvelles races et conserveraient l'intégrité du type primitif, comme cela a lieu actuellement pour les oiseaux de Madère et des Bermudes.

C'est là ce qui arriverait certainement si, comme M. Darwin s'est efforcé de le prouver, les rejetons des races légèrement différentes étaient généralement plus vigoureux que la progéniture née de parents de même race, et le résultat de ces croisements serait, par conséquent, plus prolifique que la souche établie dans les îles et restée longtemps sans mélange.

La même cause tend d'une façon encore plus caractérisée à empêcher, chez les phoques, les divergences de races, et la création des « commencements d'espèces », parce qu'ils parcourent librement l'immensité de l'Océan, et peuvent par conséquent continuellement fréquenter d'autres individus de leur espèce.

Troisièmement, en ce qui regarde les espèces particulières, et même les genres de chauves-souris spéciaux aux îles, nous sommes peut-être trop peu au courant, pour le moment, de toutes les espèces et de tous les genres des continents voisins pour pouvoir affirmer, avec la moindre assurance, que les formes supposées spéciales n'existent pas ailleurs, celles des Canaries, par exemple, en Afrique. Mais, ce qui est plus important encore, nous ne devons pas le perdre de vue, c'est qu'un grand nombre d'espèces et de genres de mammifères post-pliocènes se sont partout éteints par des causes indépendantes de l'homme; il est toujours possible, par conséquent, que certains types de chéiroptères, venus originairement du continent, aient survécu dans les îles, quoiqu'ils se soient graduellement éteints dans leur patrie primitive; il serait donc téméraire de conclure qu'il s'est écoulé un temps suffisant pour la création, par variation ou autrement, de nouveaux genres ou de nouvelles espèces dans les îles en question.

Quant aux rongeurs et aux chéiroptères de l'Australie, nous connaissons encore trop peu la faune post-pliocène et la faune pliocène supérieure de cette partie du monde, pour pouvoir décider si l'apparition de ces formes date d'une époque géologique reculée. Nous savons cependant qu'avant la période actuelle ce continent était peuplé de grands kanguroos et d'autres marsupiaux herbivores et carnivores d'espèces éteintes depuis longtemps et dont on a découvert les restes dans des cavernes à ossements. L'établissement antérieur dans le pays de ces types indigènes fort répandus a pu entraver complétement le développement des rongeurs et des chéiroptères placentaires, sans que nous devions pour cela en conclure l'impossibilité pour les types marsupiaux de se convertir par variation et développement progressif en mammifères plus élevés dans l'échelle animale.

Imperfection des documents géologiques.

En parlant, dans le huitième chapitre, de la rareté des ossements humains dans les alluvions contenant des silex en abondance, j'ai dit et montré qu'il n'entre pas dans le plan de la nature d'imprimer elle-même ses mémoires en tout temps et en tous lieux. Au contraire, les documents historiques qu'elle produit sont dès l'abord locaux et exceptionnels; il y en a une partie qui se réduit ensuite en boue, en sable, en cailloux pour fournir des matériaux à de nouvelles couches. De plus, les trois quarts de ces anciens monuments, formant à présent l'écorce du globe, qui ont échappé à l'action destructrice des cours d'eau ou des vagues de la mer, et qui n'ont pas été fondus sous l'influence de la chaleur des volcans, sont submergés par l'Océan et inaccessibles à l'homme.

Ceux qui forment la terre ferme sont en grande partie cachés pour toujours à notre observation et recouverts par des masses de montagnes de plusieurs milliers de mètres d'épaisseur.

M. Darwin a dit, avec raison, que les roches fossilifères connues des géologues se composent en majeure partie de dépôts formés pendant l'abaissement du fond de la mer. Ce mouvement de haut en bas met les dépôts récents à l'abri de la dénudation et leur permet de s'accumuler sur une grande épaisseur; quand, au contraire, la matière sédimentaire se précipite aux points où le fond de la mer s'élève graduellement, elle doit invariablement être entraînée par les vagues au fur et à mesure de l'émersion du sol.

Lors donc qu'on réfléchit à l'état décousu des annales géologiques qui nous sont parvenues et au peu d'avancement de l'étude qu'on en a faite, il y a lieu de s'étonner que tant de géologues attribuent toutes les interruptions dans la série des couches et toutes les lacunes dans l'histoire du monde organique antérieur à des catastrophes et à des convulsions de l'écorce terrestre, ou à des irrégularités de la force créatrice qui aurait sauté d'une espèce à une autre et d'une classe à une autre. N'est-il pas évident, en effet, que même si la série des monuments géologiques eût été parfaite et continúe dès l'abord, (hypothèse tout à fait en désaccord avec ce que nous pouvons, par analogie, conclure de l'examen des causes qui sont en jeu de notre temps), elle n'aurait pu se présenter à nos yeux qu'à un état disloqué et discontinu?

Les géologues, qui ont suivi la marche du progrès des découvertes durant le dernier demi-siècle, peuvent le mieux apprécier jusqu'à quel point nous pouvons espérer que la continuation de nos recherches nous permette de combler les plus grandes lacunes qui interrompent maintenant la succession régulière des roches fossilifères. La détermination, par exemple, dans ces dernières années, de la vraie place des couches de Hallstadt et de Saint-Cassian sur le versant sud et le versant nord des Alpes autrichiennes nous a révélé pour la première fois la faune marine d'une époque, (celle du Trias supérieur), dont jusqu'alors on ne savait presque rien. Voilà un cas où les paléontologistes ont eu à intercaler environ 800 espèces de Mollusques et de Rayonnés entre les faunes du lias inférieur et du trias moyen. La période en question était auparavant, dans l'opinion de beaucoup de géologues, même d'hommes d'un esprit philosophique, une époque de pénurie relative de types organiques. En Angleterre, en France, dans le nord de l'Allemagne, les seules dépôts connus appartenant au trias supérieur se composaient presque entièrement de couches d'eau douce ou saumâtre dont les fossiles les plus caractéristiques étaient des ossements de reptiles terrestres ou amphibies. La nouvelle faune, comme on pouvait s'y attendre, était en partie spéciale, un bon nombre de ses espèces de mollusques pouvait se rapporter à de nouveaux genres : cependant quelques espèces lui étaient communes avec les roches plus anciennes et quelques autres avec les suivantes. En somme, les nouvelles formes ont grandement contribué à atténuer la discordance existant non-seulement entre le lias et le trias, mais aussi, d'une façon plus générale, entre les formations néozoïques et paléozoïques. Ainsi le genre Orthocère y a été, pour la première fois, reconnu dans un dépôt néozoïque, et on lui a trouvé associées les premières grandes ammonites à lobes persillés, forme qu'on n'avait jamais auparavant vue au-dessous du lias, ainsi que les *Ceratites*, famille de Céphalopodes qui n'avait jamais été rencontrée dans le trias supérieur ni dans la même couche que les ammonites à lobes persillés.

Il ne nous est plus permis maintenant de douter que nous voyions disparaître presque entièrement l'hiatus si tranché qui sépare le trias de la formation permienne, s'il nous est donné plus tard d'étudier une faune aussi riche de l'âge du trias inférieur ou grès bigarré.

Archæopteryx macrurus, Owen. Il me serait facile d'ajouter une nombreuse liste de dépôts moins importants appartenant aux formations primaires, secondaires et tertiaires et que, dans le cours du dernier quart de siècle, nous avons eu à intercaler dans la série chronologique précédemment connue : mais cela me mènerait à une trop longue digression. Je me contenterai de montrer que ce ne sont pas seulement de nouvelles formations qui, d'année en année, font leur apparition dans la science, comme pour nous rappeler à quel état rudimentaire en sont nos connaissances en géologie, mais aussi qu'on découvre des types de conformation nouvelle justement dans des roches dont nous croyions parfaitement connaître tous les fossiles.

La dernière et la plus frappante de ces nouveautés est le fossile emplumé du calcaire lithographique de Solenhofen.

Jusqu'à l'année 1858, aucun squelette bien déterminé n'avait été découvert dans des roches plus anciennes que le terrain tertiaire. Mais, cette année-là, M. Lucas Barrett trouva dans les grès verts supérieurs de la série crétacée, près de Cambridge, le fémur, le tibia et quelques autres os d'un oiseau nageur qu'il pensa devoir appartenir au groupe des mouettes, opinion qui fut plus tard confirmée par M. le professeur Owen.

L'*Archæopteryx macrurus*, Owen, acquis récemment par le British Museum, nous offre un second exemple de la découverte d'ossements d'oiseaux dans des couches antérieures à l'époque éocène. On l'a trouvé dans les grandes carrières de calcaire lithographique de Solenhofen, en Bavière, roche qui fait partie de l'oolithe supérieure.

On crut d'abord, en Allemagne, avant qu'aucun ostéologiste expérimenté eût eu l'occasion d'examiner l'échantillon original, que ce fossile pouvait être un ptérodactyle emplumé, (des reptiles volants ont souvent été rencontrés dans la même couche), ou qu'il allait tout au moins établir une transition des oiseaux aux reptiles. Mais M. le professeur Owen, dans un mémoire lu dernièrement à la Société royale de Londres, (20 novembre 1862), a démontré que c'est incontestablement un oiseau, et que ceux de ses caractères qui sont anormaux sont loin d'être ceux d'un vrai reptile. Le squelette gisait sur le dos quand il fut enfoui dans le sédiment calcaire, de sorte que c'est la partie ventrale que l'on voit. Il a environ cinquante centimètres de long et trente centimètres de large du sommet d'une aile à celui de l'autre. Les clavicules sont entières et marquent la partie antérieure du corps. Les ischions, l'omoplate et la plus grande partie des os de l'aile et de la jambe sont conservés, et l'on voit les impressions des pennes et de l'extrémité postérieure du corps. Les barbes et les tuyaux des plumes peuvent se voir à l'œil nu. De chaque côté s'étalent quatorze longues pennes insérées sur les os métacarpiens et les phalanges, et leurs longueurs décroissent de quinze centimètres à deux centimètres et demi. Les ailes ont une ressemblance générale avec celles des gallinacés. Le tarso-métatarsien offre à son extrémité inférieure une triple surface articulaire correspondant à trois doigts comme dans les oiseaux. Les clavicules, le bassin et les os de la queue sont dans leur position naturelle. La queue se compose de vingt vertèbres, dont chacune porte une paire de plumes. La longueur de la queue avec ses plumes est de vingt-neuf centimètres, et sa largeur de sept centimètres; elle est obtuse et tronquée à son extrémité. Dans tous les oiseaux vivants, les plumes de la queue sont disposées en éventail et attachées au coccyx qui se compose de plusieurs vertèbres soudées, tandis que dans l'embryon ces mêmes vertèbres sont distinctes. L'oiseau qui en offre le plus grand nombre est l'autruche, qui, à l'état de fœtus, a dix-huit vertèbres caudales, nombre qui se réduit à neuf chez l'oiseau adulte, parce qu'il y en a plusieurs qui se sont ankylosées. M. le professeur Owen, en conséquence, considère la queue de l'Archæopteryx comme un exemple de la persistance jusque dans l'état adulte d'un caractère qu'on ne voit plus à présent que dans l'embryon. Il fait la remarque que la queue est un organe essentiellement variable; il y a des chauves-souris, des rongeurs et des ptérodactyles à courte queue, comme il y en a à queue longue.

L'Archæopteryx diffère de tous les oiseaux connus, non-seulement par la structure de la queue, mais parce qu'il a deux, sinon trois doigts à la main; quant au cinquième doigt des reptiles ailés, il n'y en a pas de trace.

L'état dans lequel le squelette se présente est tout à fait de nature à nous faire croire, dit M. le professeur Owen, que ce soit un squelette de mouette, et qu'il ait été la proie d'un carnassier qui en aurait enlevé toutes les parties tendres et peut-être la tête, en ne laissant que les os des jambes et les pennes impossibles à digérer. Mais, depuis la lecture de la note de M. Owen, M. John Evans, dont j'ai souvent eu occasion de parler dans les premiers chapitres de cet ouvrage, paraît avoir trouvé quelque chose qui pourrait correspondre à une partie du crâne absent. Il a appelé l'attention sur une protubérance arrondie de l'autre surface de la plaque de calcaire, protubérance qui semble être le moule du cerveau ou de l'intérieur du crâne. Il y a même une partie de l'os du crâne qui paraît encastrée dans la gangue. M. Evans a fait voir la ressemblance de ce moule avec un autre qu'il a pris lui-même sur le crâne d'un corbeau, et plus encore avec celui d'un geai, et a fait observer que dans le fossile la ligne médiane qui sépare les deux hémisphères du cerveau est visible.

Je conclus de tout ceci que cette remarquable relique doit nous apprendre avec quelle témérité, sur de simples preuves négatives, on a voulu nier l'existence des oiseaux à l'époque secondaire, et combien nous devons nous attendre à découvrir de nouvelles formes dans les couches que nous connaissons le mieux, sans compter les formations nouvelles que les géologues découvrent continuellement.

CHAPITRE XXIII.

COMPARAISON DE L'ORIGINE ET DU DÉVELOPPEMENT DES LANGAGES ET DES ESPÈCES.

Controverse au sujet de l'hypothèse des Aryens. — Les races humaines se modifient plus lentement que leurs langages. — Théorie de la formation graduelle des langues. — Difficulté de définir en les distinguant la « langue » et le « dialecte ». — Grand nombre d'idiomes éteints et existants. — Aucun idiome européen ne remonte à mille ans. — D'où proviennent les lacunes observées entre les langues. — Imperfection des documents. — Marche constante des changements. — Lutte des termes et dialectes rivaux. — Causes de sélection. — Chaque langue se forme lentement sur une surface géographique unique. — Elles peuvent disparaître graduellement ou brusquement. — Disparues, elles ne peuvent ressusciter. — La naissance des langues et des espèces est une sorte de mystère. — Inutilité des spéculations théoriques sur le nombre des langues et des espèces originelles.

L'existence supposée, à une époque reculée et inconnue, d'un langage que l'on est convenu d'appeler Aryen, a été dans ces dernières années un des sujets favoris des spéculations des philologistes allemands, et M. le professeur Max Müller nous a dernièrement donné l'exposé le plus complet et le plus perfectionné de cette théorie, en publiant les divers faits et arguments qui peuvent la défendre, avec sa perspicacité et son éloquence habituelles. Il fait observer que si nous ne connaissions pas l'existence du Latin, si tous les documents historiques antérieurs au quinzième siècle étaient perdus, si la tradition même se taisait au sujet de l'existence autrefois d'un empire romain, la simple comparaison de l'Italien, de l'Espagnol, du Portugais, du Français, du Valaque et du Rhétien nous permettrait d'affirmer qu'il a dû y avoir, à une certaine époque, un langage dont ces six dialectes modernes tirent leur origine commune. Sans cette supposition, il serait impossible de s'expliquer leur construction et leur composition, et de se rendre compte, entre autres choses, des formes du verbe auxiliaire

« être », qui sont toutes évidemment des variétés d'un même type ; il est clair également qu'aucun de ces six dialectes ne nous offre la forme primitive dont les autres ne seraient que des dérivations. Ainsi nous ne trouvons dans aucun d'eux les éléments dont les formes du verbe et d'autres mots auraient pu se composer ; ils ont donc dû venir d'une époque plus ancienne et exister dans quelque langage antérieur ; ce langage nous le connaissons, c'est le Latin.

Mais il poursuit, et cherche de la même façon à montrer que le Latin lui-même, comme le Grec, le Sanscrit, le Zend, (ou Bactrien), le Lithuanien, le Slave ancien, le Gothique et l'Arménien, sont aussi huit variétés d'un type plus ancien et qu'aucun d'eux n'a pu être la source originale dont les autres auraient dérivé. Ils ont tous entre eux une telle ressemblance, qu'ils accusent l'existence d'un langage plus ancien, la langue Aryenne, qui aurait été à ces huit dialectes ce que le Latin est aux six langues romanes. Le peuple qui parlait cette langue primitive inconnue, mère de tant d'idiomes anciens, doit, à une époque reculée, avoir émigré vers des contrées de l'ancien monde fort éloignées les unes des autres, telles que l'Asie septentrionale, l'Europe et l'Inde au sud de l'Himalaya [1].

La réalité de l'existence de cette langue Aryenne supposée, a dernièrement été contestée par M. Crawfurd, sous prétexte que les Indous, les Perses, les Turcs, les Scandinaves et les autres peuples cités comme ayant emprunté non-seulement des mots, mais même des formes grammaticales à cette source Aryenne appartiennent chacun à une race distincte, et que toutes ces races ont, dit-on, conservé sans altération leurs caractères particuliers depuis l'aurore de l'histoire et de la tradition. Par conséquent, puisqu'elles n'ont subi aucun changement appréciable depuis trois ou quatre mille ans, nous sommes obligés d'admettre, pour la date de la séparation de toutes ces branches du tronc commun, une date bien plus

[1] Max Müller, *Comparative Mythology*. Oxford, *Essays*, 1856.

reculée que l'époque supposée des migrations du peuple Aryen et de la dispersion de son langage sur tant de contrées lointaines.

Mais il me semble que M. Crawfurd lui-même nous fournit la réponse à cette objection en admettant qu'il y eut une nation parlant un langage voisin du Sanscrit, (la plus ancienne des huit langues citées ci-dessus), qui habita autrefois probablement la contrée située au nord-ouest de l'Inde et qui, depuis le commencement de la période historique authentique, a déversé ses hordes conquérantes sur une grande partie de l'Asie occidentale et de l'Europe orientale. Le même peuple, dit-il, peut avoir joué le même rôle pendant la longue et ténébreuse période qui a précédé l'aurore de la tradition [1]. Ces conquérants peuvent n'avoir été qu'en petit nombre en comparaison des populations qu'ils subjuguaient. En pareil cas les nouveaux venus, tout en se comptant par milliers, ont dû, en quelques siècles, se fondre dans les millions de sujets sur lesquels ils régnaient. C'est un fait reconnu que la couleur et les traits de l'Européen et du Nègre disparaissent entièrement à la quatrième génération, pourvu qu'on ne fasse intervenir aucun mélange nouveau du sang de l'une ou de l'autre des deux races. Les traits physiques distinctifs des conquérants Aryens ont donc dû bientôt s'effacer et se perdre dans ceux des nations soumises; néanmoins un grand nombre de mots et, ce qui est plus remarquable, certaines formes grammaticales de leur langage, ont pu être adoptées par les populations qu'ils avaient gouvernées pendant des siècles, sans qu'elles perdissent pour cela les traits distinctifs qu'avait leur race bien avant les invasions Aryennes.

Il n'y a pas de doute que, si nous pouvions remonter dans le passé jusqu'au point de départ commun d'un faisceau de langues actuelles analogues, nous les vissions converger et se confondre à une époque moins reculée que celle à laquelle il faudrait nous reporter pour retrouver les races humaines

[1] Crawfurd, *Transactions of the Ethnological Society*, 1861, vol. I.

existantes confondues ; en d'autres termes, les races changent beaucoup plus lentement que les langages. Mais, d'après la doctrine de la transmutation, il faut un temps incomparablement plus long pour former une nouvelle espèce que pour former une nouvelle race. Aucune langue ne paraît jamais avoir duré mille ans, et bien des espèces paraissent s'être perpétuées pendant des centaines de milliers d'années. Par conséquent, le philologue qui prétend que tous les langages actuels sont dérivés, et non primordiaux, a un grand avantage sur le naturaliste qui prône une théorie semblable au sujet des espèces.

Il peut être intéressant dans le but d'apprécier complétement les grands obstacles qu'ont à surmonter ceux qui se font les apôtres de la transmutation en histoire naturelle, il peut être intéressant de réfléchir aux difficultés qu'éprouverait un philologue, s'il essayait de convaincre une réunion de personnes intelligentes, mais non lettrées, que le langage qu'elles parlent ainsi que tous ceux qu'emploient les nations contemporaines sont des inventions modernes, et, de plus, que ces mêmes formes de langage subissent encore des changements constants et qu'aucune d'entre elles n'est destinée à durer toujours.

Nous supposerons qu'il commence par énoncer sa conviction que les langages actuels sont venus, par une dérivation graduelle, d'autres maintenant disparus et parlés par des nations qui, dans l'ordre des temps, étaient immédiatement antérieures et se servaient de formes de langages dérivées d'autres encore plus anciennes. L'auditoire devrait naturellement s'écrier : Qu'il est bien étrange qu'on trouve la trace d'une multitude de langues mortes, et que cette partie de l'économie de l'humanité, qui de notre temps est d'une aussi remarquable stabilité, ait été aussi inconstante dans les âges passés. Nous parlons tous comme nos pères, comme nos grands-pères ; autant en font les Allemands, autant en font les Français : quelle est donc la preuve de cette variation aussi incessante aux époques reculées? Et si ce fait est vrai, pourquoi n'imagine-t-on pas que quand une forme d'élocution a été perdue, il y en ait eu une autre créée soudainement et d'une façon surnaturelle, en vertu d'un don spécial ou d'une confusion des langages, comme celle qui s'est produite lors de la construction de la tour de Babel? Où sont les traces de tous les dialectes intermédiaires qui doivent avoir existé, si cette doctrine de fluctuation perpétuelle est vraie? et comment se fait-il que les langues parlées à présent ne passent pas par des gradations insensibles soit aux idiomes voisins, soit aux langues mortes de dates immédiatement antérieures?

Et enfin, si cette théorie de modificabilité indéfinie est fondée, quelle signification faut-il attacher au terme « langage », et quelle définition peut-on en donner pour le distinguer du « dialecte »?

En réponse à cette dernière question, le philologue devra avouer que les savants ne sont pas d'accord sur ce qui constitue la différence d'un langage et d'un dialecte. Il y en a qui croient qu'il y a quatre mille langues vivantes, d'autres qu'il y en a six mille, de sorte que la manière de les définir est évidemment une simple affaire d'opinion. Les uns prétendent, par exemple, que le Danois, le Suédois et le Norwégien forment une seule langue « Scandinave »; d'autres, qu'ils constituent trois idiomes différents; d'autres, que le Danois et le Norwégien ne font qu'un, et sont de simples dialectes d'une même langue, et que le Suédois est distinct.

Le philologue, cependant, pourrait précisément se targuer de cette ambiguïté comme d'une chose grandement favorable à sa doctrine, puisque cette transmutation des langues, s'exerçant d'une façon incessante, a dû souvent ne pas laisser entre elles de lignes réelles de démarcation. Il pourrait pourtant proposer à son auditoire de convenir, pour s'entendre, qu'ils regarderont deux langages comme distincts toutes les fois que ceux qui les parleront seront incapables de converser entre eux, c'est-à-dire d'échanger facilement leurs idées par la parole ou par l'écriture. Scientifiquement parlant, un critérium de cette nature pourrait être vague et peu satisfaisant, comme l'est le critérium de l'espèce fondé sur la faculté de produire des métis féconds; mais si l'auditoire est persuadé qu'il y a réellement des langages distincts, quelle qu'ait pu en être l'origine, la définition ci-dessus proposée pourra être d'un usage pratique et permettre au maître de poursuivre son étude sans discuter davantage. Il pourrait commencer par prouver qu'aucune des langues de l'Europe moderne n'a mille ans d'existence. Il n'y a pas d'écolier anglais, pourrait-il dire, qui, à moins de s'être spécialement adonné à l'étude de l'Anglo-Saxon, pût expliquer les documents contenant les chroniques et les lois de l'Angleterre écrites au temps du roi Alfred; nous pouvons donc être certains qu'aucun des Anglais du dix-neuvième siècle ne pourrait causer avec les sujets de ce monarque, si ces derniers pouvaient maintenant revenir à la vie. Les difficultés qu'on rencontrerait ne viendraient pas seulement de l'introduction de termes français, conséquence de l'invasion normande, attendu qu'une grande partie de notre langue, (articles, pronoms, etc.), qui vient du Saxon, a aussi subi de grandes transformations; ce sont des abréviations, de nouveaux modes de prononciation, des changements d'orthographe, et d'autres corruptions variées, de façon qu'elle ne ressemble plus ni à l'Allemand ancien, ni à l'Allemand moderne. Ceux qui parlent maintenant allemand, si on les mettait en présence de leurs ancêtres Teutons du neuvième siècle, seraient tout à fait incapables de s'en faire comprendre, et il en serait de même des sujets de Charlemagne, qui ne pourraient échanger leurs idées ni avec les Goths de l'armée d'Alaric, ni avec les soldats d'Arminius du temps de César-Auguste. Le changement a même été si rapide en Allemagne, que le poëme épique appelé les *Niebelungen-Lied*, jadis si populaire, et qui ne date que de sept siècles, ne peut plus être compris et apprécié que par les érudits.

Si nous passons maintenant à la France, nous y retrouvons les preuves de ces mêmes changements incessants. Il y a un traité de paix, encore existant, conclu il y a mille ans

(841 après J. C.), entre Charles le Chauve et le roi Louis de Germanie, et dans lequel le roi germain prête serment dans une langue qui était le français d'alors, tandis que le roi français jure en allemand du même temps; et ni l'un ni l'autre de ces deux serments ne serait maintenant réellement compréhensible pour d'autres que pour les savants de ces deux pays. Il en est de même en Italie, où l'Italien moderne ne se retrouve pas au delà du temps de Dante, c'est-à-dire six siècles avant nous. Même à Rome, où il n'y a pas eu d'introduction permanente d'étrangers, comme dans les plaines du Pô où s'établirent les Lombards venus de Germanie, le peuple de l'an 1000 parlait une langue tout à fait différente de celle de ses aïeux romains ou de ses descendants italiens; nous en avons la preuve dans la célèbre chronique du moine Bénédict, du couvent de Saint-André sur le mont Soracte, chronique écrite dans un latin si barbare, et avec des formes grammaticales si étranges, qu'il faut être très-versé en linguistique pour la déchiffrer [1].

Après avoir ainsi établi comme préliminaires que les langues parlées de nos jours n'existaient pas il y a dix siècles et que les anciens langages ont passé par bien des dialectes de transition avant d'adopter leurs formes actuelles, le philologue énoncera les preuves du grand nombre des idiomes perdus ou existants.

Strabon nous dit que de son temps, dans le Caucase seulement, (chaîne de montagnes qui n'est pas plus longue que les Alpes et qui est beaucoup plus étroite), on parlait soixante-dix langues. A présent, dit-on, le nombre en serait beaucoup plus grand si l'on comptait tous les dialectes distincts de ces montagnes. Plusieurs de ces idiomes du Caucase ne peuvent se comparer à aucune langue connue existante ou perdue de l'Asie ou de l'Europe. D'autres, dont on reconnaît l'origine, sont des formes vieillies de langues connues, du Géorgien, du Mongol, du Persan, de l'Arabe, du Tartare. Il semble que

[1] Voir G. Pertz, *Monumenta germanica*, vol. III.

chaque fois que des hordes conquérantes s'abattirent sur cette partie de l'Asie, venant toujours du nord et de l'est, elles chassèrent devant elles les habitants des plaines, qui allèrent chercher un refuge dans quelques vallées retirées et dans les montagnes où ils se fortifiaient et où ils maintenaient leur indépendance, comme le font encore de notre temps les Circassiens en dépit de la puissance russe.

Dans les monts Himalaya, depuis Assam jusqu'à leur limite au nord-ouest, et généralement dans les parties les plus montagneuses de l'Inde anglaise, la diversité des langues est surprenante, elle empêche les progrès de la civilisation et entrave le travail des missionnaires. Dans l'Amérique du Sud et au Mexique, Alexandre de Humboldt compta les idiomes par centaines, et ceux de l'Afrique sont, dit-on, aussi nombreux. Même en Chine il y a quelque dix-huit dialectes provinciaux en vigueur, presque tous tellement différents les uns des autres, que ceux qui les parlent ne sauraient se comprendre mutuellement, et il y a en outre bien d'autres formes distinctes de langage dans les montagnes du même empire.

Le philologue pourrait ensuite en arriver à faire voir que les relations géographiques des langues éteintes et vivantes sont en faveur de l'hypothèse que les dernières dérivent des premières, quoique nous soyons dans bien des cas incapables de produire des preuves authentiques du fait, c'est-à-dire de découvrir des monuments de tous les dialectes intermédiaires ou de transition qui doivent avoir existé. Ainsi, il ferait observer que les langues romanes modernes se parlent exactement aux lieux où les anciens Romains ont jadis vécu ou régné, comme le Grec de nos jours, dans le pays où s'est parlé l'ancien Grec classique. On pourrait découvrir des exceptions à cette règle, mais elles s'expliqueraient, en y réfléchissant, par une colonisation ou une conquête.

Quant aux nombreuses et vastes lacunes que nous rencontrons quelquefois entre les langues mortes et vivantes, souvenons-nous qu'il n'est entré dans les desseins d'aucun peuple de conserver des témoins de ses formes de langages dans l'intention spéciale de l'édification de la postérité. Les manuscrits et les inscriptions répondent à un but d'actualité; ce sont des documents accidentels et imparfaits que le temps rend encore plus incomplets, les uns étant détruits avec intention, d'autres disparaissant par la détérioration des matériaux périssables sur lesquels ils sont inscrits. Lors donc qu'on met en doute la réalité de cette théorie que tous les langages connus sont dérivés, sous prétexte qu'il est rare qu'on puisse suivre le passage des idiomes anciens aux idiomes modernes, en retrouvant tous les dialectes qui ont fleuri successivement dans les âges intermédiaires, on pèche par manque de réflexion, faute d'avoir tenu un compte suffisant des lois qui régissent la tradition et des causes incessantes d'altération.

Mais il se présente encore une question importante à examiner, il s'agit de savoir si les changements insignifiants, dont une seule génération a été le témoin, peuvent en réalité représenter le travail de cette espèce de force motrice qui, dans le cours des siècles, a amené tant et de si grandes révolutions, dans les formes du langage répandues sur le globe. Il n'est personne qui n'ait pu, dans le cours de sa propre vie, noter l'apparition de quelques légères altérations d'accent, de prononciation, d'orthographe, ou l'introduction de quelques mots empruntés à une langue étrangère, pour exprimer des idées à la traduction desquelles aucun terme de sa langue ne répondait convenablement. Chacun aussi se souviendra d'avoir entendu, pour la première fois, certains termes de patois, certaines phrases d'argot, qui depuis se sont implantés dans le langage habituel, en dépit des efforts des puristes. Cependant chacun soutiendra que, dans les limites de son expérience personnelle, son langage s'est perpétué sans changement, et en admettra l'immuabilité malgré ses variations sans importance. Le fond de la question est pourtant de savoir s'il n'y a pas de limites à cette variabilité. Alors, en poursuivant cette étude, on trouvera que de nouveaux termes techniques, sont journellement forgés pour les besoins variés des arts, des sciences, des industries, du commerce, qu'il faut bien trouver de nouveaux noms pour de nouvelles inventions, que beaucoup d'entre eux finissent par acquérir un sens métaphorique, et qu'ils passent alors dans l'usage général, comme le mot « stéréotypé », par exemple, qui aurait été aussi dépourvu de signification, pour les hommes du dix-septième siècle, que l'auraient été pour ceux du dix-huitième, les nouveaux termes et les nouvelles images empruntés à la navigation à vapeur ou aux chemins de fer.

Les nombreux mots, les expressions, les phrases qui sont ainsi inventés par les hommes de tout âge et de toutes classes dont se compose la société, par les enfants, les écoliers, les militaires, les marins, les jurisconsultes, les hommes de science ou les littérateurs, ne sont pas tous d'égale durée, et il y en a de bien éphémères; mais si l'on pouvait les recueillir tous et en garder la mémoire, leur nombre en un siècle ou deux, serait comparable à celui que contient le vocabulaire complet et permanent du langage. Aussi, est-ce un assez curieux sujet de recherche que l'étude des lois en vertu desquelles se fait l'invention et même la sélection de certains mots ou de certaines expressions qui prennent cours de préférence à d'autres, car, puisque la mémoire de l'homme n'a qu'une puissance limitée, il faut aussi qu'il y ait une limite à l'accroissement indéfini du vocabulaire et à la multiplication des termes; il faut donc qu'il y ait une disparition d'anciens mots à peu près proportionnelle à la mise en circulation des nouveaux. Parfois le nouveau mot, la nouvelle phrase, la nouvelle modification supplantera entièrement ce qui l'a précédée; d'autres fois, au contraire, les deux formes fleuriront simultanément, l'usage de la plus ancienne sera simplement plus restreint.

Les gens qui parlent une langue peuvent n'avoir pas conscience qu'elle subisse des fluctuations aussi grandes; et nous qui étudions la façon dont de nouveaux mots, de nouvelles phrases sont rejetés, comme par l'effet d'un jeu du hasard, tandis que d'autres prennent la vogue, nous pourrions croire que les changements qui se produisent ne pourraient être attribués qu'à des causes fortuites ; il existe pourtant des lois fixes en vertu desquelles, dans cette lutte de prépondérance, certains termes et certains dialectes remportent la victoire sur d'autres et assurent leur existence. Les plus légers avantages résultant d'une nouvelle prononciation ou d'une nouvelle orthographe, pour cause de brièveté ou d'euphonie, peuvent faire pencher la balance, comme il peut y avoir d'autres causes plus puissantes de sélection qui décident du triomphe ou de la défaite entre les rivaux : telles sont : la mode, l'influence d'une aristocratie de naissance ou d'éducation, celle des écrivains populaires, des orateurs et des prédicateurs, telle est encore celle d'un gouvernement centralisateur qui organise des écoles en vue expresse de propager l'uniformité de la diction et d'assurer l'emploi des dialectes provinciaux et locaux les meilleurs. Entre ces dialectes, qu'on peut regarder comme autant de langages naissants, la concurrence est toujours d'autant plus vive qu'ils se touchent de plus près, et l'extinction de l'un d'eux détruit l'un des anneaux par lesquels une langue dominante pouvait autrefois s'être rattachée à quelque autre qui en est fort éloignée. C'est cette disparition perpétuelle des formes intermédiaires de langage qui produit ces dissemblances considérables entre les idiomes qui survivent. Si le Hollandais, par exemple, devenait une langue morte, la lacune entre l'Anglais et l'Allemand serait bien plus grande.

Certaines langues, employées par des millions d'hommes et répandues sur de vastes étendues de pays, dureront plus longtemps que d'autres dont les limites ont été beaucoup plus restreintes, surtout si cette tendance incessante au changement s'est trouvée momentanément arrêtée par un brillant développement littéraire ; mais cette cause elle-même de stabilité n'offre pas grande garantie, car les écrivains populaires eux-mêmes sont de grands novateurs qui forgent parfois de nouveaux mots, et, plus souvent encore, de nouvelles expressions ou de nouveaux idiotismes pour revêtir d'une forme originale leurs conceptions et leurs sentiments, ou pour rendre certaines manières spéciales de penser et de sentir caractéristiques de leur époque. Lors même qu'une langue est regardée, avec une superstitieuse vénération, comme consacrée à l'énoncé des vérités divines et des préceptes religieux, lors même que cette langue a été parlée exclusivement par un grand nombre de générations, il lui est impossible de se perpétuer dans son intégrité. L'Hébreu avait cessé d'être une langue vivante avant l'ère chrétienne; le Sanscrit, qui est le langage sacré des Indiens, a partagé le même sort, en dépit de la vénération dont les Védas sont encore l'objet, et en dépit du nombre des poëmes sanscrits jadis populaires et nationaux.

Les chrétiens de Constantinople et de la Morée comprennent encore le Nouveau Testament, écrit en grec ancien, et lisent leur liturgie en cette langue, mais ils parlent un dialecte dans lequel saint Paul aurait en vain cherché à prêcher à Athènes. Il en est de même dans l'Église catholique romaine, où les Italiens prient dans une langue et s'énoncent dans une autre. La traduction de la Bible par Luther a agi comme une cause puissante de sélection, en donnant à l'un des nombreux dialectes en présence, celui de la Saxe, une position prépondérante et dominante en Allemagne; mais le style de Luther, comme celui de notre Bible anglaise, est déjà quelque peu entaché d'archaïsme.

Si la doctrine de la transmutation graduelle est applicable aux langues, toutes celles qui ont été parlées depuis les temps historiques doivent dériver chacune d'un prototype auquel elles se rattachent par des liens intimes; par conséquent, toutes les fois que nous pourrons approfondir complétement leur histoire, nous verrons qu'elles contiennent les preuves des additions successives qu'elles ont subies, par l'invention de nouveaux mots, ou la modification des anciens. On discernera aussi les preuves des emprunts dans des lettres conservées dans l'orthographe de certains mots et qui n'ont plus aucune signification dans la prononciation actuelle et ne correspondent plus à aucun son. Ces lettres redondantes ou muettes, ayant jadis eu une raison d'être dans la langue mère, ont été fort judicieusement comparées par M. Darwin à ces organes rudimentaires des êtres actuels, qui, suivant son interprétation, ont eu à une époque antérieure un développement plus complet, et ont dû remplir des fonctions propres dans l'organisation des prototypes.

Si toutes les langues connues sont des productions dérivées, et non des créations primordiales, chacune d'elles doit s'être lentement élaborée dans une région géographique unique. Aucune d'elles n'a pu avoir deux patries. Dans le cas où l'une d'elles a été transportée par une colonie dans un pays éloigné, elle aura immédiatement commencé à se modifier, à moins qu'il ne se soit conservé des relations fréquentes avec la mère patrie. Les descendants d'une souche humaine, parfaitement isolés, ne mettraient peut-être pas cinq ou six siècles à devenir incapables de se faire comprendre de ceux qui sont restés au pays natal ou de ceux qui auraient émigré en quelque pays éloigné complétement à l'abri de toute communication avec d'autres parlant la même langue.

Une colonie norwégienne, qui s'établit en Islande au neuvième siècle, conserva son indépendance pendant environ 400 ans, et pendant ce temps le vieux Gothique qu'on y parlait d'abord se corrompit et se modifia considérablement. Dans l'intervalle, les indigènes de la Norwége, qui avaient entretenu beaucoup de relations commerciales avec le reste de l'Europe, s'étaient créé une langue toute nouvelle, et pour eux l'idiome des Islandais était resté stationnaire et représentait le Gothique primitif pur dont leur propre langage était un dérivé.

Une colonie allemande, établie en Pensylvanie, eut ses communications avec l'Europe interrompues durant environ un quart de siècle pendant les guerres de la révolution française, de 1792 à 1815. Cet isolement, tout court et imparfait qu'il fût, eut cependant un effet si marqué que quand le prince Bernard de Saxe-Weimar voyagea parmi eux quelquesannées après la paix, il trouva les paysans parlant comme ils l'avaient fait en Allemagne au siècle précédent ([1]), et employant un dialecte qui, dans la mère patrie, était déjà tombé en désuétude.

Même après le renouvellement de l'émigration allemande, quand, en 1841, je parcourus ces mêmes populations dans les vallées retirées des Alleghanys, je trouvai leurs journaux pleins de mots semi-anglais, semi-allemands, et bien des mots anglo-saxons avaient pris une tournure teutonique; ainsi *umzäunen*, « enclore », s'était changé en *fencen*, de l'anglais *fence*, et l'on disait *flaner* au lieu de *flour* (farine) qui remplaçait l'allemand *mehl*, et ainsi de suite. A force de conserver des termes passés d'usage dans la mère patrie, et d'en emprunter de nouveaux aux États voisins, il se serait établi, en Pensylvanie, au bout de cinq ou six générations, un langage bâtard qui, sans l'apport nécessaire de nouveaux éléments allemands, aurait été également inintelligible aux Anglo-Saxons et aux habitants de la patrie allemande.

Si, semblables aux espèces qui ont eu chacune « leur centre spécifique originel », les langues ne sont nées chacune que dans une seule région, où elles se sont lentement formées, de même aussi, chacune d'elles est exposée à périr lentement ou soudainement. Elles peuvent périr graduellement et par l'effet de la transmutation, ou brusquement par l'extermination des derniers représentants survivants du type primitif inaltéré. Nous savons dans quel siècle le « Dronte » a disparu, et nous savons que c'est au dix-septième siècle que la langue des Peaux-rouges du Massachusetts a cessé d'exister; c'était pourtant une langue dans laquelle le Père Éliot avait traduit la Bible, et dans laquelle le christianisme avait été prêché pendant plusieurs générations; c'est qu'à ce moment, les derniers individus qui parlaient cette langue périrent sans laisser de rejetons ([2]). Mais si, immédiatement avant cet

([1]) *Voyages du prince Bernard de Saxe-Weimar dans l'Amérique du Nord en* 1825 *et* 1826, p. 125.

([2]) Lyell, *Travels in North America*, 1845, vol. I, p. 260.

événement, l'homme blanc s'était retiré du continent ou si une épidémie l'y avait complétement détruit, ces Indiens auraient peut-être promptement repeuplé ces solitudes, et peut-être alors leur vocabulaire nombreux et leurs formes spéciales de langage se seraient-ils perpétués jusqu'à nos jours sans modifications importantes. Cependant on doit reconnaître que les langues, en général, ne s'éteignent pas brusquement plus que les espèces. Il est également évident, d'après ce que nous venons de dire, qu'une langue qui a péri ne pourra jamais revivre, car le même ensemble de conditions ne pourra jamais se reconstituer chez les descendants de la souche primitive, et bien moins encore parmi les nations environnantes avec lesquelles ils sont en contact.

On peut comparer la persistance des langages, c'est-à-dire cette tendance qu'a chaque génération à adopter le vocabulaire de celle qui l'a précédée, nous pouvons la comparer à cette force d'hérédité du monde organique, en vertu de laquelle les rejetons ressemblent à leurs parents. Le pouvoir d'invention qui forge de nouveaux mots et en modifie d'anciens pour les adapter à de nouveaux besoins et à de nouvelles conditions, aussi souvent qu'il s'en présente, correspond à cette puissance qui crée les variétés dans le monde organique.

Le perfectionnement progressif du langage est une conséquence nécessaire des progrès que fait l'esprit humain d'une génération à l'autre. A mesure que la civilisation avance, il faut un plus grand nombre de termes pour exprimer des idées abstraites, et des mots, employés auparavant dans un sens vague, tant que la société était grossière et barbare, acquièrent graduellement des significations précises et plus définies; il en résulte qu'on emploiera plusieurs termes pour exprimer des idées et des choses que rendait autrefois un seul mot, auquel on ne demandait ni perfection, ni précision.

Plus cette division des fonctions est poussée loin, plus le langage devient complet et parfait; il en est de lui comme des espèces, qui sont d'un rang d'autant plus élevé qu'elles ont plus d'organes spéciaux, tels que les yeux, les poumons et l'estomac, pour voir, respirer et digérer, fonctions qui, dans les organismes plus simples, sont toutes remplies par une seule et même partie du corps (1).

Nous possédons donc la certitude que toutes les langues qui existent ne sont point des créations primordiales, ni des dons directs d'une puissance surnaturelle, mais qu'elles se sont lentement élaborées et qu'elles résultent en partie de modifications de dialectes préexistants, en partie de l'introduction de termes empruntés, à des époques successives, à de nombreuses sources étrangères, en partie de nouvelles inventions faites les unes de propos délibéré, d'autres accidentellement, et comme par l'effet du hasard; nous avons découvert les principales causes de sélection qui ont motivé l'adoption ou le rejet de mots rivaux, pour les mêmes idées ou les mêmes choses, de formes rivales pour la prononciation des mêmes mots et des dialectes provinciaux aux prises les uns avec les autres; nous sommes pourtant encore bien loin de comprendre toutes les lois qui ont présidé à la formation des langages.

William de Humboldt a dit un mot profond : « Non-seulement l'Homme est l'Homme, parce qu'il parle, mais, pour « inventer le langage, il a fallu qu'il fût déjà l'Homme. » D'autres animaux peuvent être capables de proférer des sons plus articulés et aussi variés que les cris des Hottentots, mais jamais la voix ne permettra à l'intelligence de la brute de créer un langage.

Lorsque nous réfléchissons à la complication des formes de langage employées par les nations civilisées, et lorsque nous venons à découvrir que les règles grammaticales et les inflexions des mots qui correspondent aux nombres, au temps, aux qualités, sont généralement le produit d'un état social grossier, quand nous réfléchissons que le sauvage et le sage, le paysan et l'homme de lettres, l'enfant et le philosophe,

(1) Voir Herbert Spencer's *Psychology and Scientific Essays*.

ont travaillé ensemble, pendant le cours de nombreuses générations, à produire un assemblage qu'on a décrit avec raison comme un admirable instrument de la pensée, comme une machine dont les diverses parties sont si bien ajustées et agencées que le tout semble être l'œuvre d'une seule époque et d'un seul esprit, nous ne pouvons nous empêcher de contempler ce résultat comme une création profondément mystérieuse, comme un édifice dont les nombreux architectes ont eu aussi peu conscience de ce qu'ils faisaient que l'ont les abeilles de l'art architectural et de la science mathématique qui préside à la construction des rayons de leur ruche.

Quand nous essayons d'expliquer l'origine des espèces, nous nous heurtons presque aussitôt à l'action d'une loi de développement d'un ordre si élevé que, pour l'intelligence finie de l'homme, elle occupe presque la place de la Divinité elle-même, d'une loi capable d'ajouter de nouvelles et puissantes causes, telles que les facultés intellectuelles et morales de la race humaine, à un système naturel qui s'était perpétué pendant des milliers d'années sans l'intervention d'aucune cause analogue. Si nous assimilons la « variation », ou la « sélection naturelle », à ces lois créatrices, nous divinisons des causes secondaires ou nous exagérons démesurément leur influence.

Ne cherchons pas à surfaire l'importance des degrés successifs que la nature a franchis ; bien que, j'en ai la ferme espérance, il vienne un jour où les hommes de science adopteront généralement l'opinion que les changements passés du monde organique sont le produit d'actions secondaires de causes telles que la « variation » et la « sélection naturelle ». Ce sont encore les seuls secrets de la nature que nous ayons pénétrés, mais il ne faut pas nous décourager, parce qu'il reste encore de plus grands mystères tout à fait indéchiffrables pour nous.

Si l'on demande au philologue, s'il y eut au commencement une langue, cinq langues ou davantage, il pourra répliquer qu'il ne peut répondre à une pareille question, que lorsqu'on aura décidé si l'origine de l'homme a été unique ou s'il y a eu plusieurs races primordiales. Mais il fera aussi observer que si les commencements de l'humanité se sont passés dans un état social grossier, le vocabulaire entier de ces hommes primitifs a dû être limité à un petit nombre de mots; si donc ils se sont séparés en plusieurs groupes isolés, chacune de ces associations aura dû bientôt acquérir un langage entièrement distinct; certaines racines se seront perdues, d'autres corrompues et transformées, sans qu'il fût possible de constater plus tard leur identité; on n'a donc aucun espoir sérieux de pouvoir remonter jusqu'au point de départ des langues vivantes et mortes, même quand il serait d'une date beaucoup plus moderne que nous n'avons maintenant de fortes raisons de le supposer. Le même raisonnement s'applique aux espèces, et l'on peut dire que si les premières formées eurent une organisation très-simple, que si elles commencèrent à varier en perdant certains organes faute de s'en servir, et en en acquérant d'autres nouveaux grâce à leur développement, elles ont dû bientôt être aussi distinctes les unes des autres que si elles eussent été des types différents de création primordiale. Ce serait donc perdre son temps que de spéculer sur le nombre des monades ou des germes originaux dont toutes les plantes et les animaux ne seraient que des développements ultérieurs, d'autant plus que les plus anciennes formations fossilifères qui nous soient connues sont peut-être les dernières d'une longue série de formations antérieures qui ont jadis contenu des restes organiques. Quand les géologues se seront mis d'accord sur l'état du noyau originel de notre planète, quand ils auront décidé si elle fut solide ou fluide, et si elle dut sa fluidité à des causes aqueuses ou ignées, alors, et seulement alors, ils pourront songer à mettre la main à leur dernier chef-d'œuvre, à obtenir leur dernier triomphe. N'oublions pas que l'énorme progrès qu'on a récemment accompli, en montrant combien les espèces vivantes peuvent se rattacher aux espèces éteintes par un lien généalogique commun, n'a été obtenu que grâce à une étude plus approfondie de l'état actuel du monde vivant et de ces monuments du passé, qui nous ont conservé les reliques de la création animées des âges antérieurs les plus intactes et les moins mutilées par la main du temps.

CHAPITRE XXIV.

PORTÉE DE LA DOCTRINE DE LA TRANSMUTATION RELATIVEMENT A L'ORIGINE DE L'HOMME. — PLACE DE L'HOMME DANS LA CRÉATION.

L'homme doit-il être regardé comme une exception à la règle, si on adopte la doctrine de la transmutation pour le reste du règne animal? — Rapports zoologiques de l'homme et des autres mammifères. — Systèmes de classification. — Le terme de quadrumane correspond à une idée fausse. — La structure du cerveau humain autorise-t-elle à faire de l'homme une sous-classe distincte des mammifères? — Controverse récente sur le degré de ressemblance du cerveau de l'homme et de celui des singes. — Intelligence des animaux comparée à la raison et aux facultés intellectuelles de l'homme. — Fondements de l'opinion qui rapporte l'homme à un règne distinct de la nature. — Principe immatériel commun à l'homme et aux animaux. — On n'a pas découvert d'anneaux intermédiaires parmi les espèces anthropoïdes fossiles. — Opinion de Hallam sur la nature complexe de l'homme et sa place dans la création. — Opinion du docteur Asa Gray sur les gradations dans la nature et sur les conséquences de la doctrine de la sélection naturelle relativement à la théologie naturelle.

Parmi les adversaires de la transmutation il y en a qui, profondément versés dans l'histoire naturelle, admettent cependant que, quoique cette doctrine ne soit pas soutenable, elle n'est pas sans avoir ses avantages pratiques, qu'elle peut servir « d'hypothèse commode » et suggérer souvent de bons sujets d'expérience et d'observation, et qu'elle peut nous aider à retenir une multitude de faits touchant la distribution géographique des genres et des espèces tant des animaux que des plantes, et la succession chronologique des restes organiques, sans compter bien d'autres phénomènes qui, sans cette théorie, n'auraient pas la moindre connexité entre eux.

Plusieurs zoologistes et botanistes éminents accordent en réalité, ainsi qu'il a été expliqué plus haut, que, quelle que soit la nature du pouvoir qui crée les espèces, ou de la loi qui régit cette création, ses effets sont tels qu'ils paraissent analogues aux résultats que produirait la variation réglée par la sélection naturelle, si l'on pouvait seulement admettre avec certitude que la variabilité des espèces n'eût pas de limites. Mais comme les adversaires de la transmutation sont persuadés que de pareilles limites existent, ils regardent cette hypothèse comme simplement provisoire, et ils espèrent qu'elle pourra être un jour remplacée par une théorie analogue et qui n'exigera plus que nous admettions la continuité dans le passé des anneaux par lesquels les états antérieurs du monde organique se rattachent à l'état présent, et les espèces qui disparaissent aux espèces qui font leur apparition.

De la même manière, parmi ceux qui hésitent à donner leur complète adhésion à la doctrine de la progression, (autre branche jumelle de la théorie du développement), et qui même lui reprochent de reculer souvent l'admission de faits nouveaux soupçonnés de porter atteinte à des opinions qui ne sont, en somme, basées que sur des preuves négatives, il y en a beaucoup qui conviennent toutefois que cette doctrine peut rendre de grands services en nous guidant dans nos recherches. Et, en vérité, l'on ne peut pas nier qu'une théorie qui permet de relier l'absence de tous restes d'animaux vertébrés dans les terrains fossilifères les plus anciens à la présence des restes de l'homme dans les plus récents, qui nous donne une explication plus que plausible de la présence successive de poissons, de reptiles, d'oiseaux, de mammifères dans les étages intermédiaires, n'ait des titres tout particuliers à notre faveur; car elle comprend le plus grand nombre des faits positifs ou négatifs rassemblés de toutes les parties du globe, et elle embrasse des siècles sans nombre, ce que jamais science n'avait peut-être vu rassembler dans une seule et vaste généralisation.

Mais, si l'on adopte cette théorie de la transmutation, ne serons-nous pas forcés d'englober la race humaine dans cette même série continue du développement? Ne serons-nous pas conduits à croire que l'homme lui-même descende de quelque animal inférieur par une ligne d'hérédité non interrompue?

Nous ne pouvons certainement nous soustraire à une pareille conclusion qu'en abandonnant quelques-uns des arguments les plus puissants qui aient été mis en avant en faveur de la variation et de la sélection naturelle considérées comme les causes secondaires qui ont servi à introduire graduellement de nouveaux types sur la terre. Beaucoup des lacunes qui séparent les genres et les ordres de mammifères les plus rapprochés sont, au point de vue physique, aussi grandes que celles qui séparent l'homme des mammifères les plus voisins. L'étendue de cette séparation, soit que nous regardions l'ensemble, soit que nous n'en envisagions que les caractères matériels, doit être l'objet de notre examen avant que nous puissions discuter la portée de la transmutation au point de vue de l'origine et de la place de l'homme dans la création.

Systèmes de classification.

Pour nous permettre de juger le degré d'affinité de l'organisation physique de l'Homme et de celle des animaux inférieurs, nous ne pouvons mieux faire que d'étudier les systèmes de classification qu'ont proposés les plus éminents professeurs d'histoire naturelle. Un abrégé consciencieux et bien fait de ces systèmes a été récemment rédigé par feu Isidore Geoffroy Saint-Hilaire, et le lecteur fera bien de le consulter (1).

L'auteur commence par passer en revue de nombreux essais de classification qui ont chacun quelque mérite et qui pour la plupart ont été inventés dans le but de donner à l'Homme une place séparée dans le système de la nature; on a, par exemple, proposé de diviser les animaux en rationnels et irrationnels, et le monde organique tout entier en trois règnes, le règne humain, le règne animal et le règne végétal, en se fondant pour cet arrangement sur ce que l'Homme est élevé par son intelligence au-dessus des animaux autant que ceux-ci

(1) *Histoire naturelle générale des Règnes organiques.* Paris, 1856, vol. II.

le sont au-dessus des plantes par leur sensibilité. Tout en admettant que ces idées ne sont pas sans caractère philosophique, puisqu'elles reconnaissent véritablement la double nature de l'Homme, (ses qualités morales et intellectuelles aussi bien que ses attributs physiques), Isidore Geoffroy Saint-Hilaire fait observer qu'elles n'ont guère fait avancer la science; nous avons beaucoup plus gagné, dit-il, par les travaux des savants qui n'ont pas essayé de mélanger deux ordres d'idées distincts, les idées physiques et les idées psychologiques, et qui ont strictement borné leur attention aux relations physiques entre l'Homme et les animaux inférieurs.

C'est Linné qui le premier a ouvert la voie dans ce champ d'investigations en comparant l'Homme aux singes, et de la même manière ces derniers aux carnivores, aux ruminants, aux rongeurs, ou à toutes les autres catégories de quadrupèdes à sang chaud. Après avoir plusieurs fois modifié son plan primitif, il finit par donner à l'Homme une place dans un des nombreux genres de son ordre des *Primates*, ordre qui comprenait non-seulement les Singes proprement dits, les Lémuriens, mais encore les Chauves-souris, car il trouva que ces dernières se rapprochaient beaucoup par leurs formes des types inférieurs des Singes. Mais tous les naturalistes modernes qui conservent l'ordre des *Primates*, sont d'accord pour en exclure les Chauves-souris ou Chéiroptères ; et parmi eux beaucoup classent l'Homme comme constituant une des familles de cet ordre. Dans ce système de classification comme dans la plupart des autres, les familles des zoologistes et des botanistes modernes correspondent aux genres de Linné.

Blumenbach proposa, en 1779, de s'écarter de cette voie, de séparer l'Homme des Singes et d'en faire un ordre à part : celui des Bimanes. En faisant cette innovation, il paraît tout d'abord avoir senti qu'il ne pouvait la justifier sans appeler à son aide les considérations psychologiques pour renforcer les considérations purement anatomiques; en effet, dans la première édition de son *Manuel d'histoire naturelle*, il définit l'homme comme un « animal loquens, rationale erectum, bimanum, » et dans les éditions postérieures, il se borne exclusivement aux deux dernières caractéristiques, la station droite et les deux mains, « animal erectum, bimanum. »

Les termes « Bimane » et « Quadrumane » avaient déjà été employés par Buffon en 1766, mais il ne les appliqua pas à une classification zoologique avec la rigueur qu'y mit Blumembach. Douze ans plus tard, Cuvier adopta le même ordre des Bimanes pour l'homme, tandis que les Singes propres, les Cynocéphales, les Lémuriens formèrent un ordre séparé qu'il appela « les Quadrumanes ».

Quant à cette dernière innovation, voici les objections qu'elles soulèvent chez I. Geoffroy Saint-Hilaire : « Comment, « dit-il, peut subsister une semblable division que les anthro- « pologistes rejettent au nom de la supériorité morale et in- « tellectuelle de l'Homme, et que les zoologistes répudient « comme incompatible avec les affinités naturelles et avec les « vrais principes de classification? Mis à part comme un « groupe d'une valeur ordinale placé à une distance du Singe « égale à celle qui sépare ce dernier des Carnivores, l'Homme « est à la fois trop près et trop loin des Mammifères supé- « rieurs; trop près, si l'on tient compte de ces facultés élevées « qui mettent l'Homme au-dessus de tous les autres êtres or- « ganisés et lui donnent non-seulement la première place, « mais une place à part dans la création; trop loin, si l'on « considère seulement les affinités organiques qui le relient « aux Quadrumanes, et particulièrement aux Singes propres « qui, au point de vue purement physique, sont plus voisins « de l'Homme qu'ils ne le sont des Lémuriens.

« Qu'est-ce donc alors que cet ordre des Bimanes de Blu- « menbach et de Cuvier? Un compromis impraticable entre « deux systèmes opposés et inconciliables, entre deux ordres « d'idées qui, dans le langage de l'histoire naturelle, sont « clairement exprimés par ces deux mots : le *Règne* humain « et la *Famille* humaine. C'est une de ces propositions bâtar- « des, un de ces moyens termes qui, bien examinés, ne satis-

« font personne, précisément parce qu'ils ont la prétention de « satisfaire tout le monde. C'est peut-être une demi-vérité, « mais aussi un demi-mensonge, car dans la science, qu'est-« ce qu'une demi-vérité, sinon l'erreur? »

I. Geoffroy Saint-Hilaire continue alors à montrer comment, en dépit de la grande autorité de Blumenbach et de Cuvier, une grande partie des zoologistes modernes de renom ont rejeté l'ordre des Bimanes, et ont regardé l'Homme simplement comme une famille du même ordre : les *Primates*.

Pourquoi le terme « Quadrumane » fait naître une idée fausse.

M. le professeur Huxley, dans une leçon faite par lui au printemps de 1860-61, lecture que j'ai eu la bonne fortune d'entendre, a montré dernièrement que le terme « Quadrumane » a été une source féconde d'illusions répandues en propageant des idées que les grands anatomistes Blumenbach et Cuvier n'ont eux-mêmes jamais partagées, par exemple, celle que les extrémités des membres postérieurs dans les soi-disant Quadrumanes ont une réelle ressemblance avec les mains humaines, au lieu de correspondre anatomiquement aux pieds humains.

Comme ce sujet a directement trait à la question de savoir jusqu'où vont les titres de l'Homme a être classé à part dans une classification purement zoologique; je vais citer en abrégé les termes du professeur dont je viens de parler (1).

« Pour se faire, observe-t-il, une idée précise des ressemblances et des différences de la main et du pied et des caractères distinctifs de chacun d'eux, il faut pénétrer sous la peau et comparer la charpente osseuse et l'appareil moteur de tous les deux.

« Le pied de l'Homme se distingue de sa main :

(1) Troisième leçon de M. le professeur Huxley, *On the Motor Organs of Man, compared with those of other Animals*, leçon faite à l'École royale des mines, Jermyn-street, (mars 1861), et insérée avec le reste de son cours dans son ouvrage intitulé *Evidence as to Man's Place in Nature*. London, 1863, in-8°.

« 1° Par l'arrangement des os du tarse;

« 2° Parce que ses doigts ont un muscle fléchisseur court et un muscle extenseur court;

« 3° Parce qu'il possède un muscle appelé « long péronier».

« Et si nous voulons reconnaître avec certitude si la partie « terminale d'un membre dans les autres animaux doit s'ap- « peler pied ou main, nous devons nous en rapporter à la « présence ou à l'absence des caractères précédents, et non « aux proportions ou à la plus ou moins grande mobilité de « l'orteil, car celui-ci peut varier à l'infini sans altérer la « structure fondamentale du pied. En conservant présentes à « l'esprit ces considérations, examinons maintenant les mem- « bres du Gorille : la division terminale du membre antérieur « ne présente pas de difficultés; chaque os, chaque muscle, « se trouvent exactement placés comme dans la main de « l'Homme, ou bien avec des différences aussi légères que « celles que l'on trouve dans les variétés de l'Homme. La main « du Gorille est plus grossière, plus lourde, et son pouce « est proportionnellement plus court que celui de l'Homme; « mais personne n'a jamais douté que ce fût une véritable « main.

« A première vue, la terminaison du membre postérieur « du Gorille paraît tout à fait semblable à une main, et cette « apparence est encore plus forte chez les Singes inférieurs; « il n'est donc pas étonnant que la désignation de « Quadru- « mane», ou créature à quatre mains, adoptée, d'après les « anciens anatomistes, par Blumenbach et malheureusement « rendue courante par Cuvier, ait été aussi généralement ac- « ceptée pour désigner l'ordre des Singes. Mais l'examen « anatomique le plus rapide prouve du premier coup que la « ressemblance de cette soi-disant « main de derrière » avec « une véritable main n'existe qu'à la surface, et que, dans « ses rapports essentiels, le membre postérieur d'un Gorille « est terminé par un pied aussi bien que celui de l'Homme. « Les os du tarse, pour tous les points importants, pour le « nombre, pour la disposition, pour les formes, ressemblent

« à ceux de l'Homme. Les métatarsiens et les doigts, d'autre « part, sont proportionnellement plus longs et plus grêles, « tandis que non-seulement l'orteil est proportionnellement « plus court et plus faible, mais son os métatarsien est relié « au tarse par une articulation beaucoup plus mobile. En « même temps, le pied s'attache à la jambe plus obliquement « que dans l'Homme.

« Quant aux muscles, on trouve un muscle fléchisseur « court, un muscle extenseur également court, et un long « péronier, tandis que les tendons des longs fléchisseurs du « gros orteil et des autres doigts sont réunis en un faisceau « charnu accessoire.

« Le membre postérieur du Gorille se termine, par consé- « quent, par un véritable pied muni d'un gros orteil très- « mobile. C'est un pied prenant, si l'on veut, mais ce n'est à « aucun titre une main ; c'est un pied qui diffère de celui de « l'Homme, non par ses caractères fondamentaux, mais prin- « cipalement par ses proportions, son degré de mobilité et « l'arrangement secondaire de ses parties.

« Il ne faut cependant pas supposer que, si je n'attribue « pas à ces différences une valeur fondamentale, je cherche « à en méconnaître l'importance. Elles ont certes une portée, « car la structure du pied est en étroite corrélation avec celle « du reste de l'organisme ; mais, après tout, au point de vue « anatomique, les ressemblances entre le pied de l'Homme et « celui du Gorille sont plus frappantes et plus importantes « que leurs différences. »

Après s'être étendu sur divers points de détails anatomiques, détails très-importants, mais que je ne puis placer ici, le professeur continue ainsi :

« A travers toutes ces modifications, il faut se souvenir que « le pied ne perd aucun de ses caractères essentiels. Chaque « Singe, chaque Lémurien présente cet arrangement carac- « téristique des os du tarse, possède un muscle fléchisseur « court, un muscle extenseur court et un long péronier. « Quelque varié que soit cet organe comme aussi ses propor-

« tions et son apparence extérieure, le segment terminal du « membre postérieur n'en reste pas moins un pied par son « plan et par les principes de sa construction, et ne tend pas « le moins du monde à se rapprocher d'une main. »

Par ces raisons, M. le professeur Huxley rejette le terme « quadrumane » comme conduisant à de sérieuses méprises, et regarde l'homme comme une des familles de l'ordre des Primates. Il montre également que cette méthode de classification est justifiée par un autre caractère dont on a toujours tenu grand compte dans les systèmes de classification, caractère qui a fourni pour les Mammifères les indices d'affinité les plus dignes de confiance, par la dentition.

Chez les Gorilles et chez tous les Singes de l'ancien monde, les Lémuriens exceptés, le nombre des dents est de trente-deux, comme chez l'Homme, la forme générale des couronnes est aussi la même; mais, outre diverses autres distinctions, chez tous, à l'encontre de ce qui se passe chez l'Homme, les canines se projettent dans les mâchoires inférieures et supérieures presque comme des défenses. Tous les Singes de l'Amérique ont quatre dents de plus dans leur système dentaire permanent, ou trente-six en tout; aussi diffèrent-ils plus de ce côté des Singes de l'ancien monde que ceux-ci ne diffèrent de l'Homme.

Si donc, à cause de ce caractère, nous plaçons l'Homme dans un ordre séparé, nous devons créer plusieurs ordres pour les Singes, les Cynocéphales et les Lémuriens, et il en faudra faire autant en partant de la structure des mains et des pieds dont nous venons de parler. « Le Gorille diffère bien plus de certains Quadrumanes qu'il ne diffère de l'Homme. » En effet, M. le professeur Huxley soutient qu'il y a plus de différence entre la main et le pied du Gorille et ceux de l'Orang, un des Singes anthropoïdes, qu'entre ceux du Gorille et ceux de l'Homme, car « le pouce de l'Orang diffère plus par sa petitesse et par « l'absence d'un long muscle fléchisseur spécial de celui du « Gorille, que le pouce de ce dernier ne diffère de celui de « l'Homme. Le carpe de l'Orang aussi, comme celui de la

« plupart des Singes inférieurs, contient neuf os, tandis que « celui du Gorille, de l'Homme et du Chimpanzé n'en contient « que huit. » Il donne encore d'autres caractères pour montrer que le pied de l'Orang se distingue de celui du Gorille plus encore que le pied du Gorille ne se distingue de celui de l'Homme.

Chez quelques Singes inférieurs la main et le pied diffèrent encore davantage de ceux de l'Homme aussi bien que de ceux du Gorille, ainsi, par exemple, chez l'*Atèle* et le *Hapale*.

Si l'on compare les muscles, les viscères ou toute autre partie de l'animal, le cerveau compris, on trouve, dit-il, des résultats analogues.

La structure du cerveau humain donne-t-elle à l'Homme le droit de former une classe supérieure et distincte dans les mammifères?

Les considérations zoologiques qui précèdent et bien d'autres encore avaient déjà amené I. Geoffroy Saint-Hilaire à déclarer, en 1856, dans son *Histoire des Règnes organiques*, (citée p. 502), que l'ordre des Bimanes « était devenu suranné », quoique consacré par les grands noms de Blumenbach et de Cuvier. Le lecteur peut donc se figurer l'étonnement du monde scientifique, quand M. le professeur Owen vint annoncer, dans l'année qui suivit la publication de l'ouvrage de Geoffroy Saint-Hilaire, que des considérations purement anatomiques l'avaient conduit à séparer l'Homme des autres Primates et à en faire une classe supérieure et distincte dans les Mammifères, s'éloignant ainsi de la classification de Blumenbach et de Cuvier, plus encore que ceux-ci n'avaient osé s'éloigner de celle de Linné.

L'innovation proposée reposait principalement sur trois caractères cérébraux appartenant, prétendait-il, exclusivement à l'Homme, et décrits ainsi dans les passages suivants d'un mémoire communiqué en 1857 à la Société linnéenne. Ce mémoire divisait tous les Mammifères suivant la structure de leur cerveau, en quatre sous-classes représentées respectivement par le Kangourou, le Castor, le Singe et l'Homme :

« Le cerveau de l'Homme accuse dans l'échelle du développement un pas bien plus grand et plus fortement marqué que celui qui sépare la sous-classe précédente de celle « qui lui est immédiatement inférieure. Non-seulement les « hémisphères cérébraux recouvrent les lobes olfactifs et le « cervelet, mais encore ils s'étendent bien avant des premiers et bien en arrière du second. Leur développement « postérieur est si marqué que les anatomistes ont attribué « à cette partie les caractères d'un troisième lobe. Ce caractère est particulier au genre Homme : tels sont aussi la « corne postérieure du ventricule latéral et le petit hippocampe qui caractérise le lobe postérieur de chaque hémisphère. La matière grise qui recouvre la surface du « cerveau et qui pénètre jusqu'au fond de ses nombreuses circonvolutions atteint un maximum de développement dans « l'Homme.

« Des facultés intellectuelles particulières s'associent à cette « forme élevée du cerveau, et les résultats de leur existence « font ressortir étonnamment la valeur de ce caractère cérébral. Aussi, l'importance que je lui attribue m'a-t-elle « conduit à regarder le genre Homme non-seulement comme « un représentant d'un ordre distinct, mais aussi comme « celui d'une sous-classe distincte des Mammifères, pour « laquelle je propose le nom d'« Archencephales » (1). »

La définition qui précède est accompagnée dans le même mémoire de la note suivante :

« N'étant pas capable d'apprécier ou de concevoir une distinction entre les phénomènes physiques que présentent le « Chimpanzé, le Boschisman et l'Aztec au cerveau arrêté dans « son développement, soit parce qu'ils sont d'une nature si « essentielle qu'ils excluent tout parallèle, soit parce qu'ils ne « sont autre chose que des phénomènes analogues à des degrés

(1) Owen, *Proceedings of the Linnæan Society*. London, vol. VIII, p. 20.

« différents, je ne peux fermer les yeux à l'évidence et refuser « de reconnaître l'importance de cette similitude de structure « qui se retrouve partout, puisque chaque dent, puisque cha- « que os a rigoureusement son homologue. Voilà ce qui fait « pour les anatomistes la difficulté de la détermination de la « différence entre l'Homme et le Singe. Aussi, avec tout le res- « pect que j'ai pour l'auteur des *Annales de la création*, (*Re- « cords of Creation*) (1), je suis les errements de Cuvier et de « Linné, et je regarde l'espèce humaine comme légitime- « ment soumise à la comparaison et à la classification zoolo- « giques. »

Pour mettre en relief cette différence entre le cerveau de l'Homme et celui du Singe, M. le professeur Owen donna les figures du cerveau d'un Nègre tel que Tiedemann l'a représenté, de celui d'un Singe de l'Amérique du Sud, *Midas rufimanus*, et de celui d'un Chimpanzé, (fig. 54, p. 512), cette dernière tirée d'un mémoire publié en 1849, par MM. Schröder van der Kolk et Vrolik (2). Le choix de cette dernière figure était des plus malheureux, car trois années auparavant, M. Gratiolet, la plus haute autorité de notre époque en fait d'anatomie du cerveau, dans son magnifique ouvrage sur les *Plis cérébraux de l'Homme et des Primates* (3), s'était ainsi exprimé au sujet de ce dessin : « Les plis cérébraux « du Chimpanzé y sont fort bien étudiés; malheureusement « le cerveau qui leur a servi de modèle était profondément « affaissé, aussi la forme générale du cerveau est-elle rendue « dans leurs planches d'une manière tout à fait fausse. »

Prévoyant les erreurs sérieuses que pouvait amener cette représentation incorrecte du cerveau du Singe, publiée sous les auspices d'hommes aussi dignes de foi que les anatomistes hollandais précités, M. Gratiolet crut nécessaire, comme avertissement à ses lecteurs, de répéter leurs figures incorrectes (fig. 54 et 55, p. 512), et de placer à côté deux figures

(1) Feu le docteur Sumner, archevêque de Canterbury.

(2) *Comptes rendus de l'Académie royale des sciences*. Amsterdam, vol. XIII.

(3) Paris, 1854, in-4°, et Atlas in-folio; p. 18 et suiv.

Fig. 54.

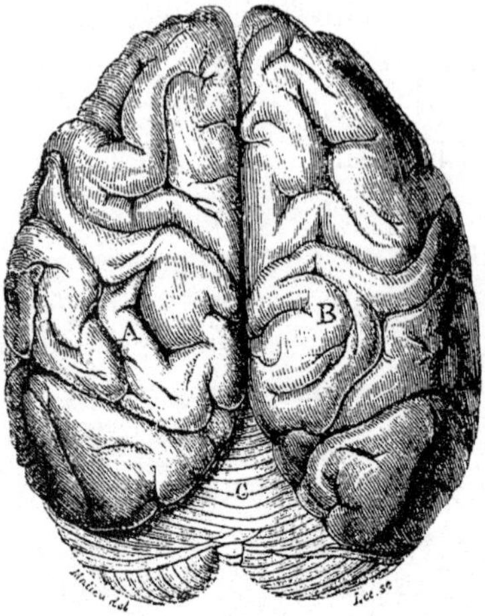

Fig. 54. — Cerveau d'un Chimpanzé vu par sa face supérieure et déformé, (d'après Schröder van der Kolk et Vrolik.)

A Hémisphère gauche.
B Hémisphère droit.
C Cervelet ramené en arrière.

Fig. 55.

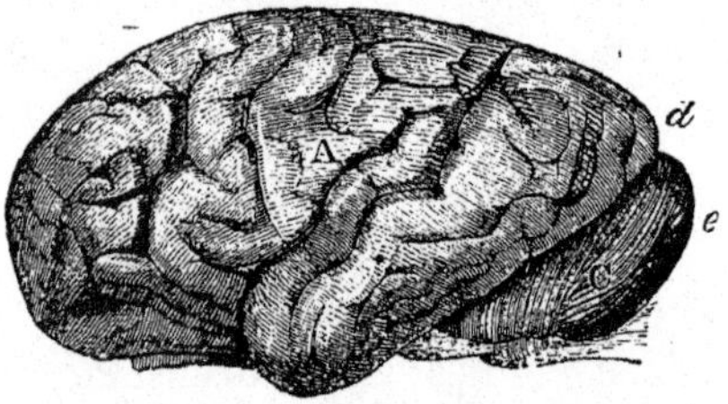

Fig. 55. — Le même, vu de côté, (d'après Schröder van der Kolk et Vrolik), montrant en *e* la valeur de ce déplacement relatif du cervelet en arrière du cerveau *d*.

Fig. 56.

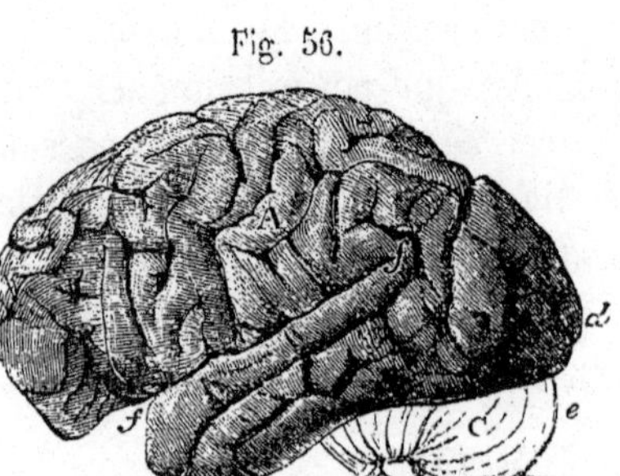

Fig. 56. — Vue latérale exacte d'un cerveau de Chimpanzé, (d'après Gratiolet, planche VI, fig. 2), montrant la projection du cerveau en *d* au delà du cervelet *e*.

ff Scissure de Sylvius.

Fig. 57.

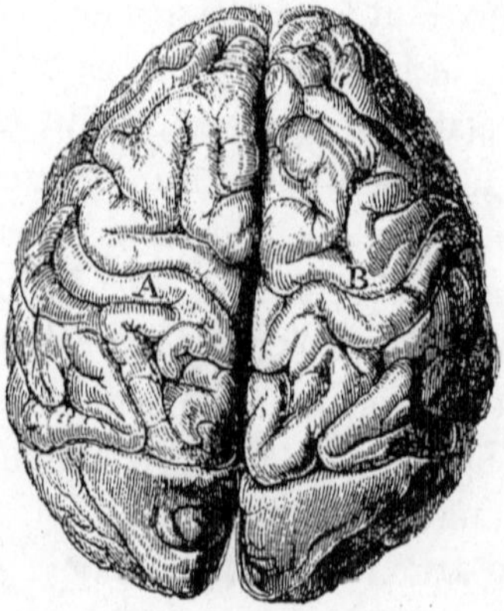

Fig. 57. — Vue exacte de la surface supérieure d'un cerveau de Chimpanzé, (d'après Gratiolet). Le cerveau recouvre et cache le cervelet.

Fig. 58.

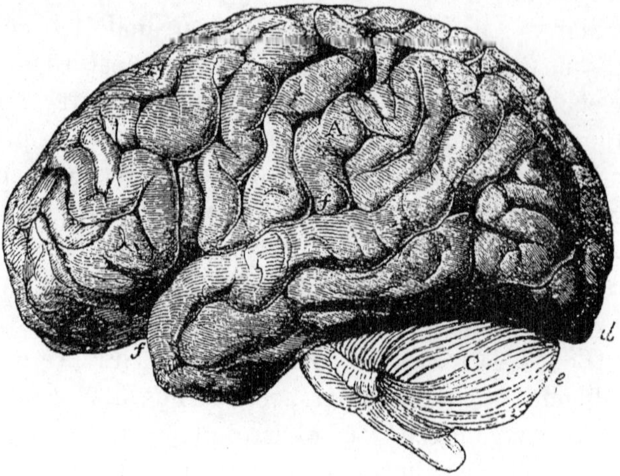

Fig. 58. — Vue latérale d'un cerveau humain, (d'après Gratiolet), c'est celui de la femme sauvage appelée la Vénus Hottentote.

A Hémisphère gauche.
C Cervelet.
f f Scissure de Sylvius.

Les cinq figures précédentes, de 54 à 58, sont à la moitié de la grandeur naturelle.

correctes (57, p. 513, et 56, p. 512), du cerveau du même singe. En se rapportant à ces dessins ainsi qu'à la figure 58 de la page 513, le lecteur verra non-seulement la différence de la position relative du cerveau et du cervelet dessinés d'une part dans leur état naturel, de l'autre dans leur état d'affaissement, mais encore l'analogie remarquable du cerveau du Chimpanzé et de celui du sujet humain, sur tous les points sauf la dimension. Le cerveau humain (fig. 58), donné ici par M. Gratiolet, est celui d'une femme sauvage africaine, appelée la Vénus hottentote, que l'on a montrée autrefois à Londres et qui est morte à Paris.

M. le professeur Owen a critiqué le choix que j'ai fait du cerveau de la Vénus hottentote pour en insérer le dessin dans cet ouvrage, sous prétexte qu'il est anormal, et il se figure qu'elle était idiote [1]. Il a été choisi assurément par M. Gratiolet comme un exemple d'un type humain inférieur, mais non pas comme celui d'un individu qui n'eut pas l'intelligence moyenne de sa race. M. le professeur Rolleston nous a rappelé que Cuvier, dans son histoire de cette créature, dit [2] : « Elle était gaie et d'une bonne mémoire, car elle reconnais-« sait, au bout de plusieurs semaines, une personne qu'elle « n'avait vu qu'une fois. Elle parlait assez convenablement le « hollandais, qu'elle avait appris au Cap, savait un peu d'an-« glais et commençait à dire quelques mots de français. » M. Gratiolet aussi dit en parlant d'elle : « Loin d'être idiote, elle n'était point imbécile [3]. »

Au sujet de la frappante analogie de structure cérébrale chez l'Homme et chez les Singes, voici ce que dit M. Gratiolet dans son ouvrage précité : « Le cerveau plissé de l'Homme et « le cerveau lisse du Ouistiti se ressemblent par ce quadruple « caractère, d'un lobe olfactif rudimentaire, d'un lobe posté-« rieur recouvrant complétement le cervelet, d'une scissure « de Sylvius parfaitement dessinée, (*ff*, fig. 56), et enfin d'une

(1) *Athenæum*, 21 février 1863, p. 23.
(2) *Mémoires du Muséum*, 1817, t. III, p. 263-264
(3) Rolleston, *Athenæum*, 28 février 1863, p. 297.

« corne postérieure au ventricule latéral. Ces caractères ne « se rencontrent simultanément que dans l'Homme et dans « les Singes (1). »

Pour ce qui est de l'autre figure de cerveau de Singe donnée par M. le professeur Owen, et qui est celle du *Midas*, du groupe des *Hapales*, il dit, en 1857, comme il l'avait fait en 1837, que la partie postérieure des hémisphères du cerveau se projette dans la plupart des Quadrumanes *sur la plus grande partie du cervelet* (2). En 1859, dans une leçon faite à l'université de Cambridge, il donna les mêmes dessins de cerveaux de Singe, c'est-à-dire celui du *Midas* et la figure affaissée donnée par les anatomistes allemands précités, (fig. 54).

Deux années après, M. le professeur Huxley, dans un mémoire sur les *Relations zoologiques de l'Homme avec les animaux inférieurs*, saisit l'occasion de mentionner la restriction faite par M. Gratiolet et sa critique au sujet de la figure hollandaise (3). Mais cette citation paraît avoir passé inaperçue pour M. Owen qui, six mois après, produisit un nouveau mémoire sur les *Caractères cérébraux de l'Homme et du Singe*, dans lequel il répéta la représentation incorrecte de Schröder van der Kolk et Vrolik, en l'associant à la figure d'un cerveau de Nègre d'après Tiedemann, dans le but exprès de montrer l'étendue relative et différente du recouvrement du cerveau sur le cervelet dans chacun de ces exemples (4). Dans le cerveau de Singe ainsi dessiné, la portion du cervelet qui se projette extérieurement au cerveau est plus grande que chez les Lémuriens, qui sont le type inférieur des Primates, et elle est presque aussi grande que chez les Rongeurs, c'est-à-dire chez quelques-uns des groupes inférieurs des Mammifères.

(1) Gratiolet, *Mémoire sur les plis cérébraux de l'Homme et des Primates*; Avant-propos, 1854, p. 2.

(2) *Proceedings of the Linnæan Society*, 1857, p. 18, note, et *Philosophical Transactions*, 1837, p. 93.

(3) Huxley, *Natural History Review*, 7 janvier 1861, p. 76.

(4) *Annals and Magazine of Natural History*, vol. VII, p. 456 et pl. XX; juin 1861.

Quand les naturalistes hollandais précités virent que leur figure était si souvent invoquée comme une autorité par un homme dont les opinions en pareille matière avaient un poids qu'ils avaient appris à apprécier, ils prirent la résolution de faire tous leurs efforts pour mettre le public en garde contre cette cause d'erreurs. Aussi adressèrent-ils à l'Académie royale d'Amsterdam un mémoire sur le *Cerveau d'un Orang-Outang* qui venait de mourir au Jardin zoologique de cette ville [1]. La dissection de ce singe, en 1861, confirma pleinement les conclusions générales auxquelles ils étaient arrivés déjà en 1849 au sujet de l'existence aussi bien dans le cerveau de l'Homme que dans celui du Singe des trois caractères que M. le professeur Owen avait représentés comme appartenant exclusivement à l'Homme : le lobe occipital ou postérieur, le petit hippocampe, et la corne postérieure. Ces deux dernières particularités consistent en certains sillons ou cavités des lobes postérieurs qui sont formés par les plis du cerveau et ne sont visibles que quand on le dissèque. MM. Schröder van der Kolk et Vrolik saisirent cette occasion de confesser avec franchise que les appréciations de M. Gratiolet sur les imperfections de leurs figures, (fig. 54 et 55), étaient parfaitement justes; ils exprimèrent le regret que M. le professeur Owen eût exagéré les différences entre le cerveau de l'Homme et celui des Quadrumanes, entraîné, supposaient-ils, par son zèle à combattre la théorie de M. Darwin sur la transformation des espèces. Eux-mêmes protestèrent fortement contre cette doctrine, disant qu'elle appartient à une certaine classe de spéculations théoriques qui renaîtront certainement de temps en temps et sont toujours « particulièrement séduisantes pour les esprits jeunes et ardents. »

Les deux mémoires dont j'ai parlé, (p. 435), celui de M. Darwin sur la *Sélection naturelle*, et l'autre de M. Wallace sur la *Tendance des variétés à s'écarter indéfiniment de leur*

(1) Ce mémoire est réimprimé dans le français original dans la *Natural History Review*, pour janvier 1862, vol. II, p. 111.

type originel, ne parurent qu'en 1858, une année après la classification des mammifères par M. le professeur Owen; l'*Origine des espèces*, de M. Darwin, ne fut publiée qu'encore un an plus tard; je ne puis donc accepter l'explication citée plus haut que voulait nous offrir le fondateur de la sous-classe des Archencéphales pour trouver de nouveaux traits distinctifs entre les cerveaux de l'Homme et du Singe. Mais les anatomistes hollandais peuvent être tombés dans cet anachronisme parce qu'ils venaient de lire dans le mémoire de M. Owen, inséré dans les *Annales*, quelques allusions anticipées aux *Vestiges de la création*, à la *Sélection naturelle* et à la question de savoir si l'Homme descend ou non du Singe.

Le nombre des mémoires originaux importants auxquels cette discussion sur les rapports du cerveau de l'Homme et des Primates a donné naissance en moins de cinq ans, doit rendre cette controverse à jamais mémorable dans l'histoire de l'anatomie comparée [1].

En Angleterre seulement on n'a pas examiné au point de vue anatomique, moins de quinze genres de Primates dont presque tous les sujets ont été fournis par l'admirable institution du Jardin Zoologique de Londres. Ces quinze genres comprennent presque tous les types principaux de conformation des Singes supérieurs et inférieurs de l'ancien et du nouveau monde depuis les formes les plus anthropoïdes jusqu'à celles qui s'éloignent le plus de l'Homme, en d'autres termes, depuis le Chimpanzé jusqu'aux Lémuriens. Ce sont :

Troglodytes (Chimpanzé).
Pithecus (Orang).
Hylobates (Gibbon).
Semnopithecus.
Cercopithecus.
Macacus.
Cynocephalus (Babouin).
Ateles.

[1] Rolleston, *Natural History Review*, avril 1861.
Huxley, « On Brain of Ateles », *Zoological Proceedings*, juin 1861.
Flower, « Posterior Lobe in Quadrumana, etc. », *Philosophical Transactions*, 1862.
Id., « On Javan Loris », *Proceedings of the Zoological Society*, 1862.
Id., « On Anatomy of Pithecia », *Ibid.*, décembre 1862.

Cebus (Sajou).	*Otolicnus*.
Pithecia (Saki).	*Stenops*.
Nyctipithecus (Douricouli).	*Lemur*.
Hapale.	

En juillet 1861, M. Marshall inséra dans la *Revue d'Histoire naturelle* un mémoire sur le cerveau d'un jeune Chimpanzé qu'il avait disséqué immédiatement après la mort et donna une série de vues photographiques montrant les positions relatives des parties encore à l'état frais ; le lobe postérieur du cerveau, au lieu de recouvrir simplement le cervelet, se projette fort au delà, beaucoup plus même que dans la figure de M. Gratiolet, fig. 56, p. 513, et, ce qui est encore plus remarquable, cette saillie relative, (au moins dans le jeune animal), est encore plus forte que chez l'Homme. Dans cet animal, la différence atteignait le neuvième de la longueur totale du cerveau tandis que chez l'Homme l'excès d'une projection sur l'autre n'est que d'un onzième (1).

Le même auteur nous donne une explication fort instructive de la manière dont les déplacements relatifs et les déformations se produisent dans les cerveaux conservés dans l'alcool comme le sont ordinairement les préparations anatomiques.

Dans un récent mémoire sur le lobe postérieur du cerveau dans les Quadrumanes (2), M. Flower fait la remarque que bien que Tiedemann se soit, en 1821, déclaré incapable de découvrir le petit hippocampe et la corne postérieure du ventricule latéral dans un cerveau de Macaque qu'il avait disséqué, Cuvier n'en mentionne pas moins ce dernier trait comme caractéristique de l'Homme et des Singes, et M. Serres, en 1826, dans son ouvrage bien connu sur le cerveau, a montré dans quatre espèces de Singes au moins la présence

(1) *Natural History Review*, juillet 1861, par John Marshall, F.R.S., chirurgien à l'hôpital du collége de l'Université. Voir aussi à ce sujet l'opinion de M. le professeur Rolleston sur la faible quantité dont le cerveau se projette en arrière dans quelques races humaines. *Medical Times*, octobre 1862, p. 419.

(2) *Philosophical Transactions*, 1862, p. 185.

à la fois du petit hippocampe et de la corne postérieure.

Tiedemann dit expressément que le troisième lobe, ou lobe postérieur chez le Singe recouvre le cervelet comme dans l'Homme ([1]); quant à sa négation au sujet de la structure interne de ce lobe, elle perd toute valeur en présence des preuves positives du contraire obtenues par un si grand nombre d'observateurs distingués. Du reste, même avant la publication de l'ouvrage de Tiedemann, Kuhl avait disséqué, en 1820, le cerveau d'un *Ateles Beelzebuth* et avait donné la figure d'une longue corne postérieure au ventricule latéral qu'il décrivait d'ailleurs de la même façon ([2]).

Voici en quels termes M. le professeur Huxley expose en résumé les résultats obtenus par les anatomistes anglais déjà cités et par M. le professeur Rolleston dans ses différents mémoires sur ce sujet :

« Chez tous les Lémuriens examinés jusqu'ici, la projection « horizontale du cervelet dépasse légèrement celle du cer« veau, et le lobe postérieur qui contient la corne posté« rieure et le petit hippocampe est plus ou moins rudimen« taire. Tous les Singes d'Amérique, comme tous les Singes « de l'ancien monde, tous les Babouins ou Singes anthro« poïdes, ont au contraire le cervelet entièrement caché, et « possèdent une large corne postérieure avec un petit hip« pocampe bien développé. »

« Dans beaucoup de ces animaux, dans le Saïmiri, (Chry« sothrix), par exemple, les lobes postérieurs du cerveau « recouvrent le cervelet et s'étendent proportionnellement « bien plus qu'ils ne le font chez l'Homme ([3]). »

Je suis loin de prétendre que ces conclusions des observateurs anglais au sujet des affinités anatomiques des cerveaux de l'Homme et des Primates soient nouvelles. Je remarque, au contraire, qu'elles viennent confirmer les inductions antérieures des principaux savants de notre génération ou de la

(1) Tiedemann, *Icones cerebri simiarum*, etc. Heidelberg, 1821, p. 48.
(2) *Beiträge zur Zoologie*, etc. Frankfurt-am-Mein, 1820.
(3) Huxley, *Evidence as to Man's Place in Nature*, p. 97.

génération précédente, Tiedemann, Cuvier, Serres, Leuret, Wagner, Schröder van der Kolk, Gratiolet et autres.

Dans une des réunions récentes de l'Association britannique, (1862), M. le professeur Owen lut un mémoire sur les caractères différentiels, du cerveau et de la jambe du Gorille et de l'Homme (1). Il y fait remarquer que dans le Gorille, le cerveau s'étend au-dessus du cervelet sans le dépasser. Cette assertion est légèrement différente de celle qu'avait publiée l'année d'avant, (1861), M. le professeur Huxley, qui soutient que la projection du cerveau dépasse celle du cervelet ; mais elle est intéressante en ce qu'elle corrige la description du même cerveau, donnée par M. le professeur Owen cette même année, dans une lecture faite à l'Institution royale et dans laquelle une partie considérable du cervelet du Gorille, était représentée comme non recouverte (2). Dans le même mémoire, il fait la remarque que chez le Babouin non-seulement le cerveau recouvre le cervelet, mais même le dépasse (3). Ce Babouin, par conséquent, possède un lobe postérieur conforme à toutes les descriptions données jusqu'alors de cette partie du cerveau, y compris une nouvelle définition de la même proposée dernièrement par M. le professeur Owen. Car le lobe postérieur était autrefois considéré comme la partie du cerveau qui recouvre le cervelet, et M. le professeur Owen le définit comme la partie qui recouvre le tiers postérieur du cervelet et se projette encore au delà (4).

Nous pouvons, par conséquent, considérer l'essai tenté pour distinguer le cerveau de l'Homme de celui du Singe en se fondant sur des caractères cérébraux différents et nouvellement découverts, comme virtuellement abandonné par son auteur. Si donc la sous-classe des Archencéphales doit être

(1) *Medical Times and Gazette*, octobre 1862, p. 373.

(2) *Athenæum Journal Report of Royal Institution*, lecture du 23 mars 1861, et rappel de cette lecture par M. le professeur Owen en ce qui touche le Gorille. *Ibid.*, 30 mars, p. 434.

(3) Voir le *Medical Times* pour le compte rendu du mémoire de M. le professeur Owen à l'Association britannique de Cambridge, 11 octobre 1862, p. 373.

(4) *Annals; ibid.*, p. 457.

conservée, elle ne doit être fondée que sur des différences de développement, par exemple, sur le grand accroissement du cerveau dans l'Homme relativement au Singe le plus élevé, « soit en grandeur absolue, soit plus encore en grandeur « relative proportionnellement à la masse et au poids du « corps tout entier [1]. »

On pourra se demander pourquoi ce caractère, bien connu de Cuvier et d'autres grands anatomistes qui ont précédé notre époque, ne leur a pas paru suffisant pour donner à l'Homme, envisagé au point de vue physique, le droit de prétendre, dans le groupe des Primates, à une place plus tranchée que celle d'un ordre à part, ou, suivant d'autres, d'une famille ou d'un genre spécial. L'ouvrage, déjà cité, de M. le professeur Huxley contient en peu de mots la réponse suivante à cette question :

« Autant que je le sache on n'a pas jusqu'ici observé de « crâne humain appartenant à un Homme adulte qui eût « moins de 970 centimètres cubes, car le plus petit crâne « observé par Morton dans une race humaine mesurait « 985 centimètres cubes; d'autre part, le plus vaste crâne de « Gorille encore mesuré avait une capacité de 539 centimè-« tres cubes au plus. Admettons, pour plus de simplicité, « que le crâne de l'Homme le plus dégradé ait une capacité « double de celle du Gorille au crâne le plus vaste; sans doute « il y a là une différence des plus frappantes, mais elle « perd beaucoup de sa valeur apparente et de sa portée sys-« tématique, quand on l'envisage en s'éclairant de certains « autres faits non moins indubitables relatifs à ces capacités « du crâne.

« Le premier de ces faits, c'est que la différence absolue « entre les volumes des cavités crâniennes des différentes « races humaines est bien plus considérable que celle qu'on « observe entre l'Homme inférieur et le Singe supérieur, et « la différence relative est à peu près la même. Le plus vaste

[1] Owen, *Medical Times*, etc., p. 373.

« crâne humain, mesuré par Morton, contenait, en effet, « 1781 centimètres cubes, c'est-à-dire offrait à fort peu près « un volume double de celui du plus petit; mais cet excès « absolu de capacité de 781 centimètres cubes dépasse de « beaucoup celui du crâne humain adulte le moins développé « sur le crâne du Gorille qui l'est le plus, (970—539=431). « Secondement, les crânes des Gorilles adultes mesurés jus- « qu'à présent diffèrent entre eux d'un tiers, les plus grands « cubant 539 centimètres cubes et les plus petits 375; troi- « sièmement enfin, en tenant compte de la différence des « tailles, les capacités crâniennes de certains Singes inférieurs « ont, relativement parlant, avec celles des Singes supérieurs, « les mêmes relations d'infériorité que celles-ci avec celles de « l'Homme [1]. »

Conclurons-nous de là que les différences des facultés mentales n'aient aucune relation avec le volume du cerveau? Nous ne le pouvons pas, attendu que la capacité du cerveau chez les races d'Hommes les plus civilisées et les plus élevées dépasse en moyenne celle des races inférieures, et que le cerveau de l'Européen, par exemple, est plus vaste que celui du Nègre, plus symétrique et possède plus de circonvolutions, attendu encore, d'autre part, que les Singes qui se rapprochent le plus de l'Homme par la forme et le volume de leur cerveau sont plus intelligents que les Lémuriens ou les divisions encore plus inférieures des Mammifères, telles que les Rongeurs et les Marsupiaux, qui ont des cerveaux moins développés. Mais l'intelligence extraordinaire de l'Éléphant et du Chien, qui sont si supérieurs à la plus grande partie des Quadrumanes, quoique le type de leurs cerveaux s'éloigne tant de celui de l'Homme, cette intelligence est là pour nous convaincre que nous sommes bien loin de comprendre la nature réelle des relations de dépendance de la supériorité intellectuelle et de la structure du cerveau.

M. le professeur Rolleston en parlant de ce sujet, fait la re-

[1] *Evidence as to Man's Place in Nature*. London 1863, p. 78.

marque suivante : « Fût-il prouvé que les différences entre « le cerveau du Singe et celui de l'Homme ne fussent que des « différences de quantités, il n'y a aucune raison tirée de la « nature des choses qui empêchât des différences de degrés « si nombreuses et si importantes de s'élever au rang de différences typiques.

« Différences de degrés et différences de types sont, il est « vrai, des termes qui s'excluent dans le langage de l'école, « mais rien ne nous prouve qu'il en soit ainsi dans le labora-« toire de la nature (1). »

Le même physiologiste ajoute que le moule humain est doué d'une plasticité considérable, non-seulement dans la jeunesse et pendant l'accroissement, mais même chez l'adulte, nous ne devons donc pas considérer toujours comme admis, ainsi que semblent le faire certains avocats de la théorie du développement, que chaque amélioration des facultés physiques dépende d'un perfectionnement de la structure du corps. Car, pourquoi l'âme, c'est-à-dire l'ensemble des plus hautes facultés morales et intellectuelles, n'aurait-elle pas la première part au lieu de la seconde dans le plan d'un développement progressif?

Intelligence des animaux inférieurs comparée à celle de l'Homme.

Depuis l'époque de Leibnitz bien des métaphysiciens ont essayé de tracer une ligne de démarcation entre l'intelligence des animaux inférieurs et celle de l'Homme où entre l'instinct et la raison; mais ils ont constamment éprouvé des difficultés analogues à celles que rencontrent les anatomistes modernes quand ils essayent de distinguer le cerveau du Singe de celui de l'Homme, au moyen de quelques caractères plus tranchés

(1) Résumé d'une lecture faite par M. le professeur Georges Rolleston à l'Institution Royale sur le cerveau de l'Homme et des animaux. *Medical Gazette*, 15 mars 1862, p. 262.

qu'une simple différence de poids et de volume, éléments qui sont si variables dans les individus de la même espèce, soit chez le Singe, soit chez l'Homme.

M. le professeur Agassiz après avoir déclaré que c'est à peine si nous possédons encore les notions les plus élémentaires qu'on puisse exiger pour une comparaison scientifique des instincts et des facultés des animaux et de l'Homme, finit par avouer qu'il se sent incapable de dire en quoi les facultés mentales d'un enfant diffèrent de celles d'un jeune Chimpanzé. Il fait ensuite les observations suivantes : « Le développement « des passions chez l'animal est aussi étendu que dans l'es- « prit humain, et je serais fort embarrassé de saisir des diffé- « rences dans leurs natures, quoiqu'il y en ait de grandes dans « les degrés de leurs manifestations et dans la forme de leur « expression. De plus, la gradation des facultés morales entre « les animaux supérieurs et l'Homme est si imperceptible, que « ce serait certainement en exagérer la différence que de re- « fuser aux premiers un certain sentiment de responsabilité « et de conscience. Il y a d'ailleurs chez eux, et dans les limites « de leurs capacités respectives, des individualités aussi définies « que chez l'Homme : tous les amateurs de chevaux, tous les « gardiens de ménageries, tous les fermiers ou bergers, tous « les gens enfin qui ont la grande expérience des animaux sau- « vages, apprivoisés ou domestiques sont là pour l'affirmer. « C'est là un argument des plus forts en faveur de l'existence « chez tous les animaux d'un principe immatériel, analogue « à celui dont l'excellence et les facultés supérieures mettent « l'Homme tant au-dessus des animaux. En somme, l'existence « de ce principe est incontestable, et qu'on l'appelle âme, raison « ou instinct, il présente dans l'ensemble des êtres organisés, « une série de phénomènes étroitement liés les uns aux au- « tres; c'est de lui que découlent non-seulement les plus « hautes manifestations de l'esprit, mais aussi cette perma- « nence remarquable, des différences spécifiques qui carac- « térisent chaque organe. La plupart des arguments de la « philosophie, en faveur de l'immortalité de l'Homme, s'ap-

« pliquent également à l'indestructibilité de ce principe chez « d'autres êtres vivants [1]. »

M. le professeur Huxley en commentant un passage du mémoire déjà cité, (p. 510), de M. le professeur Owen, soutient qu'il y a unité de plan physique dans la série des êtres animés; il ajoute qu'il ne peut aller jusqu'à dire que « la détermination de la différence entre l'Homme et le Singe, soit une pure difficulté anatomique, » mais qu'il n'y a pas de juge impartial qui doute que l'on puisse suivre fort loin dans l'échelle descendante du monde animé les racines, si l'on peut s'exprimer ainsi, de ces grandes facultés qui valent à l'Homme son immense supériorité sur tous les autres êtres. Le chien, le chat, le moineau nous rendent affection pour affection, et haine pour haine. Ils sont susceptibles de honte et de chagrin, et bien qu'ils puissent n'avoir pas conscience de la logique de leur raisonnement, aucun de ceux qui les ont vus à l'œuvre, ne peut douter qu'ils ne possèdent cette faculté de réfléchir et de raisonner qui coordonne les prémisses fournies par les sens, et en déduit des actes raisonnables, faculté qui tient dans l'activité humaine une aussi large place que la raison dont nous avons conscience [2].

Des motifs qui peuvent faire rapporter l'Homme à un règne distinct de la nature.

Aucun des auteurs que je viens de citer, qui admettent une analogie si complète entre les facultés de l'Homme et celles des animaux supérieurs, n'est disposé à exagérer l'énorme hiatus qui sépare l'Homme de la brute, et c'est à peine si, en se fondant sur des caractères purement physiques, ils vont jusqu'à lui accorder le rang d'un ordre distinct, et encore moins d'une sous-classe séparée; mais il ne s'en suit pas, qu'ils doivent s'opposer aux raisonnements de M. de Quatre-

[1] *Contributions to the Natural History of the United States of North America*, vol. I, Ire partie, p. 60, 64.

[2] *Natural History Review*, janvier 1861, n° 1, p. 68.

fages qui, dans son ouvrage sur l'*Unité de l'espèce humaine* (¹), dit que l'Homme doit former à lui seul un règne de la nature, si nous en venons un jour à permettre à ses facultés morales et intellectuelles de prendre la valeur qui leur est due dans la classification.

Il dit, au sujet de son organisation : « Nous trouvons chez « les Mammifères une identité presque absolue de structure « anatomique, os par os, muscle par muscle, vaisseau par « vaisseau, nerf par nerf. (Page 17.) Des organes presque « identiques remplissent les mêmes fonctions et de la même « manière... La station verticale sur deux pieds et le *os sublime* « d'Ovide ont été regardés comme les attributs extérieurs du « règne humain. Il est cependant difficile de partager cette « manière de voir. Plusieurs oiseaux se tiennent naturelle- « ment tout droits. Les Pingouins présentent cette particula- « rité. (Page 18.)

« Trouverons-nous les caractères du règne humain dans « les facultés de l'esprit? — Certes il ne peut entrer dans « ma pensée d'identifier le développement intellectuel de « l'Homme avec l'intelligence rudimentaire des animaux, « même les mieux doués. L'animal a sa part d'intelligence, « ses facultés fondamentales pour être moins développées « chez nous, n'en sont pas moins les mêmes au fond. L'ani- « mal sent, veut, se souvient, raisonne. (Page 19.)

« L'Homme seul, il est vrai, possède la *parole*, c'est-à-dire « la *voix articulée;* mais deux classes d'animaux ont la *voix*. « Chez eux comme chez nous, il y a production de sons tra- « duisant des impressions, des idées, et compris non-seule- « ment par les individus de même espèce, mais encore par « l'Homme lui-même. (Page 20.)

« Les facultés du cœur se manifestent tout aussi bien chez « les animaux que chez l'Homme. — L'animal aime et hait.

« Où trouverons-nous ce *quelque chose* complétement étran- « ger à l'animal, appartenant exclusivement à l'Homme et mo- « tivant pour lui seul l'établissement d'un règne à part? (P. 21.)

(¹) *Unité de l'espèce humaine*. Paris, 1861.

« Ces caractères distinctifs, dit-il encore, sont la notion « abstraite du bien et du mal moral, du juste et de l'injuste, « de la vertu et du vice, ou la moralité, faculté qui donne à « l'Homme cette notion et la croyance à un monde autre que « celui qui nous entoure, à certains êtres mystérieux d'une « nature supérieure qu'on doit redouter ou vénérer, en d'au- « tres termes la notion de la Divinité et celle d'une autre « vie. » (Pages 22-23.)

C'est par ces deux attributs, les facultés morales et les facultés religieuses, spéciales à l'Homme à l'exclusion de la brute, que M. de Quatrefages propose de distinguer l'Homme du reste du règne animal.

Mais il omet de mentionner un caractère essentiel que feu l'archevêque de Canterbury avait fortement mis en relief cinquante ans auparavant dans ses *Annales de la Création.* « Il y a des écrivains, dit-il, qui ont pris un plaisir extraordi- « naire à niveler la grande barrière qui sépare l'Homme de la « brute. Égarés dans des conclusions fausses par l'infinie « variété des productions de la nature, ils se sont plu à parler « d'une chaîne des êtres qui relierait le monde végétal au « monde animal et les différents ordres des animaux les uns « aux autres, de façon à élever, par une gradation presque « imperceptible, le groupe des Singes jusqu'aux races infé- « rieures de l'humanité, et celles-ci jusqu'aux plus perfec- « tionnées. Mais si l'on avait à établir un parallèle, il ne « faudrait pas prendre pour point de comparaison cette sta- « tion droite qui est loin d'être exclusivement le partage de « l'humanité, ni même cette chose vague qu'on appelle la « raison, et qu'on ne peut pas toujours séparer exactement « de l'instinct, mais bien cette faculté d'une raison progres- « sive et perfectible qui est l'attribut spécial et exclusif de « l'Homme.

« On a parfois prétendu, en s'appuyant sur des faits que je « ne contesterai pas, qu'il y a moins de différence entre la « brute la plus intelligente et le Sauvage le plus dégradé « qu'entre ce dernier et l'Homme le plus avancé. Mais, pour

« justifier complétement l'analogie prétendue, il aurait fallu « aussi prouver que le Sauvage le plus dégradé n'est pas plus « capable de perfectionnement que le Chimpanzé ou l'Orang-« outang.

« Les animaux, ajoute-t-il, sont nés dans l'état où ils sont « destinés à rester. La nature les a placés à un certain rang « et a limité l'étendue de leurs facultés par un décret im-« muable. Quant à l'Homme, elle lui a donné le pouvoir et « imposé l'obligation de se créer à lui-même sa place dans « l'échelle des êtres en lui faisant spécialement don d'une « raison perfectible [1]. »

Nous avons vu que M. le professeur Agassiz, dans son essai de classification cité plus haut, (p. 524), parle de l'existence chez tous les animaux « d'un principe immatériel similaire « de celui qui par son excellence et ses facultés supérieures « place l'Homme si haut au-dessus des animaux ; » et il fait la remarque que « la plupart des arguments de la philosophie « en faveur de l'immortalité de l'Homme s'appliquent égale-« ment à la permanence de ce principe chez les autres êtres « vivants. »

Cet auteur n'a, à coup sûr, en faisant cette remarque, aucune intention de porter atteinte à la grande doctrine citée tout à l'heure, néanmoins il est peut-être convenable de faire observer que, s'il y a quelques-uns des arguments en faveur d'une vie future qui s'appliquent aussi bien aux animaux inférieurs qu'à l'Homme, ils sont loin d'être ceux qui ont le plus de poids et d'importance. Sans aucun doute, il est vrai que, chez l'un comme chez les autres, l'individu conserve son identité tout en subissant les nombreux changements de forme et d'organisation qui se produisent durant le passage de l'enfance à l'état adulte, et de ce dernier à la vieillesse ; sans doute encore, il est certain que la perte incessante de toutes les particules matérielles qui sont entrées dans la composition du corps pendant son accroissement et leur remplacement

(1) *Records of Creation*, 1816, vol. II, chap. XI, deuxième édition.

par de nouveaux éléments sans que l'individu cesse d'être lui-même, font encore faire un pas de plus à l'analogie. Mais il nous est impossible de pousser plus loin ce parallèle. Nous ne pouvons nous imaginer que ce monde soit un lieu d'épreuves et de souffrances morales pour aucun des animaux inférieurs, ni qu'aucun d'eux puisse trouver quelque consolation ou quelque bonheur dans une croyance à une vie future. C'est à l'Homme seul qu'est donnée cette croyance si conforme à sa raison, et qui satisfait si bien au sentiment religieux que la nature a enraciné dans son âme; lui seul a cette doctrine qui tend à l'élever moralement et intellectuellement dans l'échelle de l'existence et qui porte des fruits d'un caractère si différent de ceux que produisent l'erreur et l'illusion.

Les adversaires de la théorie de la transmutation se prévalent quelquefois de ce que les géologues n'aient pas encore découvert de restes fossiles des animaux intermédiaires de cette chaîne, ce qui aurait dû se présenter s'il y avait eu passage par variation des Primates inférieurs jusqu'à l'Homme. Mais ce que nous avons dit touchant l'absence des formes de transition entre les formes récentes et pliocènes de Mammifères, peut nous montrer le peu de valeur, dans l'état actuel de la science, de tout argument basé sur de pareilles preuves négatives, et cela particulièrement dans le cas de l'Homme, puisque nous n'avons pas encore fouillé dans le grand livre de la nature les seules pages où nous ayons quelque droit de nous attendre à trouver la trace de ces anneaux qui nous manquent. Les patries des Singes anthropoïdes sont les régions tropicales de l'Afrique et les îles de Bornéo et de Sumatra, régions qui sont à vrai dire tout à fait inconnues sous le rapport de leurs mammifères pliocènes et post-pliocènes. L'Homme est un type de l'ancien monde; ce n'est donc pas au Brésil, la seule contrée équatoriale où l'on ait encore exploré des cavernes à ossements, que l'on peut poursuivre la découverte à l'état fossile des formes éteintes voisines de la forme humaine. Lund, naturaliste danois, a trouvé au Brésil non-seulement des Paresseux et des Tatous fossiles, mais aussi des genres éteints de Singes fossiles; seulement tous sont du type américain, tous, par conséquent, s'éloignent par leur dentition et leurs autres caractères des Primates de l'ancien monde (1).

Quelque jour, dans l'avenir, quand peut-être des centaines d'espèces de Quadrumanes fossiles auront été mises au jour, le naturaliste pourra raisonner sur ce sujet; pour le moment, il faut nous contenter d'attendre patiemment, et nous garder de laisser notre jugement au sujet de la transmutation subir l'influence de cette absence de preuves; car il serait contraire à toute analogie de vouloir les trouver dans aucun des dépôts post-pliocènes que nous ayons encore soigneusement examinés. N'est-ce pas, en effet, en Australie que nous trouvons des espèces éteintes de Kangourous et de Wombats, et dans l'Amérique du Sud que nous trouvons les Lamas et les Paresseux fossiles? C'est donc dans l'Afrique équatoriale et dans certaines îles de l'archipel Indien oriental que nous devons espérer rencontrer plus tard les types perdus des Primates anthropoïdes voisins du Gorille, du Chimpanzé et de l'Orang-Outang.

Il ne paraît pas que pendant la période pliocène, l'Europe ait joui d'un climat qui la rendît habitable aux Mammifères Quadrumanes; mais aussitôt que nous poursuivons nos recherches jusque dans les temps miocènes où les insectes et les plantes, comme ceux d'Œninghen, et les coquilles, comme celles des fahluns de la Loire, accusent des températures plus élevées aussi bien dans la mer que sur la terre, nous commençons à découvrir des Singes fossiles au nord des Alpes et des Pyrénées. Au nombre des quelques espèces déjà découvertes, deux au moins appartiennent au groupe anthropoïde. L'une d'elles, le *Dryopithecus* de M. Lartet, espèce de Gibbon ou de singe à longs bras, et d'une taille à peu près égale à celle de l'Homme, fut trouvé, en 1856, dans les couches miocènes supérieures de Sansans, près du pied des Pyré-

(1) Voir plus haut, p. 507.

nées, dans le sud de la France. On dit aussi qu'un os du même Singe aurait depuis lors été extrait d'un dépôt d'âge correspondant à Eppelsheim, près de Darmstadt, à une latitude correspondant à celle des comtés sud de l'Angleterre [1]. Mais d'après la doctrine de la progression ce ne serait pas dans ces couches miocènes, mais bien dans celles de date pliocène et post-pliocène, et dans des régions plus voisines de l'équateur, qu'on aura le plus de chances de découvrir dans la suite certaines espèces d'une organisation plus élevée que le Gorille et le Chimpanzé.

Le seul Singe fossile prétendu de date éocène qu'on ait encore annoncé est celui qui fut trouvé en 1840 à Kyson, en Suffolk, et qui fut ainsi déterminé par M. le professeur Owen; mais le même anatomiste, après un nouvel examen portant sur des plus nombreux matériaux, est revenu tout récemment sur cette opinion et a déclaré que c'était un Pachyderme.

Cependant M. Rütimeyer [2], ostéologiste distingué, dont il a été question dans les premiers chapitres de cet ouvrage, vient d'annoncer la découverte, dans des couches éocènes du Jura suisse, d'un Singe voisin des Lémuriens; mais comme jusqu'à présent il n'en a recueilli qu'un petit fragment de mâchoire avec trois molaires, il faut, ce me semble, attendre des informations plus complètes pour reconnaître sans conteste les titres de son *Cœnopithecus lemuroïdes* à prendre rang parmi les Primates.

Opinion de Hallam sur la place de l'Homme dans la création.

Hallam, dans sa *Littérature de l'Europe*, après s'être livré à de profondes réflexions sur les « Pensées de Pascal » et les dogmes théologiques de son école qui ont rapport à la nature

(1) Owen, *Geologist*, novembre 1862.
(2) Rütimeyer, *Eocene Säugethiere*, etc. Zurich, 1862.

humaine déchue, s'exprime ainsi au sujet de la place de l'Homme dans la création : « Mon intention n'est point de « m'écarter, même légèrement, du sujet de cet ouvrage ; il « serait pourtant intéressant de rechercher si, malgré l'im- « pénétrable mystère qui enveloppera toujours pour nous la « création d'un monde où le mal est si répandu, si, dis-je, « nous ne pourrions pas être amenés à saisir une relation « entre le mal physique et moral qui afflige l'humanité et la « place de l'Homme dans la création ; si la loi de continuité, « qu'il a plu au Créateur de ne point interrompre, en ce qui « regarde son organisation physique, loi qui le rattache dans « l'unité d'un seul grand type aux formes inférieures de la « vie animale par des conditions communes de nutrition, de « reproduction et de conservation, si cette loi n'a pas rendu « nécessaires les appétits physiques et les inclinations morales; « si, d'autre part, les facultés supérieures de sa nature in- « tellectuelle, sa qualité d'être susceptible de ces émotions « morales et de ces affections désintéressées qu'il ressent, « sinon exclusivement, du moins d'une façon bien plus éner- « gique que les êtres inférieurs, et par-dessus tous ces dons « celui de la conscience et de l'aptitude à connaître Dieu ; si « tous ces attributs, dis-je, n'auraient pas pu nous préparer, « même *a priori*, à voir leur conflit avec les passions animales « produire des contradictions de détail ou au moins certaines « anomalies que l'Homme lui-même fût incapable d'expli- « quer tant son être est complexe. La transition n'est pas tou- « jours facile d'un anneau à l'autre de la longue chaîne de la « création ; il y a des hiatus nécessaires et pour ainsi dire « des sauts qui, sans faire exception à la loi de continuité, « n'en sont que l'appropriation à une nouvelle série d'êtres « animés. Si l'Homme est fait à l'image de Dieu, il est fait « aussi à l'image du Singe. La charpente du corps de cet être « qui a pesé les étoiles et asservi la lumière s'approche de « celle de la brute muette qui erre dans les forêts de Su- « matra. Puisqu'il occupe cette ligne de démarcation entre « la nature des animaux et celle des anges, qu'y a-t-il d'é-

« tonnant à ce qu'il participe à la nature de tous deux [1]? »

La loi de continuité, dont vient de parler Hallam, et qui n'est pas violée par quelques exceptions accidentelles, n'est pas la loi de variation et de sélection naturelle exposée ci-dessus, (chap. xxi), mais c'est cette unité de plan qu'on suppose exister dans l'esprit divin, unité réalisée ou non dans les choses matérielles et dans la création visible dont les anneaux ne passent pas de l'un à l'autre par une transition facile, au moins dans les conditions où il est permis de la contempler.

Le docteur Asa Gray est un éminent botaniste américain, auquel nous sommes redevables d'un Essai philosophique de grand mérite sur l'origine des espèces par variation et sélection naturelle; il a fort bien fait observer, en parlant de l'axiome de Leibnitz, *Natura non agit saltatim*, que la nature ne perd pas de vue son but, et qu'elle fait en somme des distinctions manifestes et réelles, mais sans interruptions importantes, ni sauts considérables. « Nous n'avons pas à nous étonner « que nous rencontrions des gradations entre les espèces et « les variétés, ou que les genres et autres groupes ne soient « pas absolument limités, quoique nous les représentions « comme tels. La classification des naturalistes emploie des « définitions rigoureuses et tranchées là où la nature se plaît « à introduire des transitions plus ou moins douces. Nos « systèmes se réduisent à rien, sans la rigueur de nos dé- « marcations. »

Le même écrivain nous rappelle que « les plantes et les « animaux sont si différents, que la difficulté, pour un ob- « servateur ordinaire, serait de trouver des points de com- « paraison, tandis que pour le naturaliste, c'est en tous « points le contraire qui a lieu. Toutes les grandes distinc- « tions s'évanouissent l'une après l'autre à mesure qu'on se « rapproche de la limite extrême qui sépare le règne animal « du règne végétal, et nous ne reconnaissons encore à pré-

(1) Hallam, *Introduction to the Literature of Europe*, etc., vol. IV, p. 162.

« sent aucun caractère distinctif absolu qui sépare ces deux « catégories d'êtres organisés [1]. »

Un auteur, qui a fait une étude approfondie de l'*Origine des espèces* de M. Darwin, et qui lui-même est un géologue accompli, déclare que si nous embrassons la doctrine de la « variation continue de toutes les formes organiques depuis « les plus simples jusqu'aux plus élevées, en y comprenant « l'Homme comme le dernier anneau de cette chaîne d'êtres « organisés, il doit y avoir eu une transition entre l'instinct « de la brute et les nobles facultés de l'Homme; mais dans « ce cas, dit-il, où sont les anneaux qui manquent, et à « quel moment de son développement progressif l'Homme « a-t-il acquis la partie spirituelle de son être, et a-t-il été « doté de cet attribut imposant de l'immortalité [2]? »

Avant d'élever des objections de cette nature contre une hypothèse scientifique, il serait bon de s'arrêter pour rechercher si, dans la constitution du monde qui nous entoure, il n'y a pas d'énigmes analogues, dont quelques-unes présenteraient des difficultés plus grandes encore que celles qui viennent d'être énoncées. Quand nous contemplons, par exemple, les millions d'êtres humains qui peuplent maintenant la terre, nous en voyons des milliers qui sont voués à une imbécillité sans espoir, et nous pouvons suivre une insensible gradation depuis eux jusqu'à ceux d'une demi-intelligence pour arriver enfin à ceux d'une intelligence parfaite, de sorte que, dans le cours des âges, il a dû en exister des milliers et des milliers dont la condition morale et intellectuelle montrait le passage de l'être privé de raison à l'être raisonnable, de l'être irresponsable à l'être responsable. De plus, nous pouvons conclure du recensement des naissances et des morts dans la Grande-Bretagne, et des statistiques de la Belgique, par Quetelet, qu'il y a un quart de l'espèce humaine qui meurt

(1) *Natural Selection not inconsistent with Natural Theology*, p. 55, by doctor Asa Gray. London, 1861. Trübner and Comp.

(2) *Physical Theories of the Phenomena of Life, Fraser's Magazine*, juillet 1860.

dans la première enfance, et un dixième dans le premier mois de l'existence. Nous pouvons donc affirmer avec certitude qu'il périt par siècle des millions d'êtres humains sur la terre pendant les premières heures de leur existence. La détermination de la place psychologique exacte de ces êtres dans la création est un des thèmes stériles sur lesquels les théologiens et les métaphysiciens se sont le plus évertués dans leurs ingénieuses spéculations.

Le philosophe, sans ignorer ces difficultés, ne s'en laisse pas troubler dans sa conviction que « tout ce qui est, est bien, » et n'en reçoit aucune atteinte à ses espérances et à ses aspirations relatives aux hautes destinées de son espèce. Mais il sent aussi que ce n'est pas à lui, à lui si souvent confondu par les pénibles réalités du présent, de chercher le critérium de la probabilité de théories relatives au passé dans leur accord ou leur défaut d'accord avec un certain idéal d'univers parfait, que les gens qui ne partagent pas ses opinions se sont forgé à eux-mêmes.

Nous ne devons pas non plus nous laisser aller trop facilement à croire que l'hypothèse de la variation et de la sélection naturelle nous oblige à admetre qu'il y ait un passage absolument insensible de l'intelligence la plus élevée des animaux inférieurs à la raison perfectible de l'Homme. Nous voyons souvent un individu d'un génie transcendant naître de parents qui n'ont jamais donné de preuves d'une capacité intellectuelle supérieure à celle de la moyenne des gens de leur âge et de leur race. C'est un phénomène que nous ne devons pas perdre de vue quand nous cherchons dans nos conjectures à savoir si la succession des degrés d'avancement qui constitue le développement d'un grand ensemble progressif ne pourrait pas comporter certains sauts accidentels plus étendus, formant des interruptions dans une série de changements psychologiques qui, sans eux, serait continue.

Les inventeurs des arts utiles, les poëtes et les prophètes des premiers âges de la formation d'une nation, les auteurs et apôtres de nouveaux systèmes de religion, de morale, de philosophie et de nouveaux codes de lois, ont été souvent considérés comme des messagers du ciel; ils ont souvent, après leur mort, reçu des honneurs divins, tandis qu'il se répandait des contes fabuleux sur les prodiges qui avaient accompagné leur naissance. Nous ne nous étonnerons pas qu'il ait pu régner de pareilles idées, quand nous envisagerons les importantes révolutions dans le monde moral et intellectuel qu'ont produites ces esprits transcendants, et quand nous réfléchirons que ces attributs de l'esprit sont, comme ceux du corps, transmissibles par hérédité; il serait bien possible que nous trouvassions, dans ces sauts brusques de la nature, la clef de l'origine de la supériorité de certaines races humaines. A notre époque, l'apparition accidentelle de facultés mentales aussi extraordinaires peut être expliquée par l'atavisme; mais il a dû y avoir un commencement à la série de ces événements anormaux. Si nous croyons, comme le veut la théorie de la progression, que l'humanité se soit lentement élevée depuis un point de départ humble et grossier, ces sauts brusques auraient eu pour résultat non-seulement d'introduire successivement des formes et des degrés d'intelligence de plus en plus élevés, mais aussi, à une époque bien plus éloignée du point de départ, de faire franchir d'un bond l'espace qui séparait l'état le plus élevé de l'intelligence incapable de progrès des animaux inférieurs de celui de la forme primitive et la moins développée de la raison perfectible dont l'Homme est la manifestation.

Dire que de pareils sauts ne constituent pas une interruption du cours ordinaire de la nature, serait plus que nous n'avons le droit d'affirmer. Dans le cas de la naissance accidentelle d'un individu d'un génie supérieur, il n'y a certainement aucune discontinuité dans la succession généalogique régulière, et lorsque tous les nuages de la fiction mythologique sont dispersés par la critique historique, quand il est reconnu que la terre n'a pas tremblé à la naissance de l'enfant prédestiné et que la surface du ciel n'a pas été remplie de formes enflammées, il n'en reste pas moins un profond et inexplicable mystère : c'est l'*ordre* des phénomènes et non leur *cause* que nous pouvons rapporter au cours habituel de la nature.

Le docteur Asa Gray, dans son excellent Essai déjà cité, (p. 533), a fait voir que la doctrine de la variation et de la sélection naturelle n'a aucune tendance à saper les fondements de la théologie naturelle; en effet, l'hypothèse de la dérivation des espèces n'est contraire à aucune des idées populaires relativement à la manière dont les modifications du monde naturel se sont effectuées. Nous pouvons nous imaginer que les événements, et en général les opérations de la nature, se produisent simplement en vertu de forces communiquées dès le principe et sans aucune intervention ultérieure; ou bien nous pouvons admettre qu'il y ait eu de temps en temps, et seulement de temps en temps, une intervention de la Divinité; et nous pouvons, enfin, encore supposer que tous les changements qui se produisent sont le résultat de l'action méthodique et constante, mais infiniment variée, de la Cause intelligente et créatrice. Ceux qui veulent absolument que l'origine d'un individu, aussi bien que l'origine d'une espèce ou d'un genre, ne puisse s'expliquer que par l'action directe d'une cause créatrice, peuvent, sans abandonner leur théorie favorite, admettre la doctrine de la transmutation, qui ne lui est point incompatible.

M. le professeur Agassiz avait fait observer que « la pensée humaine était consécutive, tandis que la pensée divine était simultanée; » mais M. Asa Gray a répliqué que « si la pensée « divine est simultanée, rien ne nous donne le droit d'af- « firmer qu'il en soit de même de l'action divine. »

L'ensemble et la succession des phénomènes naturels peuvent n'être que l'application matérielle d'un arrangement conçu à l'avance, et si cette succession des événements peut s'expliquer par la transmutation, l'adaptation perpétuelle du monde organique à de nouvelles conditions laisse aussi puissant que jamais l'argument en faveur d'un plan et par conséquent d'un architecte; en effet, la création d'une œuvre au moyen d'un instrument doit exiger, et par conséquent faire présupposer l'action d'un pouvoir plutôt supérieur qu'inférieur à celui qui accomplirait directement le même œuvre [1].

Quant au reproche de matérialisme imputé à toutes les formes de la théorie du développement, le docteur Gray nous a rappelé avec raison que « des deux grands esprits du dix-« septième siècle, Newton et Leibnitz, tous deux aussi pro-« fondément religieux que philosophiques, il y en eut un qui « produisit la théorie de la gravitation, tandis que l'autre « reprocha à cette théorie d'être subversive de la religion « naturelle [2]. »

Il y aurait, ce me semble, plutôt lieu de dire que, loin d'avoir une tendance matérialiste, cette hypothèse de l'introduction sur la terre, à des époques géologiques successives, d'abord de la vie, puis de la sensation, puis de l'instinct, ensuite de l'intelligence des mammifères supérieurs si voisins de la raison, et enfin de la raison perfectible de l'Homme lui-même, nous présente le tableau de la prédominance toujours croissante de l'esprit sur la matière.

(1) Asa Gray, *Natural Selection*, etc., p. 55.
(2) Asa Gray, *ibid.*, p. 51.

APPENDICE

A

(Page 195.)

NOUVELLES OBSERVATIONS FAITES PAR M. LARTET LORS D'UNE TROISIÈME VISITE A LA CAVERNE FUNÉRAIRE D'AURIGNAC.

Je m'aperçois que l'opinion que j'ai exprimée dans le texte au sujet de la petite taille de ces anciennes peuplades, toute correcte qu'elle puisse être, n'a pas pour auteur le docteur Amiel, comme je l'avais supposé. Les nouveaux renseignements qui suivent au sujet de ce fait et d'autres également relatifs à la sépulture d'Aurignac, m'ont été communiqués par M. Lartet dans sa lettre du 15 août 1863.

« C'est à tort que j'avais fait figurer, dans l'intérieur du caveau sépulcral, les squelettes humains dans une attitude *repliée*, comme on l'a observé dans beaucoup de sépultures primordiales. En examinant avec grand soin, lors d'une troisième visite, en 1862, les parois de la petite grotte, j'ai trouvé, dans une retraite ou petit enfoncement de la paroi du sud, un *magma* d'ossements rattachés ensemble par une sorte de gangue concrétionnée et adhérente à la roche. Il y avait plusieurs ossements d'un pied humain, une moitié de *radius* de *Renne*, un fragment de poterie rougeâtre et, un peu au-dessous, un *calcaneum* d'Éléphant rattaché à la même masse de concrétion calcaire qui retenait les autres os adhérents au mur de la grotte. Tous ces objets se trouvaient à un niveau très-élevé au-dessus du sol, et environ à 60 centimètres seulement du cintre ou de la voûte du caveau. La rencontre d'un pied humain à cette hauteur contredit ma supposition à propos de l'attitude donnée aux corps, qui très-vraisemblablement avaient été enterrés en extension horizontale et en superposition successive. Ceci explique aussi comment Bonnemaison, en introduisant sa main par le *trou des lapins*, a pu aisément saisir et retirer un os long.— J'ajouterai que le *calcaneum* d'Éléphant, bien que présentant à peu près le même *facies* d'altération que les autres os divers extraits de la sépulture, avait évidemment été rongé par de grands carnassiers, avant d'y être introduit. C'est le *seul* os rongé que nous ayons trouvé dans l'intérieur du caveau sépulcral, et par la position élevée qu'il y occupait, on est conduit à conclure qu'il y avait été placé dans la dernière période des sépultures pratiquées dans ce lieu.

« Dans cette troisième visite faite à Aurignac, j'ai eu l'idée de faire remanier les déblais de la première fouille faite par Bonnemaison, lorsqu'on enleva les ossements humains pour les porter au cimetière d'Aurignac. Ce terrain de déblai rejeté à gauche de la grotte, était recouvert de végétation; bien que Bonnemaison m'assurât qu'il n'y avait rien laissé, j'y ai trouvé une centaine de silex taillés, quelques dents et ossements de carnassiers, Renne, Bœuf, Rhinocéros, et soixante-huit os humains, principalement des mains et des pieds, plus une demi-mâchoire avec ses dents, le tout rapportable à des individus de *petite* taille, bien qu'adultes, sauf *deux* pièces qui auraient pu appartenir à un sujet, sinon de grande taille, au moins relativement assez robuste. J'ai également trouvé dans ces déblais un bon nombre de fragments de poteries, les unes séchées au soleil, d'autres en partie *cuites;* mais toutes faites à la main, bien que de pâte diversement grossière. Nous avons aussi retiré de ces déblais plusieurs ornements ou objets de parure, la plupart travaillés avec la partie éburnée et extrêmement dure des os de l'oreille du cheval ou d'un bœuf. L'un de ces ornements est presque entièrement conforme à celui découvert par M. Delesse, dans le diluvium de *Ver* (Seine-et-Oise), et que j'ai fait figurer dans la quatrième planche de mon mémoire.

« Pendant que mes ouvriers travaillaient au remaniement des déblais de Bonnemaison, j'eus l'idée d'aller explorer les abords de la source qui existe encore au bas de la sépulture d'Aurignac, et qui est indiquée dans ma première planche par une marque noire auprès du ruisseau de Rodes. J'y recueillis presque à la surface trois silex taillés, dont un de caractère tout à fait distinct.

« Parmi les silex taillés retrouvés dans les déblais faits en premier lieu par Bonnemaison, il y a des formes qui se répètent fréquemment, et cela, dans des dimensions tellement réduites, que ces objets devaient nécessairement rester sans utilité pratique quelconque. Peut-être n'avaient-ils réellement qu'une signification funéraire. »

B

(Page 211.)

CHRONOLOGIE DU DELTA DU MISSISSIPI.

Dans ma *Seconde visite aux États-Unis*, vol. II, p. 250, j'essayai de donner une grossière évaluation du nombre d'années qu'il faudrait au Mississipi pour charrier du continent jusqu'au golfe de Mexico une masse de matière solide égale à celle qui forme l'alluvion du delta et la grande plaine d'alluvion qui le précède. La proportion annuelle moyenne de matières solides tenues en suspension, calculée d'après les données les meilleures que je pus alors me procurer, se trouva être, en nombres ronds, d'un trois-millième du volume de l'eau. La moyenne déduite des dernières observations ne diffère en réalité que fort peu de la précédente ; mais le « Delta Survey » de MM. Humphreys et Abbott, m'apprend que dans leur opinion le débit de l'eau avait été évalué beaucoup trop bas par les premiers observateurs. Ils font la remarque que le fleuve chasse devant lui sur le fond de son lit, jusqu'au golfe, une certaine quantité de sable et de gravier, quantité qu'il faut ajouter à la vase tenue en suspension dans l'eau, et qui, suivant leur évaluation, doit augmenter d'un dixième le volume des matières solides. En somme, ils supposent que le débit annuel est environ deux fois aussi grand que je l'avais indiqué, ce qui réduit à cinquante mille ans le nombre d'années nécessaire à la formation du delta et de la plaine d'alluvion, en admettant que l'épaisseur moyenne de l'alluvion soit de 158 mètres comme je l'avais conjecturé. Mais un calcul de cette nature n'exprimerait, ainsi que je l'ai dit tout d'abord, que le minimum du temps qui a dû être nécessaire pour la formation du delta, en tant que son accroissement dépend de cette quantité de boue impalpable qui constitue la masse principale de la matière qu'il entraîne en suspension ; je n'ai, en effet, pas essayé d'évaluer ce qui s'en perd sous l'influence des courants rapides qui pendant plusieurs mois de l'année règnent à l'embouchure perpendiculairement à la direction du fleuve et entraînent ce qu'il y apporte à des distances indéfinies. Cette perte de matières doit considérablement retarder l'avancement du delta. Je ne vois donc rien qui empêche d'ajouter, si on le veut, un laps de milliers ou de dizaines de milliers d'années à celui que nous avions pris comme évaluation de l'antiquité du mastodonte de Natchez ; il faut, en effet, tenir compte du temps nécessaire au dépôt du lœss, (n° 2, fig. 26, p. 207), et aux changements de la géographie physique qu'implique son existence, changements tous postérieurs à l'ensevelissement du mastodonte et de l'os humain, si tant est que ce dernier soit réellement de date contemporaine [1].

C

(Page 389.)

Quelle que soit la lumière que les découvertes modernes aient jetée sur les diverses causes probables du froid de la période glaciaire, il n'en est peut-être pas qui ait eu plus d'influence que l'état ancien du grand désert actuel du Sahara, d'où nous vient à présent le sirocco. Nous possédons les preuves que cette immense étendue de sable brûlant, de laquelle un vent si chaud souffle chaque année plusieurs semaines, fut le lit d'une mer à l'époque post-pliocène. Il y a des parties de ce désert, près de sa limite nord-est, qui sont maintenant au-dessous du niveau de la Méditerranée ; d'autres vastes portions en sont recouvertes de coquilles d'espèces récentes, dont une des plus abondantes est le *Cardium edule*. Si le vent du sud venait à être dépouillé de cette chaleur ardente qu'il apporte chaque année pendant plusieurs jours des sables brûlants de l'Afrique sur l'Europe, les neiges et les glaciers des Alpes s'accroîtraient immédiatement et pourraient en quelque temps reconquérir la plus grande partie de leurs dimensions colossales d'autrefois.

[1] Voir *Manual of Geology*, de Dana, p. 643, 645.

FIN

TABLE ALPHABÉTIQUE.

TABLE ALPHABÉTIQUE

FIN DE LA TABLE ALPHABÉTIQUE

TABLE DES FIGURES

INTERCALÉES DANS LE TEXTE

PARIS. — IMP. SIMON RAÇON ET COMP., RUE D'ERFURTH, 1.

OSTÉOGRAPHIE

OU

DESCRIPTION ICONOGRAPHIQUE COMPARÉE
DU SQUELETTE ET DU SYSTÈME DENTAIRE

DES MAMMIFÈRES

RÉCENTS ET FOSSILES

POUR SERVIR DE BASE A LA ZOOLOGIE ET A LA GÉOLOGIE

PAR

H. M. DUCROTAY DE BLAINVILLE
Membre de l'Institut (Académie des sciences)
Professeur d'Anatomie comparée au Muséum d'histoire naturelle, etc.

Ouvrage complet en 26 livraisons. Paris, 1839-1864,
formant 4 vol. in-4 de texte et 4 vol. grand in-folio d'atlas, contenant 323 planches (940 fr.). **800** fr.

DIVISIONS DE L'OUVRAGE

TOME I. — PRIMATÈS. — SECUNDATÈS

AVEC ATLAS DE 59 PLANCHES

Étude sur la vie et les travaux de M. de Blainville.
A. De l'Ostéographie en général.

PRIMATÈS

B. G. *Pithecus*, avec 13 pl.
C. G. *Cebus*, avec 9 pl.
D. G. *Lemur*, avec 11 pl.
E. *Aye-Aye*, avec 1 pl. (Même que la pl. V du G. *Lemur*.)
F. Primatès vivants et fossiles.

SECUNDATÈS

G. Chéiroptères, G. *Vespertilio*, avec 15 pl.
H. Insectivores, G. *Talpa*, *Sorex*, *Erinaceus*, avec 11 pl.

TOME II. — SECUNDATÈS

AVEC ATLAS DE 117 PLANCHES

I. Carnassiers (Généralités sur les).
J. — G. *Phoca*, avec 10 pl.
K. — G. *Ursus*, avec 18 pl.
L. — G. *Subursus*, avec 17 pl.
M. — G. *Mustella*, avec 15 pl.
N. — G. *Viverra*, avec 13 pl. (La pl. II n'existe pas, la pl. III est double.)
O. — G. *Felis*, avec 20 pl.
P. — G. *Canis*, avec 16 pl.
Q. — G. *Hyæna*, avec 8 pl.

TOME III. — QUATERNATÈS

AVEC ATLAS DE 54 PLANCHES

R. Gravigrades, G. *Elephas*, avec 18 p.
S. — G. *Dinotherium*, avec 5 pl.
T. — G. *Manatus* (Lamantins), avec 11 pl.
U. Ongulogrades, G. *Hyrax* (Damans), avec 3 pl.
V. — G. *Rhinoceros*, avec 14 pl.
X. — G. *Equus*, avec 5 pl.

TOME IV. — QUATERNATÈS. — MALDENTÉS

AVEC ATLAS DE 93 PLANCHES

Y. Ongulogrades, G. *Palæotherium*, avec 8 pl.; G. *Lophiodon*, avec 3 pl.; G. *Anthracotherium*, avec 5 pl.; et G. *Chæropotamus*, avec 1 pl.
Z. Ongulogrades, G. *Tapirus*, avec 6 pl.
AA. Ongulogrades, G. *Hippopotamus*, avec 8 pl.; *Sus*, avec 9 pl.
BB. Ongulogrades, G. *Anoplotherium*, avec 9 pl.
CC. Ongulogrades, G. *Camelus* (Ruminants, Chameaux, Lamas), avec 5 pl.
DD. Maldentés, G. *Bradypus*, avec 6 pl.
EE. Explication de 41 pl. (publication posthume), avec 35 pl. — Les six autres sont des planches *bis* intercalées dans les t. I, II et III.
Table alphabétique des matières.

La 26e livraison, qui termine ce grand ouvrage, comprend : 1° le Mémoire sur les Ongulogrades, genre Equus, manuscrit inédit de M. de Blainville; 2° une étude sur la vie et les travaux de M. de Blainville, par M. P. Nicard; 3° une table générale alphabétique des matières renvoyant au texte et aux planches; 4° les titres des volumes du texte et de l'atlas des planches. Elle forme 300 pages in-4.

BLAINVILLE (H. DUCROTAY DE). **Mémoire sur les Bélemnites** considérés zoologiquement et géologiquement. Paris, 1827. In-4, 136 pages, avec 5 pl. (12 fr.) . . . . 6 fr.

—— **Doutes sur le prétendu Didelphe fossile de Stonefield.** In-4, 17 pages, avec 1 pl. (1 fr. 25) . . . . 75 c.

BROCCHI (G. B.). **Conchiologia fossile subappennina** con osservazioni geologiche sugli Appennini e sul suolo adjacente. Milano, 1843. 2 vol. in-12, avec atlas in-4, de 16 planches (17 fr.) . . . . 12 fr.

BRONGNIART (ALEX.). **Mémoire sur les terrains de sédiment supérieurs** calcaréo-trappéens du Vicentin et sur quelques terrains d'Italie, de France, d'Allemagne, etc. Paris, 1823. In-4, avec 6 pl. (10 fr.). 5 fr.

BUVIGNIER (A.). **Statistique géologique**, minéralogique, minéralurgique et paléontologique du département de la Meuse. Paris, 1852. In-8, avec atlas in-folio de 32 pl. . . . . 48 fr.

CAILLIAUD (FR.). **Mémoire sur les Mollusques perforants.** Harlem, 1856. In-4, 58 pages, avec 3 pl. . . . . 8 fr.

Ouvrage couronné par la Société hollandaise des sciences, à Harlem.

COQUAND (H.). **Géologie et Paléontologie** de la région sud de la province de Constantine. Marseille, 1862. 1 vol. in-8 de 320 p. avec 40 pl. 40 fr.

COTTEAU et TRIGER. Echinides du département de la Sarthe. Paris, 1857-1863. Publié par livraisons composées de 50 pages de texte et 10 planches grand in-8. *En vente*, liv. I à X. Prix de chacune. . . 7 fr. 50

DESHAYES (G. P.). **Description des Coquilles fossiles des environs de Paris.** Paris, 1824-1837. 3 v. in-4, avec 166 pl. (180 f.). 150 fr.

D'ORBIGNY (ALC.). **Histoire naturelle, générale et particulière** des crinoïdes vivants et fossiles, comprenant la description zoologique et géologique de ces animaux. Paris, 1858. In-4, 98 p. avec 18 pl., contenant 300 fig. cart. . . . . 12 fr.

DROUET. Répartition géologique des Mollusques vivants dans le département de l'Aube. Troyes, 1855. In-8 de 40 p. et 1 carte. 1 fr. 50

EBRAY (TH.). **Études géologiques sur le département de la Nièvre.** Paris, 1858-1862. Fascicules 1 à 12, in-8, avec coupes et cartes. Prix de chaque livraison. 1 fr. 50

ÉTALLON (A.). **Esquisse d'une Description géologique du Haut-Jura**, et en particulier des environs de Saint-Claude. Paris, 1857. Gr. in-8. 108 pages, avec une carte géologique et un plan de coupe col. . . . . 4 fr.

FÉRUSSAC. Mémoires géologiques sur les terrains formés sous l'eau douce par les débris fossiles des Mollusques vivant sur la terre ou dans l'eau non salée. Paris, 1814. In-4 de 76 pages. . . . . 2 fr. 50

—— **Monographie des espèces vivantes et fossiles du genre mélanopside**, et observations géologiques à leur sujet. Paris, 1823. In-4 de 36 pages et 2 planches. 2 fr.

FROMENTEL (E. DE). **Description des Polypiers fossiles de l'étage néocomien.** Auxerre, 1857. In-8 de 78 pages, 10 planches. 5 fr.

—— **Introduction à l'étude des Polypiers fossiles**. Paris, 1858-61. In-8 de 357 pages. . . . . 5 fr.

GOLDFUSS (A.). **Petrefacta Germaniæ**, et ea quæ in musæo universitatis regiæ Borussicæ F. W. Rhenan., et alia quæcumque in musæis Hœninghausiano, Munsteriano, aliisque exstant; iconibus et descriptionibus illustrata. Düsseldorf, 1827-1844. Ouvrage complet, publié en 8 liv. formant 3 vol. in-folio, avec 205 planches (300 fr.). . . . . 220 fr.

Les Amateurs recherchent toujours ce premier tirage des planches.

HOGARD. Principaux glaciers de la Suisse, imprimés en lavis et aquarelle. Strasbourg, 1854-1858. Grand in-8, avec un atlas de 16 planches grand in-folio coloriées.......................... 80 fr.

KONINCK (L. de). **Description des animaux fossiles** qui se trouvent dans le terrain carbonifère de Belgique. Liége, 1842-1844. 2 vol. in-4, 69 planches, avec supplément (100 fr.)............... 60 fr.
— Séparément, supplément. Liége, 1852. In-4, avec 5 pl........ 8 fr.

Cet important ouvrage comprend : 1° les Polypiers; 2° les Radiaires; 3° les Annélides; 4° les Mollusques céphalés et acéphalés; 5° les Crustacés; 6° les Poissons, divisés en 85 genres et 434 espèces. C'est un des ouvrages que l'on consultera avec le plus d'avantage pour l'étude comparée de la géologie et de la conchyliologie.

LECANU. Éléments de Géologie. Seconde édition, revue et corrigée. Paris, 1857. 1 vol. in-18 jésus de 224 pages............ 3 fr.

LECOQ (H.). **Éléments de Géologie et d'Hydrographie**, ou Résumé des notions acquises sur les grandes lois de la nature, faisant suite et servant de complément aux éléments de géographie physique et de météorologie. Paris, 1838. 2 vol. in-8, avec 8 pl. (15 fr.)........... 5 fr.

MARAVIGNA. Mémoire pour servir à l'histoire naturelle de la Sicile, comprenant : 1° Abrégé d'orictognosie etnéenne; 2° Monographie du soufre de la Sicile; 3° Monographie de la célestine de la Sicile; 4° Catalogue des Mollusques et des Coquilles de la Sicile; 5° Solution de la question proposée au congrès scientifique de la France sous les rapports qui existent entre le basalte et la téphrine de l'Etna. Paris, 1838. In-8, 87 pages avec 6 pl.......................... 3 fr.

POMEL. Catalogue méthodique et descriptif des vertébrés fossiles découverts dans le bassin hydrographique supérieur de la Loire, et surtout dans la vallée de son affluent principal l'Allier. Paris, 1854. In-8............................ 3 fr.

POUCHET (F. A.). **Histoire des Sciences naturelles au moyen âge**, ou Albert le Grand et son époque, considérés comme point de départ de l'école expérimentale. Paris, 1853. In-4, VI-656 pages...... 9 fr.

Table des matières. — Introduction. — I. École scandinave; — II. École franco-gothique; — III. École byzantine; — IV. École arabe; — V. École expérimentale : Albert le Grand, saint Thomas d'Aquin, Roger Bacon, Alfred le Philosophe, Raymond Lulle, Duns Scott, Trithème, Basile Valentin, N. Flamel, Vincent de Beauvais, Abélard, Barthélemy, Brunetto Latini, Richard de Furnival, Agricola, Platearius, Simon de Cordo, Léoniceno, J. de Dondis, P. Sanctinus, Léonard de Vinci, Arnaud de Villeneuve, P. d'Albano, Lanfranc, Guy de Chauliac, J. de Vigo, Mundinus, Bérenger de Carpi, Achillini, Marco Polo.

RAULIN (V.). **Statistique géologique du département de l'Yonne**, exécutée avec la direction et la coopération de M. A. Leymerie. Auxerre, 1858. Grand in-8 de XVI-864 pages, avec cartes et tableaux. 15 fr.

— **Notes géologiques sur l'Aquitaine** (Sud-Ouest de la France). Bordeaux, 1859. In-8, 520 pages, avec une carte......... 10 fr.

THIOLLIÈRE. Description des Poissons fossiles provenant des gisements coralliens du Jura dans le Bugey. Paris, 1854. Première livraison in-folio, avec 10 planches en couleur................ 20 fr.

VIREY (J. J.). **Philosophie de l'Histoire naturelle**, ou Phénomènes de l'organisation des animaux et des végétaux. Paris, 1835. 1 volume In-8 (7 fr.)............................ 1 fr. 50

CATALOGUE GÉNÉRAL des livres de Géologie, Minéralogie, Paléontologie, fossiles qui se trouvent chez J. B. Baillière et fils. 1865. In-8 de 29 pages. *Gratis.*

PARIS. — IMP. SIMON RAÇON ET COMP., RUE D'ERFURTH, 1.

Printed in Dunstable, United Kingdom

91218501R00328